普通高等教育“十三五”规划教材
(风景园林/园林)

计算机辅助园林设计

刘　丽　杜　娟　段晓宇　主编

中国农业大学出版社
·北京·

内容简介

《计算机辅助园林设计》按照园林制图流程，介绍了绘图所涉及的四个软件（AutoCAD 2016、SketchUp 2015、Photoshop CC、InDesign CS6）及其园林绘图操作。教材共分22章，1～7章介绍了CAD绘制园林设计平、立面图的方法；8～12章介绍了SU处理园林场景建模的方法；13～19章介绍了PS处理效果图和图像后期的方法；20～22章介绍了运用ID绘制分析图和处理整套图纸排版的方法。教材还以网址链接形式提供了两个综合设计案例，其按照完整设计图纸绘制过程，集中讲授了综合设计案例所涉及的平面图、效果图、分析图及平面施工图的绘制方法及绘制过程，图文并茂、循序渐进地讲解了软件在园林制图中的具体操作。教材中操作实例及综合案例涉及的素材均以网址链接形式提供，供读者扫描下载(网址链接见本书最后一页)。

图书在版编目(CIP)数据

计算机辅助园林设计/刘丽，杜娟，段晓宇主编. —北京：中国农业大学出版社，2017.6(2023.1重印)

ISBN 978-7-5655-1837-9

Ⅰ.①计… Ⅱ.①刘… ②杜… ③段… Ⅲ.①园林设计-计算机辅助设计-应用软件 Ⅳ.①TU986.2-39

中国版本图书馆CIP数据核字(2017)第132584号

书　　名　计算机辅助园林设计

作　　者　刘　丽　杜　娟　段晓宇　主编

策划编辑　梁爱荣　　　　责任编辑　洪重光　郑万萍

封面设计　郑　川　　　　责任校对　王晓凤

出版发行　中国农业大学出版社

社　　址　北京市海淀区圆明园西路2号　　　　邮政编码　100193

电　　话　发行部 010-62818525，8625　　　　读者服务部 010-62732336

　　　　　编辑部 010-62732617，2618　　　　出　版　部 010-62733440

网　　址　http://www.cau.edu.cn/caup　　　　**e-mail** cbsszs@cau.edu.cn

经　　销　新华书店

印　　刷　涿州市星河印刷有限公司

版　　次　2017年8月第1版　　2023年1月第3次印刷

规　　格　889×1194　　16开本　　21.25印张　　580千字

定　　价　78.00元

编写人员

主　编

刘　丽(四川农业大学)
杜　娟(四川农业大学)
段晓宇(四川农业大学)

副主编

刘玉平(内蒙古民族大学)

参　编

张　超(长江师范学院)
彭俊生(成都理工大学)
付而康(四川农业大学)
包润泽(铜仁学院)
冉国强(四川工商职业技术学院)
宋佳璐(四川农业大学)

出版说明

进入 21 世纪以来，随着我国城市化快速推进，城乡人居环境建设从内容到形式，都在发生着巨大的变化，风景园林/园林产业在这巨大的变化中得到了迅猛发展，社会对风景园林/园林专业人才的要求越来越高、需求越来越大，这对风景园林/园林高等教育事业的发展起到巨大的促进和推动作用。2011 年风景园林学新增为国家一级学科，标志着我国风景园林学科教育和风景园林事业进入了一个新的发展阶段，也对我国风景园林学科高等教育提出了新的挑战、新的要求，也提供了新的发展机遇。

由于我国风景园林/园林高等教育事业发展的速度很快，办学规模迅速扩大，办学院校学科背景、资源优势、办学特色、培养目标不尽相同，使得各校在专业人才培养质量上存在差异。为此，2013 年由高等学校风景园林学科专业教学指导委员会制定了《高等学校风景园林本科指导性专业规范(2013 年版)》，该规范明确了风景园林本科专业人才所应掌握的专业知识点和技能，同时指出各地区高等院校可依据自身办学特点和地域特征，进行有特色的专业教育。

为实现高等学校风景园林学科专业教学指导委员会制定规范的目标，2015 年 7 月，由中国农业大学出版社邀请西南地区开设风景园林/园林等相关专业的本科专业院校的专家教授齐聚四川农业大学，共同探讨了西南地区风景园林本科人才培养质量和特色等问题。为了促进西南地区院校本科教学质量的提高，满足社会对风景园林本科人才的需求，彰显西南地区风景园林教育特色，在达成广泛共识的基础上决定组织开展园林、风景园林西南地区特色教材建设工作。在专门成立的风景园林/园林西南地区特色教材编审指导委员会统一指导、规划和出版社的精心组织下，经过 2 年多的时间系列教材已经陆续出版。

该系列教材具有以下特点：

(1)以“专业规范”为依据。以风景园林/园林本科教学“专业规范”为依据对应专业知识点的基本要求组织确定教材内容和编写要求，努力体现各门课程教学与专业培养目标的内在联系性和教学要求，教材突出西南地区各学校的风景园林/园林专业培养目标和培养特点。

(2)突出西部地区专业特色。根据西部地区院校学科背景、资源优势、办学特色、培养目标以及文化历史渊源等，在内容要求上对接“专业规范”的基础上，努力体现西部地区风景园林/园林人才需求和培养特色。院校教材名称与课程名称相一致，教材内容、主要知识点与上课学时、教学大纲相适应。

(3)教学内容模块化。以风景园林人才培养的基本规律为主线,在保证教材内容的系统性、科学性、先进性的基础上,专业知识编写板块化,满足不同学校、不同授课学时的需要。

(4)融入现代信息技术。风景园林/园林系列教材采用现代信息技术特别是二维码等数字技术,使得教材内容更加丰富,表现形式更加生动、灵活,教与学的关系更加密切,更加符合"90后"学生学习习惯特点,便于学生学习和接受。

(5)着力处理好4个关系。比较好地处理了理论知识体系与专业技能培养的关系、教学体系传承与创新的关系、教材常规体系与教材特色的关系、知识内容的包容性与突出知识重点的关系。

我们确信这套教材的出版必将为推动西南地区风景园林/园林本科教学起到应有的积极作用。

编写指导委员会

2017.3

前言

计算机辅助园林设计课程是园林类、设计类及相关环境艺术专业本科生必修课程，它为具有专业课程学习基础的高校学生提供了新的绘图技能学习方向。该课程既有基础学科性质，又有鲜明的应用学科特点，在介绍各项绘图软件基本应用方法的基础上，协调学生对空间的分析以及美学的设计应用技巧能力。

计算机辅助园林设计教材，是在配合计算机软件不断发展进步的基础上编写完成的。当前，计算机辅助设计主要通过四个软件（AutoCAD、Sketchup、Photoshop、Indesign）进行园林图纸绘制、表达与编排。绘图软件的应用可以极大地提高绘图效率，提升绘图美观度，并具有修改便捷等优点。通过软件学习，重点培养学生运用CAD完成园林平面图、立面图、剖面图、施工图等的绘制能力；运用SU完成基本模型建立及场景建模，运用PS完成彩平图、立面图、效果图，运用ID完成分析图、方案文本排版等的制作能力。

本书基于简明、便捷、突出专业特点的原则进行编写。在编写过程中注重培养读者掌握并熟练绘制各类型园林图纸的基本能力，注重操作性和实践能力的培养，为后续的专业设计的提升打下基础。教材重点增加了园林专业的绘制应用实例，以实际案例为参考，加深学生对计算机辅助园林设计应用的理解。教材中并不全面展开对各软件工具的学习与运用，而是根据专业需要，选择学习重点，注意各软件命令的取舍，使学生在软件学习体系上能结合专业，突出重点，使教材有较强的专业方向性与实用性，为掌握园林设计中软件的操作技巧、实现和完善园林工程图纸、方案、文本等的绘制和编排起到必不可少的作用。

本书具有如下主要特点：

（1）结合专业特点，构建相应的知识结构

本书在编写上重点以园林工程各类图纸的绘制为对象，展开相应的软件学习，教师在教学实践中，可以针对专业整合教学内容，拓宽专业口径。本书不仅可以作为园林专业方向学生的重要专业基础课程应用教材，也可以作为环境艺术类、设计类本科生必修的专业基础课教材。

（2）理论联系实际，提高操作能力

教材内容分章节先进行相关基础命令学习，再展开练习及园林图纸绘制操作，以提高学生的绘图能力，通过前期形成的绘图基础，学生可以在后期自主展开高阶段的学习。与教材并行的网址链接部分（见本书最后一页），包含两个综合实训，以全套案例为主线，通过学习掌握园林相关图纸的绘制原则与技巧，提高操作效率与水平。教师和学生可根据实际需要，对教学内容进行整合取舍。

本书共分四大板块22个章节，编写人员分别包括四川农业大学宋佳璐、付而康、杜娟、段晓宇、刘丽，长江师

范学院张超，铜仁学院包润泽，成都理工大学彭俊生，内蒙古民族大学刘玉平以及四川工商职业技术学院冉国强。并感谢四川农业大学硕士研究生钟月萍、李佩佩、冯柱铭、刘星瀑、李智超、严文丽、陈培同学参加了编写校对的辅助工作。对成都吉景设计顾问有限公司，成都艾景景观设计有限公司在编写中给予的支持表示感谢。

本书由任艳军高级工程师审阅。在此统一致谢！

编　者

2017 年 4 月 5 日

目 录

第1篇 AutoCAD 2016

第 3 篇 Photoshop CC

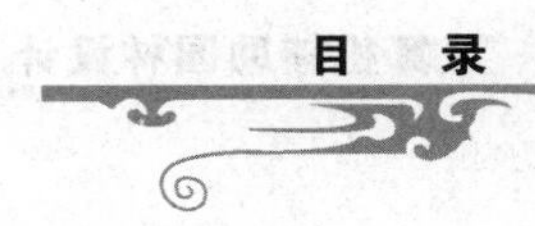

第4篇 InDesign CS6

第1篇　AutoCAD 2016

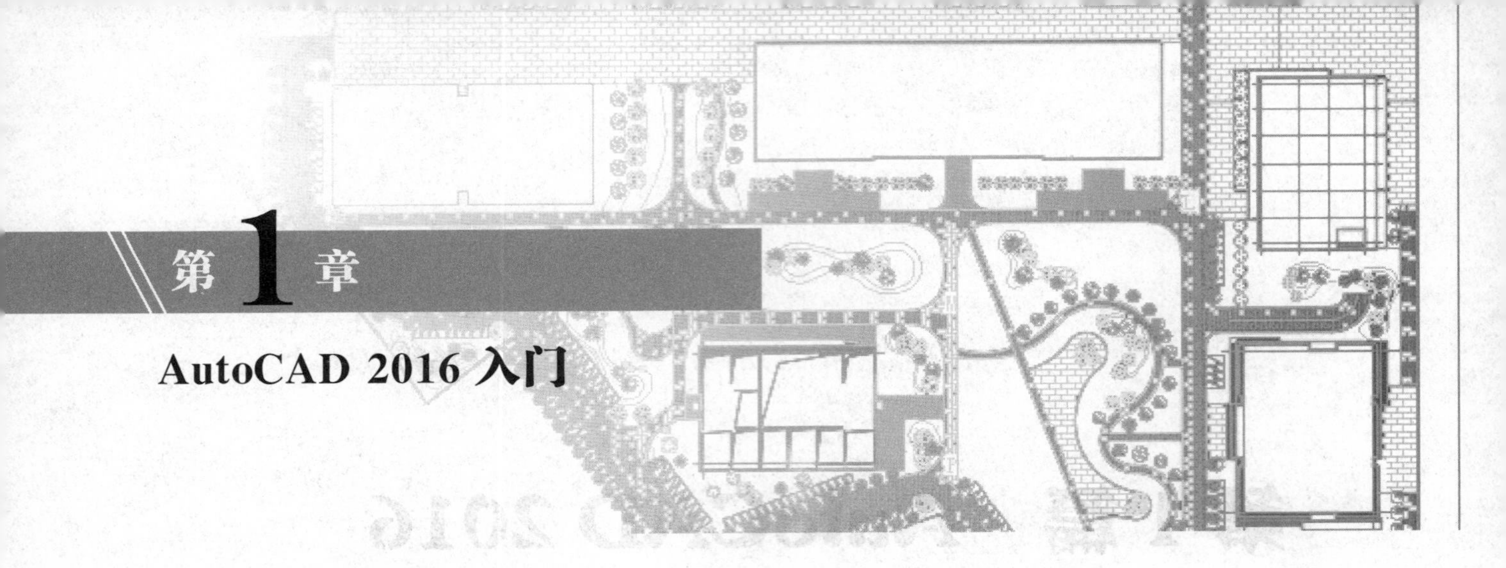

第1章 AutoCAD 2016 入门

1.1 启动和退出

1.1.1 启动

用户成功安装 AutoCAD 2016 绘图软件后，双击桌面软件图标，即可启动该软件。进入默认工作空间。如图 1-1 所示。

1.1.2 退出

执行【退出】软件时，首先请确保当前文件已保存，那么可采用以下方式退出。

- 单击界面右上角×；
- 按【Alt＋F4】组合键快捷退出；
- 单击菜单栏左上角图标，点击 退出 Autodesk AutoCAD 2016

1.2 AutoCAD 2016 工作界面

在打开软件默认状态下，界面显示为【草图与注释】工作空间。

工作界面主要由：应用程序按钮、快速访问工具栏、标题栏、交互信息工具栏、菜单栏、绘图区、模型布局选项卡、功能选项卡、命令行、状态栏、滚动条等部分构成，如图 1-2 所示。

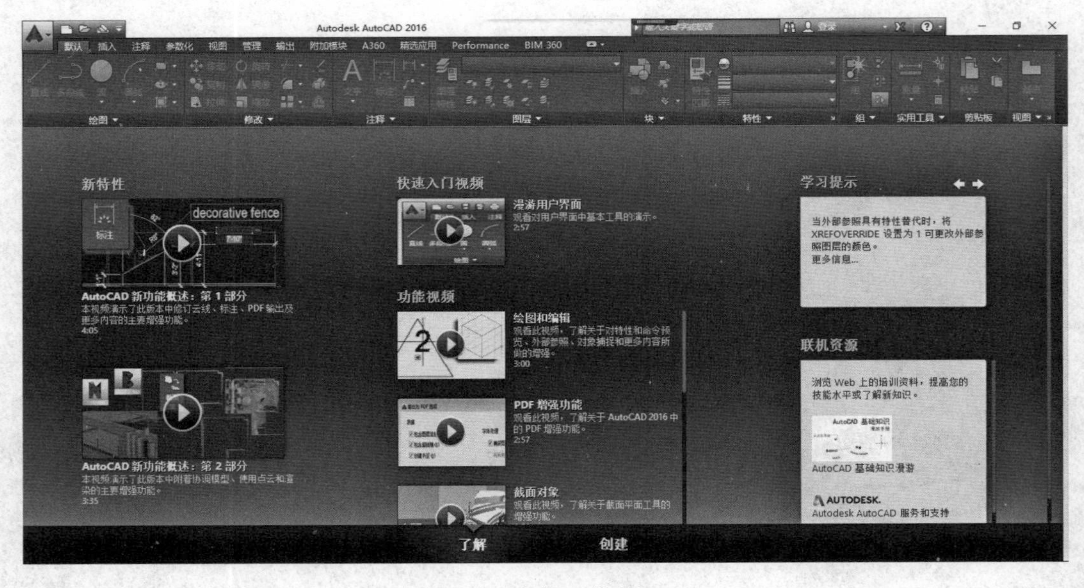

图 1-1 初始工作界面

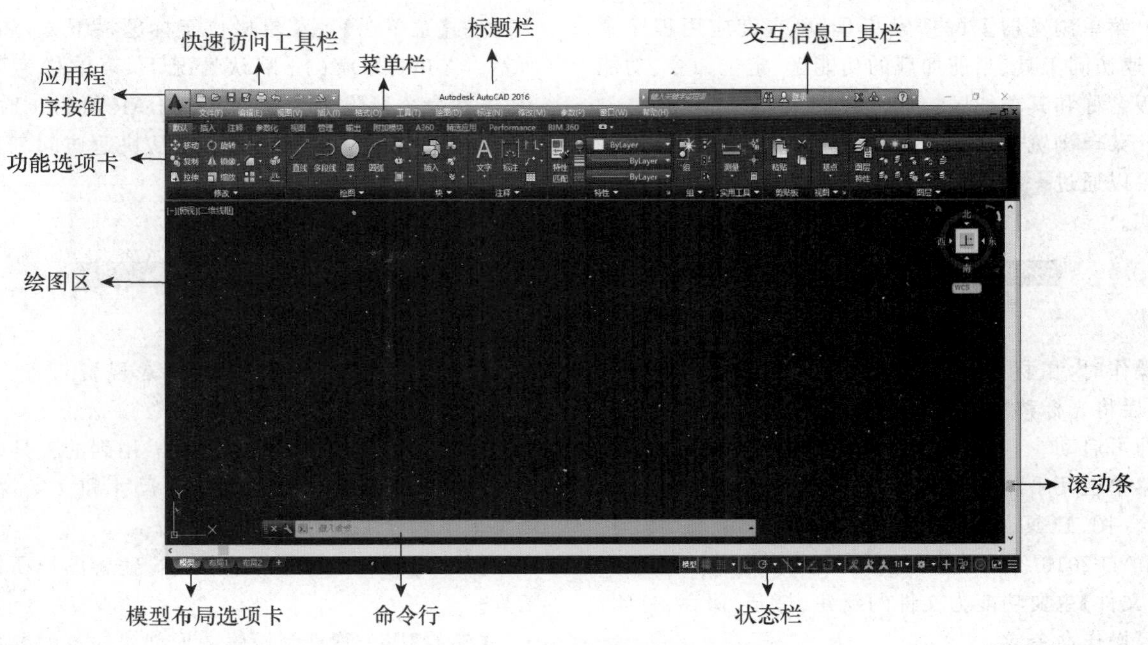

图 1-2　AutoCAD 2016【草图与注释】工作界面

AutoCAD 2016 主要有【草图与注释】、【三维基础】、【三维建模】三种工作空间，可在使用时随时切换。点击界面右下角 即可切换。如图 1-3 所示。

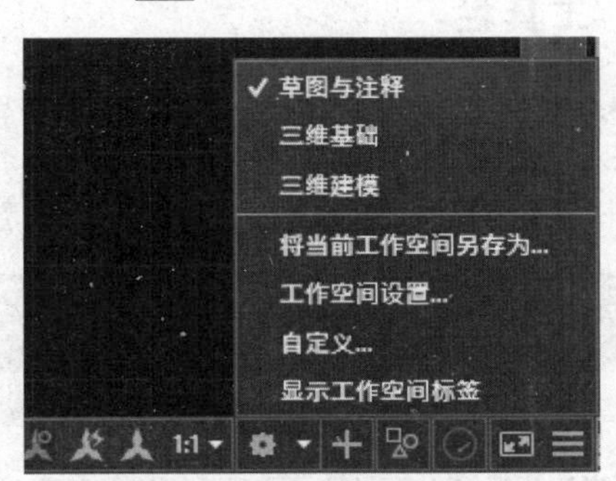

图 1-3　切换工作空间

1.2.1　标题栏

在启动开始绘制后，工作界面会自动打开名为【Drawing1. dwg】的默认绘图窗口。标题栏显示：Autodesk AutoCAD 2016 Drawing1. dwg；打开任意一个 CAD 文件，标题栏会显示文件的名称。

1.2.2　菜单浏览器与菜单栏

(1)【菜单浏览器】

- 按钮为界面左上角图标 。单击该按钮，展开菜单浏览器下拉列表，如图 1-4 所示。用户可执行新建、打开、保存、打印 CAD 文件等基本常用功能；用户还可以在图形实用工具中执行图形维护，如核查、清理、修复等；并关闭图形。

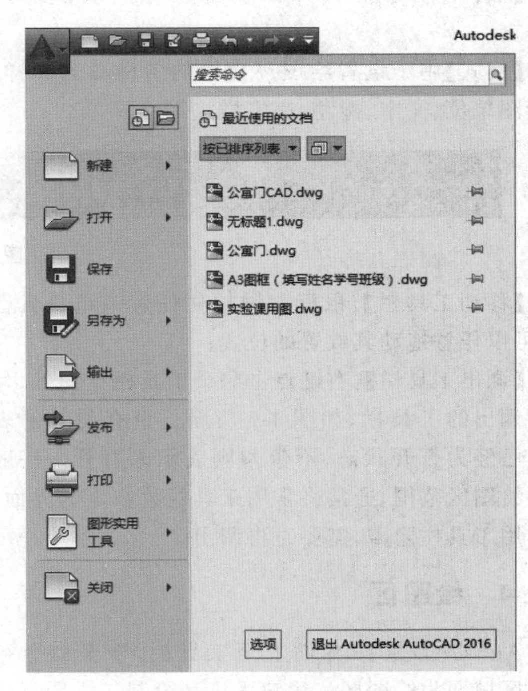

图 1-4　【菜单浏览器】

◆ 菜单浏览器上的搜索工具，可查询应用程序菜单、快速访问工具、当前加载的功能区、定位命令、功能区面板名称和其功能区控件。

◆ 菜单浏览器会显示最近打开过的文档，且这些文档可以通过 按已排序列表 ▾ 选项变换不同的排列或显示方式。

（2）【菜单栏】 菜单栏位于标题栏下方，如图 1-5 所示。AutoCAD 2016 默认情况下，菜单栏为隐藏状态，当在命令行设置变量 MENUBAR 值为 1 时（默认为 0），即可显示菜单栏。还可以从快速访问工具栏上的下三角点开来显示菜单栏。

文件(F) 编辑(E) 视图(V) 插入(I) 格式(O) 工具(T) 绘图(D) 标注(N) 修改(M) 参数(P) 窗口(W) 帮助(H)

图 1-5 【菜单栏】

操作时，鼠标左键单击菜单栏选项，展开下拉列表，然后将光标移动至需要启动的命令上，再单击鼠标左键即可启动。

菜单栏几乎涵盖 CAD 所有绘图工具和设置选项，包括绘图工具、修改工具、管理编辑工具等。AutoCAD 2016 各菜单主要功能为：

【文件】主要功能为文件的新建、打开、保存、打印、发布等操作命令。

【编辑】主要是对图形执行放弃、剪切、复制、粘贴、删除等命令。

【视图】主要用于视图的调整和管理，方便视图内图形的显示。

【插入】用于插入外部资源，如：图块、参照、图像等。

【格式】用于设置绘图环境中的各种参数和样式，如绘图单位、文字、标注、表格样式等。

【工具】主要为辅助工具和常规资源组织管理工具。

【绘图】包含了所有的绘图所需用到的工具。

【标注】主要用于为图形标注尺寸和文字说明等，该菜单下包含了所有尺寸标注形式。

【修改】包含了所有修改、编辑、完善图形所需要的工具。

【参数】用于管理和设置图形创建的各种参数。

【窗口】用于对当前打开的 CAD 图形文件窗口的编辑、管理。

【帮助】主要为用户提供帮助信息。

1.2.3 工具栏

工具栏位于菜单栏下方，如图 1-6 所示。用户将光标放置在工具栏图标上，即会显示该工具的名称以及基本示意图，鼠标左键单击该图标，即可开始执行命令。

图 1-6 【工具栏】

【移动工具栏】：鼠标左键按住任意一组工具栏不放，可以任意拖动其放置的位置；

【调出工具栏】：右键点击剩余工具栏空白处，勾选需要调出的工具栏，如图 1-7 所示。带有勾号的表示当前已经为打开状态，不带勾则表示未打开。一般为增大绘图区范围，通常将常用工具栏放在上方界面，将不常用工具栏隐藏，需要时再调出。

1.2.4 绘图区

AutoCAD 2016 界面上至工具栏，下至命令行的中间区域即为绘图区。用户无论是绘制二维图形还是三维图形，皆在此区域进行操作。我们可以把绘图区

图 1-7 调出工具栏

看作是可以无限放大缩小的电子屏，图形尺寸可以任意的大小，绘图时也可以放大缩小绘图区。

(1)【十字光标】　当鼠标在绘图区晃动时，光标会变成【十字光标】形态，它由十字线和拾取框两个部分叠合而成，用户在绘图时候可根据需求调整其大小，如图 1-8 所示。操作方式如下：

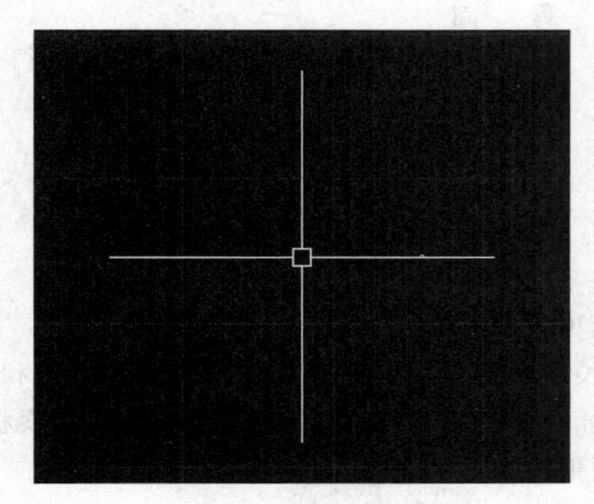

图 1-8　十字光标图

- 菜单栏→工具→选项→显示→【十字光标】大小
- 菜单栏→工具→选项→选择集→【拾取框】大小

(2)绘图区【背景颜色】　默认情况下，绘图区为深灰色，用户调整其颜色方法为：

- 菜单栏→工具→选项→显示→颜色

(3)【绘图空间】　绘图区左下有“模型、布局 1、布局 2”三个标签。代表两种不同绘图空间，即模型空间和布局。通常绘图在模型空间中进行；而布局主要用于图形的输出打印。单击标签，可以切换绘图空间。

(4)【坐标系】　在 CAD 绘图界面左下角的箭头指向图标为坐标系图标，如图 1-9 所示，表示用户绘图时正在使用的坐标系。坐标系的作用是为点的坐标确定一个参照系。CAD 中，共有 5 种坐标系统：

①WCS ——世界坐标系。即参照坐标系，WCS 是永远不改变的，其他所有的坐标系都是相对 WCS 定义的。

②UCS ——用户坐标系。即工作中的坐标系。

③ECS ——对象坐标系。

④DCS ——显示坐标系。即对象在显示前被转换的坐标系统。

⑤PSDCS ——图纸空间。

(5)【滚动条】　在 CAD 操作界面右侧的【滚动条】可替代鼠标滚轮的功能。如图 1-2 所示。操作方式如下：

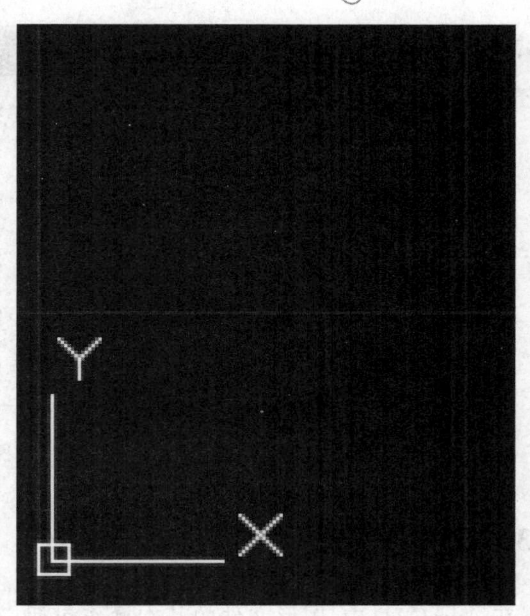

图 1-9　坐标系

- 菜单栏→工具→选项→显示→勾选【在图形窗口中显示滚动条】

1.2.5　命令行

命令行位于绘图区下方，主要用于显示当前操作命令以及提示用户可能的操作步骤。命令行是 AutoCAD 软件与用户进行数据交流最直观的平台。初学者，应当随时关注命令行的操作提示。如图 1-2 所示。另外，按 F2 键还可以打开 AutoCAD 文本窗口，当需要查询详细信息时，该窗口所显示的内容将非常有用。

1.2.6　状态栏

状态栏位于 AutoCAD 2016 界面最底部，如图 1-10 所示。状态栏主要是辅助绘图功能。状态栏主要包含三大功能，具体分为三个部分：

(1)状态栏左侧为【模型】、【布局】，用于预览图形，图形以缩略图的形式显示在界面中。

(2)状态栏右侧有【栅格】、【正交】、【极轴追踪】、【对象捕捉】等功能，通过这些设置能有效提高绘图时的精准性和效率。

(3)状态栏最右侧还有【快速查看布局】、【快速查看图形】、【注释比例】等功能，可快速实现绘图空间切换、预览已经调整工作空间等功能。

模型 1:1

模型或图纸空间　显示图纸栅格　捕捉模式　正交限制光标　按指定角度限制光标　等轴测草图　显示捕捉参照线　将光标捕捉到二维参照　显示注释对象　将比例添加到注释性对象　在注释比例发生变化时，　当前视图注释比例　切换工作空间　注释监视器　隔离对象　硬件加速　全屏显示　自定义

图 1-10　状态栏

1.3　图形文件管理

在 AutoCAD 中，图形文件的基本操作包括：新建文件、打开已有文件、保存文件、输出文件、关闭文件等，以及 AutoCAD 2016 新增的安全口令和数字签名等涉及文件管理的内容。

1.3.1　绘图单位和图形边界设置

(1)绘图单位设置　操作方式如下：

- 命令行：UN/UNITS/DDUNITS
- 菜单栏：执行【格式】|【单位】命令。

执行上述命令后，打开“图形单位”对话框，如图 1-11 所示，可设置相关参数。

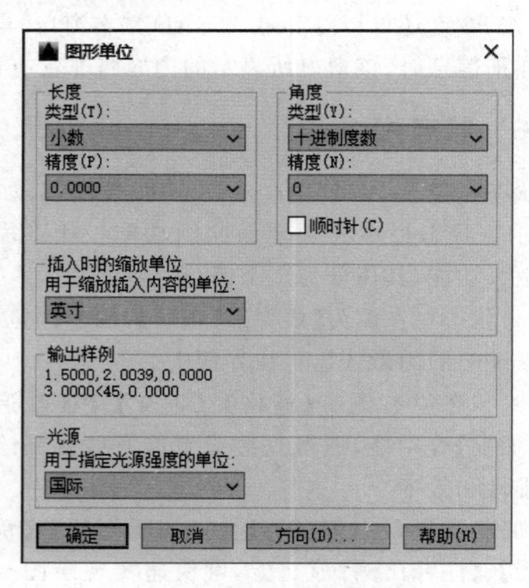

图 1-11　“图形单位”对话框

选项说明：

【长度】与【角度】：设定长度与角度的单位和精度。

【插入时的缩放单位】：控制使用工具选项板拖入当前图形的块的测量单位。

【输出样例】：显示用当前单位和角度设置的例子。

【光源】：控制当前图形中光度控制光源的强度测量单位。

【方向控制】：点击“方向控制”按钮，显示如图 1-12 所示对话框，可进行方向控制。

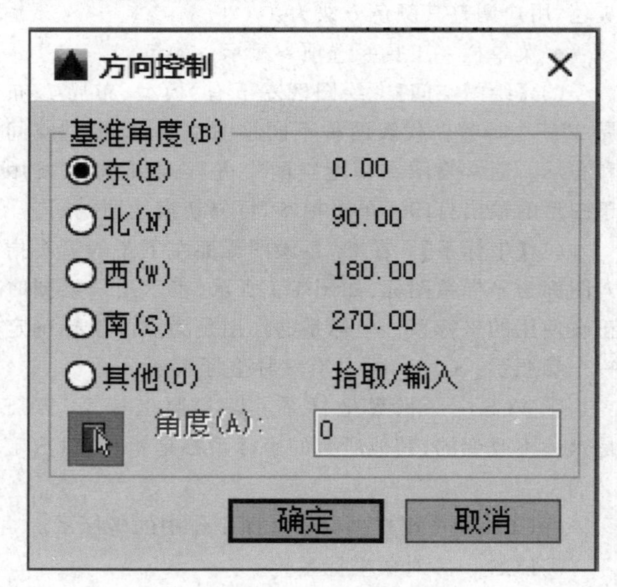

图 1-12　“方向控制”对话框

(2)图形边界设置　操作方式如下：

- 命令行：LIMITS
- 菜单栏：执行【格式】|【图形界限】命令。

★实例 1-1 演示：设置图形边界

①设置横向 A3 图幅。

②命令行输入命令：LIMITS　　　　　　　　　　　　　　// 回车，调用【图形界限】命令

③重新设置模型空间界限：

指定左下角点或[开(ON)/关(OFF)]<0.0000,0.0000>：　　　　// 默认原点为左下角点

指定右上角点<420.0000,297.0000>：420,297　　　　　　//输入右上角坐标后回车键

1.3.2　新建文件

操作方式主要有以下 4 种：

- 命令行：new。
- 菜单栏：执行【文件】|【新建】命令。或者单击，在下拉列表选择【新建】。
- 工具栏：单击快速访问工具栏【新建】按钮。
- 快捷键：Ctrl+N。

通过以上方式打开如图 1-13 所示"选择样板"对话框。此时，若选择默认样板，点击"打开"按钮。此外，也可选择其他样板样式，在右侧可进行预览，选好后点击"打开"按钮即可。

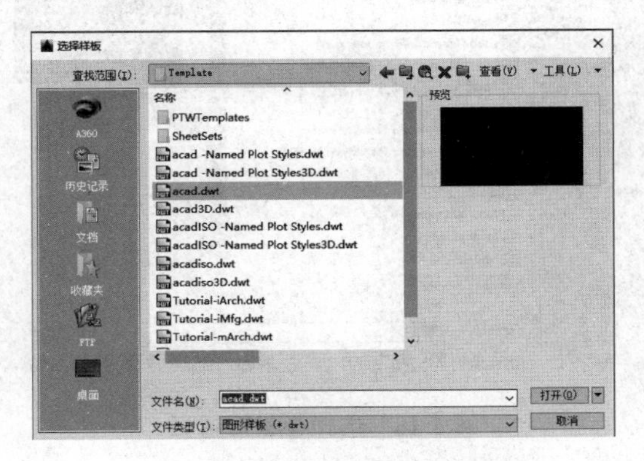

图 1-13　"选择样板"对话框

1.3.3　打开图形文件

操作方式主要有以下 4 种：

- 命令行：open。
- 菜单栏：执行【文件】|【打开】命令。或者单击，在下拉列表选择【打开】。
- 工具栏：单击快速访问工具栏【打开】按钮。
- 快捷键：Ctrl+O。

执行上述命令后，打开"选择文件"对话框，如图 1-14 所示，选择需要打开的文件，右侧可点击"预览"查看该图形的预览图像；"文件类型"下拉列表中可以选择.dwg 文件、.dwt 文件、.dxf 文件、.dws 文件。

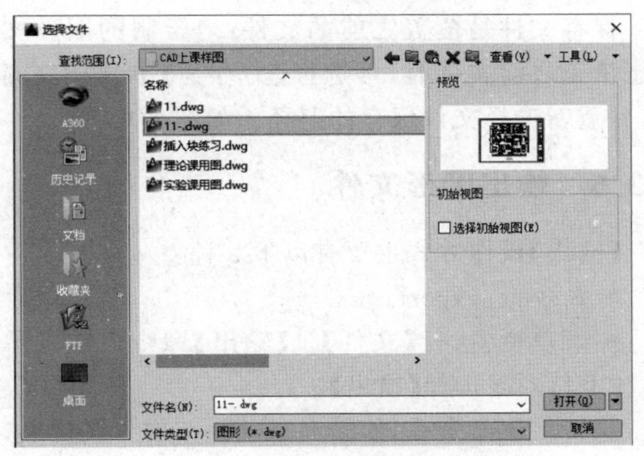

图 1-14　"选择文件"对话框

1.3.4　保存文件和另存为

【保存文件】操作方式主要有以下 4 种：

- 命令行：save。
- 菜单栏：执行【文件】|【保存】命令。或者单击，在下拉列表选择【保存】。
- 工具栏：单击快速访问工具栏【保存】按钮。
- 快捷键：Ctrl+S。

以上几种方式，在文件首次保存时，系统将会弹出"图形另存为"对话框，如图 1-15 所示。默认情况下，以文件名：Drawing1. dwg，文件类型：AutoCAD 2013(*. dwg)保存。用户也可以自行重命名和更改文件类型。

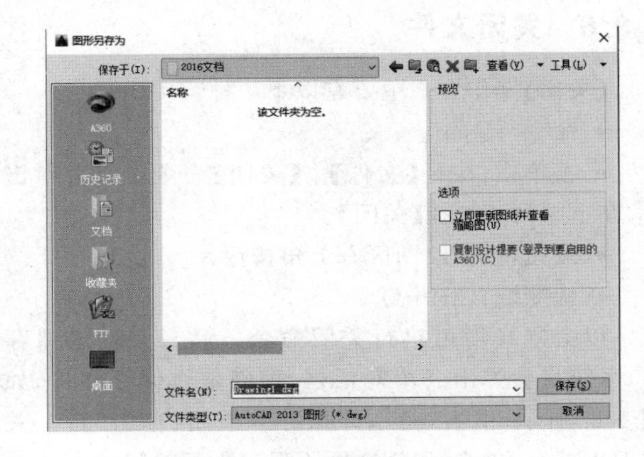

图 1-15　"图形另存为"对话框

【另存为】操作方式主要有以下 4 种：

◆ 命令行：saveas。

◆ 菜单栏：执行【文件】|【另存为】命令。或者单击,在下拉列表选择【另存为】。

◆ 工具栏：单击快速访问工具栏【另存为】按钮。

◆ 快捷键：Ctrl+Shift+S。

保存文件是覆盖之前的文件，当绘制的图形文件不想覆盖之前文件时，可选择【另存为】单独建立新文件，并重新选择文件保存的路径。如图 1-15 所示。

1.3.5　输出图形文件

【输出】操作方式主要有以下 2 种：

◆ 命令行：export。

◆ 菜单栏：执行【文件】|【输出】命令。或者单击,在下拉列表选择【输出】。

执行上述命令后，如图 1-16 所示，输入文件名，选择文件类型，即可输出文件。

图 1-16　“输出”对话框

1.3.6　关闭文件

【关闭】操作方式主要有以下 4 种：

◆ 命令行：quit。

◆ 菜单栏：执行【文件】|【关闭】命令。或者单击,在下拉列表选择【关闭】。

◆ 按钮：单击绘图区右上角按钮×。

◆ 快捷键：Ctrl+Q。

以上方式均可执行关闭命令。但当文件未保存时，系统将会弹出一个对话框，询问是否保存文件，如图 1-17 所示，单击“是”，即保存并关闭；单击“否”，关闭但不保存；单击“取消”，既不保存也不关闭。

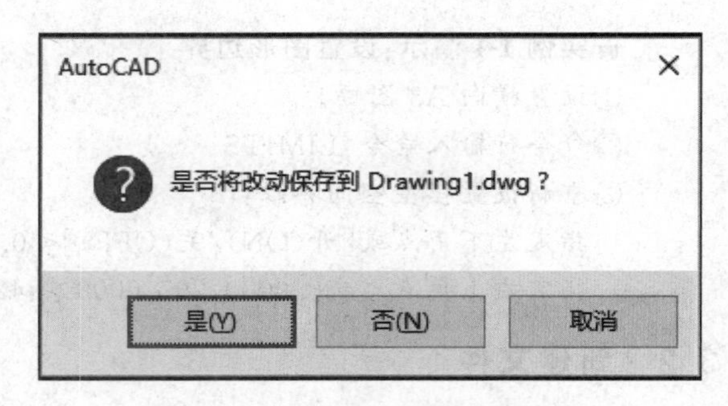

图 1-17　保存文件对话框图

1.3.7　创建样板文件

操作方式如下：

◆ 菜单栏：执行【新建】命令后，系统会出现选择样板对话框，如图 1-18 所示。选择适合的 CAD 样板后点击打开，即可在该样板下绘图。

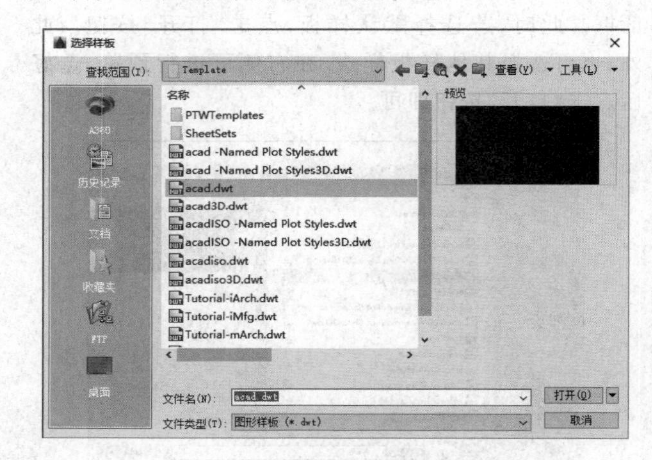

图 1-18　选择样板对话框

CAD 样板是固定的制图格式，扩展名为.dwt 格式。绘图时，可选择 CAD 中已有的样板文件，也可以重新设置样板文件中的格式，另存为.dwt 格式的新样板文件，将来制图需要时，可随时调用。

1.3.8　图形修复

操作方式如下：

◆ 命令行：drawingrecovery。

◆ 菜单栏：执行【文件】|【图形实用工具】|【图形修复管理器】命令。

执行上述命令后，界面出现如图 1-19 所示提示框，打开“备份文件”列表中的文件，可重新保存，从而修复文件。

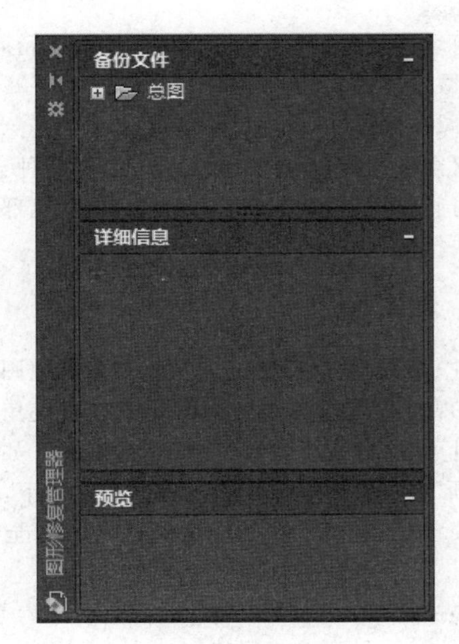

图 1-19　提示框

1.4　基本输入和图形显示操作

1.4.1　启动和结束命令的方法

(1)【启动命令】　通常有三种方法:菜单栏、工具栏和命令行。用户可以根据习惯选择适当的方式。

★实例 1-2 演示:启动"直线"命令

①菜单:绘图→直线。

②工具栏:点击图标。

③命令行: L/Line→回车键/空格键。

> **提示:** 命令字符可不区分大小写。在命令行输入命令时,只需要输入命令缩写。如 L(Line)、C(Circle)、M(More)、A(Arc)、E(Erase)、PL(Pline)、R(Redraw)等。

(2)【结束命令】　当需要结束命令时,可通过以下方式终止命令:

- ◆ 鼠标右键→确认。
- ◆ 回车键/空格键。
- ◆ ESC 键。

1.4.2　命令的重复、撤销、重做

命令的【重复】执行,操作方式主要有以下 2 种:

- ◆ 右键→"重复 ****"。
- ◆ 单击键盘"回车键/空格键",可重复调用上一个命令,无论上一个命令是已经完成或是被取消。

命令的【撤销】操作方式如下:

- ◆ 单击键盘 ESC 键,可以在命令执行的任何时候终止命令的执行。

命令的【放弃】与【重做】操作方式主要有以下 4 种:

- ◆ 命令行:redo。
- ◆ 菜单栏:执行【编辑】|【放弃】/【重做】命令。
- ◆ 按钮:单击绘图区右上角按钮。
- ◆ 快捷键:Ctrl+Z/Ctrl+Y。

1.4.3　使用鼠标操作

【滚轮】:滚动——缩放对象;

按住拖动——平移对象;

双击滚轮——将所有对象全部显示在平面中。

【鼠标左键】:主要为拾取功能,用户可用于点击界面上的菜单、工具栏按钮等。

【鼠标右键】:相当于 Enter 键,可用于重复、结束、撤销当前命令等,系统也会根据当前绘图状态而提供不同的菜单选项。

1.4.4　缩放与平移

【缩放视图】:通过缩放视图,可以放大缩小图形文件在屏幕显示时候的尺寸大小,而图形的实际尺寸并不改变。AutoCAD 2016 缩放视图操作方式主要有以下 3 种:

- ◆ 鼠标:滚动鼠标滚轮。
- ◆ 命令行:Z/Zoom。
- ◆ 菜单栏:执行【视图】|【缩放】命令。

【平移图形】:通过平移视图,可以观察到图形不同部分。操作方式主要有以下 3 种:

- ◆ 鼠标:按住鼠标滚轮移动鼠标。
- ◆ 命令行:P/Pan。
- ◆ 菜单栏:执行【视图】|【平移】命令。

1.4.5　图形对象的选择方法

(1)【窗选】和【交叉窗选】用于选择的对象较多时,操作方式如下:

- ◆ 左键在绘图区点击一下后放开并拉动鼠标,拉

动到框选区域后点击鼠标左键。

◆【窗选】:左上→右下,只有全部框选对象才能选取成功。

◆【交叉窗选】:右下→左上,只需要选取对象的部分即可以选取成功。

(2)【点选】

◆ 用于选择对象较少时。直接用鼠标左键点击需要选择的对象,当对象出现蓝色控制点时,则选择成功。如图 1-20 所示。

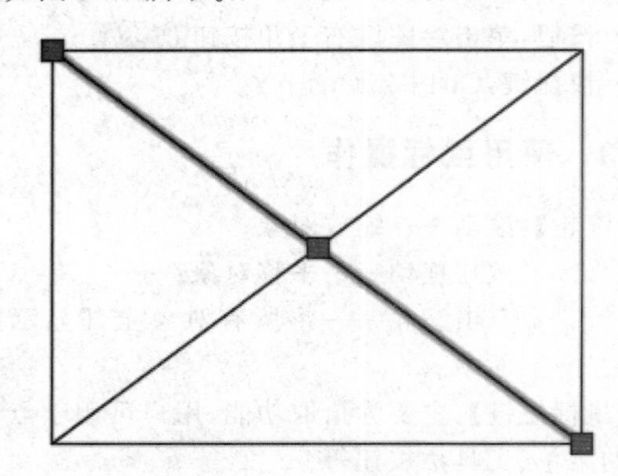

图 1-20　点选显示

(3)菜单【快速选择】

◆ 选择对象后右键点击→【快速选择】出现如图 1-21 所示对话框。选择对象类型、特性等,即可快速选择到相同的对象。

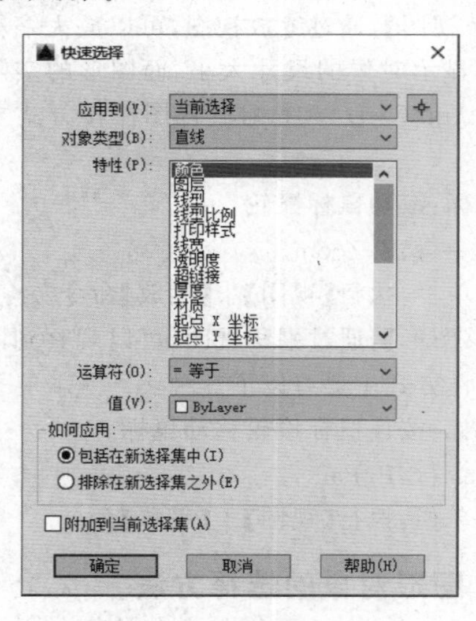

图 1-21　快速选择

(4)【增加选择】或【减少选择】

◆【增加选择】:选取对象时,直接选择需要增加的对象即可增加选择,且原来已选择的部分保留不变。

◆【减少选择】:按住 Shift 键,选择需要减去的对象,即可减少选择。

(5)【全部选择】操作方式主要有以下 2 种:

◆ 可直接用【窗选】或【交叉窗选】选择全部对象。

◆ 快捷键:Ctrl＋A 全选。

1.4.6　刷新视图

在进行缩放的过程中,CAD 可能会出现图形精度不够,表现为曲线或圆形的物体变成带有棱角的多边形。此时可采用【重生成】命令来刷新视图。如图 1-22 所示,圆形重生成前后对比图。操作方式如下:

◆ 菜单栏:执行【视图】|【重生成】或【全部重生成】命令。

◆ 快捷键:Re/Rea 回车。

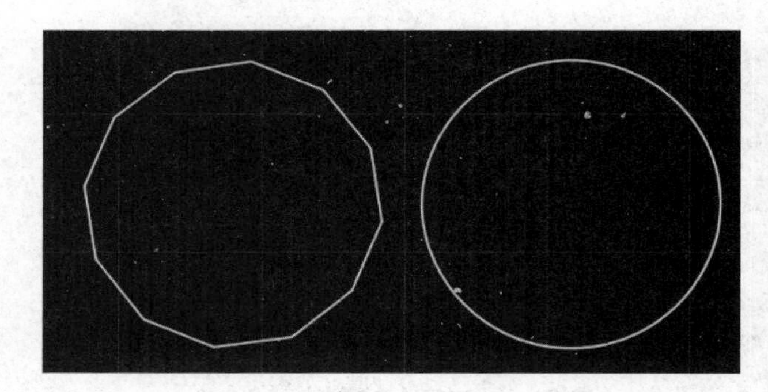

图 1-22　重生成前后

1.5　常用制图辅助工具

在图形绘制过程中,常需要借助辅助工具,才能提高绘图的精准性,并提高绘图效率。

1.5.1　栅格和捕捉

【栅格】类似于传统制图中的坐标纸,由有规则的点的矩阵组成。用户可以通过栅格数量直观地确定距离。栅格在绘图区底图上是可见的,它起到辅助功能,并不是图形对象,因此,打印的时候不会被显示。栅格可以显示和隐藏,其间距可以通过自定义进行设置。

(1)打开/关闭栅格执行方式,操作方式如下:

◆ 快捷键:F7 连续按动,可以在开与关之间切换。

◆ 状态栏:单击状态栏“显示图形栅格”开关按

钮▦。

(2)设置栅格在 X 轴和 Y 轴方向上的间距执行方式，如图 1-19 所示，操作方式如下：

◆ 命令行：DS/DSETTINGS/SE/DDRMODES。

◆ 菜单栏：执行【工具】|【绘制设置】命令。

提示：当栅格间距设置过小，打开栅格时，AutoCAD 会在文本窗口中显示"栅格太密、无法显示"；或使用缩放功能将图形缩至很小时，也会出现同样提示。

【捕捉】(非对象捕捉)功能的使用需要在栅格打开的状态下。当捕捉功能打开时，光标只能在栅格的交叉点上停留。

(1)打开/关闭【捕捉】操作方式如下：

◆ 快捷键：F9 连续按动，可以在开与关之间切换。

◆ 状态栏：单击状态栏"捕捉模式"开关按钮▦▾。

(2)设置【捕捉】类型的选项操作方式如下：

◆ 用户可指定【捕捉】模式在 X 轴方向和 Y 轴方向上的间距。

◆ 捕捉可分为【栅格捕捉】和【极轴捕捉】；栅格捕捉又有【矩形捕捉】(默认设置)和【等轴测捕捉】，如图 1-23 所示。选择栅格捕捉时，光标只能在栅格线上，等轴测捕捉常用于绘制轴测图，两种样式区别在于排列方式不同。

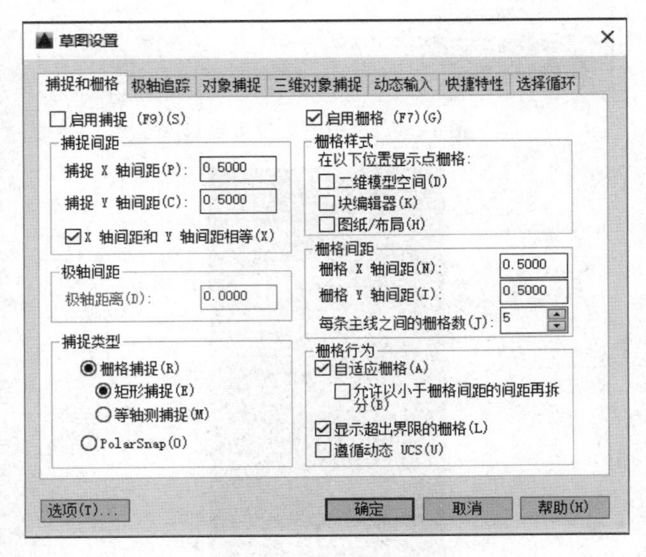

图 1-23　栅格捕捉设置

1.5.2　正交

正交绘图是指在 CAD 进行绘图时，线条绘制只能是沿 X 轴的绝对"水平"或者沿 Y 轴的绝对"垂直"，由此快速准确地绘制出水平垂直线条。

打开/关闭【正交】操作方式如下：

◆ 快捷键：F8 连续按动，可以在开与关之间切换。

◆ 状态栏：单击状态栏"正交限制"开关按钮∟。

1.5.3　对象捕捉

指在绘图时，光标能够更精准捕捉到"中点、垂点、圆心、最近点"等捕捉点，为准确、高效绘图提供了有利条件。

(1)打开/关闭【对象捕捉】操作方式如下：

◆ 快捷键：F3 连续按动，可以在开与关之间切换。

◆ 状态栏：单击状态栏"正交限制"开关按钮□▾。

(2)设置【对象捕捉】类型操作方式如下：

◆ 命令行：SE/DSETTINGS 弹出【草图设置】对话框，选择【对象捕捉】，如图 1-24 所示。凡勾选的选项，将会在绘图时捕捉，未勾选的将不会捕捉，用户可根据自己的需要选择勾选。

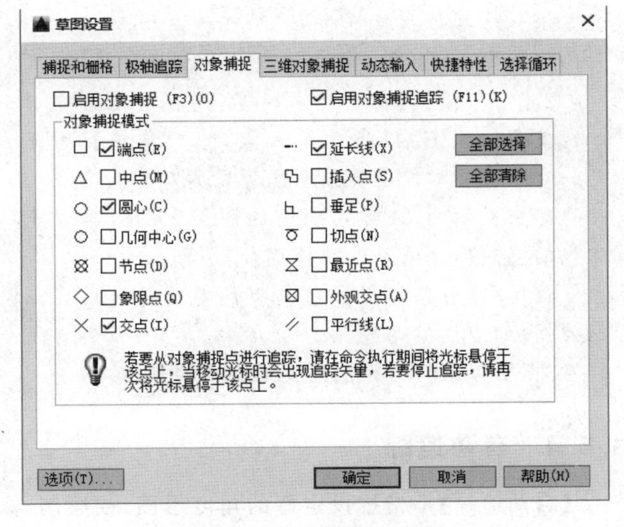

图 1-24　对象捕捉设置

◆ 状态栏：单击状态栏"正交限制"开关按钮□▾旁边的小三角，出现如图 1-25 所示，亦可直接勾选需要捕捉的点。鼠标左键点击最下面[对象捕捉设置...]，也可进入图 1-24 所示更详细的设置，可点击"全部选择"或"全部清除"选项进行快速操作。

图 1-25 对象捕捉设置状态栏

> 提示:1. 绘图过程中,若需要"临时捕捉",可按住 Shift 键,再单击鼠标右键,即可弹出如图 1-21 所示的快捷菜单,直接点选需要捕捉的类型。
>
> 2.【对象捕捉】需在绘图时候,光标带有命令时才能使用。当 CAD 提示输入点时,对象捕捉才生效。对象捕捉只能捕捉绘图区可见的对象。
>
> 3. 未显示的、关闭或冻结的图层上的对象以及虚线的空白部分则不能被捕捉。
>
> 4. 区别【对象捕捉】和【捕捉】,前者是针对图形的捕捉,如捕捉某个图形的中点、垂点等;而后者是针对"栅格"的捕捉,只能捕捉栅格上的点。

1.5.4 自动追踪

【自动追踪】是指按设定好的角度绘图,或绘制与其他对象有特定关系的对象。包括两种追踪选项:【极轴追踪】和【对象捕捉追踪】。

极轴可以理解为:一条与 X 轴形成夹角为多少度的直线。AutoCAD 中的极轴追踪就是可以沿某一角度追踪的功能。打开/关闭【极轴追踪】操作方式如下:

- 快捷键:F10 连续按动,可以在开与关之间切换。
- 状态栏:单击状态栏"极轴追踪"开关按钮。

(1)【极轴追踪】设置 在命令行输入 SE/DSETTINGS 打开"绘图设置"→"草图设置"(图 1-26),可预先设定"增量角"的角度。也可以直接点击状态栏图标旁边的小三角选择增量角度数(图 1-27)或点击"正在追踪设置"自行设置角度。

★实例 1-3 演示:绘制一条与 X 轴形成 45°角的直线

①在命令行输入 L/Line→回车键/空格键。

②在状态栏点击图标旁小三角,选择 45°增量角。如图 1-28 所示,极轴 45°。

③在绘图区域沿 45°追踪线即可画线。

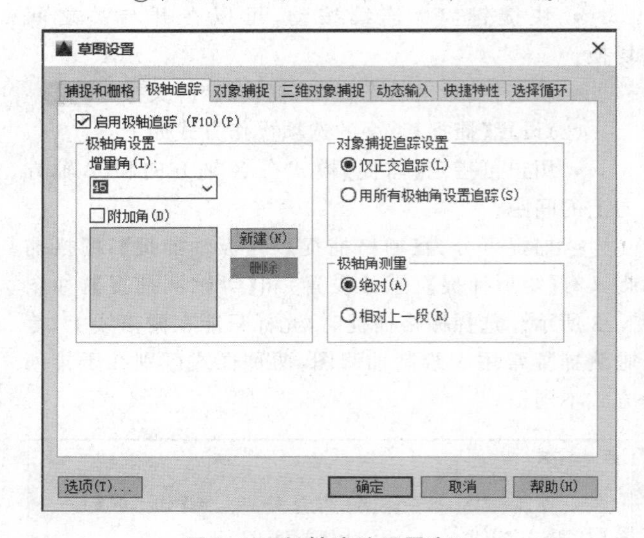

图 1-26 极轴追踪设置窗口

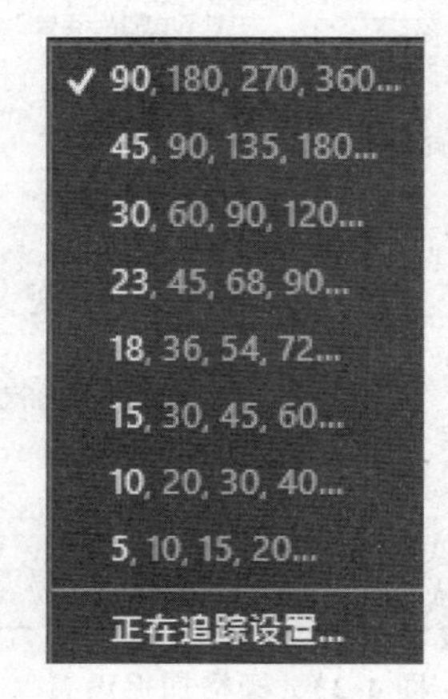

图 1-27 选择增量角

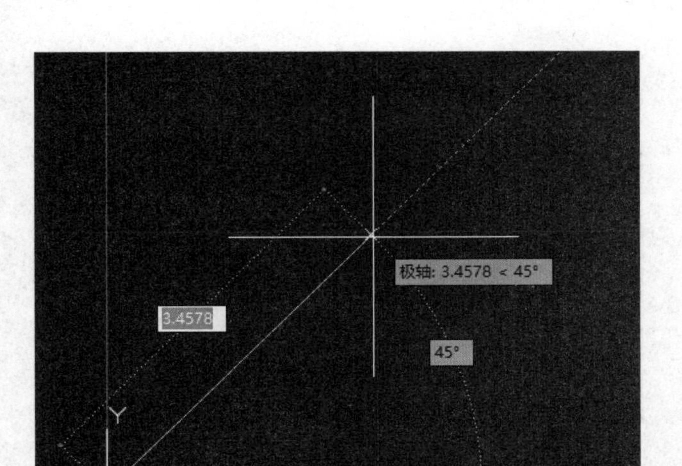

图 1-28　极轴绘制 45°直线

提示：当需要设置多个"极轴追踪"角度时，勾选图 1-26 中的"附加角"选项，然后单击"新建"，添加其他追踪角度。

(2)【对象捕捉追踪】设置　该功能是用于设置对象追踪的模式：选择"仅正交追踪"时，只能在"水平"或者"垂直"方向上显示追踪数据；选择"用所有极轴角设置追踪"，则不仅能在水平垂直方向显示追踪数据，还可以在任意的极轴角度上追踪。

(3)【极轴角测量】设置　该功能是在设置极轴角的角度测量时的参考基准：当需要在相对水平逆时针测量时，选择"绝对"选项；当需要以上一段对象作为参照基准进行测量时，选择"相对上一段"选项。

1.5.5　动态输入

【动态输入】是指在指针处显示标注输入、动态提示等信息，从而提高绘图效率。

(1) 指针输入　在命令行输入 SE/DSETTINGS 打开"草图设置"选项卡 →选择"动态输入"(图 1-29)，选择"启动指针输入"。其"设置"中可设置指针格式和可见性。

(2)标注输入　在"草图设置"选项卡中 →选择"动态输入"(图 1-29)，选择"标注输入"。其"设置"中可设置可见性。

(3)动态提示　在"草图设置"选项卡中，选择"动态提示"中的"在十字光标附近显示命令提示和命令输入"，即可在光标附近显示提示(图 1-30)，用户可随时查看数据，可提高绘图效率。

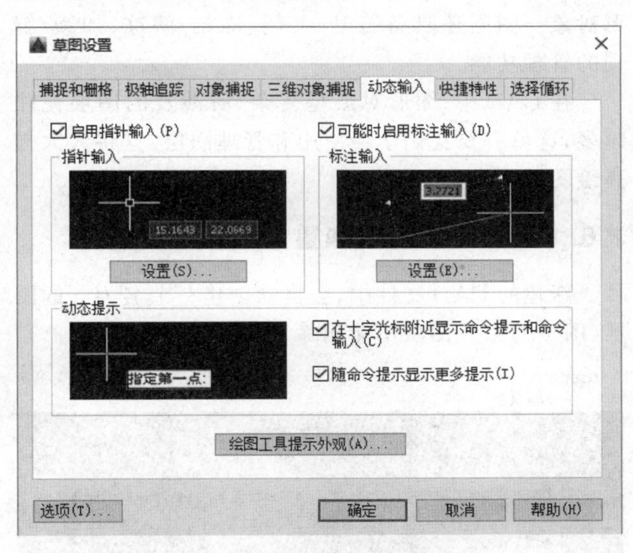

图 1-29　动态输入

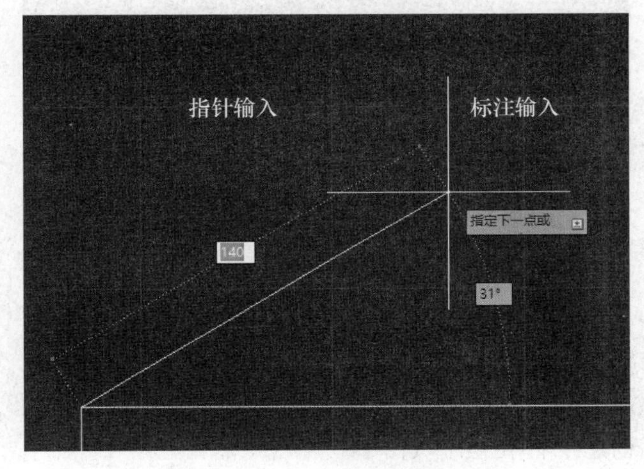

图 1-30　指针和标注输入

1.6　图层设置

AutoCAD 中的图层是一个管理图形对象的工具。如同手工绘图中重叠的透明图纸，用不同的层来显示不同的图形对象，叠加之后，就形成完整的图形对象。

用户在绘图时，一定是绘制在某个图层之上，可能是默认的图层，也可能是自己创建的图层。在一个图形文件中，图层的数量是不受限制的，图层可以被重命名(0 图层除外)。

每个图层都可以有自己的颜色、线型、线宽等特

性，每个图层可分别编辑，这样便可轻松区分不同的图形对象。图层还具备打开/关闭、冻结/解冻、加锁/解锁的管理功能。

在 CAD 中，图形对象越复杂，所涉及的图层往往越多，这就需要我们学会使用和管理图层，这将大大提高绘图效率。

1.6.1 建立新图层和重命名图层

新建的 CAD 文件中，会自动创建一个名为 0 的图层（图 1-31），该图层不能删除，也不能被重命名。

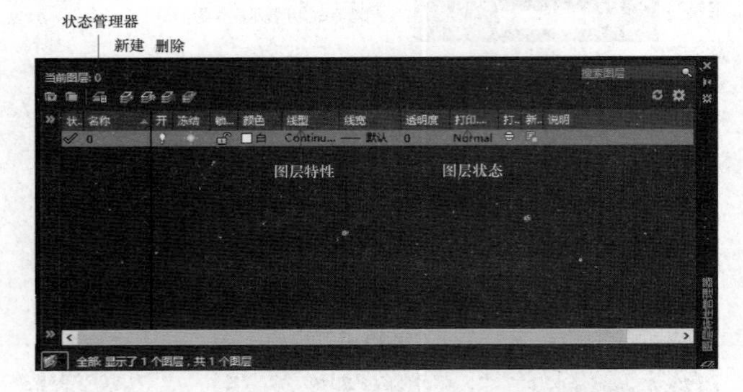

图 1-31　默认 0 图层

（1）创建新图层，操作方式主要有以下 3 种：

- 命令行：LA/LAYER。
- 菜单栏：执行【格式】|【图层】命令。
- 工具栏：单击“工具栏”中的【图层特性】按钮。

执行上述命令后，打开“图层特性管理器”对话框（图 1-31）。单击该对话框中“新建图层”按钮，对话框中出现名为“图层 1”的新图层，按照相同方法可再创建一个“图层 2”（图 1-32）。

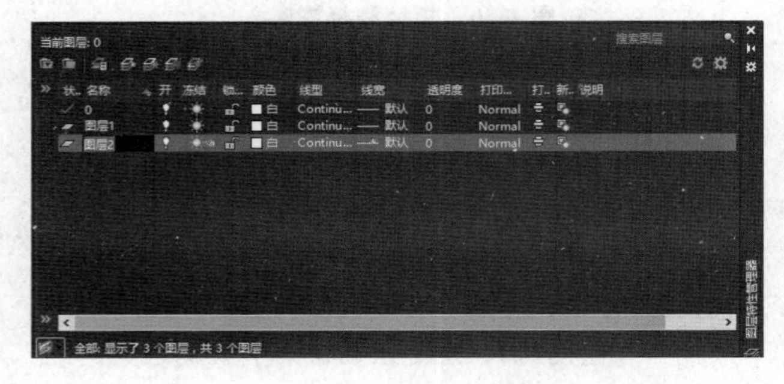

图 1-32　新建图层

（2）重命名图层，操作方式如下：

单击需要重命名的图层，按 F2 键即可重命名；也可以直接“双击”需修改图层名称，输入新名称，例如“墙体”“植物”然后按回车键或鼠标左键以完成修改（图 1-33）。

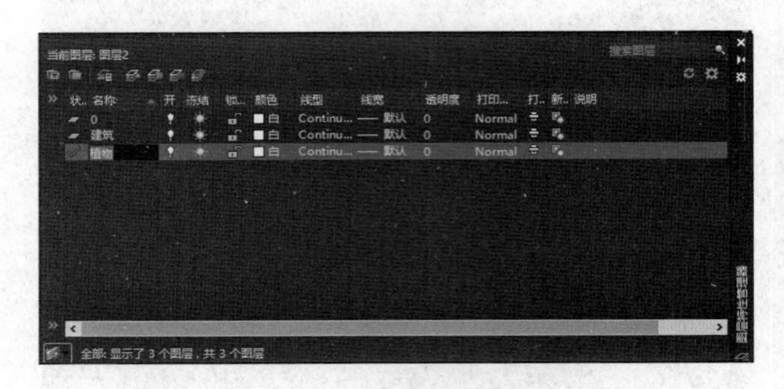

图 1-33　重命名图层

1.6.2 设置图层特性

每个图层的特性包括：颜色、线型、线宽等（图 1-31）。

（1）设置【图层颜色】　将图层设置为不同的颜色，可更直观地区分不同对象，提高绘图便捷性。CAD 提供七种标准颜色：红、黄、绿、青、蓝、紫、白。图层默认颜色为白色。用户可使用“索引颜色”“真彩色”“配色系统”三种颜色模式。

操作方式如下：单击图层对应的颜色按钮□白，弹出“选择颜色”对话框。点击“绿”色作为图层颜色后，选择“确定”（图 1-34）。而此时的“真彩色”（图 1-35）和“配色系统”（图 1-36）也会相应地显示“绿色”的表达方式。

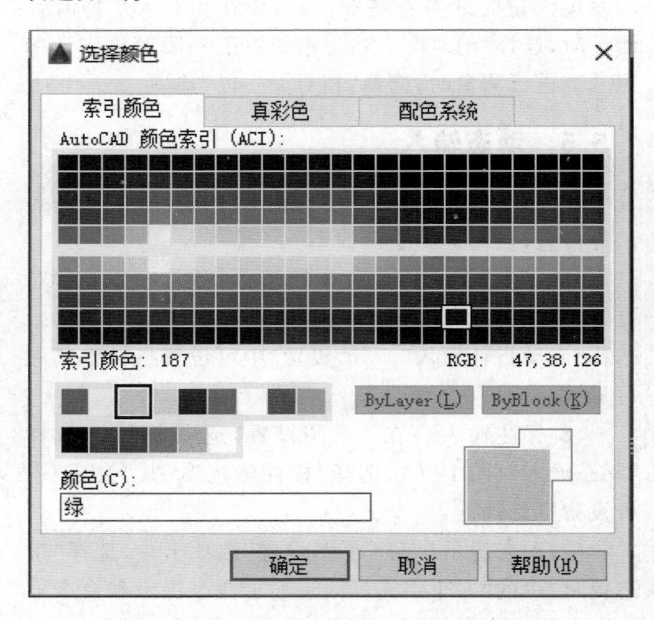

图 1-34　“选择颜色”对话框

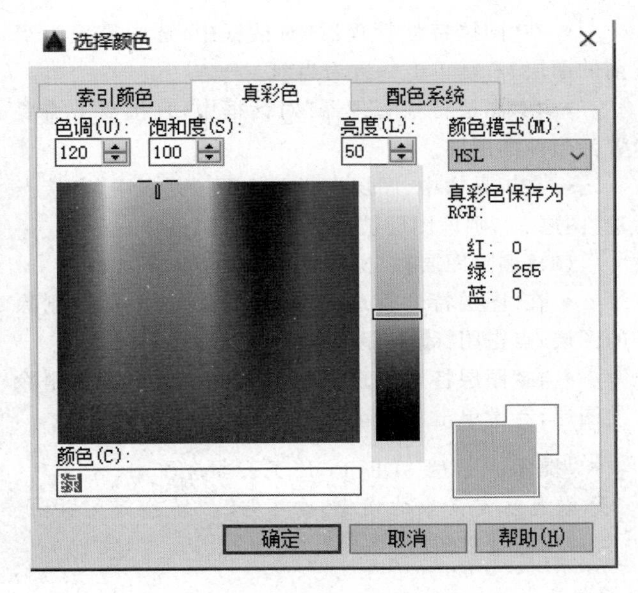

图 1-35 “真彩色”对话框图

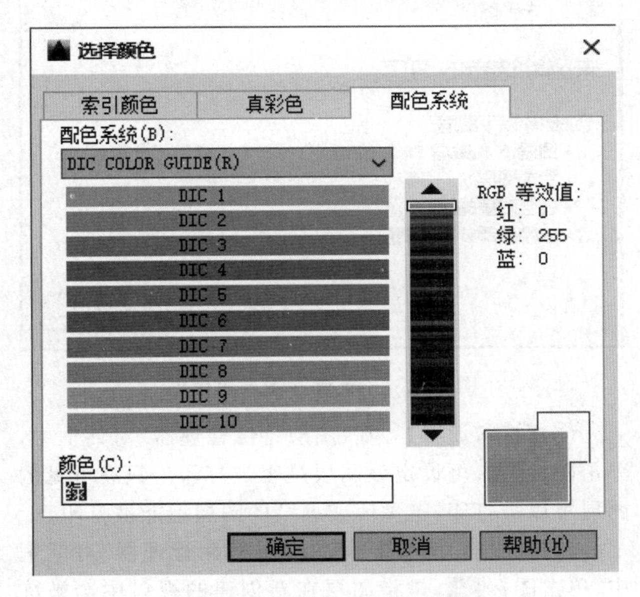

图 1-36 “配色系统”对话框

(2)设置【图层线型】 线型是图形的基本构成方式,如实线、虚线等,在实际绘图中,常常用线型区分图层。

操作方式如下:打开“图层特性管理器”对话框,选择需要修改的图层,点击默认线型“Continuous”,打开“选择线型”对话框(图 1-37)。若需要更多线型,点击“加载”,即可获得更多线型选项,点选需要的线型,点击“确定”即可将该线型加载至“选择线型”对话框中(图 1-38)。

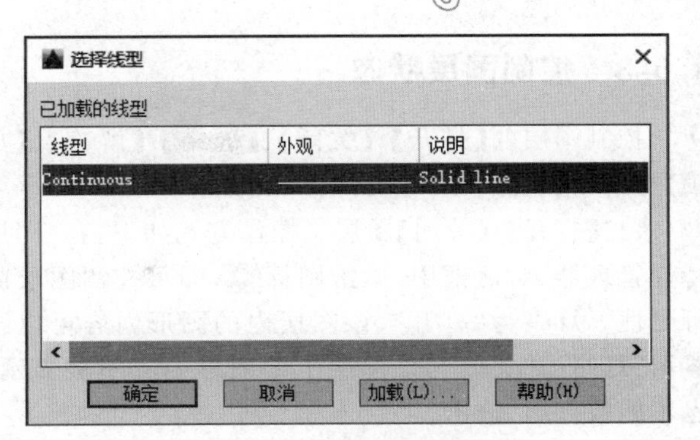

图 1-37 “选择线型”对话框

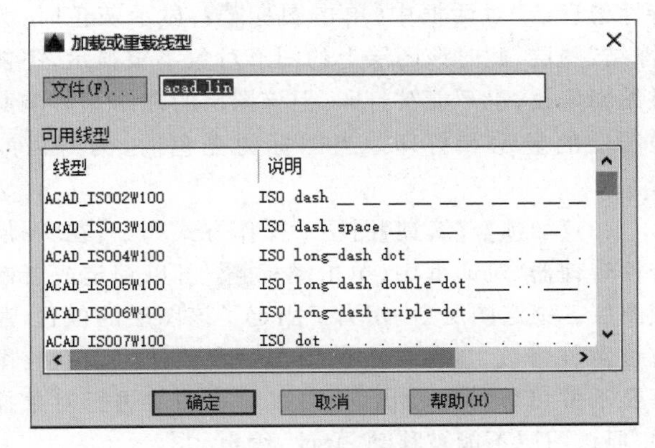

图 1-38 “加载线型”对话框

(3)设置【图层线宽】 线宽即线的宽度,用不同线宽表现图形对象类型。

操作方式如下:打开“图层特性管理器”对话框,选择需要修改的图层,点击“线宽”一栏中的图标 —— 默认,打开“线宽”对话框(图 1-39)。即可选择需要的线型宽度。在 CAD 绘图中,线宽不会随着图形的放大缩小而变化。设置了图层的线宽一定要打开状态栏下面的【线宽显示】否则依然是默认的线宽。

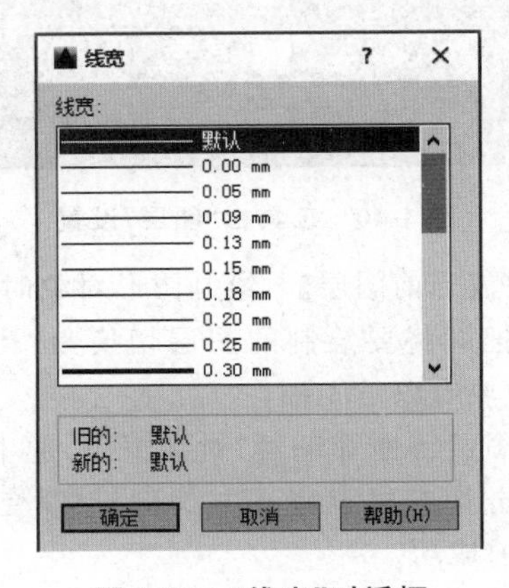

图 1-39 “线宽”对话框

1.6.3 控制图层状态

控制图层的【打开】/【关闭】、【冻结】/【解冻】、【加锁】/【解锁】状态。

(1)【打开】/【关闭】图层　操作方式如下：在“图层特性管理器”对话框中，单击图标，即可控制图层的可见性。灯亮为“打开”，该图层内的图形内容可以被显示；灯暗为“关闭”，该图层上的图形内容不被显示，也不能被打印、输出。

(2)【冻结】/【解冻】图层　操作方式如下：在“图层特性管理器”对话框中，单击图标，显示灰色时，为“冻结”图层，此时该图层上的图形对象不被显示，不能被编辑修改，也不能被打印，但该图层的冻结不影响其他图层的显示和打印。当图标为亮色时，为“解冻”状态。

(3)【加锁】/【解锁】图层　操作方式如下：在“图层特性管理器”对话框中，单击图标，可以锁定或者解锁图层。锁定图层后，相当于固定了该图层的位置，避免意外修改；该图层上的图形对象依然可以在绘图区显示并可以打印输出，也可以对该图层进行对象捕捉，但该图层不能被移动、修改、编辑。

提示：控制图层的打开/关闭、冻结/解冻、加锁/解锁状态，均可以通过工具栏，图层设置面板下拉列表中，点击相关图标来实现控制。图层 1 为锁定状态，图层 2 为关闭状态，图层 3 为冻结状态(图 1-40)。

图 1-40　工具栏“图层”设置

(4)设置【当前图层】　绘制图形对象时，面对多个图层，需要把即将要绘制的图层切换为“当前图层”。操作方式主要有以下 4 种：

◆ 在“图层特性管理器”对话框中，选中置为当前的图层，点击状态栏对应下方的图标变成图标时，置为当前成功。

◆ 在“图层特性管理器”对话框中，选中需置为当前的图层，右键单击→置为当前。

◆ 在“图层特性管理器”对话框中，直接双击需要置为当前的图层。

◆ 在工具栏中，图层设置面板下拉列表中，直接点选“图层 2”，则该图层被置为当前(图 1-40)。

(5)【删除图层】　操作方式主要有以下 2 种：

◆ 在“图层特性管理器”对话框中，选中需要删除的图层，点击图标，即可删除。

◆ 在“图层特性管理器”对话框中，选中需要删除的图层，右键单击→删除图层。

提示：0 图层、DEFPOINTS、当前图层、包含对象(包括块定义中的图像)的图层、依赖外部参照图层都不能被删除(图 1-41)。

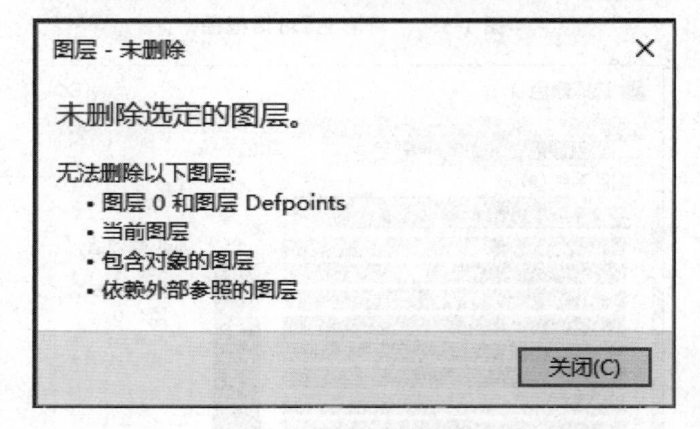

图 1-41　不能删除图层提示框

(6)【打印设置】　在“图层特性管理器”对话框中，单击图标，可设定该图层是否被打印。只有可见的图层可以被打印，被关闭或冻结的图层不能被打印。

(7)【新视口冻结】　在“图层特性管理器”对话框中，单击图标，是指图层在新创建的视口中会被冻结，在其他视口不会被冻结。

1.6.4 切换图层内容

在 CAD 绘图过程中，若需要将“图层 1”的部分图形对象移动到“图层 2”，操作方式主要有以下 2 种：

◆ 工具栏：选取图层 1 上需要移动的图形对象后，直接在工具栏→图层设置下拉列表中，点选移动后到达的图层 2 即可。

◆ 命令行：MA/MATCHPROP 通常称“格式刷”，

通过选择源对象→选择目标对象即可。这样便可把源对象的特性全部克隆到目标对象(图 1-42)。

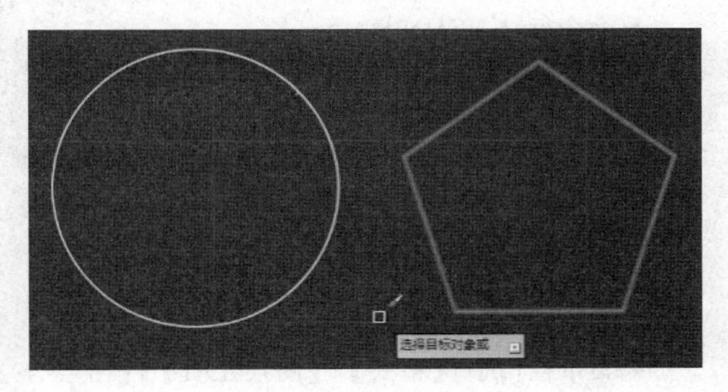

图 1-42　克隆图层内容

1.6.5　图层工具

主要是图层中的管理、编辑工具。

◆ 菜单栏：执行【格式】|【图层工具】命令即可打开，如图 1-43 所示。

图 1-43　“图层工具”菜单

(1)上一个图层　用于返回到上一个图层状态，放弃对图层设置所做的更改。操作方式主要有以下 3 种：

◆ 命令行：LAYERP。

◆ 菜单栏：执行【格式】|【图层工具】|【上一个图层】命令。

◆ 工具栏：单击【图层】中的【上一个】按钮。

(2)图层漫游　用于显示选定图层上的对象，而隐藏其他图层上的对象，操作方式主要有以下 3 种：

◆ 命令行：LAYWALK。

◆ 菜单栏：执行【格式】|【图层工具】|【图层漫游】命令。

◆ 工具栏：单击【图层】中的【图层漫游】按钮。

执行以上命令后，则弹出【图层漫游】对话框，如图 1-44 所示，通过该对话框，来显示或隐藏对象或图层。

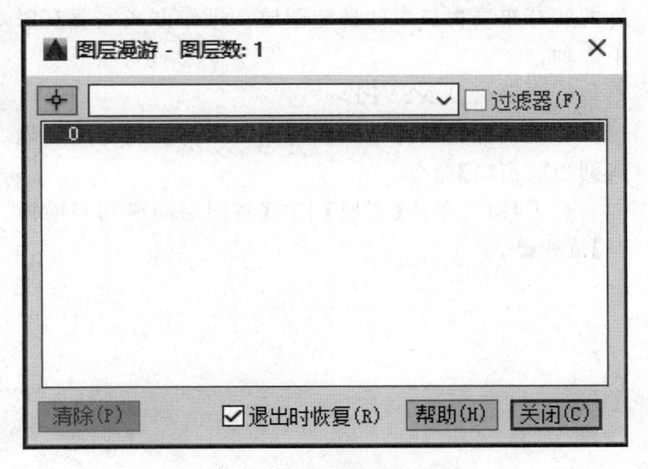

图 1-44　“图层漫游”菜单

(3)图层匹配　更改选定对象所在的图层，与另外的目标图层相匹配。操作方式主要有以下 3 种：

◆ 命令行：LAYMCH。

◆ 菜单栏：执行【格式】|【图层工具】|【图层匹配】命令。

◆ 工具栏：单击【图层】中的【图层匹配】按钮。

(4)更改为当前图层　将选定的图层更改为当前的图层。操作方式主要有以下 3 种：

◆ 命令行：LAYCUR。

◆ 菜单栏：执行【格式】|【图层工具】|【更改为当前图层】命令。

◆ 工具栏：单击【图层】中的【更改为当前图层】按钮。

(5)将对象复制到新图层　将一个或多个对象复制到其他图层。操作方式主要有以下 3 种：

◆ 命令行：COPYTOLAYER。

◆ 菜单栏：执行【格式】|【图层工具】|【将对象复制到新图层】命令。

◆ 工具栏：单击【图层】中的【将对象复制到新图层】按钮。

(6)图层隔离　把所要编辑的图层单独隔离出来，

其他层为不可编辑状态(锁定或者被隐藏)。操作方式主要有以下 3 种:

◆ 命令行:LAYISO。

◆ 菜单栏:执行【格式】|【图层工具】|【图层隔离】命令。

◆ 工具栏:单击【图层】中的【图层隔离】按钮。

(7)将图层隔离到当前窗口　冻结除当前视口以外的所有布局视口中的选定图层。操作方式主要有以下 3 种:

◆ 命令行:LAYVPI。

◆ 菜单栏:执行【格式】|【图层工具】|【将图层隔离到当前窗口】命令。

◆ 工具栏:单击【图层】中的【将图层隔离到当前窗口】按钮。

(8)取消图层隔离　恢复图层隔离命令隐藏或锁定的图层。操作方式主要有以下 3 种:

◆ 命令行:LAYUNISO。

◆ 菜单栏:执行【格式】|【图层工具】|【取消图层隔离】命令。

◆ 工具栏:单击【图层】中的【取消图层隔离】按钮。

(9)图层合并　将选定的图层从原来的图层中去除,合并到目标图层中。

◆ 命令行:LAYMRG。

◆ 菜单栏:执行【格式】|【图层工具】|【图层合并】命令。

◆ 工具栏:单击【图层】中的【图层合并】按钮。

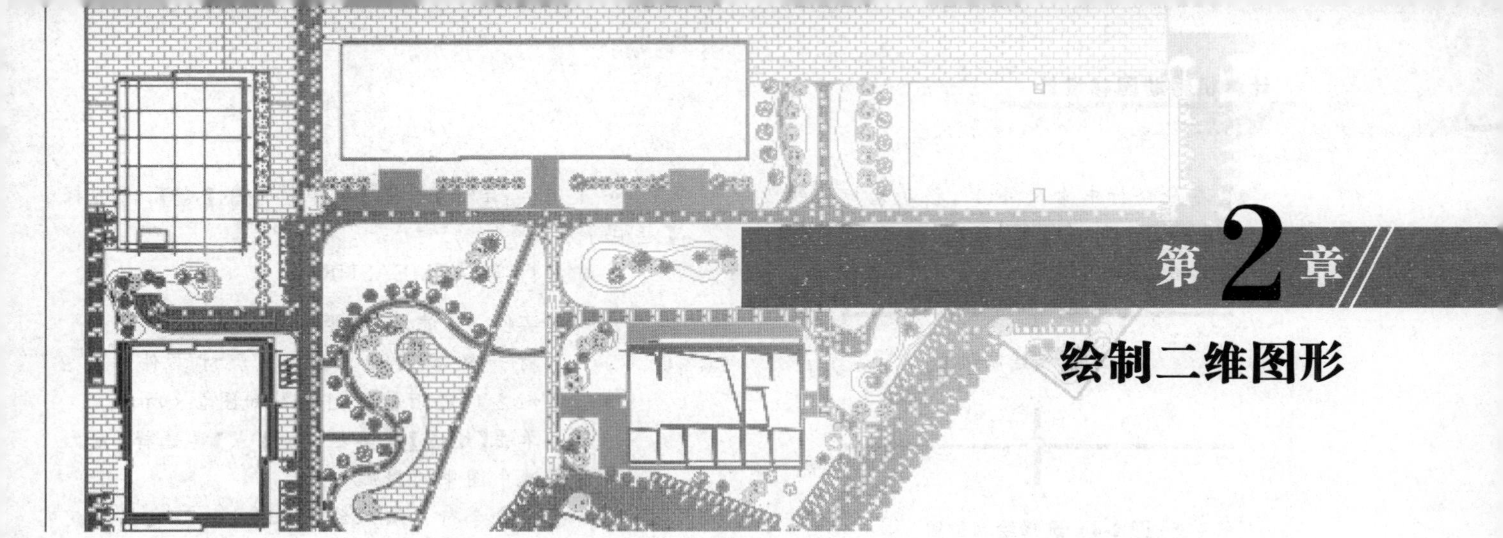

第2章 绘制二维图形

2.1 点的绘制

2.1.1 设定点的样式和大小

点样式和大小的设定方式主要有以下2种：

◆ 菜单栏：单击【格式】菜单栏中的【点样式】，弹出【点样式】对话框。

◆ 命令行：输入【PTYPE】弹出【点样式】对话框。

★实例2-1 演示：设定点样式

①在命令行输入【PTYPE】，弹出点样式对话框，如图2-1所示。

②在对话框里选择【X】型点样式。

③选择“按绝对单位设置大小”，“点大小”设置为1，如图2-2所示，完成后点“确定”。

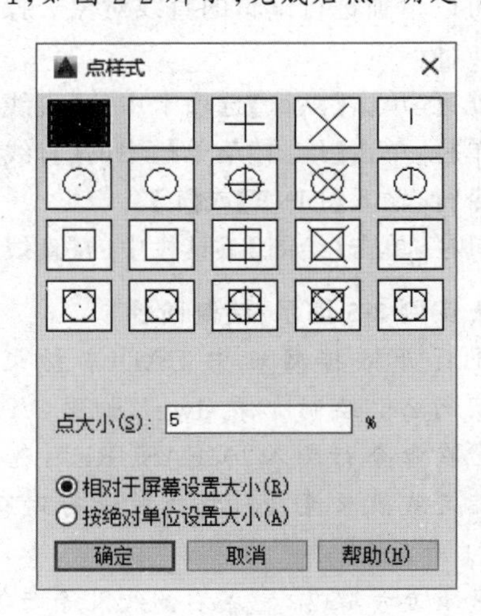

图2-1 点样式对话框

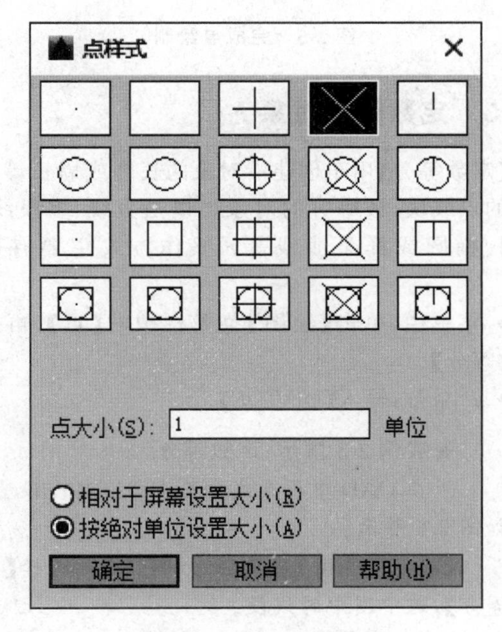

图2-2 完成点样式设置

2.1.2 绘制点

【点】的绘制方式主要有以下4种：

◆ 功能区：单击【默认】选项卡中的【点】图标 ▪ 。

◆ 菜单栏：单击【绘图】菜单栏中的【点】，再选择【单点】或【多点】。

◆ 命令行：输入【POINT】或者【PO】。

◆ 工具栏：单击【绘图】工具栏中的【点】图标 ▪ 。

★实例2-2 演示：点的绘制

①在CAD中用直线命令“L”绘制一段直线，如图2-3所示。

②在命令行中输入“PO”,移动光标至线段中点,如图 2-4 所示。

③单击鼠标完成点绘制,如图 2-5 所示。

图 2-3　待绘制对象

图 2-4　选择绘制位置

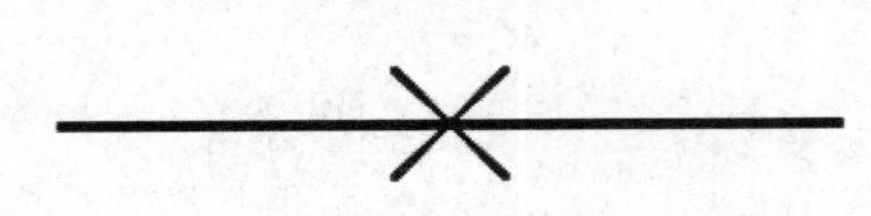

图 2-5　完成点绘制

2.1.3　定数等分对象

【定数等分】用于创建沿对象的长度或周长等间隔排列的点或块,被等分的对象可以是直线、多段线、圆弧、圆、椭圆或样条曲线等。操作方式主要有以下 2 种:

- 菜单栏:单击【绘图】菜单栏中的【点】,再选择【定数等分】。
- 命令行:输入【DIVIDE】。

★实例 2-3 演示:定数等分

①在 CAD 中用直线命令“L”绘制一段直线,如图 2-6 所示。

②单击【绘图】菜单栏中的【点】再选择【定数等分】,选中图中的线段。

③在命令行中输入线段数目:6,按空格确定完成等分,如图 2-7 所示。

图 2-6　待等分对象

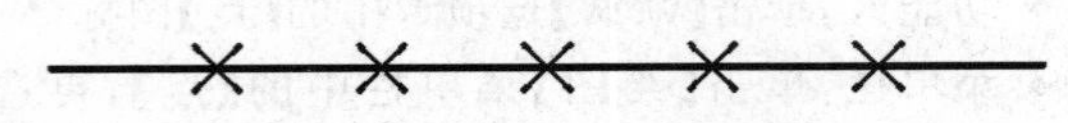

图 2-7　线段等分为 6 段

2.1.4　定距等分对象

【定距等分】用于沿对象的长度或周长按测定间隔创建点或块。操作方式主要有以下 2 种:

- 菜单栏:单击【绘图】菜单栏中的【点】,再选择【定距等分】。
- 命令行:输入【MEASURE】。

★实例 2-4 演示:定距等分

①打开链接网址中 CAD 素材文件—第 2 章—实例 2-4“定距等分.dwg”,如图 2-8 所示。

②单击【绘图】菜单栏中的【点】再选择【定距等分】,选中图中的圆弧。

③在命令行中输入线段长度:6,按空格确定完成等分,如图 2-9 所示。

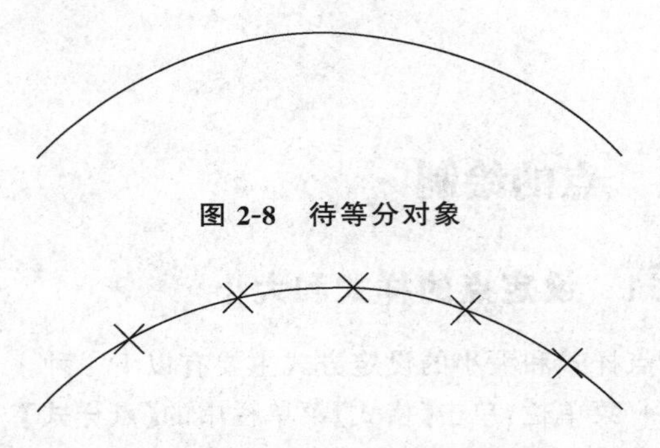

图 2-8　待等分对象

图 2-9　圆弧以 6 为长度等分

2.2　直线类的绘制

2.2.1　绘制直线

【直线】命令用于创建一系列连续的直线段,每条线段都是可以单独进行编辑的直线对象。操作方式主要有以下 4 种:

- 功能区:单击【默认】选项卡中的【直线】图标。
- 菜单栏:单击【绘图】菜单栏中的【直线】。
- 命令行:输入【LINE】或【L】。
- 工具栏:单击【绘图】工具栏中的【直线】图标。

★实例 2-5 演示:绘制阶梯

①打开链接网址中 CAD 素材文件—第 2 章—实例 2-5“绘制阶梯.dwg”,如图 2-10 所示。

②在命令行输入“MEASURE”,选定左侧线段,[指定线段长度]20,将线段进行定距等分,如图 2-11 所示。

③重复步骤②,完成右侧线段等距等分,如图 2-12 所示。

④在命令行输入“L”，选定左侧线段顶点，移动光标至右侧线段顶点，将会出现直线预览，点击鼠标左键完成直线绘制，如图2-13所示。

⑤重复步骤④，依次连接两条线段上对应的等分点，如图2-14所示。

⑥选中线段上的等分点，在命令行输入“E”将其删除，完成阶梯的绘制，如图2-15所示。

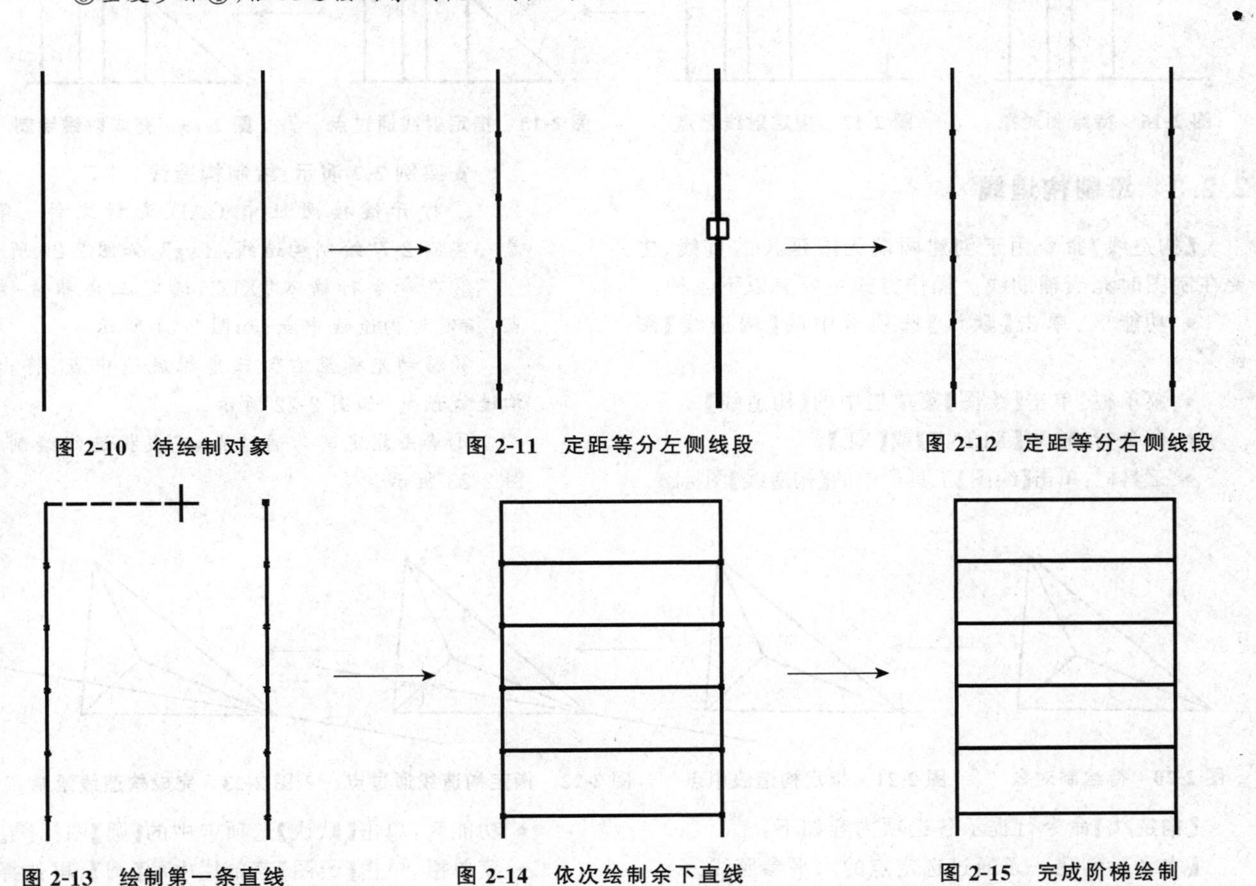

图2-10　待绘制对象　图2-11　定距等分左侧线段　图2-12　定距等分右侧线段

图2-13　绘制第一条直线　图2-14　依次绘制余下直线　图2-15　完成阶梯绘制

【直线】命令行提示各选项内容如下：

【放弃】：删除直线序列中最近创建的线段。

【闭合】：连接第一个和最后一个线段。

提示：直接按Enter键，直线起点将是上一次创建的直线、多段线或圆弧的端点。如果上一次创建的是圆弧，则直线与此圆弧相切且起点为圆弧的端点。

2.2.2　绘制射线

【射线】命令用于创建始于一点并无限延伸的线性对象，可作为创建其他对象的参照。操作方式主要有以下3种：

- 功能区：单击【默认】选项卡中的【射线】图标。
- 菜单栏：单击【绘图】菜单栏中的【射线】。
- 命令行：输入【RAY】。

★实例2-6演示：绘制夹角参照线

①打开链接网址中CAD素材文件—第2章—实例2-6“绘制夹角参照线.dwg”，如图2-16所示。

②在命令行输入“RAY”，选定线段左侧端点，指定为射线起点，如图2-17所示。

③移动光标至右侧矩形角点，将出现射线预览，如图2-18所示。

④单击指定其为通过点，完成射线绘制，如图2-19所示。

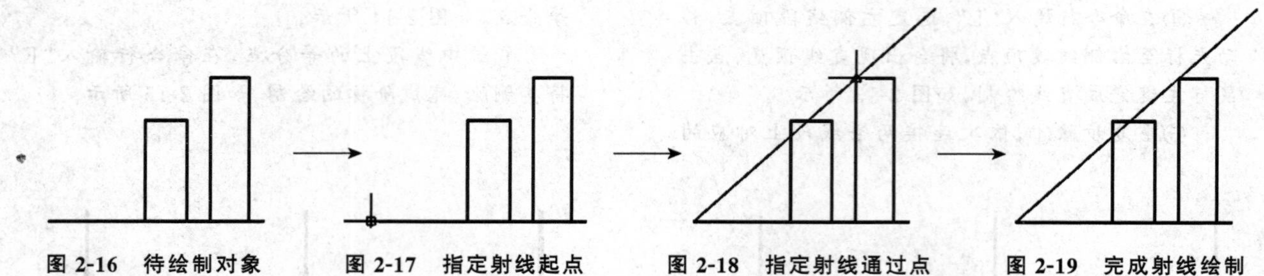

图 2-16　待绘制对象　　图 2-17　指定射线起点　　图 2-18　指定射线通过点　　图 2-19　完成射线绘制

2.2.3　绘制构造线

【构造线】命令用于创建两端无限延长的直线，主要在制图时充当辅助线。操作方式主要有以下 4 种：

- 功能区：单击【默认】选项卡中的【构造线】图标。
- 菜单栏：单击【绘图】菜单栏中的【构造线】。
- 命令行：输入【XLINE】或【XL】。
- 工具栏：单击【绘图】工具栏中的【构造线】图标。

★实例 2-7 演示：绘制构造线

①打开链接网址中 CAD 素材文件—第 2 章—实例 2-7“绘制构造线.dwg”，如图 2-20 所示。

②在命令行输入“XL”，选定三角锥左侧角点，指定为构造线中点，如图 2-21 所示。

③移动光标至右侧三角锥底边中点，将出现构造线预览，如图 2-22 所示。

④单击指定其为通过点，完成构造线绘制，如图 2-23 所示。

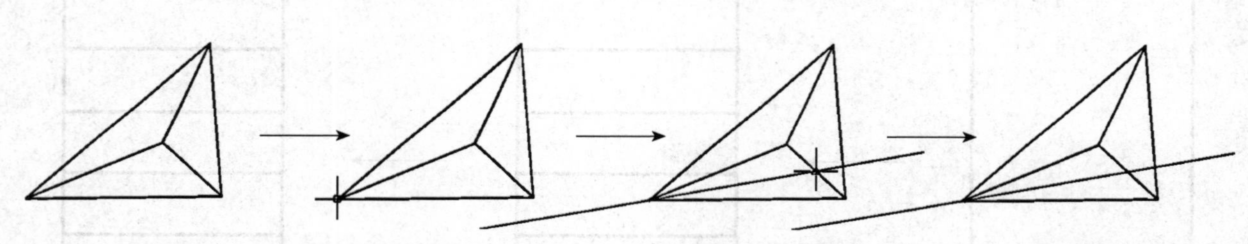

图 2-20　待绘制对象　　图 2-21　指定构造线中点　　图 2-22　指定构造线通过点　　图 2-23　完成构造线绘制

【构造线】命令行提示各选项内容如下：

【水平】：创建一条通过选定点的水平参照线。

【垂直】：创建一条通过选定点的垂直参照线。

【角度】：以指定的角度创建一条参照线。

【二等分】：创建一条参照线，它经过选定的角顶点，并且将选定的两条线之间的夹角平分。

【偏移】：创建平行于另一个对象的参照线。

【偏移距离】：指定构造线偏离选定对象的距离。

【通过】：创建从一条直线偏移并通过指定点的构造线。

2.3　圆类的绘制

2.3.1　绘制圆和圆弧

【圆】的操作方式主要有以下 4 种：

- 功能区：单击【默认】选项卡中的【圆】图标。
- 菜单栏：单击【绘图】菜单栏中的【圆】，再选择子菜单，如图 2-24 所示。
- 命令行：输入【CIRCLE】或者【C】。
- 工具栏：单击【绘图】工具栏中的【圆】图标。

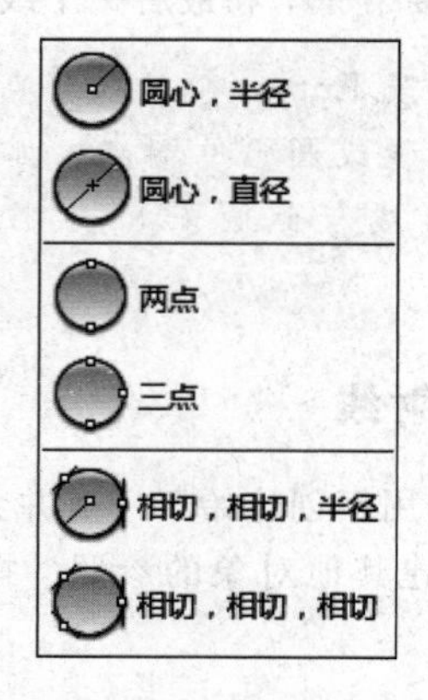

图 2-24　圆的 6 种绘制方式

★实例 2-8 演示：绘制庭院灯

①打开链接网址中 CAD 素材文件—第 2 章—实例 2-8“绘制庭院灯.dwg”，如图 2-25 所示。

②在命令行输入“C”，选定左侧灯杆顶端中点，指定为圆心，如图 2-26 所示。

③命令行输入［圆的半径］5，完成灯罩的绘制，如图 2-27 所示。

④重复步骤②和③，完成剩余两个灯罩的绘制，如图 2-28 所示。

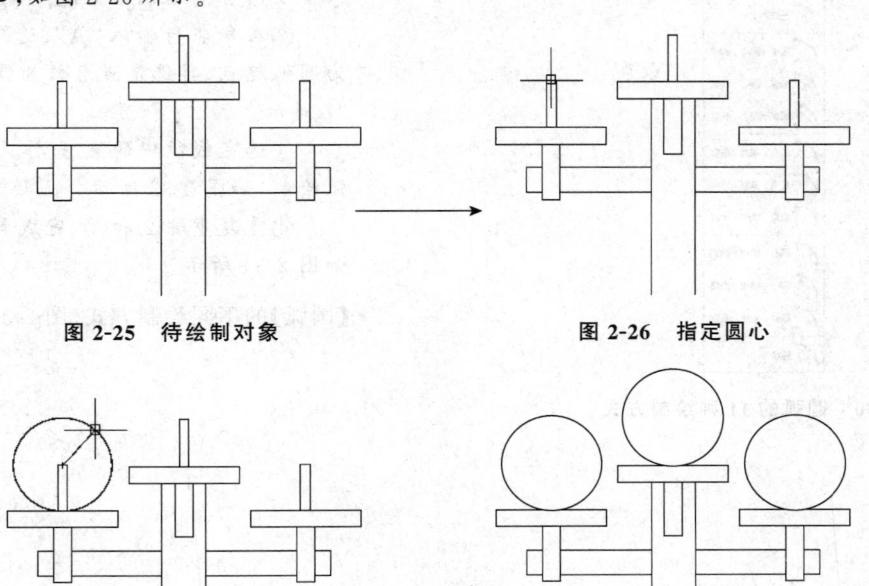

图 2-25　待绘制对象　　图 2-26　指定圆心

图 2-27　指定圆半径　　图 2-28　完成圆绘制

【圆】的不同绘制方式（图 2-29）如下：

【圆心、半径】：基于圆心和半径值创建圆。

【圆心、直径】：基于圆心和直径值创建圆。

【三点】：基于圆周上的三点创建圆。

【两点】：基于直径的两个端点创建圆。

【相切、相切、相切】：创建相切于三个对象的圆。

【相切、相切、半径】：基于指定半径和两个相切对象创建圆。

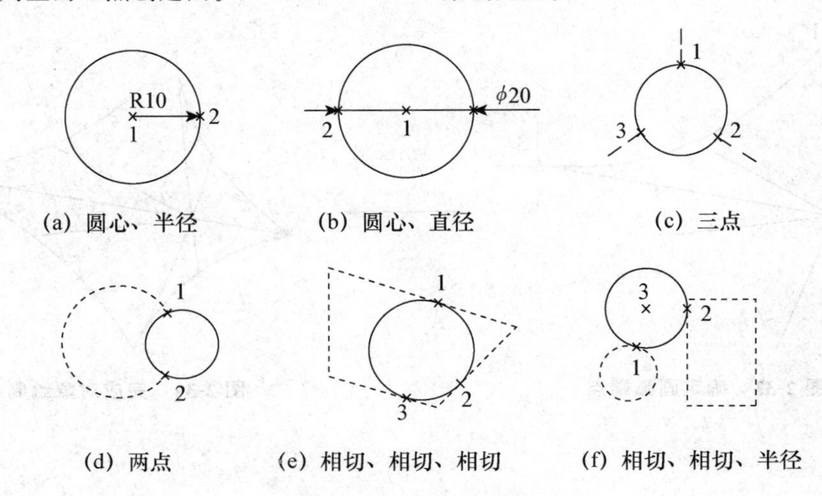

(a) 圆心、半径　(b) 圆心、直径　(c) 三点

(d) 两点　(e) 相切、相切、相切　(f) 相切、相切、半径

图 2-29　圆的 6 种绘制方式

【圆弧】的操作方式主要有以下 4 种：

◆ 功能区：单击【默认】选项卡中的【圆弧】图标。

◆ 菜单栏：单击【绘图】菜单栏中的【圆弧】，再选择子菜单，如图 2-30 所示。

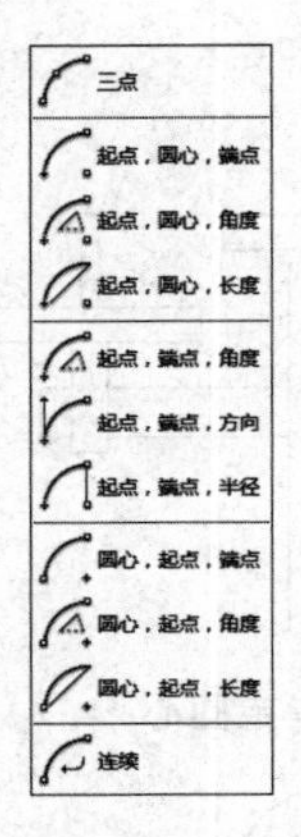

图 2-30　圆弧的 11 种绘制方式

◆ 命令行：输入【ARC】或者【A】。

◆ 工具栏：单击【绘图】工具栏中的【圆弧】图标。

★实例 2-9 演示：绘制张力膜

①打开链接网址中 CAD 素材文件—第 2 章—实例 2-9“绘制张力膜.dwg”，如图 2-31 所示。

②在命令行输入“A”，选定线段上的点 1 作为圆弧起点，再选定点 2 作为圆弧第二点，如图 2-32 所示。

③选定线段中的点 3，作为圆弧端点，完成圆弧绘制，如图 2-33 所示。

④重复步骤②和③，完成剩余 3 条圆弧绘制，如图 2-34 所示。

【圆弧】的不同绘制方式(图 2-35)如下：

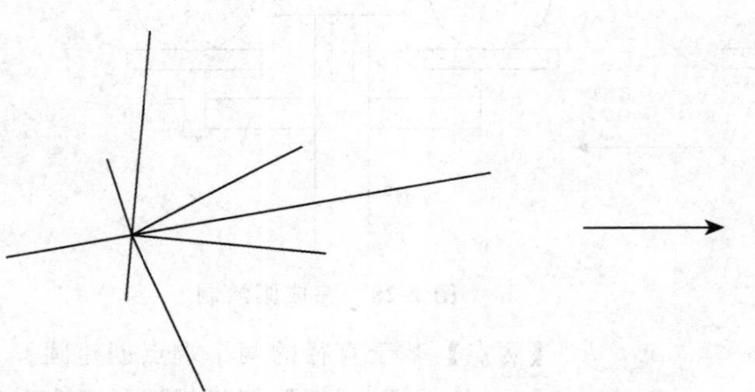

图 2-31　待绘制对象

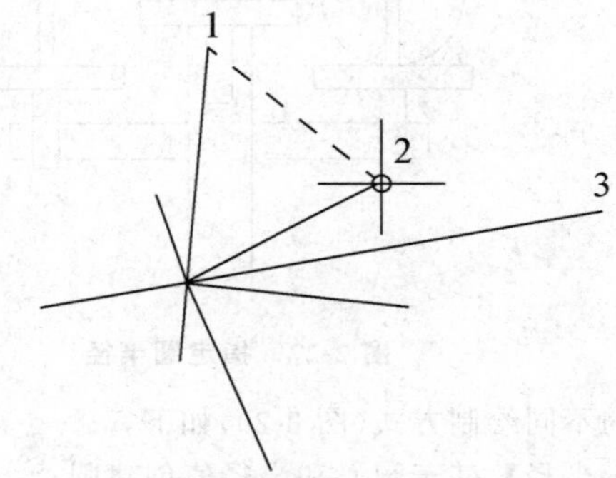

图 2-32　指定圆弧起点和第二点

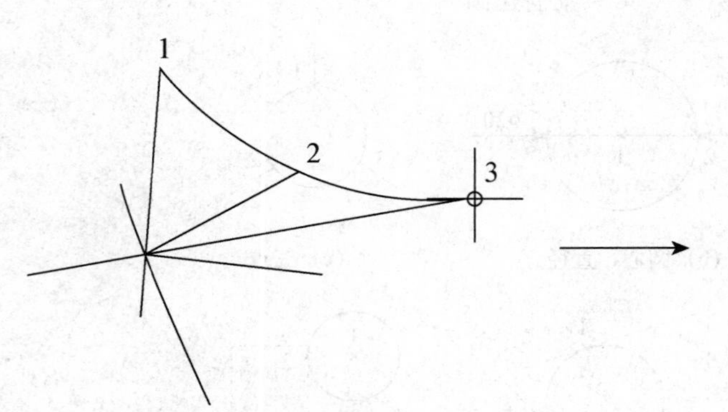

图 2-33　确定圆弧端点

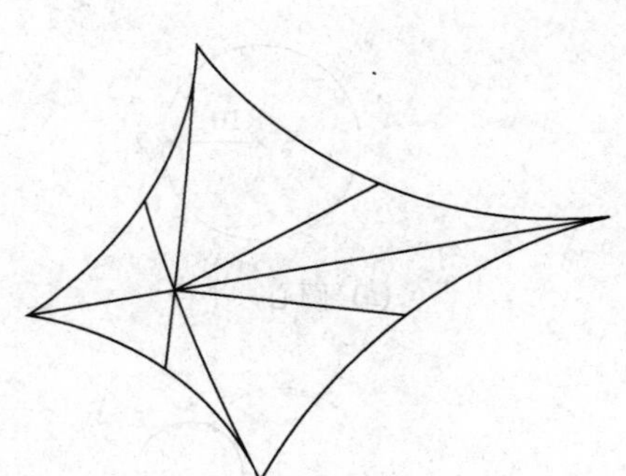

图 2-34　完成对象绘制

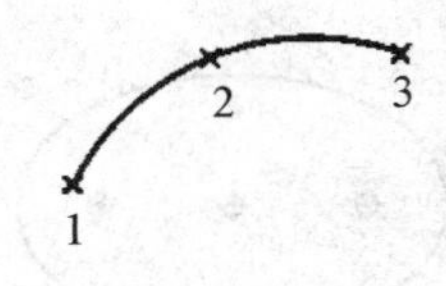

(a) 三点

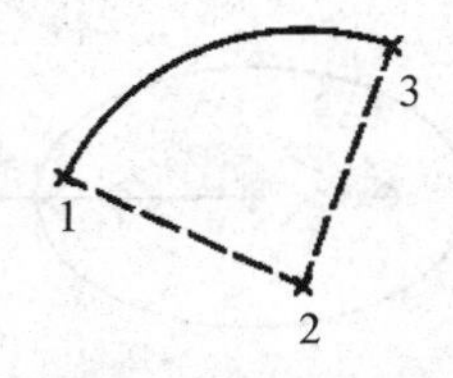

(b) 起点、圆心、端点

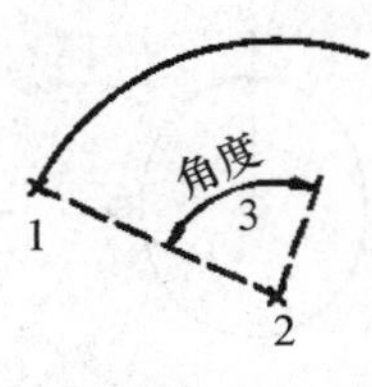

(c) 起点、圆心、角度

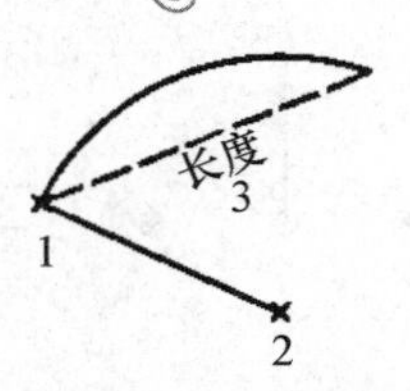

(d) 起点、圆心、长度

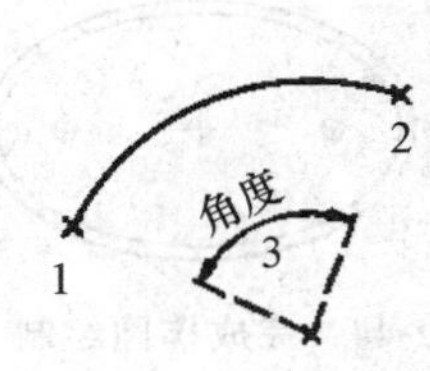

(e) 起点、端点、角度

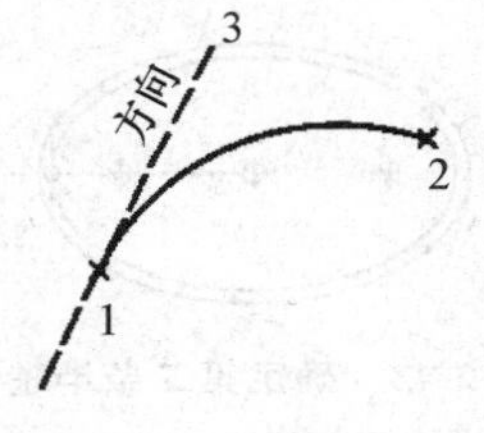

(f) 起点、端点、方向

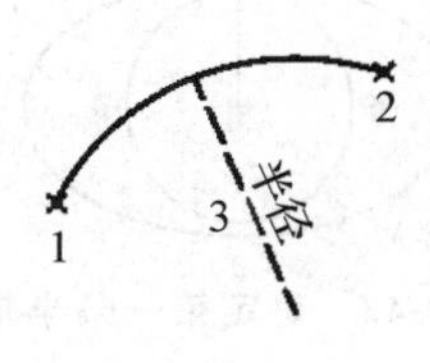

(g) 起点、端点、半径

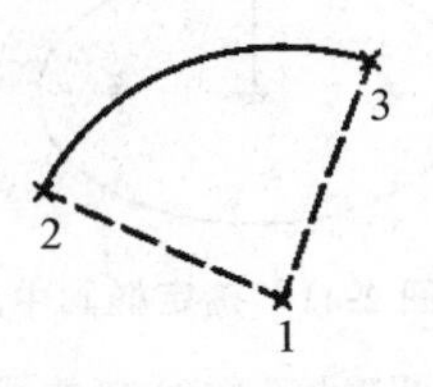

(h) 圆心、起点、端点

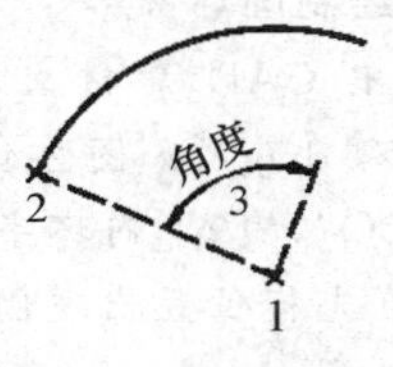

(i) 圆心、起点、角度

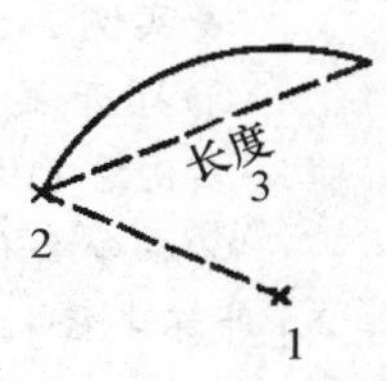

(j) 圆心、起点、长度

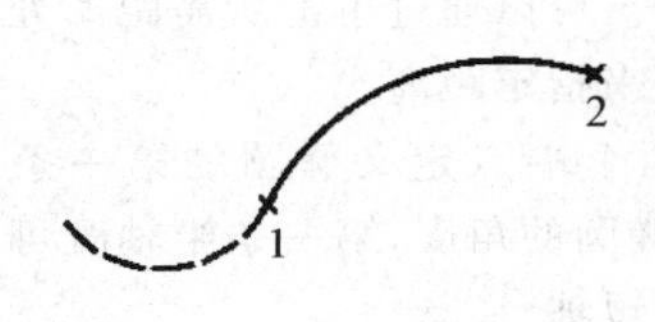

(k) 连续

图 2-35 圆弧的 11 种绘制方式

提示：圆弧默认以逆时针方向绘制。按住 CTRL 键，以顺时针方向绘制圆弧。

2.3.2 绘制椭圆和椭圆弧

【椭圆】和【椭圆弧】的操作方式主要有以下 4 种：

- 功能区：单击【默认】选项卡中的【椭圆】图标。
- 菜单栏：单击【绘图】菜单栏中的【椭圆】，再选择子菜单，如图 2-36 所示。
- 命令行：输入【ELLIPSE】或者【EL】。
- 工具栏：单击【绘图】工具栏中的【椭圆】图标。

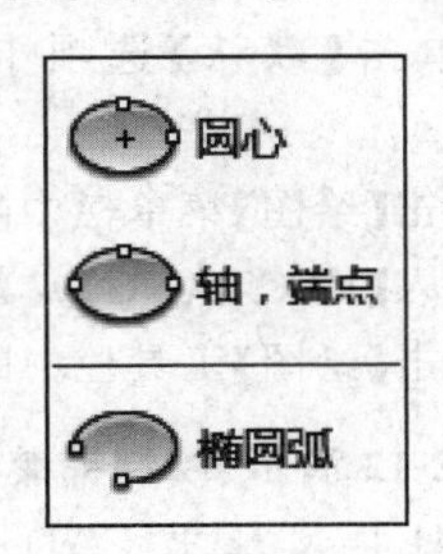

图 2-36 椭圆的绘制方式

★实例 2-10 演示：绘制椭圆喷水池

①打开链接网址中 CAD 素材文件—第 2 章—实例 2-10"绘制椭圆喷水池.dwg"。

②在命令行输入"EL"，再输入"C"，选定中间喷水口中点，确定为椭圆中心点，再垂直向上移动光标，如图 2-37 所示。

③在命令行输入 10，确定第一条半轴长度，将会出现椭圆的预览，如图 2-38 所示。

④向右移动光标，椭圆形状将会随光标发生改变，如图 2-39 所示。

⑤在命令行输入 15，确定第二条半轴长度，完成椭圆绘制，如图 2-40 所示。

⑥重复步骤②，绘制另一个椭圆，如图 2-41 所示。

⑦重复步骤③，在命令行输入 9，如图 2-42 所示。

⑧重复步骤④和⑤，在命令行输入 14，完成第二个椭圆绘制，如图 2-43，图 2-44 所示。

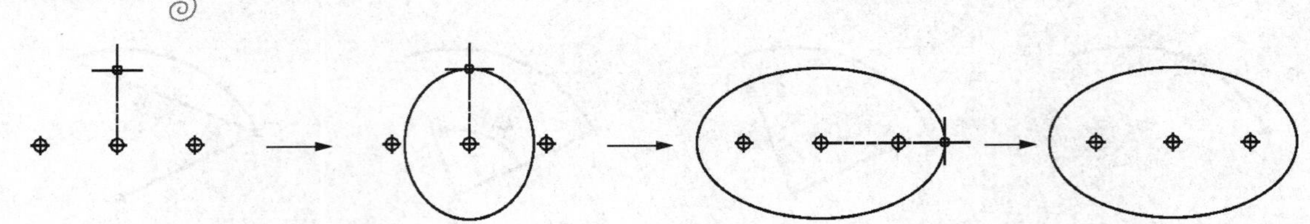

图 2-37　确定椭圆中点　图 2-38　确定第一条半轴　图 2-39　确定第二条半轴　图 2-40　完成椭圆绘制

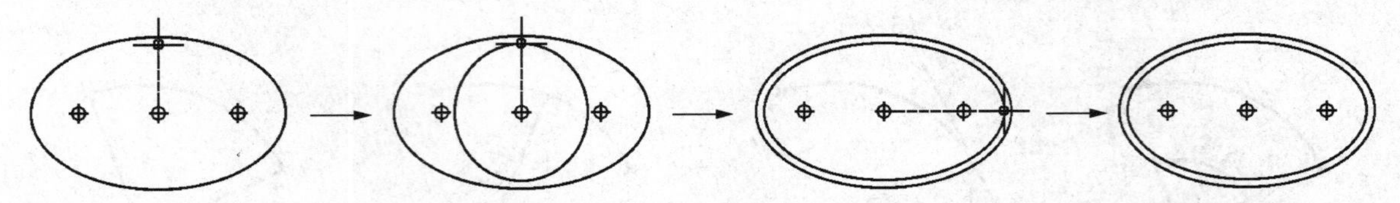

图 2-41　确定椭圆中点　图 2-42　确定第一条半轴　图 2-43　确定第二条半轴　图 2-44　完成椭圆绘制

【椭圆】的不同绘制方式如下：

【圆心】：使用中心点、第一条半轴的端点和第二条半轴的长度来创建椭圆。可以通过单击所需距离处的某个位置或输入长度值来指定距离。

【轴、端点】：根据两个端点定义椭圆的第一条半轴，轴的角度确定整个椭圆的角度，第一条半轴既可定义椭圆的长轴也可定义短轴。

【椭圆弧】：创建一段椭圆弧。第一条半轴的角度确定了椭圆弧的角度，可以根据其大小定义长轴或短轴。

2.3.3　绘制圆环

【圆环】命令用于绘制实心圆或较宽的环，操作方式主要有以下 3 种：

- 功能区：单击【默认】选项卡中的【圆环】图标◎。
- 菜单栏：单击【绘图】菜单栏中的【圆环】。
- 命令行：输入【DONUT】或者【DO】。

★实例 2-11 演示：绘制圆环

①打开链接网址中 CAD 素材文件—第 2 章—实例 2-11“绘制圆环.dwg”，如图 2-45 所示。

②在命令行输入“DO”，输入[内环半径]5，输入[外环半径]10，将会在光标位置出现圆环预览，如图 2-45 所示。

③将光标移动至圆环中心点，作为圆环中点，单击后完成圆环绘制，如图 2-46 所示。

提示：使用“FILL”命令可以设置创建的圆环是否自动填充，如图 2-47 所示。

图 2-45　确定圆环内外径　图 2-46　完成圆环绘制　图 2-47　圆环是否填充

2.4　矩形与正多边形的绘制

2.4.1　绘制矩形

【矩形】命令通过指定的矩形参数绘制矩形多段线（长度、宽度、旋转角度）和角点类型（圆角、倒角或直角）。操作方式主要有以下 4 种：

- 功能区：单击【默认】选项卡中的【矩形】图标▭。
- 菜单栏：单击【绘图】菜单栏中的【矩形】。
- 命令行：输入【RECTANG】或者【REC】
- 工具栏：单击【绘图】工具栏中的【矩形】图标▭。

★实例 2-12 演示：绘制铺装图案

①打开链接网址中 CAD 素材文件—第 2 章—实例 2-12“绘制铺装图案.dwg”，如图 2-48

所示。

②在命令行输入“REC”，选定左侧点1，确定矩形第一个角点，在命令行输入“R”，[旋转角度]45，移动光标将会出现矩形预览，如图2-49所示。

③移动光标至右侧点2位置，单击确定完成大矩形绘制，如图2-50所示。

④在命令行输入“REC”，选定左侧点3，确定小矩形第一个角点，在命令行输入“R”，[旋转角度]0，移动光标将会出现矩形预览，如图2-51所示。

⑤在命令行输入“D”，[矩形长度]5，[矩形长度]5，单击确定完成小矩形绘制，如图2-52所示。

⑥重复步骤④和⑤，在另外三个角也绘制出小矩形，如图2-53所示。

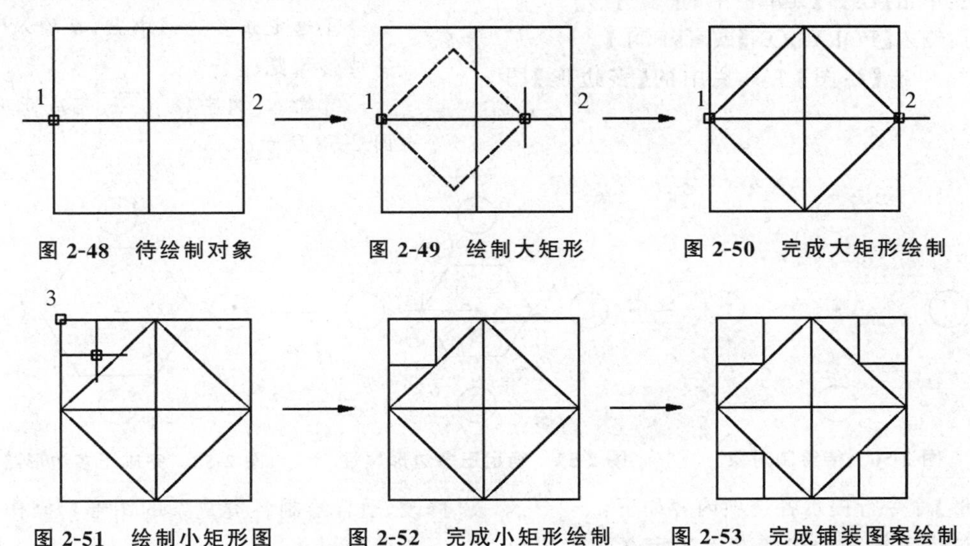

图2-48　待绘制对象　　图2-49　绘制大矩形　　图2-50　完成大矩形绘制

图2-51　绘制小矩形图　　图2-52　完成小矩形绘制　　图2-53　完成铺装图案绘制

【矩形】命令行提示各选项内容如下：

【第一个角点】：指定矩形的一个角点。

【标高】：指定矩形的标高。

【厚度】：指定矩形的厚度。

【宽度】：为要绘制的矩形指定多段线的宽度。

【倒角】：设定矩形的倒角距离[图2-54(b)]。

【圆角】：指定矩形的圆角半径[图2-54(c)]。

【另一个角点】：使用指定的点作为对角点创建矩形，如图2-55所示。

【面积】：使用面积与长度或宽度创建矩形。如果【倒角】或【圆角】选项被激活，则区域将包括倒角或圆角在矩形角点上产生的效果。

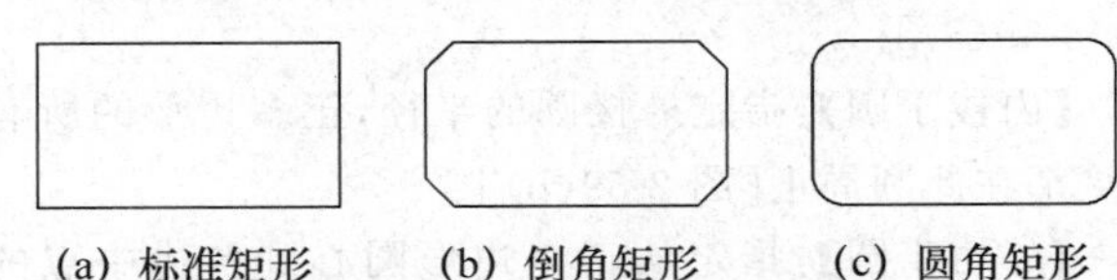

(a) 标准矩形　　(b) 倒角矩形　　(c) 圆角矩形

图2-54　矩形的倒角和圆角

【尺寸】：使用长和宽创建矩形。

【旋转】：按指定的旋转角度创建矩形。

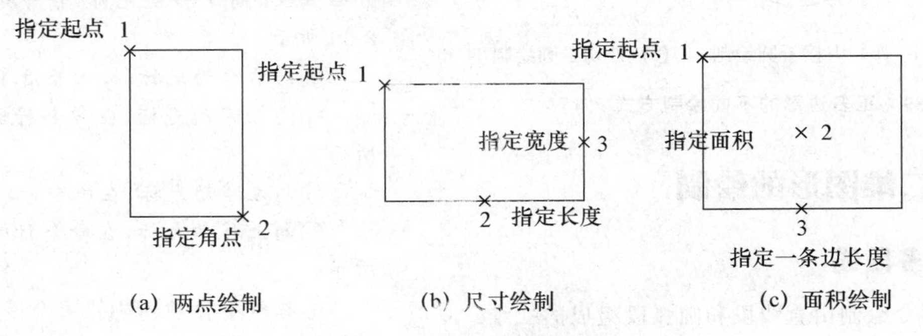

(a) 两点绘制　　(b) 尺寸绘制　　(c) 面积绘制

图2-55　矩形的不同绘制方式

2.4.2 绘制正多边形

【正多边形】命令用以创建等边闭合多段线。操作方式主要有以下 4 种：

◆ 功能区：单击【默认】选项卡中的【多边形】图标。

◆ 菜单栏：单击【绘图】菜单栏中的【多边形】。

◆ 命令行：输入【POLYGON】或者【POL】。

◆ 工具栏：单击【绘图】工具栏中的【多边形】图标。

★实例 2-13 演示：绘制正六边形石桌

①打开链接网址中 CAD 素材文件—第 2 章—实例 2-13“绘制正六边形石桌.dwg”，如图 2-56 所示。

②在命令行输入“POL”，输入[侧面数]6，选定图案中心作为正六边形中点。

③在命令行输入“I”内接于圆，向右移动光标，出现正六边形预览，如图 2-57 所示。

④选定正多边形中点，再输入“I”将会出现正多边形预览。

⑤输入[圆半径]0.5，完成正多边形绘制，如图 2-58 所示。

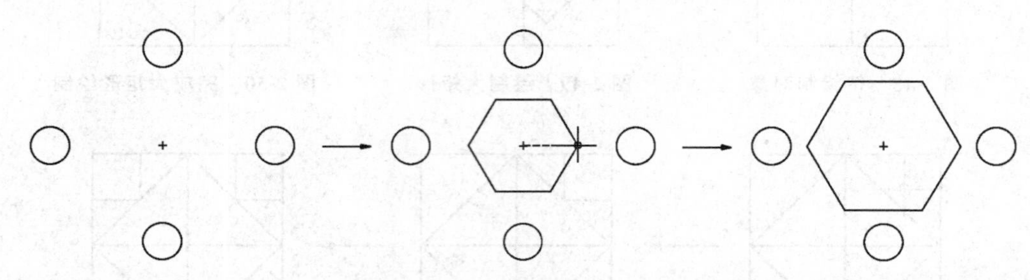

图 2-56 待绘制对象　　图 2-57 确定正多边形属性　　图 2-58 完成正多边形绘制

【正多边形】命令行提示各选项内容如下：

【边】：通过指定第一条边的端点来定义正多边形[图 2-59(a)]。

【内接于圆】：指定外接圆的半径，正多边形的所有顶点都在此圆周上[图 2-59(b)]。

【外切于圆】：指定从正多边形圆心到各边中点的距离[图 2-59(c)]。

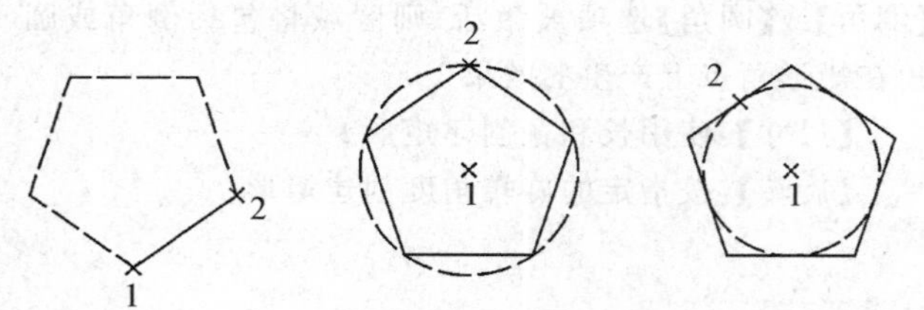

(a) 边绘制　　(b) 内接于圆绘制　　(c) 外切于圆绘制

图 2-59 正多边形的不同绘制方式

2.5 特殊二维图形的绘制

2.5.1 绘制多段线

【多段线】命令绘制由直线段和圆弧段组成的二维多段线。相较于直线段和圆弧，多段线更便于编辑与修改，适合绘制各类复杂的图形。操作方式主要有以下 4 种：

◆ 功能区：单击【默认】选项卡中的【多段线】图标。

◆ 菜单栏：单击【绘图】菜单栏中的【多段线】。

◆ 命令行：输入【PLINE】或者【PL】。

◆ 工具栏：单击【绘图】工具栏中的【多段线】图标。

★实例 2-14 演示：绘制 L 形花坛

①打开链接网址中 CAD 素材文件—第 2 章—实例 2-14“绘制 L 形花坛.dwg”。

②在命令行输入“PL”，选定图中点 1，按“F8”开启正交，向下移动光标，在命令行输入 5，如图 2-60 所示。

③向右移动光标，输入长度 10。

④向上移动光标，在命令行输入 2，如图 2-61 所示。

⑤向左移动光标，在命令行输入 7。

⑥向上移动光标，在命令行输入 3，如图 2-62 所示。

⑦在命令行输入“C”闭合多段线，完成多段线绘制，如图 2-63 所示。

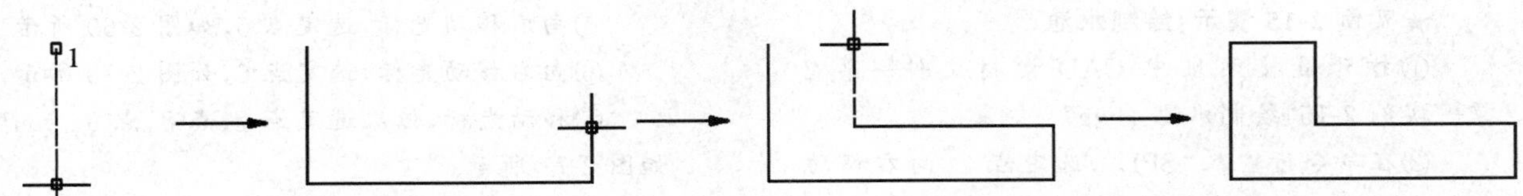

图 2-60 确定起点 图 2-61 绘制第 2、3 边 图 2-62 绘制第 4、5 边 图 2-63 完成图案绘制

【多段线】命令行提示各选项内容如下：

【指定下一点】：指定第二个点。

【圆弧】：开始创建与上一个线段相切的圆弧段，如图 2-64 所示。

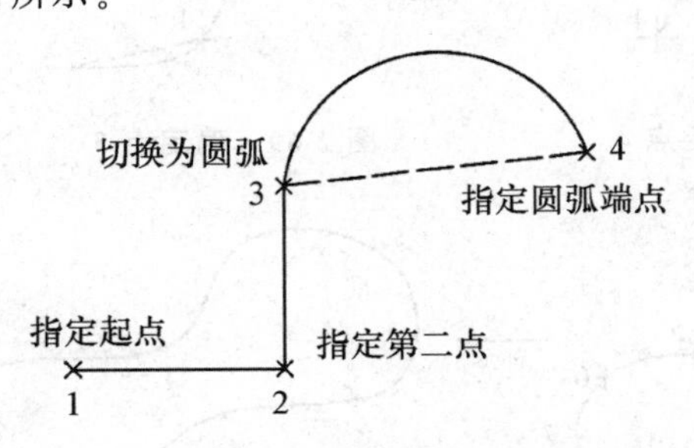

图 2-64 多段线绘制方式

【闭合】：通过定义与第一个点重合的最后一个点，闭合多段线。

【半宽】：指定从宽线段的中心到一条边的宽度。

【长度】：按照与上一线段相同的角度方向创建指定长度的线段。如果上一线段是圆弧，将创建与该圆弧段相切的新直线段。

【放弃】：放弃本次操作，回到上一步。

【宽度】：指定下一线段的宽度。

如果下一点开始为圆弧，命令行提示各选项内容如下：

【角度】：指定圆弧段从起点开始的包含角。

【圆心】：基于其圆心指定圆弧段。

【方向】：指定圆弧段的切线。

【直线】：从图形圆弧段切换到图形直线段。

【半径】：指定圆弧段的半径。

【第二个点】：指定三点圆弧的第二点和端点。

多线段圆弧绘制方式如图 2-65 所示。

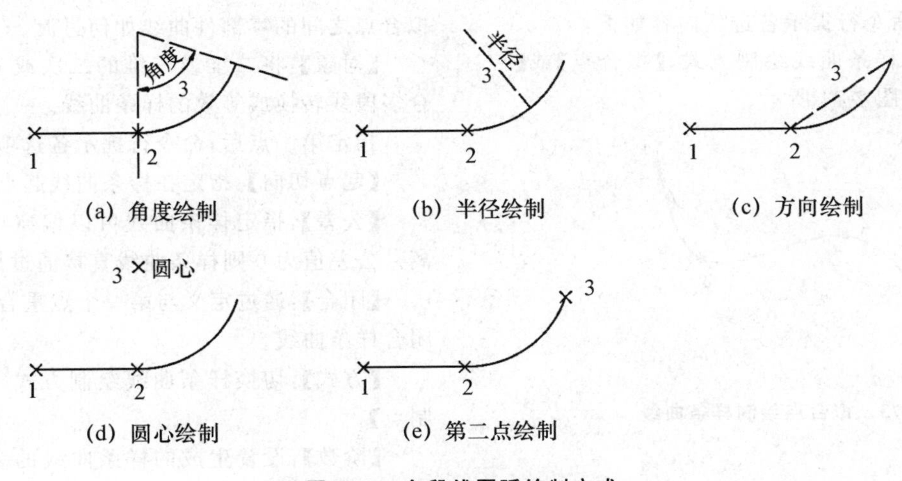

(a) 角度绘制 (b) 半径绘制 (c) 方向绘制 (d) 圆心绘制 (e) 第二点绘制

图 2-65 多段线圆弧绘制方式

2.5.2 绘制样条曲线

【样条曲线】命令通过【拟合点】或是【控制点】的方式，绘制由拟合点或由控制框的顶点定义的平滑曲线。操作方式主要有以下 4 种：

◆ 功能区：单击【默认】选项卡中的【样条曲线拟合】或【样条曲线控制点】图标。

◆ 菜单栏：单击【绘图】菜单栏中的【样条曲线】，再选择【拟合点】或【控制点】。

◆ 命令行：输入【SPLINE】或者【SPL】。

◆ 工具栏：单击【绘图】工具栏中的【样条线】图标。

★实例 2-15 演示：绘制水池

①打开链接网址中 CAD 素材文件—第 2 章—实例 2-15“绘制水池.dwg”。

②在命令行输入“SPL”，选定点 1，向右移动光标，选定点 2，如图 2-66 所示。

③向右移动光标，选定点 3，如图 2-67 所示。

④向下移动光标，选定点 4，如图 2-68 所示。

⑤向右移动光标，选定点 5，如图 2-69 所示。

⑥向右移动光标，选定点 6，如图 2-70 所示。

⑦移动光标，依次选定点 7、点 8、点 9、点 10，如图 2-71 所示。

⑧在命令行输入“C”闭合样条曲线，完成水池绘制，如图 2-72 所示。

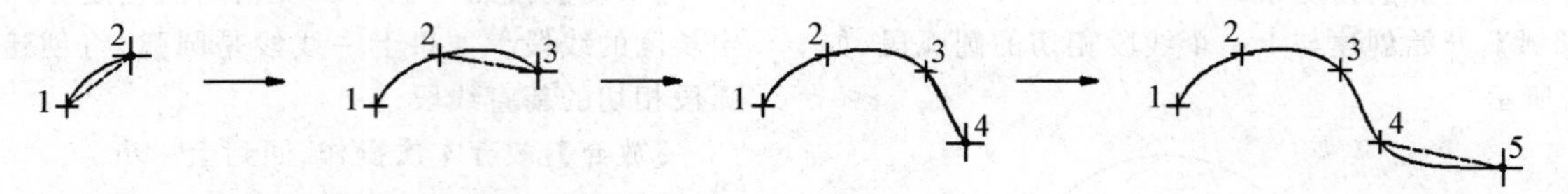

图 2-66　确定起点　　图 2-67　确定点 2、点 3　　图 2-68　确定点 4　　图 2-69　确定点 5

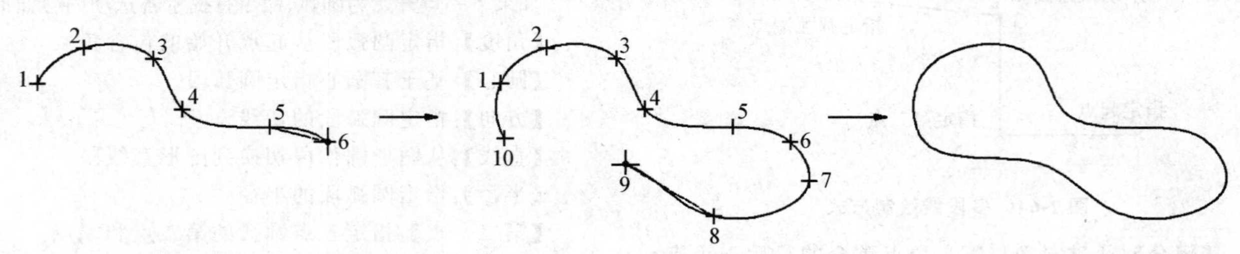

图 2-70　确定点 6　　图 2-71　确定剩余点　　图 2-72　完成绘制

【样条曲线】命令行提示各选项内容如下：

【方式】：切换样条曲线绘制方式，【拟合点】或【控制点】，如图 2-73，图 2-74 所示。

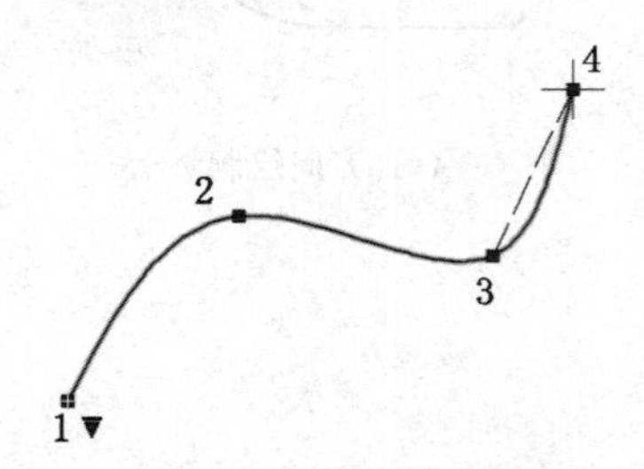

图 2-73　拟合点绘制样条曲线

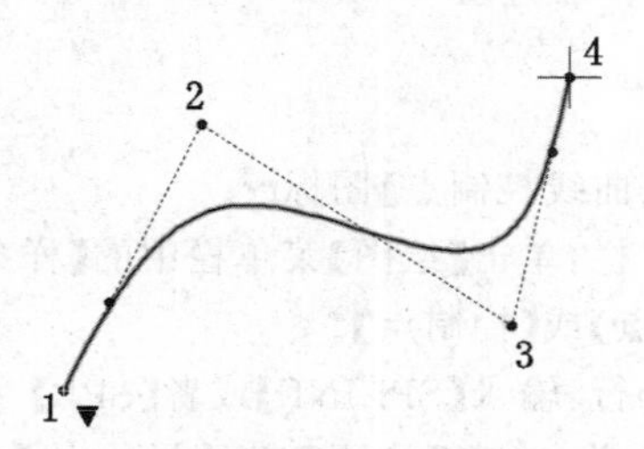

图 2-74　控制点绘制样条曲线

【节点】：指定节点参数，用来确定样条曲线中连续拟合点之间的零部件曲线如何过渡。

【对象】：将二维或三维的二次或三次样条曲线拟合多段线转换成等效的样条曲线。

指定第一点后，命令行提示各选项内容如下：

【起点切向】：指定在样条曲线起点的相切条件。

【公差】：指定样条曲线可以偏离指定拟合点的距离。公差值为 0 则样条曲线直接通过拟合点。

【闭合】：通过定义与第一个点重合的最后一个点，闭合样条曲线。

【方式】：切换样条曲线绘制方式，【拟合点】或【控制点】。

【阶数】：设置生成的样条曲线的多项式阶数。使用此选项可以创建 1 阶（线性）、2 阶（二次）、3 阶（三次）直到最高 10 阶的样条曲线。

2.5.3　绘制多线

【多线】命令用于绘制由复合直线组成的多线，操作方式主要有以下 2 种：

- 菜单栏：单击【绘图】菜单栏中的【多线】。
- 命令行：输入【MLINE】或者【ML】。

★实例 2-16 演示：绘制树池

①打开链接网址中 CAD 素材文件—第 2 章—实例 2-16“绘制树池.dwg”。

②在命令行输入“ML”，选定点 1 作为多线起点。

③按“F8”开启正交，向下移动光标，出现多线预览，输入长度 20。

④向右移动光标，输入长度 20，如图 2-75 所示。

⑤向上移动光标，输入长度 20，向左移动光标，如图 2-76 所示。

⑥在命令行输入“C”闭合多线，完成绘制，如图 2-77 所示。

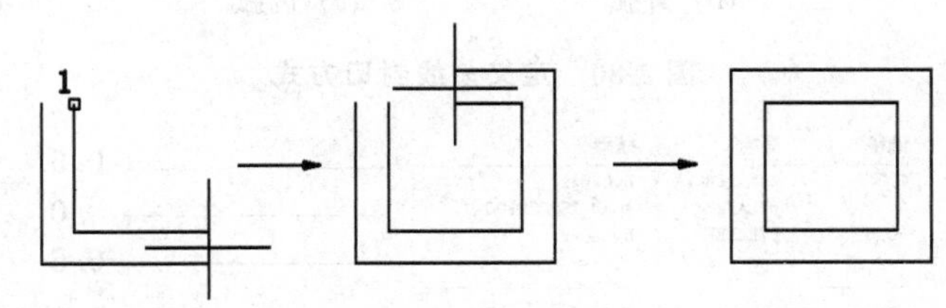

图 2-75　确定多线起点　图 2-76　确定多线终点　图 2-77　完成多线绘制

【多线】命令行提示各选项内容如下：

【对正】：指定多线的基准。分为【上】、【无】和【下】三种类型，表示以某一侧的线为基准。

【比例】：设置双线之间的间距，0 表示重合，负表示倒置。

【样式】：设置当前多线的样式。

自定义【多线样式】的方法如下：

◆ 菜单栏：【格式】菜单栏中的【多线样式】，弹出【多线样式】对话框，如图 2-78 所示。

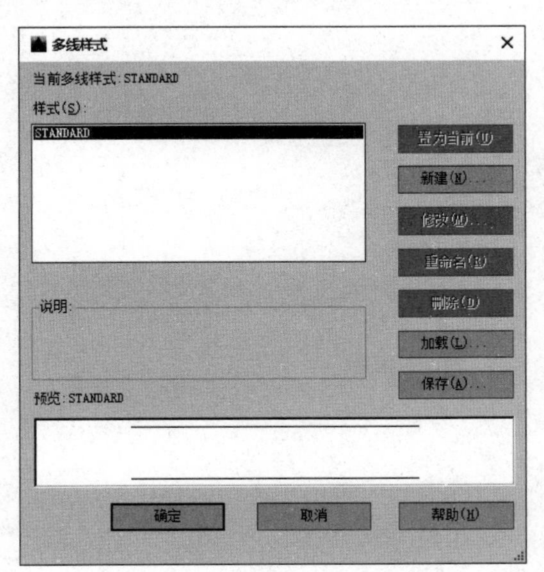

图 2-78　多线样式对话框

◆ 命令行：输入【MLSTYLE】，弹出【新建多线样式】对话框，如图 2-79 所示。

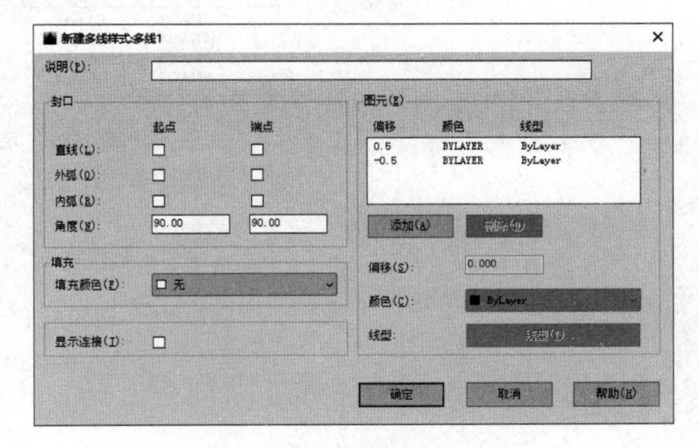

图 2-79　新建多线样式对话框

【新建多线样式】对话框各选项内容如下：

【封口】：控制多线起点和端点封口，如图 2-80 所示。

【填充】：控制多线的背景填充。

【显示连接】：控制每条多线线段顶点处连接的显示。

【图元】：设置新的和现有的多线元素的元素特性，例如偏移、颜色和线型。

【添加】：将新元素添加到多线样式。只有为除 STANDARD 以外的多线样式选择了颜色或线型后，此选项才可用。

【删除】：从多线样式中删除元素。

【偏移】：为多线样式中的每个元素指定偏移值，如图 2-81 所示。

【颜色】：显示并设置多线样式中元素的颜色。如

果选择【选择颜色】,将显示【选择颜色】对话框。

【线型】:显示并设置多线样式中元素的线型。如果选择【线型】,将显示【选择线型特性】对话框。

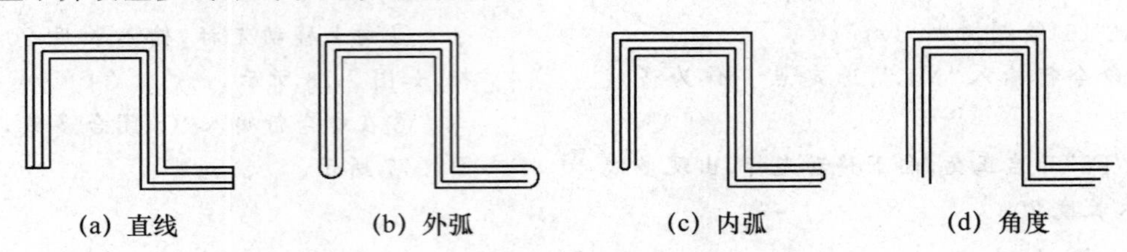

图 2-80　定义多线封口方式

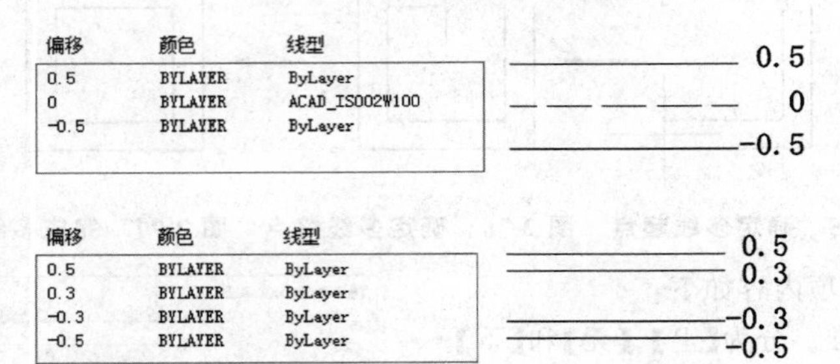

图 2-81　定义多线偏移

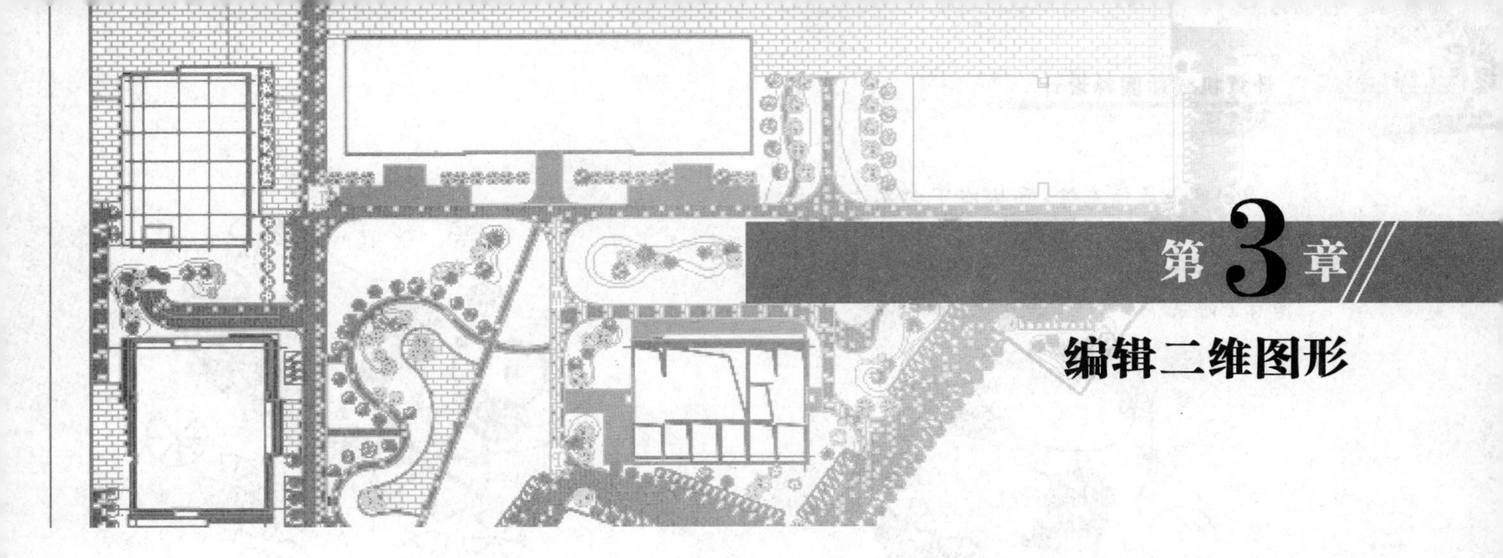

第3章 编辑二维图形

3.1 选择命令

【选择命令】是使用 AutoCAD 软件时最常用到的操作之一，是编辑对象的前提。选择的目标可以是单一对象也可以是复杂的对象组，通常有以下几种选择方式。

3.1.1 直接选择

【直接选择】又被称为点取，使用十字光标点击对象完成选择，选择的对象会高亮显示。

3.1.2 窗口与窗交选择

【窗口】与【窗交】选择是通过两点定义的矩形框进行范围框选的方式。根据矩形框拉动方向的不同，选择方式也有差异。

★实例 3-1 演示：通过"窗口"选择对象

①打开链接网址中 CAD 素材文件—第 3 章—实例 3-1 至 3-6"选择对象. dwg"，如图 3-1 所示。

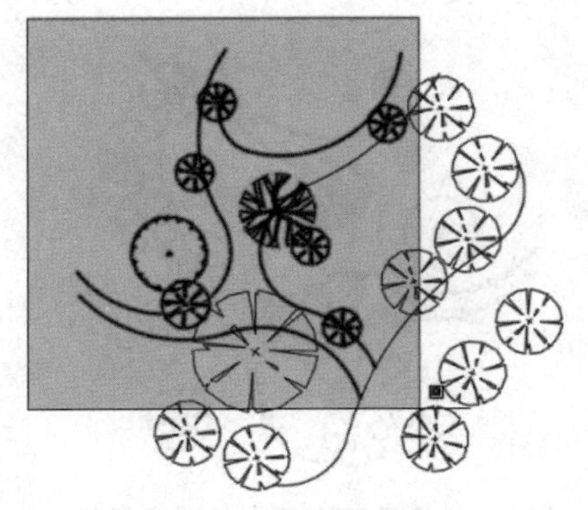

图 3-1 拉出选择矩形框

②单击鼠标左键，再从左上向右下拉出矩形框，框体显示为蓝底实线。

③全部位于矩形框内的对象被选中，如图 3-2 所示。

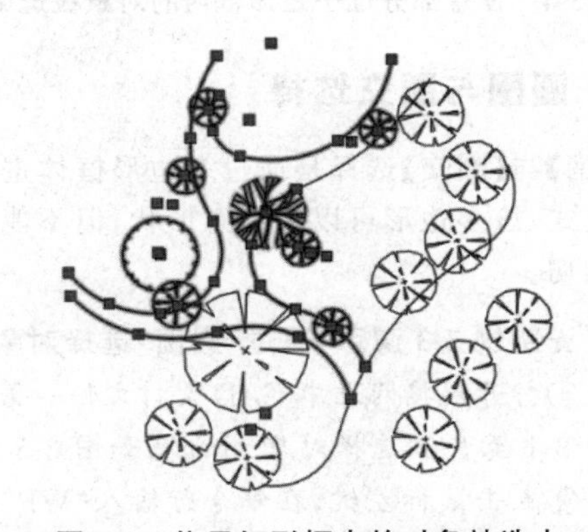

图 3-2 位于矩形框内的对象被选中

★实例 3-2 演示：通过"窗交"选择对象

①打开链接网址中 CAD 素材文件—第 3 章—实例 3-1 至 3-6"选择对象. dwg"，如图 3-3 所示。

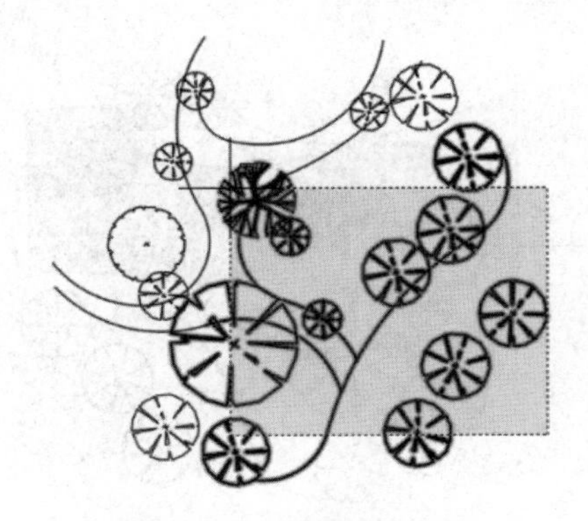

图 3-3 拉出选择矩形框

②单击鼠标左键,再从右下向左上拉出矩形框,框体显示为绿底虚线。

③任意部分位于矩形框内的对象被选中,如图 3-4 所示。

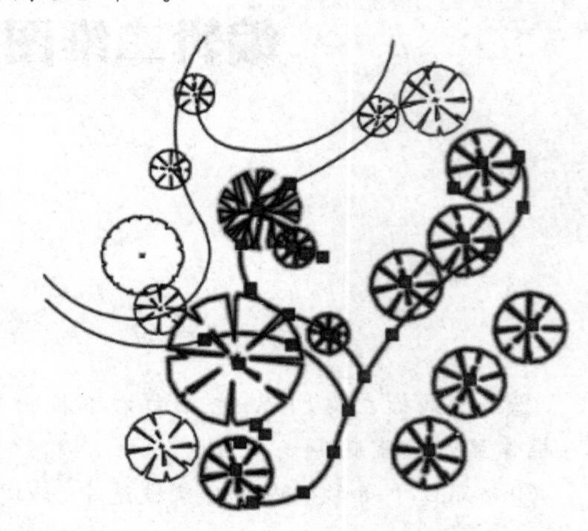

图 3-4　任意部分位于矩形框内的对象被选中

3.1.3　圈围与圈交选择

【圈围】与【圈交】选择是通过多边形框体进行范围框选的方式,该多边形可以为任意形状,但不能与自身相交或相切。

★实例 3-3 演示:通过"圈围"选择对象

①打开链接网址中 CAD 素材文件—第 3 章—实例 3-1 至 3-6"选择对象.dwg",如图 3-5 所示。

②点击鼠标左键,在命令行输入"WP"。

③点击鼠标定义不规则多边形框,框体显示为蓝底实线。

④全部位于矩形框内的对象被选中,如图 3-6 所示。

图 3-5　定义多边形框

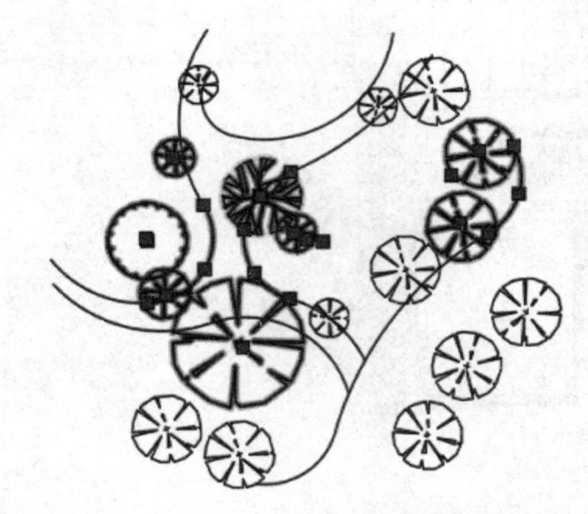

图 3-6　位于多边形框内的对象被选中

★实例 3-4 演示:通过"圈交"选择对象

①打开链接网址中 CAD 素材文件—第 3 章—实例 3-1 至 3-6"选择对象.dwg",如图 3-7 所示。

②点击鼠标左键,在命令行输入"CP"。

③点击鼠标定义不规则多边形框,框体显示为绿底虚线。

④任意部分位于矩形框内的对象被选中,如图 3-8 所示。

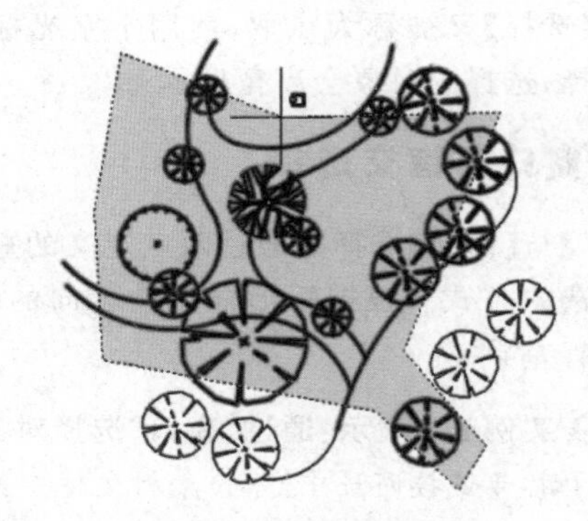

图 3-7　拉出窗口选择矩形框

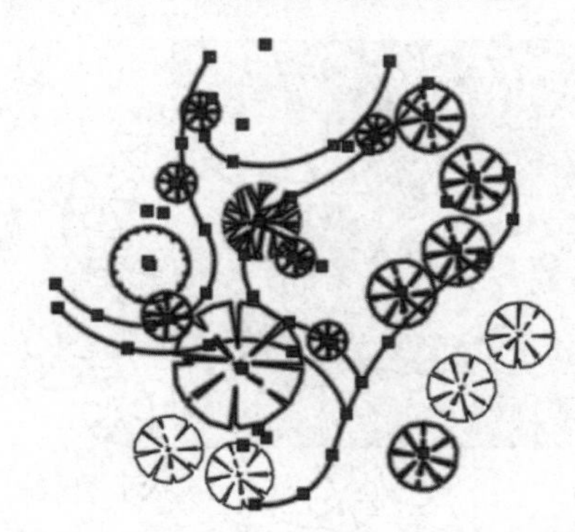

图 3-8　位于矩形框内的对象被选中

3.1.4　栏选选择

【栏选】与【圈交】的选择方式相似，但多边形可不闭合，并且允许与自身相交。

★实例 3-5 演示：通过“栏选”选择对象

①打开链接网址中 CAD 素材文件—第 3 章—实例 3-1 至 3-6“选择对象.dwg”，如图 3-9 所示。

②点击鼠标左键，在命令行输入“F”。

③点击鼠标定义不规则多段线，多段线显示为虚线。

④与多段线相交的对象被选中，如图 3-10 所示。

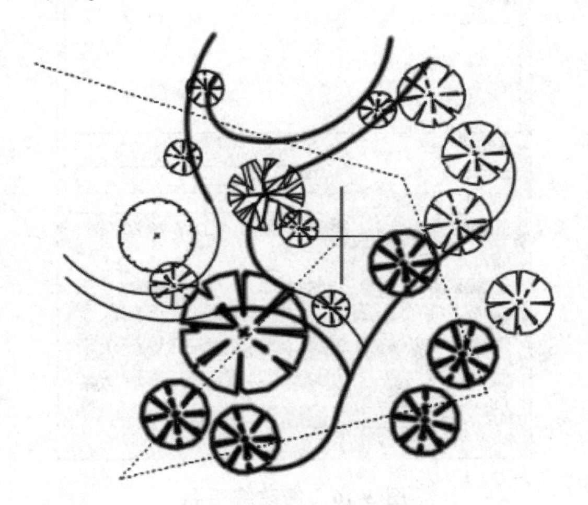

图 3-9　定义多段线

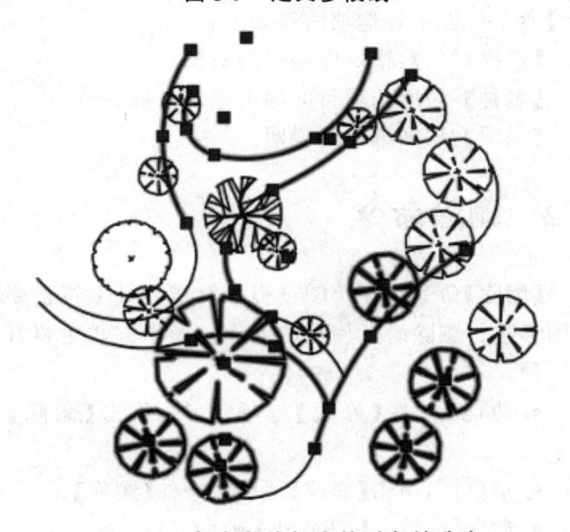

图 3-10　与多段线相交的对象被选中

3.1.5　快速选择

【快速选择】能通过对象类型（直线、多段线、圆等）或是对象特征（图层、线型、线宽、颜色等）准确快速地从复杂图形中选择特定的对象，操作方式主要有以下 3 种：

◆ 菜单栏：单击【工具】菜单栏中的【快速选择】命令，弹出【快速选择】对话框，如图 3-11 所示。

◆ 命令行：输入【QSELECT】。

◆ 空白处右击鼠标：单击【快速选择】，弹出【快速选择】对话框。

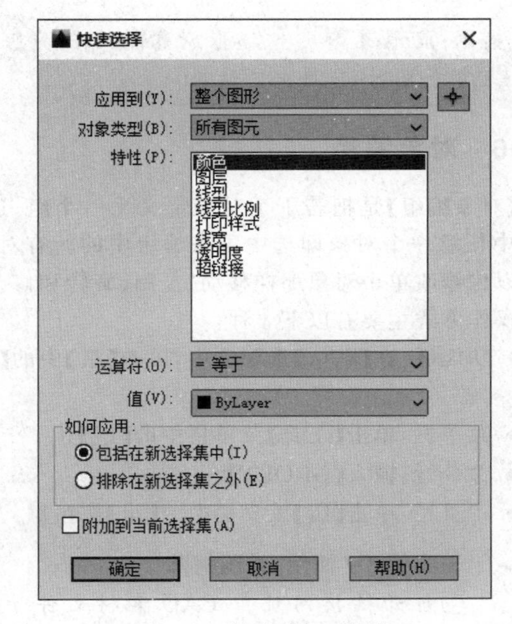

图 3-11　快速选择对话框

★实例 3-6 演示：“快速选择”绿色树木

①打开链接网址中 CAD 素材文件—第 3 章—实例 3-1 至 3-6“选择对象.dwg”，如图 3-12 所示。

②单击【工具】菜单栏中的【快速选择】命令，弹出【快速选择】对话框。

③在“对象类型”下拉菜单中选择“块参照”。

④在“特性”菜单中选择“颜色”。

⑤在“运算符”下拉选择“＝等于”。

⑥在“值”下拉菜单中选择“绿色”。

⑦点击“确定”按键，完成快速选择，如图 3-13 所示。

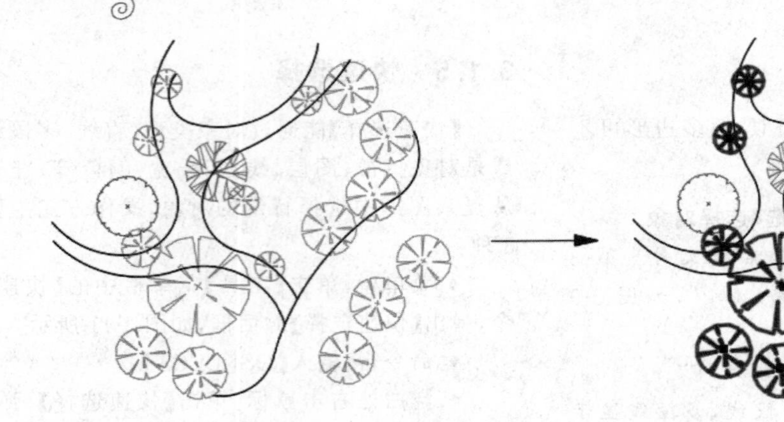

图 3-12　待选择图案

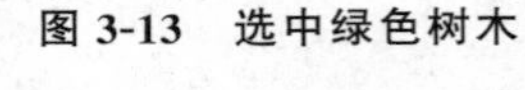

图 3-13　选中绿色树木

提示：取消某个已被选取对象的方法为按住 SHIFT 键的同时，再单击该对象。

3.1.6　对象编组

【对象编组】是把若干个对象定义为一个组，选择编组中任意一个对象即选中了该编组中的所有对象，并可以像修改单个对象那样移动、复制、旋转和修改编组。操作方式主要有以下 4 种：

◆ 功能区：在【默认】选项卡中，单击【组】中的【组】按钮。

◆ 菜单栏：单击【工具】菜单栏中的【组】。

◆ 命令行：输入【GROUP】。

◆ 工具栏：单击【组】工具栏中的【组】按钮。

★实例 3-7 演示：编组树阵

①打开链接网址中 CAD 素材文件—第 3 章—实例 3-7"编组树阵.dwg"，如图 3-14 所示。

②通过"快速选择"方式选中图中所有树木。

③在【默认】选项卡中，单击【组】中的【组】按钮。

④完成对象编组（图 3-15），选择工具栏或功能区里的【编组管理器】，弹出对话框。

⑤使用编组管理器将编组名改为"TREE"，如图 3-16 所示。

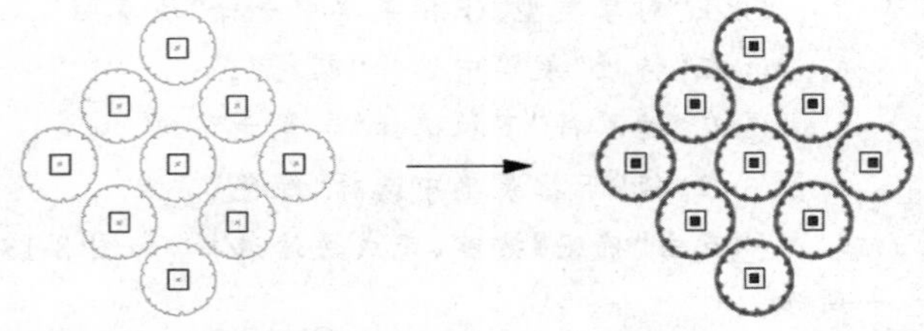

图 3-14　选择编组对象　　　图 3-15　完成编组

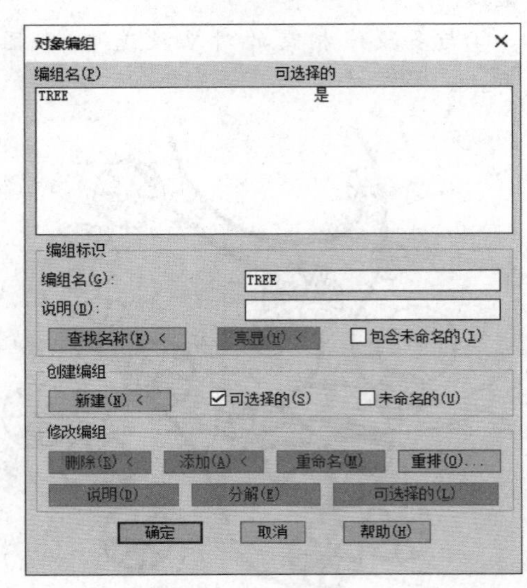

图 3-16　修改编组名

【组】命令行提示各选项内容如下：

【选择对象】：指定应编组的对象。

【名称】：为所选项目的编组指定名称。

【说明】：添加编组的说明。

3.2　删除命令

【删除】命令是在绘图过程中对错误或不符合要求的图形进行删除时所使用的操作。操作方式主要有以下 4 种：

◆ 功能区：在【修改】选项卡中，单击【删除】按钮。

◆ 菜单栏：单击【修改】菜单栏中的【删除】。

◆ 命令行：输入【ERASE】或者【E】。

◆ 工具栏：单击【修改】工具栏中【删除】按钮。

★实例 3-8 演示:删除对象

①打开链接网址中 CAD 素材文件—第 3 章—实例 3-8“删除对象.dwg”,如图 3-17 所示。

②选中图中的圆和三角,如图 3-18 所示。

③在命令行输入“E”,完成对象删除,如图 3-19 所示。

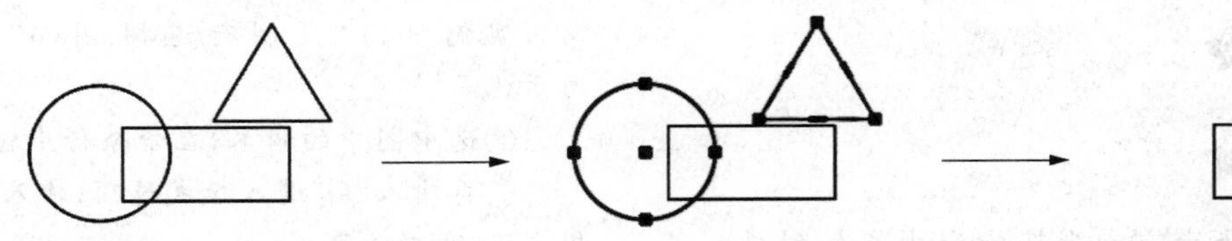

图 3-17　待删除对象　　图 3-18　选择需删除对象　　图 3-19　完成删除

> 提示:“删除”命令无需选择对象,输入 L 删除绘制的上一个对象,输入 P 删除前一个选择集,输入 ALL 删除所有对象。

3.3　放弃与重做命令

3.3.1　对象的放弃

【放弃】命令用来撤销最近一次操作,直到图形与开始当前编辑任务时相同为止。操作方式主要有以下 3 种:

- 菜单栏:单击【编辑】菜单栏中的【放弃】。
- 命令行:输入【U】或者【UNDO】。【U】每次只能放弃前一步的操作,【UNDO】可以通过输入数字指定放弃相同数量的操作。
- 快捷键:【CTRL+Z】。

★实例 3-9 演示:放弃命令

①打开链接网址中 CAD 素材文件—第 3 章—实例 3-9“放弃命令.dwg”,在命令行输入“C”,画出一个圆,再输入命令“REC”画出矩形,如图 3-20 所示。

②在命令行输入“U”,放弃上一步画出的矩形,如图 3-21 所示。

③继续重复执行命令“U”,放弃再上一步画出的圆,如图 3-22 所示。

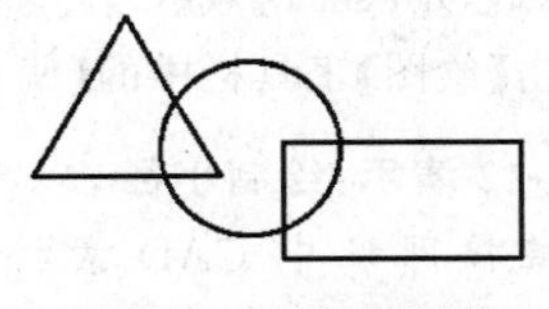

图 3-20　待放弃对象

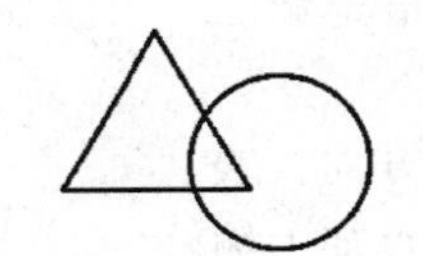

图 3-21　放弃矩形

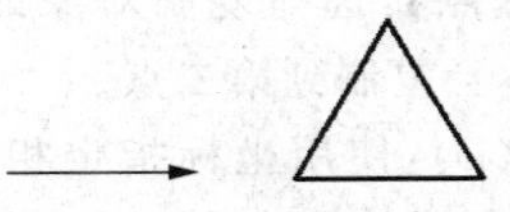

图 3-22　放弃圆

3.3.2　对象的重做

【重做】命令与【放弃】命令相反,它可以恢复上一次【U】或者【UNDO】所取消的操作。需要注意的是,【重做】命令必须在【放弃】命令之后立即执行,才能起到恢复【放弃】命令的作用。操作方式主要有以下 3 种:

- 菜单栏:单击【编辑】菜单栏中的【重做】。
- 命令行:输入【MREDO】。
- 快捷键:【Ctrl+Y】。

★实例 3-10 演示:重做对象

①打开链接网址中 CAD 素材文件—第 3 章—实例 3-10“重做对象.dwg”。

②重复实例 3-9 的步骤,如图 3-23 所示。

③在命令行输入“MREDO”,重新恢复放弃后的圆,如图 3-24 所示。

④重复命令“MREDO”,恢复放弃后的矩形,如图 3-25 所示。

图 3-23　待重做对象

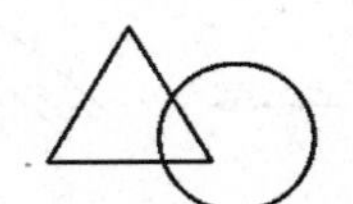

图 3-24　重做圆

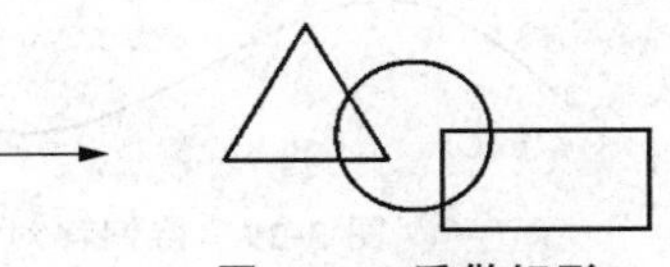

图 3-25　重做矩形

提示：连续使用"CTRL＋Z"或"CTRL＋Y"快捷键便可达到"放弃"或"重做"特定数量操作的效果。

3.4 复制类命令

3.4.1 对象的复制

【复制】命令是在指定方向上按指定距离复制对象，既可复制单个对象，也可同时复制多个对象或对象组。操作方式主要有以下5种：

- 功能区：单击【修改】选项卡中的【复制】按钮。
- 菜单栏：单击【修改】菜单栏中的【复制】。
- 命令行：输入【COPY】或【CO】。
- 工具栏：单击【绘图】工具栏中的【复制】按钮。
- 快捷键：【CTRL＋C】。

★实例3-11 演示：复制行道树

①打开链接网址中CAD素材文件—第3章—实例3-11"复制行道树.dwg"，如图3-26所示。

②选中图中的树木，在命令行中输入"CO"。

③再输入"O"进入模式选项，输入"M"将复制模式设为"多个"。

④向右平移树木，在命令行中输入"15"，表示复制的树木与源树木相距15 m。

⑤再次分别输入"30"和"45"，复制出第3，第4棵树，如图3-27所示。

⑥选中全部4棵树，向下平移并在命令行输入"25"，将树复制到道路对侧，完成行道树布置，如图3-28所示。

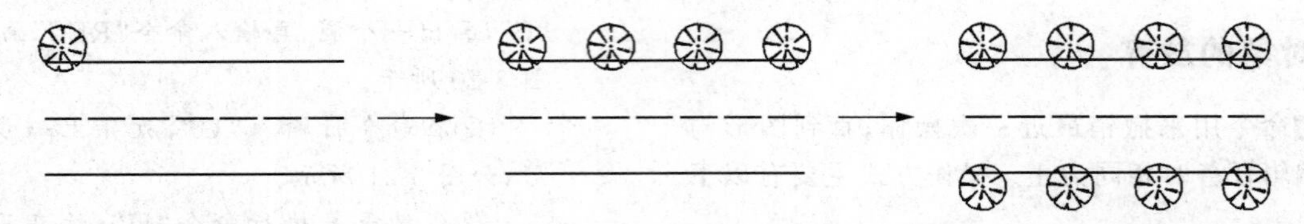

图3-26 复制图中的行道树　　图3-27 完成一侧行道树复制　　图3-28 完成两侧行道树复制

【复制】命令行提示各选项内容如下：

【指定基点】：选择复制对象的基点，再指定第二点，对象副本会复制到第二点。

【位移】(D)：使用坐标指定相对距离和方向。表示将复制对象以拾取点为基准，移动到拾取点加上输入位移值后的位置点。

【模式】(O)：选择默认命令是单个复制还是多次重复。

- 单个(S)：创建选定对象的单个副本，并结束命令。
- 多个(M)：重复单个副本复制，直到取消。

3.4.2 对象的偏移

【偏移】命令用于创建同心圆、平行线和平行曲线。可以在保持对象的形状下，生成尺寸大小不同的一个新对象。操作方式主要有以下4种：

- 功能区：单击【修改】选项卡中的【偏移】按钮。
- 菜单栏：单击【修改】菜单栏中的【偏移】。
- 命令行：输入【OFFSET】或【O】。
- 工具栏：单击【绘图】工具栏中的【偏移】按钮。

★实例3-12 演示：绘制小径

①打开链接网址中CAD素材文件—第3章—实例3-12"偏移对象.dwg"，如图3-29所示。

②使用光标选中需偏移的样条曲线。

③在命令行中输入"O"，然后输入偏移距离"2"，设置小径宽度为2 m。

④将光标移动到对象下方，出现偏移对象的预览，单击鼠标确定后完成偏移。如图3-30所示。

【偏移】命令行提示各选项内容如下：

【指定偏移距离】：在距现有对象指定的距离处创建对象。如图3-31所示。

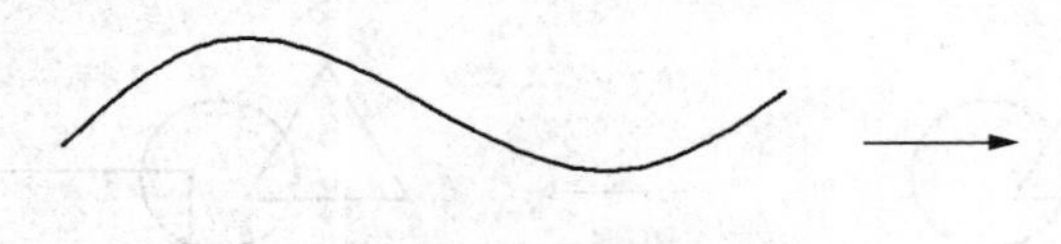

图3-29 待偏移对象

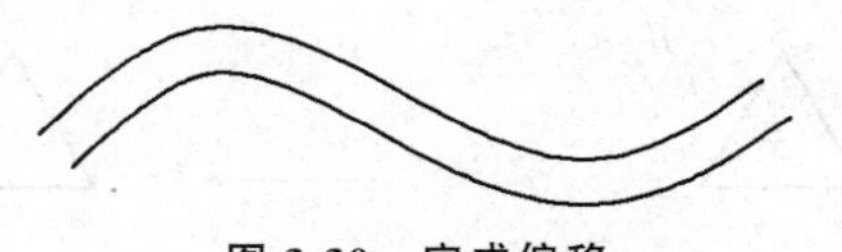

图3-30 完成偏移

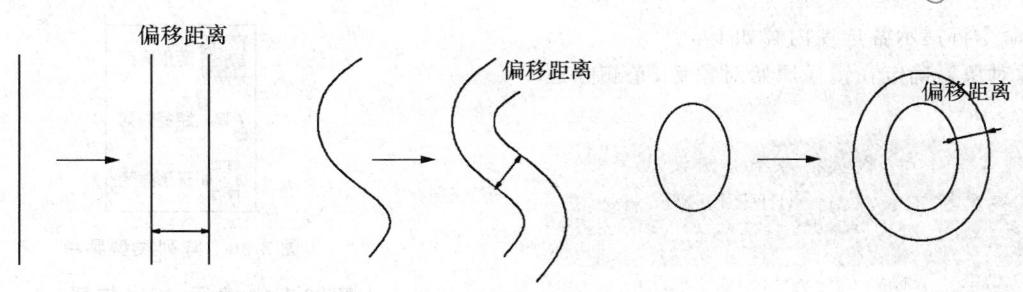

图 3-31　指定距离偏移对象

【退出】(E):退出命令。

【多个】(M):使用当前偏移距离重复进行偏移操作。

【放弃】(U):恢复前一个偏移。

【通过】(T):创建通过指定点的对象。见图 3-32。

【删除】(E):偏移完成后是否删除源对象。

【图层】(L):确定偏移对象创建在当前图层还是源对象所在图层。

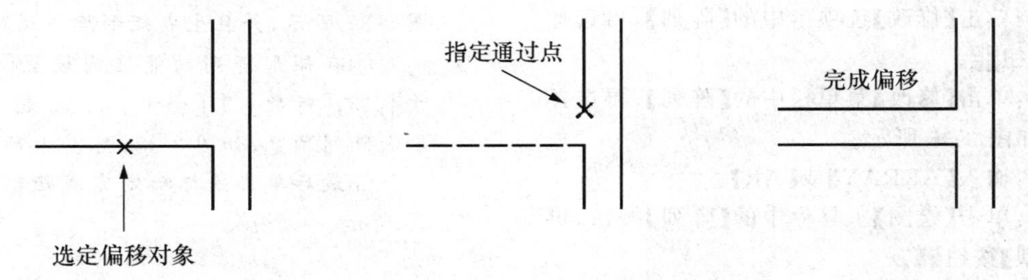

图 3-32　指定通过点偏移对象

3.4.3　对象的镜像

【镜像】命令是沿指定的线在另一侧创建同对象完全一致的镜像图案。操作方式主要有以下 4 种:

- 功能区:单击【修改】选项卡中的【镜像】按钮。
- 菜单栏:单击【修改】菜单栏中的【镜像】。
- 命令行:输入【MIRROR】或【MI】。
- 工具栏:单击【绘图】工具栏中的【镜像】按钮。

★实例 3-13 演示:使用镜像绘制铺地

①打开链接网址中 CAD 素材文件—第 3 章—实例 3-13“使用镜像绘制铺地. dwg”,如图 3-33 所示。

②使用光标选中图中的所有对象。

③在命令行中输入“MI”,然后根据提示,使用光标点击对象顶端作为镜像线第一点,移动光标将会出现镜像对象的预览。

④同理继续点击底端作为镜像线第二点,如图 3-34 所示。

⑤最后单击鼠标确定完成对象镜像,如图 3-35 所示。

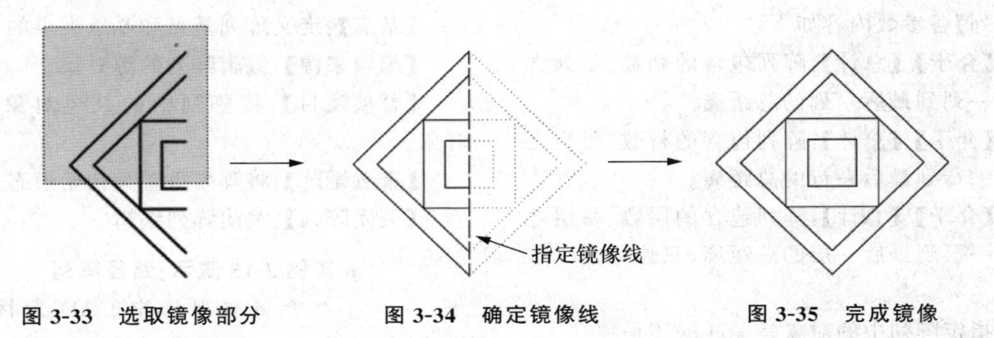

图 3-33　选取镜像部分　　图 3-34　确定镜像线　　图 3-35　完成镜像

【镜像】命令行提示各选项内容如下：

【删除源对象】：确定在镜像原始对象后，是删除还是保留它们。

> **提示**：镜像文字时，默认状态不会更改文字的方向。如果需要反转文字，执行 MIRRTEXT 命令，将值设为 1。

3.4.4 对象的阵列

【阵列】命令是将对象复制多个副本，并将副本按一定规律进行排列。根据排列形状的不同，分为【矩形阵列】、【路径阵列】和【环形阵列】。阵列的操作方式主要有以下 4 种：

- 功能区：单击【修改】选项卡中的【阵列】，再选择【阵列类型】按钮。
- 菜单栏：单击【修改】菜单栏中的【阵列】，再选择【阵列类型】，如图 3-36 所示。
- 命令行：输入【ARRAY】或【AR】。
- 工具栏：单击【绘图】工具栏中的【阵列】按钮，再选择【阵列类型】按钮。

图 3-36 阵列类型菜单

★实例 3-14 演示：矩形阵列

①打开链接网址中 CAD 素材文件—第 3 章—实例 3-14“矩形阵列.dwg”。

②使用光标选中图中的对象，然后点击“修改”功能区里的“矩形阵列”按钮。

③软件功能区将会跳转到矩形阵列创建，如图 3-37 所示，并且生成矩形阵列预览。

④在矩形阵列功能区内设置[列数]：4；[介于]：15；[行数]：3；[介于]：7.5。输入完毕后将会刷新阵列预览，如图 3-38，图 3-39 所示。

⑤最后单击鼠标确定完成矩形阵列，如图 3-40 所示。

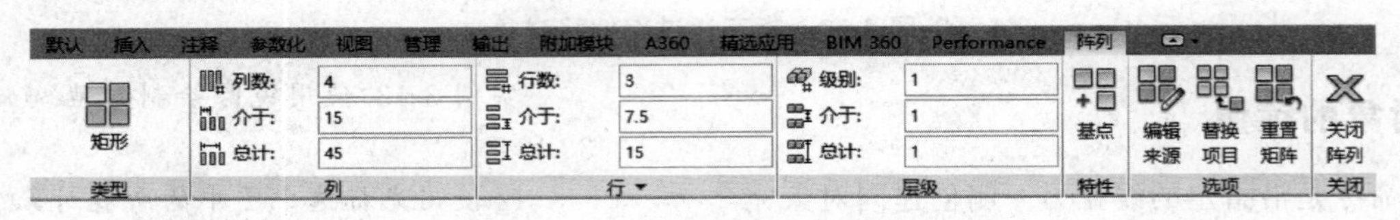

图 3-37 矩形阵列功能区

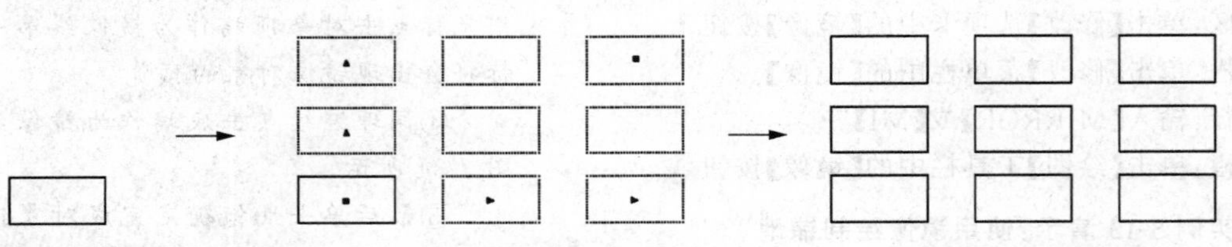

图 3-38 选定阵列对象　　图 3-39 调整阵列参数　　图 3-40 完成阵列

【矩形阵列】各参数内容如下：

【列数】、【介于】、【总计】：阵列包含的列数、每列之间的间距、第一列到最后一列的总距离。

【行数】、【介于】、【总计】：阵列包含的行数、每行之间的间距、第一行到最后一行的总距离。

【级别】、【介于】、【总计】：阵列包含的层数、每层之间的间距、第一层到最后一层的总距离，只作用于三维阵列。

【关联】：指定阵列中的对象是关联的还是独立。

【基点】：定义阵列基点和基点夹点的位置。

【编辑来源】：编辑阵列的源对象。

【替换项目】：将阵列中的某个对象替换为指定对象。

【重置矩阵】：将阵列重置为初始形态。

【关闭阵列】：关闭阵列编辑。

★实例 3-15 演示：路径阵列

①打开链接网址中 CAD 素材文件—第 3 章—实例 3-15“路径阵列.dwg”。

②使用光标选中图中的矩形，然后点击“修改”功能区里的“路径阵列”按钮。

③根据提示，再次选择图中的样条曲线作为阵列的路径。

④软件功能区将会跳转到路径阵列创建，如图 3-41 所示，并且生成路径阵列预览。

⑤在路径阵列功能区内设置[项目数]:10；项间距[介于]:6[行数]:1；行间距[介于]:3。输入完毕后将会刷新阵列预览，如图 3-42，图 3-43 所示。

⑥最后单击鼠标确定完成路径阵列，如图 3-44 所示。

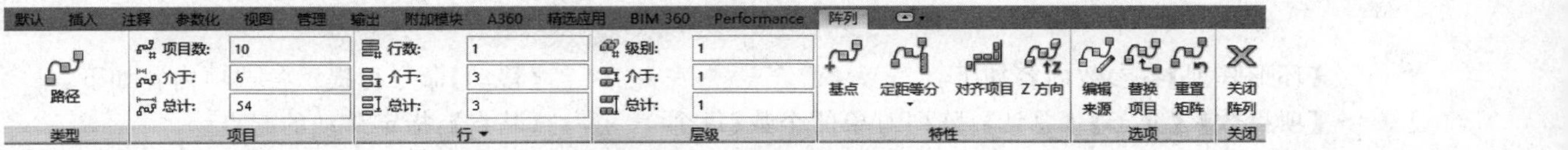

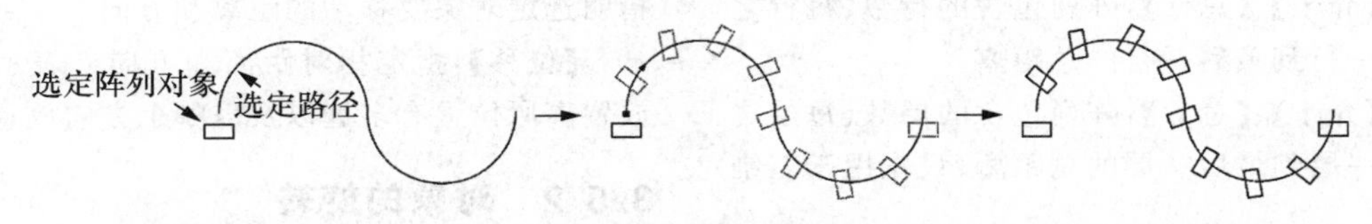

图 3-41　路径阵列功能区

选定阵列对象　选定路径

图 3-42　选定阵列对象　　图 3-43　调整阵列参数　　图 3-44　完成阵列

【路径阵列】各参数内容如下：

【项目数】、【介于】、【总计】：阵列对象的个数、每个对象之间的间距、第一对象到最后一对象的总距离。

【行数】、【介于】、【总计】：阵列包含的行数、每行之间的间距、第一行到最后一行的总距离。

【级别】、【介于】、【总计】：阵列包含的层数、每层之间的间距、第一层到最后一层的总距离，只作用于三维阵列。

【关联】：指定阵列中的对象是关联的还是独立。

【基点】：定义阵列的基点。路径阵列中的项目相对于基点放置。

【定距等分】：阵列对象按固定长度等分路径。

【定数等分】：阵列对象按固定数量等分路径。

【对齐项目】：指定是否对齐每个项目以与路径的方向相切。对齐相对于第一个项目的方向，如图 3-45 所示。

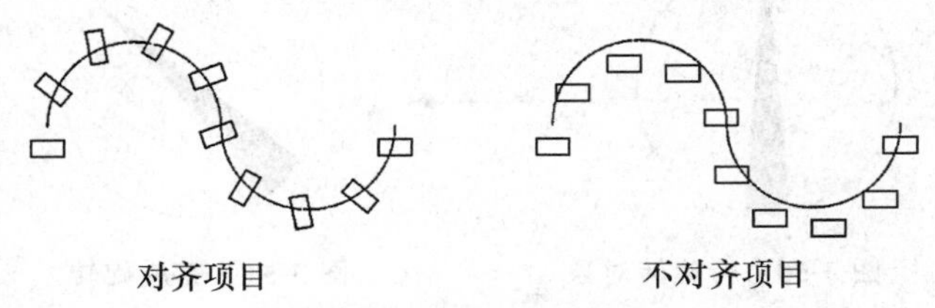

图 3-45　是否对齐项目

【Z 方向】：保持阵列对象初始 Z 方向或沿三维路径倾斜。

【编辑来源】：编辑阵列的源对象。

【替换项目】：将阵列中的某个对象替换为指定对象。

【重置矩阵】：将阵列重置为初始形态。

【关闭阵列】：关闭阵列编辑。

★实例 3-16 演示：环形阵列

①打开链接网址中 CAD 素材文件—第 3 章—实例 3-16“环形阵列.dwg”。

②使用光标选中图中的矩形，然后点击“修改”功能区里的“环形阵列”按钮。

③使用光标在矩形右侧不远处点击作为环形阵列的中心点。

④软件功能区将会跳转到环形阵列创建，如图 3-46 所示，并且生成环形阵列预览。

⑤在环形阵列功能区内设置[项目数]:10；[介于]:36；[行数]:1；[介于]:3。输入完毕后将会刷新阵列预览，如图 3-47，图 3-48 所示。

⑥最后单击鼠标确定完成路径阵列，如图 3-49 所示。

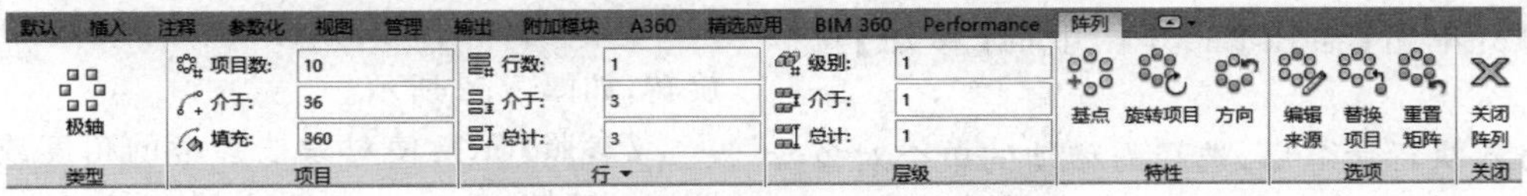

图 3-46　环形阵列功能区

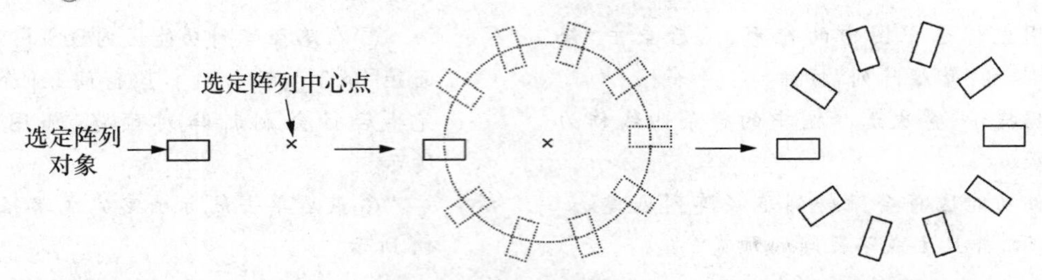

图 3-47 选定阵列对象　图 3-48 调整阵列参数　图 3-49 完成阵列

【环形阵列】各参数内容如下：

【项目数】、【介于】、【总计】：阵列对象的个数、每个对象之间的角度差、第一对象到最后一对象的总距离。

【行数】、【介于】、【总计】：阵列包含的行数、每行之间的间距、第一行到最后一行的总距离。

【级别】、【介于】、【总计】：阵列包含的层数、每层之间的间距、第一层到最后一层的总距离，只作用于三维阵列。

【关联】：是否将阵列中的所有对象作为一个对象组。

【基点】：指定阵列的基点。

【旋转项目】：阵列对象是否朝向中心点旋转。与【路径阵列】的对齐项目相似。

【方向】：阵列对象按顺时针或逆时针排列。

【编辑来源】：编辑阵列的源对象。

【替换项目】：将阵列中的某个对象替换为指定对象。

【重置矩阵】：将阵列重置为初始形态。

【关闭阵列】：关闭阵列编辑。

3.5 改变位置类命令

3.5.1 对象的移动

【移动】命令用于在指定方向上按指定距离移动对象，操作方式主要有以下 4 种：

- 功能区：单击【修改】选项卡中的【移动】按钮。
- 菜单栏：单击【修改】菜单栏中的【移动】。
- 命令行：输入【MOVE】或【M】。
- 工具栏：单击【绘图】工具栏中的【移动】按钮。

按上述方式执行命令后，选择需移动的单个对象或对象组，再指定移动后位置。

【移动】命令行提示各选项内容如下：

【基点】：指定移动的起点。

【第二点】：结合使用第一个点来指定一个矢量，以指明选定对象要移动的距离和方向。

【位移】：指定相对距离和方向。表示复制对象的放置离原位置有多远以及以哪个方向放置。

3.5.2 对象的旋转

【旋转】命令用以使对象绕指定点旋转特定角度，操作方式主要有以下 4 种：

- 功能区：单击【修改】选项卡中的【旋转】按钮。
- 菜单栏：单击【修改】菜单栏中的【旋转】。
- 命令行：输入【ROTATE】或【RO】。
- 工具栏：单击【绘图】工具栏中的【旋转】按钮。

★实例 3-17 演示：旋转对象

①打开链接网址中 CAD 素材文件—第 3 章—实例 3-17“旋转对象.dwg”，如图 3-50 所示。

②选中指北针，在命令行中输入“RO”。

③输入旋转角度“45”，完成指北针的旋转，如图 3-51 所示。

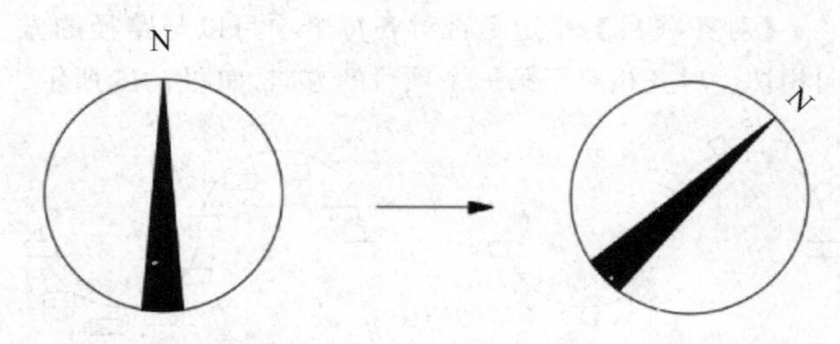

图 3-50 待旋转对象　图 3-51 完成旋转

【旋转】命令行提示各选项内容如下：

【复制】(C)：源对象保持不变，创建新的对象进行旋转，如图 3-52 所示。

【参照】(R)：使对象按参考的角度或旋转后的角度进行旋转。

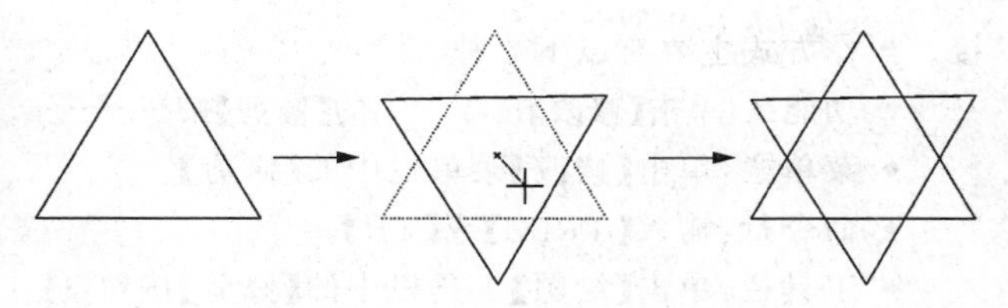

图 3-52　复制对象进行旋转

3.5.3　对象的缩放

【缩放】命令用以在对象保持比例不变的状态下，整体放大或缩小，操作方式主要有以下 4 种：

- 功能区：单击【修改】选项卡中的【缩放】按钮。
- 菜单栏：单击【修改】菜单栏中的【缩放】。
- 命令行：输入【SCALE】或【SC】。
- 工具栏：单击【绘图】工具栏中的【缩放】按钮。

★实例 3-18 演示：缩放对象

①打开链接网址中 CAD 素材文件—第 3 章—实例 3-18"缩放对象.dwg"，如图 3-53 所示。

②选中图中的对象，在命令行中输入"SC"。

③根据提示，使用光标点击对象中央确定缩放基点。

④在命令行输入缩放比例"0.5"，如图 3-54 所示

⑤单击鼠标确定后完成对象的缩放，如图 3-55 所示。

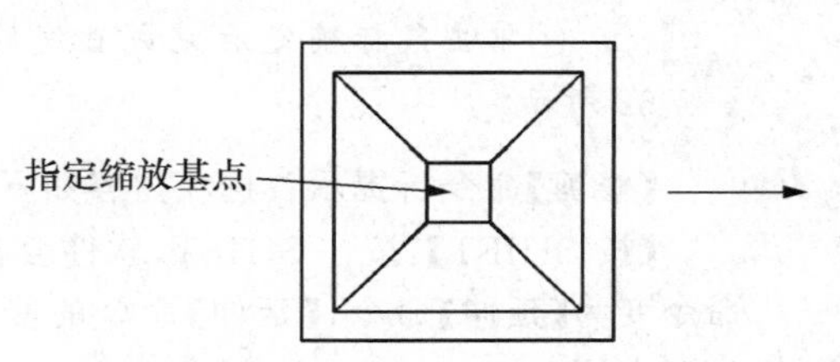

图 3-53　选定缩放对象

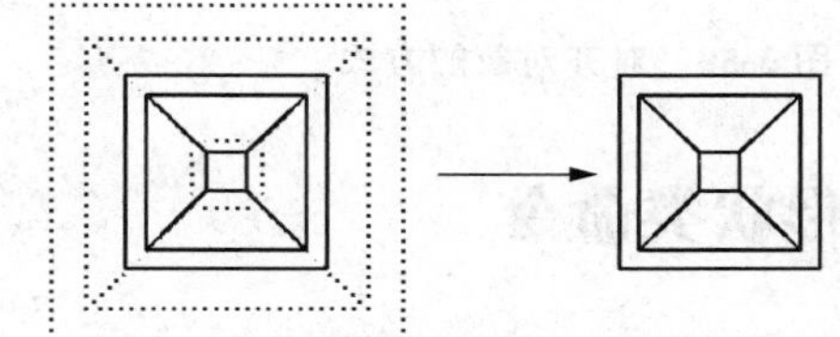

图 3-54　设定缩放比例　　图 3-55　完成缩放

【缩放】命令行提示各选项内容如下：

【复制】(C)：源对象保持不变，创建新的对象进行缩放。

【参照】(R)：使对象按参考的比例或缩放后的比例进行缩放。

> **提示**：对象的默认比例为 1，大于 1 的比例因子使对象放大，介于 0 和 1 之间的比例因子使对象缩小。

3.5.4　对象的对齐

【对齐】命令用以使对象在位置、角度、比例等方面与目标对象保持对齐，操作方式主要有以下 3 种：

- 功能区：单击【修改】选项卡中的【对齐】按钮。
- 菜单栏：单击【修改】菜单栏中的【三维操作】，再选择【对齐】。
- 命令行：输入【ALIGN】或【AL】。

★实例 3-19 演示：对齐对象

①打开链接网址中 CAD 素材文件—第 3 章—实例 3-19"对齐对象.dwg"，如图 3-56 所示。

②选中图中的三角形，在命令行中输入"AL"。

③根据提示，使用光标选中三角形右下角作为第一源点，紧接着选中矩形左下角作为第一目标点。两点之间将会出现一条参考线。

④继续使用光标选中三角形上角作为第二源点，紧接着选中矩形左上角作为第二目标点。如图 3-57 所示。

⑤按空格键确定，根据命令行提示，输入"Y"缩放对象。确定后完成两个对象的对齐，如图 3-58 所示。

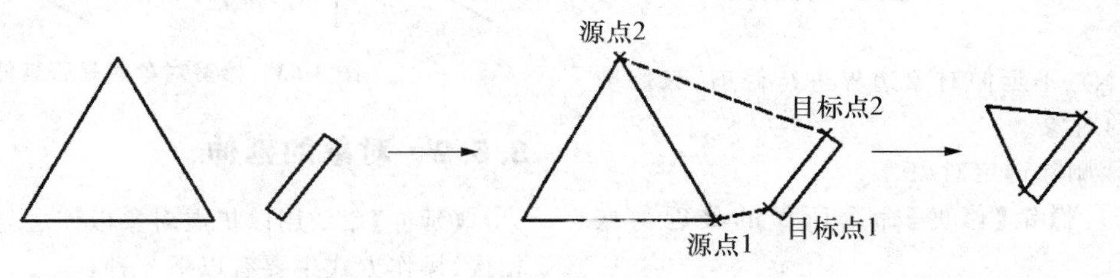

图 3-56　选定对齐对象　　图 3-57　设定对齐参考点　　图 3-58　完成对齐

【对齐】命令行提示各选项内容如下：

【是否基于对齐点缩放对象】：选择“是”（Y）则两源点将会移动缩放至与两目标点完全重合，选择“否”（N）则只有第一个源点与第一目标点重合，如图 3-59 所示。

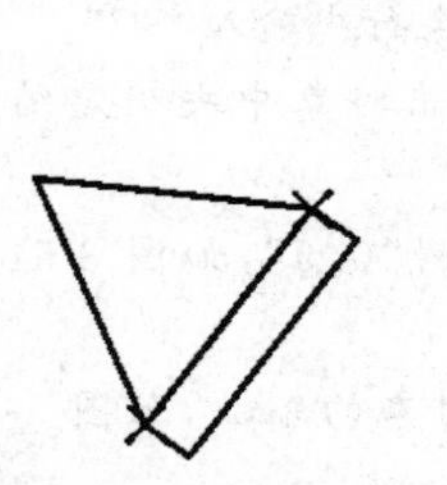
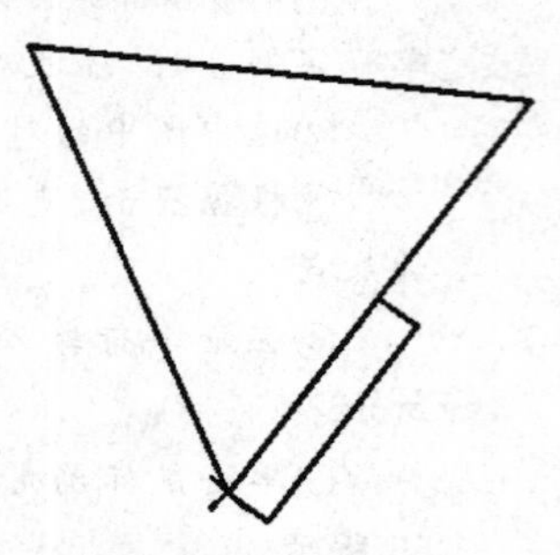
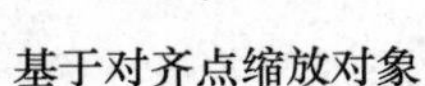

图 3-59　对齐对象的方式

3.6　改变形状类命令

3.6.1　对象的修剪

【修剪】命令用以修剪对象使之与其他对象的边相接。操作方式主要有以下 4 种：

- 功能区：单击【修改】选项卡中的【修剪】按钮。
- 菜单栏：单击【修改】菜单栏中的【修剪】。
- 命令行：输入【TRIM】或【TR】。
- 工具栏：单击【绘图】工具栏中的【修剪】按钮。

★实例 3-20 演示：修剪对象

①打开链接网址中 CAD 素材文件—第 3 章—实例 3-20“修剪对象.dwg”，如图 3-60 所示。

②选中图中的两条竖直线，在命令行中输入“TR”。

③点击空格键确定后，将光标移动至两竖直线之间的横直线，被修剪部分将会减淡为浅灰色，如图 3-61 所示。

④单击鼠标确定后完成直线的修剪，如图 3-62 所示。

【修剪】命令行提示各选项内容如下：

【按 SHIFT】：按住 SHIFT，软件会自动将【修剪】命令变为【延伸】命令，【延伸】命令的使用方法在下一小节介绍。

【栏选】（F）：选择与选择栏相交的所有对象。

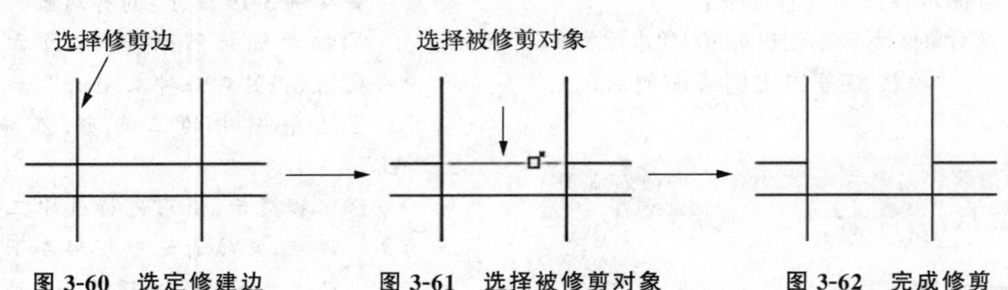

图 3-60　选定修建边　　图 3-61　选择被修剪对象　　图 3-62　完成修剪

【窗交】（C）：选择矩形区域（由两点确定）内部或与之相交的对象。

【投影】（P）：指定修剪对象时使用的投影方式。

【边】（E）：选择对象的修剪方式，是延伸还是不延伸，如图 3-63 所示。

- 延伸（E）：延伸对象边界进行修剪，如果剪切边与需修剪对象没有相交，软件会延伸剪切边与剪切对象相交进行修剪。
- 不延伸（N）：不延伸对象边界进行修剪，只修剪与修剪边相交的对象。

【删除】（R）：删除选定对象。

【放弃】（U）：撤销【修剪】命令所做的最近一次更改。

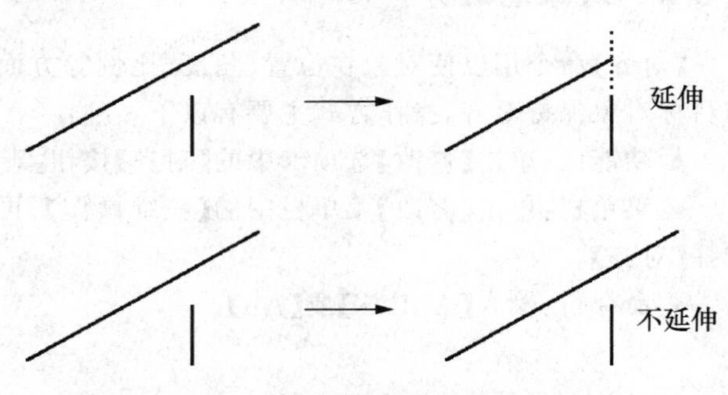

图 3-63　修剪对象时是否延伸边

3.6.2　对象的延伸

【延伸】命令用以扩展对象以使之与其他对象的边相接，操作方式主要有以下 4 种：

◆ 功能区：单击【修改】选项卡中的【延伸】按钮--/。

◆ 菜单栏：单击【修改】菜单栏中的【延伸】。

◆ 命令行：输入【EXTEND】或【EX】。

◆ 工具栏：单击【绘图】工具栏中的【延伸】按钮-/。

★实例 3-21 演示：延伸对象

①打开链接网址中 CAD 素材文件—第 3 章—实例 3-21“延伸对象.dwg”，如图 3-64 所示。

②选中图中的竖直线，在命令行中输入“EX”。

③点击空格键确定后，将光标移动至横直线的左端，将延伸部分会出现浅灰色线条预览，如图 3-65 所示。

④单击鼠标确定后完成直线的延伸，如图 3-66 所示。

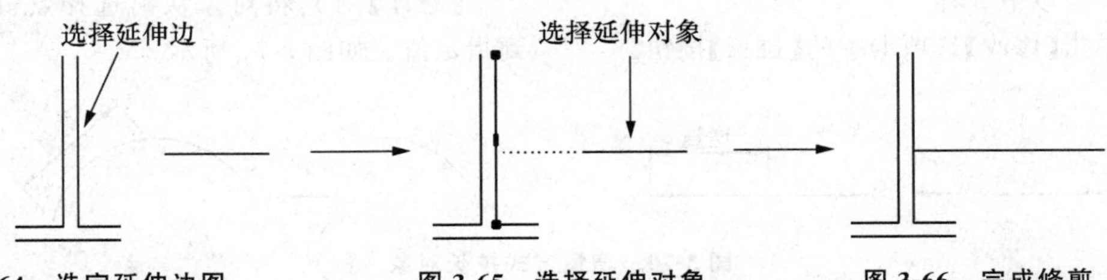

图 3-64 选定延伸边图　　图 3-65 选择延伸对象　　图 3-66 完成修剪

【延伸】命令行提示各选项内容如下：

【按 SHIFT】：按住 SHIFT，软件会自动将【延伸】命令变为【修剪】命令。

【栏选】(F)：选择与选择栏相交的所有对象。

【窗交】(C)：选择矩形区域(由两点确定)内部或与之相交的对象。

【投影】(P)：指定延伸对象时使用的投影方法。

【边】(E)：选择对象的延伸方式，是延伸还是不延伸。

◆ 延伸(E)：延伸对象边界进行修剪，如果边界与需延伸对象没有相交，软件会延伸边界与需延伸对象相交进行延伸。

◆ 不延伸(N)：不延伸对象边界，只延伸与对象边界相交的对象。

【放弃】(U)：放弃最近由【延伸】命令所做的更改。

3.6.3 对象的拉伸

【拉伸】命令用以拉伸与选择窗口或多边形交叉的对象，操作方式主要有以下 4 种：

◆ 功能区：单击【修改】选项卡中的【拉伸】按钮。

◆ 菜单栏：单击【修改】菜单栏中的【拉伸】。

◆ 命令行：输入【STRETCH】或【STR】。

◆ 工具栏：单击【绘图】工具栏中的【拉伸】按钮。

★实例 3-22 演示：拉伸对象

①打开链接网址中 CAD 素材文件—第 3 章—实例 3-22“拉伸对象.dwg”，如图 3-67 所示。

②在命令行中输入“S”，点空格键确定后，使用窗交方式选中图中的弧形。

③点击空格键确定后，选择弧形顶点作为拉伸基点，如图 3-68 所示。

④向右平移光标，在命令行输入移动距离“4”，确定后完成对象拉伸，如图 3-69 所示。

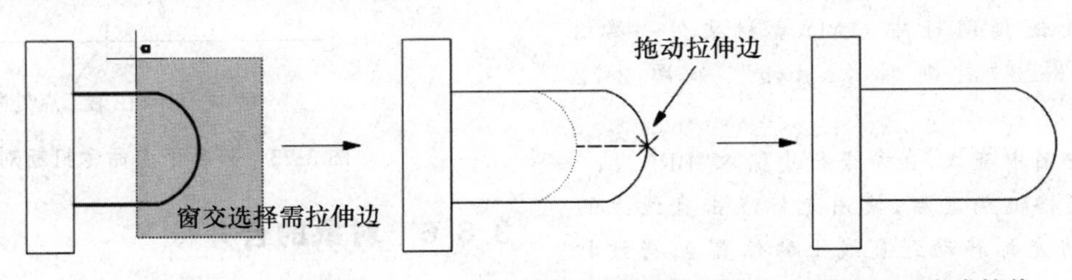

图 3-67 使用窗交选定拉伸边　　图 3-68 确定拉伸位置　　图 3-69 完成拉伸

> **提示**："拉伸"命令必须采用窗交的方式选择对象需拉伸部分。采用其他方式选择的对象，只会将对象移动而不是拉伸至目标点。

3.6.4 对象的拉长

【拉长】命令用以更改对象的长度和圆弧的包含角，操作方式主要有以下 3 种：

◆ 功能区：单击【修改】选项卡中的【拉长】按钮。

◆ 菜单栏：单击【修改】菜单栏中的【拉长】。

◆ 命令行：输入【LENGTHEN】或【LEN】。

【拉长】命令行提示各选项内容如下：

【增量】(DE)：以指定的增量修改对象的长度，该增量从距离选择点最近的端点处开始测量。见图 3-70。

【百分比】(P)：通过指定对象总长度的百分数设定对象长度。

【总计】(T)：将对象从离选择点最近的端点拉长到指定值。如图 3-71 所示。

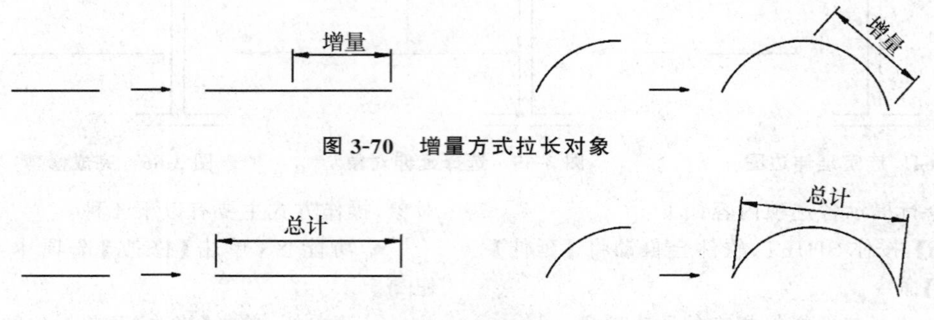

图 3-70 增量方式拉长对象

图 3-71 总计方式拉长对象

【动态】(DY)：通过拖动选定对象的端点之一来更改其长度。

3.6.5 对象的打断

【打断】命令用于在两点之间打断选定对象，操作方式主要有以下 4 种：

◆ 功能区：单击【修改】选项卡中的【打断】按钮。

◆ 菜单栏：单击【修改】菜单栏中的【打断】。

◆ 命令行：输入【BREAK】或【BR】。

◆ 工具栏：单击【绘图】工具栏中的【打断】按钮。

★实例 3-23 演示：打断对象

①打开链接网址中 CAD 素材文件—第 3 章—实例 3-23"打断对象.dwg"，如图 3-72 所示。

②选中图中直线，在命令行中输入"BR"。

③点空格键确定后，使用光标点击直线上的位置 1，再将光标移动到直线上的位置 2，将被打断部分会减淡为浅灰色。

④点击鼠标确定后，完成直线打断。

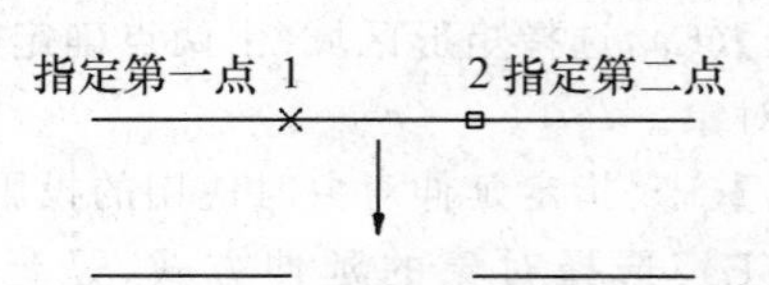

图 3-72 打断命令打断对象

【打断于点】命令能在单个点处打断选定的对象，操作方式与【打断】命令相似，如图 3-73 所示。操作方式主要有以下 2 种：

◆ 功能区：单击【修改】选项卡中的【打断于点】按钮。

◆ 工具栏：单击【绘图】工具栏中的【打断于点】按钮。

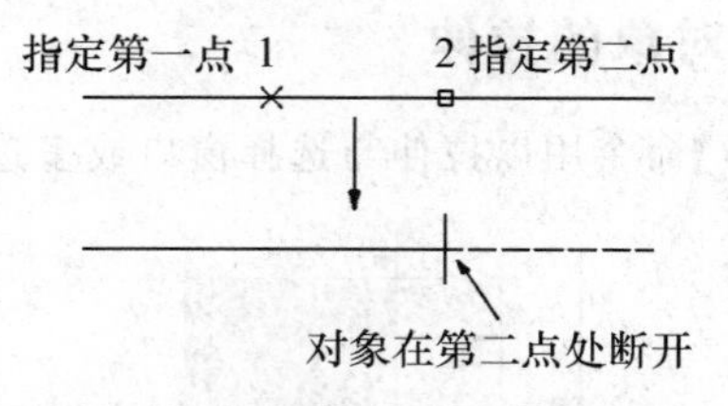

图 3-73 打断于点命令打断对象

3.6.6 对象的合并

【合并】命令用以合并线性和弯曲对象的端点，以便创建单个对象，操作方式主要有以下 4 种：

◆ 功能区：单击【修改】选项卡中的【合并】按钮 。
◆ 菜单栏：单击【修改】菜单栏中的【合并】。
◆ 命令行：输入【JOIN】或【J】。
◆ 工具栏：单击【绘图】工具栏中的【合并】按钮 。

★实例 3-24 演示：合并对象

①打开链接网址中 CAD 素材文件—第 3 章—实例 3-24“合并对象.dwg”，如图 3-74 所示。

②选中图中的样条曲线，在命令行中输入“M”，将样条曲线左端点与多段线右端点相连。

③在命令行输入“J”，选择多段线，再选择样条曲线，如图 3-75 所示。

④点击空格键确定后，完成合并，如图 3-76 所示。

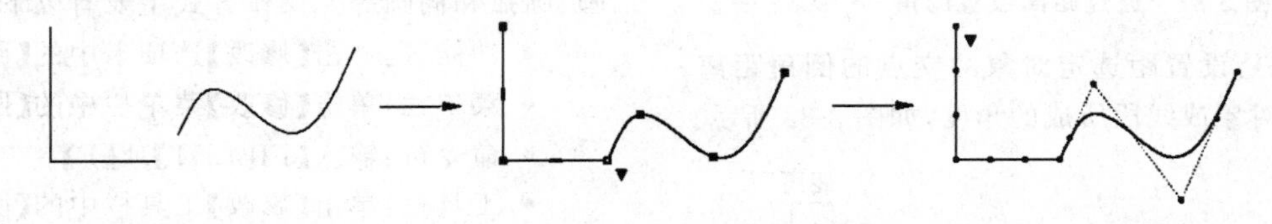

图 3-74　选择合并对象　　图 3-75　将对象首尾连接　　图 3-76　完成合并

3.6.7　对象的分解

【分解】命令用以将复合对象分解为其组件对象，操作方式主要有以下 4 种：

◆ 功能区：单击【修改】选项卡中的【分解】按钮 。
◆ 菜单栏：单击【修改】菜单栏中的【分解】。
◆ 命令行：输入【EXPLODE】或【X】。
◆ 工具栏：单击【绘图】工具栏中的【分解】按钮 。

提示：对象被分解后，原有的颜色、线型、线宽等属性可能会发生改变，具体变化根据对象类型的不同而有所区别。

3.6.8　对象的倒角

【倒角】命令用于为两个对象的边创建倒角，对象可以是直线、射线、多段线等，操作方式主要有以下 4 种：

◆ 功能区：单击【修改】选项卡中的【倒角】按钮 。
◆ 菜单栏：单击【修改】菜单栏中的【倒角】。
◆ 命令行：输入【CHAMFER】或【CHA】。
◆ 工具栏：单击【修改】工具栏中的【倒角】按钮 。

★实例 3-25 演示：矩形倒角

①打开链接网址中 CAD 素材文件—第 3 章—实例 3-25“矩形倒角.dwg”，如图 3-77 所示。

②选中图中的矩形，在命令行中输入“CHA”。

③在命令行输入“D”设置倒角距离，提示第一个距离时输入“2”，提示第二个距离时输入“2”。

④确定后，选中矩形的上边，再将光标移至矩形右边，软件将会自动生成倒角后的预览线段。如图 3-78 所示。

⑤点击鼠标确定后，完成矩形一个角的倒角，如图 3-79 所示。

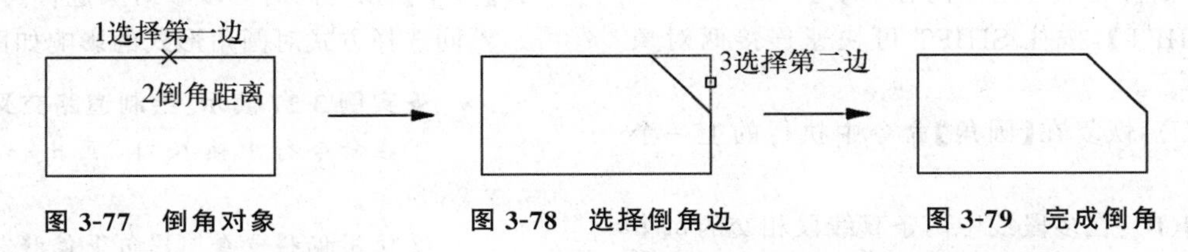

图 3-77　倒角对象　　图 3-78　选择倒角边　　图 3-79　完成倒角

【倒角】命令行提示各选项内容如下：

【按住 SHIFT】：按住 SHIFT 可快速连接两对象而不进行倒角。

【放弃】(U)：恢复【倒角】命令中执行的上一个操作。

【多段线】(P)：在多段线中两条直线段相交的每个顶点处插入倒角线，如图 3-80 所示。

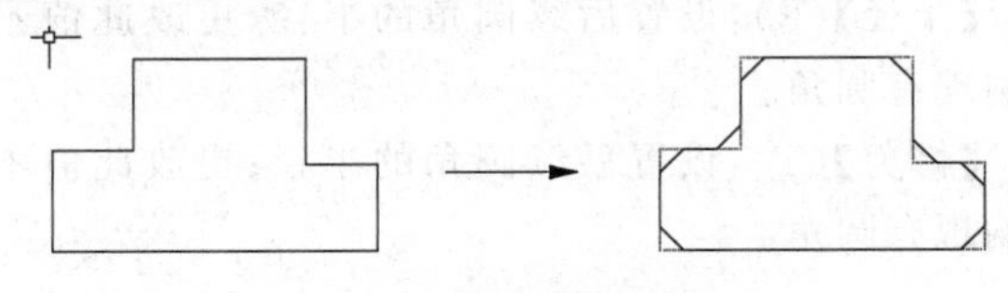

图 3-80　多段线倒角

【距离】(D):设置距第一个对象和第二个对象的交点的倒角距离,如图 3-81 所示。

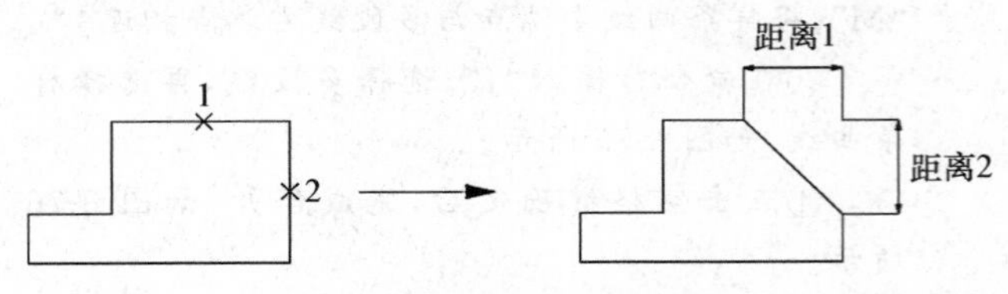

图 3-81　通过距离设置倒角

【角度】(A):设置距选定对象的交点的倒角距离,以及与第一个对象或线段所成的角度,如图 3-82 所示。

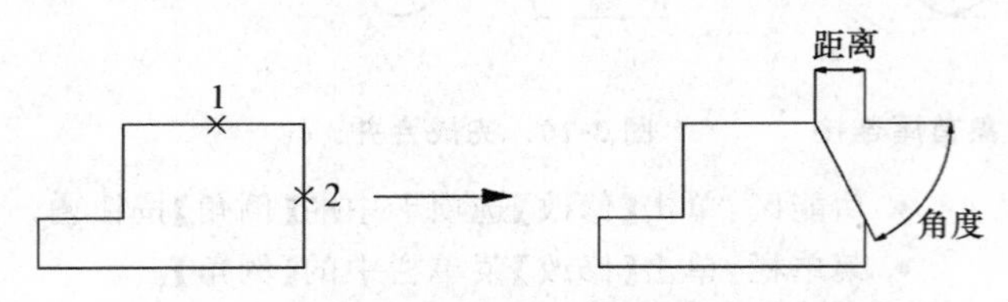

图 3-82　通过角度设置倒角

【修剪】(T):控制是否修剪选定对象以与倒角线的端点相交,如图 3-83 所示。

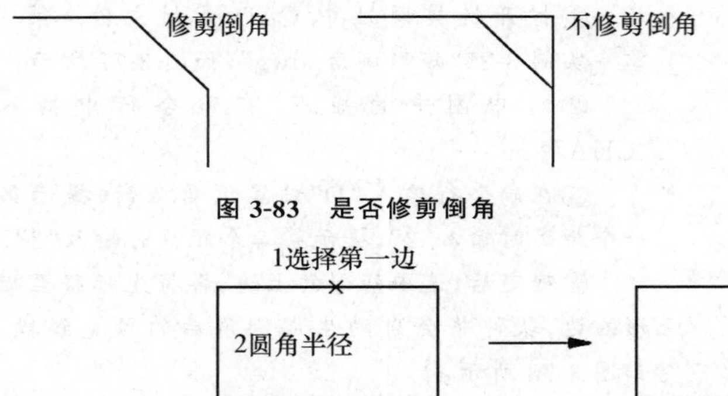

图 3-83　是否修剪倒角

【方式】(E):选择倒角方式采用【距离】还是【角度】。

【多个】(M):同时对多个对象进行倒角。

3.6.9　对象的圆角

【圆角】命令用于在两个对象之间创建相切的圆弧。圆角对象可以是直线、射线、多段线、样条曲线、圆、圆弧和椭圆等。操作方式主要有以下 4 种:

- 功能区:单击【修改】选项卡中的【圆角】按钮。
- 菜单栏:单击【修改】菜单栏中的【圆角】。
- 命令行:输入【FILLET】或【F】。
- 工具栏:单击【修改】工具栏中的【圆角】按钮。

★实例 3-26 演示:矩形圆角

①打开链接网址中 CAD 素材文件—第 3 章—实例 3-26"矩形圆角.dwg",如图 3-84 所示。

②选中图中的矩形,在命令行中输入"F"。

③在命令行输入"R",根据提示输入"3",设置圆角半径为 3。

④确定后,选中矩形的上边,再将光标移至矩形右边,软件将会自动生成圆角后的预览线段。如图 3-85 所示。

⑤点击鼠标确定后,完成矩形一个角的圆角,如图 3-86 所示。

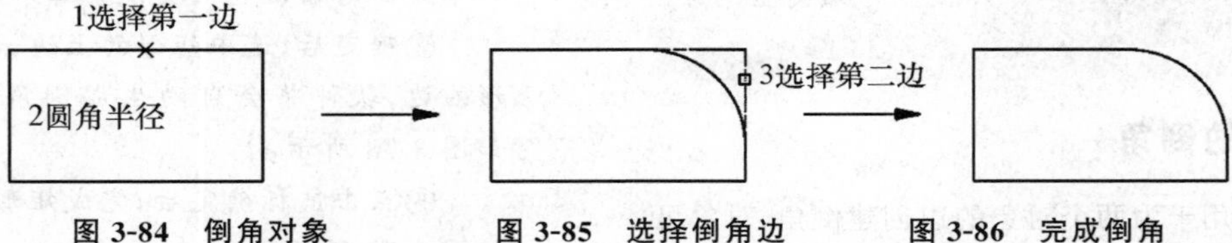

图 3-84　倒角对象　　图 3-85　选择倒角边　　图 3-86　完成倒角

【圆角】命令行提示各选项内容如下:

【按住 SHIFT】:按住 SHIFT 可快速连接两对象而不进行圆角。

【放弃】(U):恢复在【圆角】命令中执行的上一个操作。

【多段线】(P):在多段线中两条直线段相交的每个顶点处插入圆角。

【半径】(R):设置后续圆角的半径,更改此值不会影响现有圆角。

【修剪】(T):设置后续圆角的半径;更改此值不会影响现有圆角。

【多个】(M):同时对多个对象进行圆角。

不同选择方式对圆角形式的影响如图 3-87 所示。

★实例 3-27 演示:绘制道路交叉口

①在命令行中输入"L"画出一条直线,如图 3-88 所示。

②使用偏移命令"O"向下偏移"20"画出红线宽度为 20 m 的道路。

③继续输入偏移命令"O",将两直线分别向下和向上偏移"3",绘制出 3 m 宽人行道,如图 3-89 所示。

④重复①和②步骤,绘制出红线宽度 15 m,人

行道宽度 2 m 的竖向道路，如图 3-90 所示。

⑤选择两条道路，在命令行输入“TR”，修剪交叉的直线，如图 3-91 所示。

⑥单击“修改”功能区中的“倒角”按钮，在命令行输入“D”，设置两个倒角距离都为“5”。

⑦依次两两点击外侧的直线，完成四个角的倒角，如图 3-92 所示。

⑧单击“修改”功能区中的“圆角”按钮，在命令行输入“R”，设置圆角半径为“8”。

⑨依次两两点击内侧的直线，完成四个角的圆角，从而完成道路交叉口的绘制，如图 3-93 所示。

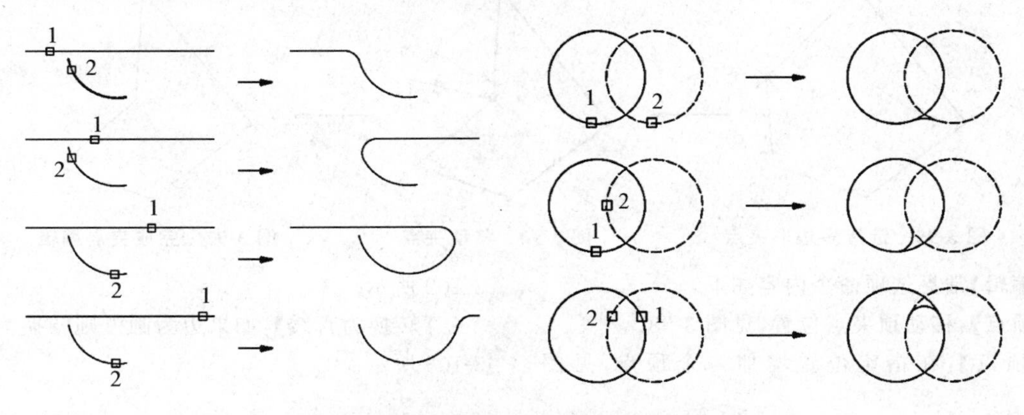

图 3-87　不同选择方式对圆角形式的影响

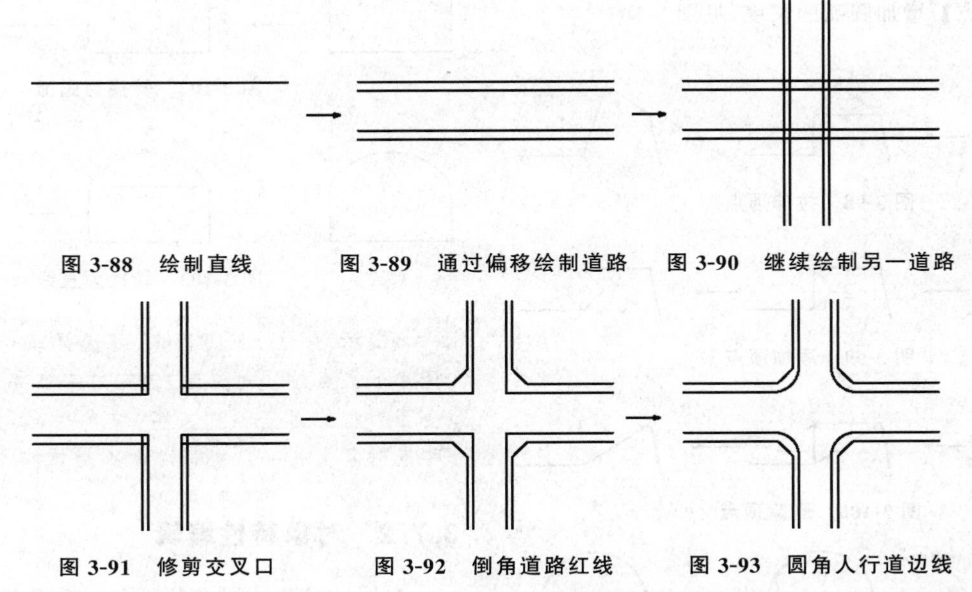

图 3-88　绘制直线　图 3-89　通过偏移绘制道路　图 3-90　继续绘制另一道路

图 3-91　修剪交叉口　图 3-92　倒角道路红线　图 3-93　圆角人行道边线

3.7　对象编辑命令

3.7.1　对象夹点编辑

【夹点编辑】可以使用不同类型的夹点和夹点模式重新塑造、移动或操纵对象（图 3-94）。AUTOCAD 2016 默认开启【夹点编辑】功能，如需修改，可在命令行输入【GRIPS】进行变量调整。输入【0】表示关闭该功能，【1】表示只在顶点开启，【2】表示在顶点和边均开启。

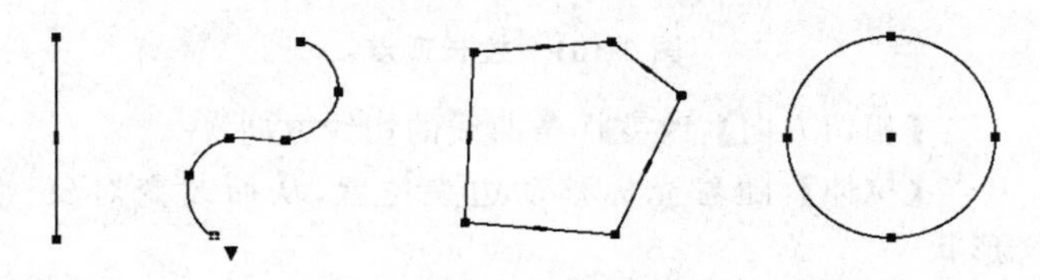

图 3-94　不同对象上的夹点

★实例 3-28 演示：利用夹点编辑对象

①打开链接网址中 CAD 素材文件—第 3 章—实例 3-28“利用夹点编辑对象.dwg”，如图 3-95 所示。

②选中图中的多边形，点击右端点上的蓝色方块，如图 3-96 所示。

③拖动光标，将选中的夹点向左移动。

④再次点击鼠标确定完成夹点编辑，如图 3-97 所示。

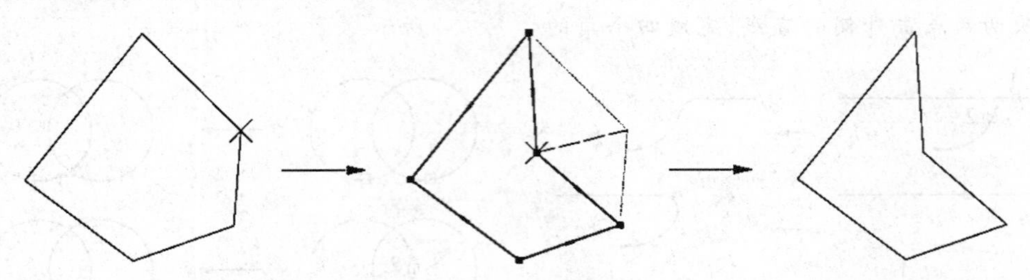

图 3-95　选择多边形夹点　　**图 3-96　移动夹点**　　**图 3-97　完成夹点编辑**

【夹点编辑】常见选项命令内容如下：

【拉伸顶点】：移动顶夹点位置，见图 3-98。

【添加顶点】：在指定位置增加一个顶点，见图 3-99。

【删除顶点】：删除所选顶点，见图 3-100。

【拉长顶点】：增加圆弧的长度，见图 3-101。

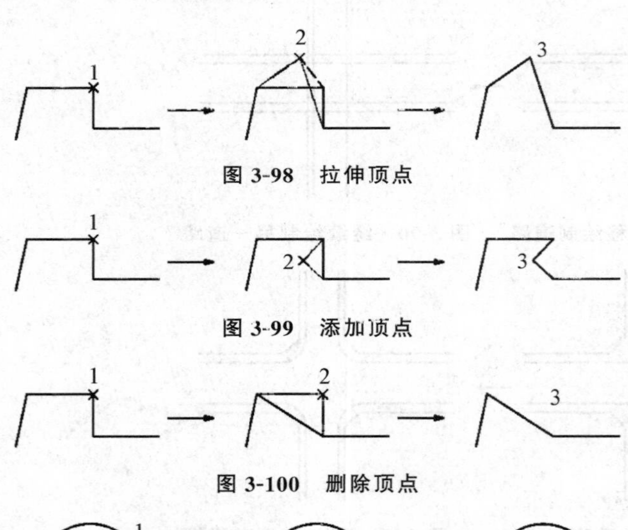

图 3-98　拉伸顶点

图 3-99　添加顶点

图 3-100　删除顶点

图 3-101　拉长顶点

【相切方向】：改变样条曲线的切线方向。

【拉伸】：随着光标移动边夹位置，从而改变对象形状。

【转换为圆弧】：如果边为直线则转换为圆弧，如图 3-102 所示。

【转换为直线】：如果边为圆弧则转换为直线，如图 3-103 所示。

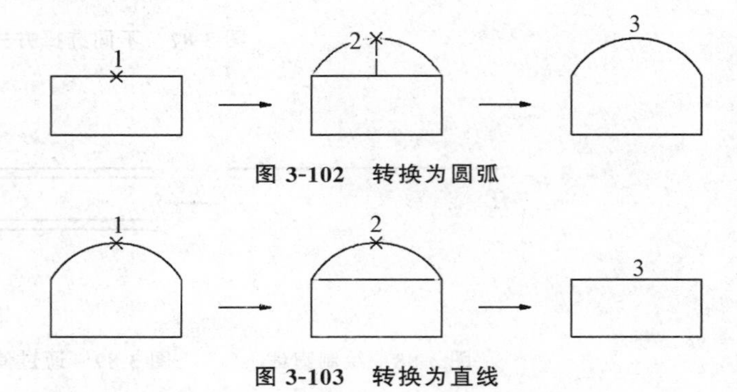

图 3-102　转换为圆弧

图 3-103　转换为直线

> **提示**：按住 SHIFT 键，可选择多个夹点。当选择多个夹点拉伸对象时，选定的夹点将保持原状，不会因为拉伸而变形。文字、块参照、直线中点、圆心和点对象上的夹点将移动而不是拉伸。

3.7.2　对象特性编辑

【特性】是修改对象特性的一种常用方式，能够直观、准确、快捷的对目标对象进行编辑，操作方式主要有以下 5 种：

- 功能区：单击【特性】选项卡中的【特性】按钮。
- 菜单栏：单击【修改】菜单栏中的【特性】。
- 命令行：输入【DDMODIFY】或【PROPERTIES】。
- 工具栏：单击【标准】工具栏中的【特性】按钮。

◆ 快捷键：使用【CTRL＋1】快捷键。

不同的对象在【特性】面板里显示的属性各不相同，如图 3-104 所示。要修改对象属性，直接调整属性对话框内的数值或选项即可。

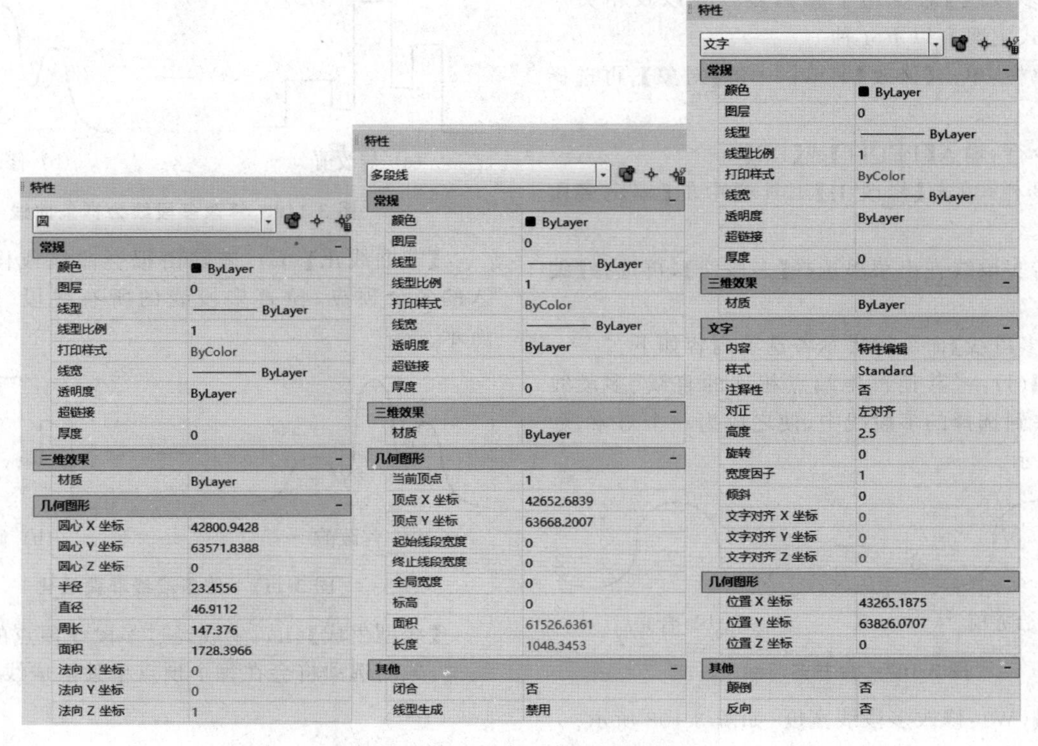

图 3-104　不同对象上的【特性】面板

3.7.3　对象特性匹配

【特性匹配】命令用于快速的将目标对象属性与源对象属性进行匹配，从而使前者属性与后者一致。操作方式主要有以下 4 种：

◆ 功能区：单击【特性】选项卡中的【特性匹配】按钮。

◆ 菜单栏：单击【修改】菜单栏中的【特性匹配】。

◆ 命令行：输入【MATCHPROP】或【MA】。

◆ 工具栏：单击【标准】工具栏中的【特性匹配】按钮。

★实例 3-29 演示：匹配对象特性

①打开链接网址中 CAD 素材文件—第 3 章—实例 3-29“匹配对象特性.dwg”，如图 3-105 所示。

②在命令行输入“MA”，根据提示选择左侧矩形，完成后光标上将会出现画笔的图案。

③将光标移至右侧小矩形，小矩形线条样式将会变为与大矩形一样，如图 3-106 所示。

④单击鼠标确定，完成对象之间的特性匹配。

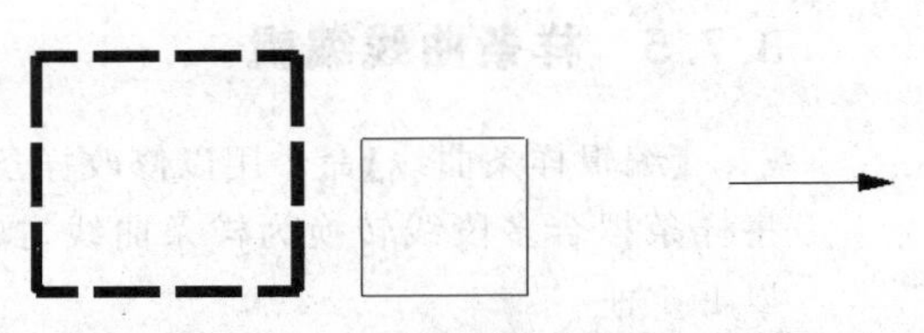

图 3-105　待匹配特性的对象

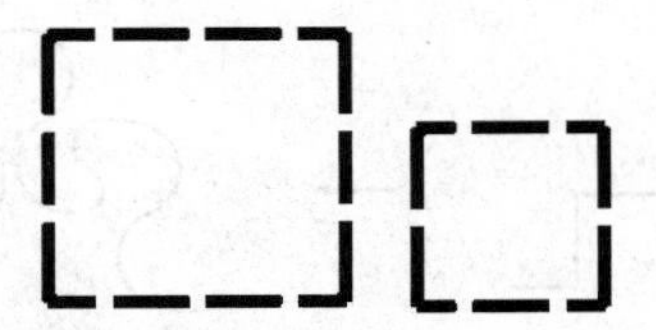

图 3-106　完成特性匹配

3.7.4 多段线编辑

【编辑多段线】命令用于编辑多段线以及相关对象,操作方式主要有以下 4 种

◆ 菜单栏:单击【修改】菜单栏中的【对象】,再选择【多段线】。

◆ 命令行:输入【PEDIT】或【PE】。

◆ 工具栏:单击【修改 II】工具栏中的【编辑多段线】按钮。

◆ 右击多段线弹出菜单选择【多段线】,再选择【编辑多段线】。

【编辑多段线】命令行提示各选项内容如下:

【合并】(J):将其他首尾端点相连的直线、多段线或圆弧合并到选择的多段线中,使之成为一个对象,如图 3-107 所示。

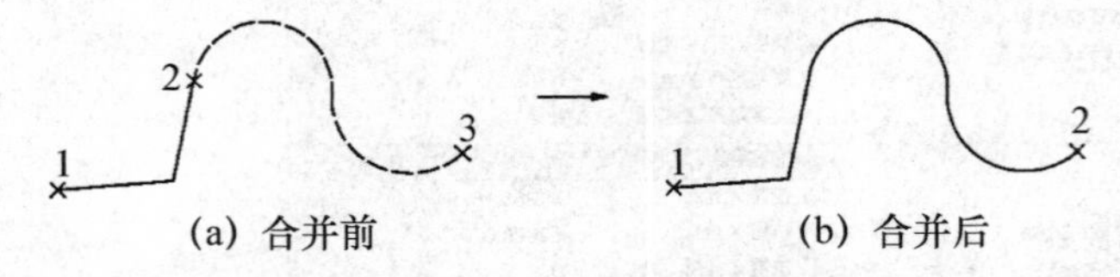

图 3-107 合并多段线

【宽度】(W):修改多段线宽度,如图 3-108 所示。

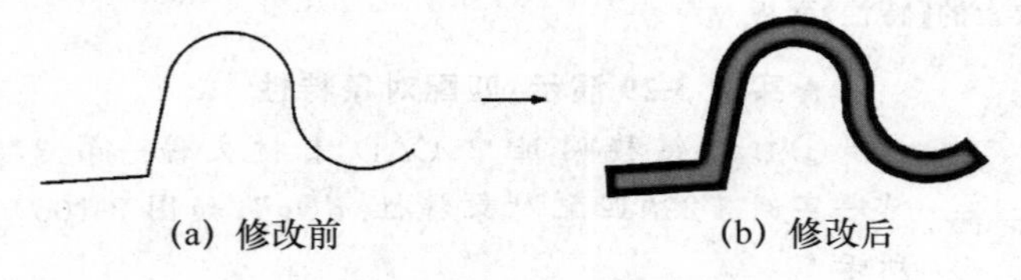

图 3-108 修改多段线线宽

【编辑顶点】(E):允许对多段线的顶点进行插入、删除、移动、拉直等修改,当前正在编辑的顶点会以十字型的【X】标记。编辑顶点的方式与之前学习的【对象夹点编辑】方式相似。

【拟合】(F):保持多段线顶点位置不变,将多段线变为平滑圆弧组成的拟合曲线,如图 3-109 所示。

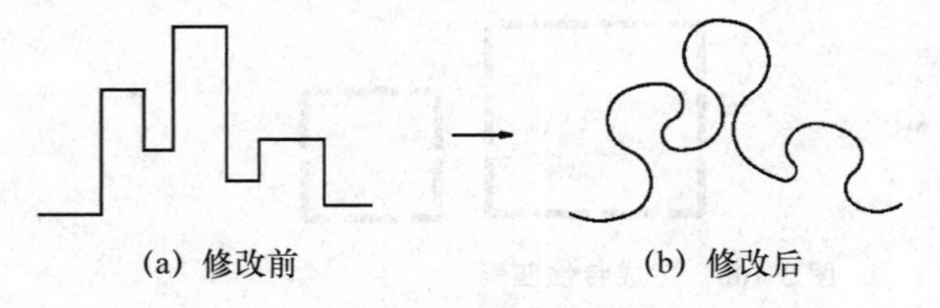

图 3-109 修改多段线为拟合曲线

【样条曲线】(S):以多段线顶点为控制点,将多段线变为样条曲线,如图 3-110 所示。

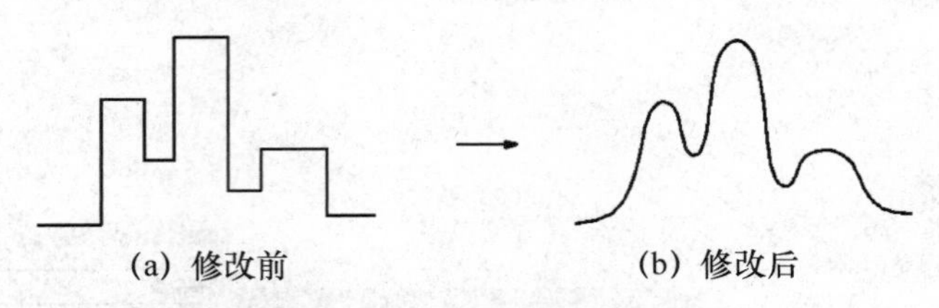

图 3-110 修改多段线为样条曲线

【非曲线化】(D):删除由拟合曲线或样条曲线插入的多余顶点,拉直多段线的所有线段,如图 3-111 所示。

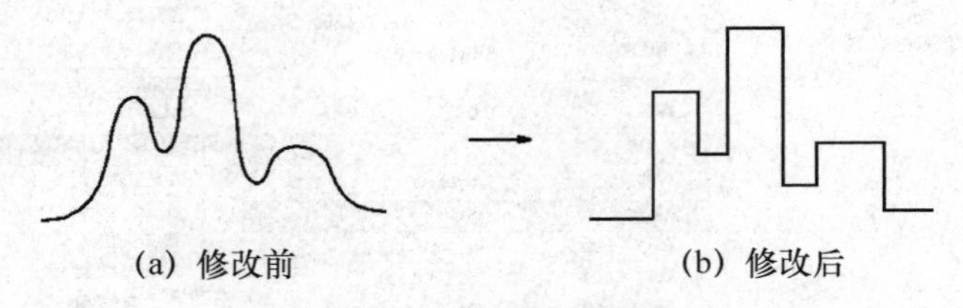

图 3-111 使多段线非曲线化

【线型生成】(L):生成经过多段线顶点的连续图案线型,关闭选项将会在每个顶点单独生成线型,如图 3-112 所示。

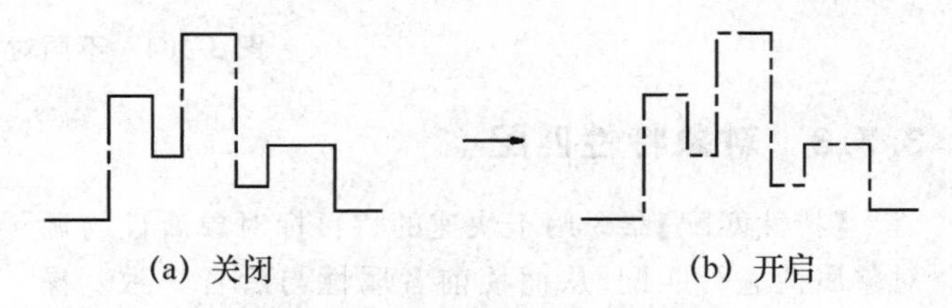

图 3-112 控制多段线的线型

【反转】(R):反转多段线顶点的顺序。

如果多段线闭合,【打开】(O):删除多段线的闭合线段。

如果多段线不闭合,【闭合】(C):创建多段线的闭合线,将首尾连接。

3.7.5 样条曲线编辑

【编辑样条曲线】命令用以修改样条曲线的参数或将样条拟合多段线转换为样条曲线,操作方式主要有以下 4 种

◆ 菜单栏:单击【修改】菜单栏中的【对象】,再选择【样条曲线】。

◆ 命令行：输入【SPLINEDIT】或【PE】。

◆ 工具栏：单击【修改 II】工具栏中的【编辑样条曲线】按钮。

◆ 右击样条曲线弹出菜单→【样条曲线】。

【编辑样条曲线】命令行提示各选项内容如下：

【合并】(J)：将其他端点相连的样条曲线合并到选择的样条曲线，使之成为一个对象。

【拟合数据】(F)：对样条曲线的拟合点进行编辑。

【编辑顶点】(E)：对样条曲线的控制点进行编辑。

【转换为多段线】(P)：将样条曲线转换为多段线。

【反转】(R)：反转多段线顶点的顺序。

【放弃】(U)：放弃上一步操作。

3.7.6　多线编辑

【编辑多线】命令用于编辑修改多线样式，操作方式主要有以下 3 种

◆ 菜单栏：单击【修改】菜单栏中的【对象】，再选择【多线】。

◆ 命令行：输入【MLEDIT】。

◆ 双击需编辑的多线。

★实例 3-30 演示：编辑多线

①打开链接网址中 CAD 素材文件—第 3 章—实例 3-30“编辑多线.dwg”，如图 3-113 所示。

②双击绘制好的横向多线，弹出“多线编辑工具”对话框，如图 3-114 所示。

③在对话框中选择“十字打开”后，点关闭退出对话框。

④根据命令行提示，先选择横向多线，再选择竖向多线。单击鼠标确定，完成多线的编辑，如图 3-115 所示。

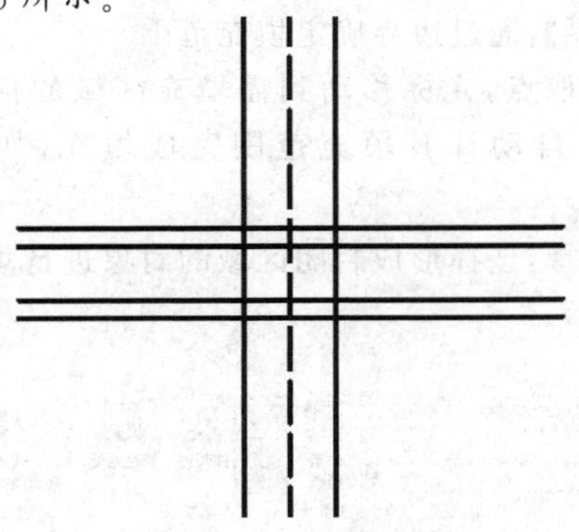

图 3-113　待编辑多线

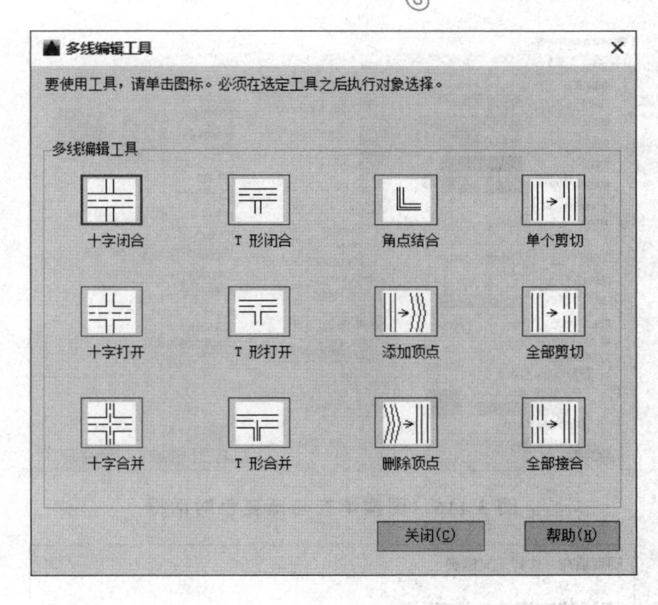

图 3-114　多线编辑工具对话框

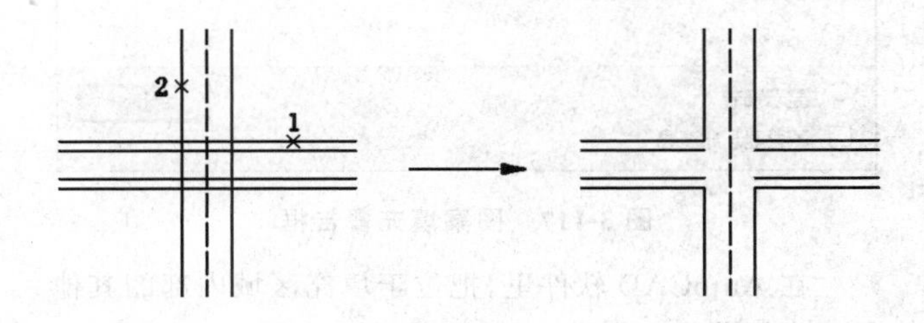

图 3-115　完成多线编辑

3.8　图案填充命令

3.8.1　创建图案填充

在 AutoCAD 软件中，【图案填充】分为三种类型，分别是【图案填充】、【渐变色】和【边界】。软件默认会在功能区位置显示图案填充快捷选项，便于快速操作。如需调整【图案填充】设置，可在执行命令后，根据命令行提示输入【T】调出对话框，如图 3-116 所示。下文主要介绍通过功能区进行填充的操作方式。

进行图案填充时，首先需要确定填充的区域，该区域必须是由线、弧等能够成为图案边界的对象闭合而成。如果填充的区域不闭合，系统便会弹出如图 3-117 所示的警告窗口。

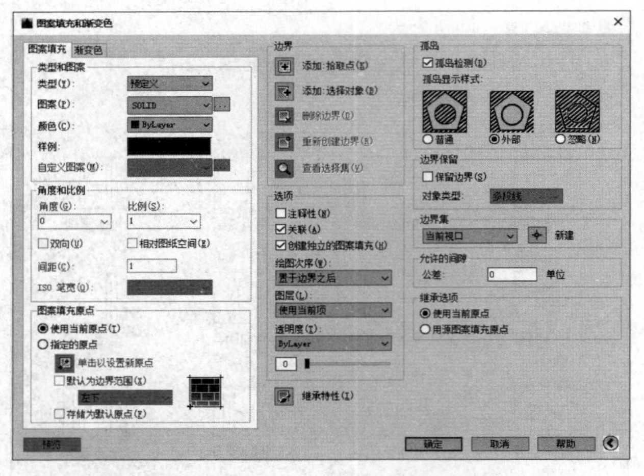

图 3-116　图案填充与渐变色对话框

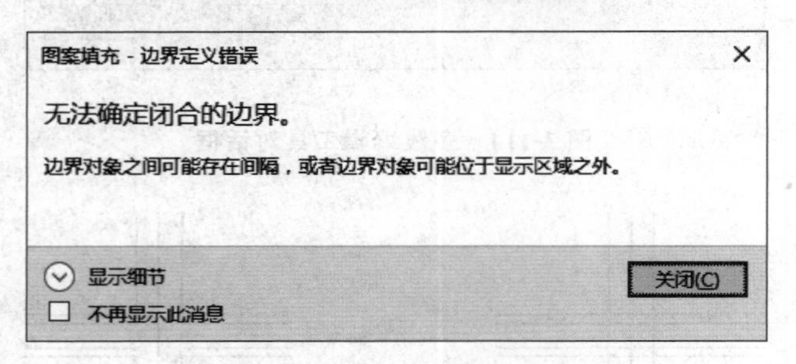

图 3-117　图案填充警告框

在 AutoCAD 软件里，把位于填充区域内部的其他封闭区域称为【孤岛】。我们在实际应用时，通常会遇到多个对象交叉组合的复杂情况，这时就需要用到【孤岛】填充。软件预设了如图 3-118 所示的三种图案填充方式：

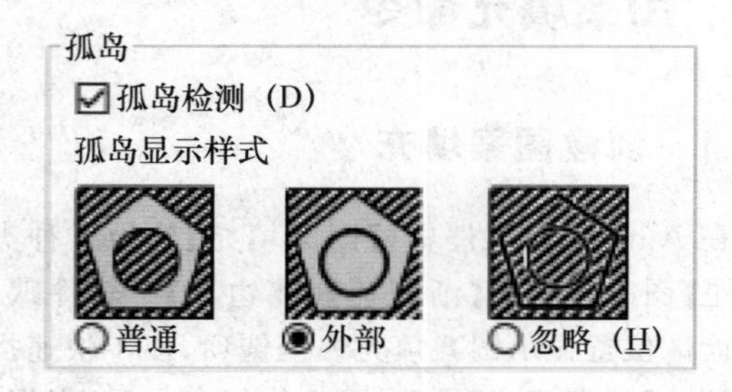

图 3-118　孤岛类型

【普通】：从外部边界向内填充，如遇内部孤岛，填充将关闭，直到遇到孤岛中的另一个孤岛。

【外部】：从外部边界向内填充，此选项只填充选定区域，不影响内部孤岛。

【忽略】：忽略所有内部对象，填充将通过这些对象。

(1)图案填充　【图案填充】用于将指定的图案填充至整个对象或对象的局部区域里，操作方式主要有以下 4 种：

◆ 功能区：单击【绘图】选项卡中的【图案填充】按钮▦。

◆ 菜单栏：单击【绘图】菜单栏中的【图案填充】。

◆ 命令行：输入【HATCH】或【H】。

◆ 工具栏：单击【绘图】工具栏中的【图案填充】按钮▧。

★实例 3-31 演示：填充园林铺装

①打开链接网址中 CAD 素材文件—第 3 章—实例 3-31“填充园林铺装.dwg”。

②单击【绘图】选项卡中的【图案填充】按钮，调出图案填充选项卡，如图 3-119 所示。

③选择预设填充图案“GRAVEL”，填充比例设为“0.1”。

④光标点击游园路内部区域，完成填充，如图 3-120，图 3-121 所示。

⑤选择预设填充图案“AR-HBONE”，填充比例设为“0.01”。

⑥光标点击广场内部区域，完成填充，如图 3-122 所示。

⑦再次选择预设填充图案“GRASS”，填充比例设为“0.01”。

⑧光标点击草坪内部区域，完成填充，如图 3-123 所示。

【图案填充】选项卡各参数内容如下：

【边界】：通过边界确定填充范围。

◆ 拾取点：光标移动到需填充区域的任意位置，软件将会自动计算填充范围完成填充，如图 3-124 所示。

◆ 选择：选择形成封闭区域的对象进行填充，如图 3-125 所示。

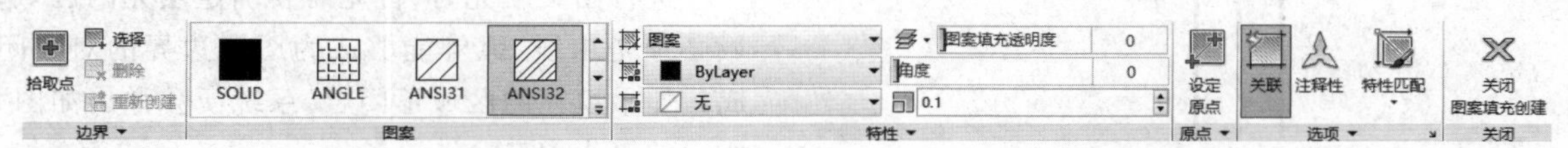

图 3-119　图案填充功能区

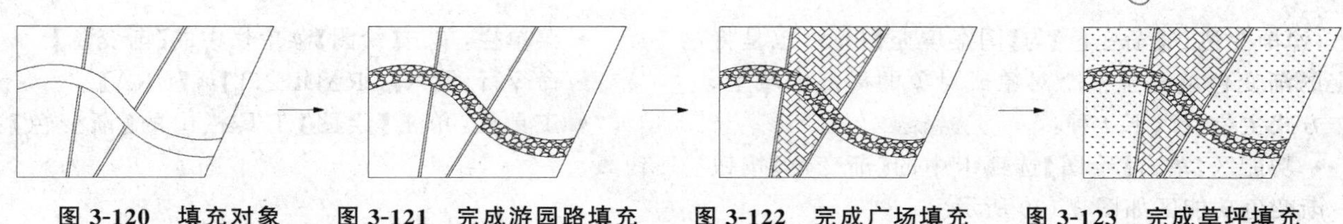

图 3-120　填充对象　　图 3-121　完成游园路填充　　图 3-122　完成广场填充　　图 3-123　完成草坪填充

图 3-124　拾取点方式填充

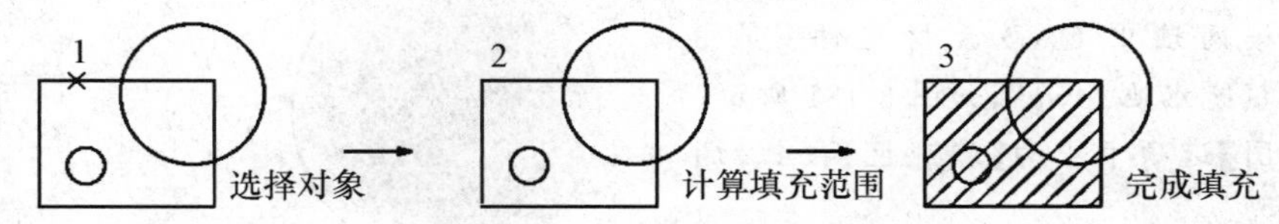

图 3-125　选择对象方式填充

【图案】:选择软件预设的图案类型或实体色块。

【特性】:选择填充图案的特性。

◆ 图案填充类型:在实体、渐变色、图案和用户定义之间切换。实体:填充实心色块。渐变色:填充平滑过渡的渐变色块。图案:填充 ANSI、ISO 或其他行业标准图案。用户定义:填充用户已设置保存好的图案。

◆ 图案填充颜色:选择填充图案或色块的颜色。

◆ 背景色:选择填充图案的背景颜色,如果填充实体则不可选。

◆ 图案填充透明度:设置填充图案或色块的透明度,最大值为 90。

◆ 图案填充角度:设置图案的旋转角度,如图 3-126 所示。

◆ 图案填充比例:设置图案的缩放比例,如图 3-127 所示。

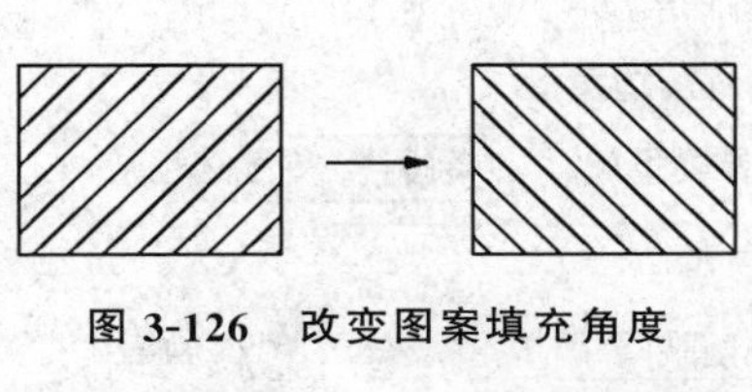

图 3-126　改变图案填充角度

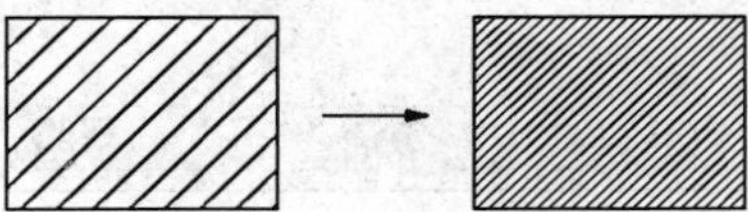

图 3-127　改变图案填充比例

【原点】:设置填充图案的原点位置。

【选项】:设置填充图案的关联。

◆ 关联:关联边界与填充图案,选中后调整边界填充图案也会被调整,如图 3-128 所示。

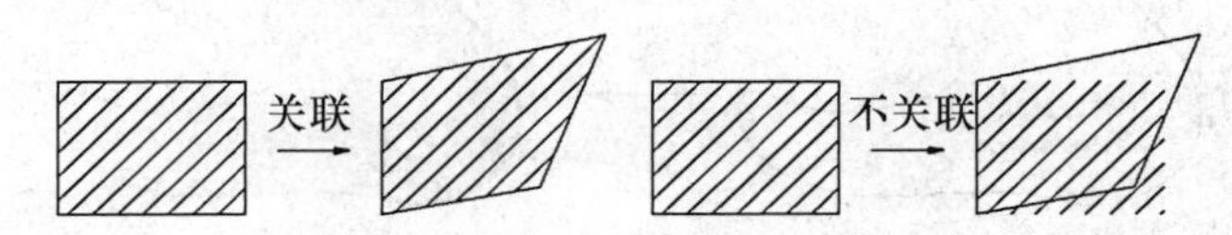

图 3-128　设置填充图案与边界是否关联

◆ 注释性:填充图案比例将会随视口变化而调整。

◆ 特性匹配:将选定对象的图案特性匹配给填充图案。

◆ 独立图案填充:当选择多个填充边界时,是创建单个填充图案还是分别创建多个填充图案,如图 3-129 所示。

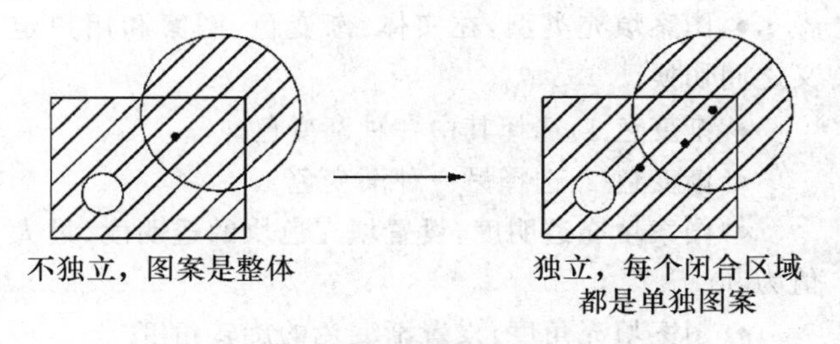

图 3-129　设置填充图案是否独立

◆ 外部孤岛检测:选择孤岛检测的方式。

◆ 绘图次序:改变填充图案的层级。

(2)渐变色　【渐变色】与【图案填充】相似，也是将指定的渐变色填充至整个对象或对象的局部区域里，操作方式主要有以下 4 种：

◆ 功能区：单击【绘图】选项卡中的【渐变色】按钮。渐变色功能区如图 3-130 所示。

◆ 菜单栏：单击【绘图】菜单栏中的【渐变色】。

◆ 命令行：输入【GRADIENT】或【GRA】。

◆ 工具栏：单击【绘图】工具栏中的【渐变色】按钮。

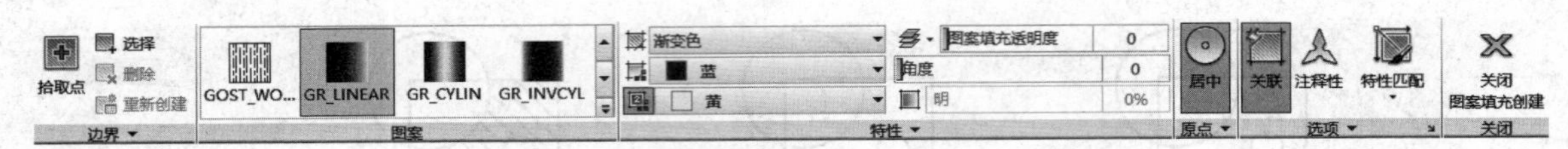

图 3-130　渐变色功能区

★实例 3-32 演示：填充水池

①打开链接网址中 CAD 素材文件—第 3 章—实例 3-32“填充水池.dwg”，如图 3-131 所示。

②单击【绘图】选项卡中的【渐变色】按钮，调出渐变色选项卡。

③选择预设渐变样式“GR-GRLINE”，前景色设为“39,118,187”，背景色设为“213,238,251”。

④光标点击水池内部区域，完成填充，如图 3-132 所示。

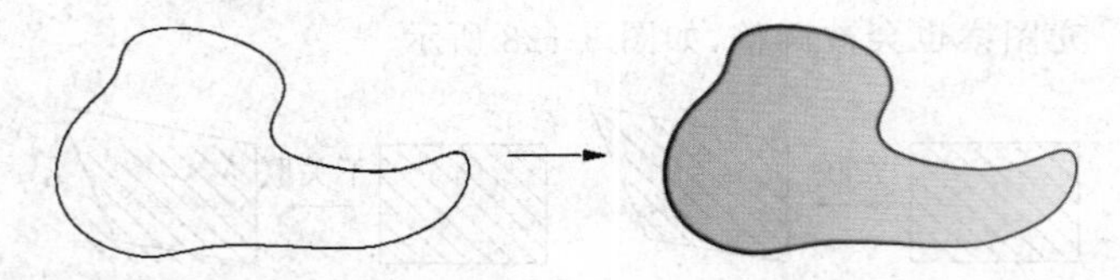

图 3-131　待填充水域　　图 3-132　完成水域填充

【渐变色】选项卡各参数内容如下：

【边界】子菜单：选择填充的区域，与【图案填充】相同。

【图案】子菜单：选择预设的渐变色组合类型。

【特性】子菜单：对填充类型进行调整，主要有以下几个选项：

◆ 图案填充类型：在实体、渐变色、图案和用户定义之间切换。

◆ 渐变色 1：选择其中一种渐变色。

◆ 渐变色 2：选择另一种渐变色。

◆ 图案填充透明度：设置填充色块的透明度，最大值为 90。

◆ 图案填充角度：设置渐变色的旋转角度。

◆ 渐变明暗：确定单色渐变的明暗关系。

【原点】子菜单：设置渐变色是否居中填充，见图 3-133。

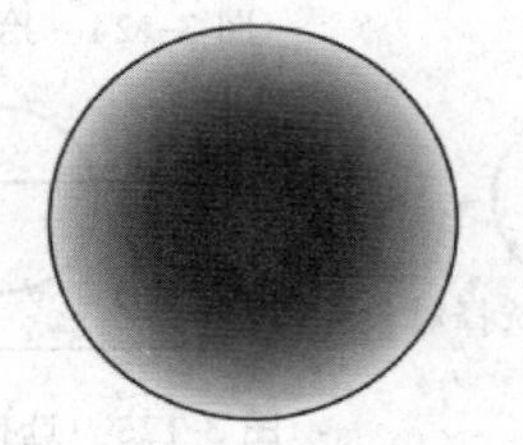

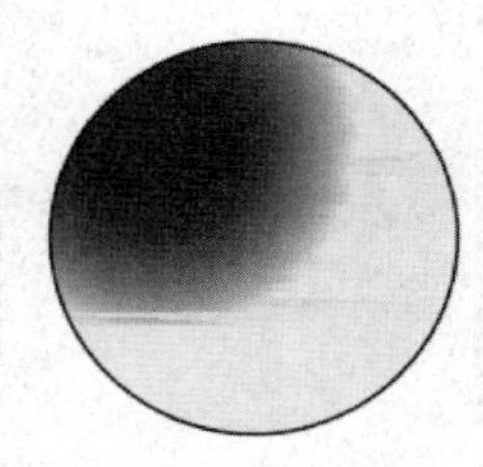

(a) 居中　　(b) 不居中

图 3-133　设置渐变色是否居中

【选项】子菜单：与【图案填充】相同。

(3)边界　【边界】是在闭合的区域内创建面域或多段线，操作方式主要有以下 3 种：

◆ 功能区：单击【绘图】选项卡中的【边界】按钮。

◆ 菜单栏：单击【绘图】菜单栏中的【边界】。

◆ 命令行：输入【BOUNDARY】。

按上述方式执行命令后，弹出如图 3-134 所示对话框。

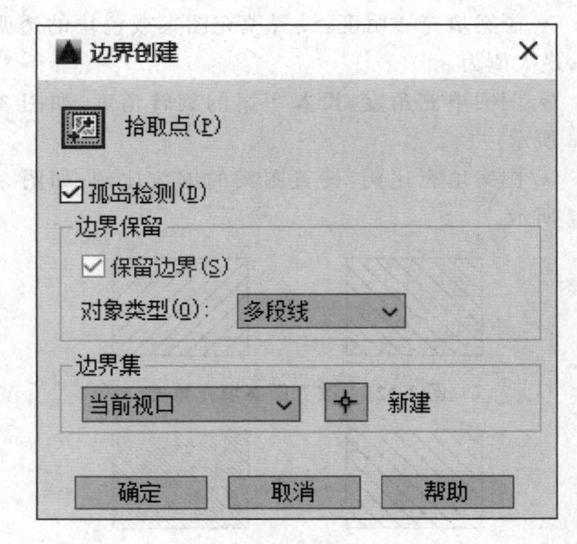

图 3-134　边界创建对话框

【边界】选项卡各参数内容如下：

【孤岛检测】：是否进行孤岛检测。

【对象类型】：选择创建对象的类型，多段线或面域。

【边界集】：选择创建边界时，系统检测的范围。只检测当前视口内的对象还是所有对象。选择需生成边界的区域，软件自动计算后沿该区域边界创建闭合多段线，如图 3-135 所示。

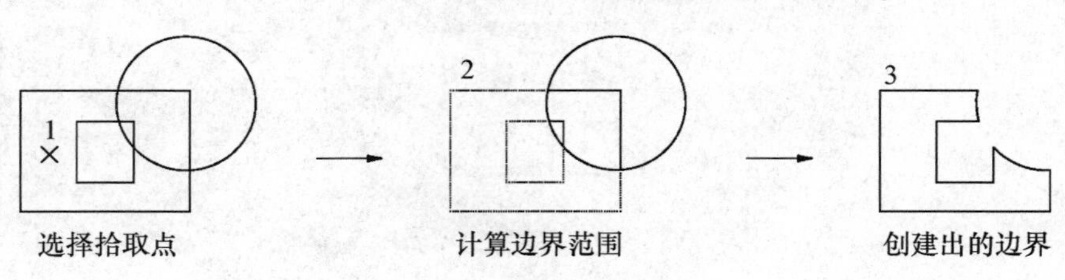

图 3-135　边界创建的方式

3.8.2　编辑图案填充

该命令用于对填充图案进行编辑修改，操作方式主要有以下 3 种：

◆ 菜单栏：单击【修改】菜单栏中的【对象】，再选择【图案填充】。

◆ 工具栏：单击【修改 II】工具栏中的【编辑图案填充】按钮。

◆ 点选已填充图案，功能区会转到图案填充编辑器。

编辑【图案填充】的操作方式与创建方式相同。

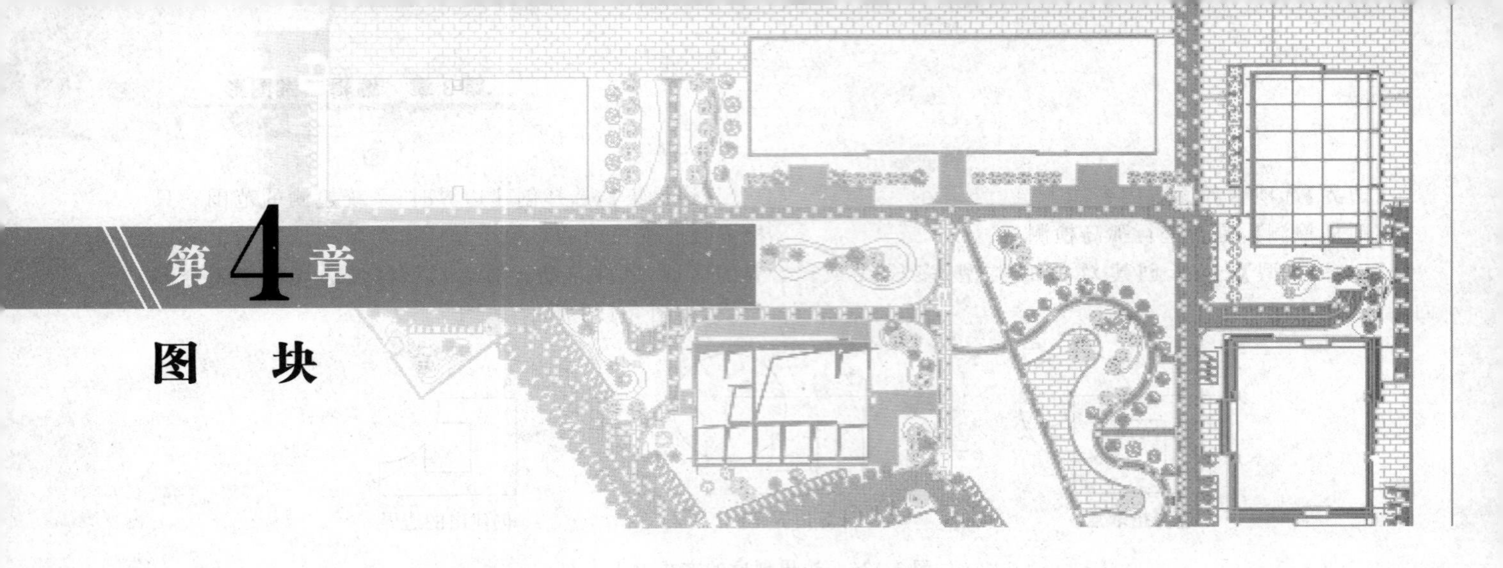

第4章

图　块

在绘制园林方案图或施工图时，经常需要在同一图中重复放置同一个对象(如植物、小品图块)，在需要的时候可以直接将图块插入图形当中，也可以把已有的外部文件直接插入到当前图形中。应用图块可简化绘图过程，大幅度提高绘图效率。

4.1　块

"块"是一组图形实体的总称，由多个图形对象构成。在绘图中，块作为一个独立的、完整的对象，可以按一定的比例和角度插入到指定的位置。

4.2　图块的创建

块可分为内部块和外部块。在绘图过程中直接定义的块属于内部块。将块定义为一个图形文件，可以在绘图过程中直接插入使用的为外部块。

4.2.1　内部块

内部块是储存在图形文件内部的块，只能在储存文件中使用，而不能在其他图形文件中使用。

创建块的方法如下所示：

◆ 功能区：在【默认】选项卡中，单击【块】中的【创建块】按钮。

◆ 菜单栏：在【绘图】选项卡中，单击【块】中的【创建块】命令。

◆ 工具栏：单击【绘图】工具栏中的【创建块】按钮。

◆ 命令行：输入【BLOCK】或【B】(BLOCK 的快捷键)

★实例 4-1 演示：创建内部块

①打开链接网址中 CAD 素材文件—第 4 章—实例 4-1、实例 4-2"桂花图例.dwg"，如图 4-1 所示。

②在【绘图】选项卡中，单击【块】中的【创建块】命令，在弹出的【块定义】对话框的【名称】文本框中输入块的名称："桂花"，如图 4-2 所示。

③单击【拾取点】按钮，拾取图形中心，单击【选择对象】按钮，将图形全选，然后单击【确定】，完成树木内部块的创建。

图 4-1　树木 dwg 文件

图 4-2　【块定义】对话框

【块定义】对话框中常用选项的含义：

【名称】：用于输入和选择块的名称。

【拾取点】：单击该按钮，系统切换到绘图窗口中拾取基点。

【选择对象】：单击该按钮，系统切换到绘图窗口中拾取创建块的对象。

【保留】：创建块后保留其源对象不变。

【转换为块】：创建块后将源对象转换为块。

【删除】单选按钮：创建块后删除源对象。

【允许分解】复选框：勾选该选项，允许块被分解。

4.2.2　外部块

外部块是可供所有图形文件使用的图块。创建外部块命令可以将外部块以文件的形式存储起来，以便以后绘图能够随时调用。

创建外部块的方法如下所示：

◆ 命令行：输入【WBLOCK】或【W】（WBLOCK 的快捷键）

★实例 4-2 演示：创建外部块

①打开链接网址中 CAD 素材文件—第 4 章—实例 4-1、实例 4-2“桂花图例. dwg”，如图 4-3 所示。

②在命令行中输入【写块】（快捷键 W），弹出【写块】对话框，如图 4-4 所示。

③单击对话框中的【拾取点】按钮，拾取素材的中心任意一点，如图 4-5 所示。

④单击对话框中的【选择对象】按钮，选择素材，然后单击空格键。

⑤单击按钮，弹出【浏览图形文件】对话框，先选择外部块的保存路径，将外部块的名称改为“桂花”，如图 4-6 所示。

⑥单击【保存】，返回【写块】对话框，然后单击【确定】，完成外部块的创建。

图 4-3　桂花图例

图 4-4　【写块】对话框

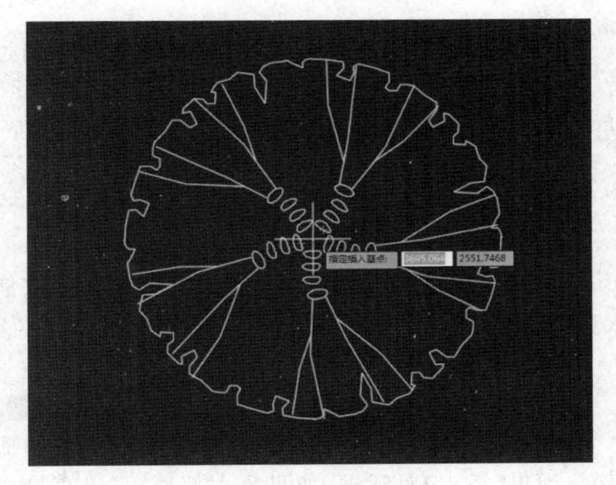

图 4-5　拾取点

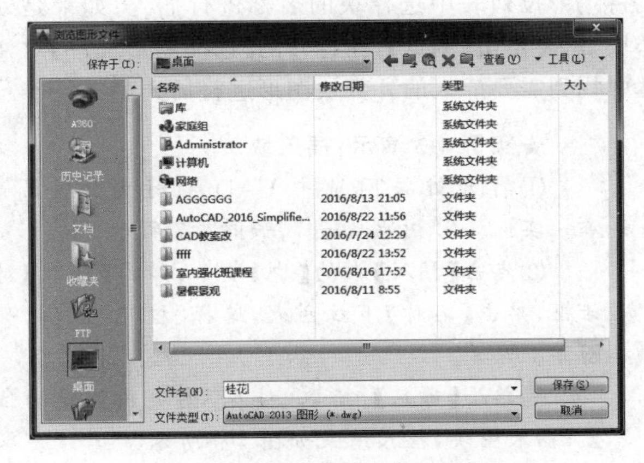

图 4-6　【浏览图形文件】对话框

【写块】对话框中常用选项的含义：

【块】：将已定义好的块保存，可以在下拉列表中选择已有的内部块，如果当前文件中没有定义的块，该单选按钮不可用。

【整个图形】：将当前工作区中的全部图形保存为外部块。

【对象】：选择图形对象定义为外部块。该项为默认选项，一般情况下选择此项即可。

【从图形中删除】：将选择对象另存为文件后，从当前图形中删除它们。

【目标】：用于设置块的保存路径和块名。单击该选项组【文件名和路径】文本框右边的按钮，可以在打开的对话框中选择保存路径。

4.3　图块的插入

在绘制园林方案图或施工图时，想要简化制图过程，就要调用定义好的块。所以需要执行【插入】命令，插入块是可以调整所插入块的图形比例或旋转角度。

4.3.1　插入块

插入块的方法如下所示：

- 功能区：在【默认】选项卡中，单击【块】中的【插入】按钮。
- 菜单栏：点击【插入】中的【块】命令。
- 工具栏：单击【绘图】工具栏中的【插入】按钮。
- 命令行：输入【INSERT】或【I】(INSERT 的快捷键)。弹出【插入】对话框，如果是内部块，可以直接在【名称】下拉列表中选择块的名称进行插入；如果是外部块，需要单击【浏览】，在打开的【选择图形文件】对话框中找到需要插入的外部块图形进行插入。

★实例 4-3 演示：插入块

①打开链接网址中 CAD 素材文件—第 4 章—实例 4-3“树池.dwg”，如图 4-7 所示。

②点击【插入】中的【块】命令，弹出【插入】对话框，单击【名称】下拉列表，选择“桂花”图块，如图 4-8 所示。

③单击【确定】，拾取“桂花”图块应放置的位置，插入图块，插入结果如图 4-9 所示。

④使用以上方法完成“桂花”图块的插入，插入结果如图 4-10 所示。

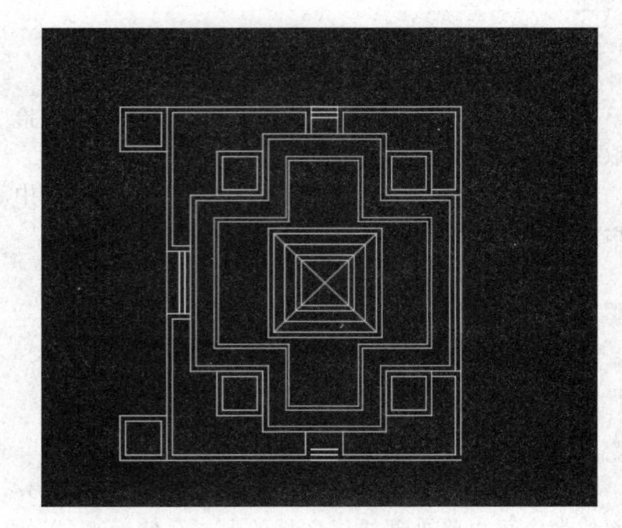

图 4-7　树池

图 4-8　【插入】对话框

图 4-9　插入“桂花”图块

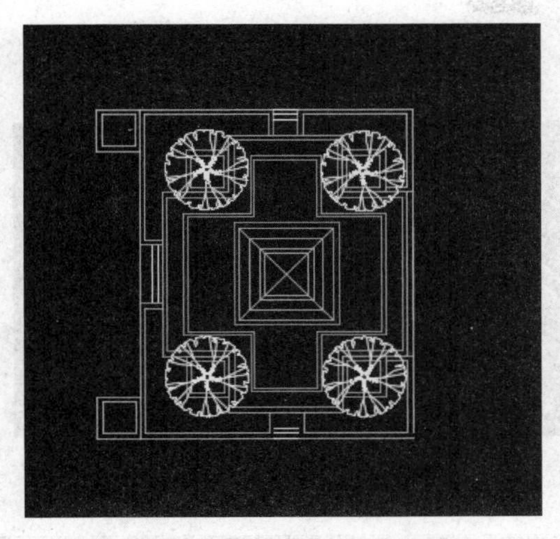

图 4-10 插入完成效果

【插入】对话框中常用选项的含义：

【名称】：选择需要插入块的名称。当插入的块是外部块，则需要单击其右侧的【浏览】，在弹出的对话框中选择外部块。

【插入点】：指定块的插入基点位置，可以直接在X、Y、Z三个文本框中输入插入点的绝对坐标；更简单的方法是通过勾选【在屏幕上指定】复选框，用对象捕捉的方法在绘图区直接捕捉确定。

【比例】：指定插入块的缩放比例。可以直接在X、Y、Z三个文本框中输入三个方向上的缩放比例；也可以通过勾选【统一比例】复选框，则在X、Y、Z三个方向上的缩放比例相同。

【旋转】：指定插入块的旋转角度。可以直接在【角度】文本框中输入旋转角度值；也可以通过勾选【在屏幕上指定】复选框，在绘图区内动态确定旋转角度。

【分解】：设置是否在插入块的同时分解插入的块。

4.3.2 内部块等分

在绘制园林方案图或施工图时，还可以"定距等分"和"定数等分"，使用"内部块"来等分某些图形对象。

★实例 4-4 演示：定距等分

打开在实例4-1演示的创建好"桂花"内部块的文件，使用【L】命令绘制一条长100 m的道路，如图4-11所示。点击【绘图】中的【点】—【定距等分】命令。定距等分结果如图4-12所示。

命令：MEASURE 选择要定距等分的对象： //选择矩形
MEASURE 指定线段长度或【块(B)】： //输入B
MEASURE 输入要插入的块名： //输入桂花
MEASURE 是否对齐块和对象？【是(Y)否(N)】〈Y〉： //回车
MEASURE 指定线段长度： //输入线段长度20

图 4-11 长度为100 m的道路

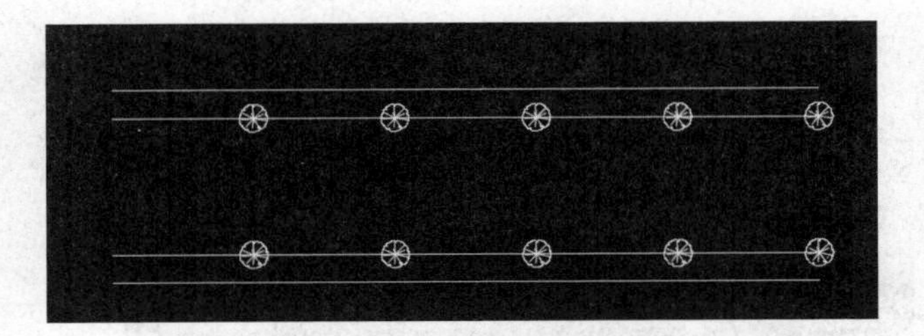

图 4-12 定距等分结果

★实例 4-5 演示：定数等分

打开在实例4-1演示的创建好"桂花"内部块的文件，使用【PL】命令绘制一个弯曲园路，如图4-13所示。点击【绘图】中的【点】—【定数等分】命令。定距等分结果如图4-14所示。

命令：DIVIDE 选择要定数等分的对象： //选择圆
DIVIDE 输入线段数目或【块(B)】： //输入B
DIVIDE 输入要插入的块名： //输入桂花

DIVIDE 是否对齐块和对象？【是(Y)否(N)】〈Y〉：　　　　　　　　　　　　//回车

DIVIDE 指定线段数目：　　　　　　　　　　　　　　　　　　　　　　　//输入 7

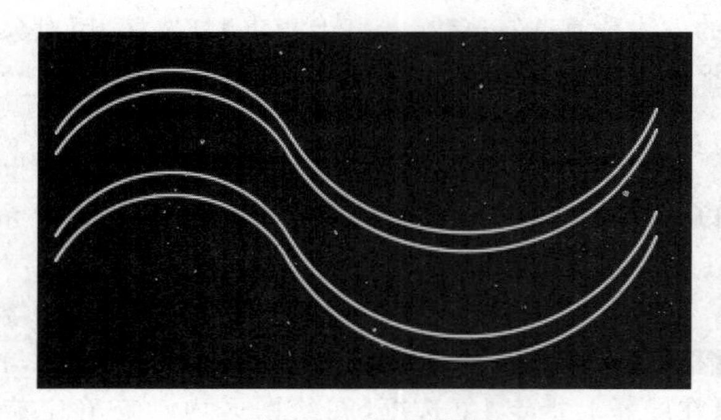

图 4-13　弯曲园路

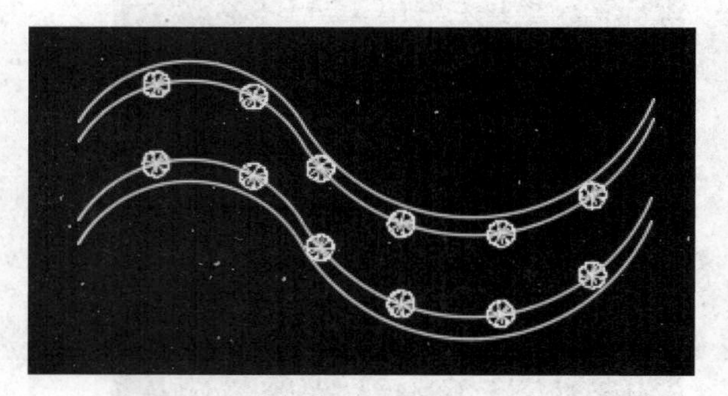

图 4-14　定数等分结果

4.4　图块属性

图块属性就像是附在图块上的标签一样，包含了该图块中的各种信息。定义块属性能增加块在文件中插入、编辑、储存等系列操作中的方便性。

4.4.1　属性图块的定义

图块属性需要先定义后才能使用，图块属性定义是在创建图块之前完成的。

创建块的方法如下所示：

◆ 命令行：输入【ATTDEF】或【ATT】(ATTDEF 的快捷键)。

◆ 菜单栏：点击【绘图】中的【块】—【定义属性】命令。

★实例 4-6 演示：定义标高图块属性

①在新的空白文件中输入【PL】命令，绘制标高符号。如图 4-15 所示。

②点击【绘图】中的【块】—【定义属性】命令，弹出【属性定义】对话框，如图 4-16 所示。

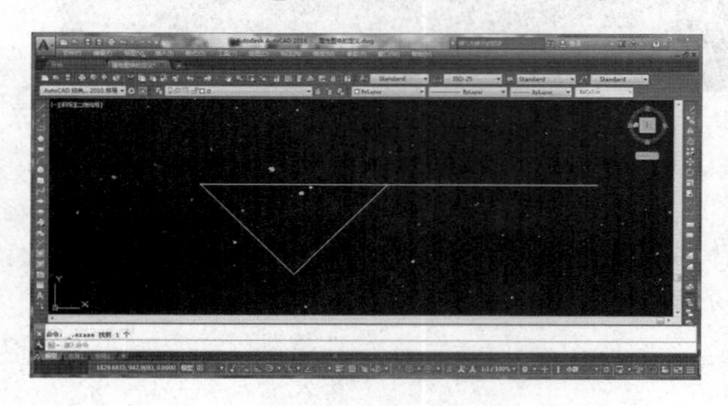

图 4-15　标高符号

图 4-16　【属性定义】对话框

③在【属性定义】对话框中输入相应的数值，输入结果如图 4-17 所示。单击【确定】键退出【属性定义】对话框。

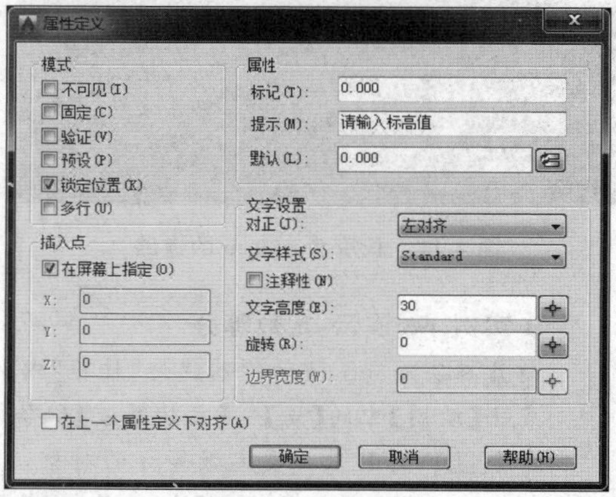

图 4-17　【属性定义】对话框数值输入结果

④将绘制好的标高符号插入相应的位置，如图4-18所示。

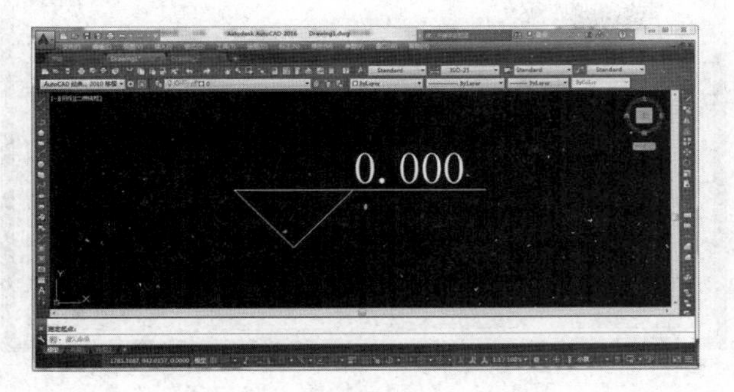

图4-18 标高符号插入结果

⑤点击【绘图】中的【块】的创建命令，弹出【块定义】对话框，如图4-19所示。在【名称】中输入"标高"。

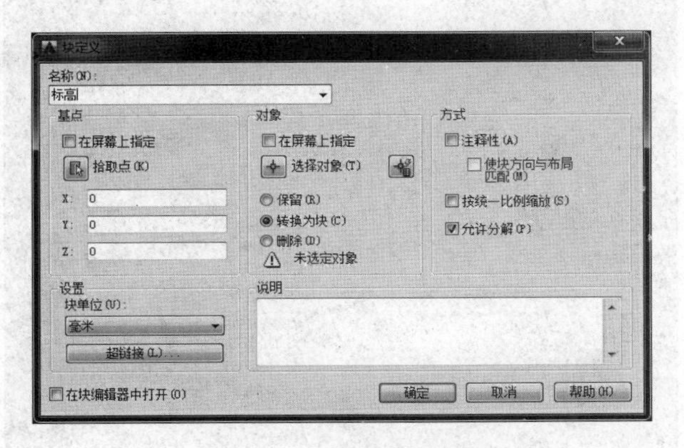

图4-19 【块定义】对话框

⑥点击【拾取点】按钮，拾取标高符号的下角点，单击【选择对象】按钮，选择标高符号及定义好的属性值，返回【块定义】对话框，如图4-20所示，点【确定】按钮。

图4-20 【块定义】对话框定义完成结果

⑦系统会自动弹出【编辑属性】对话框，如图4-21所示，直接点【确定】按钮。然后完成属性块的定义。

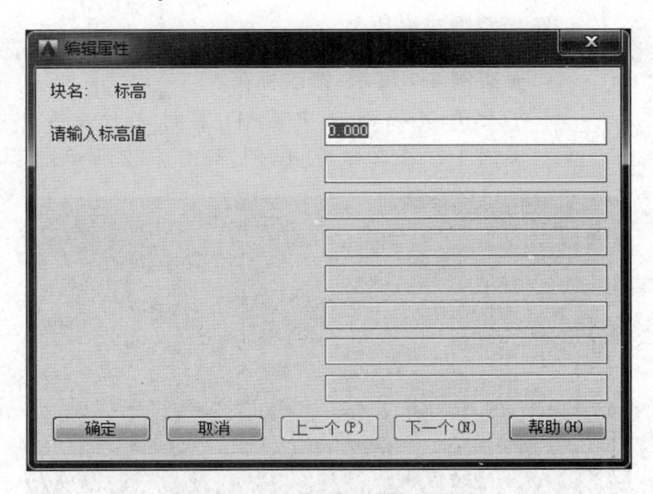

图4-21 【编辑属性】对话框

【属性定义】对话框中常用选项的含义：

【模式】：是指通过四项复选框选择设定属性模式。【不可见】指运用块的属性是不显示的；【固定】指运用块的属性是显示固定格式；【验证】用于验证所输入的属性值是否正确；【预设】表示是否将属性值直接设置成它的默认值；【锁定位置】用于固定插入块的坐标位置，一般都默认选择此项；【多行】指使用多段文字来标注块的属性值。

【属性】：用来设置块的属性。【标记】表示属性的标签；【提示】指输入时提示用户的信息；【默认】文本框用于输入属性的默认值。

【插入点】：指设置属性的插入点。

【文字设置】：用于设置属性文字的格式。【对正】在其下拉菜单中包含了所有属性文字的文本对正类型；【文字样式】指属性文字的样式；【文字高度】指控制属性文字的高度；【旋转】可以控制属性文字的旋转角度。

4.4.2 块的属性编辑与修改

AutoCAD中对块的编辑与修改主要包括块的分解和块的重定义两部分内容。块的属性设置后，如需要修改，可以通过【编辑属性】进行修改。修改块的方法如下所示：

◆ 命令行：输入【EATTEDIT】或【EA】(EATTE-

DIT 的快捷键)。

◆ 菜单栏:点击【修改】中的【对象】—【属性】—【单一】命令。

◆ 鼠标左键双击块。

★实例 4-7 演示:修改标高

①打开链接网址中 CAD 素材文件—第 4 章—实例 4-7“修改标高.dwg”,如图 4-22 所示。

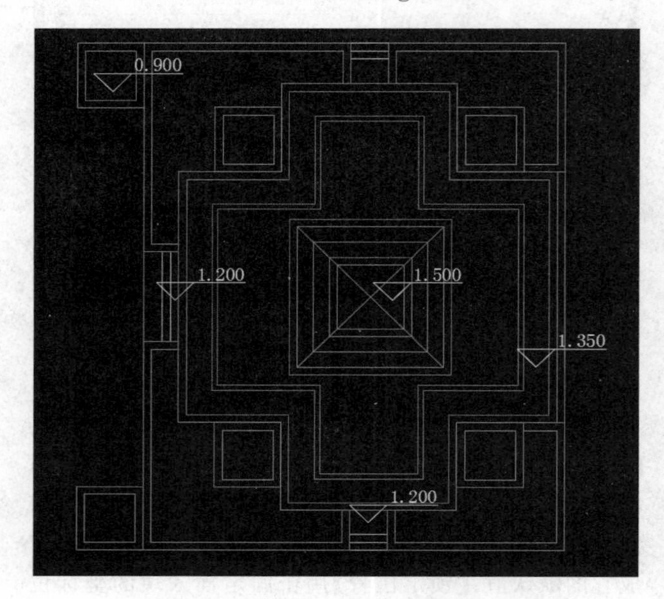

图 4-22 “修改标高”文件打开结果

②在命令行输入【EA】修改属性命令,选择标高值为“0.900”,标高图块,然后弹出【增强属性编辑器】对话框,如图 4-23 所示,在【值】一栏中输入“0.750”,如图 4-24 所示。

③点击【确定】按钮,完成标高值的图块的属性的编辑,如图 4-25 所示。

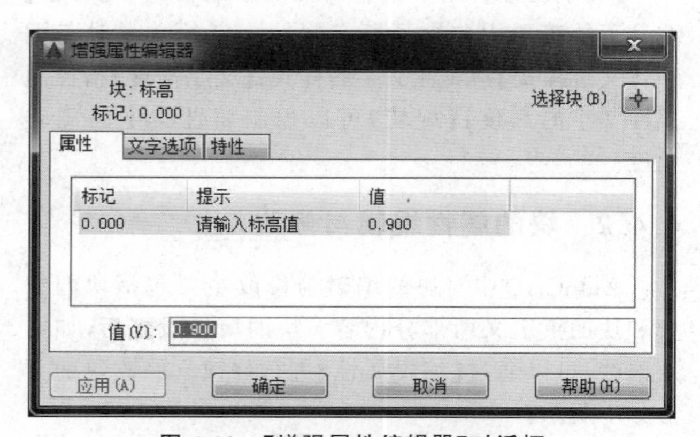

图 4-23 【增强属性编辑器】对话框

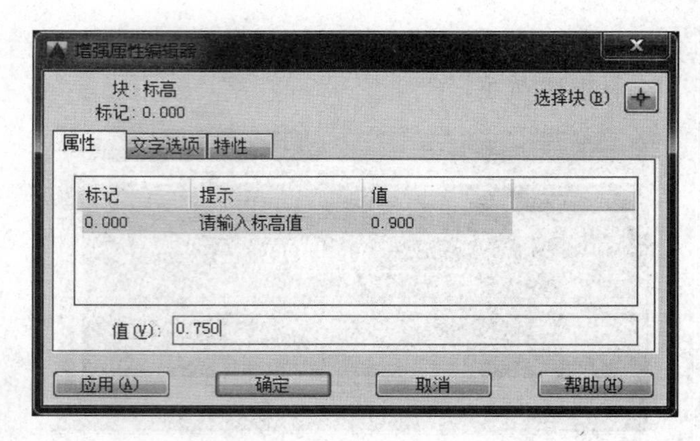

图 4-24 【值】一栏输入“0.750”

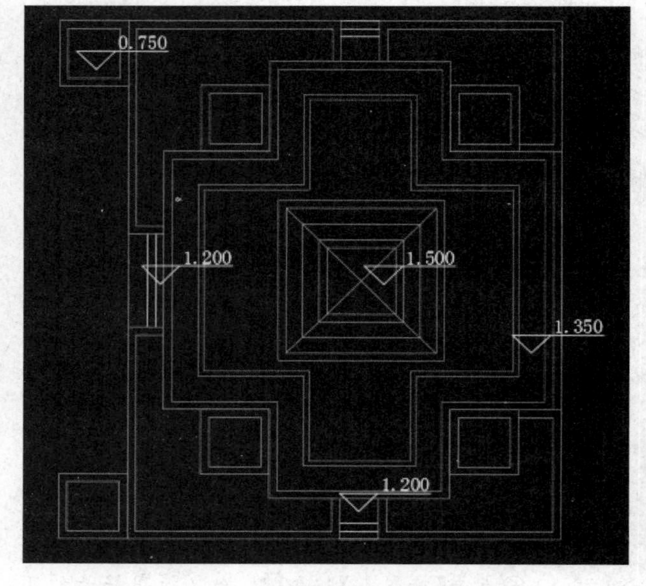

图 4-25 修改标高结果

【增强属性编辑器】对话框中常用选项的含义:

【选择块】:用户可以使用定点设备从绘图区域选择块。

【块】:列出具有属性的当前图形中的所有块定义,可以从中选择要修改属性的块。

【属性】:可以修改模式及属性的特性。

【文字选项】:可以改变文字样式、高度、对齐方式等。

【特性】:可以改变属性的图层、颜色、线型等。

分解块的方法如下所示:

◆ 菜单栏:在【修改】选项卡中,单击【分解】命令。

◆ 工具栏:单击【修改】工具栏中的【分解】按钮。

◆ 命令行:输入【EXPLODE】或【X】(EXPLODE 的

快捷键)。

提示:1. 块是可以嵌套的。所谓嵌套是指在创建新块时所包含的对象中有块。块可以多次嵌套,但不可以自包含。要分解一个嵌套的块到原始的对象,必须进行多次的分解,每次分解只会取消最后一次块定义。

2. 分解带有属性的块时,其中原属性定义的值都会失去,属性定义重新显示为属性标记。

4.5 块的特性

(1)随层 如果块在建立时颜色和线型被设置成“随层”,当块插入后,如有同名层,则块中对象的颜色和线型均被该图形中的同名层所设置的颜色和线型代替;如果图形中没有同名层,则块中的对象保持原有的颜色和线型,并且为当前的图形增加一个相应的图层。

(2)随块 如果块在建立时颜色和线型被设置成“随块”,则他们在插入前没有明确的颜色和线型。如果有同名层,则块中对象的颜色和线型均采用该图形中同名图层所设置的颜色和线型;如果图层中没有同名层,则块中的对象采用当前图层的颜色和线型。

(3)显性设置 如果在建立图块时明确指定其中对象的颜色和线型,则为显性设置。该块插入到其他任何图形文件中,不论该文件有没有同名层,均采用原有的颜色和线型。

(4)0 层上的特殊性质 在 0 层上建立的块,无论是“随层”还是“随块”,均在插入时使用当前层的颜色和线型;而在 0 层上采用“显性设置”的图块,其特性则不会改变。

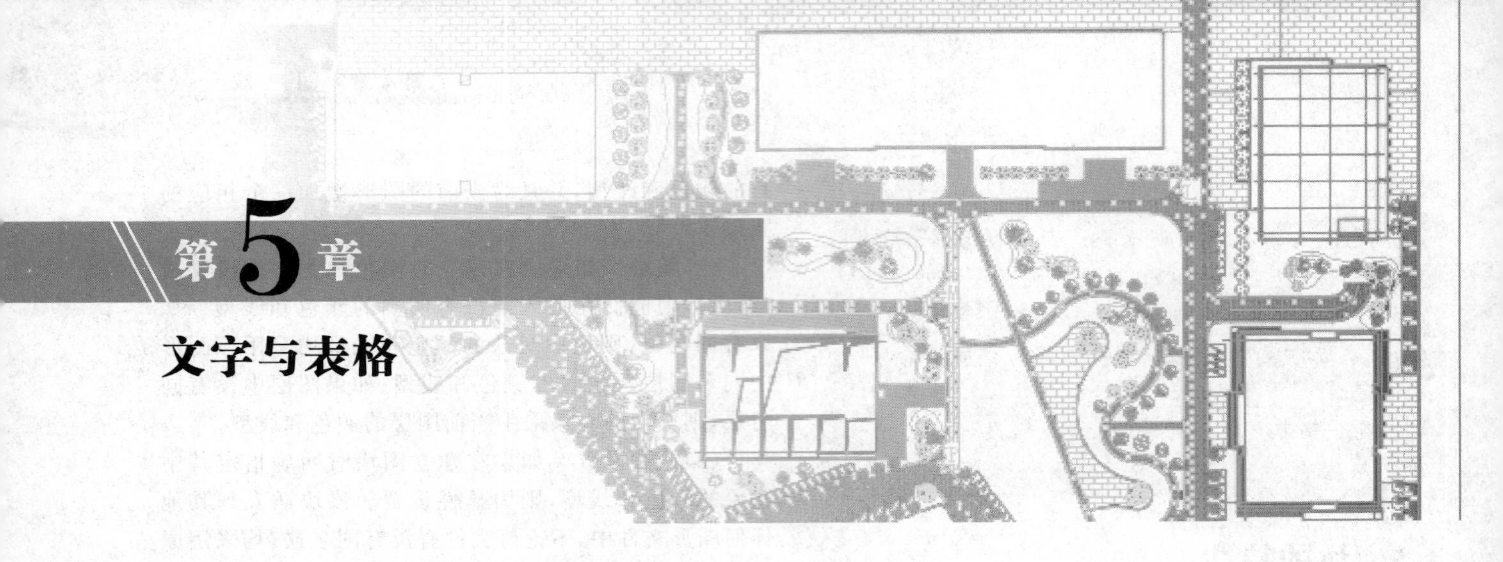

第5章 文字与表格

文字与表格主要用于绘图中对图形内容的解释说明，本章将详细介绍文字和表格的创建及编辑方法。

5.1 文字的创建与编辑

创建和编辑文字的过程与一般的绘图命令有所不同，首先需要设置文字样式然后建立文字，最后进行文字的编辑和修改。

5.1.1 设置文字样式

文字样式是一组可随图形保存的文字设置的集合，包括文字字体类型、高度及其他特殊效果都是按照系统缺省的“标准”样式建立的，为了满足绘图需要，可以先定义需要的文字样式，对于已经定义好的文字样式也可以进行修改。

创建文字样式的方法如下所示：

- 命令行：输入【STYLE】或【ST】。
- 工具栏：单击【样式】工具栏中的【文字样式】按钮A̷。
- 菜单栏：执行【格式】|【文字样式】命令。
- 功能区：在【默认】选项卡中，单击【注释】面板中的【文字】中的按钮↘。

★实例 5-1 演示：创建“园林工程字体”文字样式

①命令行：输入【ST】，回车，系统弹出如图 5-1 所示的【文字样式】对话框。

②单击【新建】按钮，输入样式名为“园林工程字体”，如图 5-2 所示。

图 5-1 【文字样式】对话框

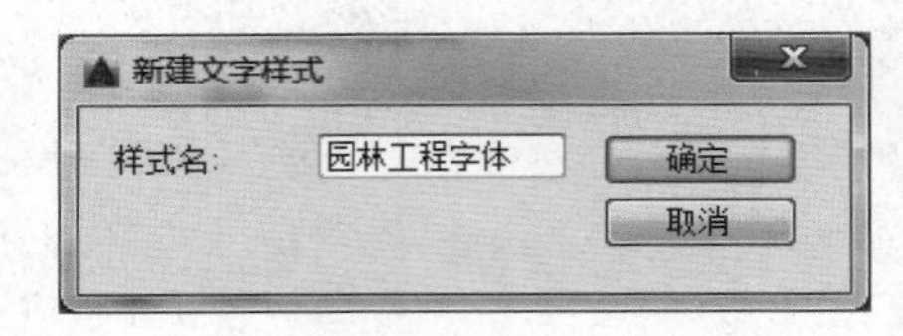

图 5-2 输入新文字样式名

③单击【确定】按钮，系统返回【文字样式】对话框，在【字体名】下拉列表中选择“仿宋”，当前文字样式为“园林工程字体”样式，单击“关闭”按钮，完成文字样式的创建，如图 5-3 所示。

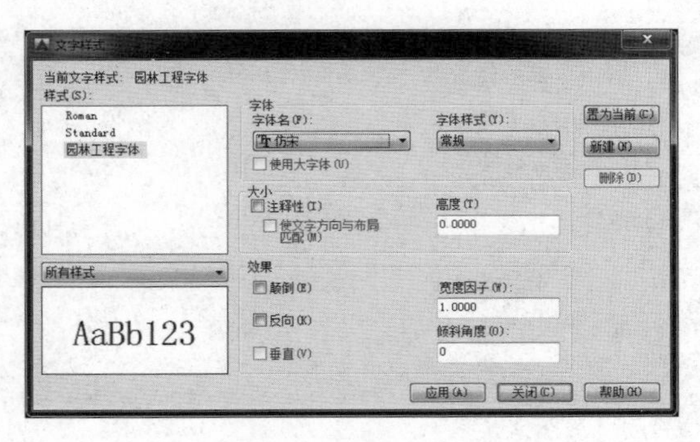

图 5-3 “园林工程字体”样式设置

【文字样式】对话框中常用选项的含义：

【样式】列表：列出了当前可以使用的文字样式，默认文字样式为Standard(标准)。单击右上角的“新建”“删除”按钮可以新建和删除文字样式。

【字体名】下拉列表：AutoCAD 2016可支持的字体，这些字体有以下两种类型：

(1)矢量字体：该字体由AutoCAD系统所提供的带有图标、扩展名为.shx的字体。该类字体占用计算机资源较少，在文字较多的图形中最好使用该类字体进行文字与尺寸标注。其中“gbenor.shx”是正体的细西文字体，“gbeitc.shx”是斜体的西文字体，“gbcbig.shx”是中文字长仿宋体工程字体。

(2)标准字体：该字体由Windows系统所提供，是带有图标、扩展名为.ttf的TrueType字体。该类字体是点位字体，会占用较多的计算机资源；优点是字形美观形式多样。

【高度】文本框：该参数控制文字高度，也就是控制文字的大小。

【颠倒】复选框：勾选之后，文字方向将反转。

【反向】复选框：勾选之后，文字的阅读顺序将与输入顺序相反。

【宽度因子】文本框：该参数用于控制文字的宽度，1.0是常规宽度，宽度小于1.0，文字会变得窄瘦，大于1.0则会变得宽肥。

【倾斜角度】文本框：控制文字的倾斜角度，只能输入－85°～85°的角度值，超过这个区间的角度值将无效。

提示：颠倒和反向效果只对单行文字有效，对于多行文字无效，“倾斜角度”参数只对多行文字有效。

5.1.2　输入单行文字

对于一些简短的文字一般用“单行文字”命令进行文字的输入。

启用“单行文字命令”方法如下：

◆ 命令行：输入【TEXT】或【DT】。

◆ 菜单栏：执行【绘图】|【文字】|【单行文字】命令。

◆ 工具栏：单击【文字】工具栏中的【单行文字】工具按钮。

◆ 功能区：在【默认】选项卡中，单击【注释】面板中的【单行文字】按钮。

★实例5-2 演示：输入“风景园林”词组

命令：DT　　//回车，调用【单行文字】命令

当前文字样式：“园林工程字体”　文字高度：2.5000　注释性：否　对正：左

指定文字的起点或[对正(J)/样式(S)]：　//在模型空间指定起点

指定高度<2.5000>：300　　//输入文字高度为300

指定文字的旋转角度<0>：　　//按空格键，确定文字旋转角度为0　°，在屏幕光标处输入“风景园林”字样，按两次Enter键结束命令，如图5-4所示。

命令：　　// 等待下一个命令

也可以在输入文字后，按下Enter键，继续输入其他文字，看上去输入了多行文字，但实际上每一行文字是一个独立的单元，分别独立编辑。

图5-4　“风景园林”字样

5.1.3　输入多行文字

对于字数较多、字体变化复杂的文字通常用“多行文字”命令进行文字输入。多行文字输完后整体是一个文字对象，只能进行整体编辑。

启用“多行文字命令”方法如下：

◆ 命令行：在命令行中输入【MTEXT】或【MT】或【T】。

◆ 工具栏：单击【文字】工具栏中【多行文字】按钮A。

◆ 菜单栏：执行【绘图】|【文字】|【多行文字】命令。

◆ 功能区：在【默认】选项卡中，单击【注释】面板中【多行文字】按钮A。

★实例 5-3 演示：输入“树池种植大乔注意事项”说明文本

命令：　　　　　　　　　　　　//输入“t”，回车

命令：t MTEXT 当前文字样式：“园林工程字体” 文字高度：2.5　注释性：否

指定第一角点：　　　　　　　　//在模型空间输入文字的位置单击

指定对角点或[高度(H)/对正(J)/行距(L)/旋转(R)/样式(S)/宽度(W)/栏(C)]：＊取消＊

//拖动鼠标到合适的位置，单击指定对角点，如图 5-5 所示，界面同时弹出“文字编辑器”和带有标尺的文字输入框，见图 5-6，图 5-7，在文本框中输入多行文字，输入完成后按【Ctrl＋Enter】组合键才能结束输入，或者空白处单击结束。

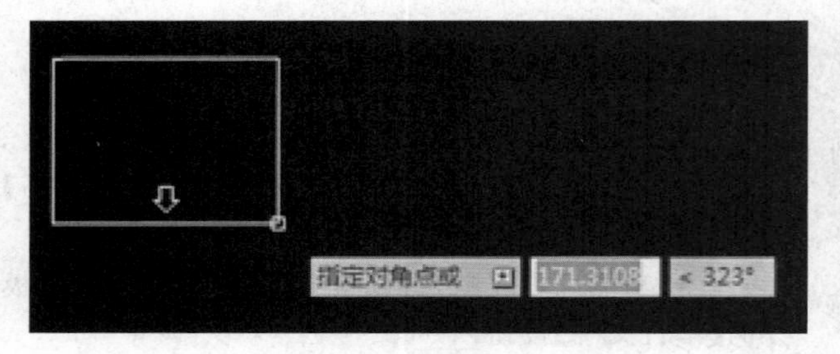

图 5-5　指定文本框对角点

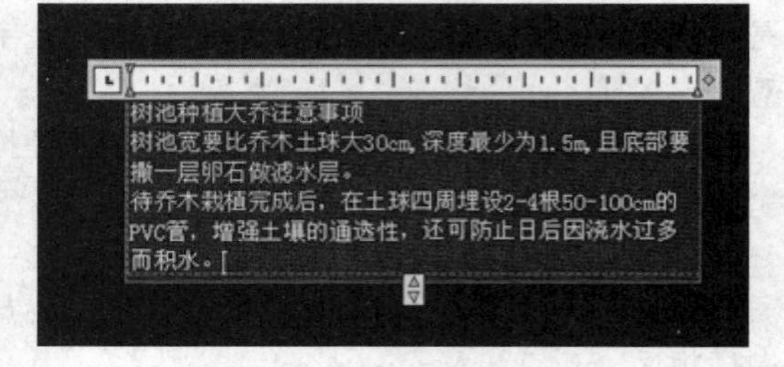

图 5-6　输入多行文字

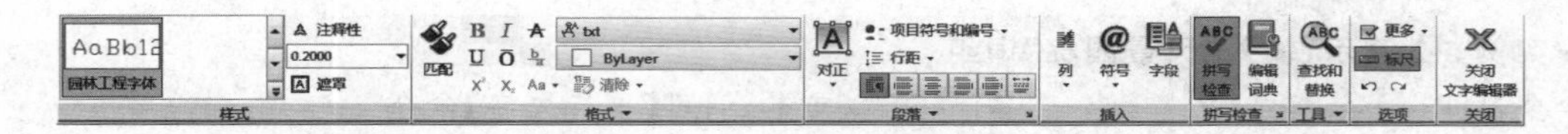

图 5-7　文字编辑器

5.1.4　多行文字编辑及特殊字符输入

利用“文字编辑器”可对输入的多行文字进行编辑，加上编号，或者插入特殊字符等。

★实例 5-4 演示：编辑“树池种植大乔注意事项”说明文本

①为段落添加编号，选择除标题以外的所有文字，单击“编号”按钮 项目符号和编号，在下拉列表中选择“以数字标记”选项，如图 5-8 所示。

②将标题居中。选择文字“树池种植大乔注意事项”，单击“居中”按钮，结果如图 5-9 所示。

③特殊字符的插入，在第 2 段文字插入直径符号，单击“文字编辑器”中的“符号”按钮，在下拉菜单中单击“直径%%c”，见图 5-10，结果在第 2 段文字中出现直径的符号，见图 5-11，然后继续编辑文字，完成后单击空白处结束编辑。

图 5-8　添加编号

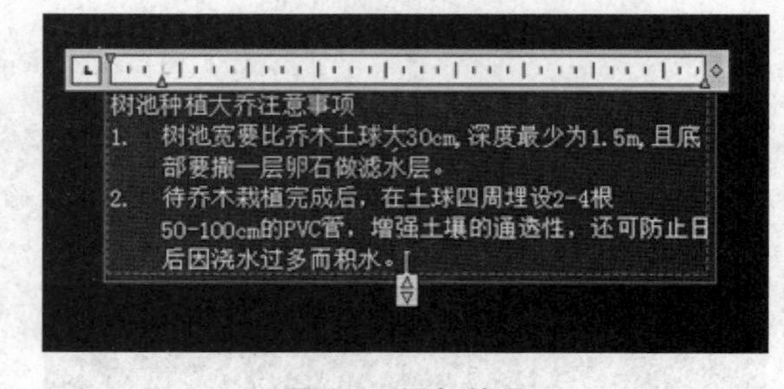

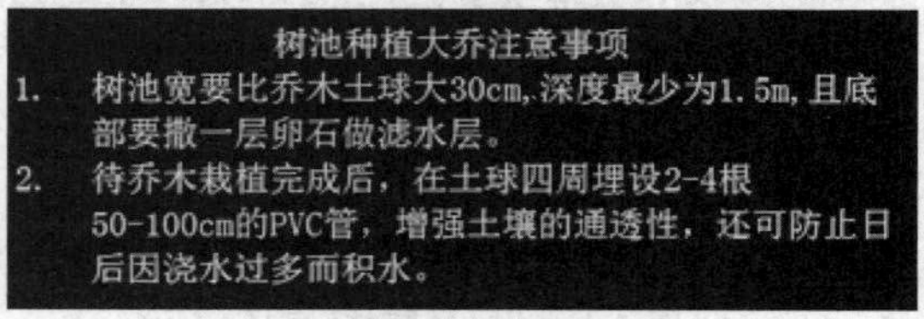

图 5-9　标题居中

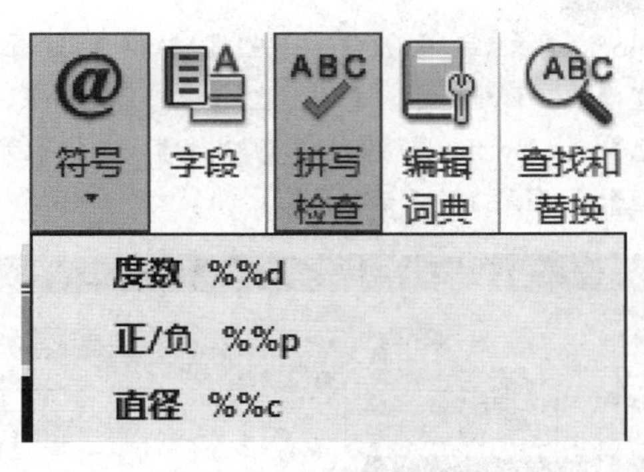

图 5-10 符号下拉菜单

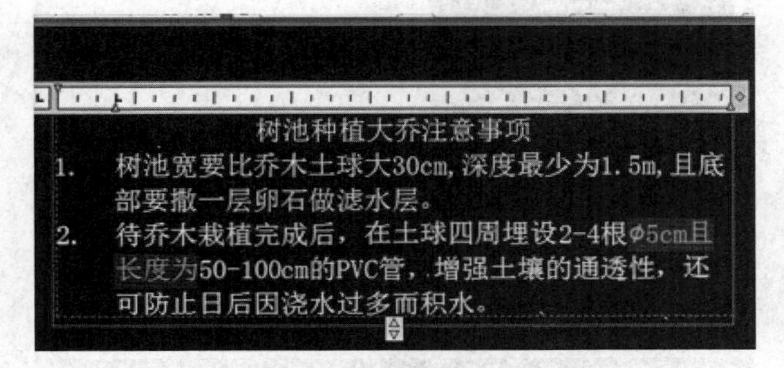

图 5-11 插入直径符号

在实际设计绘图中，往往需要标注一些特殊字符，这些特殊字符不能从键盘上直接输入，因此 AutoCAD 提供了相应的控制符，以实现标注，在"文字编辑器"的"符号"下拉列表中如"%%d，%%p"就分别代表度数和正负符号的控制符，在多行文字输入中直接单击插入即可，如果是需要从命令行输入度数或正负号则需要在命令行输入相应的控制符。

提示：在控制符号中，"%%O"和""%%U"分别是上划线和下划线的开关，第一次出现此符号可打开上划线或下划线，第二次出现则会关闭。

5.2 表格的使用

表格使用行和列以一种简单清晰的形式提供信息，常用于一些设计图中植物目录设置和标题栏表格设置等。表格样式控制一个表格的外观，用于保证标准的字体、颜色、文本、高度和行距。可以使用默认的表格样式，也可以根据需要自定义表格样式。

5.2.1 创建表格样式

表格的外观由表格样式来控制。与文字一样，在创建表格之前，需要设置表格的样式。创建表格样式的方法如下所示：

- 功能区：在【注释】选项卡中，单击【表格】中的【表格样式】。
- 菜单栏：单击【格式】中的【表格样式】命令。
- 工具栏：单击【样式】命令。
- 命令行：输入【TABLESTYLE】。

★实例 5-5 演示：创建"苗木配置表"

①单击【格式】中的【表格样式】命令，如图 5-12 所示。

②单击【新建】按钮，在【创建新的表格样式】对话框中输入新的样式名【苗木配置表】如图 5-13 所示。

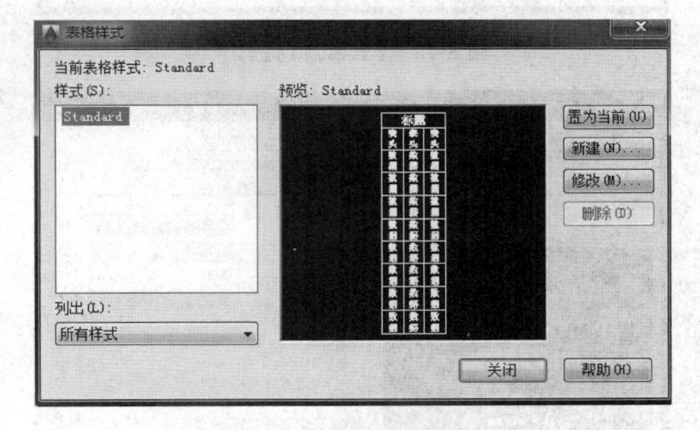

图 5-12 【表格样式】对话框

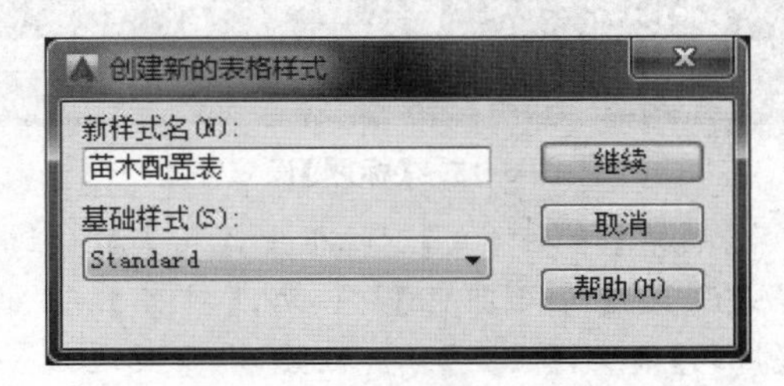

图 5-13 输入新表格样式名

③单击【继续】，在【新建表格样式：苗木配置表】中设置表格样式，如图 5-14 所示。

④在【单元样式】下拉框中，【标题】一栏的【常规】设置：【填充颜色】——无，【对齐】——正中，【格式】常规，【类型】——标签，水平页边距——2，垂直页边距——2；【文字】设置：【文字样式】_Standard，【文字高度】——6，【文字颜色】——蓝，【文字角度】——0；【边框】设置：【线宽】——By-

Block,【线型】——ByBlock,【颜色】——ByBlock,不勾选【双线】,选择【所有边框】如图 5-15 所示。

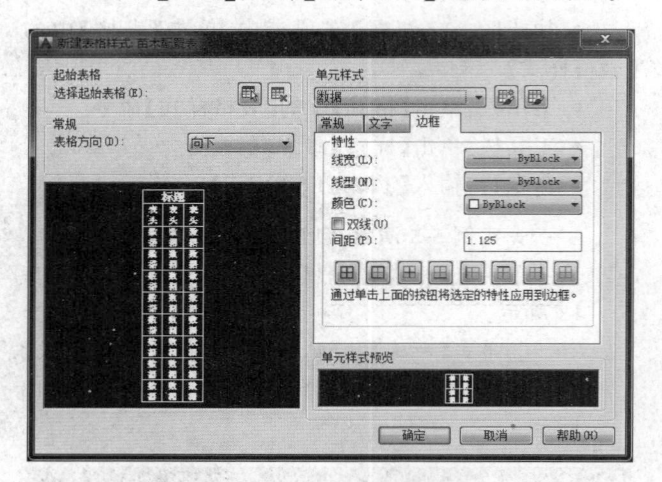

图 5-14 【表格方向】向下

图 5-15 【标题】设置

⑤在【单元样式】下拉框中,【表头】一栏的【常规】设置:【填充颜色】——无,【对齐】——正中,【格式】常规,【类型】——标签,水平页边距——2,垂直页边距——2;【文字】设置:【文字样式】_Standard,【文字高度】——4,【文字颜色】——绿,【文字角度】——0;【边框】设置:【线宽】——ByBlock,【线型】——ByBlock,【颜色】——ByBlock,不勾选【双线】,选择【所有边框】,如图 5-16 所示。

⑥在【单元样式】下拉框中,【数据】一栏的【常规】设置:【填充颜色】——无,【对齐】——正中,【格式】常规,【类型】——标签,水平页边距——2,垂直页边距——2;【文字】设置:【文字样式】_Standard,【文字高度】——4,【文字颜色】——ByBlock,【文字角度】——0;【边框】设置:【线宽】——ByBlock,【线型】——ByBlock,【颜色】——ByBlock,不勾选【双线】,选择【所有边框】,如图 5-17 所示。

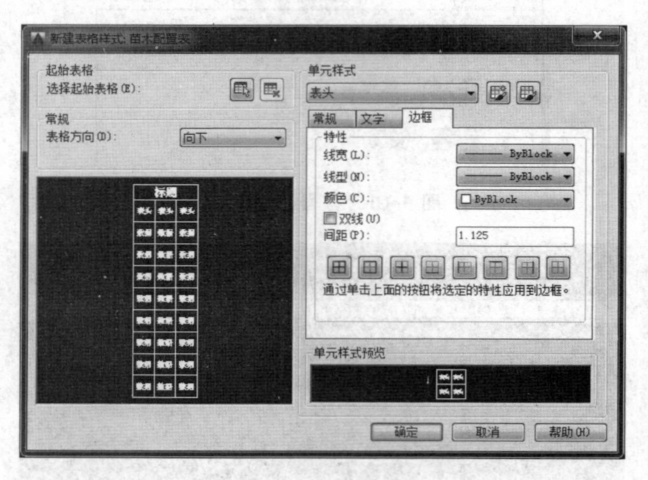

图 5-16 【表头】设置

图 5-17 【数据】设置

⑦在【表格样式】对话框中单击【置为当前】,关闭对话框,接着就会看到【注释】里的当前表格样式为【苗木配置表】,如图 5-18 所示。

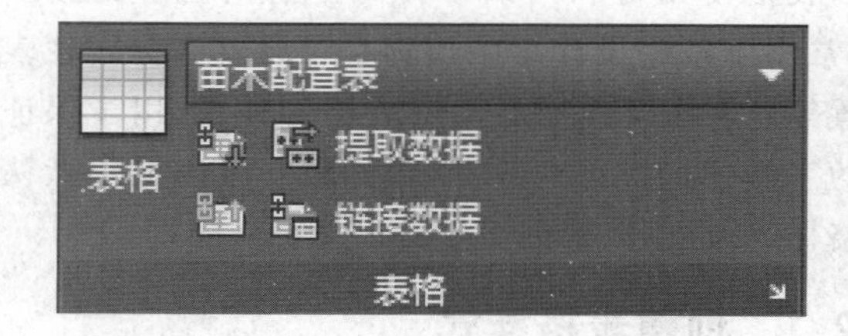

图 5-18 当前表格样式为【苗木配置表】

> **提示**：设置线宽时，必须先选择线宽，再单击需要更改的边框按钮，这样设置才有效。

5.2.2　插入表格

★实例 5-6 演示：插入“苗木配置表”

①输入【TB】命令（即插入【表格】命令）。弹出【插入表格】对话框。

②在【表格样式】选项组中，选择“苗木配置表”。

③在【插入选项】选项组中，点击从空表格开始。

④在【插入方式】选项组中，选择【指定插入点】方式。

⑤在【列和行设置】选择组中，设置 6 列 10 行，【列宽】：40，【行高】：1。

⑥在【设置单元样式】中，依次选择标题、表头、数据。如图 5-19 所示。单击【确定】，返回绘图区。

⑦为绘制的表格指定插入点，【插入表格】结果如图 5-20 所示。

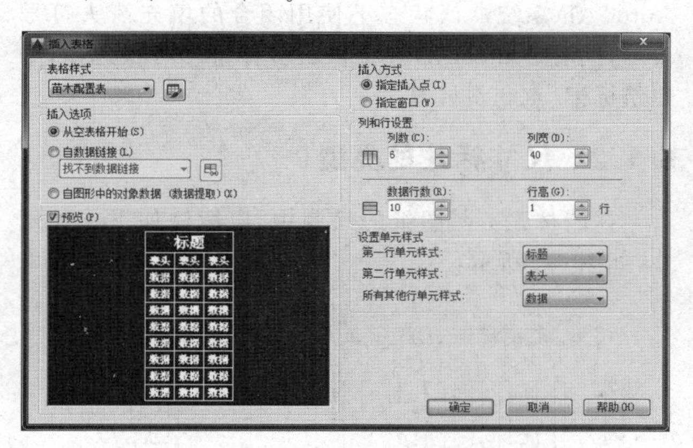

图 5-19　【插入表格】对话框设置

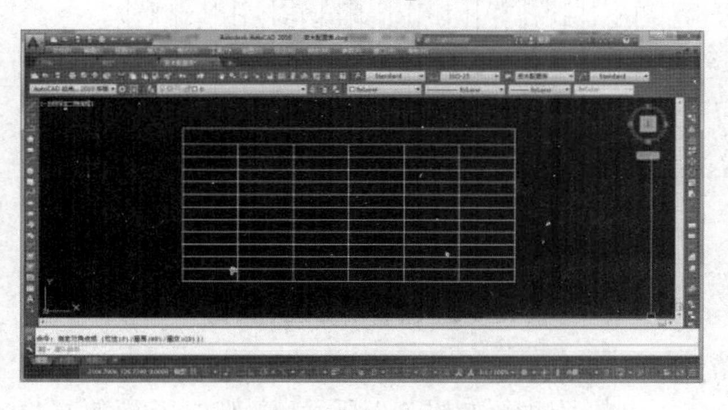

图 5-20　【插入表格】结果

5.2.3　在“苗木配置表”中输入信息

“苗木配置表”创建好之后，在表格内输入相应的文字信息。

★实例 5-7 演示：在苗木配置表中输入信息

①在需要输入信息的单元格内双击鼠标左键，单击【多行文字对正】按钮，在下拉列表中选择【正中】选项，然后输入信息，如图 5-21 所示。

②依次输入剩下的文字信息，输入结果如图 5-22 所示。

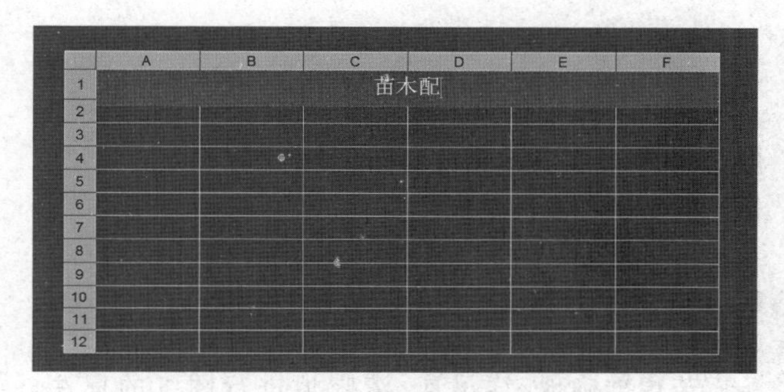

图 5-21　在表格中输入文字

苗木配置表					
序号	名称	高度（CM）	冠幅（CM）	胸径（CM）	数量（株）
1	大王椰子	5.6-6.0	2.5-3.0	50-55	10
2	华盛顿葵	3.5-4.0	2.5-3.0	40-45	25
3	老人葵	3.0-4.0			25
4	加拿利海枣	2.0-2.5	1.2-1.5	30-35	17
5	金山葵	1.5-2.0	1.5-2.0		63
6	油棕	3.0-3.5	2.5-3.0		78
7	国王椰子	2.0-2.5	1.5-2.0	30-35	10
8	蒲葵A	4.0-4.5	2.5-3.0		82
9	蒲葵B	2.5-3.5	2.0-2.5		82
10	海南椰子	2.5-3.0	2.5-3.0	35-45	13

图 5-22　文字输入结果

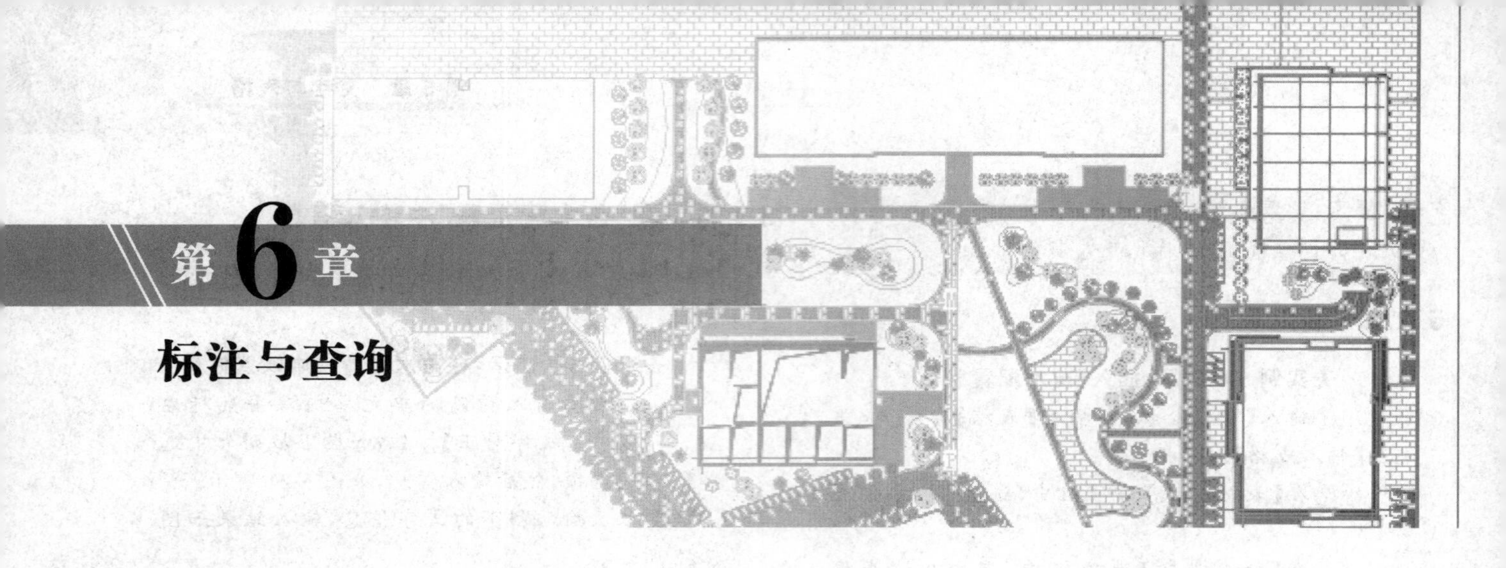

第6章 标注与查询

尺寸标注主要用于绘图中对图形内容的距离、角度、长宽等相关技术参数的标注，本章将详细介绍尺寸标注的创建及编辑方法。

6.1 尺寸标注的组成和类型

若想准确地、详尽地、清晰地进行图纸的标注，必须要明确尺寸标注的组成内容以及尺寸标注的类型，才能有针对性、有规律性的进行图纸的标注工作。

6.1.1 尺寸标注的组成

尽管标注在类型和外观上多种多样，但绝大多数标注都包含尺寸线、尺寸界线、标注文字和尺寸起止符号(箭头)，如图 6-1 所示。

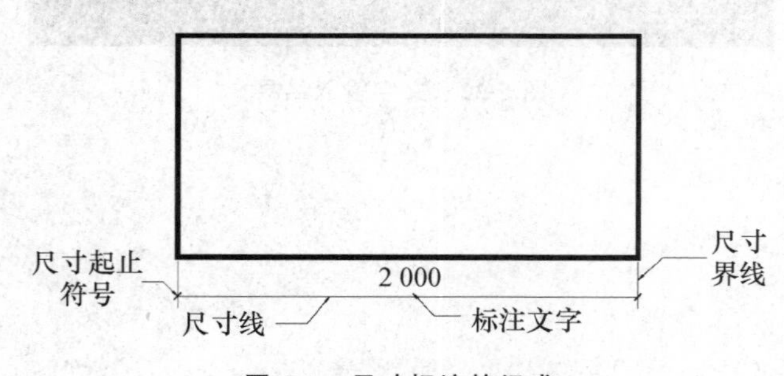

图 6-1 尺寸标注的组成

(1)尺寸线　表明标注的范围。一般情况下，尺寸线是一条直线，对于角度标注，尺寸线是一段圆弧；尺寸线的末端通常有尺寸的起止符号(箭头)，指出尺寸线的起点和端点。

(2)尺寸界线　从标注端点引出的标明标注范围的直线。尺寸界线可由图形轮廓线、轴线或对称中心线引出，也可直接利用轮廓线、轴线或对称中心线作为尺寸界线。

(3)标注文字　标出图形的尺寸值。由 AutoCAD 自动计算出测量值，一般标在尺寸线的上方。

(4)尺寸起止符号(如箭头)　尺寸的起止符号显示在尺寸线的末端，用于指出测量的开始和结束位置。AutoCAD 系统默认状态下使用闭合的填充箭头符号表示，同时，AutoCAD 还提供了多种符号可供选择，如建筑标记、点和斜杠等。

6.1.2 尺寸标注的类型

在园林施工图图纸的绘制中，应标注如下三种尺寸，如图 6-2 所示：

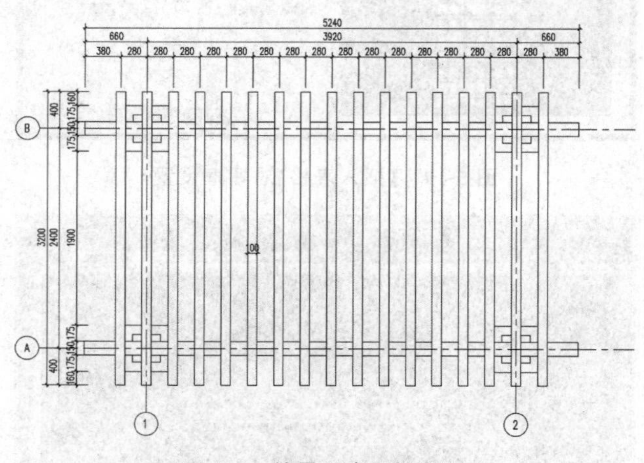

图 6-2 某景观廊架平面图

(1)定形尺寸　是确定组成建筑形体的各基本形体大小的尺寸。如图 6-2 所示，廊架的竖梁的宽度

100、横梁的宽度150属于定形尺寸。

(2)定位尺寸　是确定各基本形体在建筑形体中的相对位置的尺寸。如图6-2所示,160、175、280、380、2400、3920等均属于定位尺寸。

(3)总尺寸　是确定形体外形总长、总宽、总高的尺寸。如图6-2所示,3200、5240属于总尺寸。

6.2 尺寸标注样式

标注样式(dimension style)用于控制标注的格式和外观,AutoCAD中的标注均与一定的标注样式相关联,通过标注样式,用户可进行如下定义:

(1)尺寸线、尺寸界线、箭头和圆心标记的格式和位置。

(2)标注文字的外观、位置和行为。

(3)AutoCAD放置文字和尺寸线的管理规则。

(4)全局标注比例。

(5)主单位、换算单位和角度标注单位的格式和精度。

(6)公差值的格式和精度。

6.2.1 尺寸标注样式管理器简介

在进行尺寸标注之前,要设置尺寸标注的样式。如果不创建尺寸样式而直接进行标注,系统默认的名称为Standard的样式。用户如果认为使用的标注样式有某些选项设置不合适,也可以修改标注样式。

在AutoCAD中用户可通过"标注样式管理器(dimension style manger)"来创建新的标注样式或对标注样式进行修改和管理。

6.2.2 创建尺寸标注样式

(1)激活命令　打开尺寸标注样式管理器的方法如下所示:

◆ 命令行:【DIMSTYLE】/【D】。

◆ 工具栏:单击【样式】工具栏中的【标注样式】按钮。

◆ 菜单栏:执行【格式】/【标注样式】命令。

◆ 功能区:草图与注释模式下,在【默认】选项卡中,单击【注释】面板中的【标注样式】按钮。

尺寸标注样式管理器如图6-3所示。

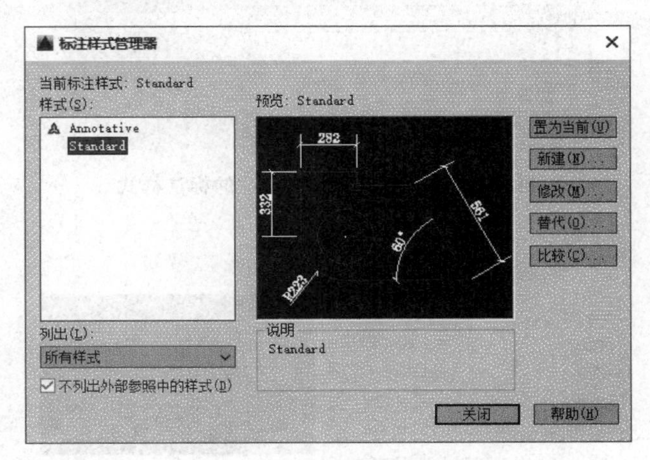

图6-3　标注样式管理器

(2)命令选项

【置为当前】按钮:单击该按钮,把在"样式"列表框中选中的样式设置为当前样式。

【新建】按钮:定义一个新的尺寸标注样式。单击该按钮,弹出"创建新标注样式"对话框,利用该对话框可创建一个新的尺寸标注样式。

【修改】按钮:修改一个已存在的尺寸标注样式。单击该按钮,弹出"修改标注样式"对话框,用户可以对已有标注样式进行修改。

【替代】按钮:设置临时覆盖尺寸标注样式。单击该按钮,弹出"新建标注样式"对话框,用户可改变各项的设置覆盖原来的设置,但这种修改只对制定的尺寸标注起作用,而不影响当前尺寸变量的设置。

【比较】按钮:比较两个尺寸标注样式在参数上的区别,或浏览一个尺寸标注样式的参数设置。单击该按钮,弹出"比较标注样式"对话框,可以把比较结果复制到剪贴板上,然后再粘贴到其他的Windows应用软件上。

★实例6-1 演示:创建名为"角度标注"的标注样式

命令:D　　//回车,调用【标注样式管理器】命令,如图6-4所示。

点击新建按钮　　//在对话框的"新样式名"文本框中输入"角度标注",默认"基础样式"为"Standard",在"用于"下拉列表框中选择"所有标注"选项。

点击继续　　//弹出角度标注样式设置对话框进行标注样式的设定,如图6-5所示。

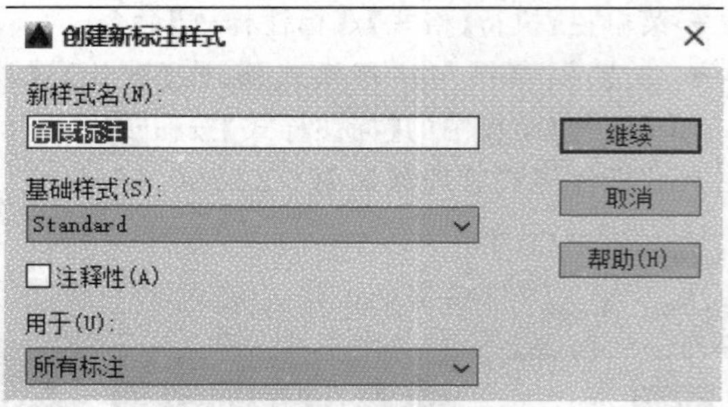

创建新标注样式
新样式名(N):
角度标注
继续
基础样式(S):
Standard
取消
□注释性(A)
帮助(H)
用于(U):
所有标注

图 6-4　创建名为“角度标注”的标注样式

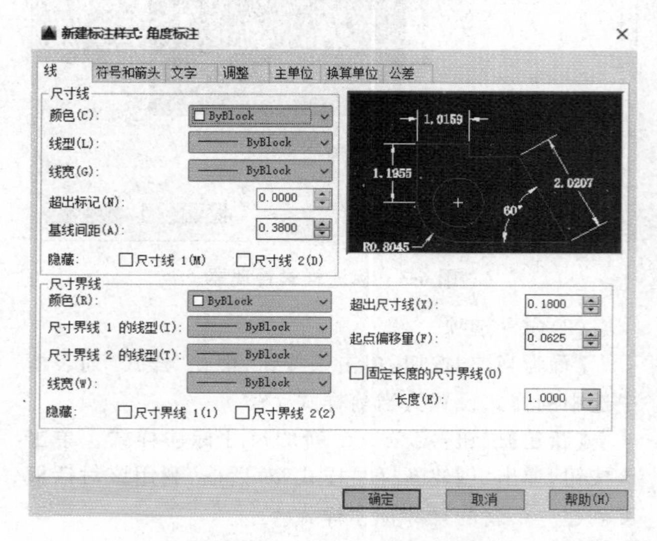

图 6-5　角度标注样式修改对话框

绘图过程中有时不能一次性得到与图纸比例合适且符号样式准确的尺寸标注，需要进行尺寸样式的修改，下面对“新建标注样式”对话框中的主要选项卡进行简要说明。

(1)“线”选项卡　主要用于设置尺寸线、尺寸界线的样式和参数，如图 6-6 所示。

【尺寸线】选项组：用于设置尺寸线的特性及参数。

【尺寸界线】选项组：用于确定延伸线的样式及参数。

(2)“符号和箭头”选项卡　主要用于设置箭头、圆心标记、弧长符号和半径折弯标注的形式和特性，如图 6-7 所示。

【箭头】选项组：用于设置尺寸起止符号或箭头的样式。系统提供了多种箭头形状，一般建筑制图中箭头采用建筑标记样式。

【圆心标记】选项组：用于设置半径标注、直径标注和中心标注中的中心标记和中心线的样式。

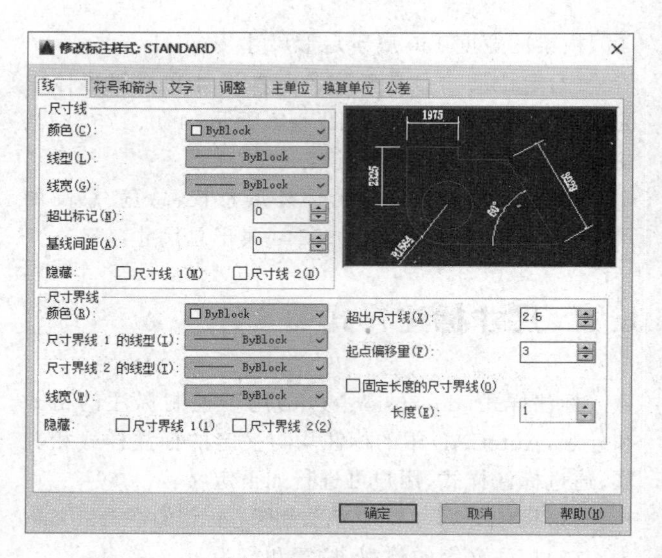

图 6-6　“线”选项卡

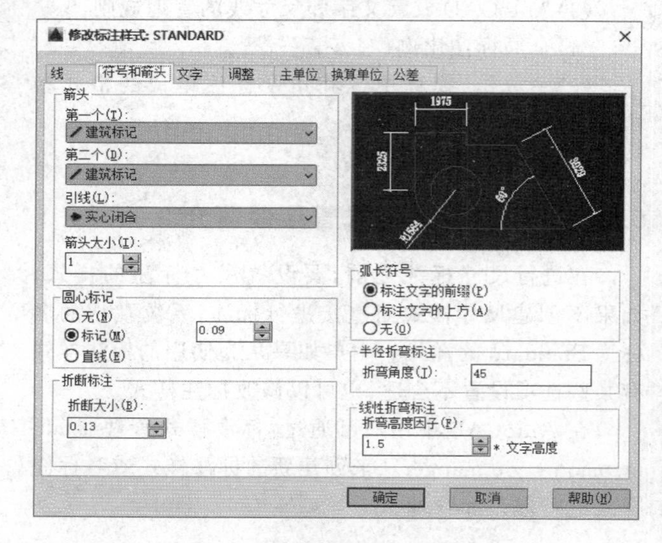

图 6-7　“符号和箭头”选项卡

【弧长符号】对话框：用于控制弧长标注中圆弧符号的显示。

【折断标注】对话框：控制折断标注的间隙宽度。

【半径折弯标注】对话框：控制折弯(Z 字形)半径标注的显示。

【线性折弯标注】对话框：控制线性标注折弯的显示。

(3)“文字”选项卡　主要用于设置尺寸文本的形式、位置和对齐方式等，如图 6-8 所示。

【文字外观】选项组：用于设置文字的样式、颜色、填充颜色、高度、分数高度比例以及文字是否带边框。

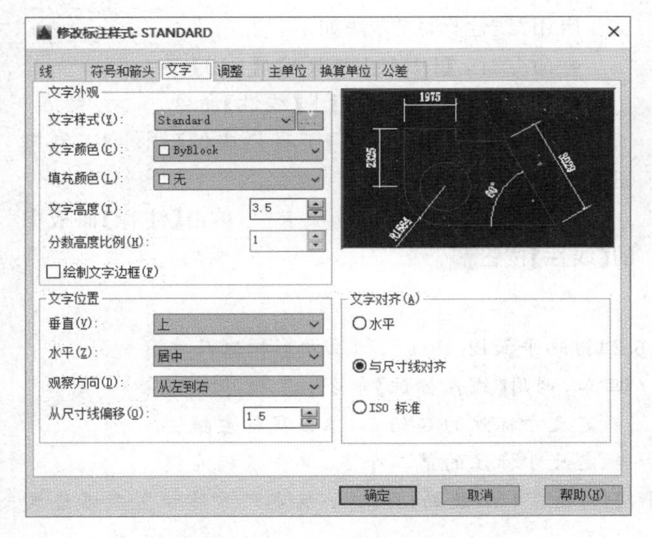

图 6-8 “文字”选项卡

【文字位置】选项组：用于设置文字的位置是垂直还是水平，以及从尺寸线偏移的距离。

【文字对齐】对话框：用于控制尺寸文本排列的方向。

(4)“调整”选项卡 主要用于控制标注文字和箭头的放置、箭头、引线和尺寸线的位置，包括调整选项、文字位置和标注比例特征等，如图 6-9 所示。

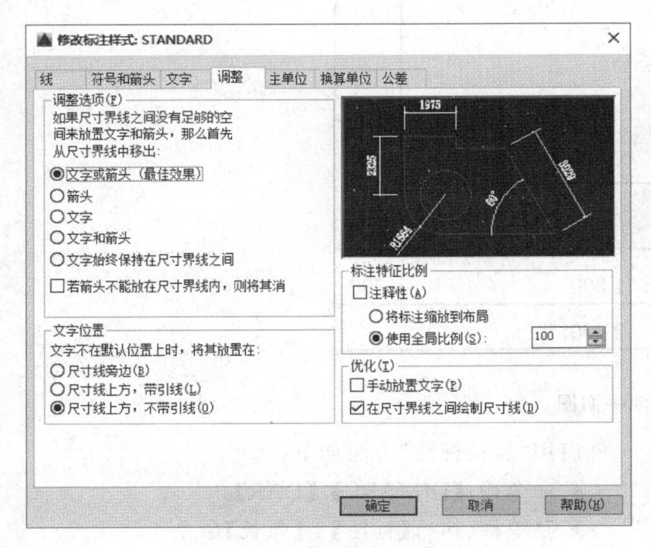

图 6-9 “调整”选项卡

【调整选项】选项组：根据尺寸界限之间的空间控制标注文字和箭头的放置，当两条尺寸界线之间的距离足够大时，AutoCAD 总是把文字和箭头放在尺寸界线之间；否则，AutoCAD 按列表中的选项移动文字或箭头。

【文字位置】选项组：用于标注文字的位置，标注文字的默认位置是位于两尺寸界线之间，当文字无法放置在缺省位置时，可通过此处选择设置标注文字的放置位置。

【标注特征比例】对话框：用于设置全局标注比例或图纸空间比例，包括“将标注缩放到布局”和“使用全局比例因子”。

【优化】对话框：优化包括手动放置文字和延伸线之间绘制尺寸线。

(5)“主单位”选项卡 AutoCAD 提供了多种方法设置标注单位的格式，可以设置单位类型、精度、分数格式和小数格式，还可以添加前缀和后缀，如图 6-10 所示。

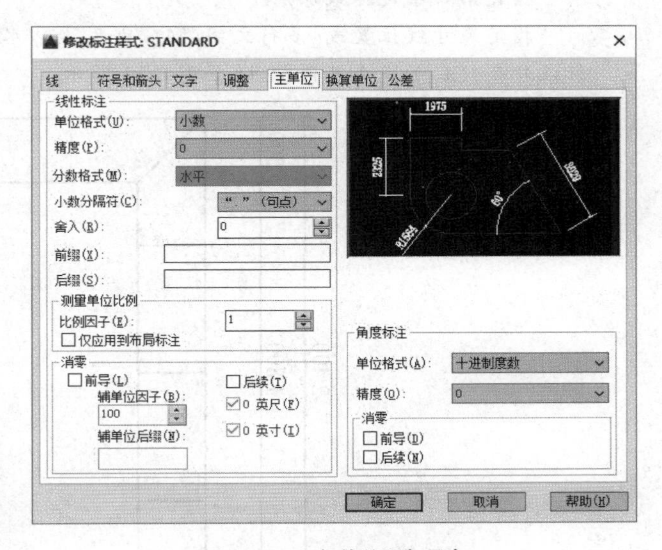

图 6-10 “主单位”选项卡

【线性标注】选项组：设置线性标注的格式和精度，包括单位格式、精度、分数格式、小数分隔符等。

【测量单位比例】选项组：可设置比例因子以及控制该比例因子是否仅应用到布局标注。

【消零】对话框：控制前导和后续的零，以及英尺和英寸的零是否输出。

【角度标注】对话框：用于设置角度标注的格式。角度标注设置方法和线性标注类似，参考线性标注。

“换算单位”与“公差”由于平时绘图一般都是默认缺省，固在这里不再赘述。

6.3 尺寸标注命令

AutoCAD 2016 提供了方便快捷的尺寸标注方

法，可以通过下拉菜单进行标注，也可以用输入快捷键的方式来实现。在标注尺寸前，必须选择一种尺寸样式，如不进行样式选择，则采用当前标注样式。

6.3.1 线性标注

线性标注用于标注直线尺寸，命令可根据尺寸的位置自动建立水平或垂直尺寸。

启用“线性标注”方法如下：

- 命令行：【DIMLINERA】/【DLI】。
- 菜单栏：执行【标注】|【线性】命令。
- 工具栏：单击【标注】工具栏中的【线性】工具按钮。
- 功能区：在【默认】选项卡中，单击【注释】面板中的【线性】按钮。

★实例 6-2 演示：线性标注

打开链接网址中 CAD 素材文件—第 6 章—实例 6-2“树池平面图.dwg”，标注方形树池尺寸。

命令：DLI　　// 回车，调用【线性标注】命令。

指定第一条延伸线原点或<选择对象>：　　// 确定尺寸标注的起始点，单击鼠标左键。

指定第一条延伸线原点　　// 确定尺寸标注的第二个点，单击鼠标左键。

指定尺寸线位置或[多行文字(M)/角度(A)/水平(H)/垂直(V)旋转(R)]：//确定尺寸线位置激活连续标注命令(DCO)完成其他标注，如图 6-11 所示。

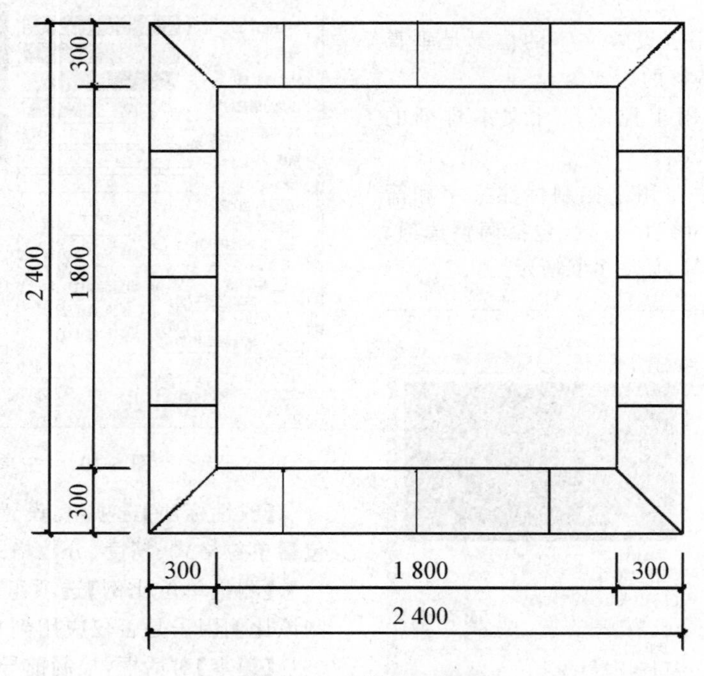

图 6-11　树池平面图

> **提示**：线性标注时应遵循小尺寸在内侧，大尺寸在外侧的原则，一般最多标注三层尺寸。

6.3.2 弧长标注

弧长标注用于测量圆弧或多段线圆弧上的距离。弧长标注的尺寸界线刻意正交或径向。在标注文字的上方或前面将显示圆弧符号。

启用“弧长标注”方法如下：

- 命令行：【DIMARC】/【DAR】。
- 菜单栏：执行【标注】|【弧长】命令。
- 工具栏：单击【标注】工具栏中的【弧长】工具按钮。
- 功能区：在【默认】选项卡中，单击【注释】面板中的【弧长】按钮。

★实例 6-3 演示：弧长标注

打开链接网址中 CAD 素材文件—第 6 章—实例 6-3“某廊架局部平面图.dwg”，如图 6-12 所示。

命令：DAR // 回车，调用【弧长标注】命令。

选择弧线段或多段线圆弧段： // 选择种植池外边界某段圆弧点击鼠标左键确定。

指定弧长标注位置或[多行文字(M)/文字(T)/角度(A)/部分(P)引线(L)]：// 将标注移动到合适的位置点击鼠标左键确定，以此方法完成种植池其他圆弧段的弧长标注，如图 6-12 所示。

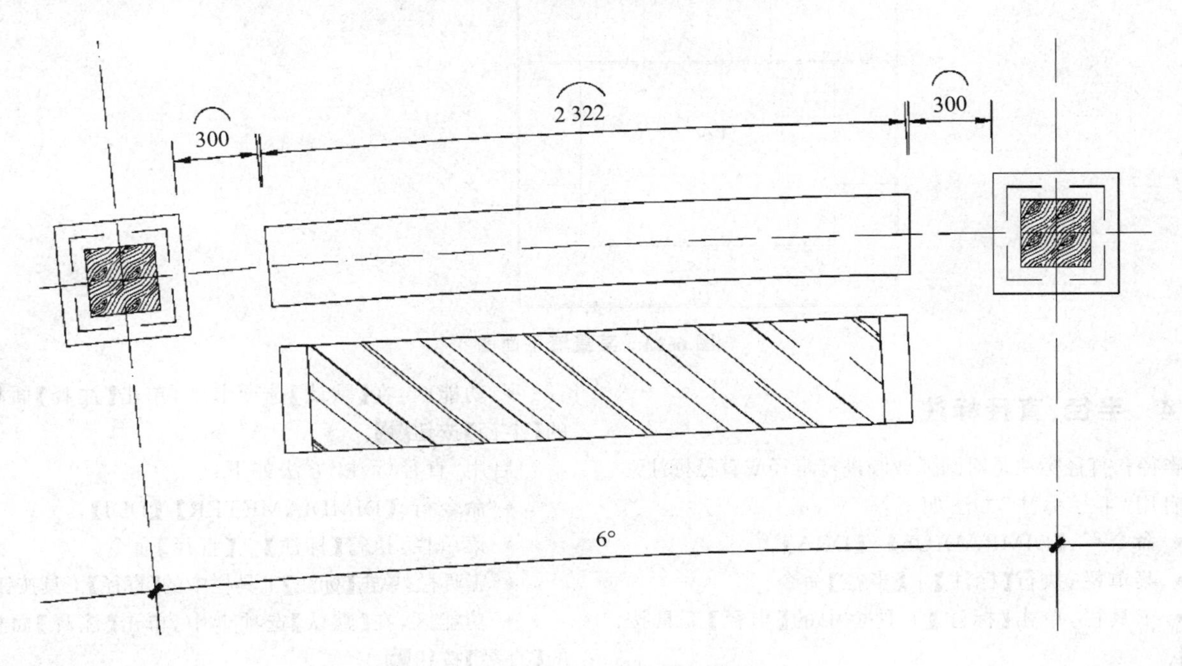

图 6-12 某景观廊架局部平面图

6.3.3 坐标标注

坐标标注用于园林施工图坐标放线图坐标点的标注。一般情况下，AutoCAD 按当前坐标系计算各坐标值。

启用“坐标标注”方法如下：

- 命令行：【DIMORDINATE】/【DOR】。
- 菜单栏：执行【标注】|【坐标】命令。
- 工具栏：单击【标注】工具栏中的【坐标】工具按钮。
- 功能区：在【默认】选项卡中，单击【注释】面板中的【坐标】按钮。

★实例 6-4 演示：坐标标注

打开链接网址中 CAD 素材文件—第 6 章—实例 6-4“某景墙平面图.dwg”，如图 6-13 所示。

命令：DOR // 回车，调用【坐标标注】命令。

指定点的坐标： // 选择景墙的一个角点。

指定引线端点或[X 基准(X)/ Y 基准(Y)/多行文字(M)/文字(T)角度(A)]：// 输入 X 回车。

指定引线端点或[X 基准(X)/ Y 基准(Y)/多行文字(M)/文字(T)角度(A)]：// 输入 M 回车。

用坐标标注 X、Y 的坐标值，在引出做标签，用“多行文字”进行编辑，如在坐标值前加“X=”或“Y=”，如图 6-13 所示。

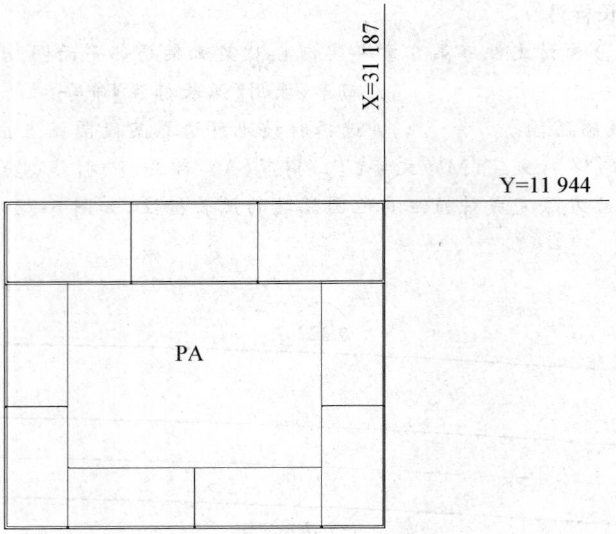

X=31 187

Y=11 944

PA

图 6-13　某景墙平面图

6.3.4　半径、直径标注

半径和直径标注是对圆弧或圆进行半径或直径标注。

启用“半径标注”方法如下：

◆ 命令行：【DIMRADIUS】/【DRA】。

◆ 菜单栏：执行【标注】|【半径】命令。

◆ 工具栏：单击【标注】工具栏中的【半径】工具按钮。

◆ 功能区：在【默认】选项卡中，单击【注释】面板中的【半径】按钮。

启用“直径标注”方法如下：

◆ 命令行：【DIMDIAMETER】/【DDI】。

◆ 菜单栏：执行【标注】|【直径】命令。

◆ 工具栏：单击【标注】工具栏中的【直径】工具按钮。

◆ 功能区：在【默认】选项卡中，单击【注释】面板中的【直径】按钮。

★实例 6-5 演示：半径标注

打开链接网址中 CAD 素材文件—第 6 章—实例 6-5“某圆形树池平面图.dwg”，如图 6-14 所示。

命令：DRA　　//回车，调用【半径】命令。

选择圆弧或圆：　　//选中圆形树池外侧边界。

指定尺寸线位置或[多行文字(M)/角度(A)]：　　//拾取圆心，结束命令。

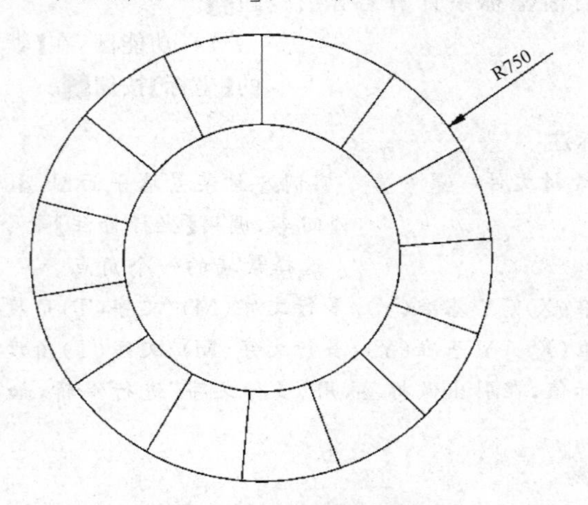

图 6-14　圆形树池的半径标注

6.3.5 角度标注

角度标注是对圆或圆弧所成的角度、两直线间或三点间所成角度进行的标注。

启用"角度标注"方法如下：

- 命令行：【DIMANGULAR】/【DAN】。
- 菜单栏：执行【标注】|【角度】命令。
- 工具栏：单击【标注】工具栏中的【角度】工具按钮。
- 功能区：在【默认】选项卡中，单击【注释】面板中的【角度】按钮。

★实例 6-6 演示：角度标注

打开链接网址中 CAD 素材文件—第 6 章—实例 6-6"亭子某构件大样图.dwg"，如图 6-15 所示。

命令：DAN　　　　　　　　　　　　　　　　　　//回车，调用【角度标注】命令。

选择圆弧、圆直线或＜指定顶点＞：　　　　　　　//依次选择两条相邻的轴线。

指定标注弧线位置或[多行文字(M)/角度(A)/象限点(Q)]：//拖动弧线到合适位置，单击左键结束命令。

相同方法依次标注弧形花架的其他角度，完成标注，如图 6-15 所示。

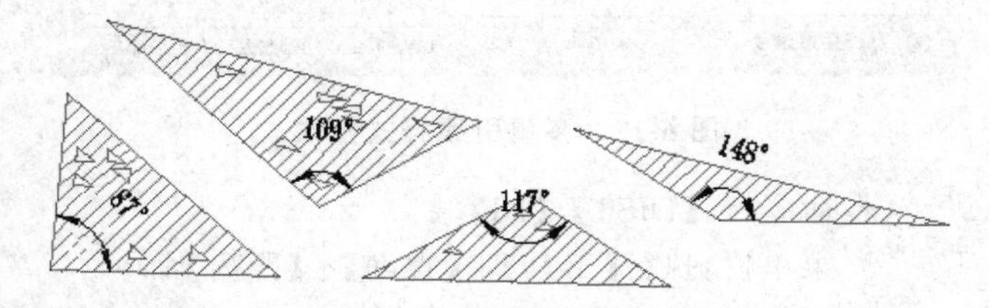

图 6-15　已标注的亭子某构件大样图

6.4 多重引线标注

多重引线标注是用于图形的(标记)注释、说明等标注。

6.4.1 启动多重引线命令

启用"多重引线标注"方法如下：

- 命令行：【MLEADER】/【MLD】。
- 菜单栏：执行【标注】|【多重引线】命令。
- 工具栏：单击【引线】工具栏中的工具按钮。
- 功能区：在【默认】选项卡中，单击【注释】面板中的【引线】按钮。

6.4.2 新建多重引线样式

★实例 6-7 演示：新建多重引线样式

打开链接网址中 CAD 素材文件—第 6 章—实例 6-7"景墙立面图.dwg"。

命令：MLD　　　　　　　　　　　　　　　　　　// 回车，调用【多重引线】命令。

指定引线箭头的位置或：[引线基线优先(L)/内容优先(C)/选项(O)]：　//点击鼠标左键指定标注的位置。

指定引线基线的位置：//F8 打开正交，确定基线位置。

输入标注文字：// 600X400X80 芝麻白荔枝面// 回车 双边倒角，D=10。

用鼠标左键调整基线位置，并在多重引线样式(MLS)中调节文字位置及文字高度与图纸向协调，如图 6-16 所示。

【修改多重引线样式】对话框如图 6-17 所示。

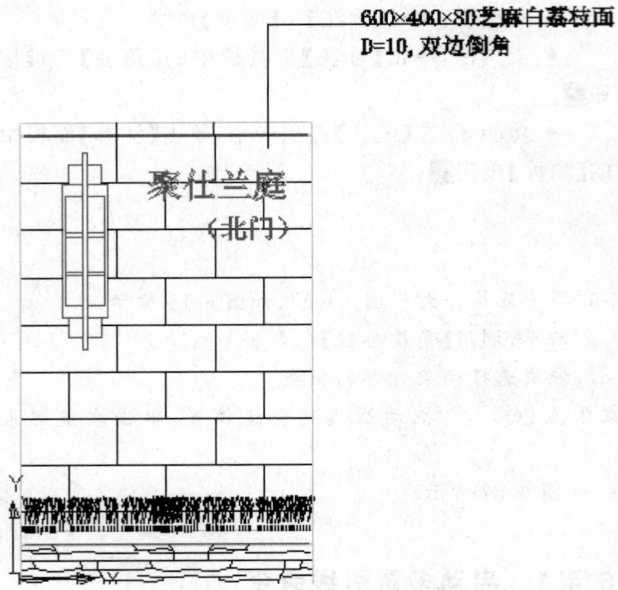

图 6-16 已标注景墙立面图

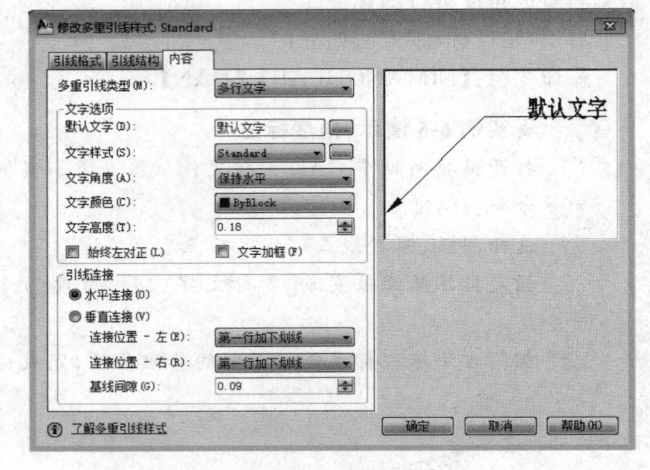

图 6-17 多重引线样式修改

6.5 查询

为了方便绘图人员及时了解图形信息，AutoCAD 提供了很多查询工具，这里简要进行说明。

6.5.1 两点间距离查询

启用"距离查询"方法如下：

◆ 命令行：【DIST】/【DI】。

◆ 菜单栏：执行【工具】|【查询】|【距离】命令。

◆ 工具栏：单击【查询】工具栏中的【距离】工具按钮。

◆ 功能区：在【默认】选项卡中，单击【实体工具】面板中的【距离】按钮。

★实例 6-8 演示：测量园路宽度

打开链接网址中 CAD 素材文件—第 6 章—实例 6-8"某道路平面图.dwg"，如图 6-18 所示。

命令：DI　　//回车，调用【距离查询】命令。

指定第一点：　　//点击鼠标左键指定种植池边界角点。

指定第二点或[多个点(M)]：　　//点击鼠标左键指定种植池另一边界角点。

命令结束后会在命令栏显示测量信息，距离为 2 000。

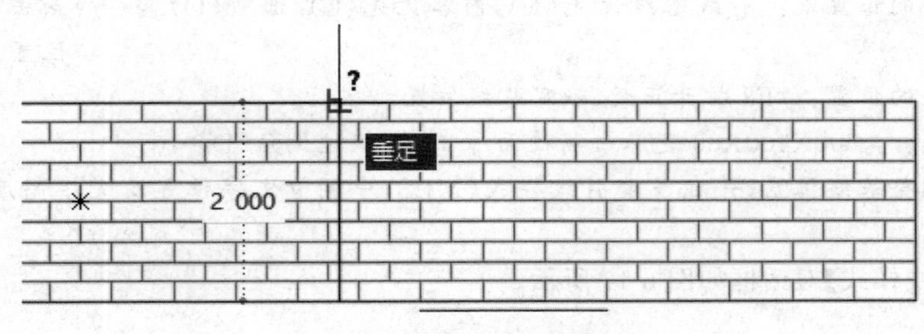

图 6-18 园路宽度测量

6.5.2 面积测量

计算指定区域内的面积并显示，指定区域至少确定三个点，可以计算面积的和，也可以从总面积中减去一部分的面积，使用该命令还可以计算不规则区域内的面积。

启用"面积查询"方法如下：

◆ 命令行：【AREA】/【AA】。

◆ 菜单栏：执行【工具】|【查询】|【面积】命令。

◆ 工具栏：单击【测量工具】工具栏中的【面积】工具按钮。

◆ 功能区：在【默认】选项卡中，单击【实体工具】面板中的【面积】按钮。

★实例 6-9 演示：测量某树池灌木种植面积

打开链接网址中 CAD 素材文件—第 6 章—实例 6-9"某树池灌木种植面积测量.dwg"，如图 6-19 所示。

命令：AA　　//回车，调用【面积查询】命令。

指定第一个角点或[对象(O)/增加面积(A)/减少面积(S)]：//点击鼠标左键指定灌木区域某一角点。

点击指定下一个点或[圆弧(A)长度(L)放弃(U)]：　　//继续指定，直到绿色区域全部覆盖为止。

命令结束后会在命令栏显示测量信息，面积为 3 240 000。

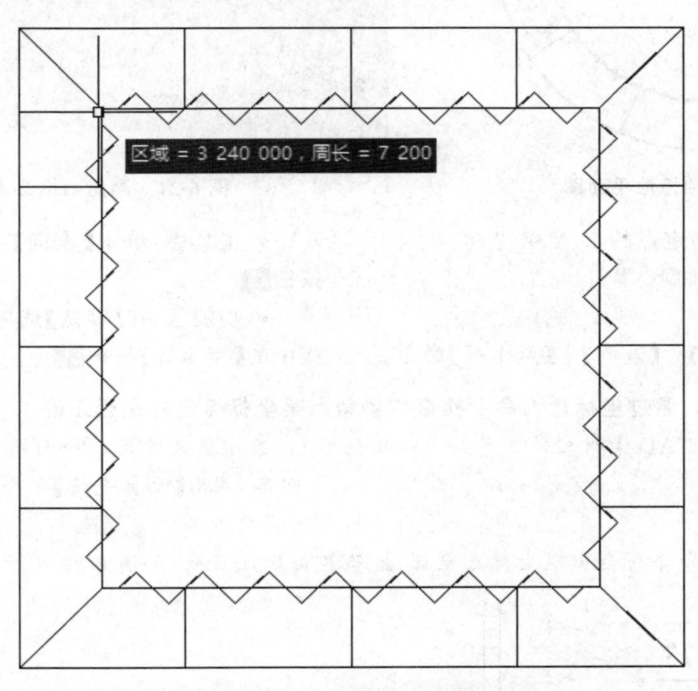

图 6-19　种植灌木面积测量

6.5.3 角度测量

启用"角度查询"方法如下：

◆ 菜单栏：执行【工具】|【查询】|【角度】命令。

◆ 工具栏：单击【测量工具】工具栏中的【角度】工具按钮。

◆ 功能区：在【默认】选项卡中，单击【实体工具】面板中的【角度】按钮。

6.5.4 其他查询命令

(1)列表查询　列出所选对象的所有属性，如图层、面积、周长、端点坐标等信息。

启用"列表查询"方法如下：

◆ 命令行：【LIST】/【LI】。

◆ 菜单栏：执行【工具】|【查询】|【列表】命令。

◆ 工具栏：单击【查询】工具栏中的【列表】工具按钮。

★实例 6-10 演示：列表命令

打开链接网址中 CAD 素材文件—第 6 章—实例 6-10“某圆形树池灌木种植面积测量.dwg”，如图 6-20 所示。

命令：LI　　　　　　　　　　　　　　　// 回车，调用【列表查询】命令。

选择对象：　　　　　　　　　　　　　　//选择种植池内侧的圆，回车确定。

命令结束后会弹出清单列表显示该圆的测量信息，面积为 2 544 690，半径为 900，如图 6-21 所示。

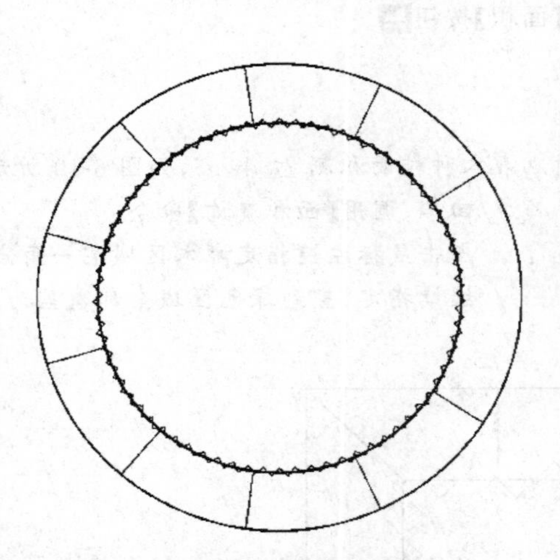

图 6-20　圆形种植池平面图

```
AutoCAD 文本窗口 - LD-0.07树池详图.dwg
编辑(E)

选择对象:
            圆          图层: "2A-景观主线"
                        空间: 模型空间
     句柄 = 37b6
   圆心 点,   X=-433004718  Y=-2888012474  Z=        0
   半径        900
   周长       5655
   面积    2544690

命令: LIST

选择对象: 找到 1 个

选择对象:
            圆          图层: "2A-景观主线"
                        空间: 模型空间
     句柄 = 37b6
   圆心 点,   X=-433004718  Y=-2888012474  Z=        0
   半径        900
   周长       5655
   面积    2544690

命令:
```

图 6-21　测量数据文本窗口

(2)坐标查询　查询指定点的 X、Y、Z 坐标。

启用“坐标查询”方法如下：

◆ 命令行：【ID】。

◆ 菜单栏：执行【工具】|【查询】|【点坐标】命令。

◆ 工具栏：单击【查询】工具栏中的【定位点】工具按钮。

◆ 功能区：在【默认】选项卡中，单击【实体工具】面板中的【点坐标】按钮。

★实例 6-11 演示：通过坐标查询命令检查广场角点某坐标点坐标是否正确

打开链接网址中 CAD 素材文件—第 6 章—实例 6-11“某小区尺寸定位平面图.dwg”，如图 6-22 所示。

命令：ID　　　　　　　　　　　　　　　// 回车，调用【坐标查询】命令

指定点：　　　　　　　　　　　　　　　//选择要检查的坐标点

命令结束后会在命令行会出现坐标点坐标，检验是否标注正确，如图 6-23 所示。

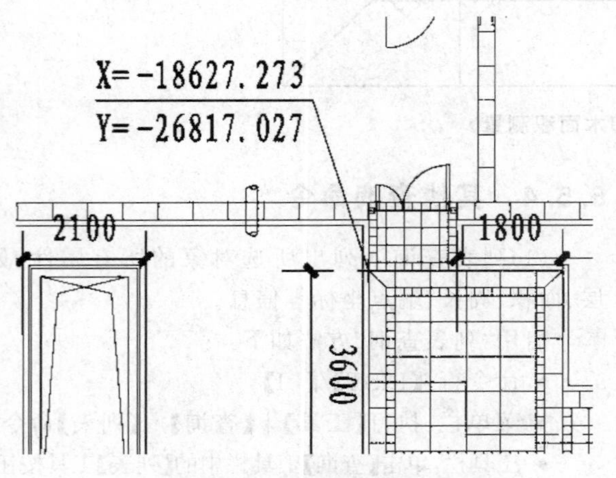

图 6-22　某小区入户广场局部图

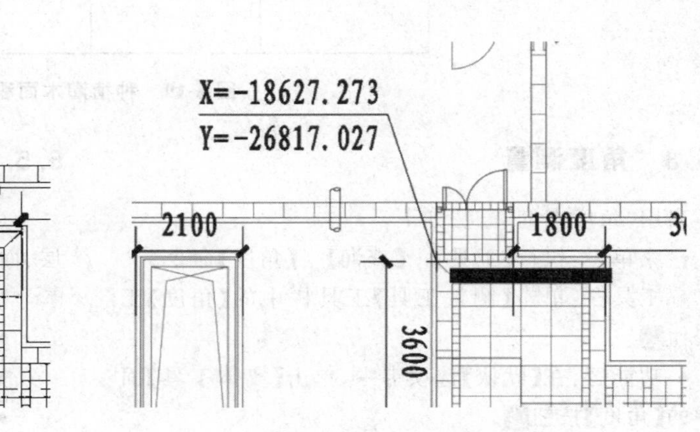

图 6-23　坐标查询检查

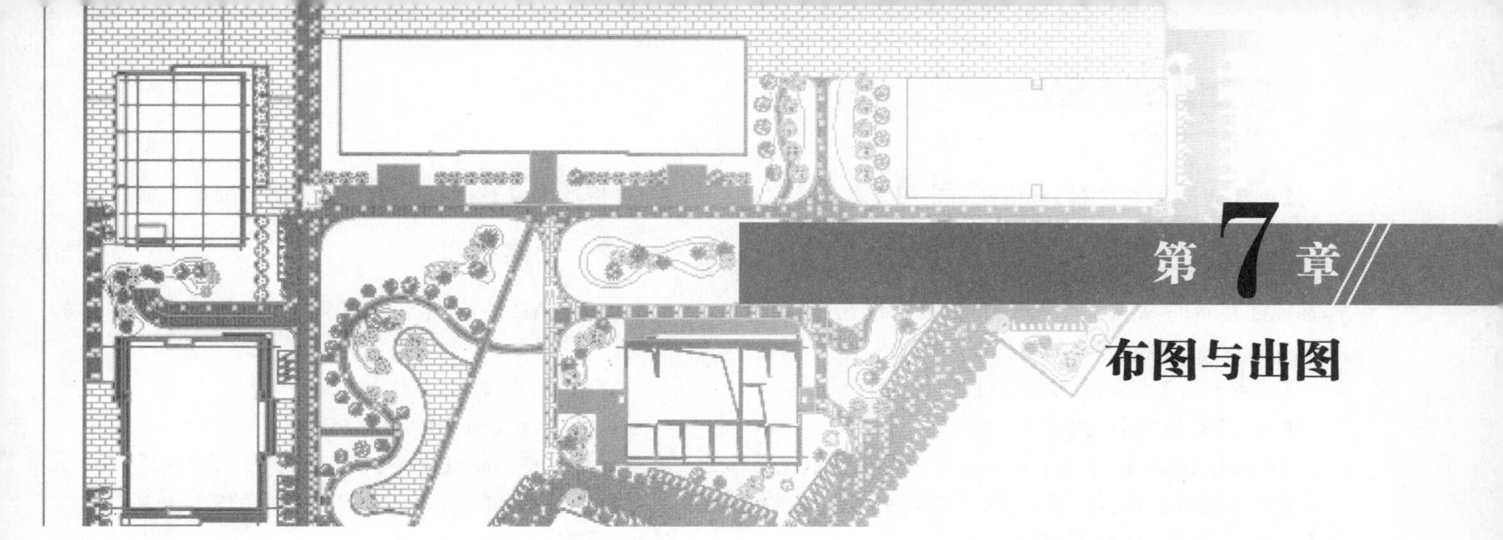

第7章 布图与出图

AutoCAD的绘图空间有两种：模型空间和布局空间。一般图纸的绘制是在模型空间进行的，而在布局空间进行图纸的排版。模型空间的图纸都是按照1∶1的方式来绘制，布局空间可通过创建视口来进行比例的调整，并可以辅助一些标注、文字说明以及标题栏等内容。

图纸打印根据打印方式的不同可以分为实体打印和虚拟打印。实体打印是将计算机连接实体打印机按相应的图纸规格进行出图。虚拟打印是在计算机中添加虚拟打印机，将图形打印成JPG、PDF、EPS等格式的电子文件。

7.1 布局空间布图与打印图

在AutoCAD 2016中，布局空间可以精确反映要打印图纸的缩放比例、图纸方向、线宽设置等操作，利用布局可以直观地看到打印出图前的效果。

7.1.1 创建布局

布局空间在图形输出中占有极大的优势和地位，同时也为绘图人员提供多种用于创建布局的方式和管理布局的不同方法，如图7-1所示。

(1)新建布局　启用“新建布局”方法如下：

◆ 菜单栏：执行【文件】|【新建】命令，弹出“选择样板”对话框，如图7-1所示，可以选择文件夹中系统自带的样板文件，确定后打开样板文件，进入绘图区域。

◆ 工具栏：单击【布局】工具栏中的【来自样板的布局】工具按钮▣。

(2)使用布局向导创建布局　启用“布局向导创建布局”方法如下：

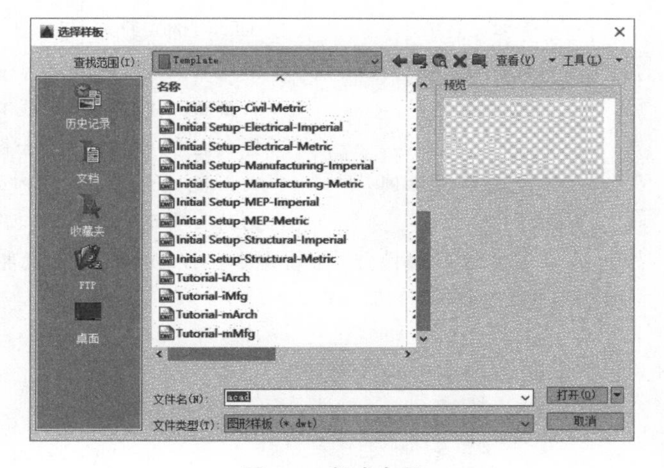

图7-1　新建布局

◆ 菜单栏：执行【工具】|【向导】|【创建布局】命令或执行【插入】|【布局】|【创建布局向导】命令，系统打开如图7-2所示“创建布局”对话框。

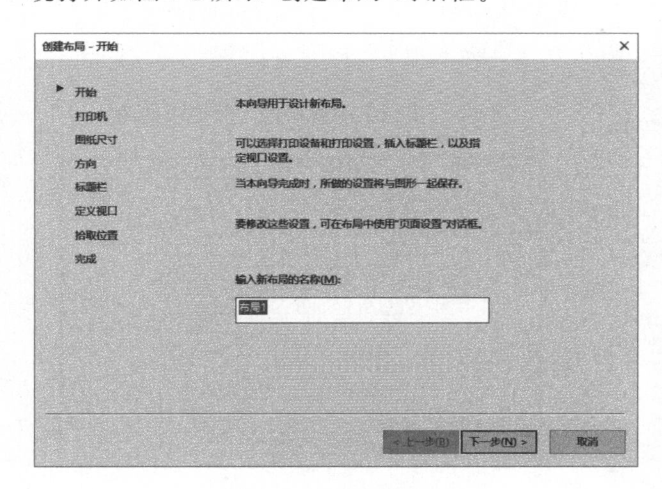

图7-2　创建“布局1”

【创建布局置的位置】对话框中常用选项的含义：

【开始】对话框：输入新布局名称。

【打印机】对话框：为新布局选择配置的绘图仪。要添加或配置新的 Windows 系统打印机，可以在“选项”对话框的“打印和发布”选项卡中选择添加或配置打印机。

【图形尺寸】对话框：设置图形尺寸、图形单位。

【方向】对话框：横向或纵向。

【标题栏】对话框：包括标题栏大小、内容、图纸风格等。

【定义视口】对话框：在布局中添加视口，制定设置类型、比例、行数、列数和间距等。

【拾取位置】对话框：在图形中制定视口位置。

7.1.2 创建视口

AutoCAD 的绘图空间有两种：模型空间和布局空间。

启用“创建视口”方法如下：

- 命令行：【MVIEW】/【MV】。
- 菜单栏：执行【视图】|【视口】|【新建视口】命令。
- 工具栏：单击【视口】工具栏中的【单个视口】工具按钮。

★实例 7-1 演示：利用视口将绘制好的人行道路铺装在布局空间进行排版

打开链接网址中 CAD 素材文件—第 7 章—实例 7-1“铺装标准段详图. dwg”，如图 7-3 所示。

命令：MV　　// 回车，调用【视口】命令。

指定视口的角点：　　//指定对角点，确定后可在布局空间看到模型空间的图纸，如图 7-4 所示。

激活视口：　　//双击视口内部，激活视口，可在视口内部控制模型空间图纸，人行道的标准段调整到与视口相适应，如图 7-5 所示。

设置出图比例：　　//双击视口外部，回到布局空间，单击选中视口，在自定义比例中输入 0. 01(1：100)，确定出图比例，调整视口大小，如图 7-6、图 7-7 所示。

重复进行此操作，完成其他人行道路标准面的排版，如图 7-8 所示。

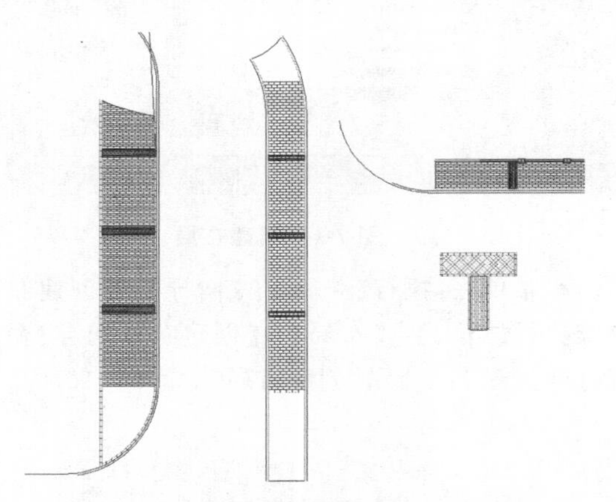

图 7-3　模型空间绘制的人行道平面图

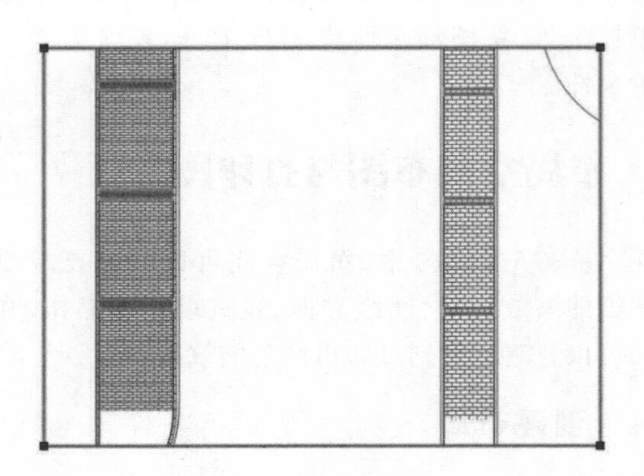

图 7-4　创建视口

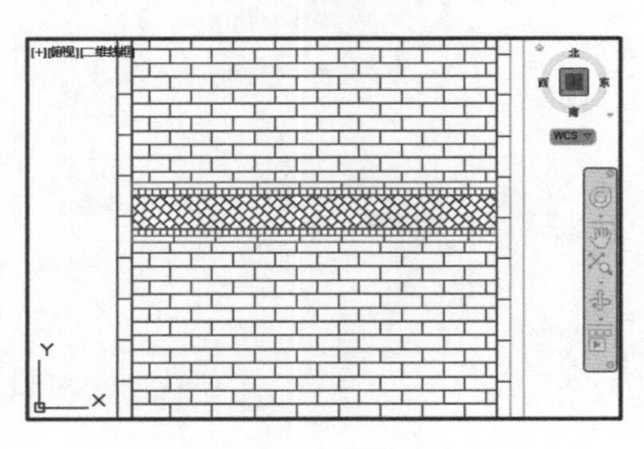

图 7-5　激活视口

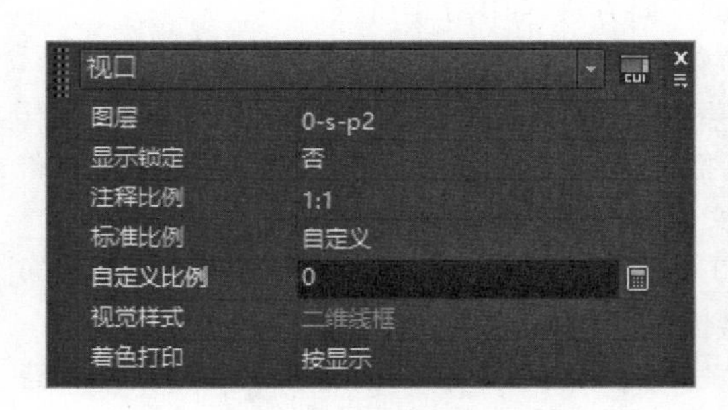

图 7-6　视口比例调整

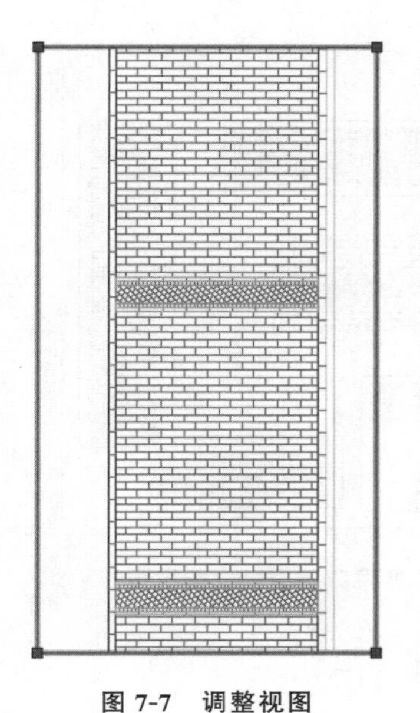

图 7-7　调整视图

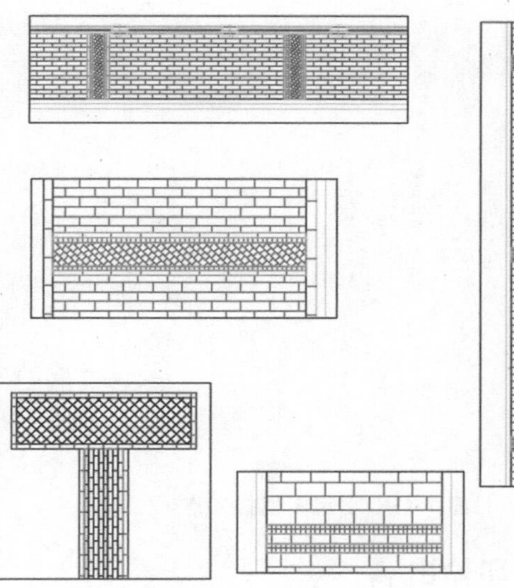

图 7-8　视口比例调整

7.1.3　加入图框

利用布局插入外部参照图框，避免反复修改建筑底图而反复插图的工作量，节省重复绘图改图的时间，同时可以降低自身图纸大小，减少打开保存以及重生成时间，提高绘图速度。启用“外部参照”方法如下：

- 命令行：【XATTACH】/【XA】。
- 菜单栏：执行【插入】|【DWG 参照】命令。
- 工具栏：单击【插入】工具栏中的【附着外部参照】工具按钮。

★实例 7-2 演示：利用外部参照插入 A3 图框

打开链接网址中 CAD 素材文件—第 7 章—实例 7-2“A3 图框.dwg”。

命令：XA　　　　　　　　//回车，调用【DWG 参照】命令，选择参照文件，如图 7-9 所示。

选择图框参照文件路径：　　//选定 A3 图框文件，点击打开，如图 7-10 所示。

指定插入点：　　　　　　　//选中位置后单击鼠标左键确定插入点，如图 7-11 所示。

调整视口及图框位置：　　　//调整视口及图框位置进行排版，如图 7-12 所示。

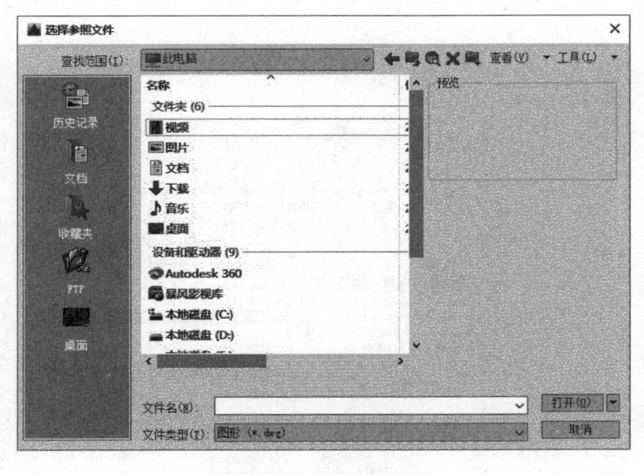

图 7-9　选择参照文件

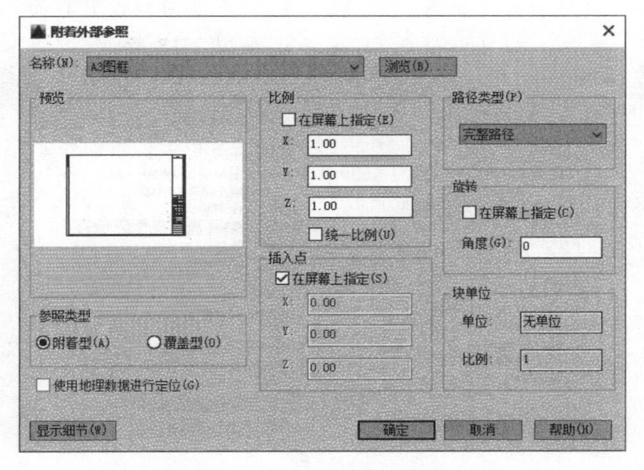

图 7-10　插入 A3 图框参照文件

图 7-11　指定图框插入点

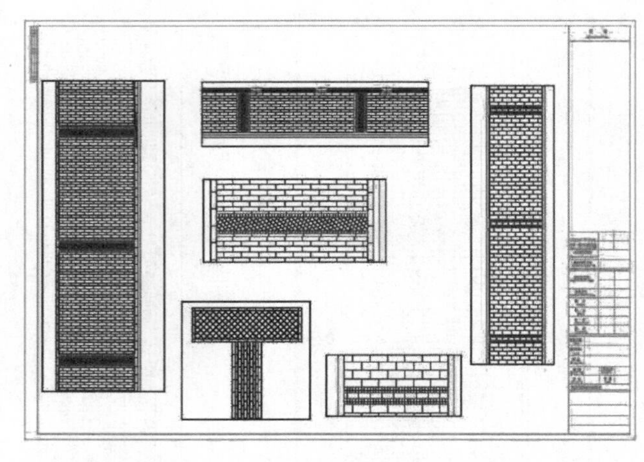

图 7-12　协调视口及图框进行排版

7.1.4　打印输出

AutoCAD 可以利用外接打印机和 Windows 系统自带的虚拟打印机输出图形。启用“打印输出”方法如下：

- 命令行：【CTRL+P】。
- 菜单栏：执行【文件】|【打印】命令。
- 工具栏：单击【标准】工具栏中的【打印】工具按钮。

7.2　虚拟打印

在园林图纸的绘制过程中，有些情况不需要打印出实体的图纸，而是打印成 JPG、PDF、EPS 等电子文件，称为虚拟打印。比如，在园林彩色平面图的绘制中，需要分图层来打印 EPS 格式文件，然后再导入到 Photoshop 里进行编辑。

★实例 7-3 演示：添加虚拟打印机进行虚拟打印 EPS 格式文件

命令：OP　　// 回车，调用【选项】命令，如图 7-13 所示。

添加或配置绘图仪：//安装 Adobe 公司的 PostScript Level 2 型号打印机，如图 7-14 所示。

命令：CTRL+P　　//设置打印选项及打印样式，如图 7-15 所示。

拾取打印窗口：　　//点击打印范围-窗口，拾取打印范围，如图 7-16 所示。

打印预览：　　//预览查看打印出图效果，如图 7-17 所示。

打印出图：　　//回车返回到设置界面，调整参数，预览至合适为止点击确定出图，选择路径保存，如图 7-18 所示。

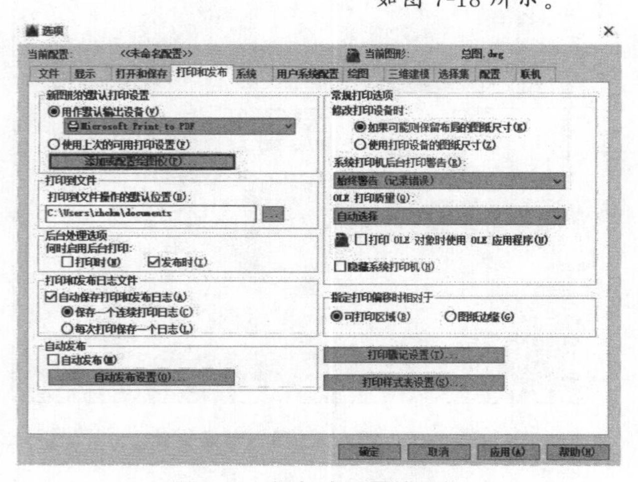

图 7-13　添加或配置绘图仪

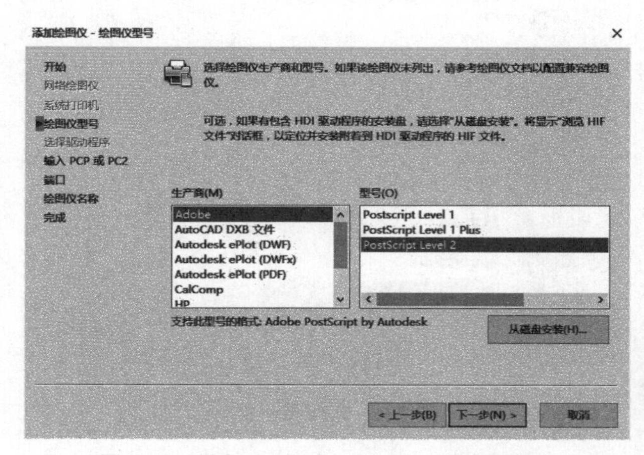

图 7-14　添加 PostScript Level 2 型号打印机

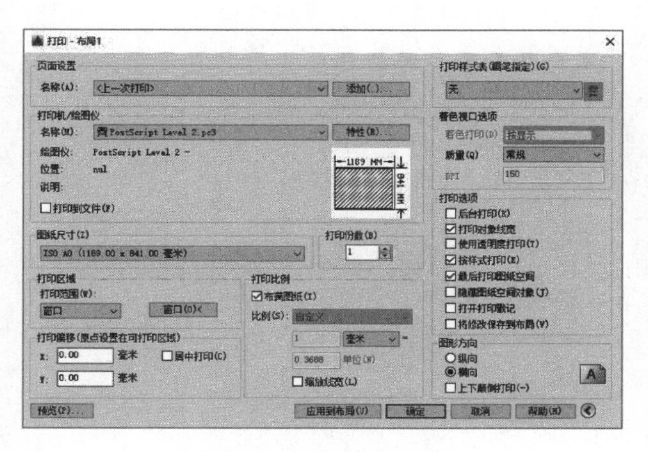

图 7-15　设置打印选项

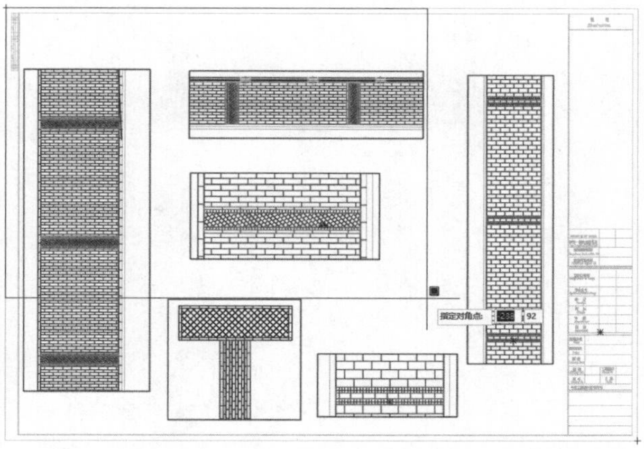

图 7-16　拾取打印窗口

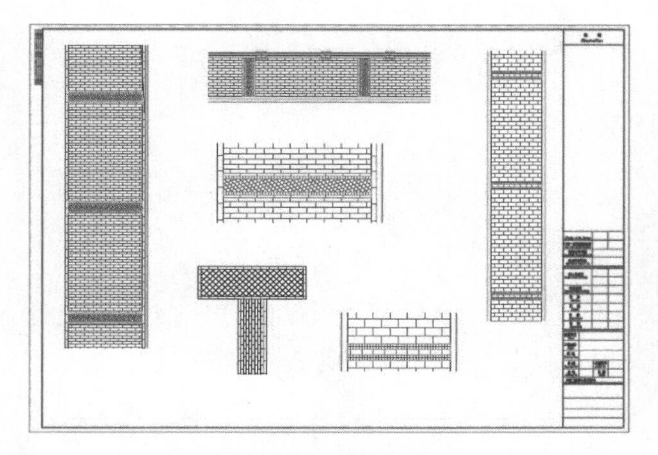

图 7-17　打印预览

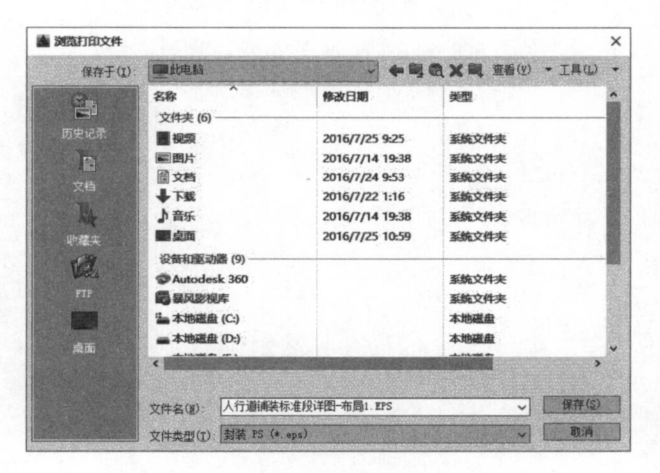

图 7-18　确定保存路径

提示:在虚拟打印时,应选择想要打印文件格式的虚拟打印机,若系统默认里没有,可在选项中进行添加,出图时要勾选“打印到文件”选项卡。

第2篇　SketchUp 2015

第8章 SketchUp园林表现概述

8.1 SketchUp简介

SketchUp又被称为草图大师(图8-1),最初由@Last Software公司开发,后来被Google公司收购,所以也被称为Google SketchUp。SketchUp是一款最新的3D建模软件,被誉为建筑创作上的一大革命,它打破了其他绘图软件对设计师的束缚,集设计与绘图制作于一体,使设计师能够通过立体的三维模型对设计的产品进行更为直观的构思和表达。SketchUp被Google官方比喻为电子设计中的"铅笔",其便捷的操作、优越的兼容性和扩展性,让其迅速拥有了广大的使用群体,目前已经广泛运用于建筑、室内、园林景观设计、城市规划等相关领域,成为一款极受欢迎的3D设计软件。

图8-1 SketchUp 2015

8.2 SketchUp特点

(1)直观的显示效果　在运用SketchUp进行设计创作的时候,可以实现"所见即所得",即在设计中可以通过三维成品的方式进行展示和表达,并能根据设计者的风格和设计意图显示,使得设计师可以直接在电脑上进行十分直观的构思,随着构思的不断清晰,不断完善设计细节。其直观的显示效果,使其能更好地促进设计方与客户的沟通和交流(图8-2,图8-3)。

图8-2 SketchUp单体模型

图 8-3　SketchUp 整体模型

（2）简洁的操作界面　不同于 3Dmax 和其他 3D 软件，SketchUp 是单一屏幕视口，操作简单，其界面简洁，易学易用，命令极少，完全避免了像其他设计软件的复杂性，对于初学者而言，能够更好地接受并迅速上手（图 8-4，图 8-5）。

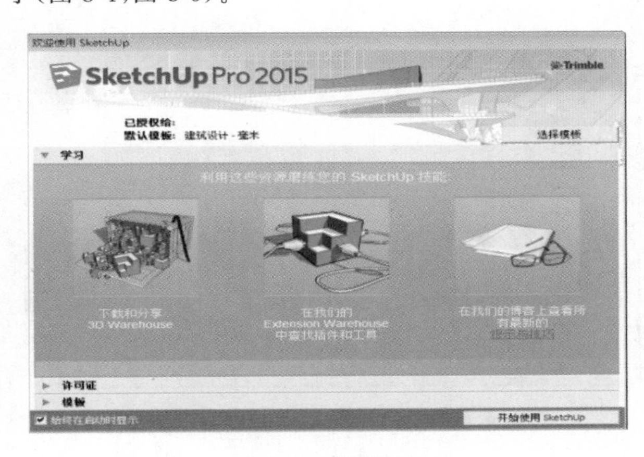

图 8-4　欢迎界面

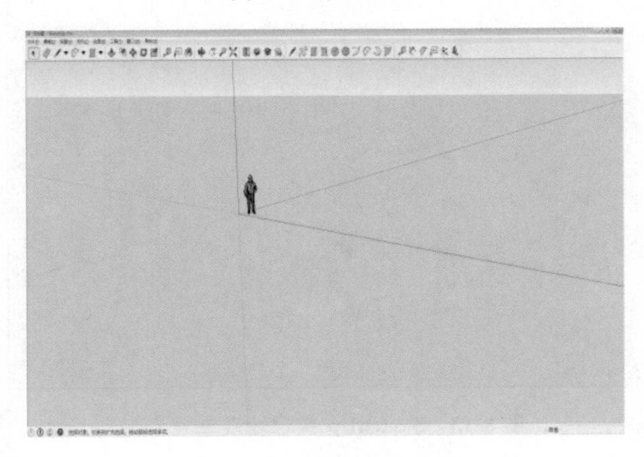

图 8-5　操作界面

（3）便捷简单的操作　SketchUp 所有功能都可以通过界面菜单与工具栏在操作界面完成，且操作功能和工具都在界面可视，同时其具有功能强大且操作简便的推拉工具，使用者能够在短时间内通过图形生成 3D 几何体，对于熟练使用者而言，就像拿着“电子铅笔”进行空间画面绘制一样（图 8-6，图 8-7）。

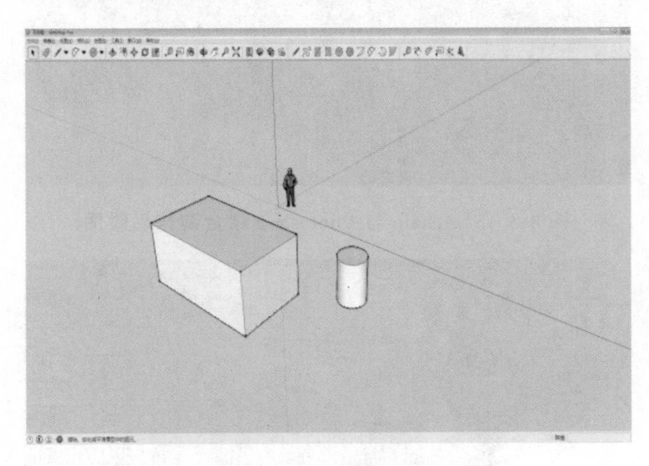

图 8-6　SketchUp 直接创建模型

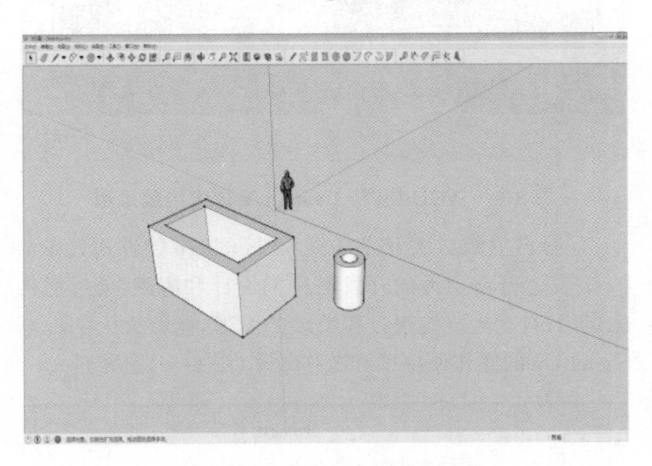

图 8-7　SketchUp 对模型的细化

（4）优越的兼容性　SketchUp 除了能精细地进行模型建立以外，还能够与 AutoCAD、Photoshop、3ds Max、Priranesi、Artlantis、V-Ray、Lumion 等软件完美结合使用，并能够与其他建模软件相互转换（图 8-8，图 8-9）；同时它能够产生或导出各种软件格式，例如：dwg、dxf、3ds、pdf、jpg、png、bmp、eps 等，能够实现方案构思、效果图、施工图等多方位应用，满足多个设计领域的需求。

图 8-8　SketchUp 与 Photoshop 结合制作鸟瞰图

图 8-9　SketchUp 与 Lumion 结合渲染效果图

(5)自主的二次开发功能　SketchUp 能够通过 Ruby 语言进行自主性的开发插件的设计和应用,通过插件的运用,自动生成构建过程繁琐的图形,能够大大的提高 SketchUp 的操作便捷度和工作效率(图 8-10,图 8-11)。

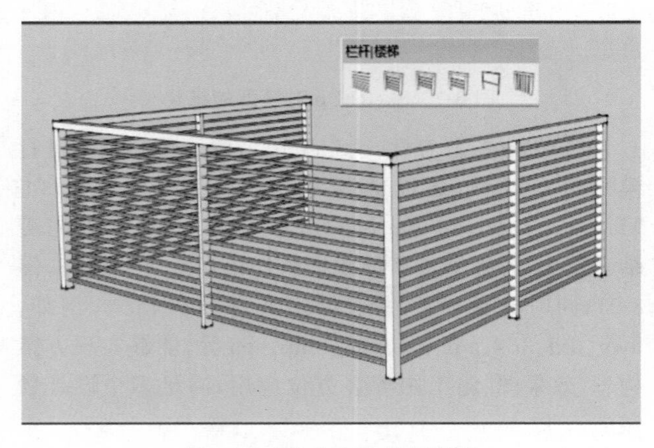

图 8-10　自动生成栏杆插件

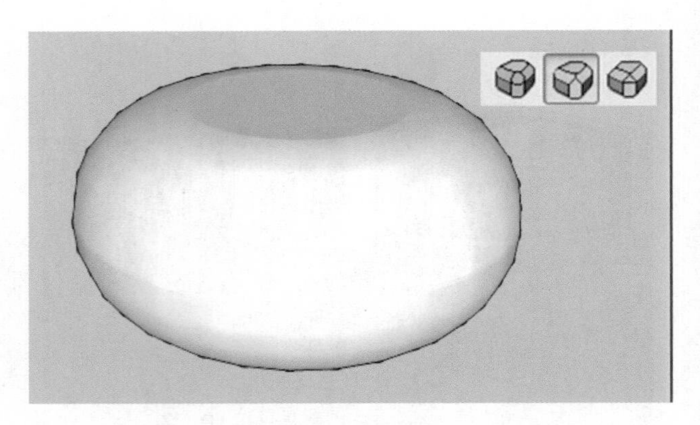

图 8-11　3D 圆角插件

(6)丰富的资源和广阔的适用范围　Google 设计 SketchUp 能与 Google Earth 结合使用,并建立了庞大的 3D 模型库,形成了一个庞大的分享平台,现在设计师们已经将 SketchUp 及其组件资源广泛应用于景观、室内、建筑等多个领域中(图 8-12,图 8-13)。

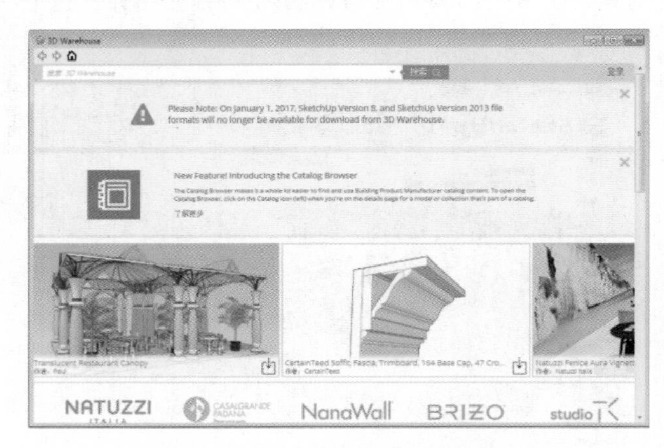

图 8-12　3D Warehouse 实现素材共享

图 8-13　SketchUp 实现地理位置添加

8.3　SketchUp 界面

SketchUp 的操作界面十分简洁，如图 8-14 所示，主要由启动界面、标题栏、菜单栏、工具栏、坐标轴、状态栏、数值输入框、绘图区构成。

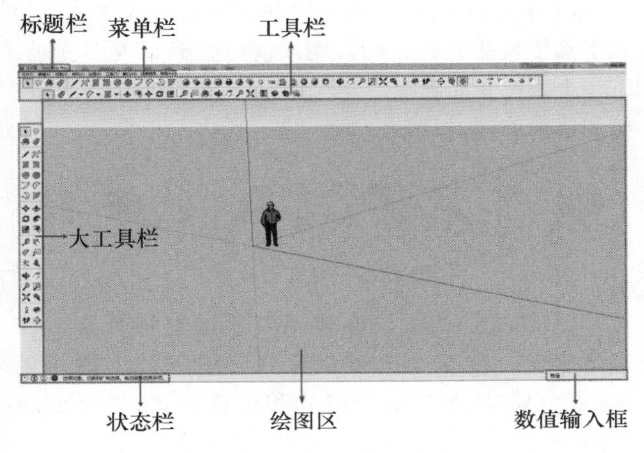

图 8-14　SketchUp 的界面

8.3.1　启动界面

双击桌面快捷方式即可进入启动界面，启动界面主要由【学习】、【许可证】和【模板】三部分组成，各部分通过点击能够展开。其中【学习】展开栏可以下载和分享 3D 模型、查找相关插件和查看 SketchUp 最新的操作技巧；【许可证】展开栏用于软件添加许可证、注册和授权使用，如图 8-15 所示；【模板】展开栏内可选择绘图所需要选择的模板，根据所需要绘制的图形类型选择适当的单位尺寸和背景风格，如图 8-16 所示。

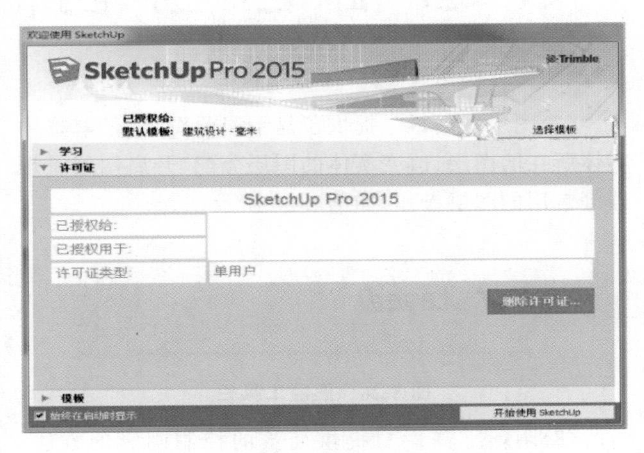

图 8-15　启动界面添加软件许可证

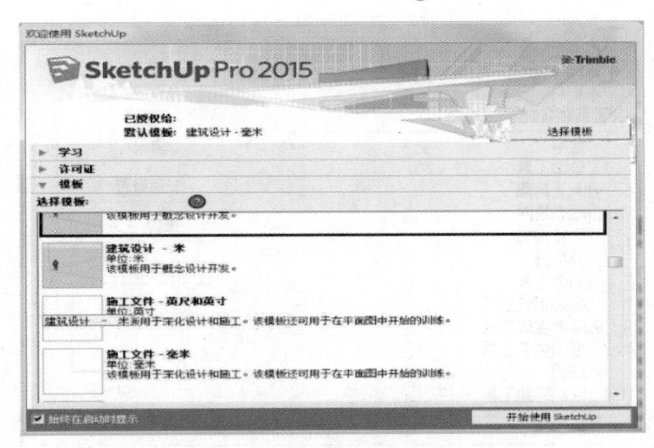

图 8-16　启动界面中选择单位尺寸

8.3.2　标题栏

标题栏的功能是显示图的名称，标题栏上显示的名称即为文件保存的文件名。未命名的情况下显示为“无标题”。

8.3.3　菜单栏

SketchUp 的菜单栏由【文件】、【编辑】、【视图】、【相机】、【绘图】、【工具】、【窗口】、【扩展程序】(需要在安装插件辅助以后才能显示)和【帮助】9 个主菜单所组成，如图 8-17 所示。每个菜单均可以点开相应的子菜单，在显示黑色三角形的部分还能进行次级主菜单的扩展。

文件(F)　编辑(E)　视图(V)　相机(C)　绘图(R)　工具(T)　窗口(W)　扩展程序　帮助(H)

图 8-17　SketchUp 菜单栏

8.3.4　工具栏

工具栏分为横向的入门使用工具栏和竖向的大工具集，其中默认的横向的入门使用工具栏包括常用的主要工具、添加位置和获取模型等按钮。使用者可通过【视图】|【工具栏】勾选或关闭某个工具栏，如图 8-18 所示；竖向大工具集需要在【视图】|【工具栏】中勾选【大工具集】才能显示，里面包括常用的绘图和视角调整工具，如图 8-19 所示。

(1)标准工具栏　标准工具栏主要是管理文件、打印和查看帮助。包括新建、打开、保存、剪切、复制、粘贴、删除、撤销、重做、打印和用户设置，如图 8-20 所示。

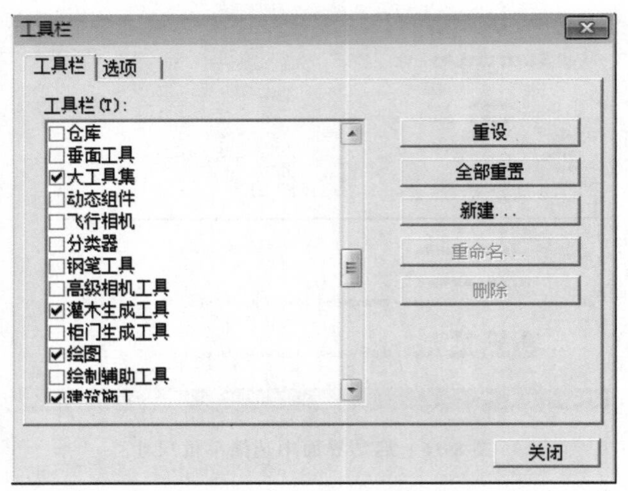

图 8-18　SketchUp 工具栏

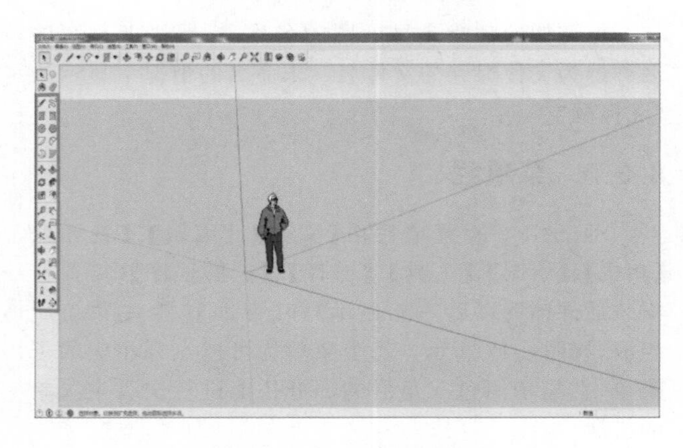

图 8-19　SketchUp 大工具集

图 8-20　标准工具栏

(2)编辑与常用工具栏　主要是对几何体进行编辑的工具。编辑工具栏包括移动复制、推拉、旋转工具、路径跟随、缩放和偏移复制。常用工具栏包括选择、制作组件、填充和删除工具，如图 8-21 所示。

图 8-21　编辑与常用工具栏

(3)绘图工具栏　进行绘图的基本工具。绘图工具栏包括矩形工具、直线工具、圆、圆弧、多边形工具和徒手画笔，如图 8-22 所示。

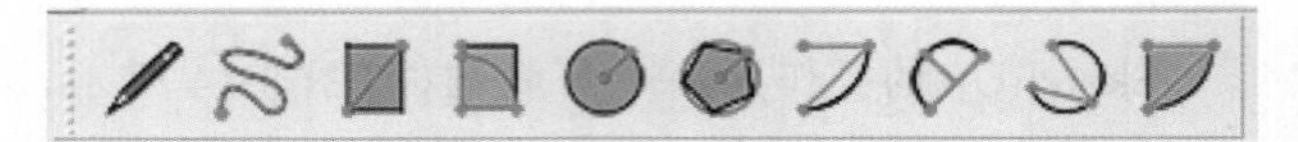

图 8-22　绘图工具栏

(4)相机工具栏　用于控制视图显示的工具。相机工具栏包括旋转、平移、缩放、框选、撤销视图变更、下一个视图和充满视图，漫游工具栏包括相机位置、漫游和绕轴旋转，如图 8-23 所示。

图 8-23　相机工具栏

(5)样式工具栏　样式工具栏控制场景显示的风格模式。包括 X 光透视模式、线框模式、消隐模式、着色模式、材质贴图模式和单色模式，如图 8-24 所示。

图 8-24　样式工具栏

(6)视图工具栏　切换到标准预设视图的快捷按钮。底视图没有包括在内，但可以从查看菜单中打开。此工具栏包括等角视图、顶视图、前视图、左视图、右视图和后视图，如图 8-25 所示。

图 8-25　视图工具栏

(7)图层工具栏　提供了显示当前图层、了解选中实体所在的图层、改变实体的图层分配、开启图层管理器等常用的图层操作，如图 8-26 所示。

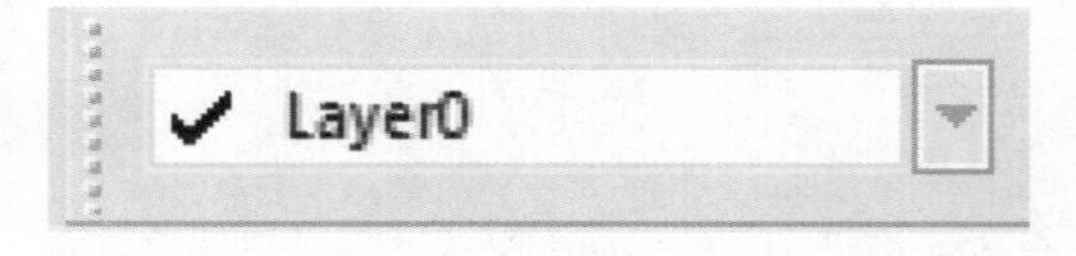

图 8-26　图层工具栏

(8)阴影工具栏　提供简洁的控制阴影的方法。

包括阴影对话框、阴影显示切换以及太阳光在不同日期和时间中的控制，如图 8-27 所示。

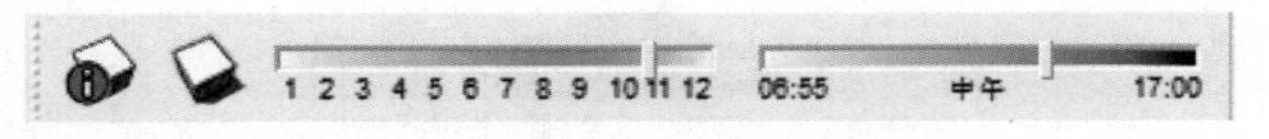

图 8-27　阴影工具栏

(9)截面工具栏　截面工具栏可以很方便地执行常用的剖面操作。包括添加剖面、显示或隐藏剖切和显示或隐藏剖面，如图 8-28 所示。

图 8-28　截面工具栏

(10)沙河工具栏　常用于地形方面的制作。包括等高线生成地形、网格生成地形、挤压、印贴、悬置、栅格细分和边线凹凸，如图 8-29 所示。

图 8-29　沙河工具栏

(11)动态组件　常用于制作动态互交组件方面。包括与动态组件互交、组件设置和组件属性，如图 8-30 所示。

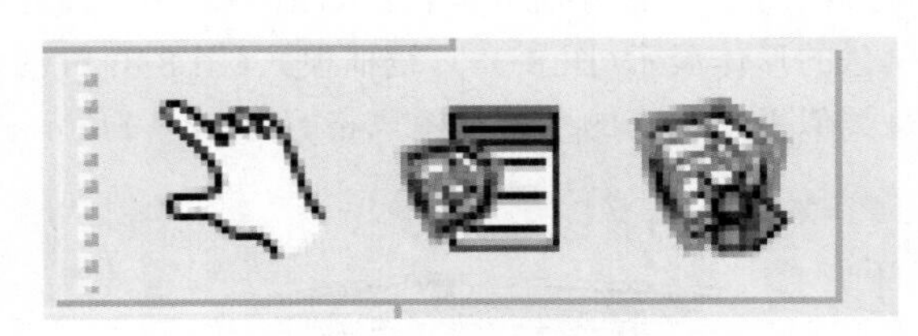

图 8-30　动态组件

8.3.5　绘图区

绘图区是占界面构成的大部分区域，是图形绘制、模型编辑和视图操作的主要区域。其中位于绘图区的正中间可以看到绘图坐标轴，其分为红色、绿色和蓝色三根轴线，彼此互相垂直，分别代表 X、Y 和 Z 轴(图 8-31)。操作者可根据绘图所在的轴面进行平面或者立面的操作。

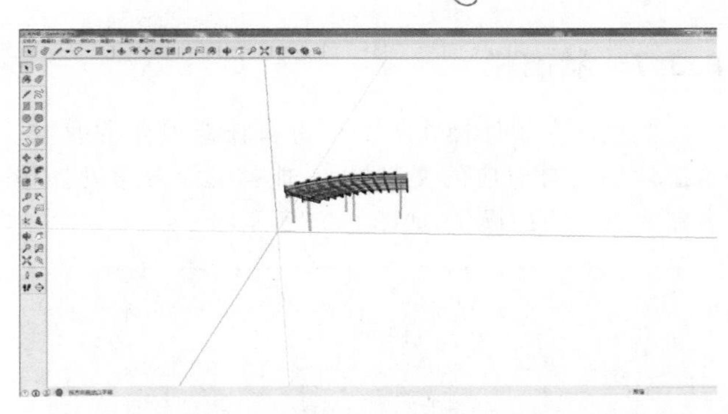

图 8-31　绘图区根据坐标轴进行图形处理

8.3.6　数值输入框

屏幕右下角的数值输入框可以根据当前的作图情况输入“长度”“距离”“角度”“个数”等相关数值，以起到精确建模之用。在精确创建模型的时候，可以通过在数值输入框中输入“长度”“半径”“角度”或者“个数”来达到所绘图形完全符合设计图形大小的要求。如图 8-32 所示，创建长方体，通过输入数值长度 2 200 mm，宽度 1 600 mm，拉出高度 3 200 mm 来创建一个指定大小的长方体，如图 8-33 所示。

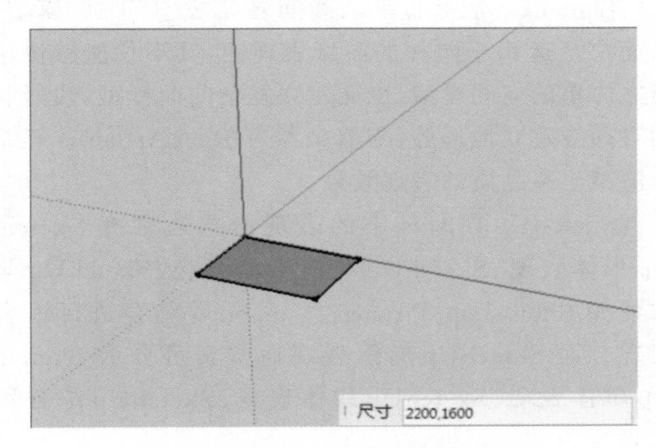

图 8-32　数值输入框中输入长宽数值

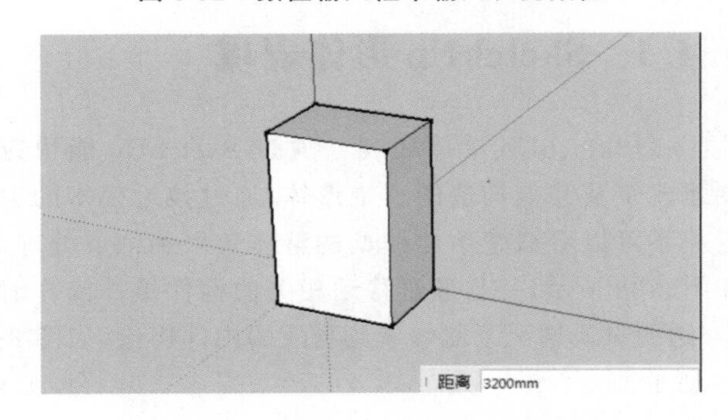

图 8-33　数值输入框中输入高的数值

8.3.7 状态栏

当光标在软件操作界面上进行任意操作的时候，状态栏中会有对应的文字提示，能够提示并帮助操作者完成下一步的操作，如图 8-34 所示。

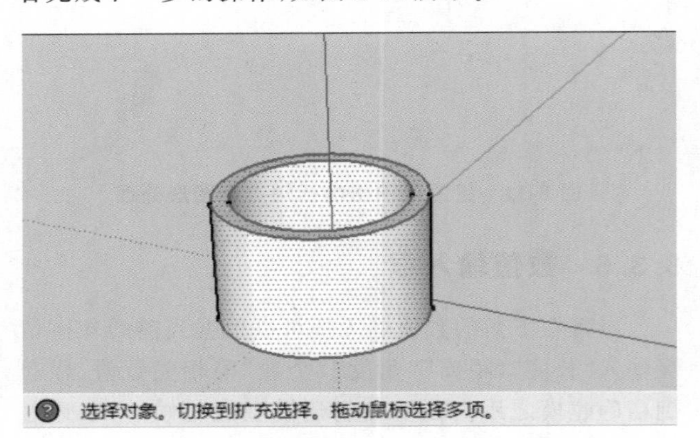

图 8-34 状态栏内的操作提示

8.4 SketchUp 园林表现

SketchUp 能够将平面线面转化成空间 3D 模型，从而广泛运用于园林的图纸表现中，其不仅能够快速建立简单的空间模型，也能建立复杂曲面模型，快速利用等高线建立地形等，与渲染器 V-Ray、Artlantis 等结合渲染出高品质的表现效果。

SketchUp 在园林中的表现形式通常有 SketchUp 形体表现、SketchUp 与渲染器结合、SketchUp 与软件如 Photoshop、Piranesi、Lumion 等结合进行综合表现。而 SketchUp 形体表现通常又可分为 SketchUp 单体表现、SketchUp 线体表现、SketchUp 综合形体表现。

8.4.1 SketchUp 形体表现

(1)SketchUp 单体表现　通过 SketchUp 能快速创建建筑及其他构造的三维形体，通过拉近模型的远近关系可以看清楚单体模型的整体效果和细节处理，如图 8-35 所示，并且通过移动相关的构件组件或在渲染/透明材质情况下能够看到材质的内部构造，如图 8-36 所示。

图 8-35 SketchUp 建筑单体整体效果

图 8-36 SketchUp 透明材质下能看到内部构成

(2)SketchUp 线体表现　SketchUp 能够通过线体的选择来表达不同风格的效果，表达形式可以是具有材质贴图接近现实的形体表达如图 8-37 所示，可以是单色的形体展示(图 8-38)，线框模式(图 8-39)，也可以是类似手绘线稿的手绘草图风格，如图 8-40 所示。

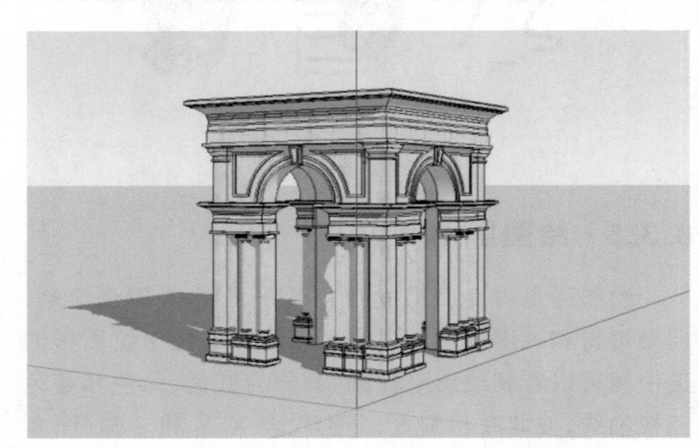

图 8-37 具有材质贴图的廊亭

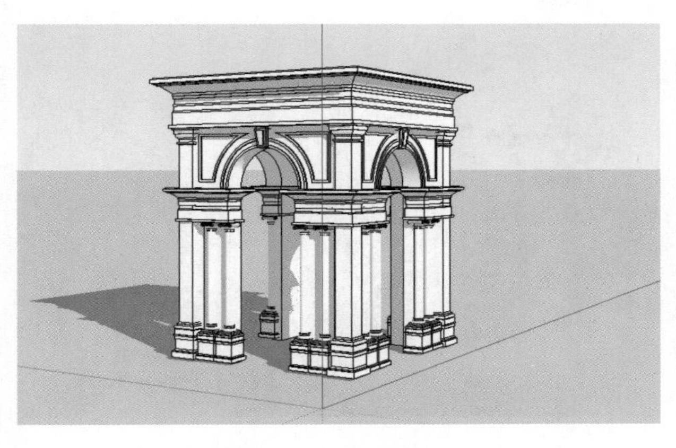

图 8-38　单色模式

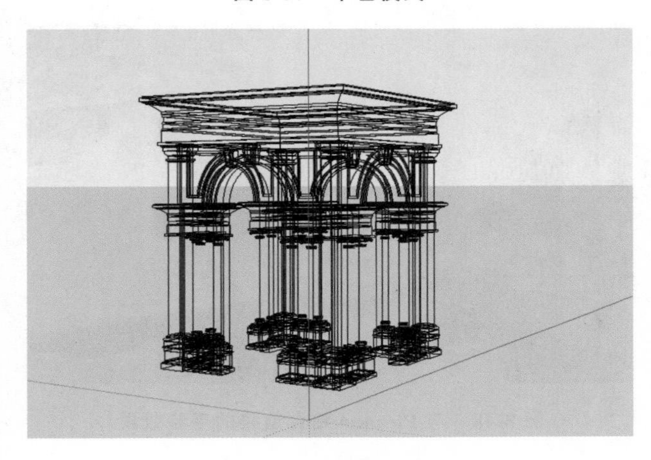

图 8-39　线框模式

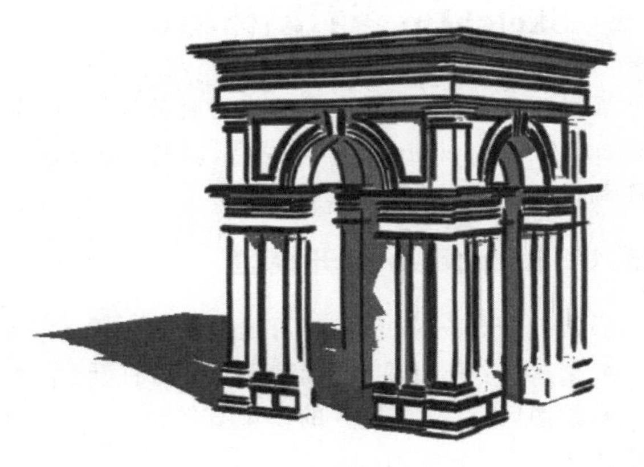

图 8-40　手绘草图风格

（3）SketchUp 综合形体表现　SketchUp 的形体表达十分多样，功能使用也极为方便简洁，可以用于平面图（图 8-41）来观察整体布局、用于剖立面图观察内部构造（图 8-42）、通过透视图形式观察人视效果（图 8-43）、也可以通过鸟瞰图来查看整体效果（图 8-44）。

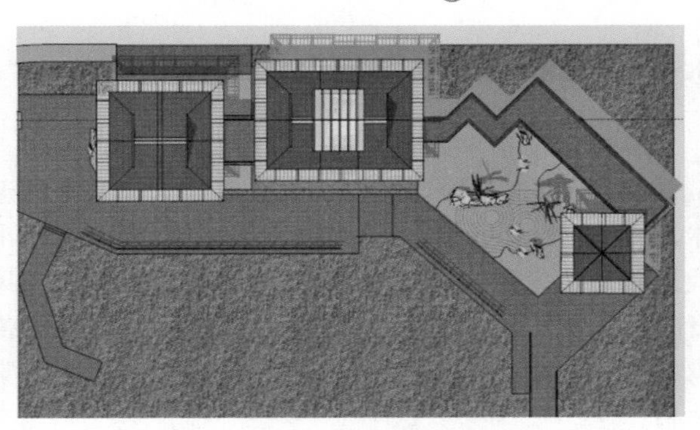

图 8-41　SketchUp 的平面图表达效果

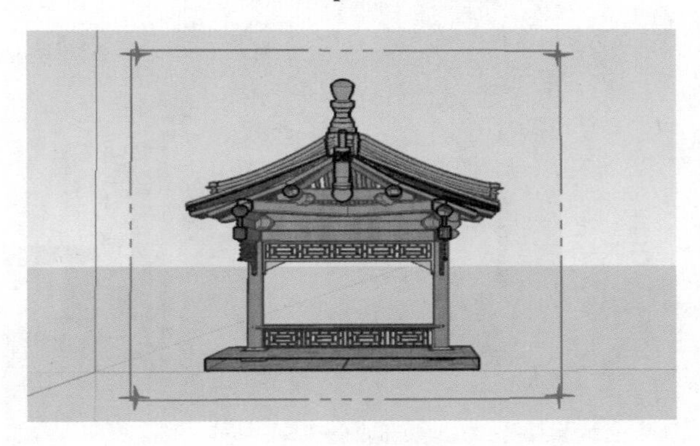

图 8-42　SketchUp 的剖立面图表达效果

图 8-43　SketchUp 的透视图表达效果

图 8-44　SketchUp 的鸟瞰图表达效果

8.4.2 SketchUp 与渲染器结合

SketchUp 能够与多种渲染软件如 V-Ray、Artlantis、Lumion 等相结合，通过 SketchUp 建立起基本的形体，通过渲染器的设置或渲染软件的渲染，能够制作出既具备高精度构筑图纸要求、同时具有鲜明色彩和风格的表现效果。如图 8-45 是 SketchUp 结合 V-Ray 渲染效果，如图 8-46 是 SketchUp 结合 Lumion 渲染效果。

图 8-45 V-Ray 初步渲染效果

图 8-46 Lumion 渲染效果

8.4.3 SketchUp 与 Photoshop，Piranesi 结合

SketchUp 能够与 Photoshop，Piranesi 等绘制出精美、带有艺术感的画面，如图 8-47 和图 8-48 所示。

图 8-47 Photoshop 的后期处理

图 8-48 与 Piranesi 结合渲染的手绘效果

8.5 SketchUp 查看园林场景

要做到在 SketchUp 中准确查看园林场景，首先要掌握如何在 SketchUp 中打开模型，以及 SketchUp 的视图和选择操作。

8.5.1 SketchUp 打开模型

通常打开 SketchUp 模型可通过两种方式。

◆ 菜单栏：单击【文件】选项卡，执行【打开】命令；

◆ 绘图区：将需要打开的模型直接拖入 SketchUp 的绘图区。

★实例 8-1 演示：在 SketchUp 中打开模型实例 8-1. skp"

①在链接网址中 SU 素材文件—第 8 章中找到所要打开的模型"实例 8-1. skp"。

②在 SketchUp 的【文件】中执行【打开】命令，会弹出如图 8-49 所示的对话框。在弹出的对话

框中选择文件:“实例 8-1. skp”,找到相应的文件,单击【打开】,即可打开模型,如图 8-50 所示。

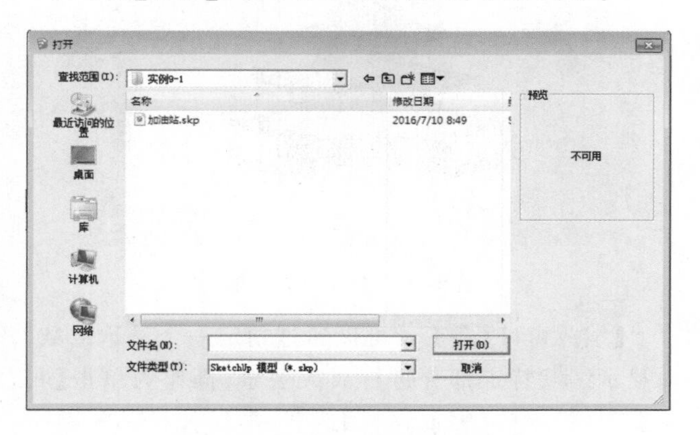

图 8-49　通过文件执行打开命令

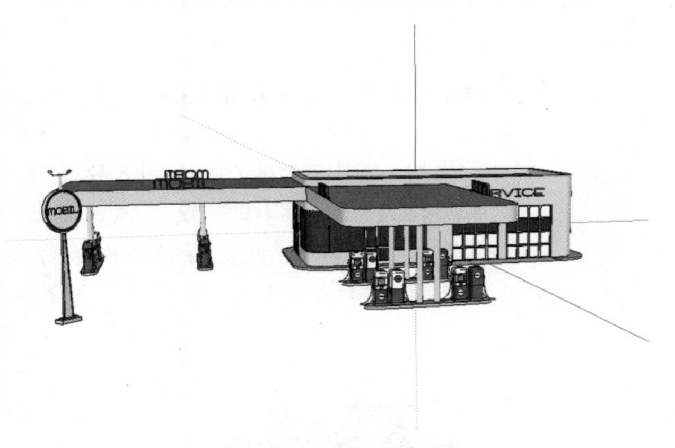

图 8-50　打开后的模型

8.5.2　SketchUp 视图操作

视图工具是指使用 SketchUp 进行场景查看时,需要通过视图切换、场景缩放、旋转、平移等操作,以便于从各个角度全方位地观察模型细节。

(1)视图视点转换　SketchUp 中切换视图主要是通过【视图】中的 6 个视图按钮进行快速的切换,包括【等轴视图】、【顶视图】、【底视图】、【前视图】、【后视图】、【右视图】和【左视图】7 个视角。也可以通过【相机】中的【标准视图】的扩展项目进行选择切换。

★实例 8-2 演示:视图转换

在 SketchUp 中打开链接网址中 SU 素材文件—第 8 章“实例 8-2. skp”素材文件,如图 8-51 所示。单击【视图】,选择左视图,如图 8-52 所示。

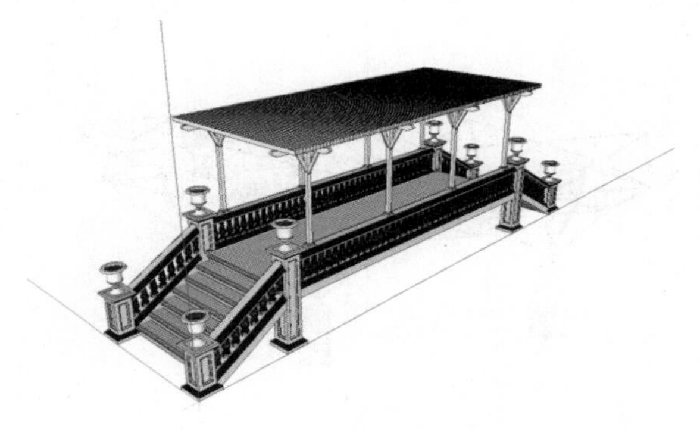

图 8-51　打开素材文件

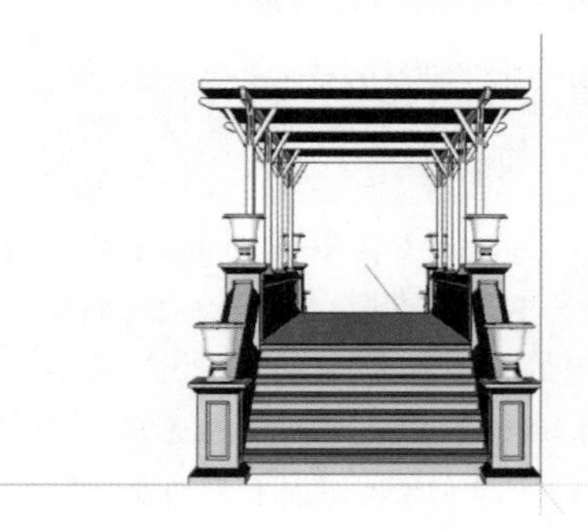

图 8-52　选择左视图

(2)环绕观察视图　环绕观察视图是可以通过在视图中旋转镜头,达到全方位观察视图各个角度的效果,可通过单击【相机】的【环绕观察】按钮,再通过按住鼠标左键拖动进行镜头的旋转。

★实例 8-3 演示:环绕视图

①在 SketchUp 中打开链接网址中 SU 素材文件—第 8 章“实例 8-3. skp”素材文件,如图 8-53 所示。

②单击【相机】的【环绕观察】按钮。

③按住鼠标左键拖动进行镜头的旋转,如图 8-54 所示。

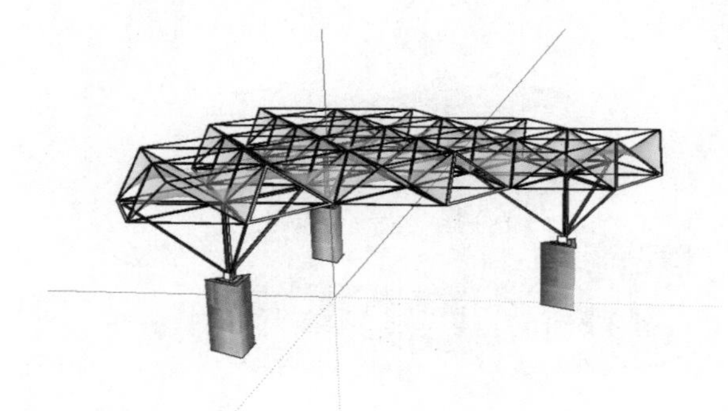

图 8-53　打开素材文件

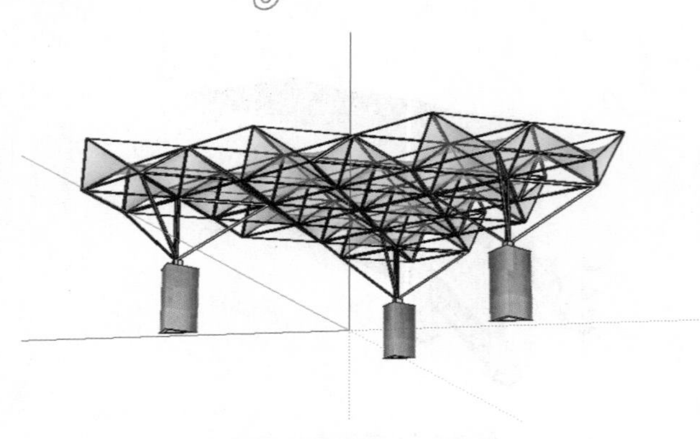

图 8-54　进行镜头旋转

提示：按住鼠标滚轮不放，拖动鼠标，也可进行环绕观察进行镜头旋转。

(3)视图缩放　SketchUp 中视图的缩放是通过对模型进行放大或缩小来控制与所观察形体的远近关系，从而进行整体效果和局部效果的对比观察。缩放工具的类别分为【缩放】、【缩放窗口】、【缩放范围】和【背景充满视窗】工具，均是通过从【相机】工具栏里进行选择。

【缩放工具】用于调节模型在视图中的大小。

★实例 8-4 演示：【缩放】工具的应用

①在 SketchUp 中打开链接网址中 SU 素材文件—第 8 章"实例 8-4. skp"素材文件，如图 8-55 所示。

②单击【相机】的【缩放】按钮。

③按住鼠标左键不放，向上移动即可放大靠近模型，向下移动则可以缩小远离模型，如图 8-56 所示。

图 8-55　打开素材文件

图 8-56　进行视图缩放

【缩放窗口】工具可以通过划定一个显示区域，对显示区域特定部分进行放大观察，操作为单击【相机】工具栏中的【缩放窗口】按钮，按住鼠标左键不放，在模型的窗口拖动划出一个特定区域，从而对特定区域进行缩放。

★实例 8-5 演示：【缩放窗口】工具应用

①在 SketchUp 中打开链接网址中 SU 素材文件—第 8 章"实例 8-5. skp"素材文件，如图 8-57 所示。

②单击【相机】的【缩放】按钮。

③按住鼠标左键不放，模型的窗口拖动划出一个特定区域，从而对特定区域进行缩放，如图 8-58 所示。

图 8-57　打开素材文件

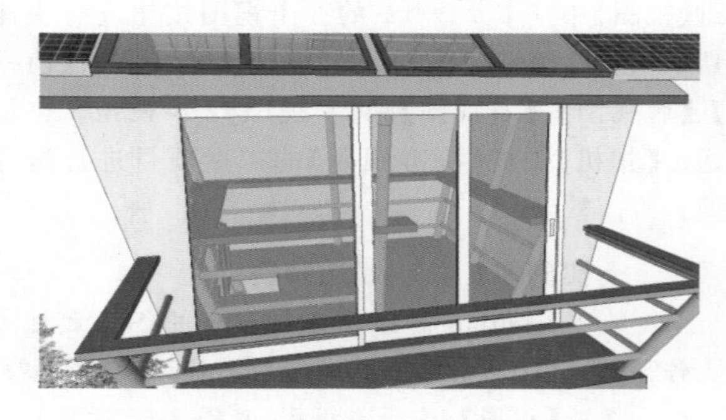

图 8-58　进行特定区域的视图缩放

【缩放范围】工具指当视图模型可见部分过大或过小的时候，迅速将场景的所有模型以屏幕的中心为中心进行最大化显示的工具。

★实例 8-6 演示：【缩放范围】工具应用

①在 SketchUp 中打开链接网址中 SU 素材文件—第 8 章"实例 8-6. skp"素材文件，素材显示占据屏幕空间过大，如图 8-59 所示。

②单击【相机】的【缩放范围】按钮，可完成充满视图操作，如图 8-60 所示。

图 8-59 素材文件显示过大

图 8-60 完成充满视图操作

(4)视图平移 【平移】工具是指在保持主视图内模型显示大小比例不变的情况，整体拖动视图进行方向的调整，以观察未在当前视图中显示的模型，在视图中显示有抓手的图标后，用鼠标左键拖动即可进行视图的平移操作。操作方法主要有以下 3 种：

- 工具栏：单击【相机】选项卡中的【平移】按钮。
- 大工具集：单击图标。
- 使用快捷键【H】。

★实例 8-7 演示：平移视图

①在 SketchUp 中打开链接网址中 SU 素材文件—第 8 章"实例 8-7. skp"素材文件，图中有较大部分未能显示，如图 8-61 所示。

②单击键盘【H】键。

③待鼠标出现时，用鼠标左键向右拖动，即可看到左边未能在屏幕显示的模型，如图 8-62 所示。

图 8-61 素材左边部分未能在屏幕显示

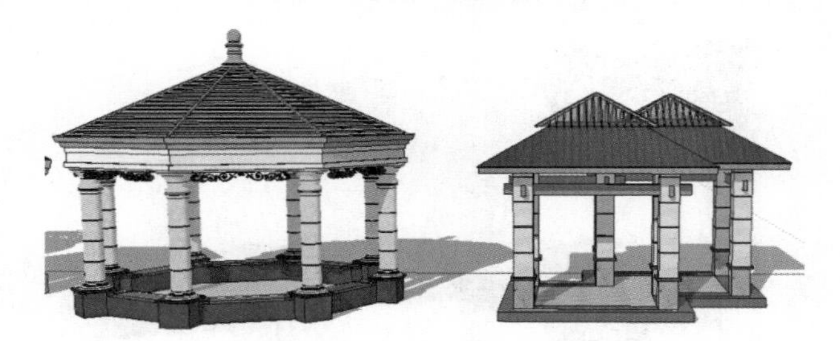

图 8-62 平移视图

(5)视角保存 当选择好理想的视角后，可以将视角存为场景，在需要的时候只需要选择场景编号，就可以选择之前保存的视角。可单击【视图】中的【动画】，选择【添加场景】，为便于区分，可为场景编号，需要的时候只需要在标题栏上单击选择场景编号即可完成操作。

★实例 8-8 演示：保存视图

①在 SketchUp 中打开链接网址中 SU 素材文件—第 8 章"实例 8-8. skp"素材文件，选择好理想的观察视角，如图 8-63 所示。

②单击【视图】中的【动画】，选择【添加场景】，场景默认编号为【场景号 1】，如图 8-64 所示。

③平移场景到任意视图，如图 8-65 所示。

④鼠标单击【场景号 1】，即可返回之前保存的视角，如图 8-66 所示。

图 8-63　打开素材选好视角

图 8-64　添加场景

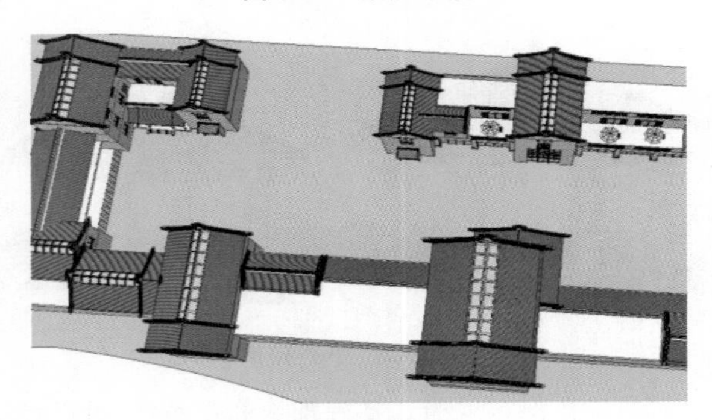

图 8-65　随意调整视角

图 8-66　返回保存的视角

(6)撤销、返回视图工具　视图操作出现错误的时候,可通过单击【相机】工具栏中的【上一个】即可撤销上一个缩放操作,而与之对应的单击【相机】工具栏中的【下一个】则可以撤销当前返回的操作。

★实例 8-9 演示:撤销、返回视图

①在 SketchUp 中打开链接网址中 SU 素材文件—第 8 章“实例 8-9.skp”素材文件,如图 8-67 所示。

②通过滚轮缩小视图,如图 8-68 所示。

③单击【相机】工具栏中的【上一个】即可撤销缩小命令,如图 8-69 所示。

④单击【相机】工具栏中的【下一个】即可返回撤销命令之前的视图,如图 8-70 所示。

图 8-67　打开素材文件

图 8-68　缩小视图

图 8-69　撤销缩小视图

图 8-70　返回撤销前的视图

8.5.3　SketchUp 选择操作

【选择】工具，用于配合其他工具和命令使用。在 SketchUp 的操作中，模型的深化制作和修改是以选择正确的模型部件作为前提，因此能否快速、准确地选择目标对象，较大地影响了 SketchUp 操作的效率。选择工具可以选单个模型或者多个模型。SketchUp 常用的选择方式包括【一般选择】、【对象多选】和【扩展选择】。

【一般选择】SketchUp 选择命令是通过单击工具栏中的按钮，或通过键盘快捷键空白键进行激活。

★实例 8-10 演示：选择模型中的某个对象

①在 SketchUp 中打开链接网址中 SU 素材文件—第 8 章"实例 8-10. skp"素材文件，如图 8-71 所示。

②单击工具栏中的按钮，或通过键盘快捷键【空白键】激活选择功能，当鼠标光标变成状态时，表示可进行选择操作。

③执行选择命令选择任意的区域，被选中的区域会变成蓝色，并带来选择范围的边框，用于区别未选中区域，如图 8-72 所示。

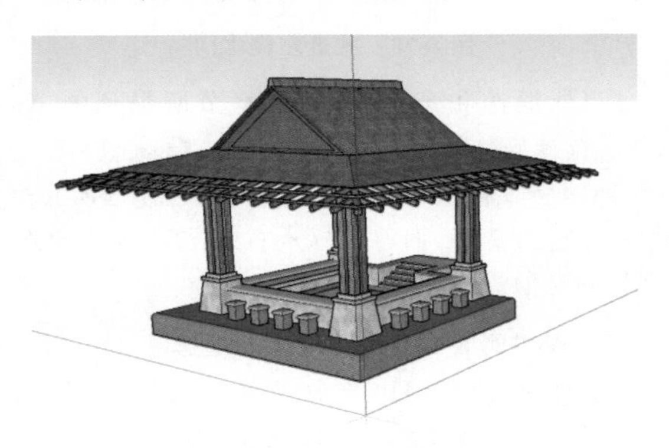

图 8-71　打开素材

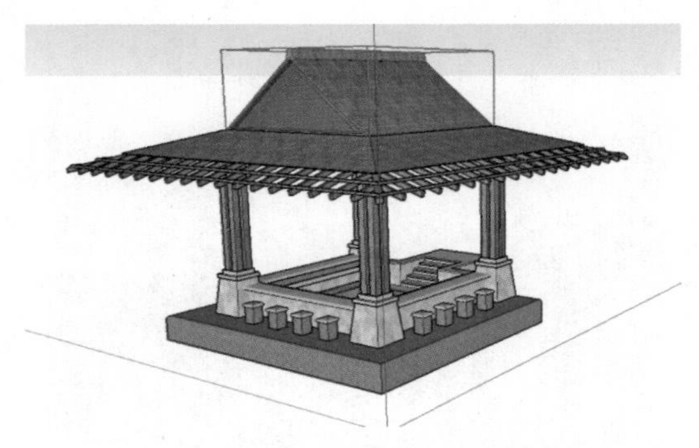

图 8-72　单击亭子顶部组件

提示：SketchUp 中能选择的最小单位是"线"，其次分别是"面"和"组件"。对于"组件"而言，无法直接选择到"线"或"面"，需要通过选择工具选择"组件"后执行右键快捷菜单的"分解"命令，如图 8-73 所示，将"组件"分解成线和面，才能依次进行选择。如图 8-74 和图 8-75 所示。

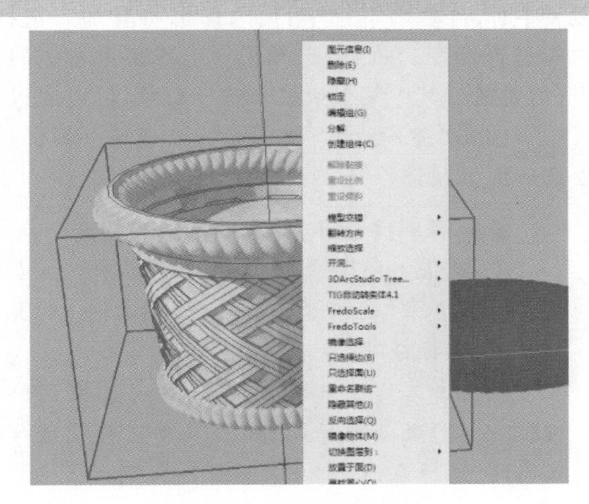

图 8-73　分解素材模型

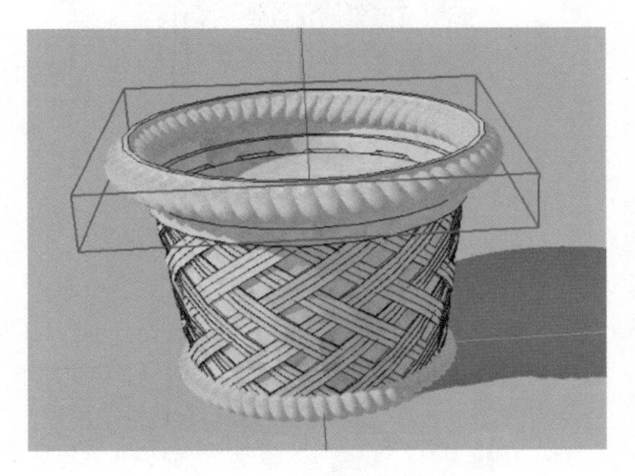

图 8-74　选择模型的面

图 8-75　选择模型的线

【对象多选】SketchUp 能够实现目标的多选，主要是通过目标的加选和减选来实现。当执行选择命令，在已经选择了一个或多个目标的情况下，还要继续增加选择对象，可以通过按住“Ctrl”键不放，当鼠标光标变成时，再单击下一个目标，即可将其加入选择。当执行选择命令，在已经选择了一个或多个目标的情况下，需要减少其中某个或多个选择对象，可以通过按住“Ctrl＋Shift”键不放，当鼠标光标变成时，即可将误选的部分减选。

★实例 8-11 演示：对象的加选和减选

①在 SketchUp 中打开链接网址中 SU 素材文件—第 8 章“实例 8-11. skp”素材文件，单击鼠标右键，选择分解。

②单击工具栏中的按钮，或通过键盘快捷键【空白键】激活选择功能，当鼠标光标变成状态时，选择左侧的木门，如图 8-76 所示。

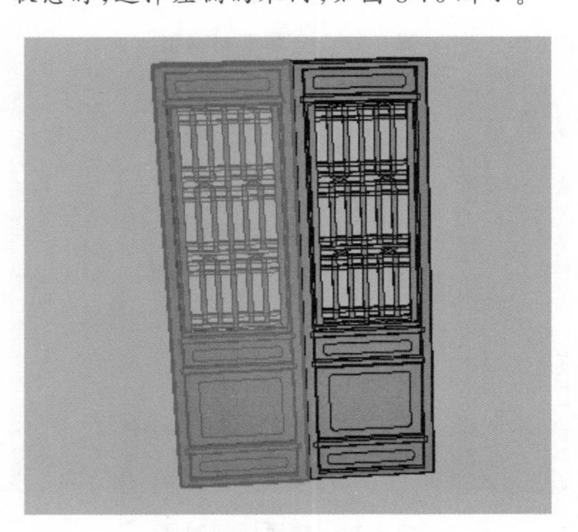

图 8-76　选择左侧木门

③按住【Ctrl】键不放，单击右侧木门，实现木门的加选，如图 8-77 所示。

④按住【Ctrl＋Shift】键不放，单击已选定的左侧木门，可以实现木门的减选，如图 8-78 所示。

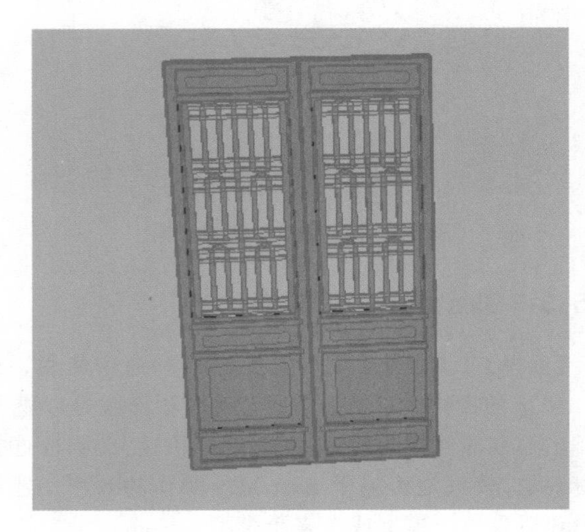

图 8-77　加选右侧木门

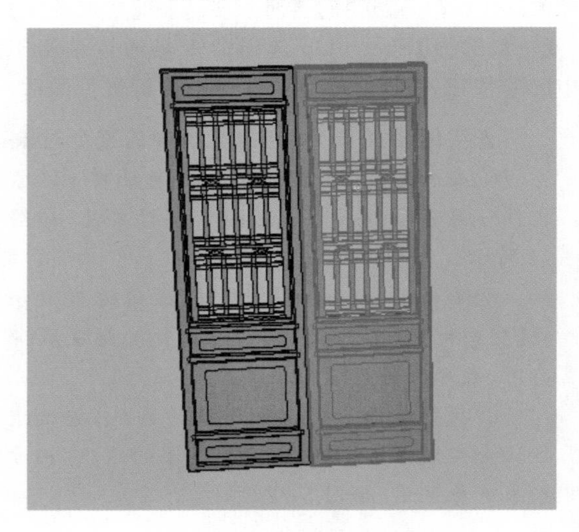

图 8-78　减选左侧木门

【目标框选和叉选】与前面章节所提到的 AutoCAD 的选择操作类似，SketchUp 具有【框选】和【叉选】功能，通过将鼠标从左向右划，可将该选择框所完全包围的对象进行选择，而将鼠标从右向左划，可将该选择框交叉的对象进行选择。

★实例 8-12 演示：对象的框选

①在 SketchUp 中打开链接网址中 SU 素材文件—第 8 章“实例 8-12. skp”素材文件，单击鼠

标右键，选择分解。

②单击工具栏中的按钮，或通过键盘快捷键【空白键】激活选择功能，当鼠标光标变成状态时，按住鼠标左键拖动出选框，拖动的顺序为从左至右，如图 8-79 所示，被选择框完全包围的区域变成蓝色，成为了选区，如图 8-80 所示。

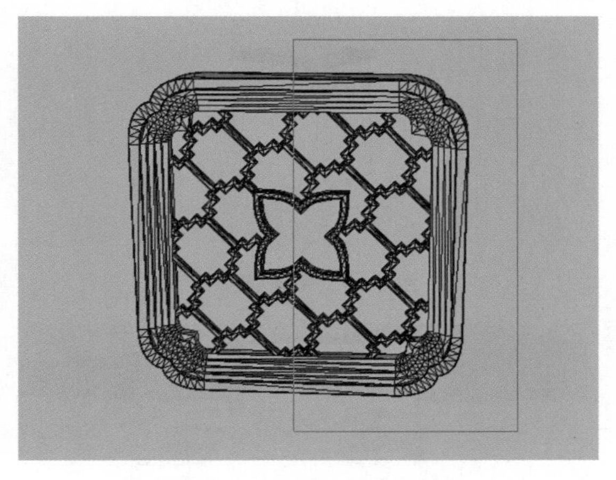

图 8-79　划定框选范围

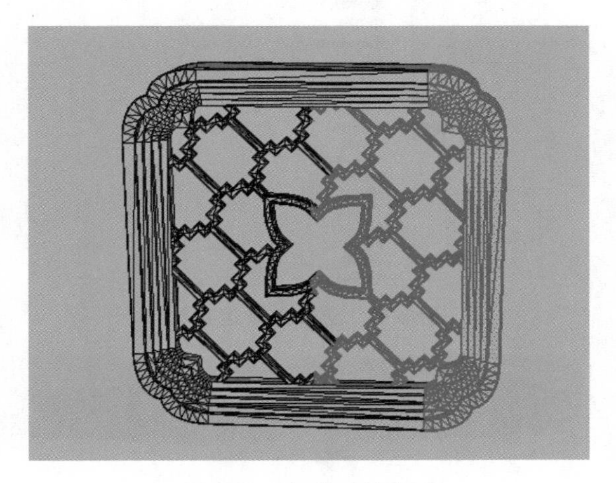

图 8-80　框选后的效果

★实例 8-13 演示：对象的叉选

①在 SketchUp 中打开链接网址中 SU 素材文件—第 8 章“实例 8-13. skp”素材文件，单击鼠标右键，选择分解。

②单击工具栏中的按钮，或通过键盘快捷键【空白键】激活选择功能，当鼠标光标变成状态时，按住鼠标左键拖动出选框，拖动的顺序为从右至左，如图 8-81 所示，与选框线交叉的部分都变成蓝色，成为了选区，如图 8-82 所示。

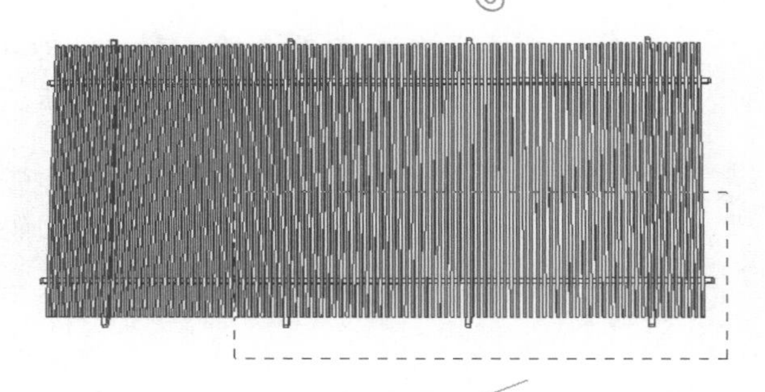

图 8-81　划定叉选范围

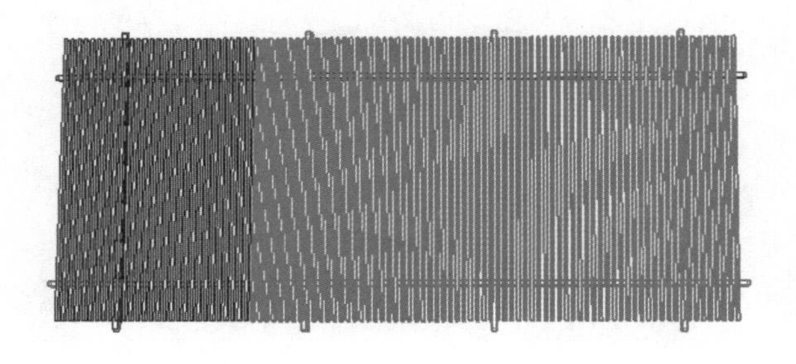

图 8-82　叉选后的效果

提示：1. 只按住“Shift”键不放，单击当前已选择的对象则会自动减选，单击当前未选择的区域，则可实现自动加选，可轻松实现加选和减选。

2. 选择完成后，单击视图区域任意空白区域，则可取消当前的所有选择。

3. 通过按住 Ctrl＋A，可将场景内所有的对象进行选择。

【扩展选择】SketchUp 的选择中能够实现逐级选择功能，最小的选择单位是“线”，其次是“面”。我们可以通过扩展选择，从而快速进行关联的面或线的选择。以“面”为例，单击某个面，则会选择该个面，双击某个面，则该面上的线也会被同时选择，三击某个面，则与这个面相关的其他面与线都会被选择。

★实例 8-14 演示：对象的叉选

①在 SketchUp 中打开链接网址中 SU 素材文件—第 8 章“实例 8-14. skp”素材文件，单击鼠标右键，选择分解。

②单击工具栏中的按钮，或通过键盘快捷键【空白键】激活选择功能，当鼠标光标变成状态时，单击其中的某个面，该面被单独选择，如图 8-83 所示；双击同一个面，则与该面关联的线也被

选择上，如图 8-84 所示；鼠标左键三击，则与这个相关的其他面与线也被选择上，如图 8-85 所示。

提示：如果要快速选择某个面的面或线，可以通过在选择对象上单击鼠标右键，从弹出的快捷菜单“选择”中选取所需的线或面。如图 8-86、图 8-87 和图 8-88 所示。

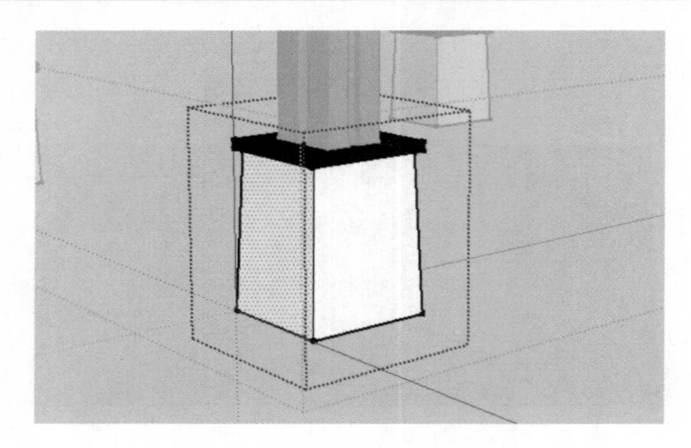

图 8-83　单击选择面

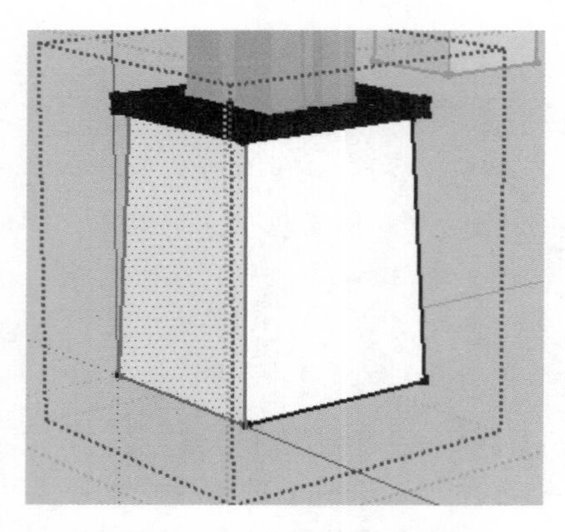

图 8-84　双击选择面与关联线边

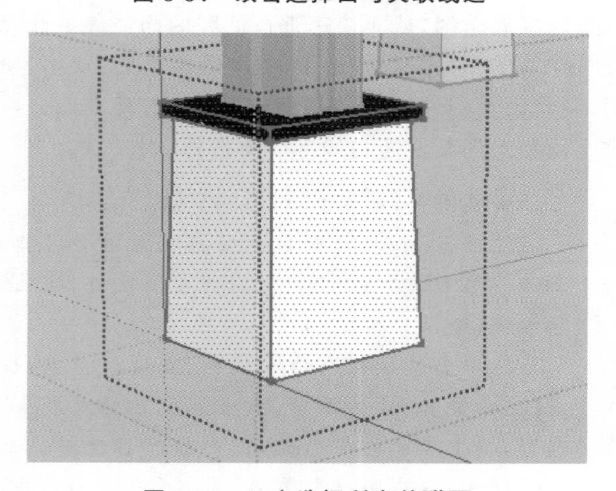

图 8-85　三击选择所有关联面

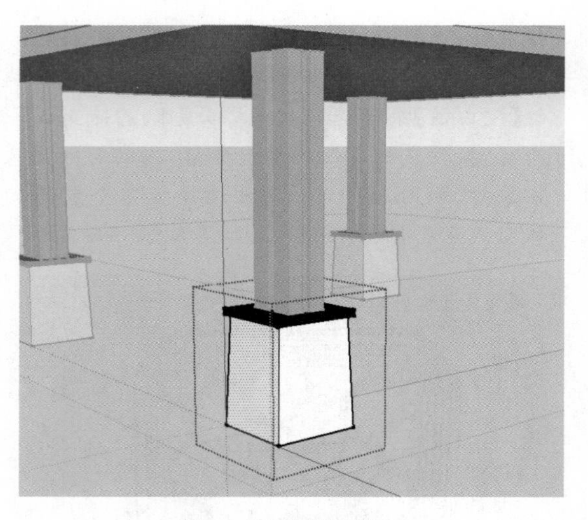

图 8-86　单击选择面

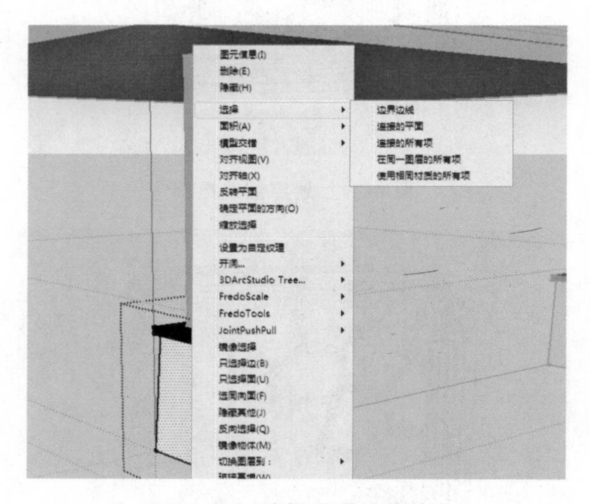

图 8-87　选择关联边菜单

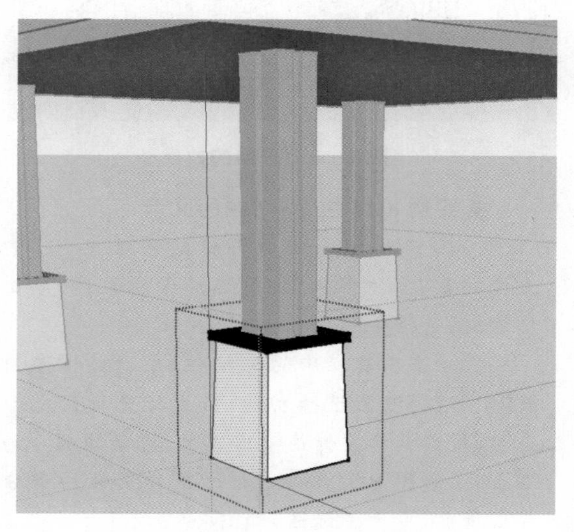

图 8-88　选中对应的关联边

8.5.4　SketchUp 视图的导出

将视图导出通常需要经过添加场景页面和导出图形两个步骤。

◆ 添加场景　通常在选择的场景中选择若干个场景页面,方便浏览观看。

◆ 导出图形　将场景所选择的视图以图片格式输出。

★实例 8-15 演示:场景添加及导出

①在 SketchUp 中打开链接网址中 SU 素材文件—第 8 章"实例 8-15. skp"素材文件,如图 8-89 所示。

②在【窗口】栏选择【场景】,如图 8-90 所示,单击⊕按钮,创建场景 1,如图 8-91 所示。也可通过前面提到的【视图】/【动画】选择【添加场景】。

③选择【文件】/【导出】命令,选择【导出二维图形】,如图 8-92 所示。

④单击【选项】按钮,设置输出尺寸大小,如图 8-93 所示。

⑤选择保存的路径,点击【导出】,即可将所需的场景图导出,如图 8-94 所示。

提示: 设置输出尺寸大小的时候,需要关闭【使用视图大小】,并在下面的宽度和高度输入框中输入一定像素大小的数值,输入的像素越高,导出的图纸清晰度越高。

图 8-89　打开场景

图 8-90　打开场景命令

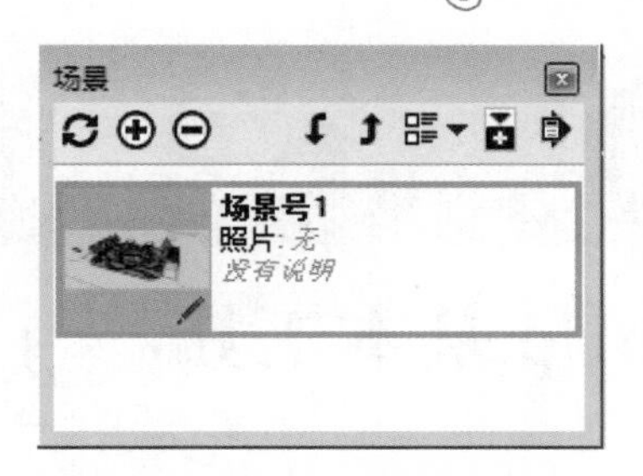

图 8-91　添加场景

图 8-92　导出二维图形

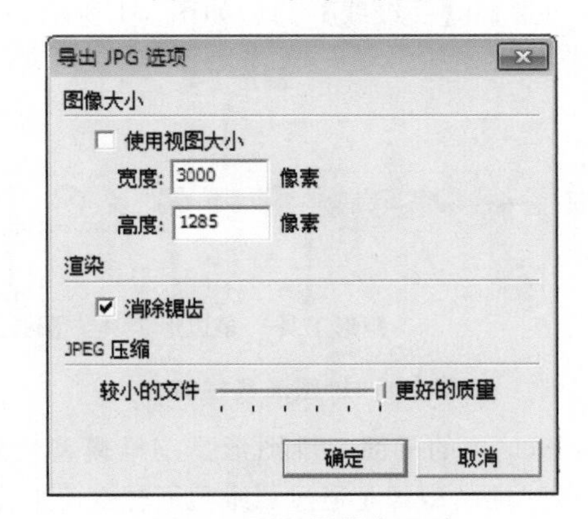

图 8-93　设置输出尺寸

图 8-94　导出场景的成图

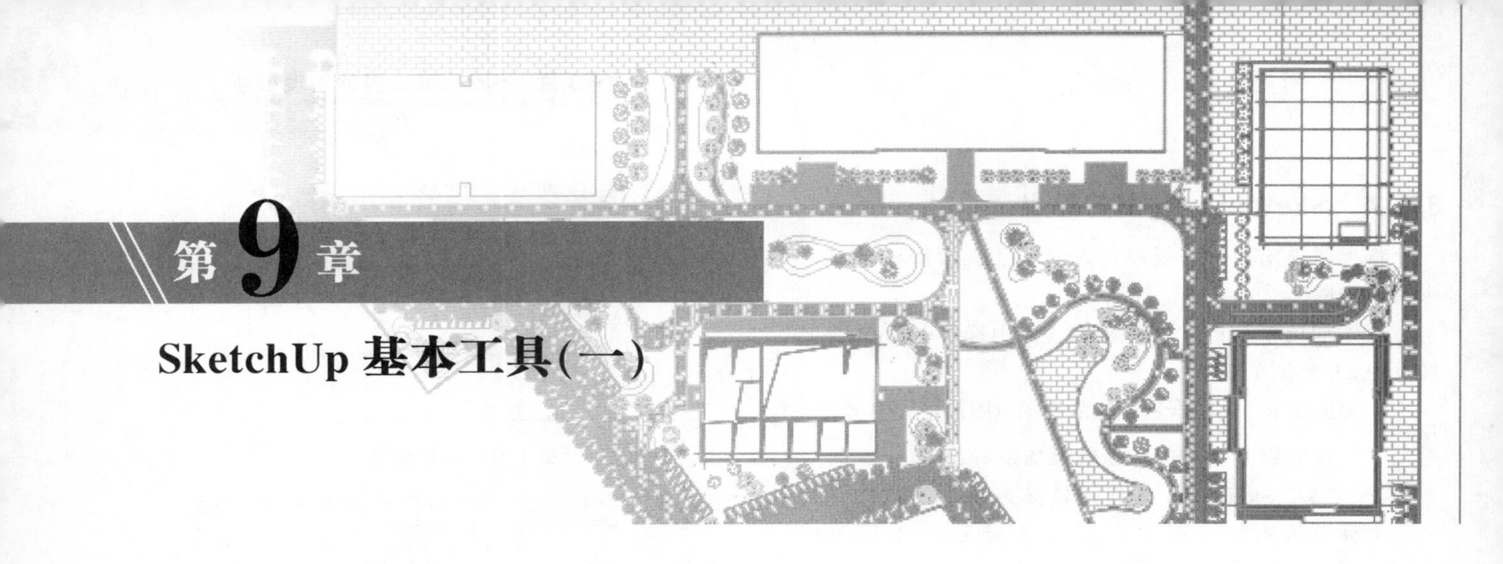

第9章 SketchUp 基本工具(一)

9.1 绘图工具栏

SketchUp 中【绘图】工具栏的主要功能是提供绘图常用的基本工具，包含了【矩形】、【直线】、【圆】、【圆弧】、【多边形】和【手绘线】工具，如图 9-1 所示。

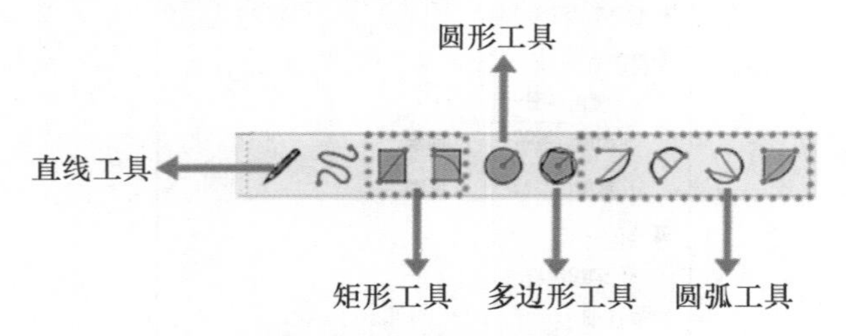

图 9-1 绘图工具栏简介

SketchUp 中的平面二维图形是三维模型建立的基础，所有的三维模型都是通过二维图形转变而来，因此绘制精美的二维图形是建立好三维模型的前提。接下来便是对于【绘图】工具栏中各二维工具的方法与技巧的学习。

9.1.1 直线工具

在 SketchUp 中，“线”是模型的最小构成元素。【直线】工具的功能十分多样，既能用直线工具绘制直线和封闭的面，又能够通过尺寸、坐标点进行精确绘制，还能够拆分表面或复原已删除的表面，同时直线工具还具有十分强大的捕捉和追踪能力。【直线】工具的打开方式可通过：

- 工具栏：单击【绘图】工具栏中的按钮。
- 菜单栏：执行【绘图】|【直线】|【直线】菜单命令。
- 快捷键：通过快捷键【L】进行启动。

★实例 9-1 演示：绘制精确直线

①启动 SketchUp，单击键盘快捷键【L】或单击【绘图】工具栏中的按钮，待鼠标变成状态时，按住鼠标左键确定直线的起点，如图 9-2 所示。

②在步骤①的前提下，此时数值栏显示 长度 ，在数值输入栏中输入数值，如“350”，如图 9-3 所示，按【Enter】结束操作，如图 9-4 所示。

图 9-2 绘制直线

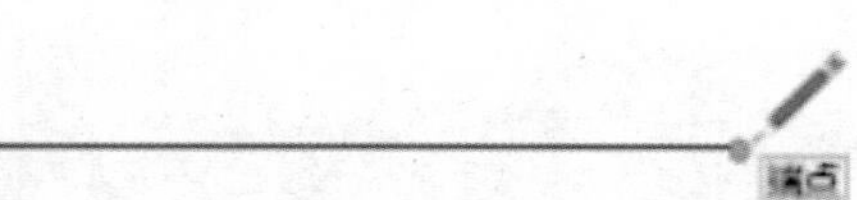

图 9-3 输入数值

图 9-4 绘制完成

★实例 9-2 演示：线条工具绘制三角形面

①单击键盘快捷键【L】或单击【绘图】工具栏中的按钮，待鼠标变成状态时，按住鼠标左键确定直线的起点，如图 9-5 所示。

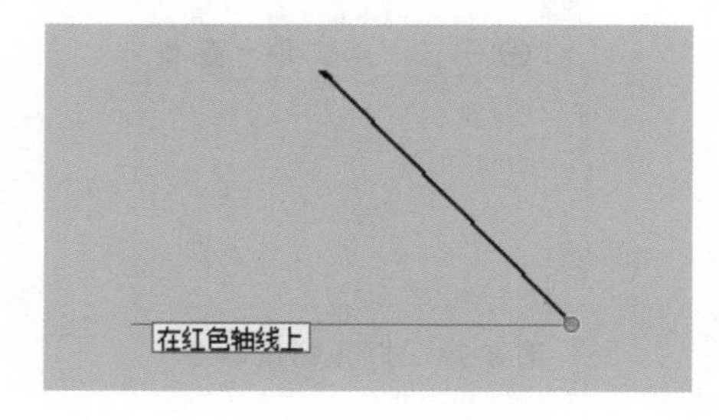

图 9-5 确定起点

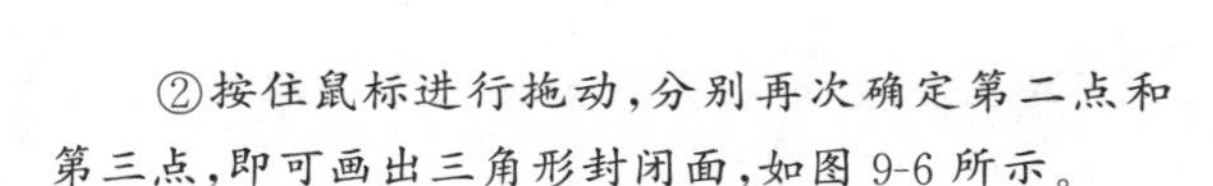

②按住鼠标进行拖动,分别再次确定第二点和第三点,即可画出三角形封闭面,如图 9-6 所示。

③若线跟线不能相接或不在一个平面内,则不能生成封闭面,称为“破面”,如图 9-7 所示。

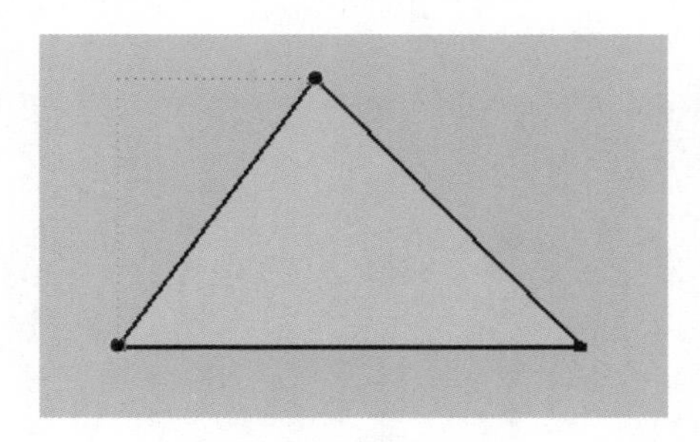

图 9-6　形成封闭面

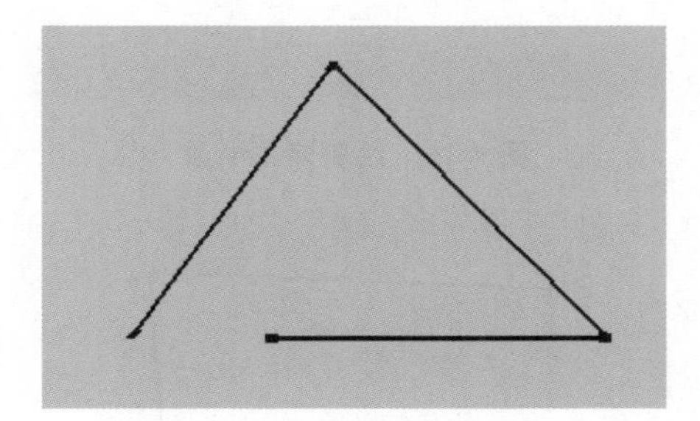

图 9-7　“破面”情况

★实例 9-3 演示:线条工具拆分或面

①单击键盘快捷键【L】,绘制一条任意直线,如图 9-8 所示。

②选中直线,单击鼠标【右键】选择【拆分】命令,如图 9-9 所示。

③此时数值控制栏显示 段 1 ,输入相应数值,如“5”,则直线被拆分成 5 段,按【Enter】键结束操作,如图 9-10 所示。

图 9-8　绘制任意直线

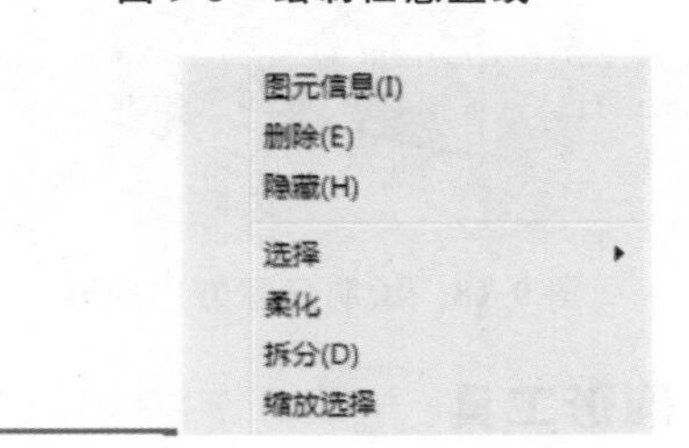

图 9-9　鼠标右键选择“拆分”

图 9-10　拆分成 5 段

提示:线条工具能对“线”进行拆分,而“面”是由“线”构成的,因此拆分功能对于面同样适用。

★实例 9-4 演示:直线的捕捉和追踪

①单击键盘快捷键【L】,绘制一条任意直线。

②将鼠标在线条端点附近缓慢移动,直到鼠标处提示显示“端点”,如图 9-11 所示。将鼠标在线条端点沿端点向右侧缓慢移动,直到鼠标提示显示“中点”,即可捕捉到线条的中点,如图 9-12 所示。

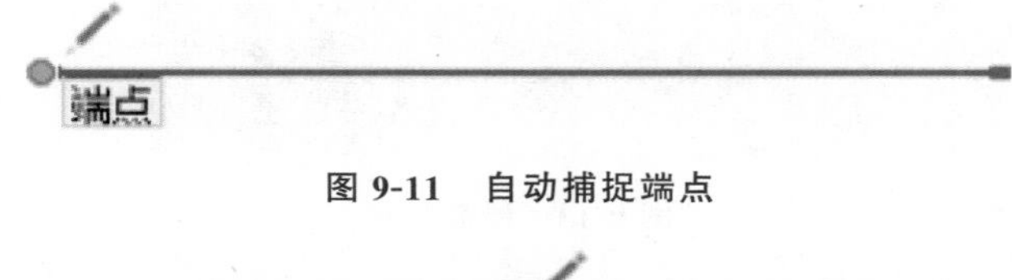

图 9-11　自动捕捉端点

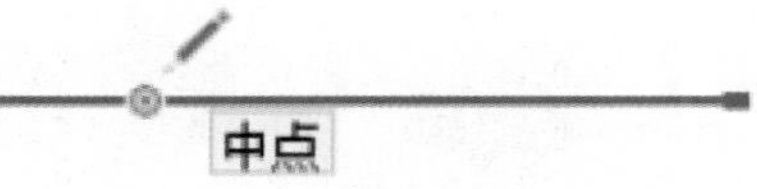

图 9-12　自动捕捉中点

提示:直线捕捉通常是利用鼠标自动定位到图形的端点、中点和交点等特殊几何点。也可以捕捉绘图区的坐标轴。

9.1.2　矩形工具

【矩形】工具是通过两个对角点的定位生成,同时绘制完成后会自动生成封闭的矩形面。SketchUp 新增的【旋转矩形】功能主要是通过制定矩形的任意两条边和角度,绘制任意方向的矩形,极大地简化了不同角度矩形绘制的步骤。【矩形】工具的启动方式可通过以下几种方式:

- 工具栏:单击【绘图】工具栏里的▣或▣。
- 菜单栏:执行【绘图】|【形状】|【矩形】菜单命令。
- 快捷键:通过快捷键【R】进行启动。

★实例 9-5 演示:绘制矩形和正方形

①单击【矩形】工具按钮▣,待鼠标光标变成✎时在绘图区单击任意一个区域,绘制矩形的第一个角点,沿对角方向移动鼠标光标,直到确定第二个角点,如图 9-13 所示。

②确定好第二个角点后单击鼠标左键,即可完成矩形的绘制,绘制完成时 SkethUp 会自动生成一个矩形的封闭面。如图 9-14 所示。

③绘制"正方形"则可以在鼠标光标变成✎确定第一个角点时,直接在数值输入框中输入数值,如"400,400",单击【Enter】确定,即可生成一个400 mm×400 mm的正方形,如图9-15所示。

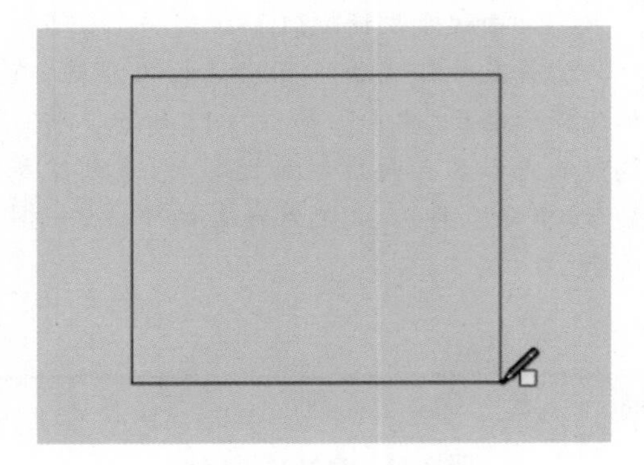

图 9-13　绘制矩形

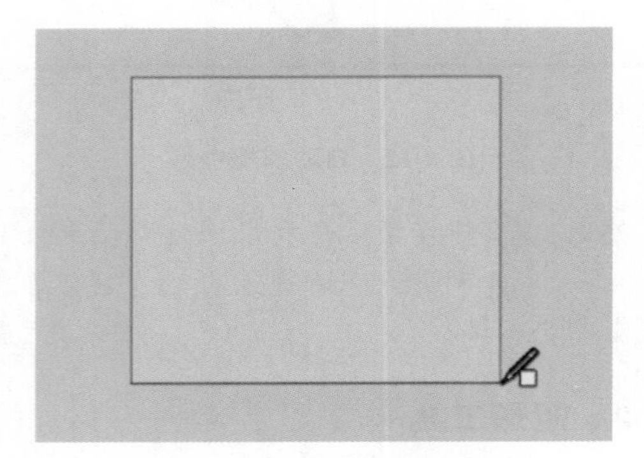

图 9-14　自动生成面

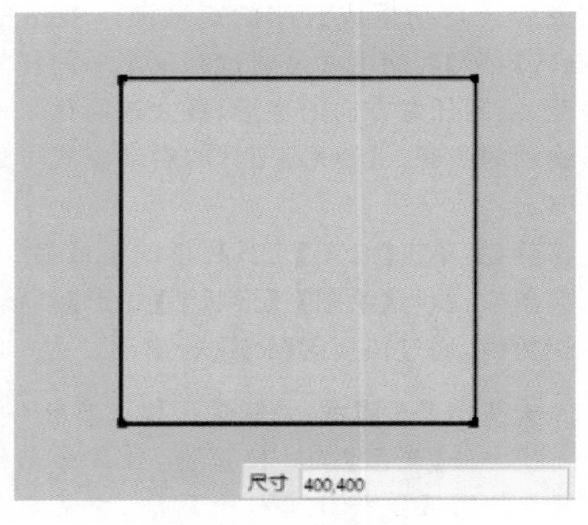

图 9-15　绘制正方形

★实例 9-6 演示:绘制任意方向的矩形

①单击【矩形】工具按钮▢,待鼠标光标变成▢时,绘图区单击任意一个区域,绘制矩形的第一个角点,然后拖拽鼠标光标至第二个角点,确定矩形的长度,然后将鼠标向任意方向移动,如图9-16所示。

②找到目标点后单击,完成矩形的绘制,如图9-17所示,重复命令操作绘制任意方向的矩形,如图9-18所示。

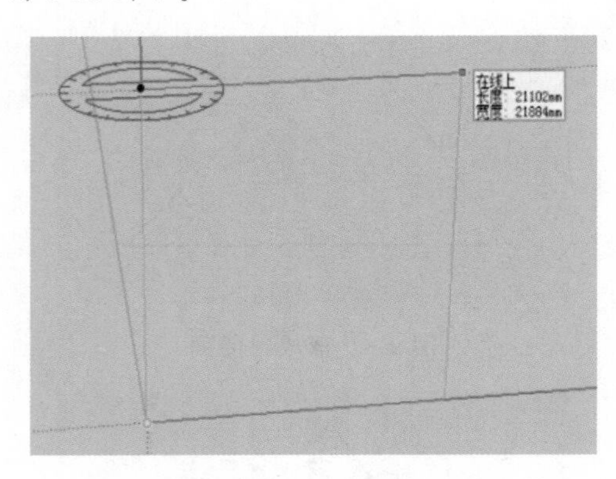

图 9-16　绘制矩形长度

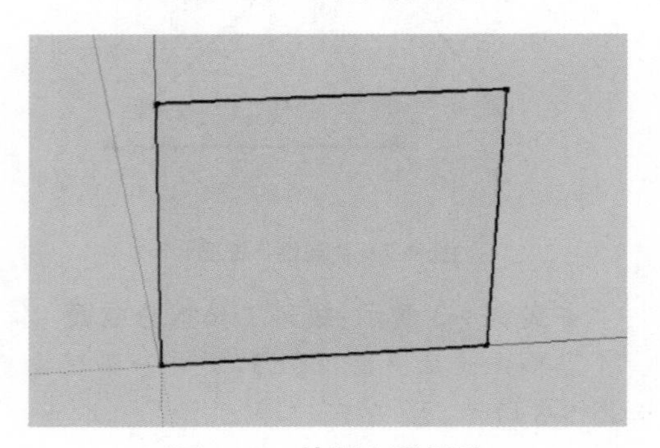

图 9-17　绘制立面矩形

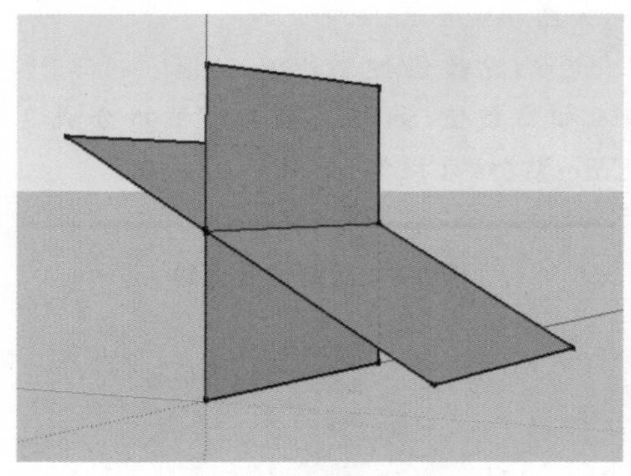

图 9-18　绘制任意方向矩形

9.1.3　圆形工具

SketchUp中默认"圆形"是由若干首尾相接的"线段"组成。假设将SketchUp中的圆形放大到无限来看,圆形都是若干的折线组成,因此在圆形的绘制时,

需要设置圆的边数,圆的边数越大,边缘越圆滑,圆的曲度也就越好;而边数越小,边缘越清晰,形态上越接近于多边形。【圆】工具启动可通过以下方式:

- 工具栏:单击【绘图】工具栏中的按钮。
- 菜单栏:执行【绘图】|【形状】|【圆形】菜单命令。
- 快捷键:通过快捷键【C】实现启动。

★实例 9-7 演示:绘制圆形和精确半径的圆

①启动【圆形】工具,待鼠标光标变成时在绘图区单击某处确定圆心的位置,如图 9-19 所示。

②拖动鼠标拉出圆形的半径后再次单击鼠标即可绘制出圆形平面,且会自动生成一个封闭的圆形面,如图 9-20 所示。

③绘制精确半径的圆,只需要待鼠标光标变成时在绘图区单击某处确定圆心的位置,此时数值输入框会显示半径,输入"圆"的半径如"1600",则可以绘制出半径为 1 600 的圆形,如图 9-21 所示。

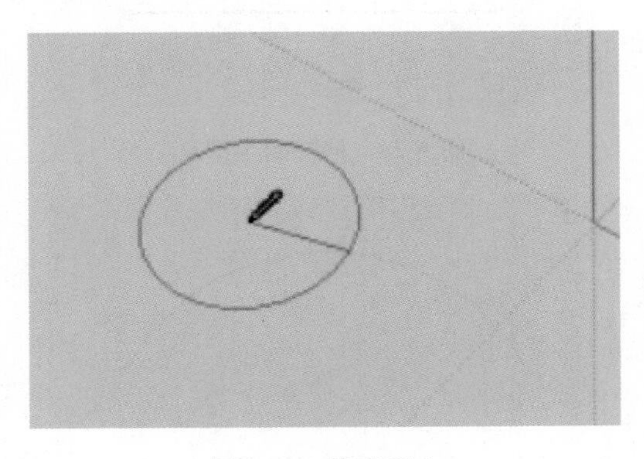

图 9-19　确定圆心

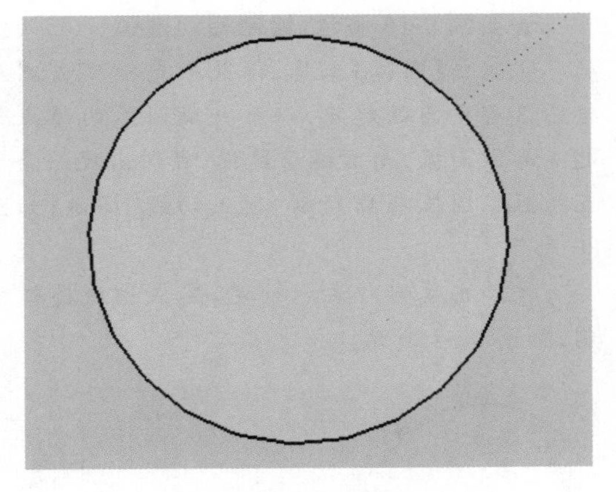

图 9-20　绘制圆形

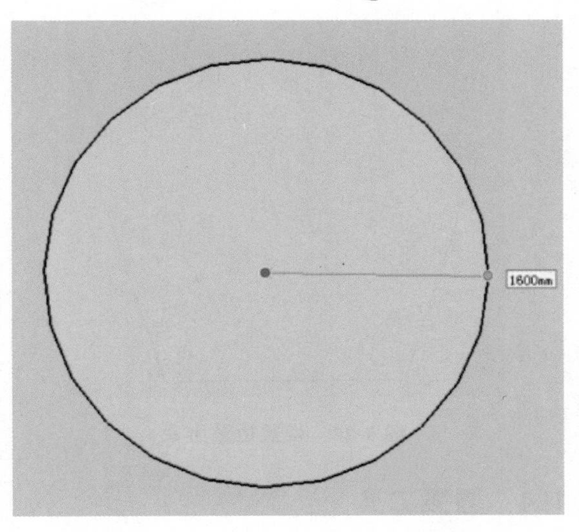

图 9-21　绘制半径 1600 的圆

★实例 9-8 演示:设置圆形边数

①单击【圆形】工具,画出圆形,利用鼠标滚轮进行滚动放大,直到看到圆形的边段为止,可以发现"圆"形其实并不是那么圆,如图 9-22 所示。

②在进入【圆形】工具的状态下,发现右下角的数值输入框显示边数时,在数值输入框中输入"1100",表明此时圆形是以 1 100 条边线显示的,图形表现显得十分的圆滑,如图 9-23 所示。

③如果在数值输入框中输入数值"5",则发现显示图形为正五边形,如图 9-24 所示。

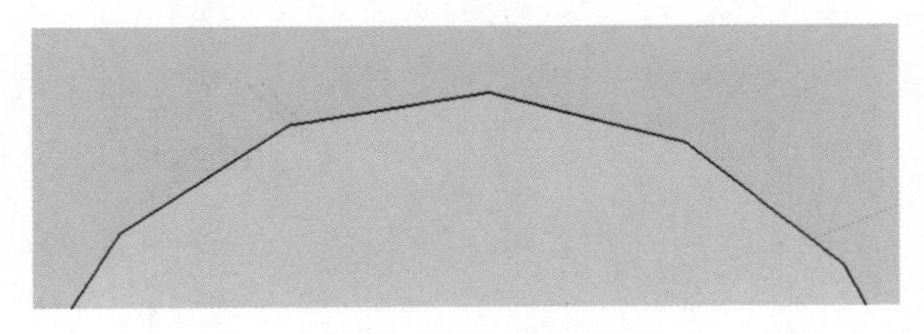

图 9-22　放大查看圆形

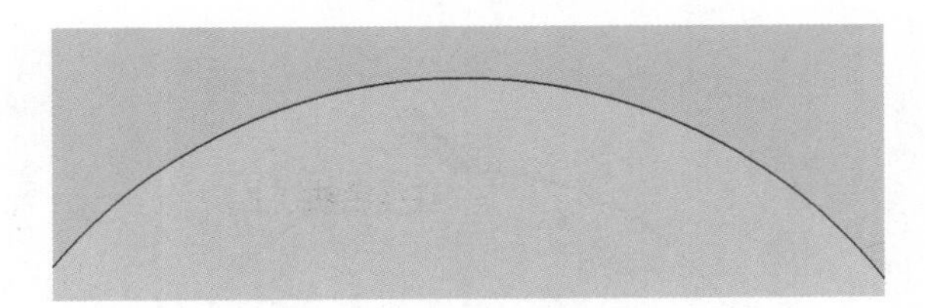

图 9-23　设置边数为 1100

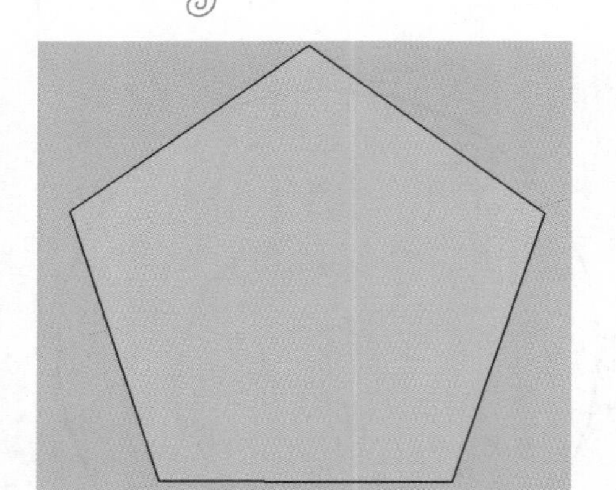

图 9-24　设置边数为 5

9.1.4　圆弧工具

(1)圆弧工具　【圆弧】作为【圆】的一部分,可用于绘制更为复杂精美的曲线,在使用和控制上也更具技巧性。【圆弧】工具的启动可通过以下方式:

- 工具栏:单击【绘图】工具栏中的 按钮。
- 菜单栏:执行【绘图】|【圆弧】菜单命令。
- 快捷键:通过快捷键【A】实现启动。

★实例 9-9 演示:绘制简单圆弧

①单击【圆弧】工具,待鼠标光标变成 后在绘图区确定圆弧起点,如图 9-25 所示。

②按住鼠标不放拖动鼠标拉出圆弧的弦长,如图 9-26 所示,然后再次单击,向上或向下拉伸,即可创建相应的圆弧,如图 9-27 所示。

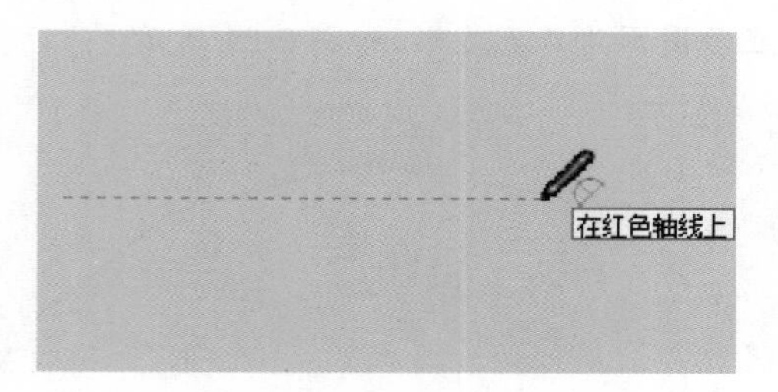

图 9-25　绘制圆弧起点

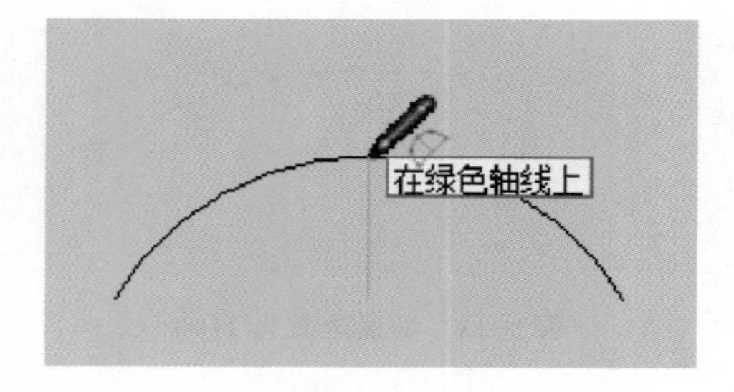

图 9-26　拉出弦长

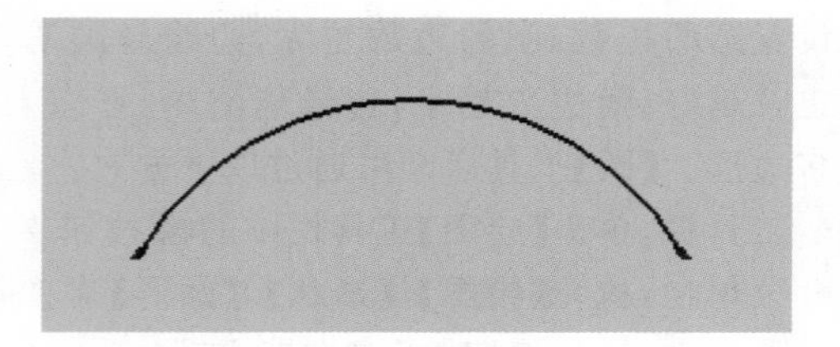

图 9-27　完成绘制

提示:如果要绘制半圆弧,则需要在拉出弧长后向上或下移动鼠标,待线点自动捕捉到"中点"位置,显示"半圆"提示时再单击确定,即可完成半圆弧的绘制。如图 9-28 和图 9-29 所示。

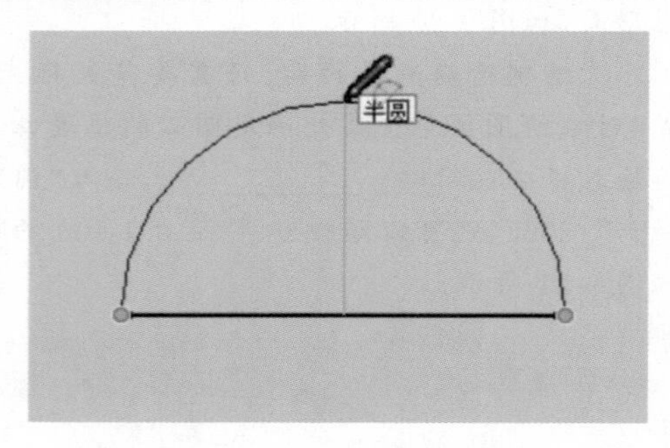

图 9-28　捕捉到半圆点

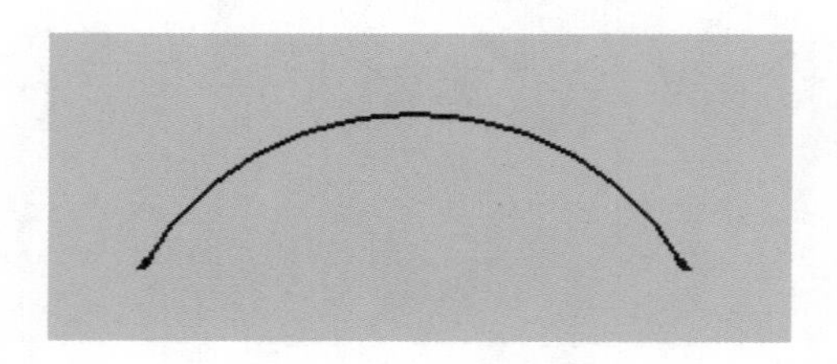

图 9-29　完成半圆绘制

★实例 9-10 演示:绘制相切圆弧

①单击【圆弧】工具,待鼠标光标变成 后在绘图区确定圆弧起点,以第一段圆弧的终点作为起点再做圆弧,向右拖动鼠标,直到出现一条青色圆弧且在圆弧末端显示"顶点切线"提示,如图 9-30 所示。

②单击鼠标即表示确定,完成切线圆弧的绘制,如图 9-31 所示。

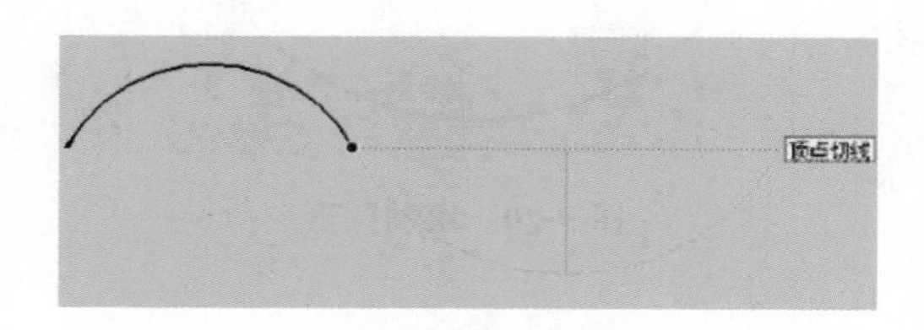

图 9-30　确定在顶点正切

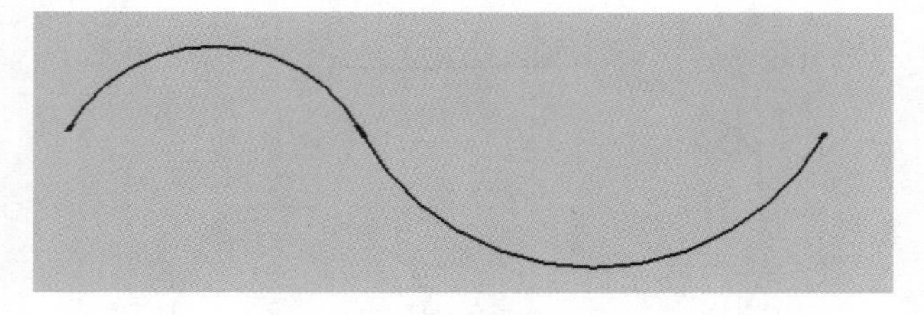

图 9-31　完成相切圆弧

(2)其他圆弧工具　SketchUp 2015 还有 3 种画弧工具,分别是【中心和两点绘制圆弧】、【扇形画弧】和【过圆周三点画弧】工具。【中心和两点绘制圆弧】是通过先选取弧形的中心点,根据角度定义用户的弧形,如图 9-32 所示;【扇形画弧】工具以同样的方式画弧,但是能生成一个封闭的楔形面,如图 9-33 所示;而 SketchUp 2015 新增的【过圆周三点画弧】工具则是通过先选取弧形的中心点,然后在边缘选取 2 个点,根据其角度定义用户的弧形,如图 9-34 所示。

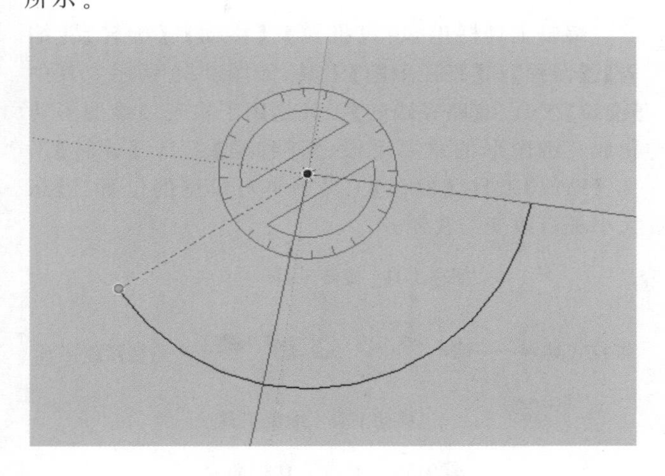

图 9-32　中心和两点绘制圆弧

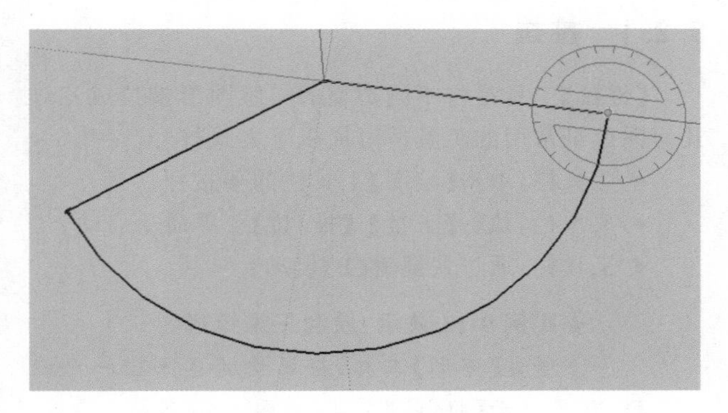

图 9-33　扇形画弧

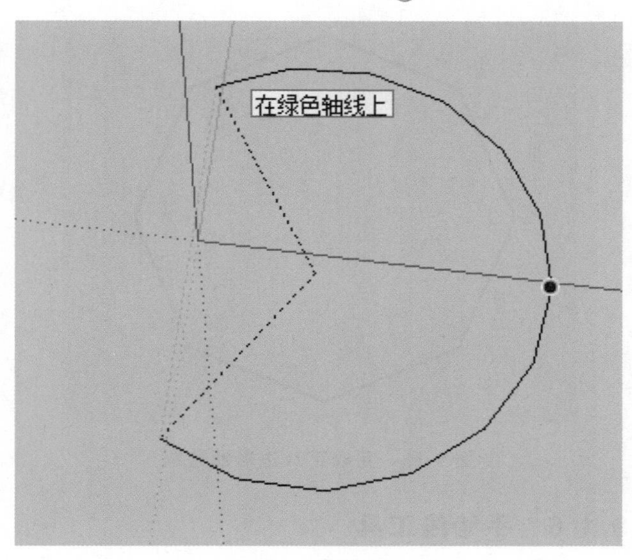

图 9-34　过圆周三点画弧

9.1.5　多边形工具

在 SketchUp 中,【多边形】工具是用于绘制普通的多边形图元,绘制的边数可在 3～100 间。可通过以下方式打开:

- 工具栏:单击【绘图】工具栏中的按钮。
- 菜单栏:执行【绘图】|【多边形】菜单命令启动。

★实例 9-11 演示:绘制八边形

单击【多边形】工具,待鼠标光标变成时,在数值输入栏中输入“8”,按【Enter】键确认,并在绘图区中心确定中心位置,如图 9-35 所示。按住鼠标不放向外拖放,以确定多边形的大小,大小确定后松开鼠标,即可完成正八边形的绘制,如图 9-36 所示。

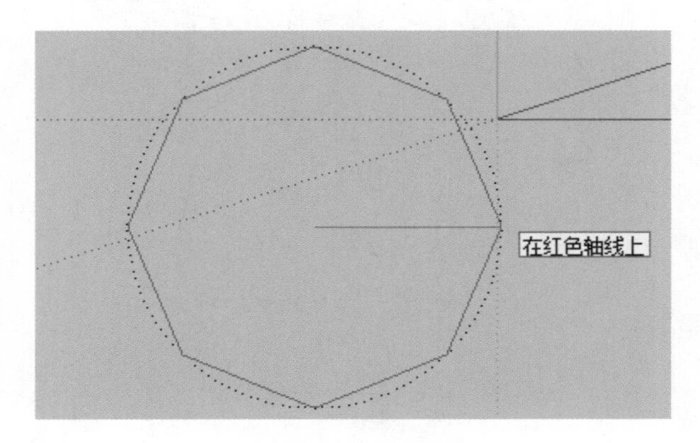

图 9-35　确定中心点

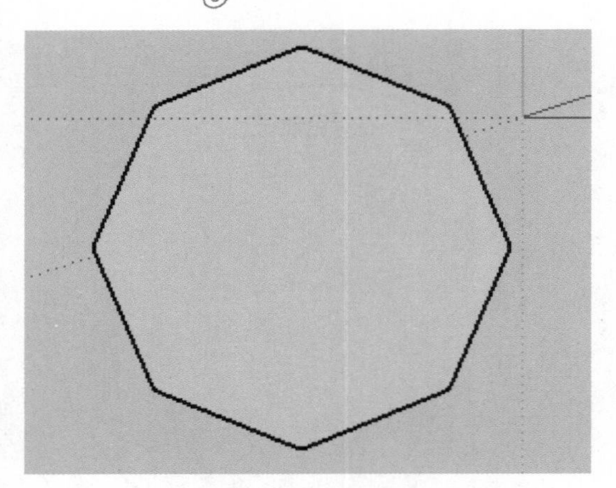

图 9-36　完成正八边形的绘制

9.1.6　手绘线工具

手绘线工具,可用于绘制曲线模型、凌乱不规则的曲面平面,其特点就是具备较高的自由度和随意性。作为单一的线条,其也可以用于定义和分割平面,同时具备连接性,因此可以用于生成面。可以通过以下方式打开:

◆ 工具栏:单击【绘图】工具栏的按钮。

◆ 菜单栏:执行【绘图】|【直线】|【手绘线】菜单命令启动。

★实例 9-12 演示:绘制不规则曲线和面

①单击【手绘线】工具,待鼠标光标变成时,在绘图区单击确定起点,按住鼠标左键不放,随意拖动鼠标即可绘制不规则的曲线,如图 9-37 所示。

②按住鼠标左键不放继续拖动鼠标,使绘制的曲线终点与起点重合,即可形成一个闭合的不规则平面,如图 9-38 所示。

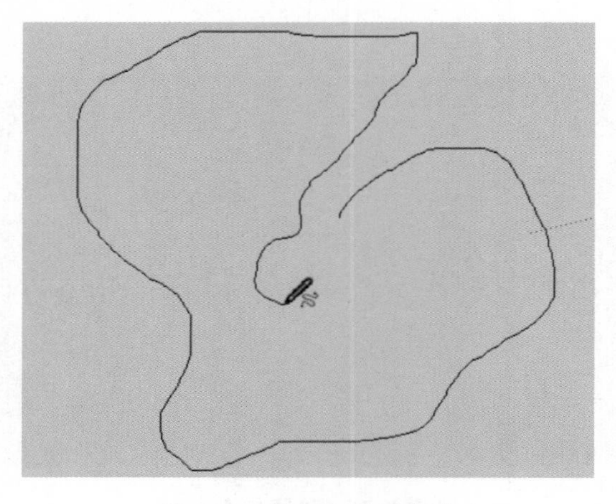

图 9-37　绘制不规则曲线

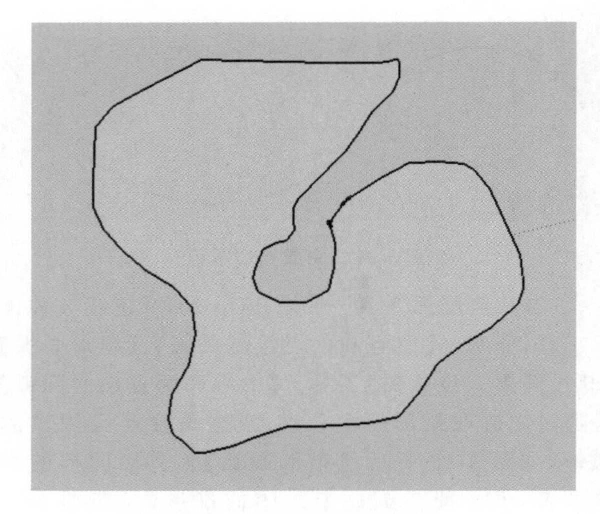

图 9-38　绘制不规则平面

9.2　编辑工具栏

编辑工具栏里包括【推拉】、【移动】、【旋转】、【缩放】、【偏移】和【路径跟随】工具,如图 9-39 所示。其中【推拉】工具和【路径跟随】工具是用于实现二维图形转化成三维图形的重要手段,而【移动】工具、【旋转】工具、【缩放】工具、【偏移】工具则是对模型的位置、形态大小进行改变与复制。

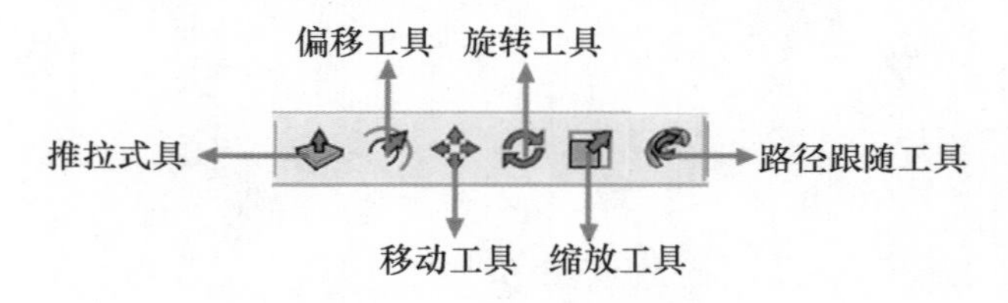

图 9-39　编辑工具栏简介

9.2.1　推拉

【推拉】工具是将不同类型的二维图形推拉成三维几何图形最常用的工具。可通以下方式打开:

◆ 工具栏:单击【绘图】工具栏的按钮。

◆ 菜单栏:执行【工具】|【推/拉】菜单命令启动。

◆ 工具栏:通过快捷键【P】启动。

★实例 9-13 演示:绘制三维矩形

①通过【矩形】工具,在场景随意画出一个矩形,然后启动【推/拉】工具,如图 9-40 所示。

②待鼠标光标变成时,单击需要矩形面,按

住鼠标左键拖动一定距离，即可拉出三维形体，如图 9-41 所示。

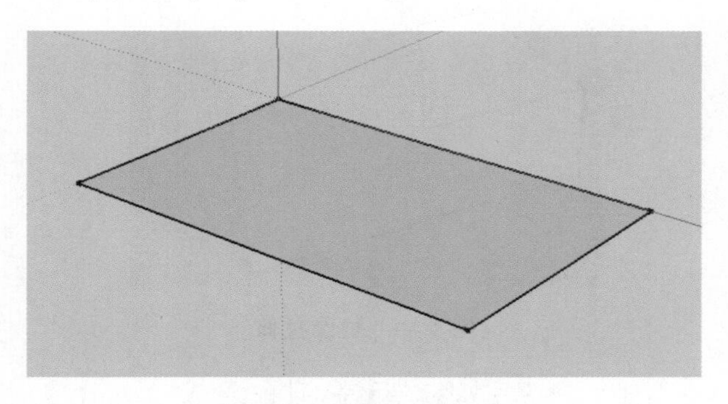

图 9-40　绘制平面矩形

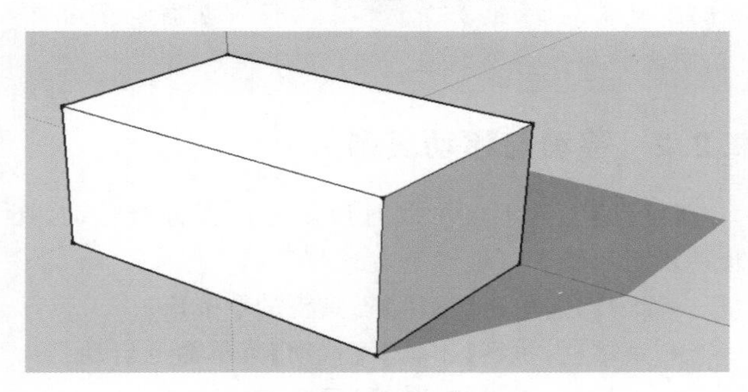

图 9-41　绘制拉伸形体

★实例 9-14 演示：绘制高精度三维矩形

①通过【矩形】工具，在数值输入框设置“2000，1100”，即可绘制一个长 2 000 mm，宽 1 100mm 的矩形，然后启动【推/拉】工具，如图 9-42 所示。

②待鼠标光标变成◈时，单击矩形面，按住鼠标左键拖动一定距离，并在数值输入框中输入“2200”即可拉出一个长 2 000 mm，宽 1 100 mm，高 2 200 mm 高精度的矩形体，如图 9-43 所示。

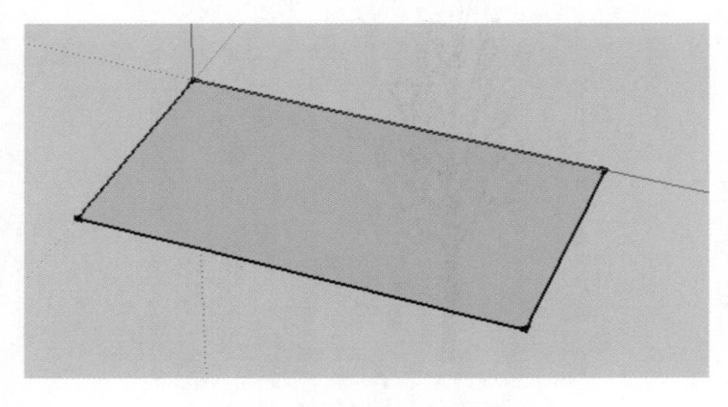

图 9-42　绘制精确平面矩形

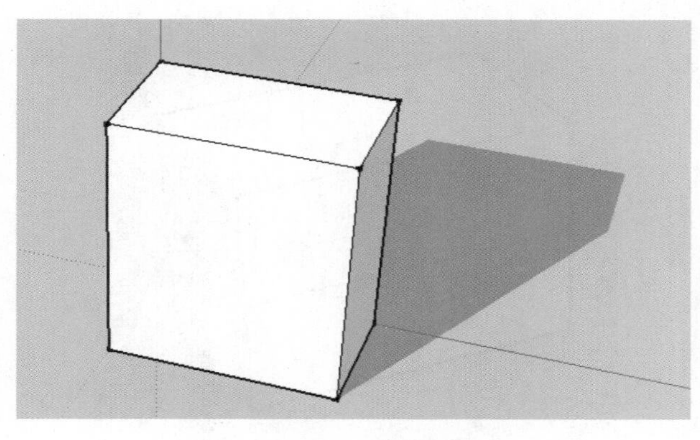

图 9-43　绘制精确矩形体

提示：在完成拉伸后再次启动【推/拉】工具可以继续进行拉伸，拉伸能改变之前的拉伸高度，如图 9-44 和图 9-45 所示；而在按住【Ctrl】键后再启动【推/拉】工具则会以复制的形式进行再次推拉，如图 9-46 所示。

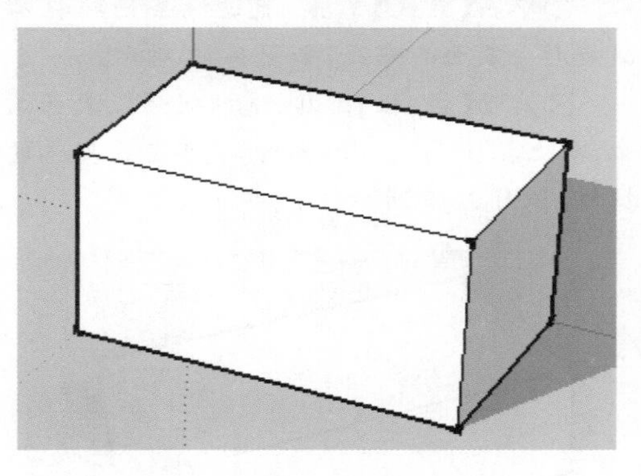

图 9-44　选择一个已拉出的平面

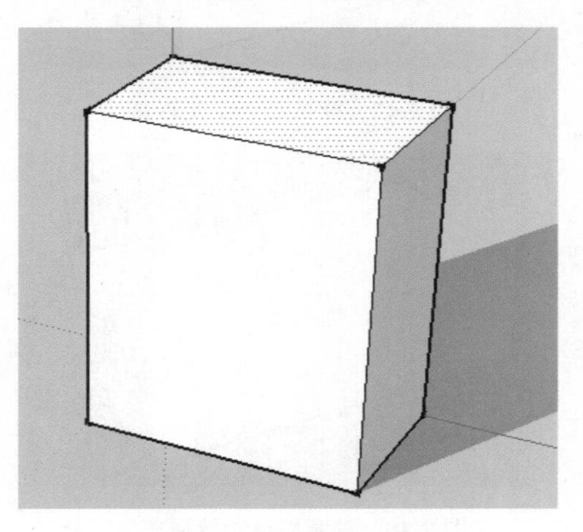

图 9-45　再次拉伸效果

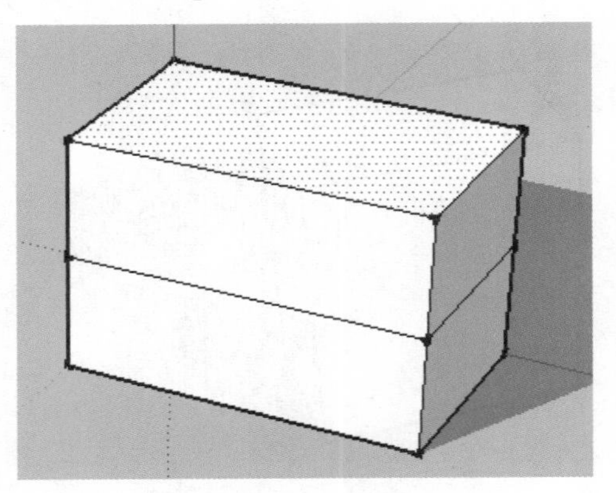

图 9-46　复制拉伸效果

★实例 9-15 演示:绘制连续拉伸形体

①通过【矩形】工具,在数值输入框设置"2000,1100",即可绘制一个长 2 000 mm,宽 1 100 mm 的矩形,然后启动【推/拉】工具,拉出高度 600 mm,如图 9-47 所示。

②单击【直线】工具,通过线条的捕捉功能绘制矩形上表面的中线,如图 9-48 所示。

③启动【推/拉】工具,选择矩形上表面右侧的面,向上拉出高度 600 mm,即可完成形体的连续拉伸,如图 9-49 所示。

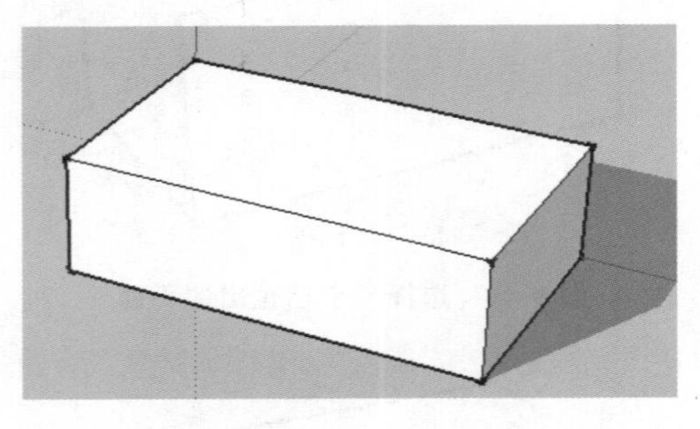

图 9-47　推拉出一个矩形体

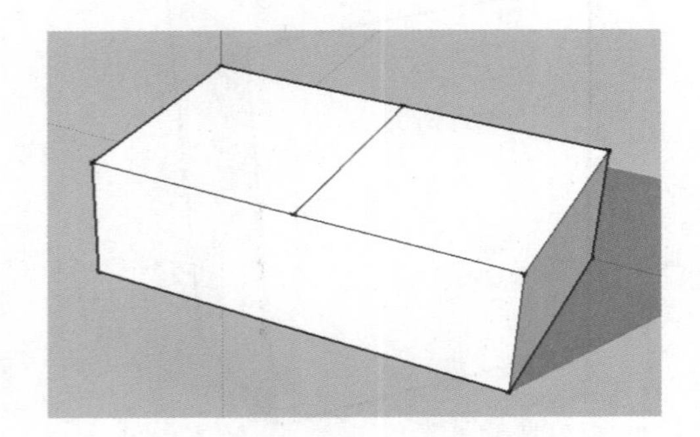

图 9-48　绘制矩形上表面中线

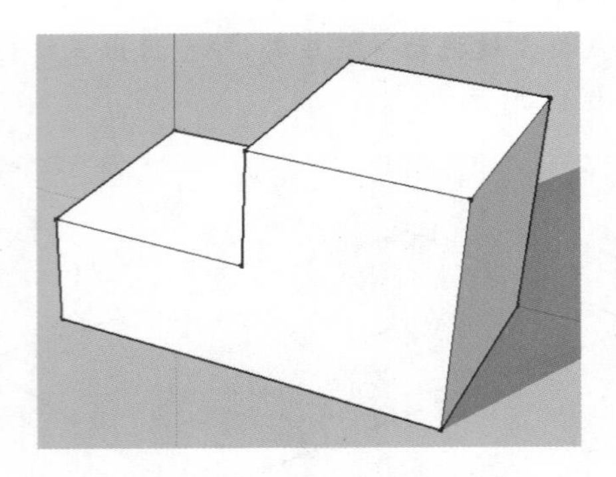

图 9-49　连续拉伸

提示:在完成一个面【推/拉】操作后,保持【推/拉】工具状态,快速双击鼠标左键即可在同一平面或选中的其他平面推/拉出相同方向高度。

9.2.2　移动与移动复制

【移动】工具不仅可以对形体的位置进行移动,还兼具复制功能。可通以下方式打开:

- 工具栏:单击【编辑】工具栏的按钮。
- 菜单栏:执行【工具】|【移动】菜单命令启动。
- 工具栏:通过快捷键【M】启动。

★实例 9-16 演示:移动模型

①打开一个树木的素材组件,打开链接网址中 SU 素材文件—第 9 章"实例 9-16. skp",如图 9-50 所示。

②使用快捷键【M】待鼠标光标变成后,单击模型,确定移动的起点,拖动鼠标移动,即可朝任意方向移动模型,如图 9-51 所示。定位到移动的终点后,再次单击鼠标,即可完成对象的移动,如图 9-52 所示。

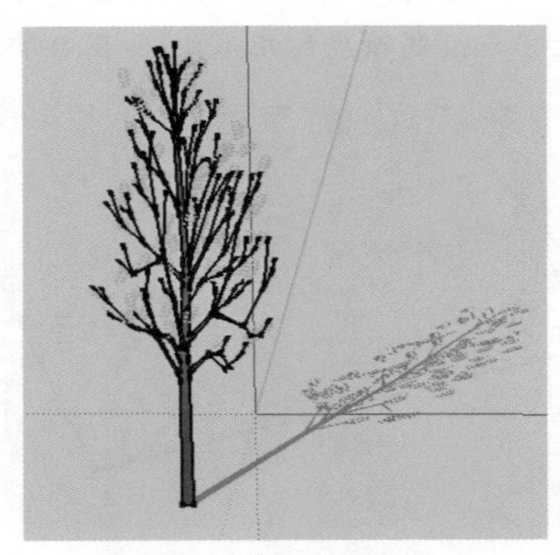

图 9-50　打开素材组件

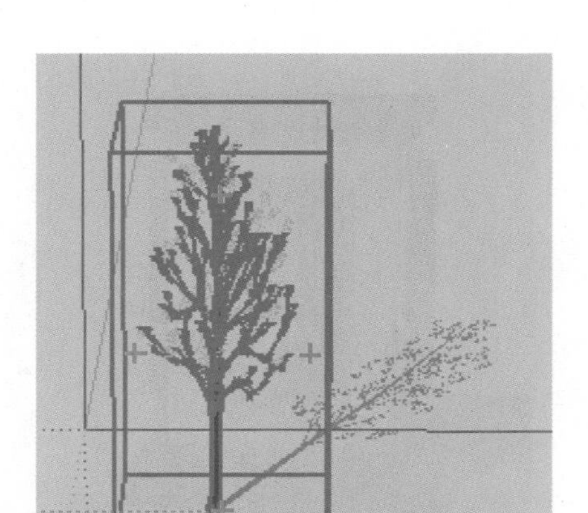

图 9-51 移动素材组件

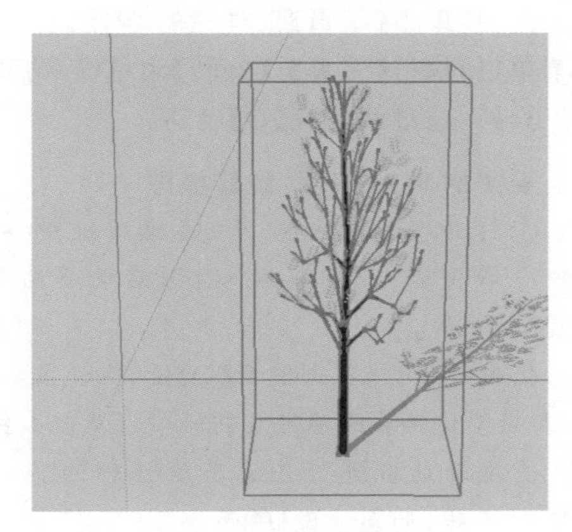

图 9-52 完成移动

提示:若要完成精确移动,可在启动移动工具以后,沿移动方向移动时在数值输入框输入具体移动的距离,按【Enter】键确认即可。

★实例 9-17 演示:移动复制模型

①打开一个树木的素材组件:链接网址中 SU 素材文件—第 9 章"实例 9-17.skp",启动移动工具,如图 9-53 所示。

②按住【Ctrl】键,待鼠标光标多了一个"+"号时,按住鼠标不放,进行拖动,即可对原素材进行移动复制,如图 9-54 所示。

③进行精确的移动复制,可以在按住【Ctrl】键的前提下,沿移动方向移动时在数值输入框输入具体移动的距离,如"6000",如图 9-55 所示,即可完成精确的移动复制。

④在进行了移动复制命令以后,若要以相同的距离移动复制多个相同的素材,可以在数值输入框中"个数"输入需要移动复制的个数,比如"6",按【Enter】键确认,即可进行快速的多重复制,将原素材组件复制成 6 个,如图 9-56 所示。

提示:多重移动复制也可以通过线移动复制首尾对象的距离,然后在数值输入框中"个数"输入"个数/"的形式输入移动复制数目,按【Enter】键确认,也可进行快速的多重复制。

图 9-53 打开素材组件

图 9-54 移动复制素材组件

图 9-55 完成移动复制

图 9-56　准确数量的多重移动复制

9.2.3　旋转与旋转复制

区别于【视角】工具，视角工具旋转的是观察的视角，而【旋转】工具是用于对象的旋转，同时也可以在旋转的过程中完成形体的复制。旋转的过程中是以坐标轴作为参照进行，当旋转平面显示为蓝色时，对象是以Z轴作为轴心进行旋转，如图9-57所示；当旋转平面显示为红色时，对象是以Y轴作为轴心进行旋转，如图9-58所示；而当旋转平面显示为绿色时，对象是以X轴作为轴心进行旋转，如图9-59所示；最后，如果是以其他位置作为轴心旋转的话，则显示为灰色。【旋转】工具可通以下方式打开：

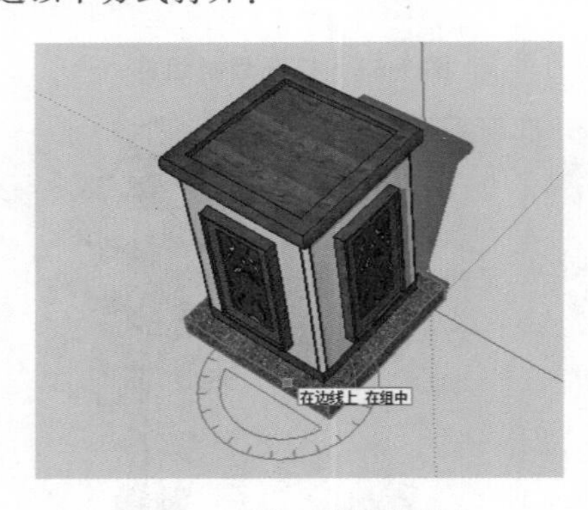

图 9-57　以 Z 轴作为轴心

图 9-58　以 Y 轴作为轴心

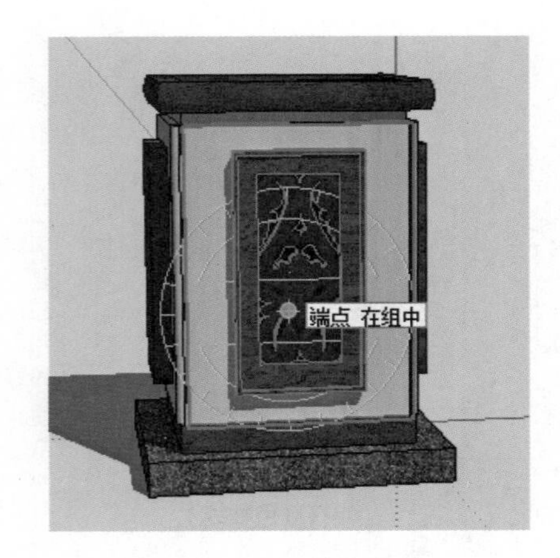

图 9-59　以 X 轴作为轴心

- 工具栏：单击【编辑】工具栏的按钮。
- 菜单栏：执行【工具】|【旋转】菜单命令启动。
- 工具栏：通过快捷键【Q】启动。

★实例 9-18 演示：旋转模型

①打开一个素材组件，链接网址中 SU 素材文件—第 9 章“实例 9-18. skp”，启动移动工具，如图 9-60 所示。

②选择模型，单击键盘【Q】键，拖动鼠标旋转平面，在模型旋转表面确定旋转轴心以及轴心线。

③拖动鼠标进行任意角度旋转，比如以 Z 轴为中心旋转，如图 9-61 所示。

④若要精确旋转，也可通过在数值输入框中输入旋转的度数如 60°，单击鼠标左键确定，即可完成精确角度，旋转 60°的形体，如图 9-62 所示。

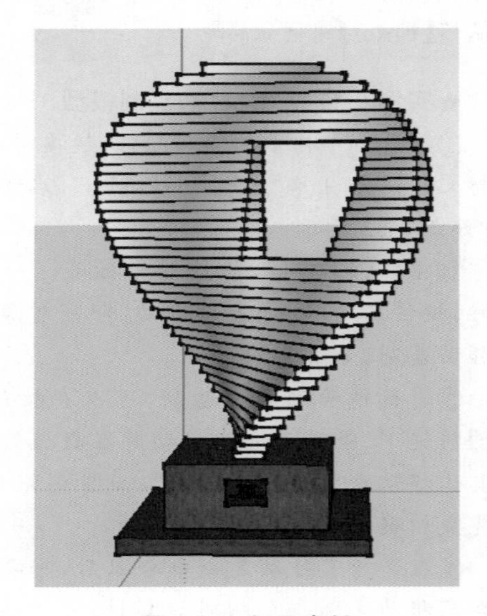

图 9-60　打开素材

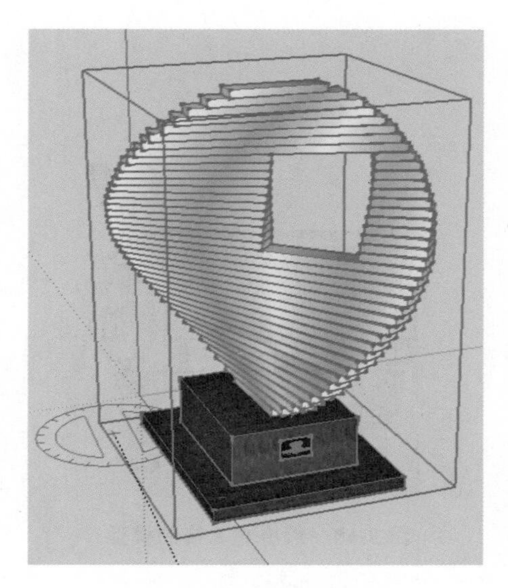

图 9-61 任意旋转

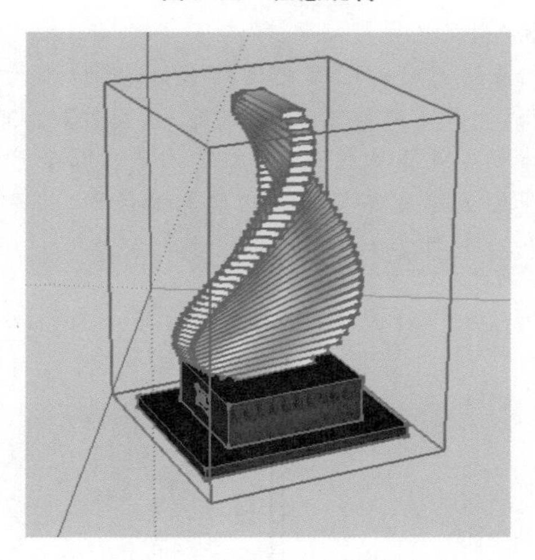

图 9-62 以 Z 轴为中心旋转 60°

★实例 9-19 演示:旋转复制模型

①打开一个素材组件光盘,链接网址中 SU 素材文件—第 9 章“实例 9-19(1).skp”,单击【Q】键,确定旋转平面为椅子,将移动的起点捕捉为桌子的中心,如图 9-63 所示。

②按住【Ctrl】键,在数值输入框输入旋转数值,如“60°”,按下【Enter】键确认以 60°旋转复制,如图 9-64 所示。

③在数值输入框输入数量“×6”,再次按下【Enter】键确认旋转复制的数目,即可完成以桌子为中心旋转复制的且角度都是 60°的 5 个椅子,如图 9-65 所示。

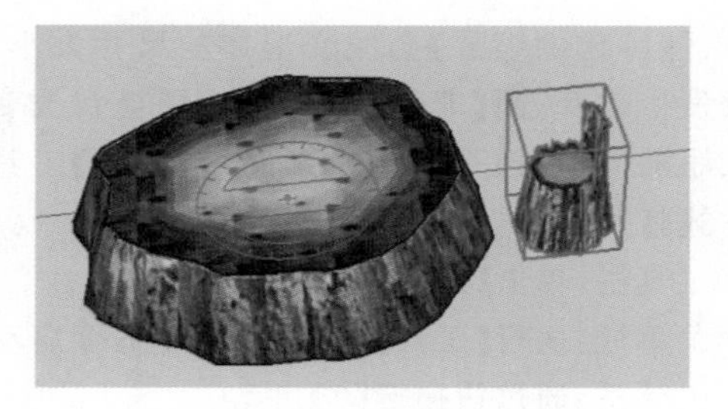

图 9-63 确定旋转平面

图 9-64 旋转复制

图 9-65 重复旋转复制数量

提示:多重旋转复制也可以通过线移动复制首尾对象的距离,然后在数值输入框中“个数”输入“个数/”的形式输入移动复制数目,按【Enter】键确认,此时则是按照平均角度进行旋转复制。

④同样打开链接网址中 SU 素材文件—第 9 章“实例 9-19(2).skp”,单击【Q】键,确定旋转平面为椅子,将移动的起点捕捉为桌子的中心,按住【Ctrl】键,在数值输入框输入旋转数值,如“360°”,按下【Enter】键确认以 60°旋转复制,在数值输入框输入数量“/6”,再次按下【Enter】键确认旋转复制的数目,也可完成如图 9-65 的效果。

9.2.4 缩放

【缩放】工具,又称为拉伸工具,是用于对物体进行放大或缩小的工具,可对模型进行等比例或非等比例

的缩放。【等比例缩放】会改变形体的尺寸大小，其形状不会发生改变，而【非等比例缩放】则会在改变形体尺寸大小的同时，改变物体的形状。【旋转】工具可通以下方式打开：

- 工具栏：单击【编辑】工具栏的按钮。
- 菜单栏：执行【工具】|【缩放】菜单命令启动。
- 工具栏：通过快捷键【S】启动。

★实例 9-20 演示：将形体等比例缩放

①打开一个素材组件，链接网址中 SU 素材文件—第 9 章"实例 9-20. skp"，单击【S】键启动【缩放】命令，选择需要缩放的物体，直到物体的周围出现若干可进行拉伸的栅格，如图 9-66 所示。

②选择任意一个位于顶点的栅格点，直到出现提示文字"统一调整比例"，按住鼠标拖动，即可进行物体的等比例缩放，如图 9-67 所示。

③进行精确的等比例缩放时，可在确定栅格点时，在数值输入栏直接输入放大或缩小的倍数，比如这里输入"0.5"，按【Enter】键确定，即可完成原图的缩小 0.5 倍操作，如图 9-68 所示。

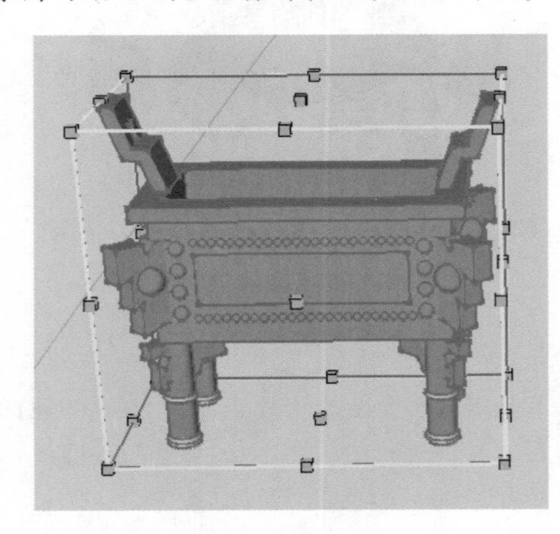

图 9-66　确定拉伸物体

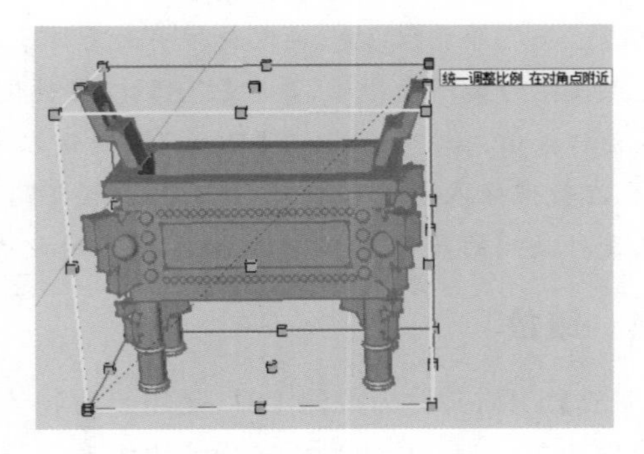

图 9-67　等比例缩放

图 9-68　缩小 0.5 倍的模型

提示：1. 在出现栅格点的时候，向上移动鼠标为放大模型，反之则为缩小。

2. 在进行精确的等比例缩放时，默认小于 1 的为缩小，大于 1 的为放大，如果输入【负数】的话则会使物体产生镜像的效果，比如输入"－1"，会产生一个跟原图大小相等但方向相反的镜像图，如图 9-69 和图 9-70 所示。

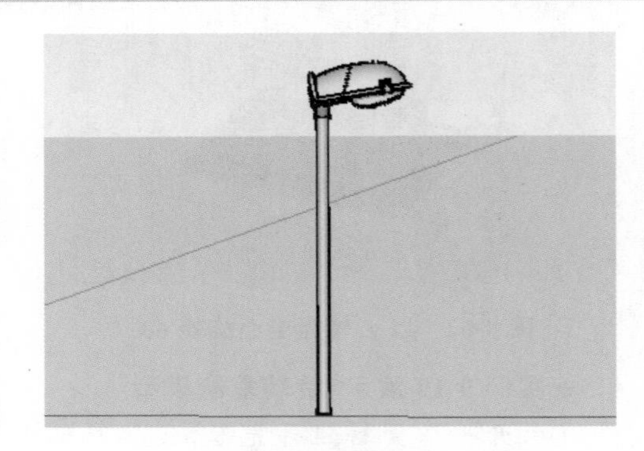

图 9-69　原素材

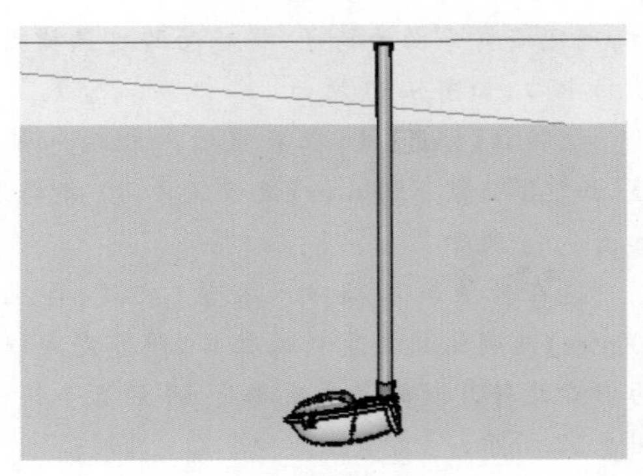

图 9-70　镜像后的效果

★实例 9-21 演示:将形体非等比例缩放

①打开一个素材组件,链接网址中 SU 素材文件—第 9 章“实例 9-21. skp”,单击【S】键启动【缩放】命令,选择需要缩放的物体,直到物体的周围出现若干可进行拉伸的栅格,选择非顶点的栅格点,比如栅格线的中线,如图 9-71 所示。

②单击鼠标左键确定,拖动鼠标进行拉伸,确定拉伸大小后单击鼠标左键确定,即可完成图形形状改变的非等比例缩放,如图 9-72 所示。

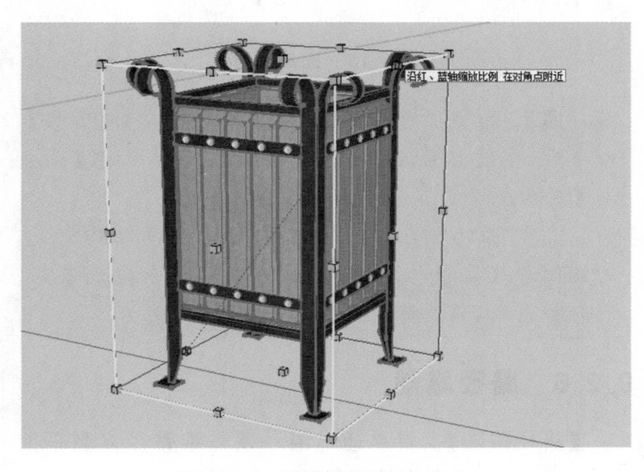

图 9-71　选择格栅线的中点

图 9-72　非等比例缩放效果

9.2.5　偏移复制

【偏移】复制工具,可以偏移复制同一平面两条或两条以上的相交线,可以在圆表面的内部或外部偏移表面的边线,偏移一个表面将建立一个新的表面。【偏移】工具不仅能向内进行收缩复制,也可以向外进行向外的偏移复制。【偏移】工具可通以下方式打开:

- 工具栏:单击【编辑】工具栏的按钮。
- 菜单栏:执行【编辑】|【偏移】菜单命令启动。
- 工具栏:通过快捷键【F】启动。

★实例 9-22 演示:面的偏移复制

①在视图绘图区绘制一个长 2 000 mm,宽 1 600 mm 的矩形,启动【偏移】工具,如图 9-73 所示。

②当鼠标光标变成带两个偏移角形状时,单击鼠标左键确定偏移的边线,拖动鼠标向内移动,如图 9-74 所示。

③确定好偏移大小后再次单击鼠标左键,即可完成面的向内收缩偏移复制,如图 9-75 所示。

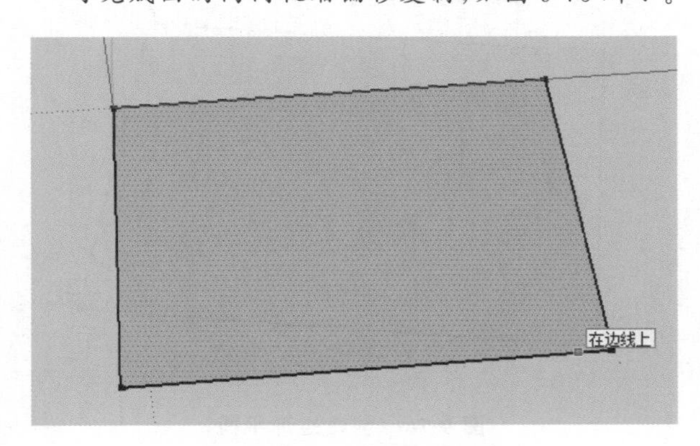

图 9-73　创建矩形平面

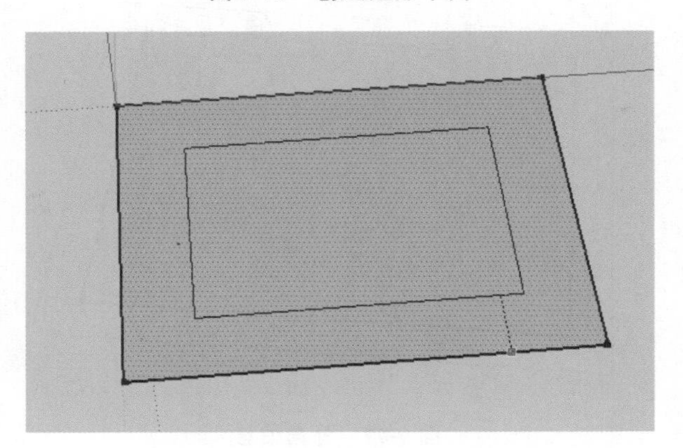

图 9-74　内向偏移

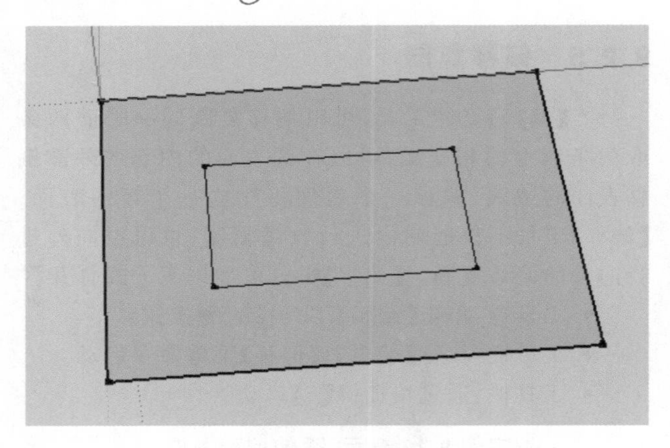

图 9-75　完成偏移

④若要向外扩大偏移，先创建同样的矩形平面，如图 9-76 所示。在鼠标光标变成带两个偏移角形状时，单击鼠标左键确定偏移的边线，拖动鼠标向外移动，如图 9-77 所示。

⑤确定好偏移大小后再次单击鼠标左键，即可完成面的向外扩大偏移复制，如图 9-78 所示。

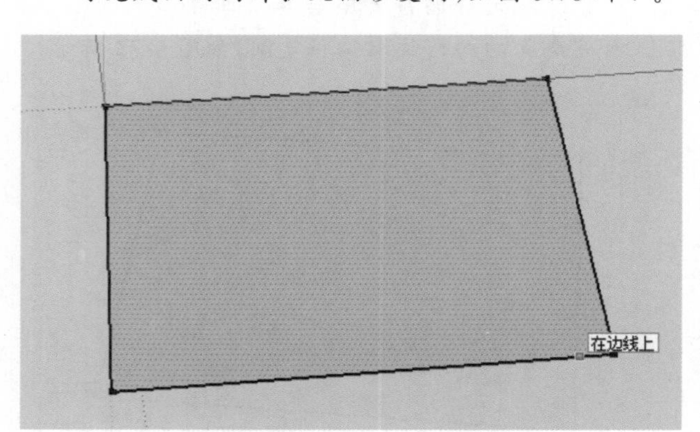

图 9-76　创建矩形平面

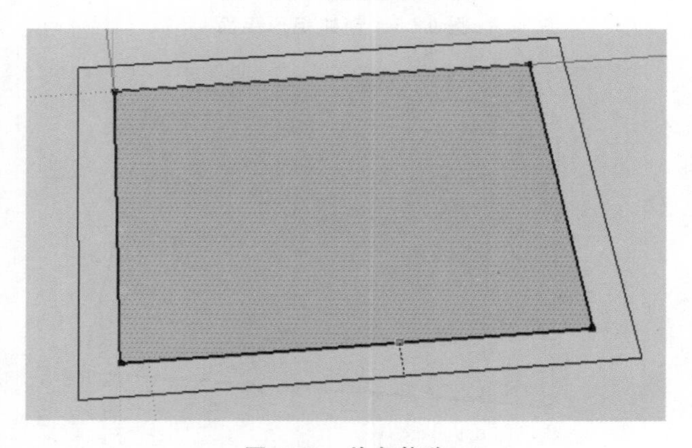

图 9-77　外向偏移

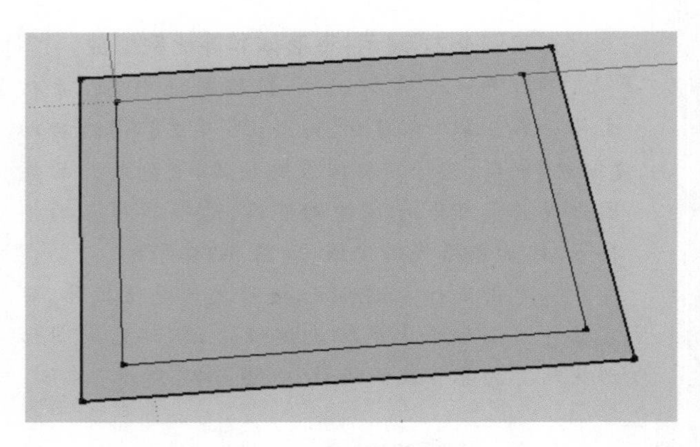

图 9-78　完成偏移

提示：1. 完成精确的偏移复制，可在启动【偏移】命令后，在数值输入框输入需要偏移的距离，按【Enter】键确认即可。

2. 在 SketchUp 中无法对单独的线段以及交叉的线段进行偏移和复制，但是可以偏移多段线条组成的转折线、弧线等。

9.2.6　路径跟随

【路径跟随】工具是通过沿一条二维路径复制平面轮廓，手动或自动拉伸平面创建三维模型的工具，是【推/拉】工具的有力补充，对于模型的细节处理有着重要的作用。【路径跟随】工具可通以下方式打开：

- 工具栏：单击【编辑】工具栏的按钮。
- 菜单栏：执行【工具】|【路径跟随】菜单命令启动。

★实例 9-23 演示：利用路径跟随工具创建三维图形

①在视图绘图区沿底面绘制一个半径为 1 000 mm 的圆，沿 Z 轴绘制一个任意形状的弧线，如图 9-79 所示。

②启动【路径跟随】工具，选中底面的圆，如图 9-80 所示。

③将鼠标的光标移动到沿 Z 轴绘制的弧线上，此时红线上会出现捕捉点，沿捕捉点移动鼠标，底面的圆也会呈现 Z 轴弧线的形态拉伸，如图 9-81 所示。

④继续移动鼠标至弧线的顶点处，单击鼠标左键完成路径跟随三维体的绘制，如图 9-82 所示。

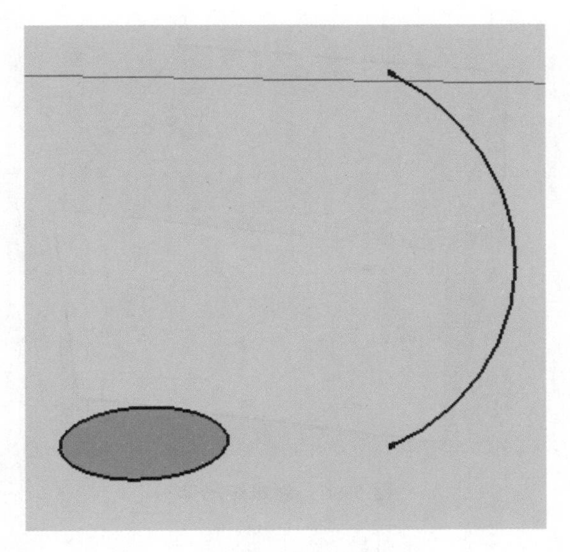

图 9-79　创建平面

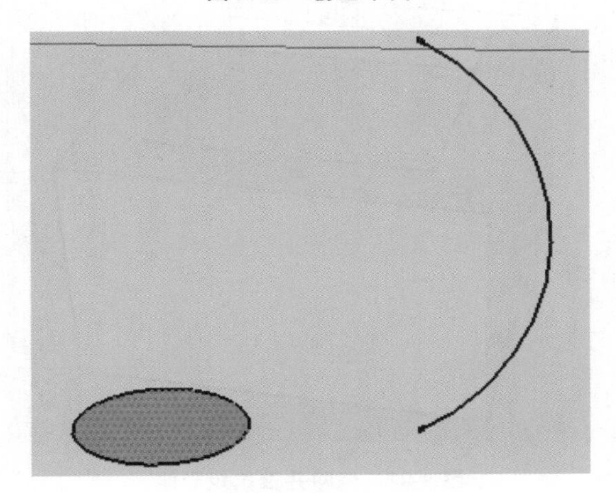

图 9-80　选择平面

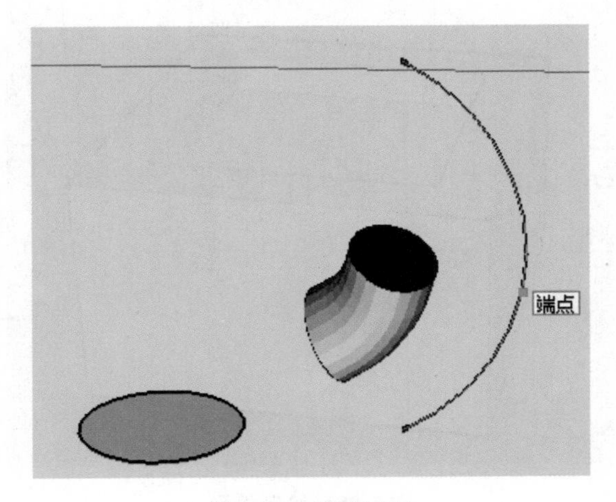

图 9-81　捕捉路径

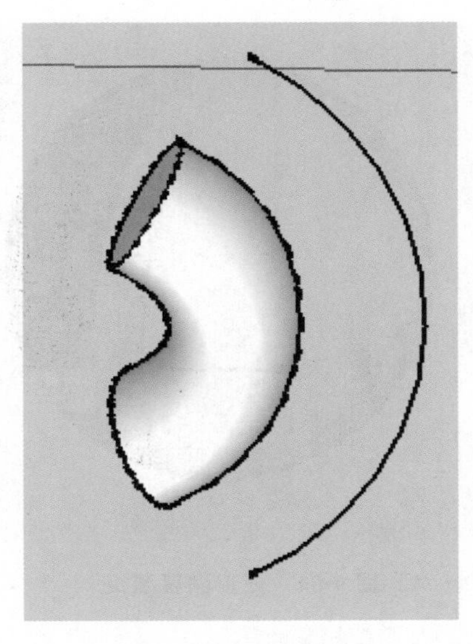

图 9-82　完成绘制

★实例 9-24 演示:利用路径跟随工具创建球体

①在视图绘图区沿底面和 Z 轴方向各绘制一个半径为 1 000 mm 的圆,移动使其中心重叠,如图 9-83 所示。

②启动【路径跟随】工具,选中 Z 轴的圆,捕捉底面上方向圆的点,并沿着边线走一圈,如图 9-84 所示。

③当起点跟终点会合的时候,完成路径跟随创建球体的绘制,并用【擦除】工具去除多余的线条,如图 9-85 所示。

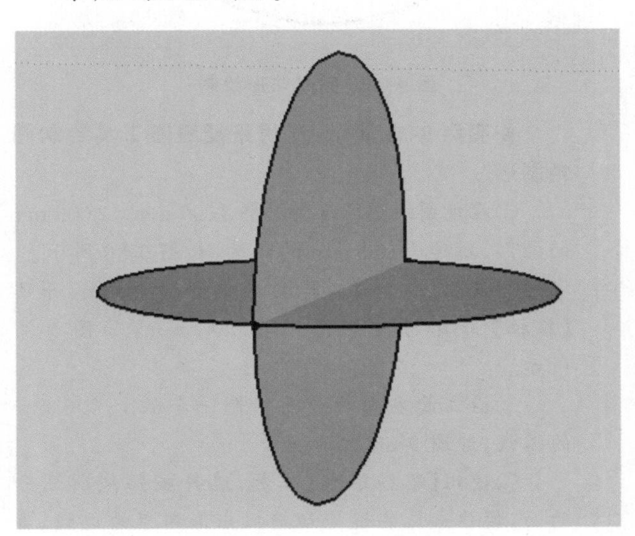

图 9-83　创建交叉圆形

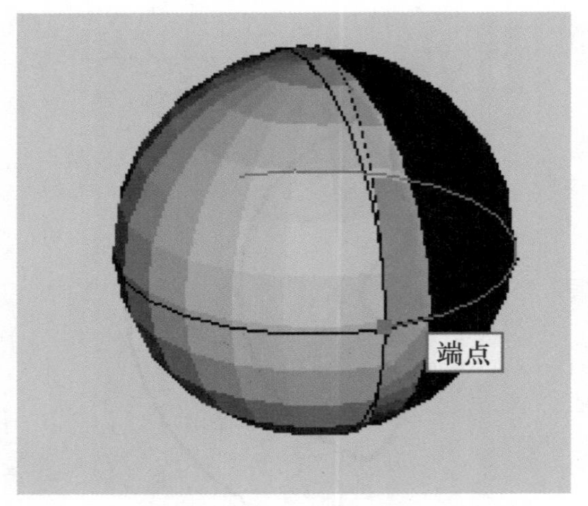

图 9-84　使用偏移捕捉

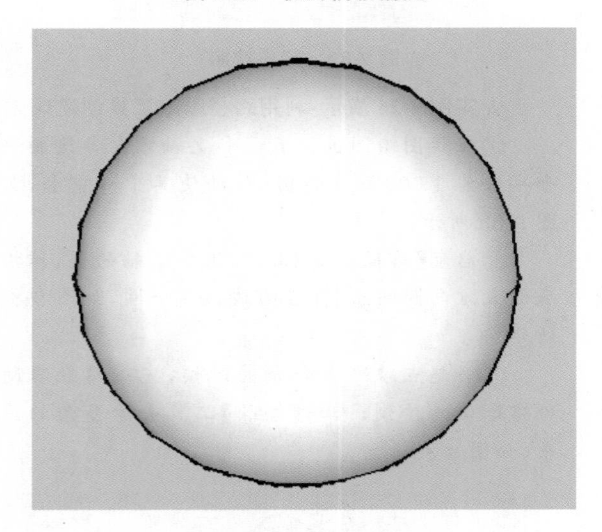

图 9-85　完成球形绘制

★实例 9-25 演示：利用路径跟随工具绘制圆角图形

①在视图绘图区绘制一个 2 000 mm×2 000 mm 的矩形，拉伸 1 100 mm 的高度，如图 9-86 所示。

②使用【偏移】工具向内偏移 300 mm，并用【推拉】工具将内矩形下推 200 mm，如图 9-87 所示。

③沿立面方向的边角绘制一个弧长 300 mm 的弧线，如图 9-88 所示。

④使用【路径跟随】工具，选择被弧线所划分的面，按住鼠标左键拖动捕捉矩形内框的边线，直到完成一周闭合，松开鼠标，完成圆角图形绘制，如图 9-89 所示。

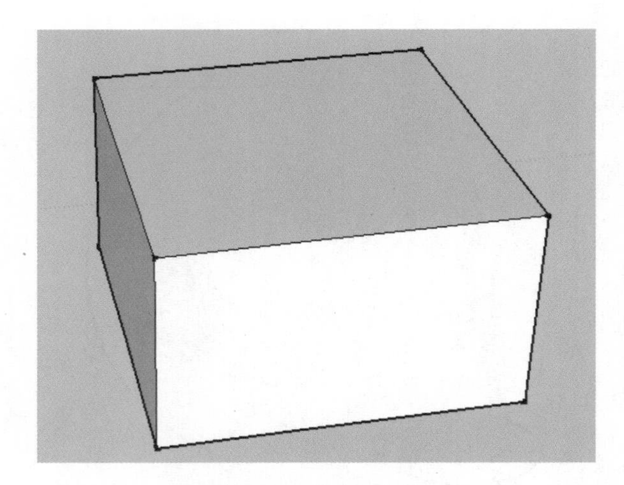

图 9-86　创建矩形体

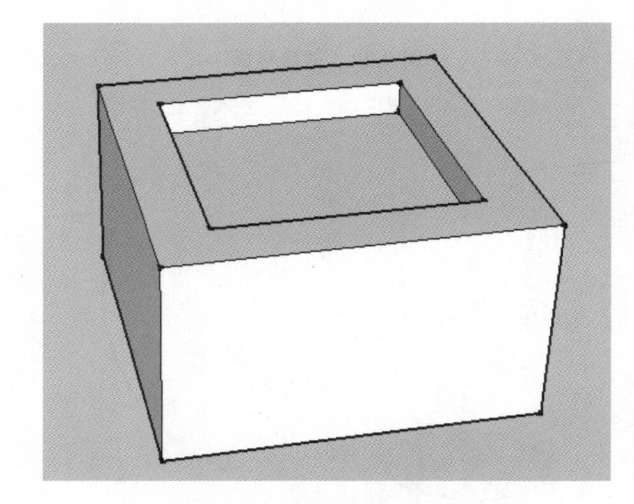

图 9-87　偏移并推拉矩形体

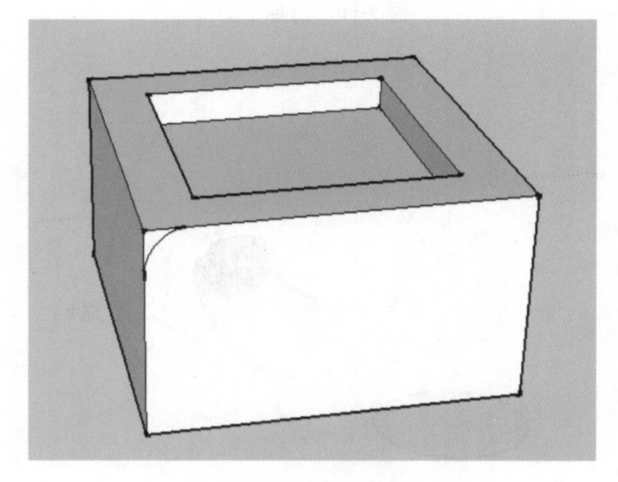

图 9-88　绘制弧形

图 9-89　完成圆角绘制

9.3　群组与组件

【群组】与【组件】工具在功能和操作上有相似的地方,都是对多个对象进行打包组合,都可以将场景中众多的构件编辑成一个整体,保持各构件之间的相对位置不变,从而实现各构件的单独操作,如复制、移动、旋转等。充分利用组件的关联复制性,把模型成组后再复制,能够提高后续模型操作的效率。【群组】与【组件】的操作包括【组】与【组件】的创建与分解、编辑、锁定与解锁。

★实例 9-26 演示:【群组】的创建和分解

①打开素材,链接网址中 SU 素材文件—第 9 章“实例 9-26.skp”,该素材是一张小凳子,由上下两部分组成,如图 9-90 所示。采用【选择】工具点击上面的面,启动【移动】工具,向外移动面,会发现,面与面之间是连住的,移动一个面,其他面也会发生变形,如图 9-91 所示。

②通过框选选择凳子上面的面,在其边框变成蓝色的时候,点击鼠标右键,用鼠标组件单击【创建组】命令,如图 9-92 所示。

③再次选择凳子上面的面,如图 9-93 所示,启动【移动】工具移动面,会发现创建组后的模型能够单独的进行移动操作,如图 9-94 所示。

④如果要解除【组】或【组件】的状态,需要在选择【组】或【组件】后单击鼠标右键选择【分解】命令,即可将已创建的组或组件炸开,如图 9-95 所示。

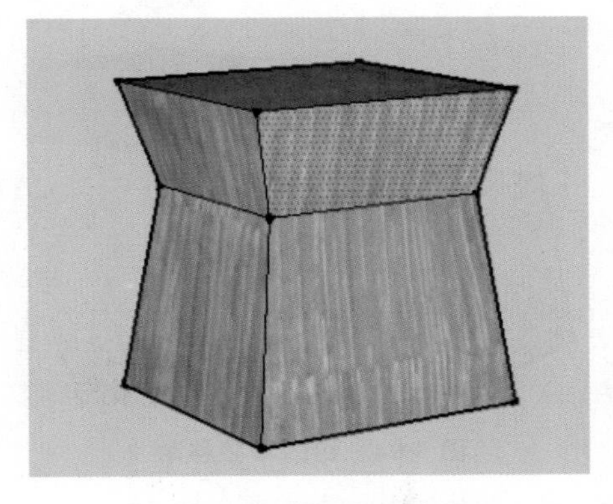

图 9-90　选择素材的面

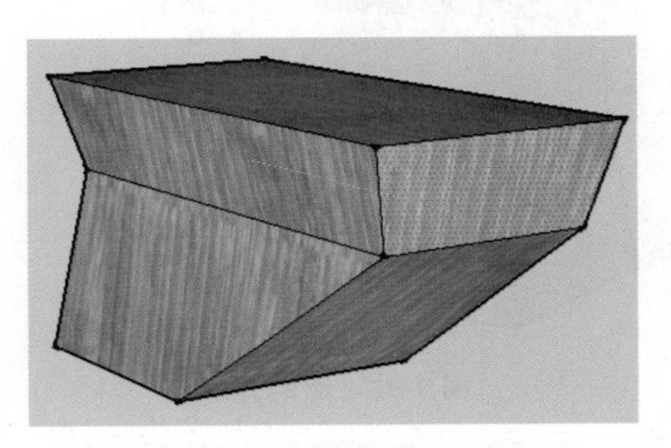

图 9-91　移动产生易位

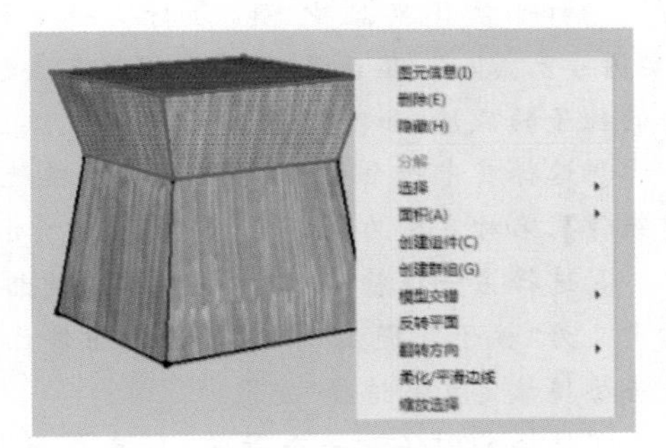

图 9-92　选择并创组

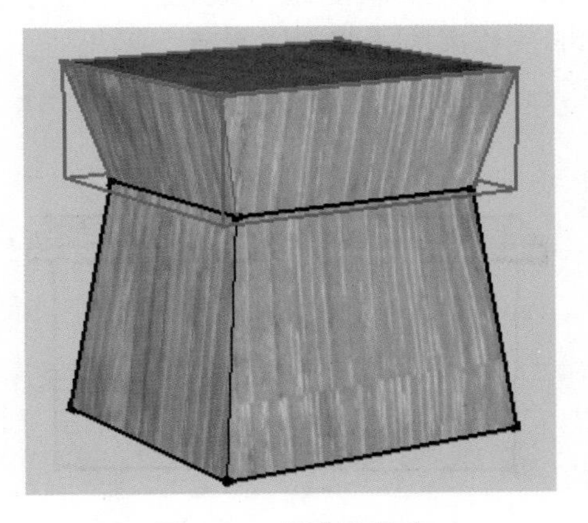

图 9-93　创建组完成

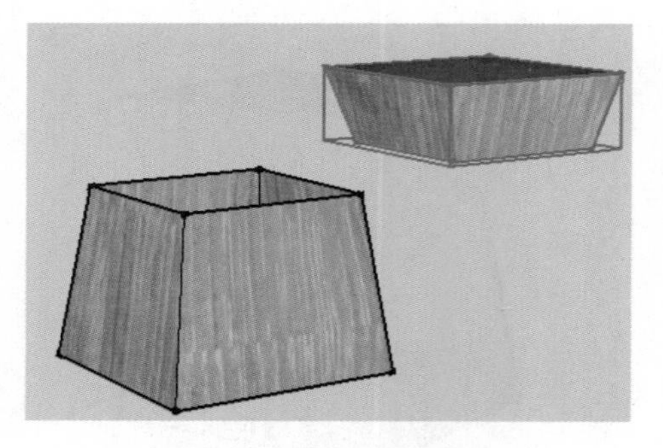

图 9-94　组的单独移动

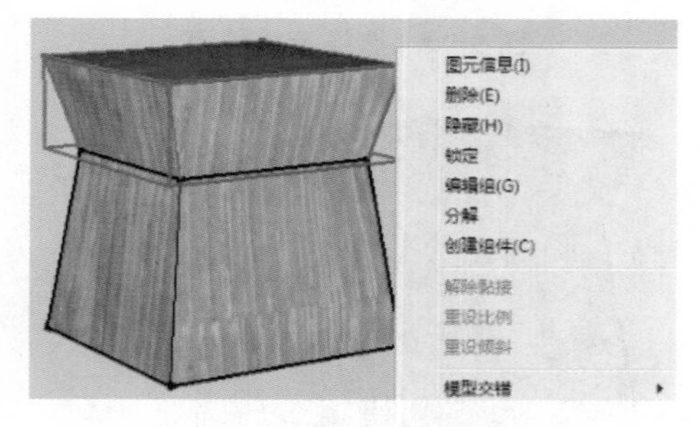

图 9-95　组的分解

★实例 9-27 演示:【组件】的创建和操作

①打开链接网址中 SU 素材文件—第 9 章"实例 9-27. skp",显示是两根各自没有成组或组件的柱子的底座,如图 9-96 所示。

②选择其中一个柱子,单击鼠标右键选择【创建组件】,名称定义为"柱子",如图 9-97 所示。

③选择另一根柱子,以相同方式创建组件,名称定义为"柱子",提示"相同名称的组件已存在,是否替换该定义",选择"是"。

④选择其中任意一个柱子,对其表面用【推/拉】拉出一定的高度,会发现,另一个柱子也会进行同步的操作,如图 9-98 所示。

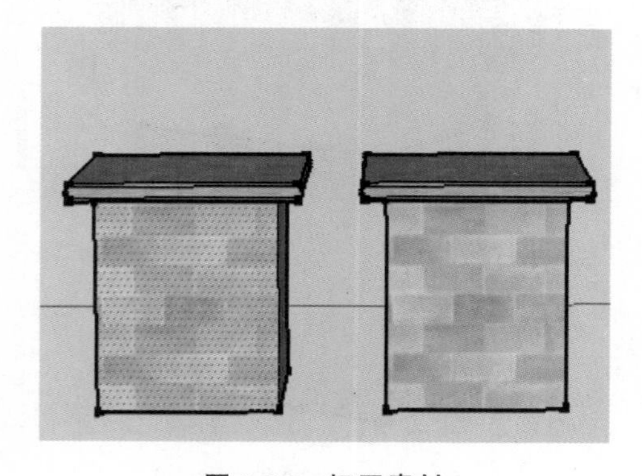

图 9-96　打开素材

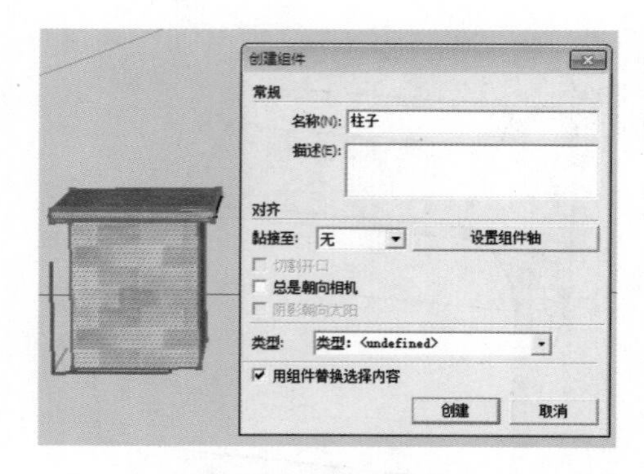

图 9-97　创建组件

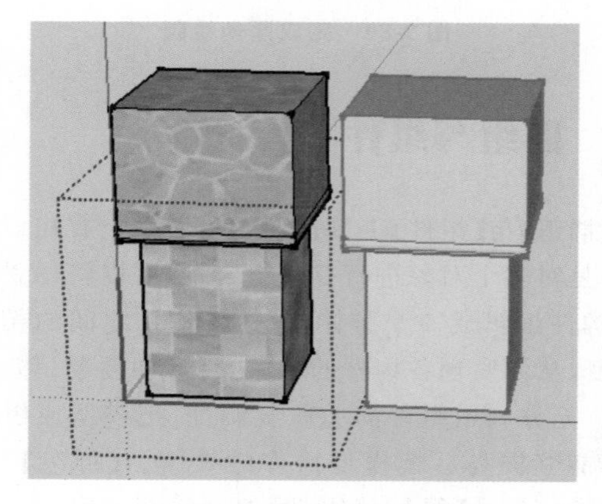

图 9-98　组件同步操作

提示:1."组"和"组件"的创建均能减少计算机的消耗,提升操作的效率,但"组"的消耗比组件更低。

2."组件"有关联特性,对"组件"双击打开编辑会影响其他相关的组件,会产生关联改变模型的外形、大小、方向、位置,甚至材质赋予,但是对"组"的修改不会产生关联。

3.创建"组件"时需要名称,而创建"组"时不需要命名。

★实例 9-28 演示:【组】或【组件】的编辑

①打开一个素材,链接网址中 SU 素材文件—第 9 章"实例 9-28. skp",给素材的各个部分分别【创建组】,全选所有组件,再次【创建组】,如图 9-99 所示。

②单击右键,选择【编辑组件】菜单命令,或者通过直接双击鼠标左键,进入群组编辑状态,如图 9-100 所示。

③暂时打开的【组】以虚线框进行表示,如图

9-101 所示，此时可以单独选择组内的模型进行调整。

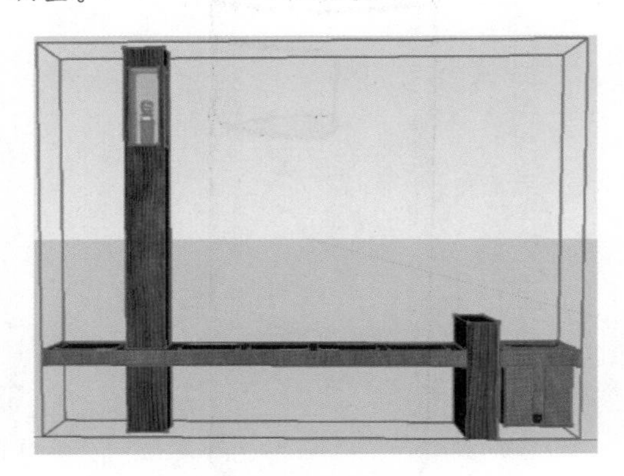

图 9-99　创建组

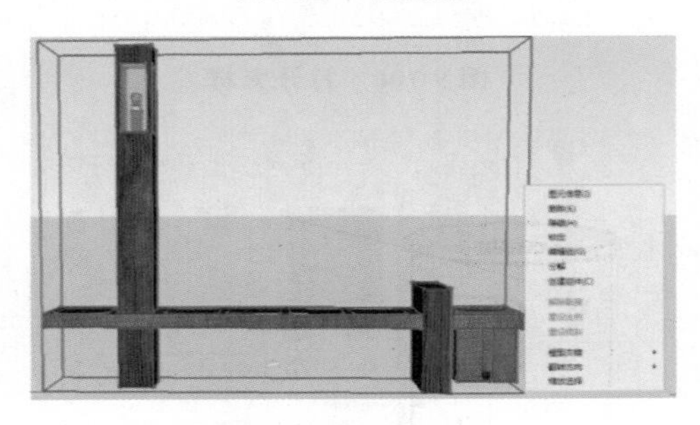

图 9-100　编辑组

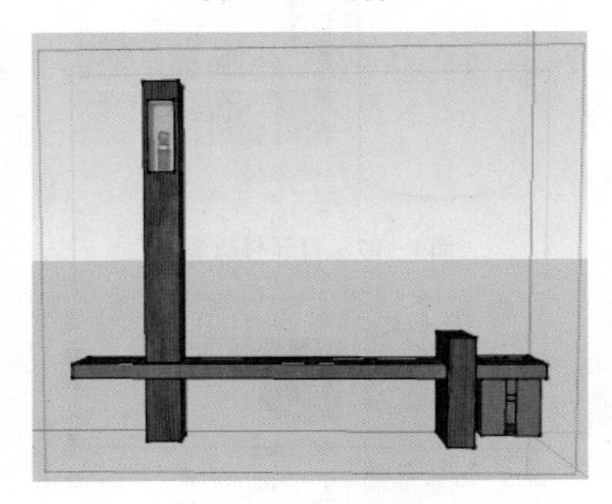

图 9-101　暂时打开的组

④选择其中的某个组，让其进入选中状态，如图 9-102 所示。

⑤再次选择【编辑组件】菜单命令，如图 9-103 所示。

⑥对该区域进行拉伸，即可完成对【组】的编辑操作，如图 9-104 所示。

⑦【组件】的编辑操作与【组】相同。

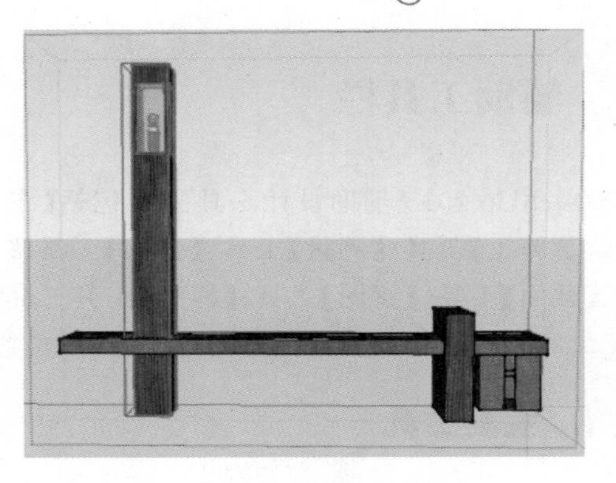

图 9-102　选中其中某个组

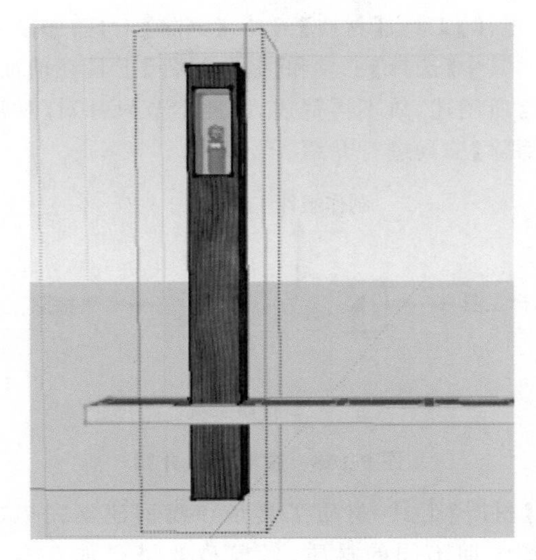

图 9-103　再次编辑组

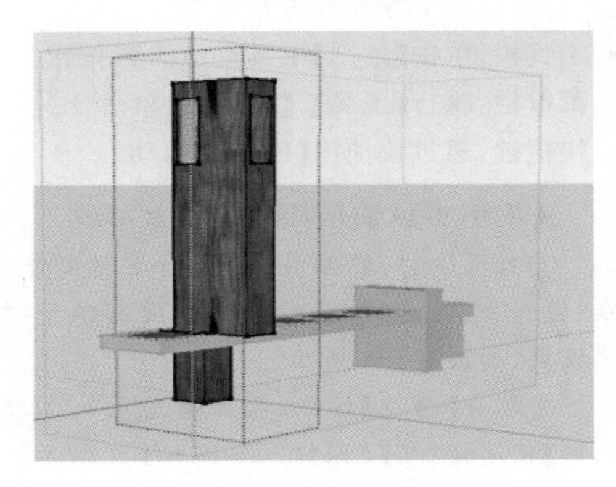

图 9-104　进行推拉操作

提示:【组】和【组件】的操作，也可以通过在【组】或【组件】上快速地双击鼠标左键，即可以快速执行【编辑组件】命令，快速而精准的操作“组”中的面或线。

9.4 辅助工具栏

SketchUp 2015 辅助设计工具主要包括【主要】工具、【建筑施工】工具、【测量】工具、【镜头】工具、【漫游】工具、【截面】工具、【视图】工具、【样式】工具。其中【视图】工具和【镜头】工具在前面已阐述,在此不再重复。

9.4.1 主要工具

SketchUp 中【主要】工具栏包含了【选择】工具、【制作组件】工具、【材质】工具、【擦除】工具,如图 9-105 所示。其中【选择】工具和【制作组件】工具在前面的章节已有所阐述,故不再赘述,因此本节只针对【材质】工具、【擦除】工具进行介绍。

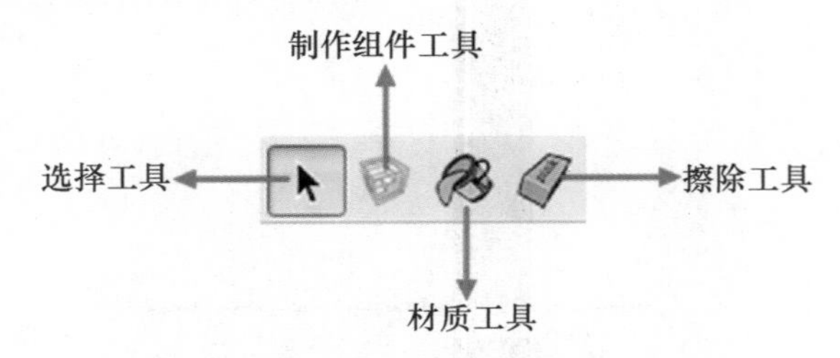

图 9-105 主要工具介绍

【材质】工具:材质工具是在模型建立完毕之后,为模型添加不同的材质,使模型效果更加真实。【材质】工具可通过以下方式打开:

- 工具栏:单击【绘图】工具栏中的按钮。
- 菜单栏:执行【工具】|【材质】菜单命令。
- 快捷键:通过快捷键【B】实现启动。

★实例 9-29 演示:给模型添加材质

①打开素材,链接网址中 SU 素材文件—第 9 章"实例 9-29. skp",素材为一个没有赋予材质的垃圾筒,如图 9-106 所示。

②单击【材质】按钮,打开材质面板,在【指定色彩】栏选择"0077 深绿",如图 9-107 所示。

③进入【编辑组件】状态,待鼠标光标变成状态后,单击模型对应面,即可赋予材质,如图 9-108 所示。

④同样的操作,给垃圾桶盖赋予黑色材质,完成材质赋予,如图 9-109 所示。

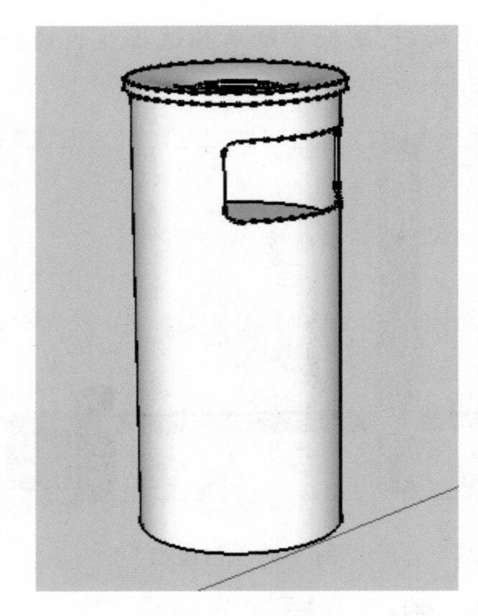

图 9-106 打开素材

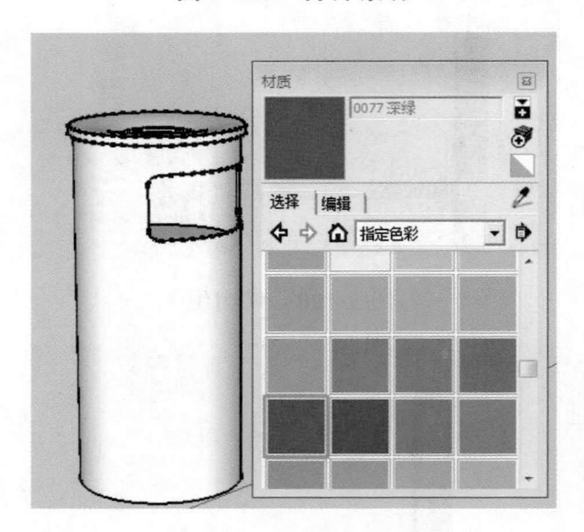

图 9-107 打开材质面板

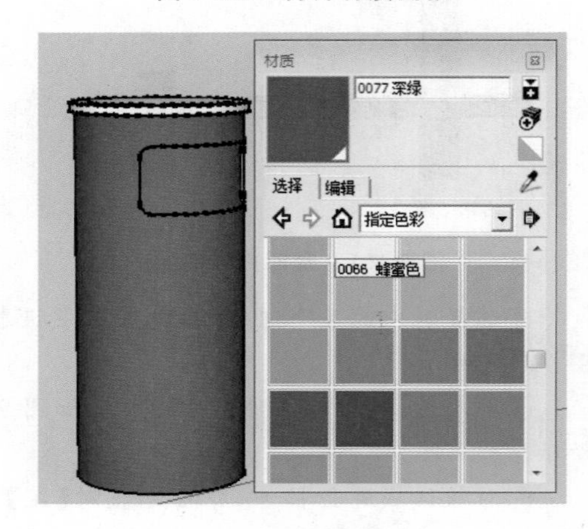

图 9-108 赋予材质

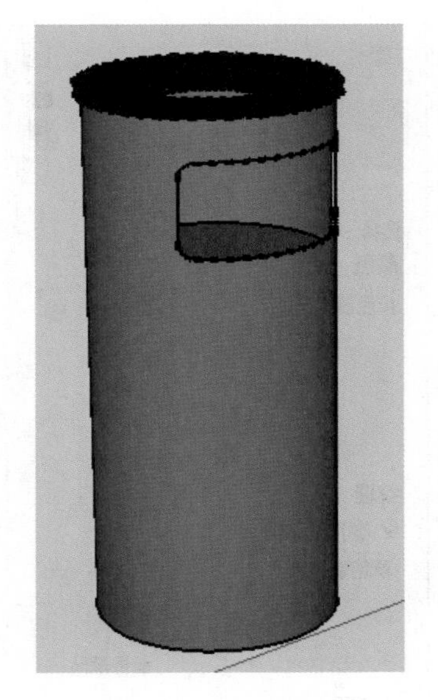

图 9-109　完成效果

SketchUp 中有多种材质可供选择，但是同时我们也能对赋予的材质进行一些修改，这个要用到【材质】工具中的【材质编辑器】。【材质编辑器】的打开是通过启动【材质】工具(图 9-110)，单击【编辑】菜单命令执行，如图 9-111 所示。

【材质编辑器】的启动也可以通过单击【材质】的按钮，其功能如图 9-112 所示。

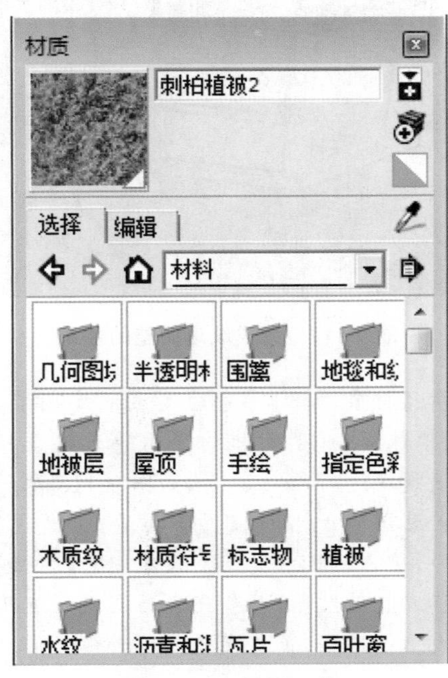

图 9-110　材质工具

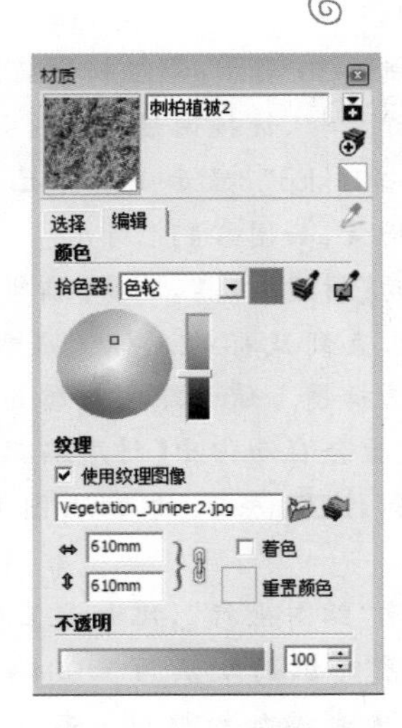

图 9-111　材质编辑器

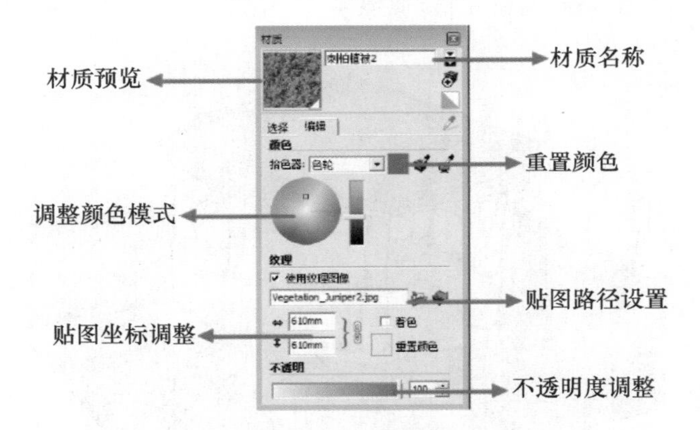

图 9-112　材质编辑器功能详解

材质贴图工具可以在模型已经赋予材料的基础上，增加其材质表面纹理，使用前需要先勾选“使用纹理图像”，然后通过单击浏览按钮进行图片选择，如图 9-113 所示。纹理图像坐标则可以修改贴图的尺寸以达到理想的比例效果。

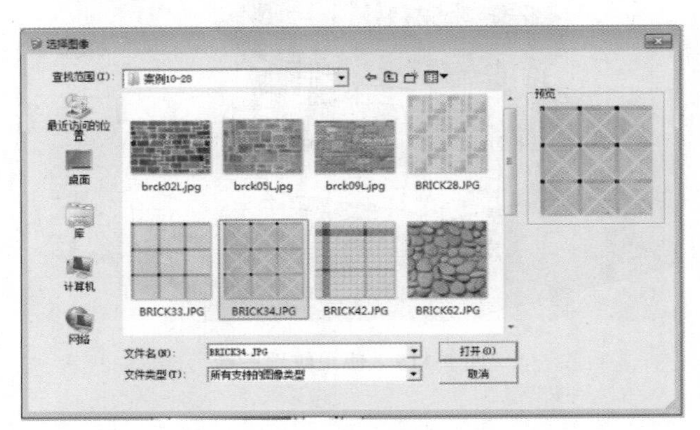

图 9-113　选择贴图

★实例 9-30 演示:添加材质纹理

①打开素材,链接网址中 SU 素材文件—第 9 章“实例 9-30. skp”,显示是一个已经赋予基本材质的小型场景,如图 9-114 所示。

②启动【材质】工具,选择【编辑】对话框,按住【Alt】键盘,直到鼠标的光标变成吸管状态,单击鼠标左键选择图上赋予绿色材质部分,勾选“使用纹理图像”后会自动弹出【材质编辑器】,鼠标单击浏览,选择 JEPG 格式的草地图片,如图 9-115 所示。

③修改“贴图坐标”,比如这里输入高度6 000 mm,宽度系统识别默认为 9 004mm,如图 9-116 所示,则可看到添加的材质具有一个自然草地的纹理,如图 9-117 所示。

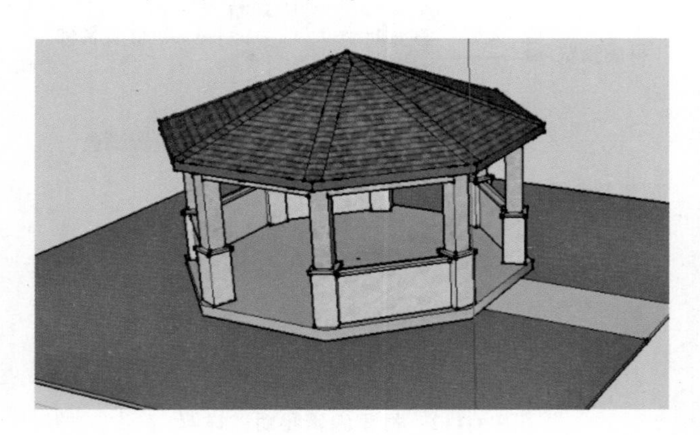

图 9-114　打开素材

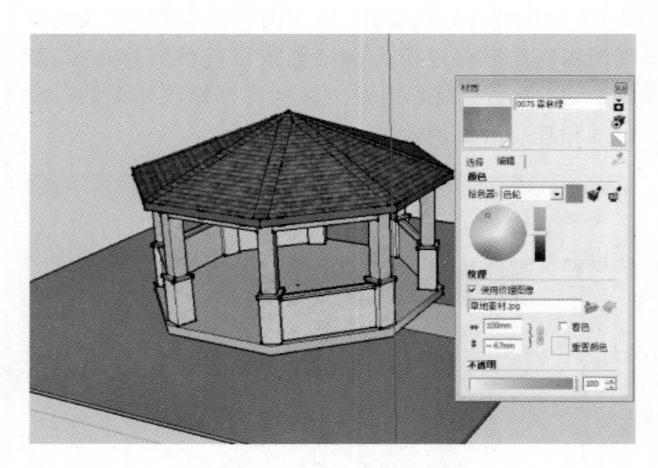

图 9-115　使用纹理图像

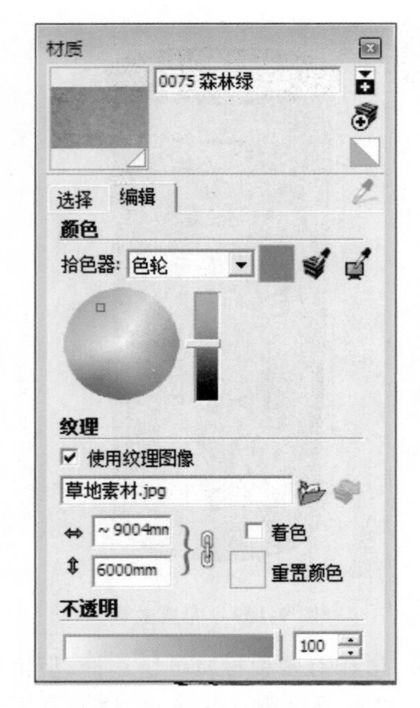

图 9-116　调整纹理大小

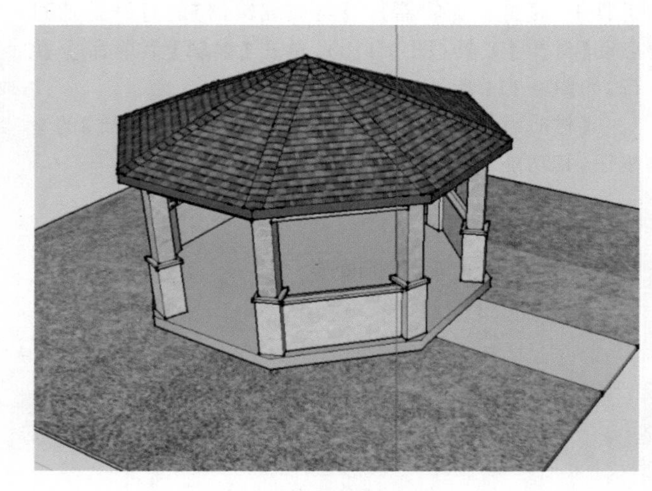

图 9-117　完成纹理调整的效果

提示:【材质编辑器】中的不透明度调节,“不透明度”数值越高,透明材质的显示效果越差,可通过不透明度滑块进行滑动调节,如图 9-118 和图 9-119 所示。若贴图的大小和位置不合适,可通过选中贴图文件后,单击鼠标右键,选择【纹理】/【位置】,红色代表平移或旋转贴图,蓝色代表贴图平行变形,绿色代表放大缩小贴图,黄色代表贴图透视变形。

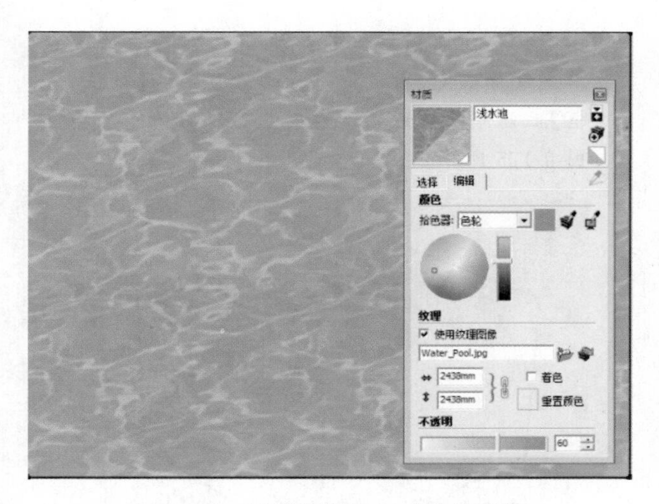

图 9-118　不透明度为 60 的水纹材质

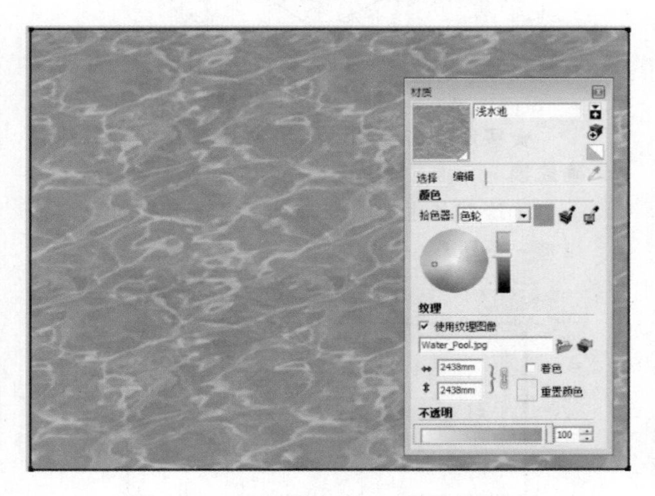

图 9-119　不透明度为 100 的水纹材质

【擦除】工具:擦除工具可以通过擦除线条来完成对图形的整理,启动【擦除】工具后,单击需要擦除的部分即可完成去除工作,不能用于擦除面。【擦除】工具的启动方式可通过以下几种方式:

- 工具栏:单击【主要】工具栏里的 按钮。
- 菜单栏:执行【工具】|【橡皮擦】菜单命令运行。
- 快捷键:通过快捷键【E】进行启动。

★实例 9-31 演示:擦除线条

①在绘图区绘制一个 2 000 mm×2 000 mm 的矩形,如图 9-120 所示。

②按快捷键【E】激活【擦除】工具,在矩形的任意边线上单击,即可完成擦除命令,原来封闭的面也会自动解除,如图 9-121 所示。

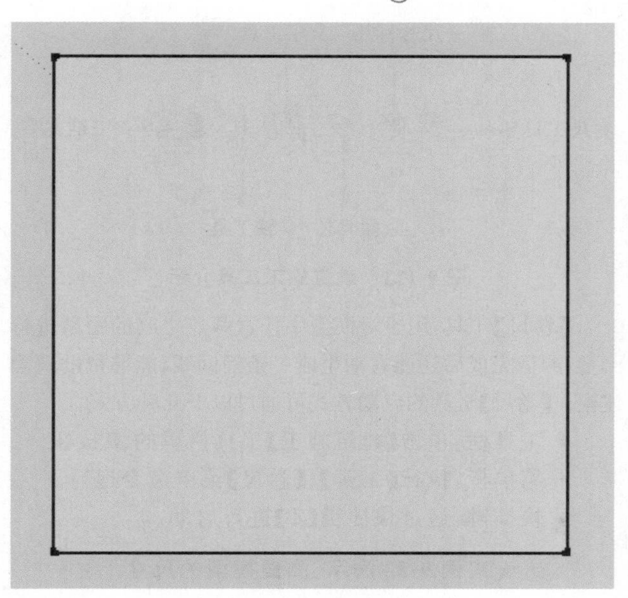

图 9-120　绘制矩形

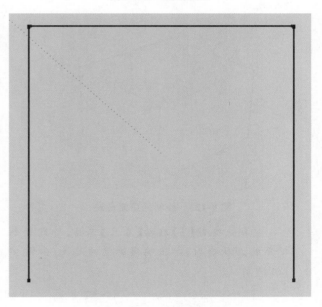

图 9-121　擦除边线

9.4.2　建筑施工工具

【建筑施工】是用于辅助绘制精确建模的,其主要工具包括【卷尺】、【尺寸标注】、【量角器】、【文字】、【轴】和【三维文字】工具,如图 9-122 所示。其中【卷尺】和【尺寸标注】、【量角器】工具主要用于度量,而【文字】和【三维文字】工具主要用于文本的创建和表达。

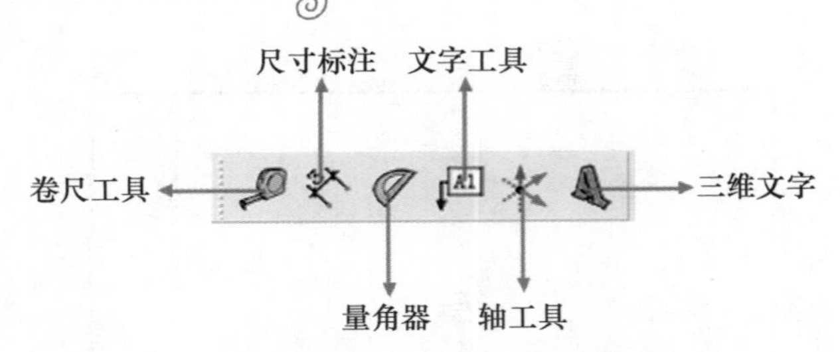

图 9-122　建筑施工工具介绍

【卷尺】工具：用于对模型中任意两点之间的距离进行测量，测量完成后还能自动生成一条辅助线，能够帮助精确建模。【卷尺】工具的启动方式可通过以下几种方式：

- 工具栏：单击【建筑施工】工具栏里的按钮。
- 菜单栏：执行【工具】|【卷尺】菜单命令运行。
- 快捷键：通过快捷键【T】进行启动。

★实例 9-32 演示：测量模型的尺寸

①在绘图区绘制任意大小的矩形块，如图 9-123 所示。

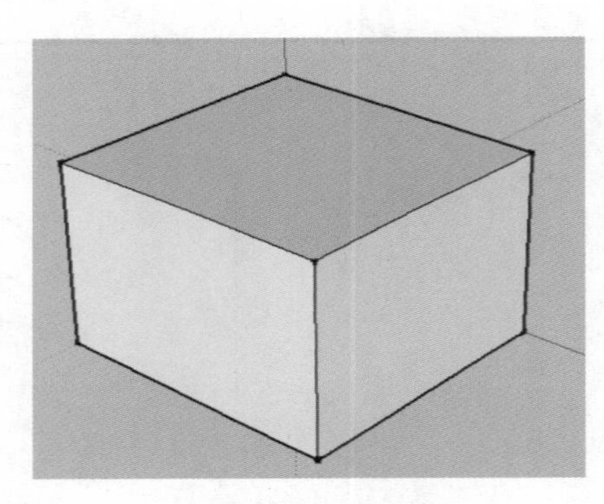

图 9-123　绘制任意矩形块

②按快捷键【T】启动【卷尺】工具，待鼠标光标变成状态时，单击确定测量的起点，如图 9-124 所示。

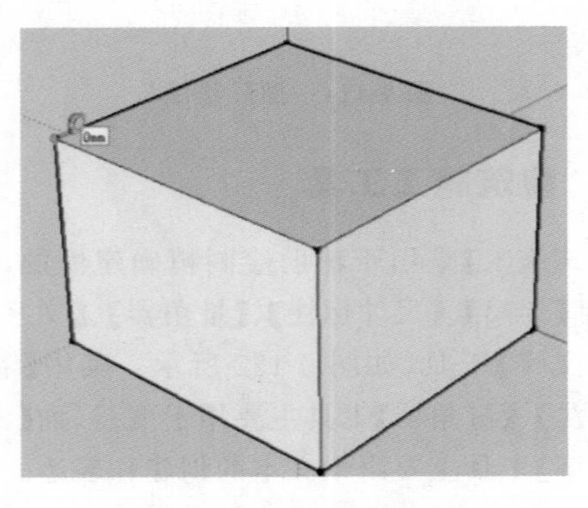

图 9-124　确定测量起点

③按住鼠标左键不放拖动到测量的第二点，单击鼠标确定，在鼠标光标的右下角和【数值输入框】上就可以看到显示的测量部分的精确尺寸，如图 9-125 所示。

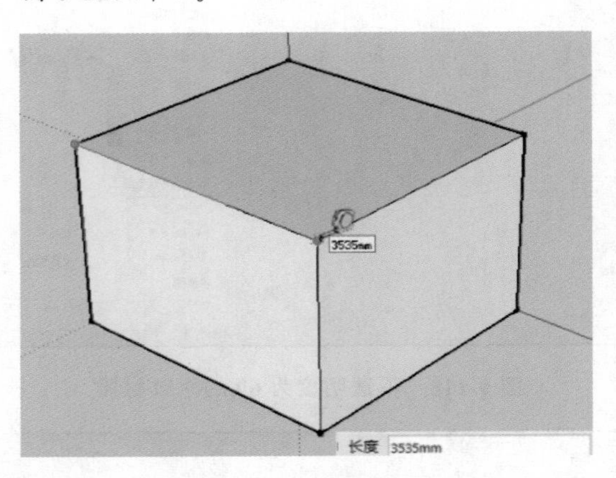

图 9-125　完成测量

★实例 9-33 演示：利用卷尺工具的辅助线精确建模

①绘制任意大小矩形，启动【卷尺】工具，单击矩形一条边线，如图 9-126 所示。

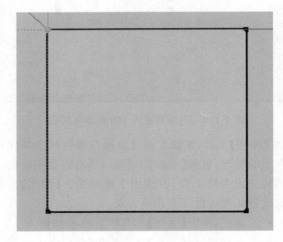

图 9-126　绘制矩形

②按住鼠标左键不放向下拖动一定距离，在【数值输入框】输入数字 600，松开鼠标后，会自动生成一条辅助线，即可确定当前辅助线到边线的宽度为 600 mm，如图 9-127 所示。

③单击【线条】工具，沿辅助线方向描，即可绘制距离边线距离为 600 m 的直线，如图 9-128 所示。

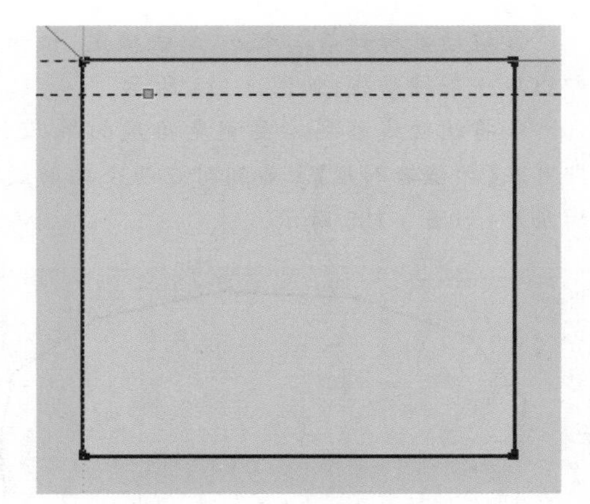

图 9-127　生成辅助线

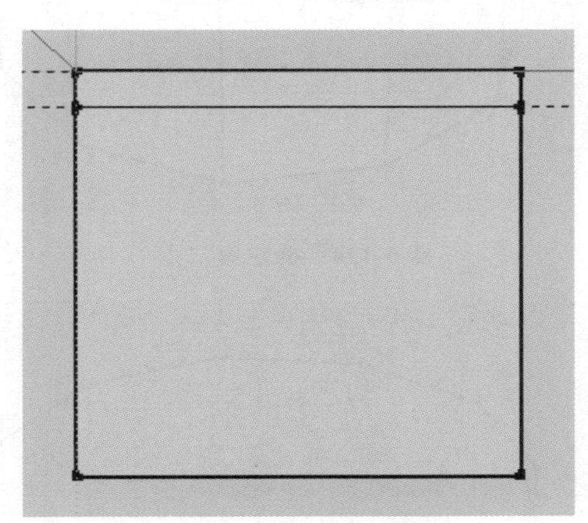

图 9-128　沿辅助线描边

提示:辅助线可通过【擦除】工具去除,若辅助线数量比较多,可以通过【编辑】菜单中选择【删除参考线】,即可删除图中所有的辅助线。

【尺寸标注】工具:以施工图标注所需要的精度对物体进行尺寸标注,【尺寸标注】工具的启动方式可通过以下几种方式:

- 工具栏:单击【建筑施工】工具栏里的按钮。
- 菜单栏:执行【工具】|【尺寸】菜单命令运行。

★实例 9-34 演示:对模型进行尺寸标注

①打开模型,链接网址中 SU 素材文件—第 9 章“实例 9-34. skp”,单击【工具】|【尺寸标注】,单击模型确定第一个点,如图 9-129 所示。

②拖动鼠标到第二点,单击确定,按住鼠标左键不放向外拖动一小段距离,单击鼠标确定,即可完成当前线段的标注,如图 9-130 所示。

③以同样的方式标注模型的其他尺寸,完成后如图 9-131 所示。

图 9-129　确定第一个点

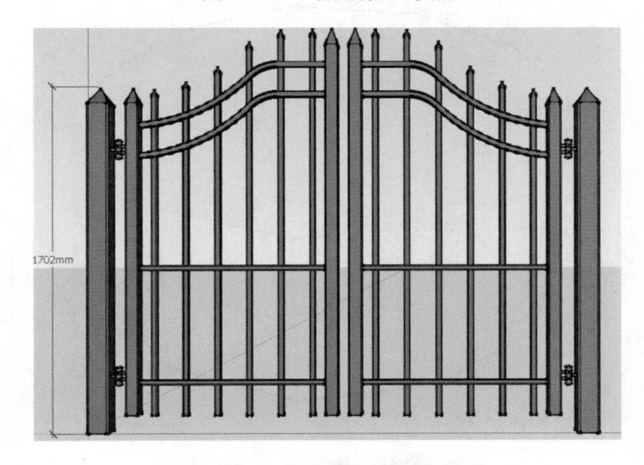

图 9-130　完成当前线段的标注

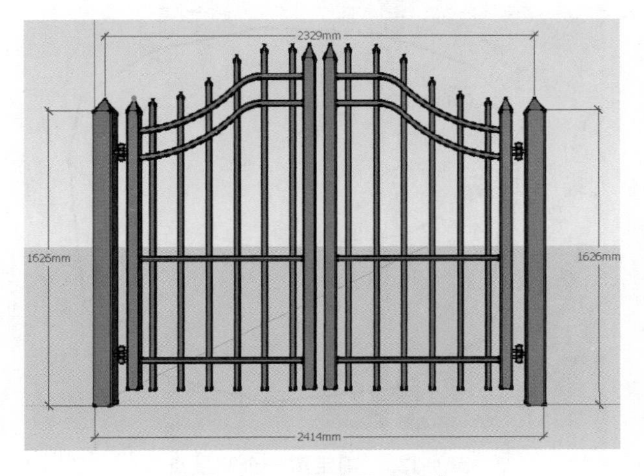

图 9-131　完成尺寸标注

提示:标注的文字和尺寸线可以通过【Delete】键进行删除。

【量角器】工具:用于测量角度,也可以创建角度辅助线。量角器的精度可精确至0.1°。【量角器】工具的启动方式可通过以下几种方式:

- 工具栏:单击【建筑施工】工具栏里的按钮。
- 菜单栏:执行【工具】|【量角器】菜单命令运行。

★实例9-35 演示:测量十一边形某个角度

①在绘图区绘制一个正十一边形,并拉出一定的高度,如图9-132所示。

②单击【量角器】按钮,按住鼠标指针移动到正十一边形的任意角点,确定第一个点,如图9-133所示。

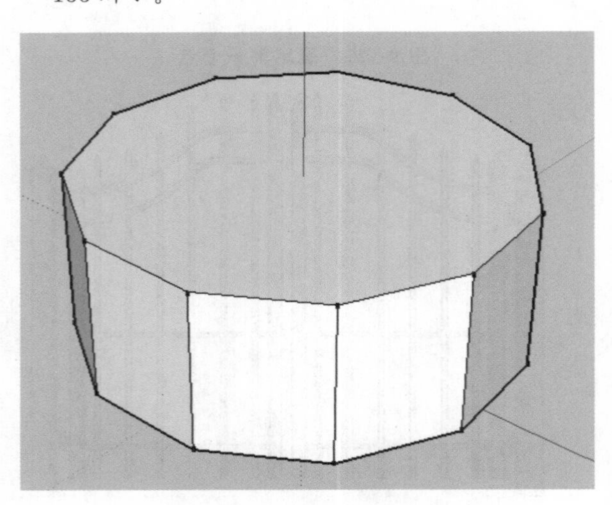

图9-132　绘制正十一边形

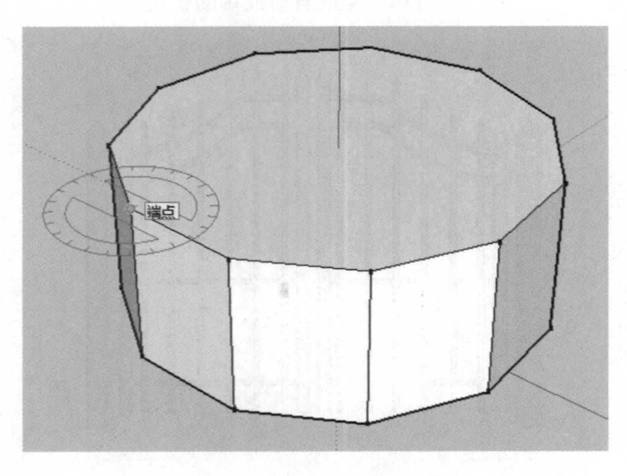

图9-133　确定第一个测量点

③拖动鼠标到第二个点,单击确定,松开鼠标即出现一条辅助线,如图9-134所示。

④将辅助线移到需要测量角度的第三个点,即可在【数值输入框】上看到对应两个辅助线之间的角度,如图9-135所示。

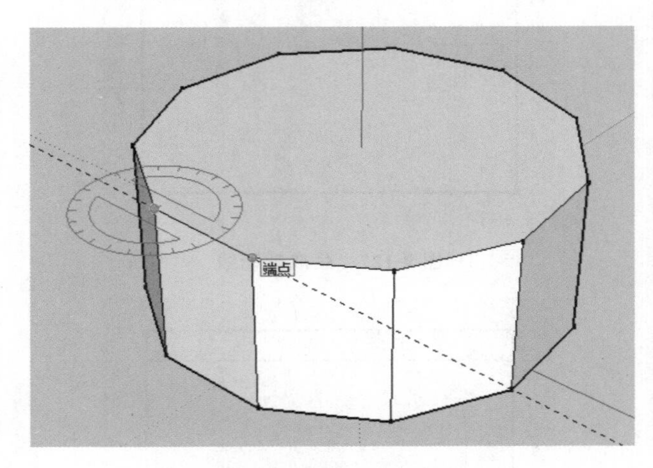

图9-134　确定第二点

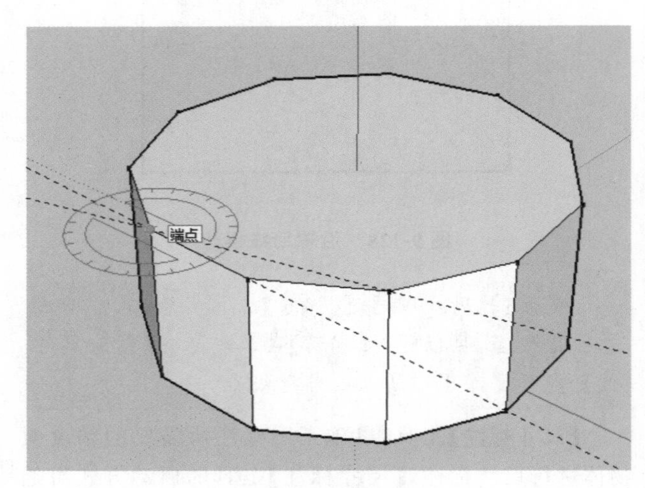

图9-135　完成测量

提示:在使用【量角器】工具时,只是测量角度而不需要创建辅助线可以按住【Ctrl】键,再使用【量角器】工具拖动相应角度。

【文字标注】工具:除了【尺寸】工具以外,【文字标注】工具也可对模型的线、面任意位置进行【长度】、【半径】、【直径】的精确标注,还可以对图形面积、线段长度、定点坐标、材料类型、特殊做法及细部构造进行文字标注。【文字标注】工具的启动方式可通过以下几种方式:

◆ 工具栏:单击【建筑施工】工具栏里的按钮。

◆ 菜单栏:执行【工具】|【文字标注】菜单命令运行。

★实例 9-36 演示:给模型标注文字

①在绘图区绘制一个正三角形,并拉出一定的高度,如图 9-136 所示。

②单击【建筑施工】工具栏,将鼠标平移到模型表面,拖动鼠标到需要放置的位置,如图 9-137 所示。

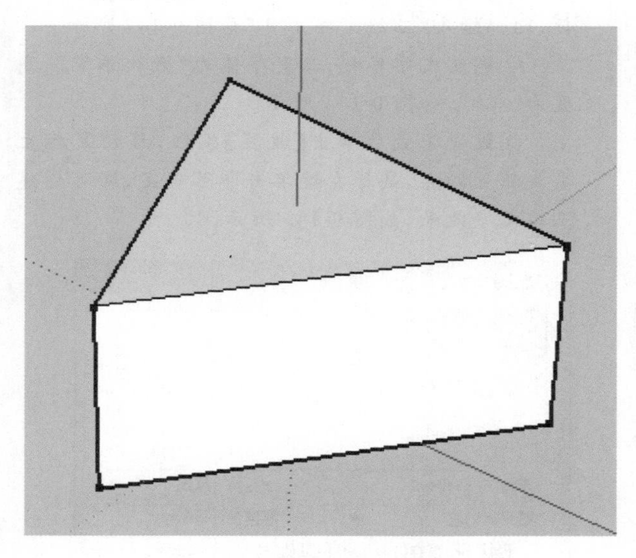

图 9-136　创建模型

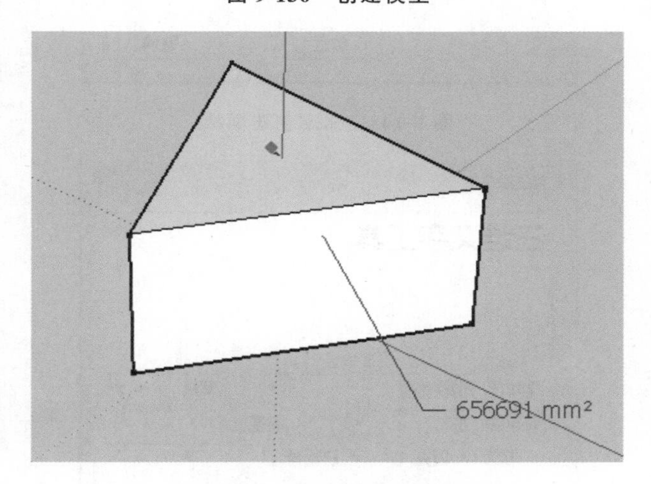

图 9-137　选择文字放置位置

③确定后再次单击鼠标即可完成文字的标注,如图 9-138 所示。

④若要修改标注的内容,在确定后松开鼠标,在空白处键入需要修改的内容,如图 9-139 所示。

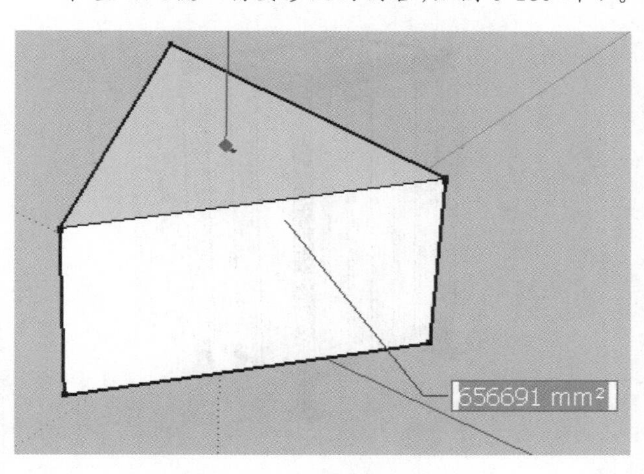

图 9-138　确定完成标注

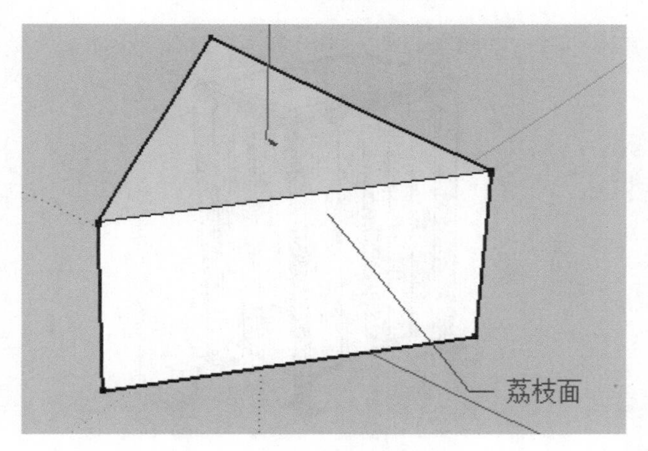

图 9-139　修改标注内容

【轴】工具:轴即坐标轴。SketchUp 中的模型创建、移动等操作是通过坐标轴进行位置定位。【轴】工具的启动方式可通过以下几种方式:

◆ 工具栏:单击【建筑施工】工具栏里的按钮。

◆ 菜单栏:执行【工具】|【坐标轴】菜单命令运行。

★实例 9-37 演示:利用【轴】工具调整坐标轴向

①打开素材模型,链接网址中 SU 素材文件—第 9 章"实例 9-37. skp",如图 9-140 所示。

②单击【轴】工具按钮,单击垃圾桶的左上角角点作为轴心点,如图 9-141 所示。

③按住鼠标不放拖动至另一端点,单击确定 X 轴,再次单击鼠标确定,即可完成调整坐标轴向,如图 9-142 所示。

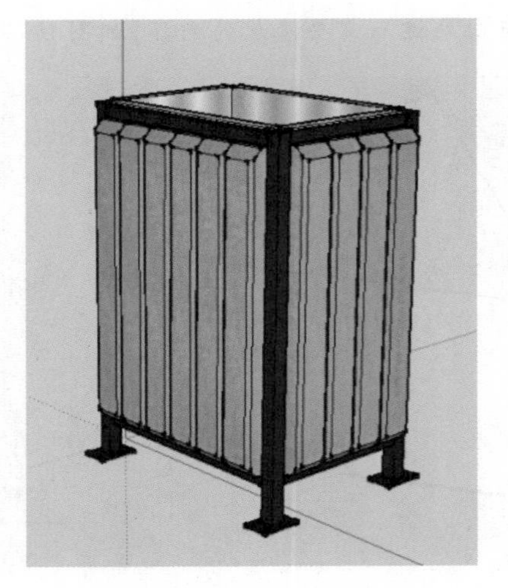

图 9-140　打开模型

图 9-141　确定轴心点

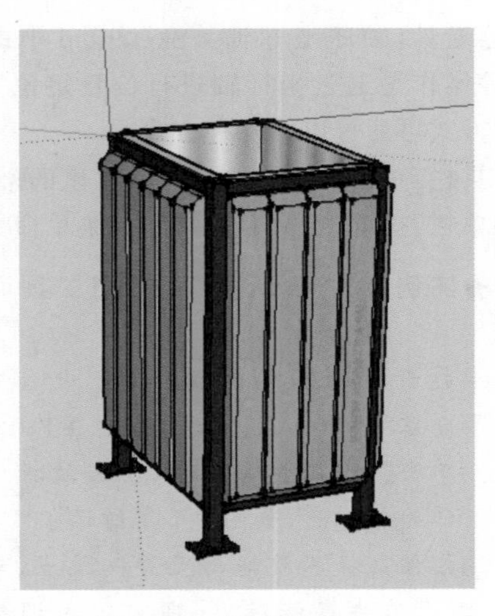

图 9-142　调整坐标轴向

【三维文字】工具:用于快速创建三维或平面的文字效果,【三维文字】工具的启动方式可通过以下几种方式:

- 工具栏:单击【建筑施工】工具栏里的按钮。
- 菜单栏:执行【工具】|【三维文字】菜单命令运行。

★实例 9-38 演示:创建三维文字

①启动【三维文字工具】,系统弹出【放置三维文本】设置面板,在其中输入文字并调整文字参数,比如输入“三维文字工具”如图 9-143 所示。

②调整文字参数,改变字体为“微软雅黑”,高度为“300”,如图 9-144 所示。

③设置完成后单击【放置】按钮,移动鼠标至需要放置的点,鼠标左键单击即可确定,即可创建三维文字效果,如图 9-145 所示。

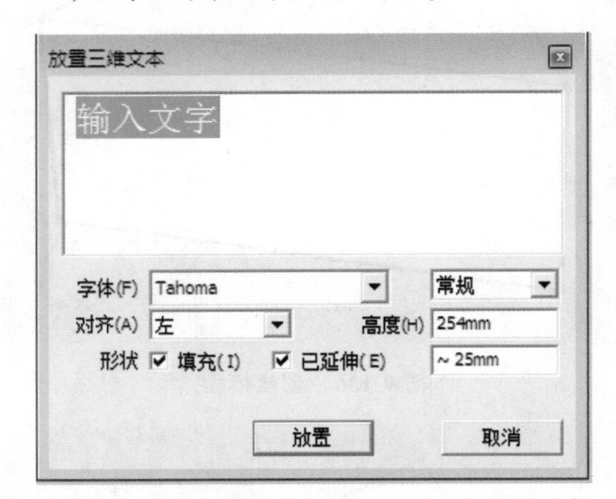

图 9-143　文本创建面板

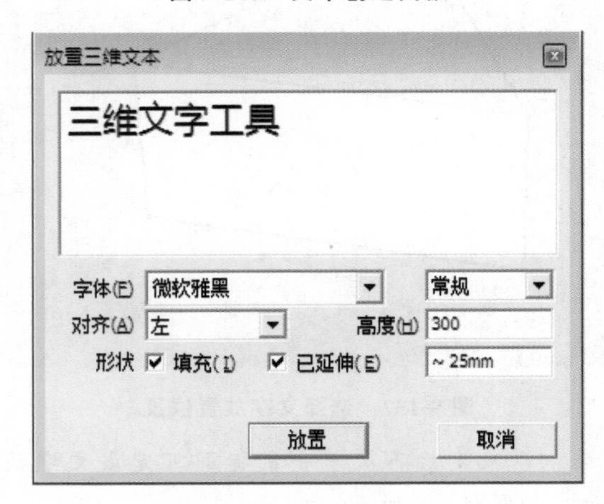

图 9-144　输入文字

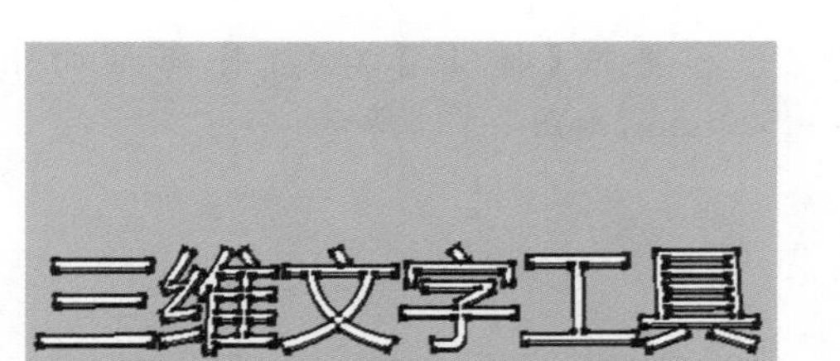

图 9-145　生成三维文字效果

9.4.3　样式工具

样式工具可以切换不同的显示模式，满足不同的观察需要和风格设定。可切换的样式分别分为【X 透视】、【后边线】、【线框】、【消隐】、【阴影】、【材质贴图】和【单色显示】模式，如图 9-146 所示。样式工具栏的内容操作在后面有详细的描述。

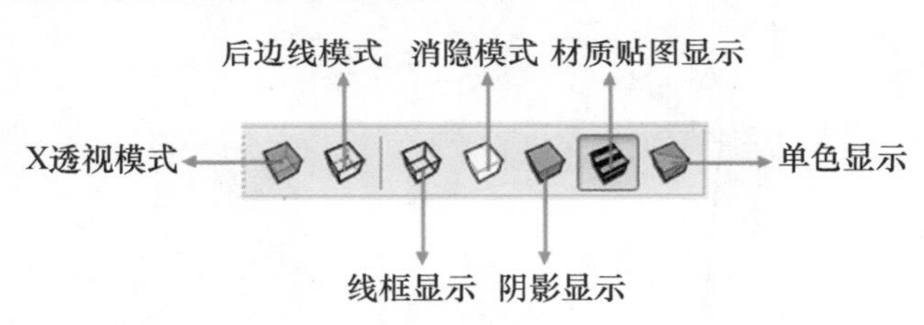

图 9-146　样式工具栏介绍

9.5　照片匹配辅助建模

【照片匹配】工具能够通入导入图片，将图片中的内容与模型结合匹配，创建不同样式的模型。【照片匹配】可以通过执行【窗口】|【照片匹配】菜单命令执行。

★实例 9-39 演示：照片匹配建模

①打开素材，链接网址中 SU 素材文件—第 9 章“实例 9-39”，选择执行【窗口】|【照片匹配】菜单命令，弹出【照片匹配】对话框，如图 9-147 所示。

②单击⊕，导入需要匹配的照片，素材是一个建筑单体，如图 9-148 所示。

③调整红绿色轴线 4 个控制点，如图 9-149 所示。

④单击鼠标右键选择【完成】命令，单击直线工具给控制点描边，如图 9-150 所示。

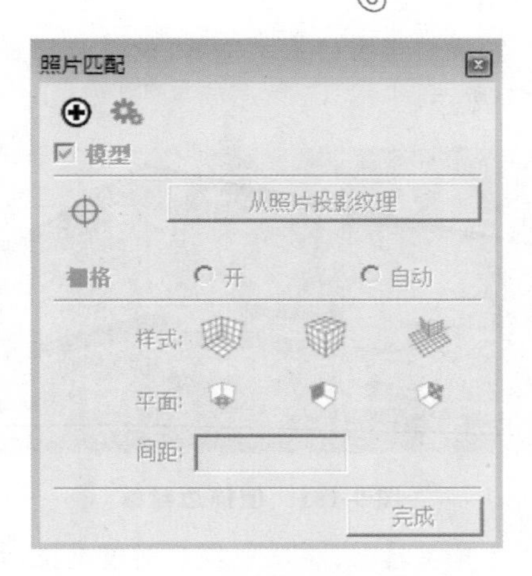

图 9-147　照片匹配对话框

图 9-148　导入匹配照片

图 9-149　调整控制点

图 9-150　给控制点描边

⑤绘制模型的基本轮廓，使之封闭成面，如图9-151所示。

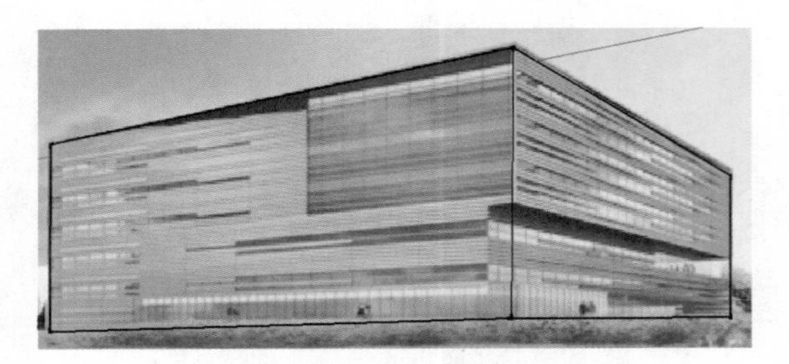

图 9-151　使描边封面

⑥单击按钮，将纹理投射到模型上，选中照片匹配绘制的面，复制到照片范围以外，调整视图，如图9-152所示，形成了一个简单的照片匹配模型。

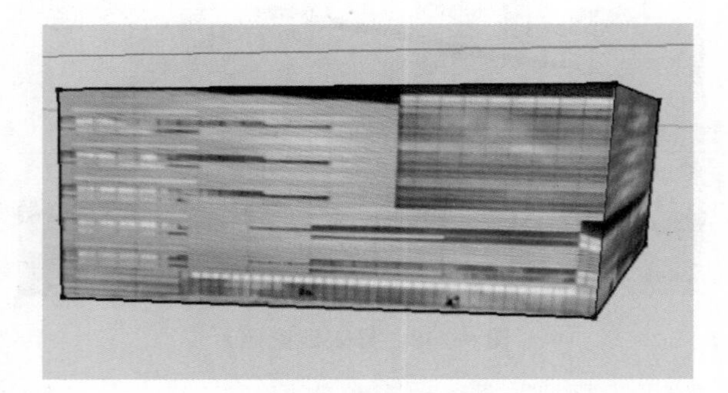

图 9-152　完成照片匹配

9.6　SketchUp 建模方法

★实例 9-40 演示：绘制简单坡屋顶房子模型

①启动SketchUp，单击【矩形】工具，绘制一个长6 000 mm，宽4 500 mm的矩形，如图9-153所示。

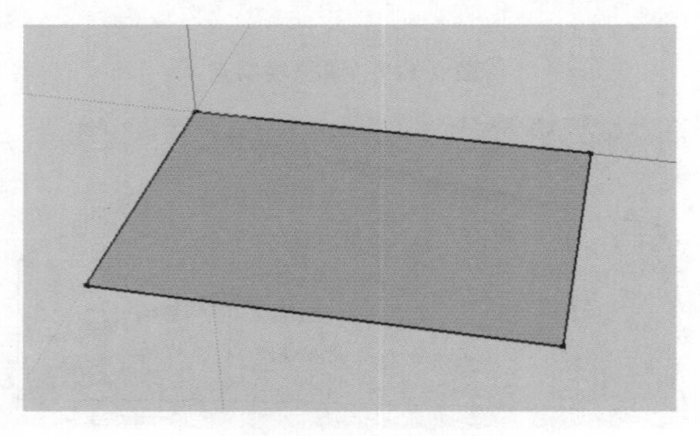

图 9-153　创建矩形

②单击【推/拉】工具，将矩形向上拉出3 500 mm，如图9-154所示。

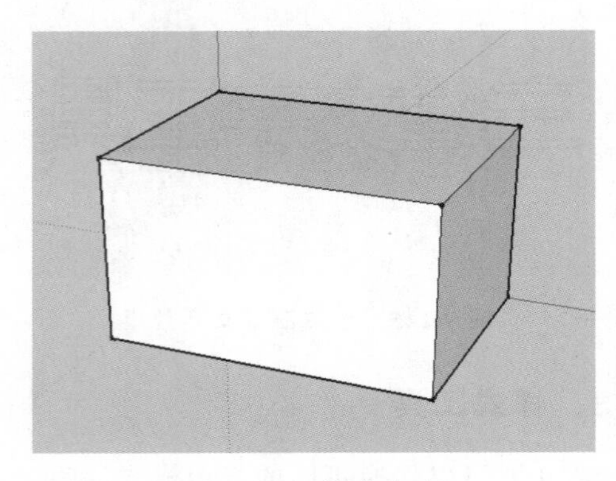

图 9-154　拉出高度

③单击【直线】工具，在矩形的顶面捕捉绘制一条中心线，如图9-155所示。

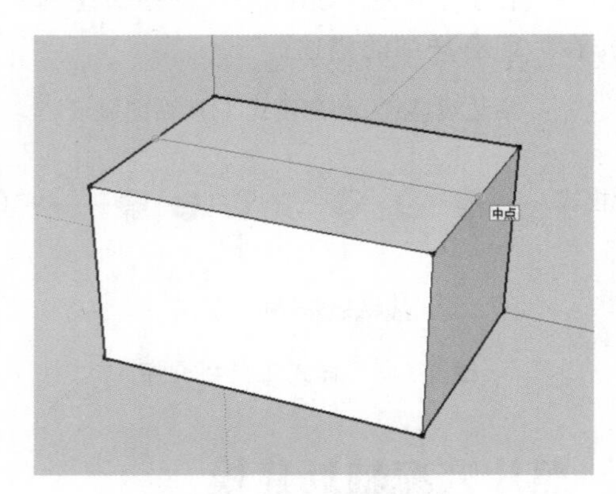

图 9-155　绘制中线

④单击【移动】工具，按键盘空白键进入【选择】工具，选择绘制的中心线，沿Z轴蓝色方向移动，移动距离为2 200 mm，如图9-156所示。

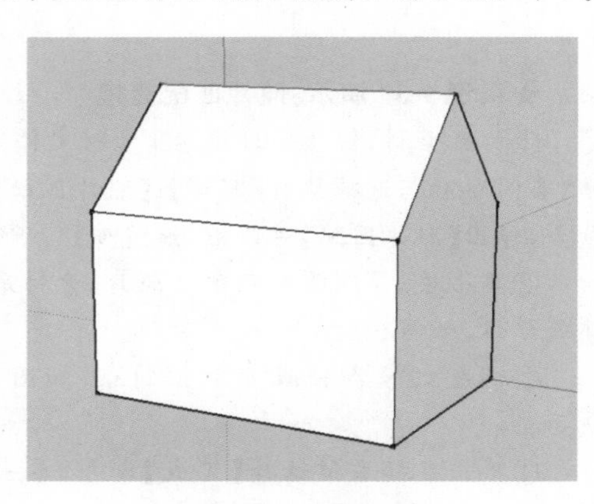

图 9-156　拉出坡屋顶

⑤再次单击【推/拉】工具,分别选中屋顶中线的一个侧面向外拉出 200 mm 距离,如图 9-157 所示。

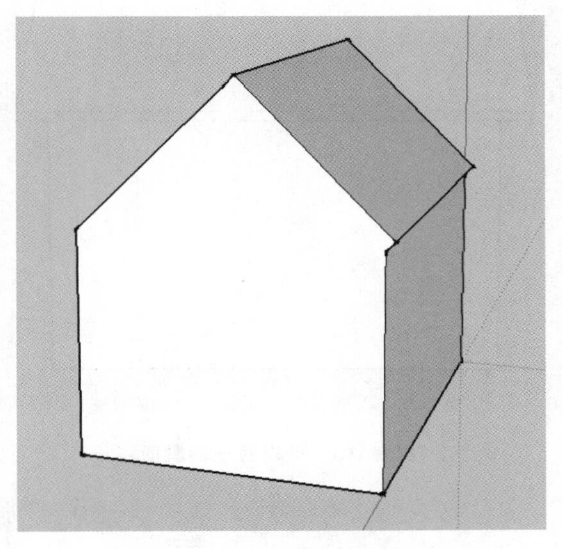

图 9-157 拉出屋顶面

⑥选择另一个侧面内多出来的面,同样向外拉出 200 mm 距离,如图 9-158 所示,再次选择剩余的面,按住【Ctrl】键同样向外拉出 200 mm 距离,删除多余线条,出现破面的时候需要将边线重新描一遍,生成面。

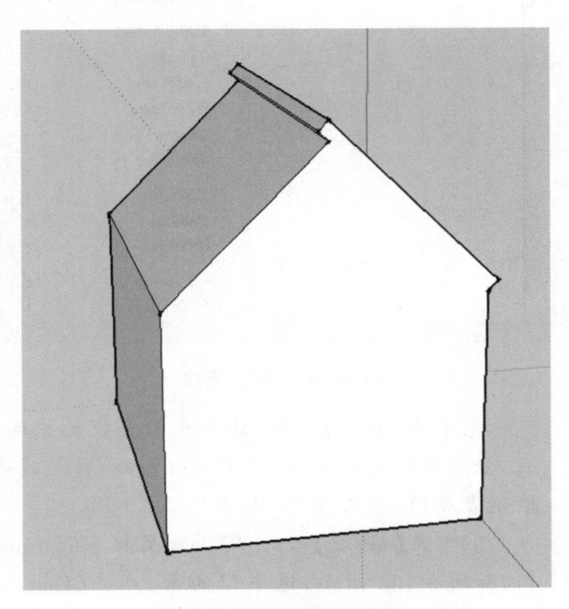

图 9-158 继续拉出距离

⑦保持【推/拉】工具使用状态,分别选中房子的立体左右两侧面并各向里推出 200 m 距离,如图 9-159 所示。

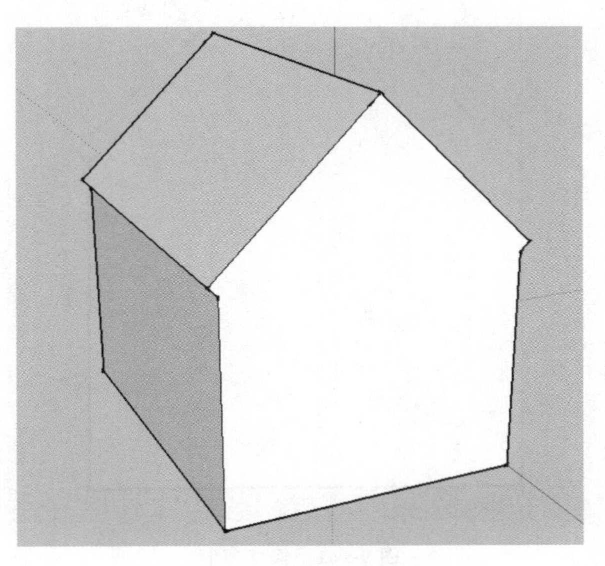

图 9-159 处理屋顶左边

⑧执行【相机】/【标准试图】,选择【左视图】,如图 9-160 所示,选择屋顶的两条边线,按住【Ctrl】键,单击【偏移】按钮,向内偏移复制 200 mm 距离,如图 9-161 所示。

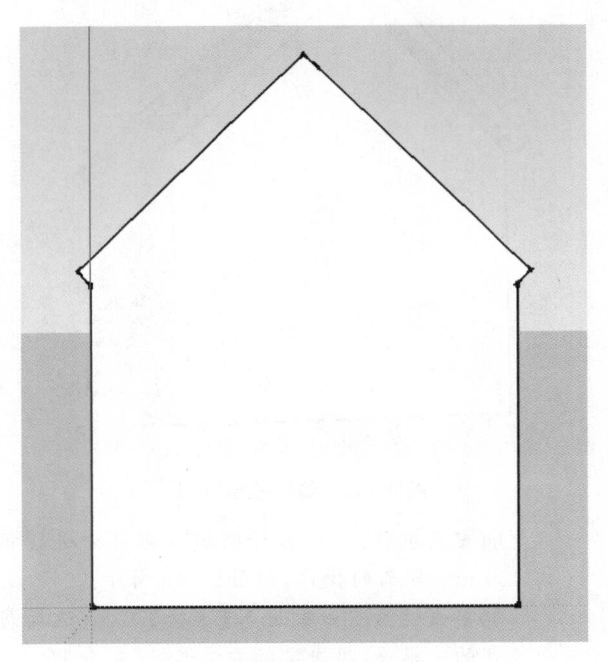

图 9-160 选择左视图

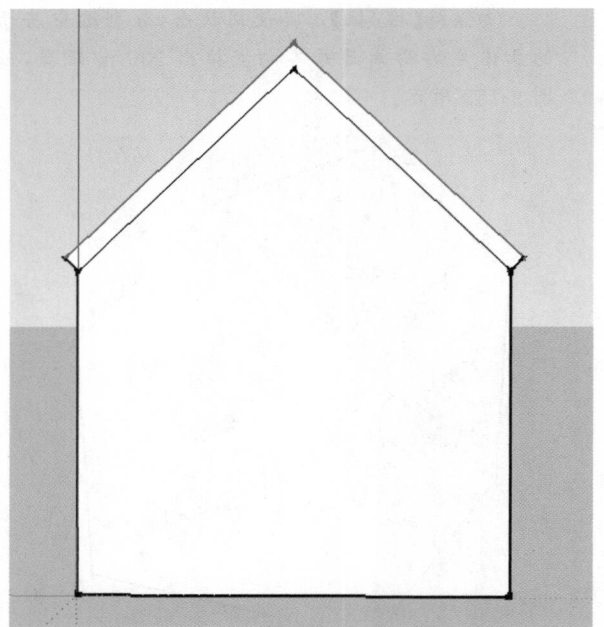

图 9-161　偏移复制

⑨单击【推/拉】工具，对偏移复制产生的面向外拉出 400 mm 距离，如图 9-162 所示。

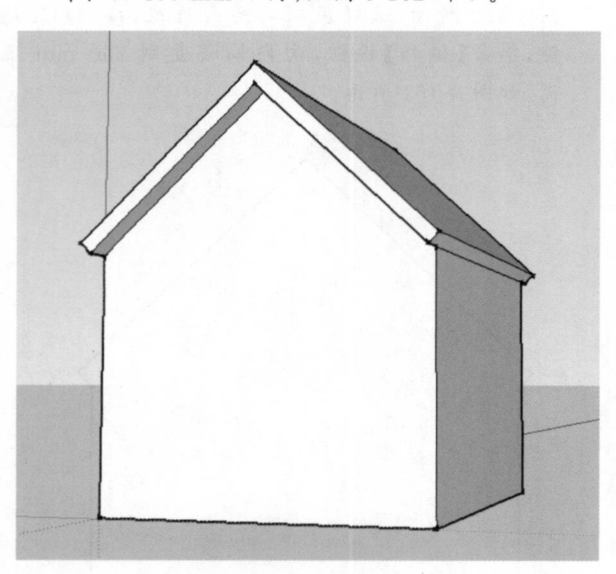

图 9-162　偏移拉出复制

⑩重复步骤⑧，对另外面的相同部分进行拉出 400 mm 距离的操作，如图 9-163 所示。

⑪单击键盘空白键进入【选择】工具，选择房子底部的一根线，单击鼠标右键选择【拆分】命令，将直线拆分成 3 段，如图 9-164 所示。

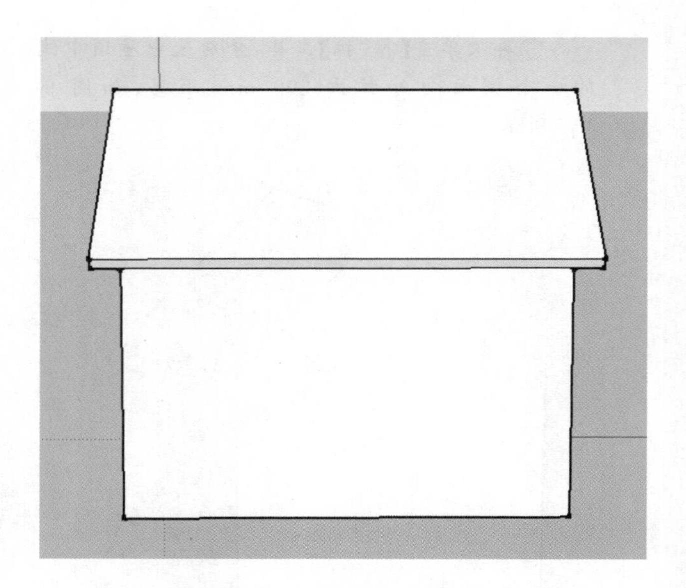

图 9-163　处理另一侧屋顶

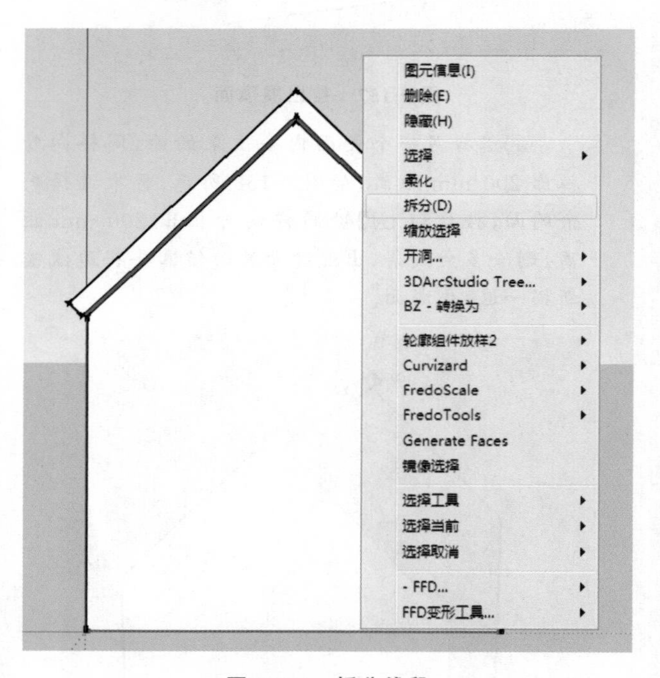

图 9-164　拆分线段

⑫单击【直线】工具，捕捉底面直线的中间两点，分别用绘制高度为 2 500 mm 的线，补足线条，绘制完成门，如图 9-165 所示。

⑬单击【推/拉】工具，将门向里推 200 mm 距离，如图 9-166 所示，选中门的面，点击【Delete】，删除该面，如图 9-167 所示。

图 9-165　绘制门框

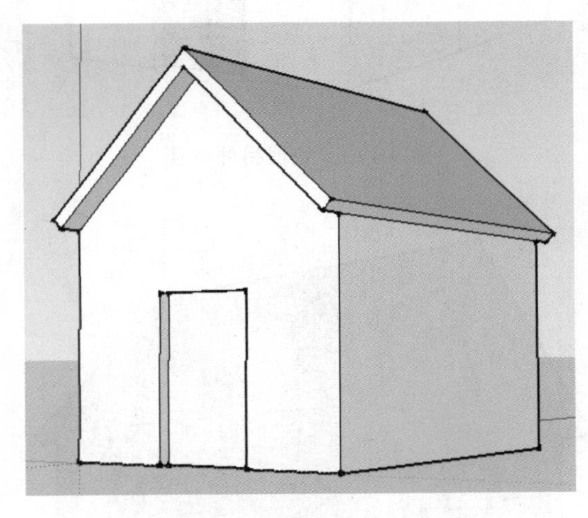

图 9-166　推出门的距离

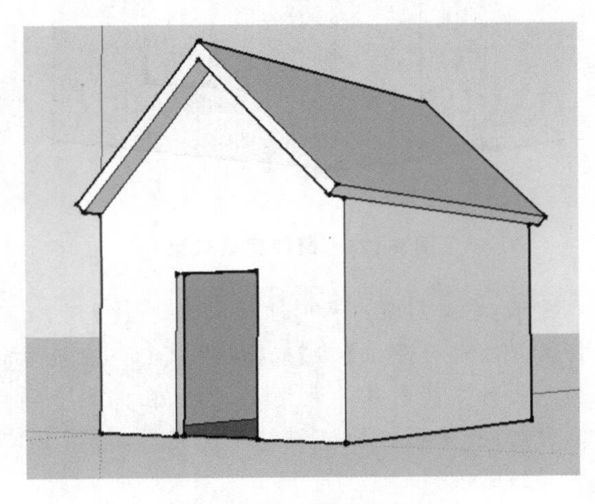

图 9-167　删除门板

⑭单击【直线】工具，在房子一侧底面线上捕捉中点并绘制一条高度为 800 mm 的辅助线，如图 9-168 所示，单击【矩形】工具，在房子的一侧绘制 1 500 mm×1 100 mm 的矩形，如图 9-169 所示。

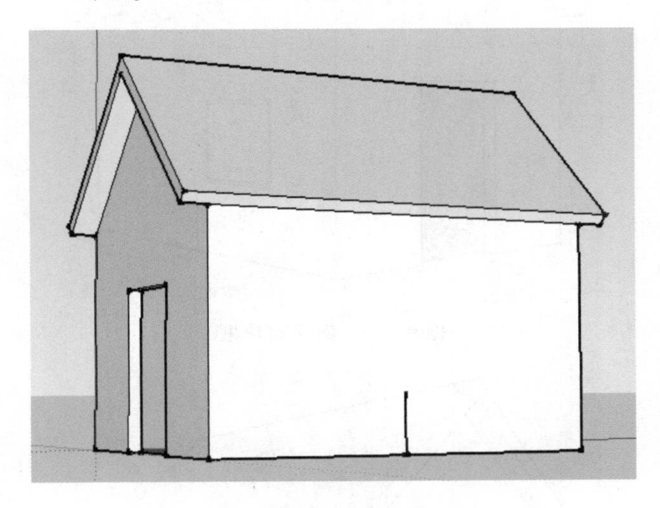

图 9-168　绘制辅助线

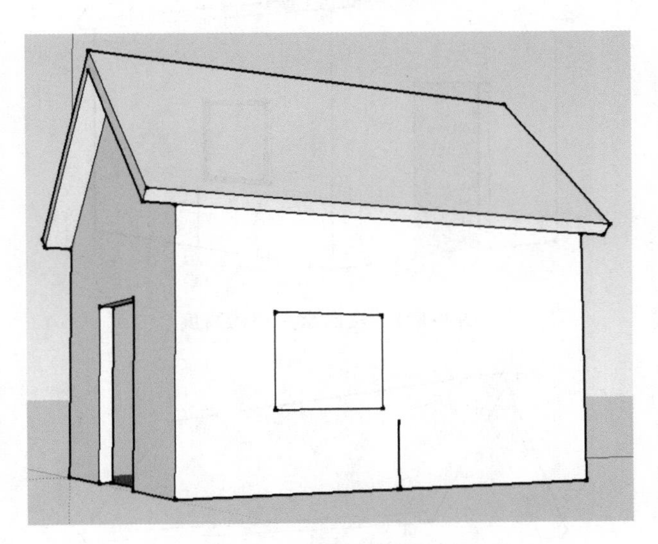

图 9-169　绘制窗户雏形

⑮单击【偏移】工具，选择矩形，向内偏移复制 50 mm 距离，如图 9-170 所示。

⑯单击【推拉】工具，将偏移复制的区域选择并向外拉出 50 mm 的距离，如图 9-171 所示。

⑰框选窗户部分，单击【移动】工具，捕捉窗户的中点，使其与辅助线重合，如图 9-172 所示。

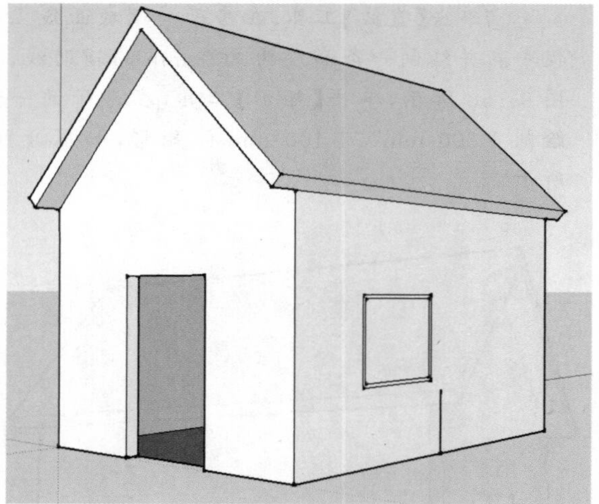

图 9-170　细化窗户框

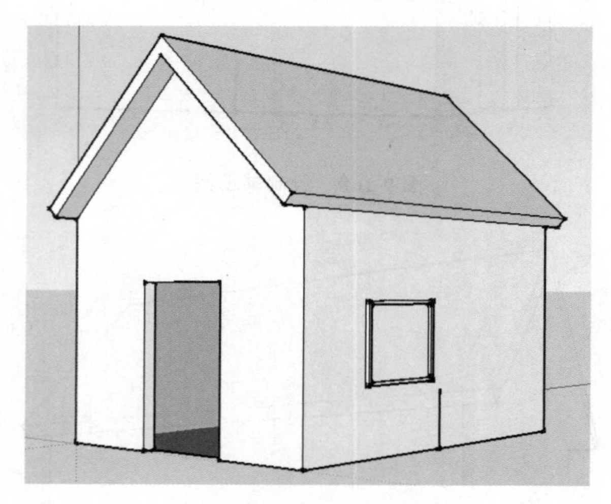

图 9-171　拉出窗户框的高度

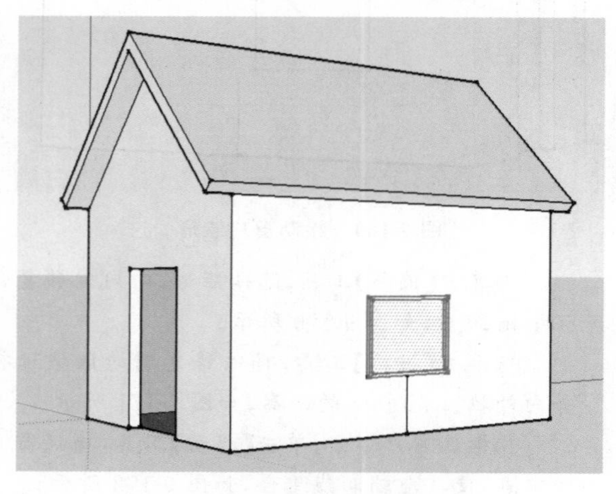

图 9-172　移动对齐辅助线

⑱重复步骤⑮～⑰，对房子的另一侧进行相同操作，完成简单坡屋顶房子模型构建，如图 9-173 所示，删除多余辅助线，给房子赋予材质，最终效果如图 9-174 所示。见链接网址中 SU 素材文件—第 9 章“实例 9-40. skp”。

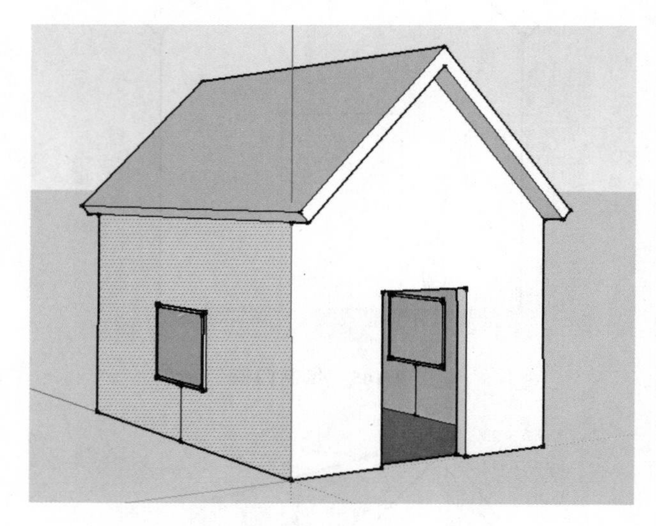

图 9-173　处理另外一侧

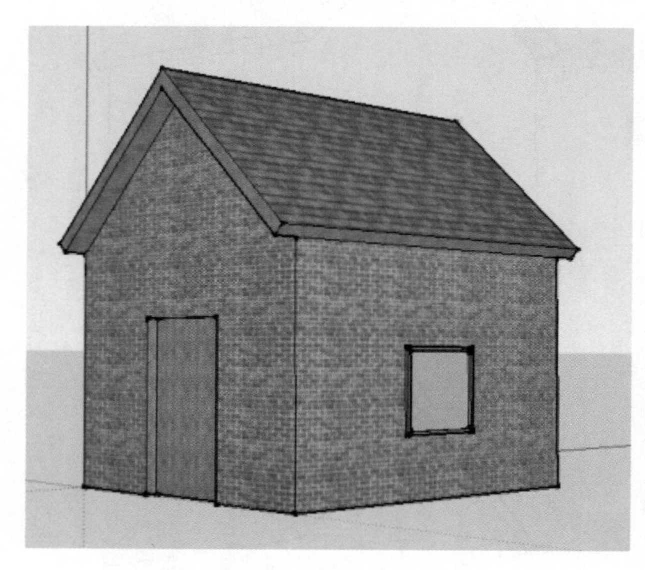

图 9-174　最终完成效果

提示：在绘制窗户和门这些部件的处理时，可以先将做好的部分建立【组】或【组件】，避免在更改这些部分的时候面黏住导致变形，而且在做到相同部分的时候，只需要移动复制就可以完成，如图 9-175 和图 9-176 所示。

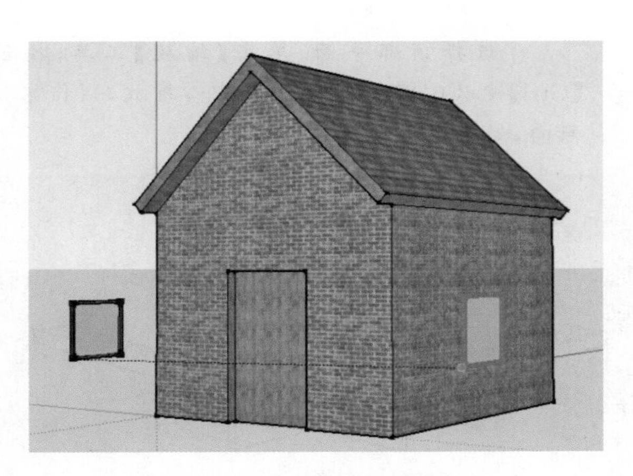

图 9-175　创建组后的移动复制

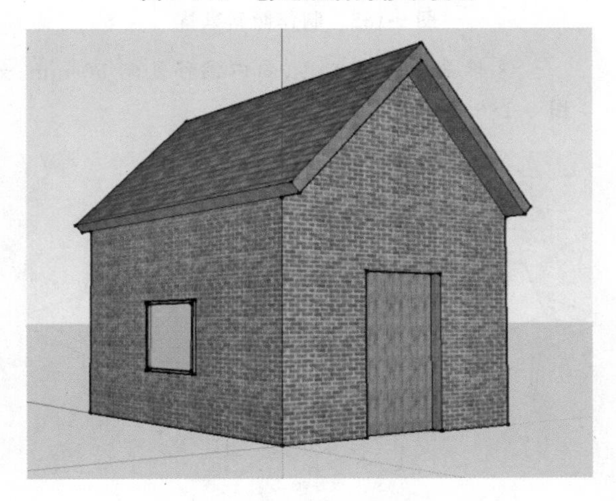

图 9-176　最终完成效果

★实例 9-41 演示:绘制精细的树池坐凳模型

①启动 SketchUp,设置单位场景与精确度,如图 9-177 所示。

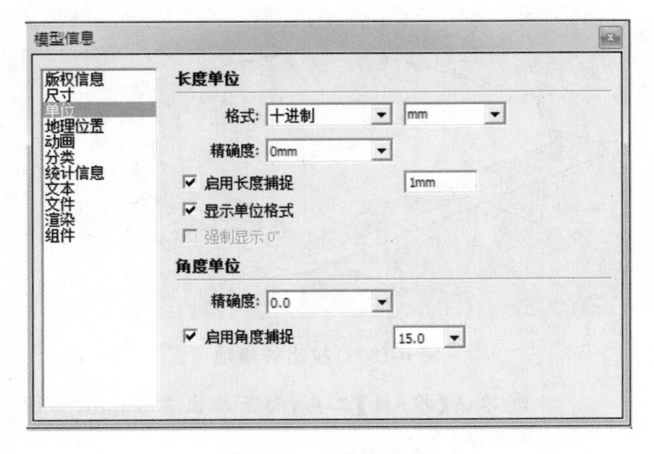

图 9-177　设置场景

②单击【矩形】命令,在绘图区绘制一个边长为 4 500 mm 的正方形,如图 9-178 所示。

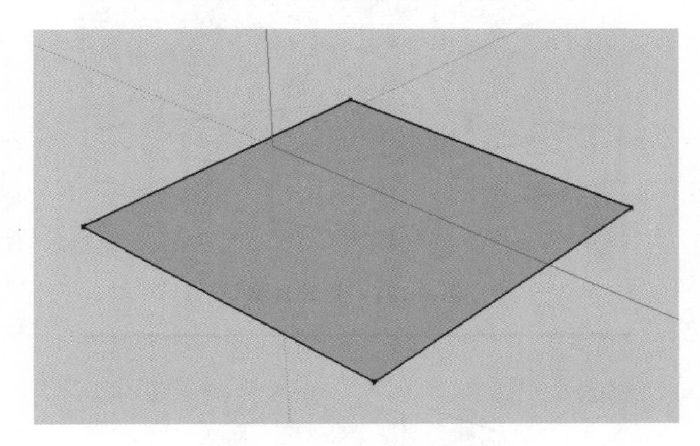

图 9-178　绘制正方形

③单击【推/拉】工具,按住【Ctrl】进行连续推拉复制,拉出高度分别为 500 mm 和 150 mm,如图 9-179 所示,捕捉底面直线,单击右键将其拆分成 4 段,如图 9-180 所示。

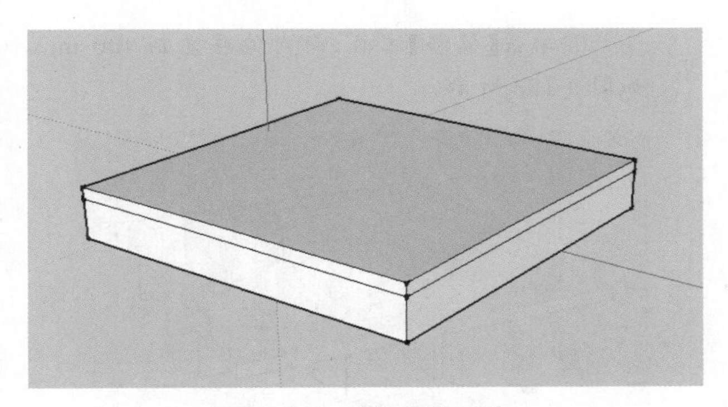

图 9-179　连续推拉形体

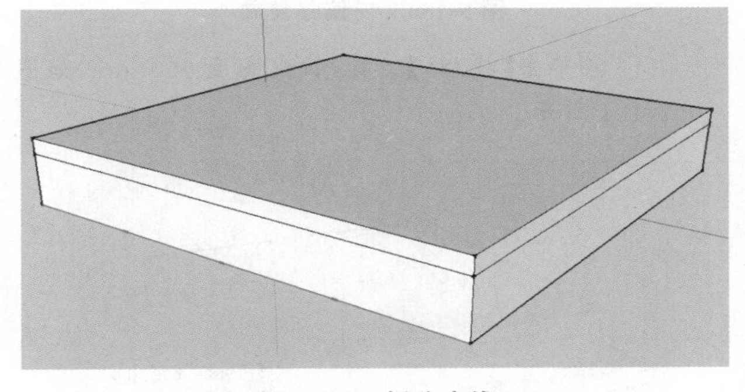

图 9-180　拆分底线

④单击【直线】工具,连接底面拆分的端点,绘制底座骨架,如图 9-181 所示,启用【旋转工具】进行多重旋转复制,单击【推/拉】工具将底面骨架以外的

面向里推，直到捕捉到骨架线，如图 9-182 所示。

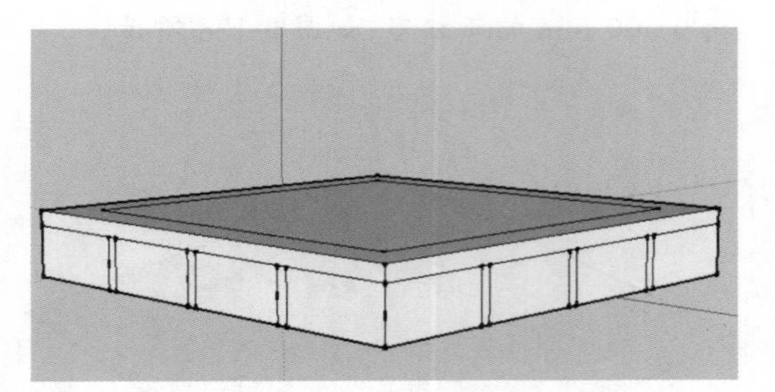

图 9-181 旋转复制

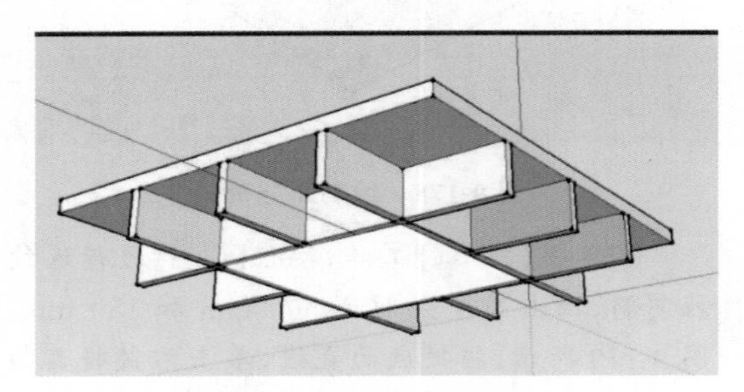

图 9-182 制作骨架

⑤单击【偏移】工具，向内偏移复制 400 mm，如图 9-183 所示。

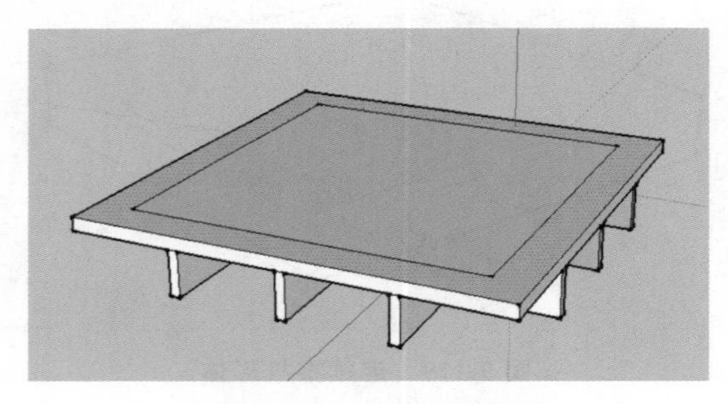

图 9-183 内偏移复制

⑥单击【推/拉】工具，拉出高度 600 mm，如图 9-184 所示。

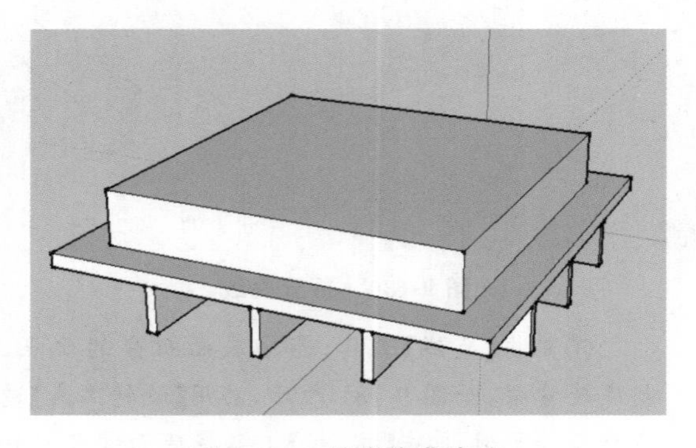

图 9-184 拉出靠背高度

⑦选择顶部平面，单击【缩放】工具，按住【Ctrl】键以 0.85 的比例进行中心缩放，制作靠背斜面，如图 9-185 所示。

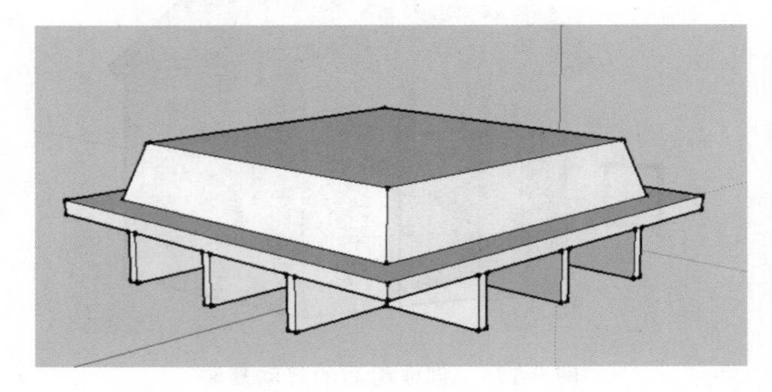

图 9-185 制作倾斜靠背

⑧单击【偏移】工具，向内偏移复制 50 mm，如图 9-186 所示。

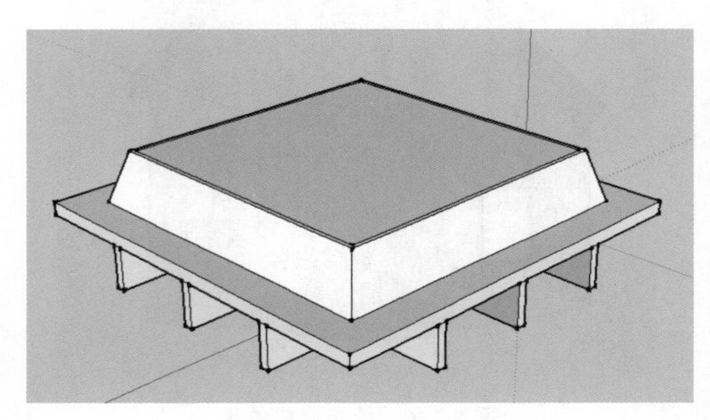

图 9-186 拉出边框

⑨保持【偏移】工具，选择中心面进行再次偏移 500 mm，如图 9-187 所示。

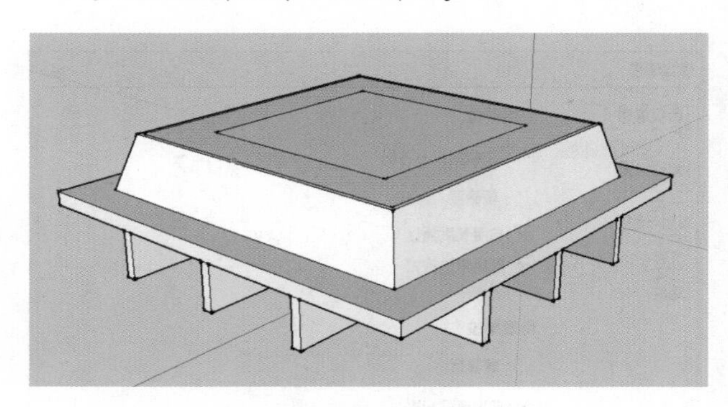

图 9-187 拉出种植池

⑩单击【推/拉】工具，向下推出 300 mm，如图 9-188 所示。

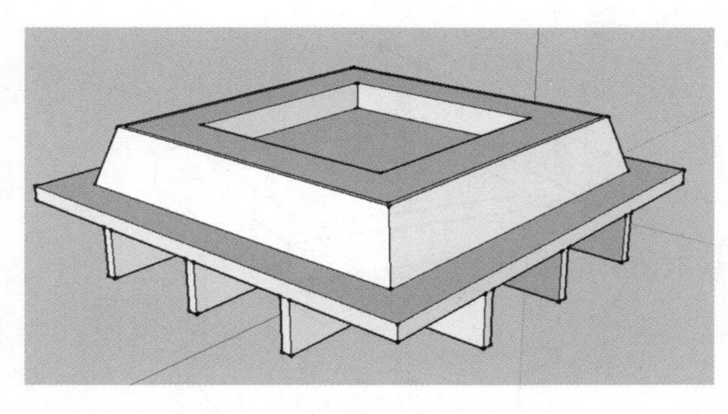

图 9-188　推出种植池高度

⑪给模型赋予材质，如图 9-189 所示，添加植物素材，完成树池坐凳模型，如图 9-190 所示。见链接网址中 SU 素材文件—第 9 章“实例 9-41. skp”

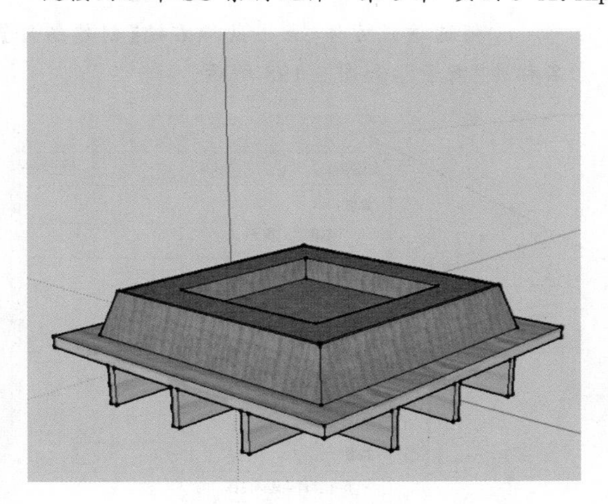

图 9-189　赋予材质

图 9-190　添加素材

★实例 9-42 演示：绘制四角方亭

①启动 SketchUp，设置单位场景与精确度，如图 9-191 所示。

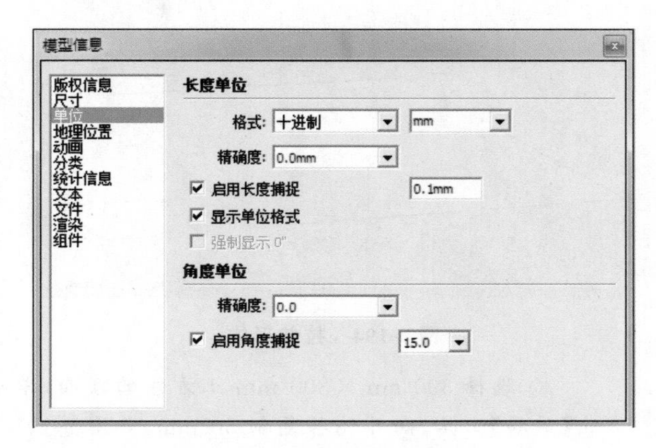

图 9-191　设置场景

②单击【矩形】命令，在绘图区绘制一个边长为 3 000 mm 的正方形，如图 9-192 所示。

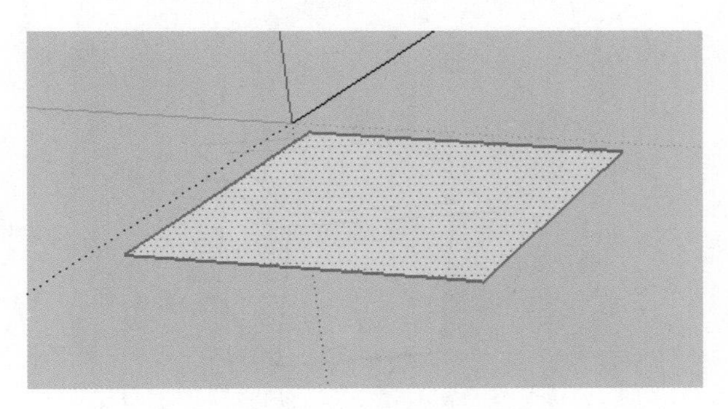

图 9-192　绘制矩形

③单击【矩形】命令，再绘制一个边长为 300 mm 的正方形，如图 9-193 所示，拉出 350 mm 的高度，如图 9-194 所示。

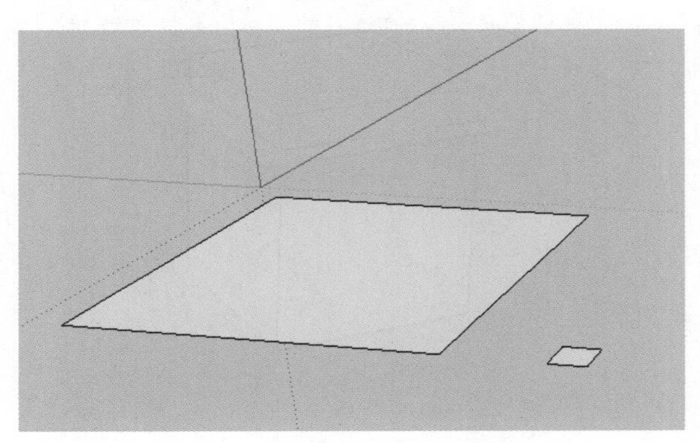

图 9-193　绘制矩形块

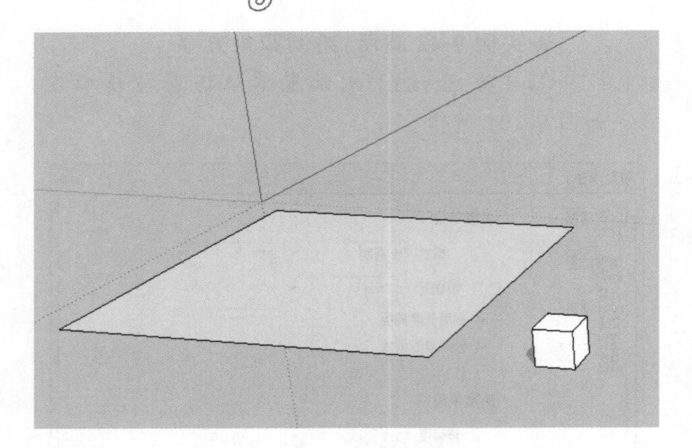

图 9-194　拉伸形体

④选择 300 mm×300 mm 正方体的顶面，单击【偏移】工具，向外偏移复制 50 mm，如图 9-195 所示，将两个面向上拉伸 300 mm，如图 9-196 和 9-197 所示。

图 9-195　形体偏移复制

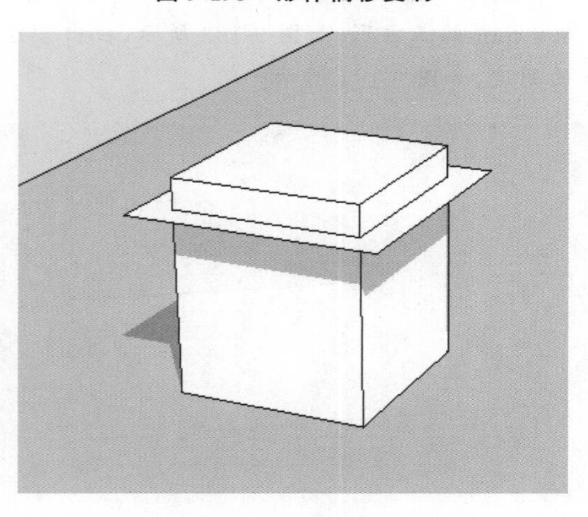

图 9-196　形体拉伸

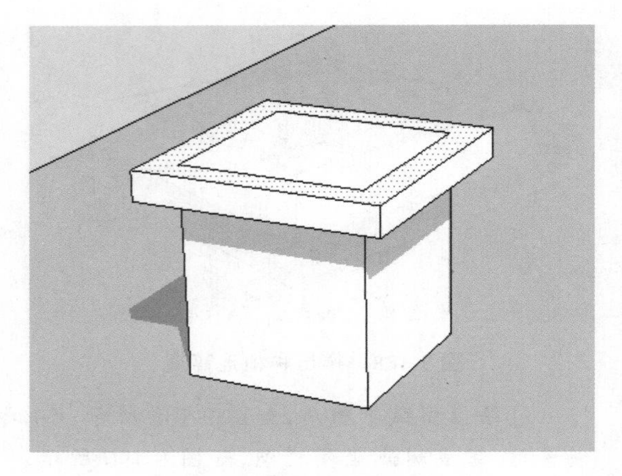

图 9-197　补齐拉伸面

⑤框选该正方体，点击鼠标右键【创建组件】，名称为“墩子”，如图 9-198 所示。

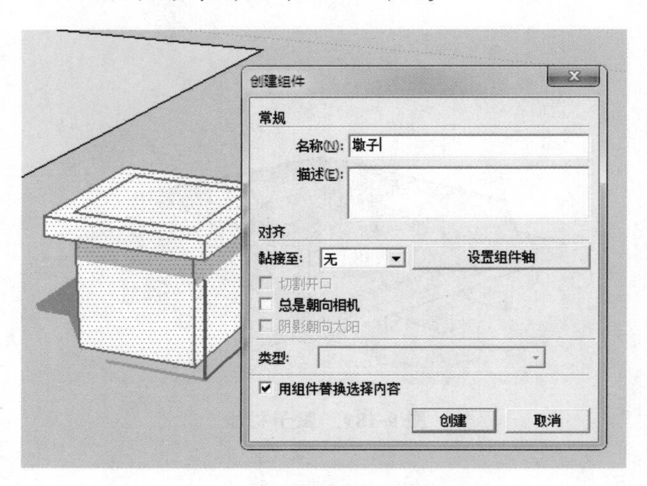

图 9-198　设置建立【组件】

⑥在大正方形中绘制两组对角线，找出几何中心点，如图 9-199 所示。

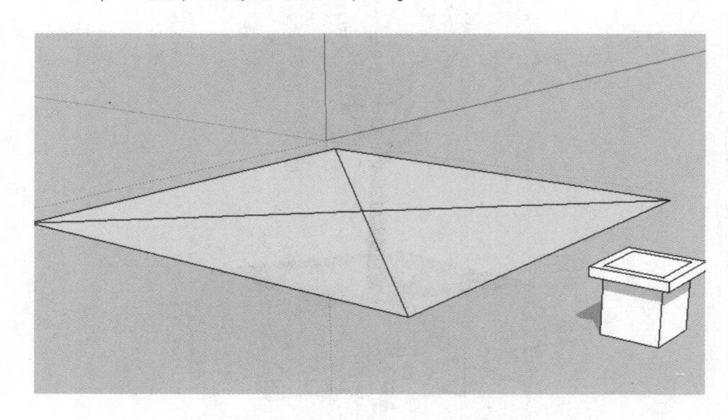

图 9-199　绘制几何中心

⑦单击键盘空白键,选择墩子,点击墩子左下角的点,让其捕捉对齐底面正方形的底角,如图 9-200 所示。

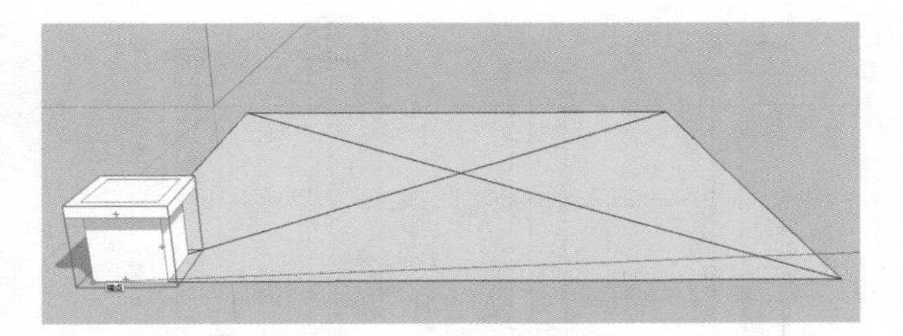

图 9-200 移动墩子对齐角点

⑧单击【旋转】按钮,按住【Ctrl】键以大正方形的中心为中心旋转墩子 80°,按【Enter】键确认,并在【数值输入框】中输入“×3”,对称复制出 3 个墩子,如图 9-201 所示。

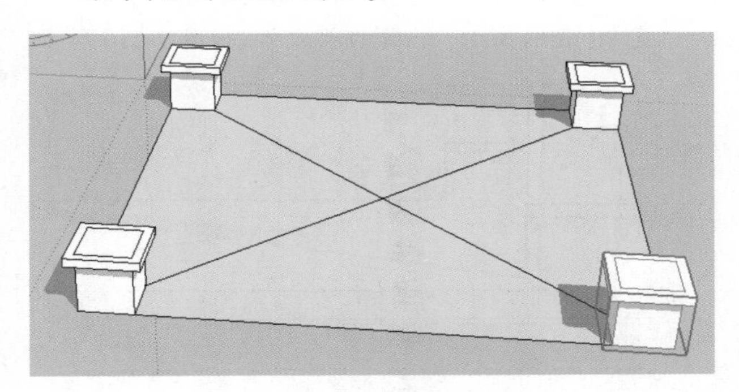

图 9-201 旋转复制

⑨双击任意一个墩子,进入组件,如图 9-202 所示,拉出高度 1 750 mm,由于是同一组件,4 个柱子均拉出 1 750 mm,如图 9-203 所示。

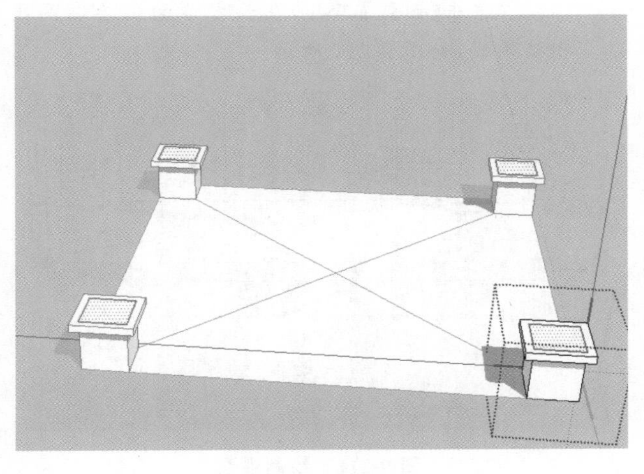

图 9-202 进入组件

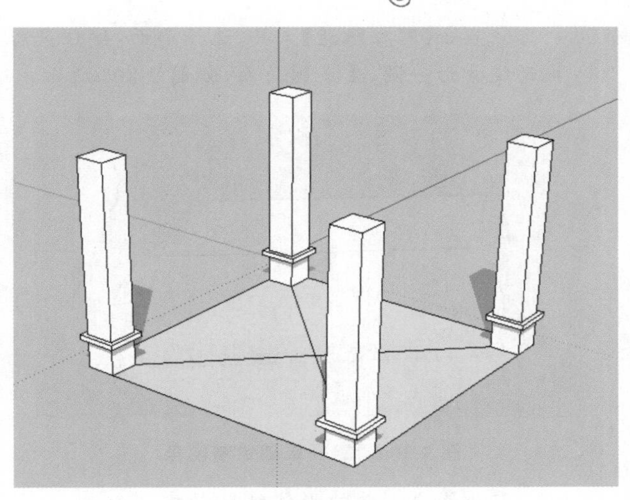

图 9-203 拉出柱子

⑩单击【矩形】工具,再次绘制一个 300 mm×300 mm 的正方形,并拉出高度 180 mm,如图 9-204 所示。

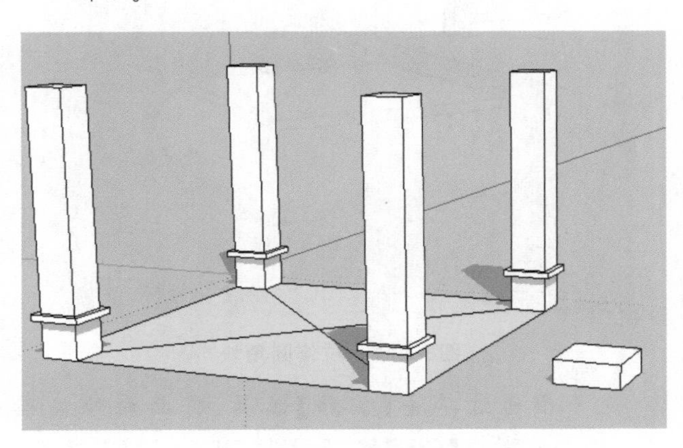

图 9-204 绘制矩形块

⑪单击【圆弧】工具,给该方形边缘增加一条圆弧,并让其封闭成面,如图 9-205 所示。

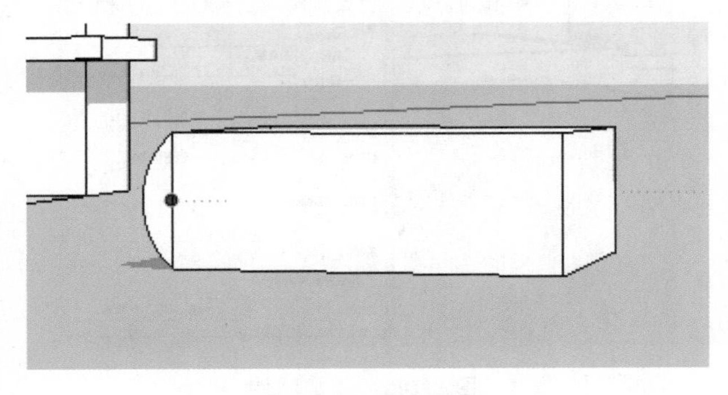

图 9-205 绘制弧面

⑫点击【路径跟随】工具，选择曲面，按住鼠标拖动绕方形一圈，生成圆角面，如图 9-206 所示。

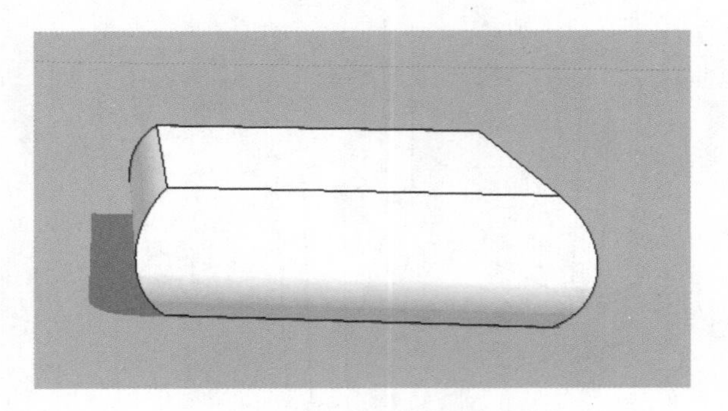

图 9-206　路径跟随绘制圆角

⑬将圆角上面的形体继续拉伸 20 mm，如图 9-207 所示。

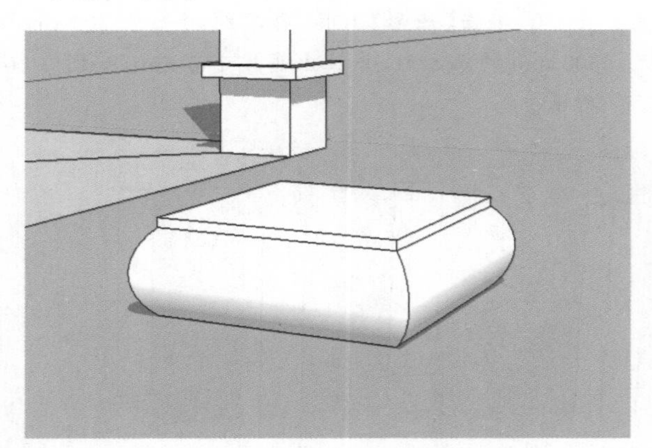

图 9-207　拉伸圆角块

⑭通过单击【偏移】工具，将面向外偏移 30 mm，按住【Ctrl】键，再上拉 50 mm，将其框选，建立【组件】，命名为“圆角墩”，如图 9-208 所示。

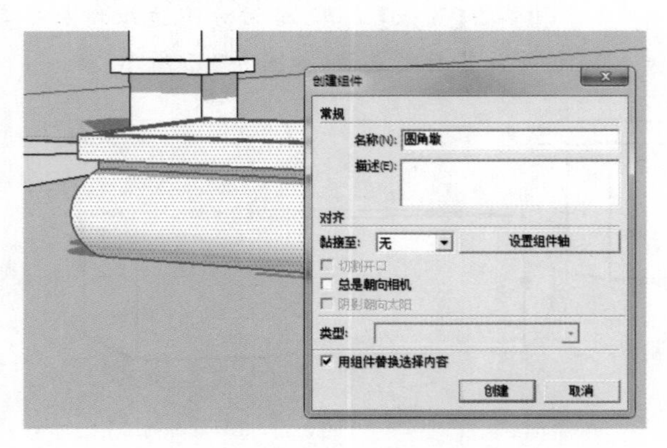

图 9-208　添加组件

⑮选中该组件，重复步骤(8)的操作，复制 3 个相同的组件，如图 9-209 所示。

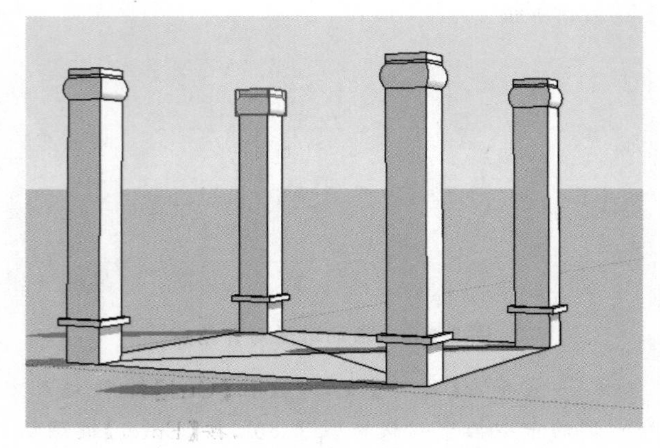

图 9-209　旋转复制

⑯单击【矩形】工具，绘制一个长 1 800 mm，宽 80 mm，高 150 mm 的长方体，如图 9-210 所示。

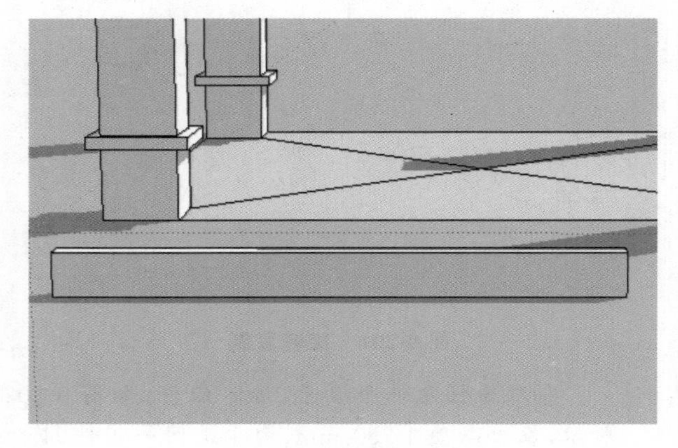

图 9-210　绘制矩形块

⑰单击【圆弧】工具，在长方体面上绘制两段相接弧线，如图 9-211 所示。

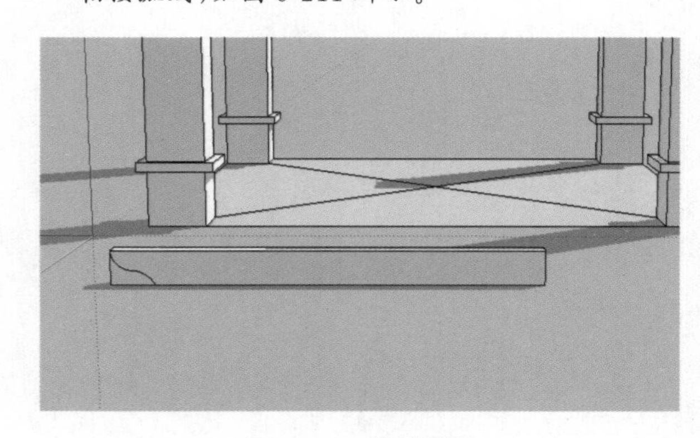

图 9-211　绘制弧面

⑱单击【推/拉】工具,将弧形面推拉 80 mm,并通过旋转复制 180°,如图 9-212 所示。

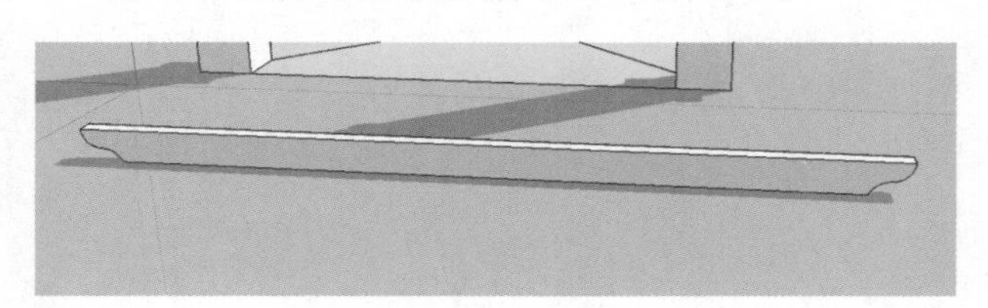

图 9-212　旋转复制

⑲将该形体选中,建立【群组】,如图 9-213 所示。

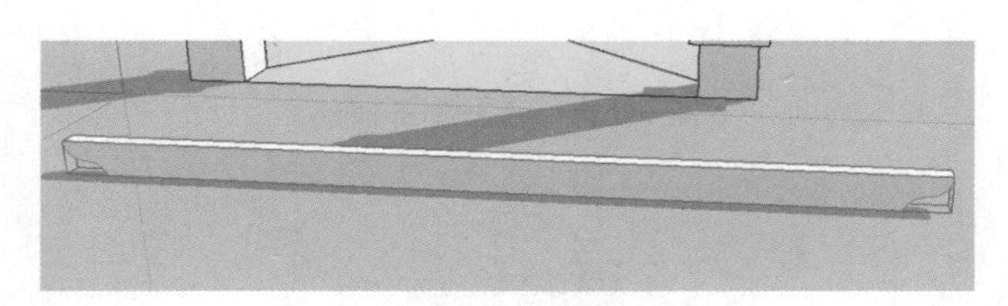

图 9-213　建组

⑳将目标移动至与柱子的边缘点对齐,如图 9-214 所示。

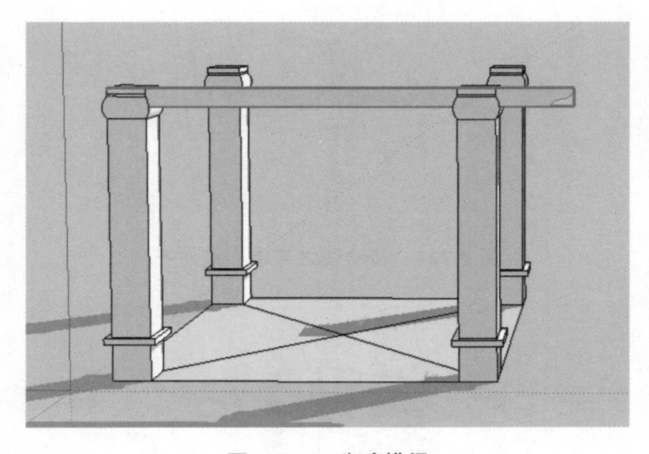

图 9-214　移动横梁

㉑再通过【数值输入框】输入移动距离 300 mm,如图 9-215 所示。

㉒上移该形体使之与柱子上表面平齐,移动复制 200 mm 距离,如图 9-216 所示。

㉓重复步骤⑧,将双梁复制 3 个,如图 9-217 所示。

㉔绘制一个 110 mm×110 mm,高度 700mm 的矩形体,并复制 3 个,分别对齐梁,如图 9-218 所示。

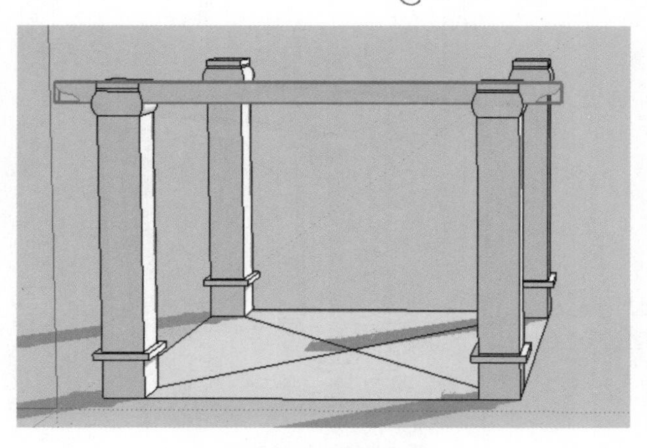

图 9-215　精确移动

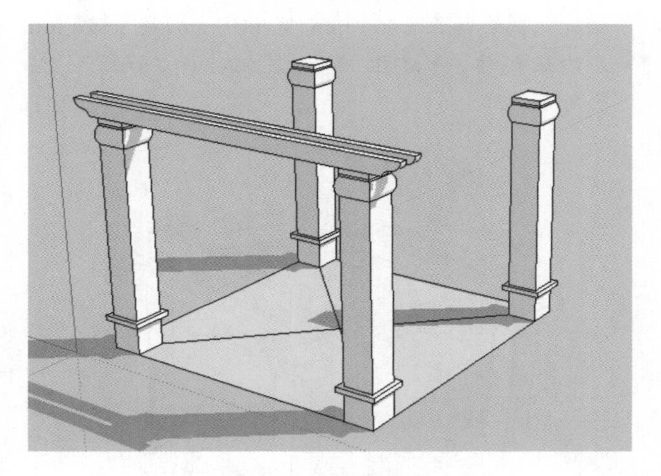

图 9-216　移动复制

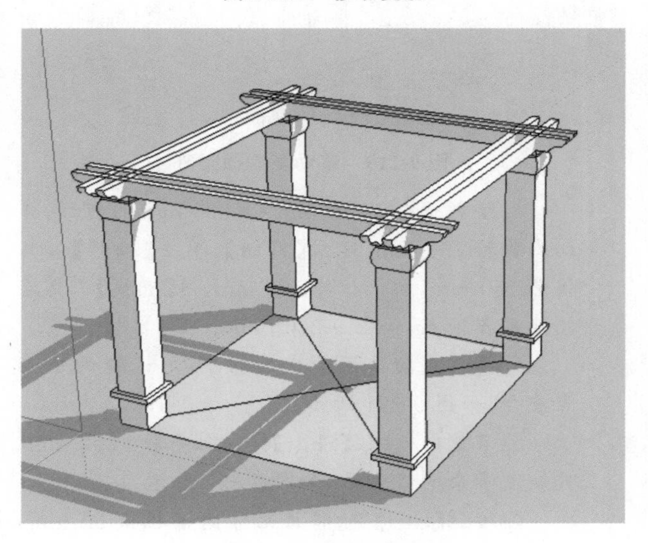

图 9-217　旋转复制

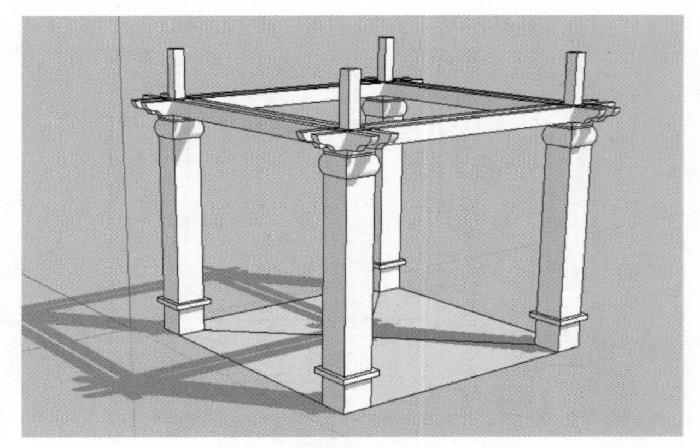

图 9-218　拉伸形体

㉕绘制长 2 600 mm，宽 110 mm，高 1 500 mm 的矩形体，并建组，移动复制 4 个，如图 9-219 所示。

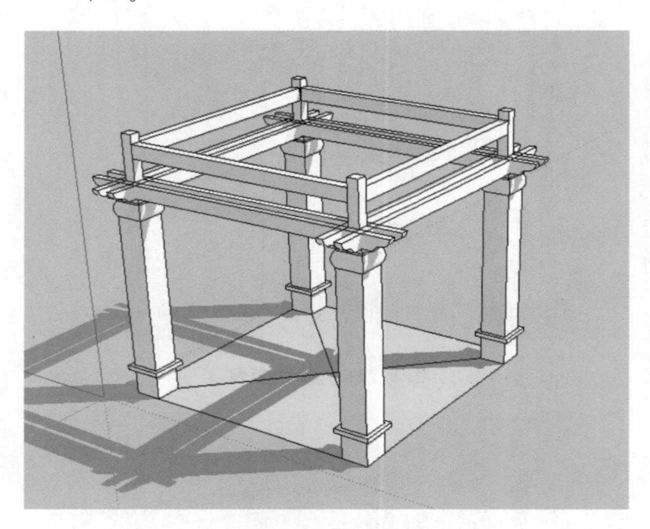

图 9-219　移动复制横梁

㉖绘制一个 4 280 mm×4 280 mm 的矩形，并向内偏移 150 mm，建立【群组】，单击【偏移】工具偏移 150 mm，向上拉伸 160 mm，用【直线】工具连接矩形各顶点，如图 9-220 所示。

㉗将其移动至亭子底面的中心点，使两中心点重合，如图 9-221 所示。

㉘沿蓝轴，按住【Shift】键向上平移2 600 mm，并删除多余的线和面，如图 9-222 所示。

㉙按住【Ctrl】键，将该形体向下推出 50 mm，如图 9-223 所示。

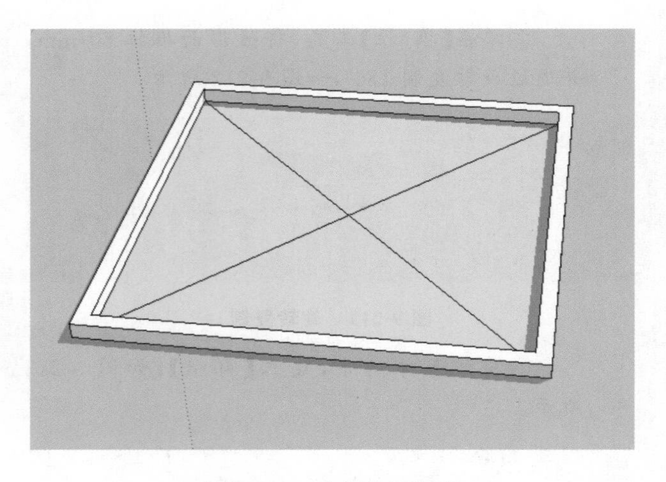

图 9-220　绘制亭子顶部

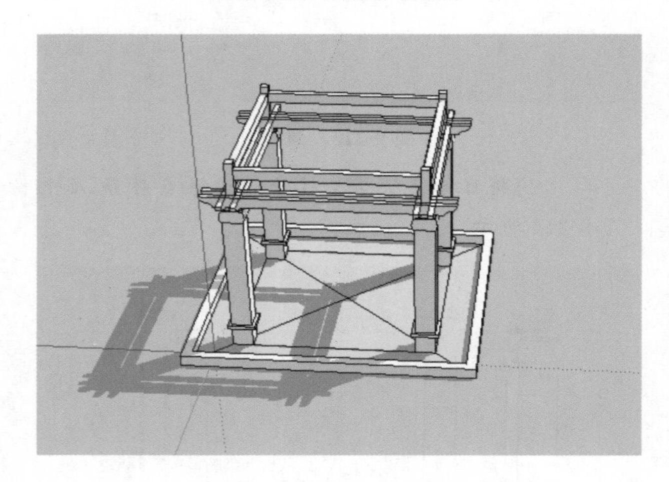

图 9-221　移动使之与中心点对齐

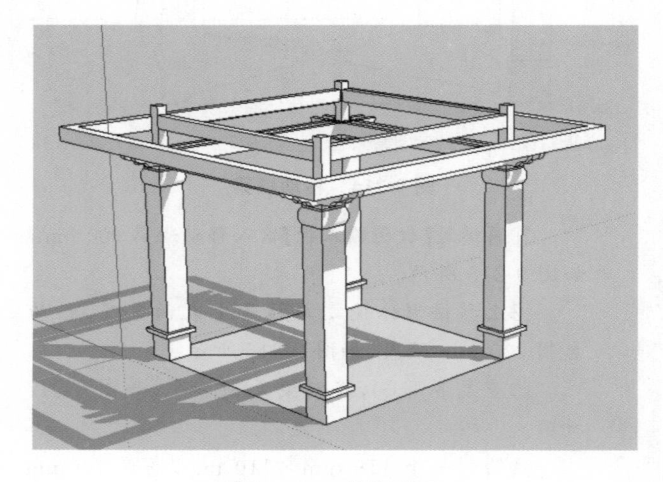

图 9-222　整体图面

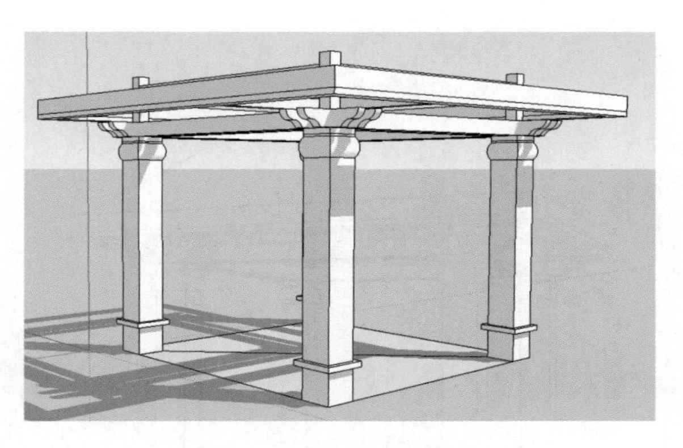

图 9-223　向下复制拉伸

㉚选中推出 50 mm 的形体，使之向内推 50 mm，如图 9-224 所示。

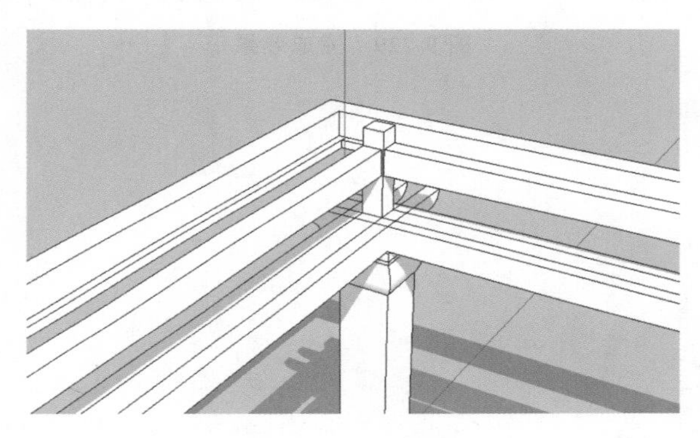

图 9-224　补充细节

㉛沿地面的中心绘制一根长 4 500 mm 的线，并使之连接最外围的矩形任意相邻两角点，如图 9-225 所示。

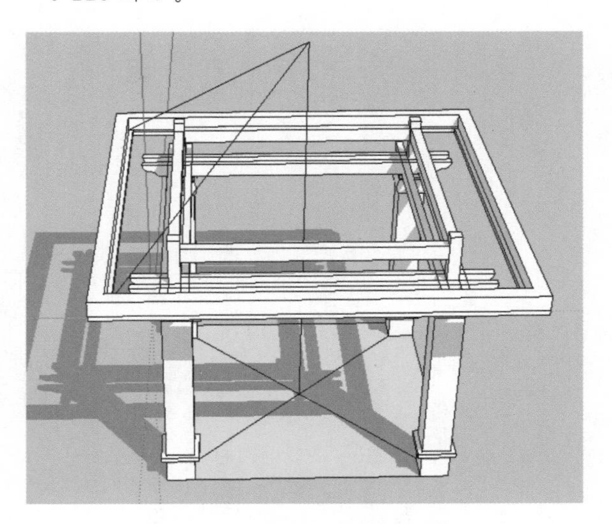

图 9-225　连接中心线至各角点

㉜连接该三角形使之成面，如图 9-226 所示。

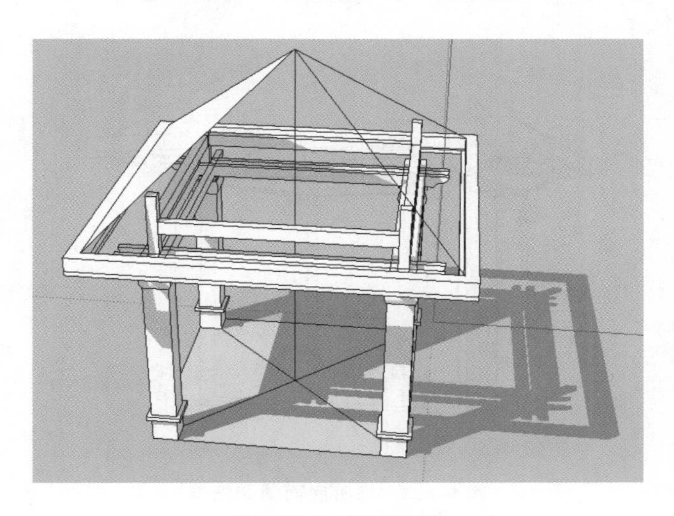

图 9-226　创建斜面

㉝将三角形面选中建组，并旋转复制 3 个，如图 9-227 所示。

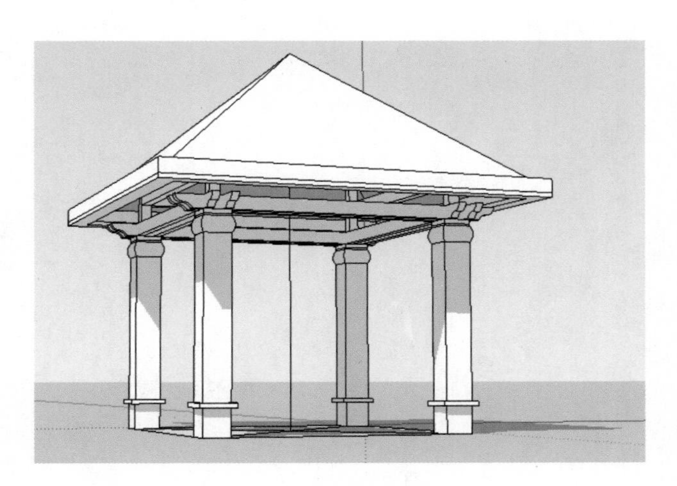

图 9-227　旋转复制完成斜面

㉞删除多余的线条，通过偏移复制使亭子的地表面向内偏移 300mm，并将底面拉出 50mm，如图 9-228 所示。

㉟给亭子赋予材质，完成亭子的模型绘制，如图 9-229 所示。见链接网址中 SU 素材文件—第 9 章"实例 9-42. skp"。

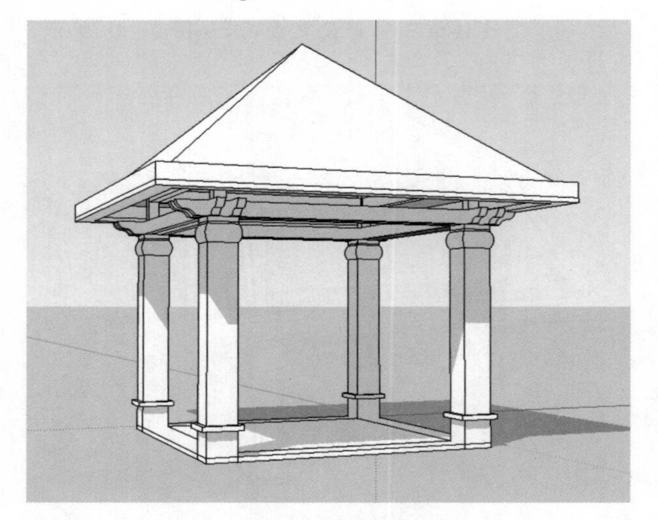
图 9-228　完善底面铺装细节

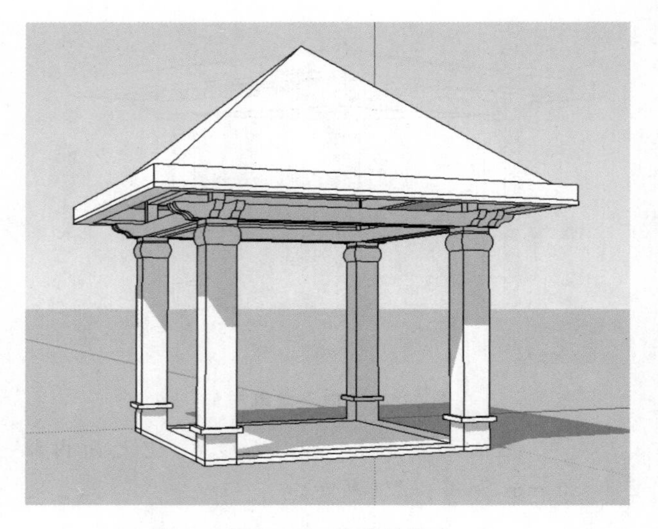
图 9-229　完成效果

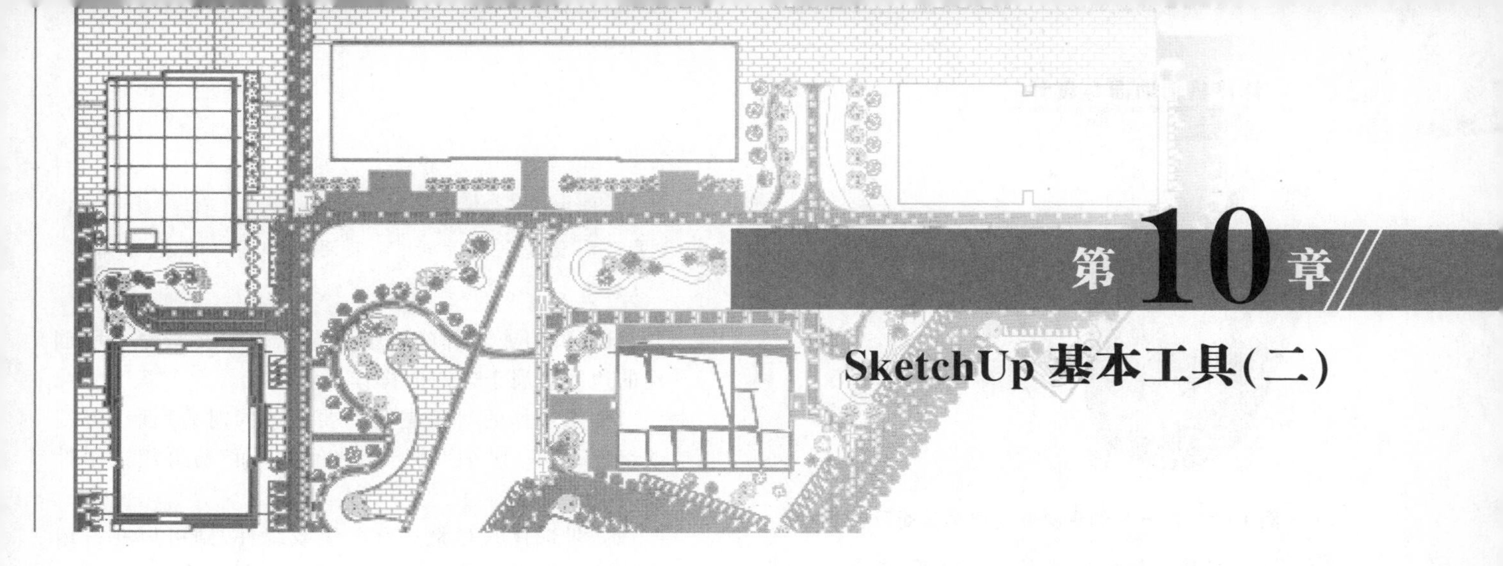

第10章 SketchUp 基本工具(二)

10.1 模型交错与实体工具栏

模型交错与实体工具栏类似 3dsMax 中的布尔运算,前者可以在模型表面产生交线,从而创造出复杂的几何体;后者可以通过两个及以上的群组或组件对象得到新的几何体。

模型交错有“整个模型交错”“只对选择对象交错”“关联交错”等 3 个命令,可以在选择模型时的右键菜单或者“编辑”菜单中激活,如图 10-1 所示。

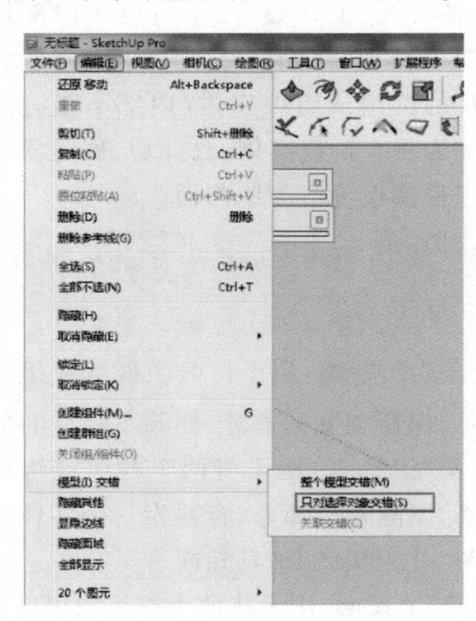

图 10-1 模型交错菜单

实体工具包括“实体外壳”“交集”“并集”“差集”“修剪”“分割”等命令,可以直接单击“实体工具栏”中的工具按钮或在“工具”菜单中激活,如图 10-2 所示。

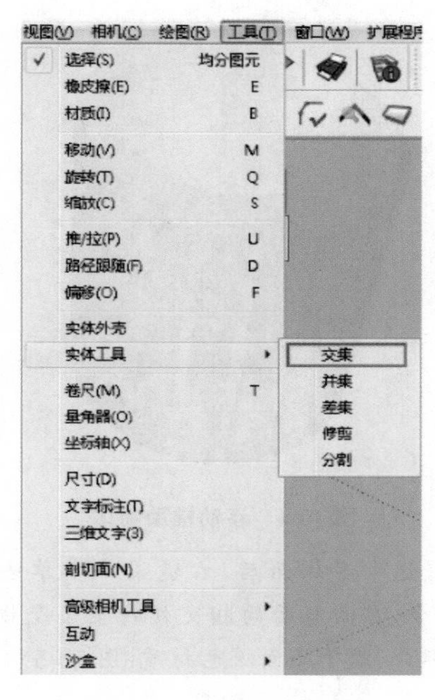

图 10-2 实体工具菜单

10.1.1 模型交错

10.1.1.1 整个模型交错

“整个模型交错”命令使所选对象与其他所有相交模型都进行计算,生成表面交线。

(1)独立物体间的模型交错

★实例 10-1 演示:垃圾桶盖开口线生成

①打开链接网址中 SU 素材文件—第 10 章“实例 10-1 创建垃圾桶-原.skp”,在“创建垃圾桶-原.skp”基础上,分别创建需要交错的半球面及辅助物体(图 10-3)。

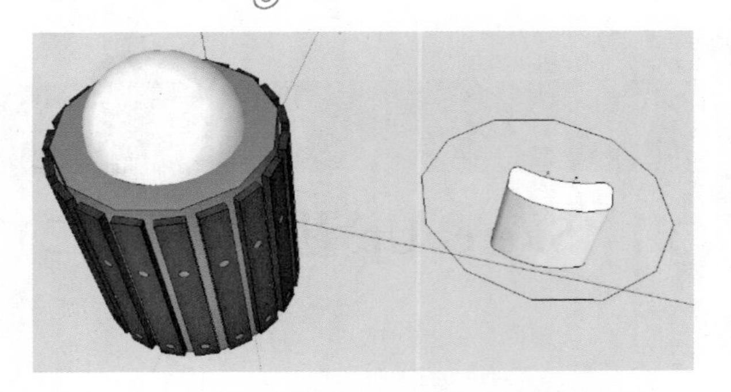

图 10-3　打开实例素材并创建半球面及辅助物体

②移动辅助物体到合适位置，使物体相交（注意避免边线相交或重合）（图 10-4）。

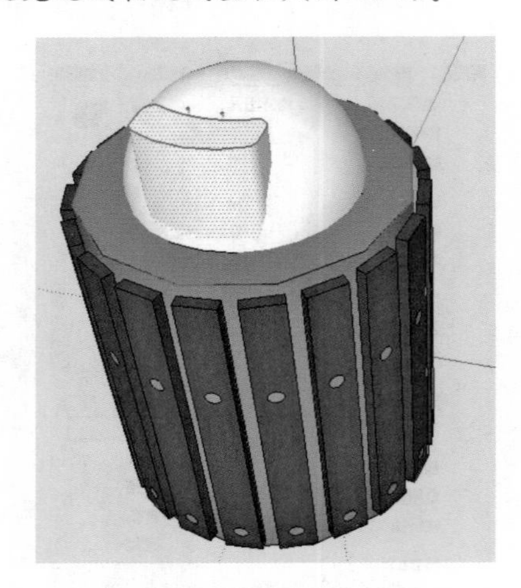

图 10-4　移动辅助物体

③选中半球面后，右键菜单中单击“模型交错”命令，在面与面的相交处产生了交线，删除多余的部分，赋予球面深色材质（图 10-5）。

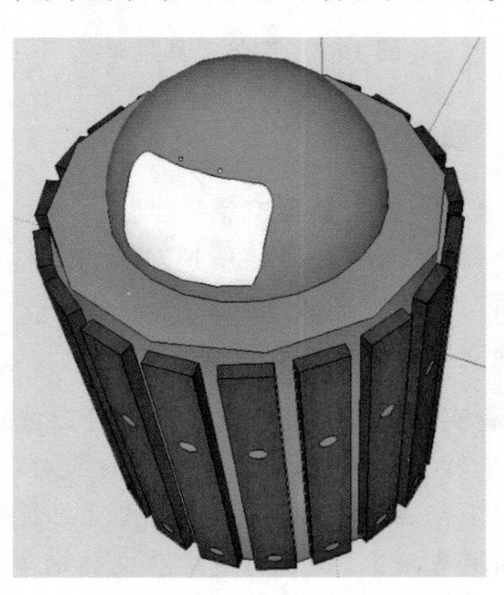

图 10-5　选中并执行“模型交错”命令

提示：在“路径跟随”命令后忘记了保存截面，如果还需要这个截面时，可以用矩形面与三维物体进行模型交错，获得物体的截面图形。

（2）群组或组件的模型交错　模型交错命令所创建的边线隶属于当前的操作环境层级。

如果选择的对象是“面”要素或同时有“面”、群组或组件，则只在“面”与“面”之间和“面”与群组或组件之间产生交线。

如果选择的对象只有群组或组件，则可以在群组或组件之间产生交线，生成的交线不属于群组或组件。

10.1.1.2　只对选择对象交错

该命令只针对选择的物体起作用，适用于模型本身较复杂的物体，避免物体的所有部件都产生交线。

10.1.1.3　关联交错

该命令在群组或组件的编辑状态下才能使用，该操作层级中相交的所有要素（包括“面”、群组或组件），只要与所选物体相交，都可以在所选物体表面产生交线。

10.1.2　实体工具栏

10.1.2.1　工具内容

◆ “实体外壳”工具：用于将两个内部没有群组或组件的群组或组件实体，或者一个内部包含有多个群组或组件的群组或组件实体（内部不能有同层级的线面），合并为一个群组实体，合并后，群组实体内部的群组或者组件都被分解为线与面。

提示：“实体外壳”工具只对全封闭的几何体有效。

◆ “交集”工具：用于将两个群组或组件实体进行交集计算，保留相交的部分，删除不相交的部分。

◆ “并集”工具：用于将两个群组或组件实体进行并集计算，删除相交部分，合并为一个实体。此工具在效果上与“外壳实体”工具相同。

◆ “差集”工具：用于将两个群组或组件实体进行差集计算，删除第 1 个实体，并在第 2 个实体中减去与第 1 个实体重合的部分，只保留第 2 个实体剩余的部分。

◆ “修剪”工具：用于将第 2 个群组或组件实体修剪掉与第 1 个实体重合的部分，第 1 个实体保持不变。

◆ “分离”工具：用于将两个群组或组件实体相

交部分,修剪分离成单独的新实体,原来的两个实体只保留不相交的部分。

提示:上述 5 个工具只能对内部没有群组或组件的群组或组件实体起作用。

10.1.2.2 工具示例

★实例 10-2 演示:实体工具创建古城墙城垛

①打开链接网址中 SU 素材文件—第 10 章“实例 10-2-1 实体工具创建古城墙城垛 F. skp”,“实例 10-2-2 实体工具创建古城墙城垛 T. skp”分别创建古城墙群组实体、城垛辅助组件实体(图 10-6),移动复制多个城垛辅助实体(图 10-7)。

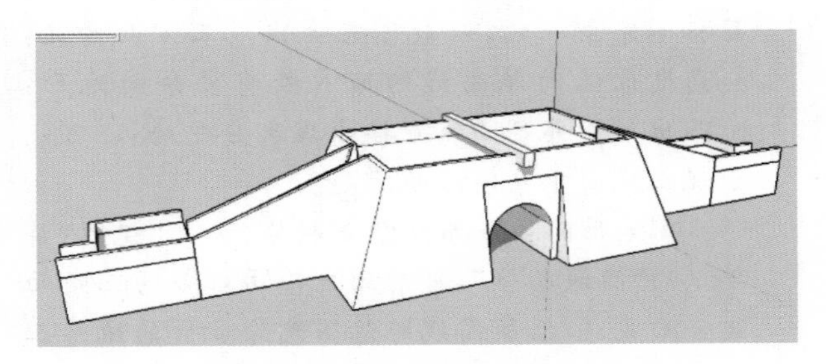

图 10-6 打开实例素材并创建实体

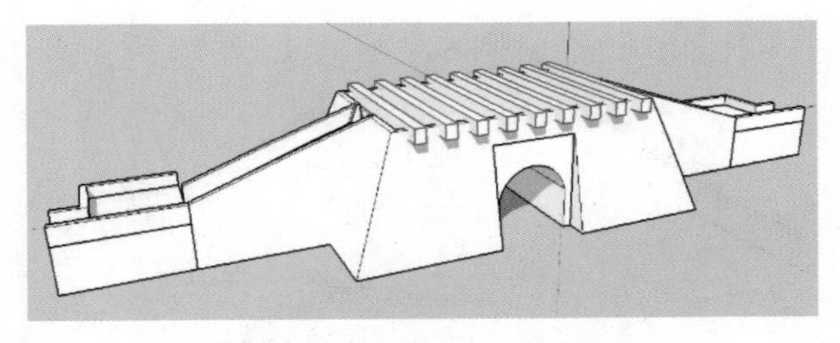

图 10-7 移动复制多个城垛辅助实体

②单击“并集”工具并依次选择辅助实体,多个辅助实体成为一个实体(图 10-8)。

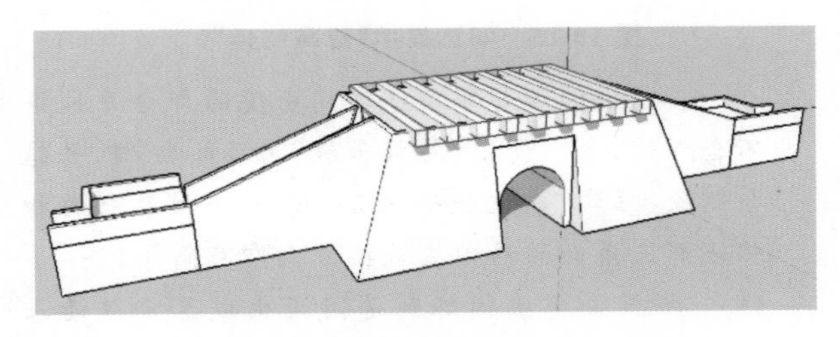

图 10-8 多个辅助实体并为一个实体

③单击“差集”工具,选择合并后的辅助实体,再选择城墙实体,即可得到具有城垛的城墙(图 10-9)。

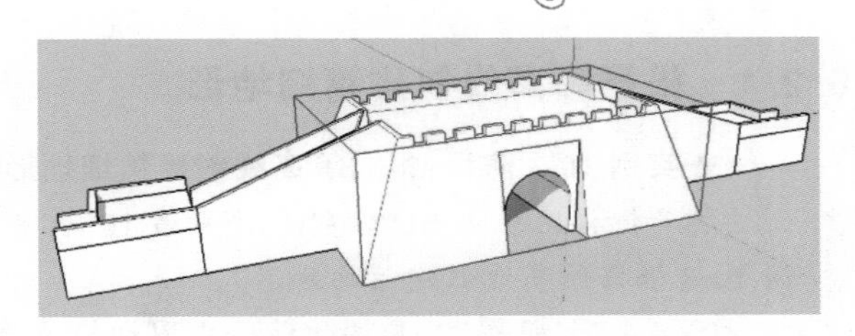

图 10-9 具有城垛的城墙

10.2 沙盒工具栏

“沙盒”工具栏依次有“根据等高线创建”、“根据网格创建”、“曲面起伏”、“曲面平整”、“曲面投射”、“添加细部”、“对调角线”等 7 个工具,其基本功能是等高线创建地形、网格创建地形、地形编辑等,其延伸功能是利用多条曲线创建各类曲面,比如张拉膜、曲面雕塑、自然水池等。

该工具栏的工具在“绘图”菜单和“工具”菜单下也可以找到“沙盒”的相关命令进行激活(图 10-10、图 10-11)。

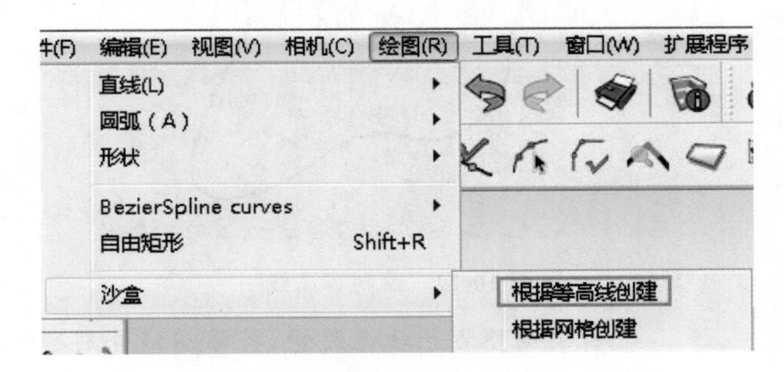

图 10-10 “绘图”菜单栏激活地形创建命令

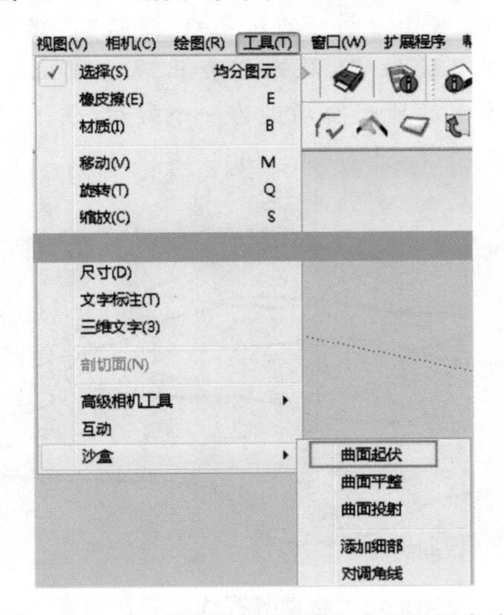

图 10-11 “工具”菜单栏激活地形编辑命令

10.2.1 根据等高线创建精细地形

★实例 10-3 演示:根据等高线创建精细地形

打开链接网址中 SU 素材文件—第 10 章“实例 10-3 根据等高线创建精细地形”。

①单击“俯视图”工具按钮将视图切换为平面图模式,根据设计意图单击绘制(或者从 CAD 设计图中导入)等高线平面图(图 10-12)。

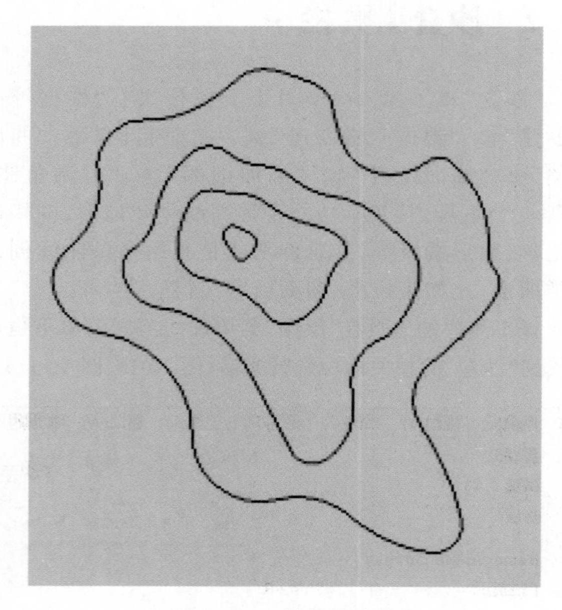

图 10-12 绘制等高线

②视图调整为等轴视图,将等高线分别移动至相应的高度(图 10-13)。

③选择绘制好的等高线,单击“根据等高线创建”工具按钮,状态栏会出现生成地形的进度条,生成的地形自动成为一个群组(图 10-14)。

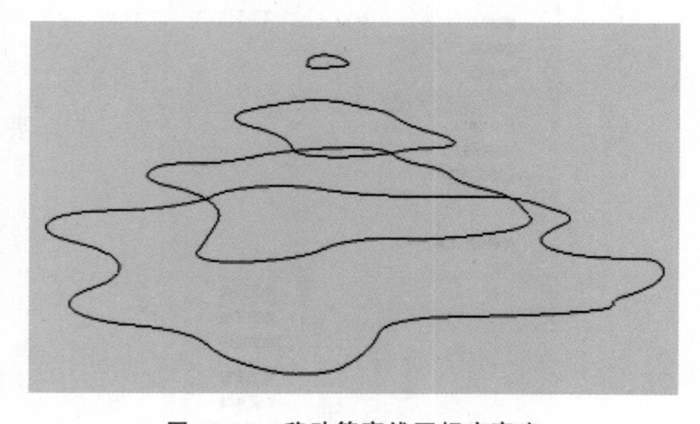

图 10-13 移动等高线至相应高度

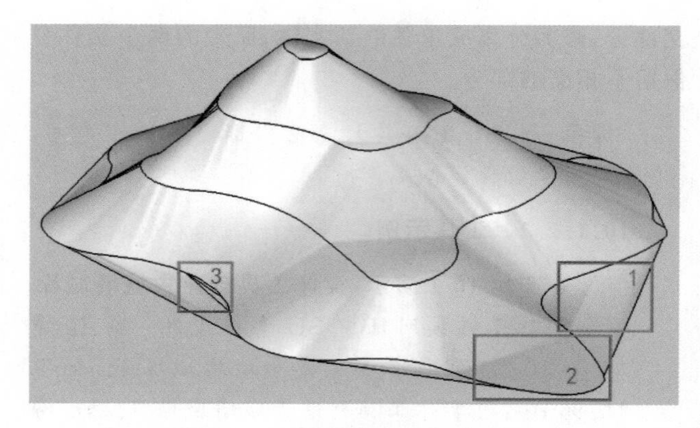

图 10-14 根据等高线创建地形

对比等高线与地形可知,生成的地形与预期目标不完全一致,一般可能会出现三方面情况:a. 高度最低的等高线的凹入处有多余的地形;b. 凸出的相邻等高线直接出现部分平地;c. 可能出现正反面重叠闪烁的问题。

④地形的多余部分需要删除,单击“视图”菜单下的“隐藏物体”,可看到地形由众多的三角面组合而成,依据等高线的范围删除多余的地形三角面(图 10-15)。

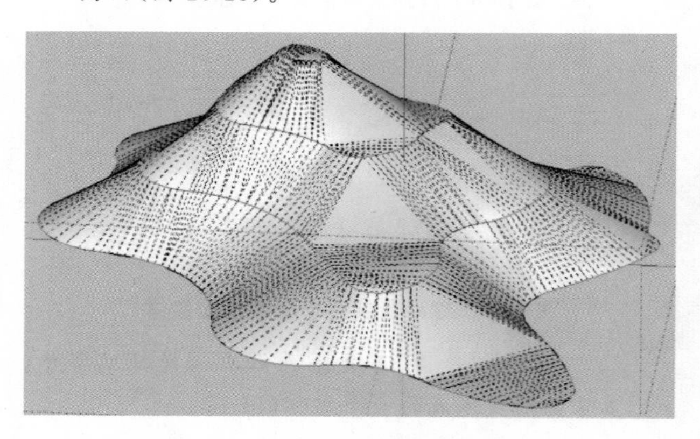

图 10-15 勾选显示“隐藏物体”

⑤凸出的相邻等高线之间出现的部分平地是不合理的,多次使用“对调角线”工具按钮,并结合删除、画线、柔化线等方法,使不符合要求的相邻地形三角面的对角线调换方向即可解决(图 10-16)。正反面重叠闪烁则是因为生成了重叠的三角面,可以通过删除、画线、柔化线等方法解决。

⑥地形修整完成后,按 ESC 键退出地形群组编辑。选择所有的等高线和生成的地形,单击右键菜单“创建群组(G)”命令,双击制作的群组进

入编辑状态,Ctrl＋A 全选群组内的图元、按住 Ctrl＋Shift 键单击地形群组,即选择了所有的等高线,单击“编辑”菜单下的“隐藏”命令,隐藏所有的等高线,以备需要调整地形时使用,单击“视图”菜单下的“隐藏物体”取消勾选,完成后的效果见图 10-17。

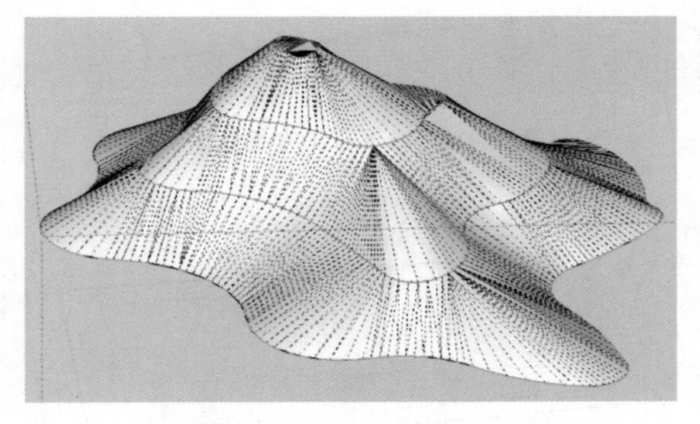

图 10-16　“对调角线”工具调整

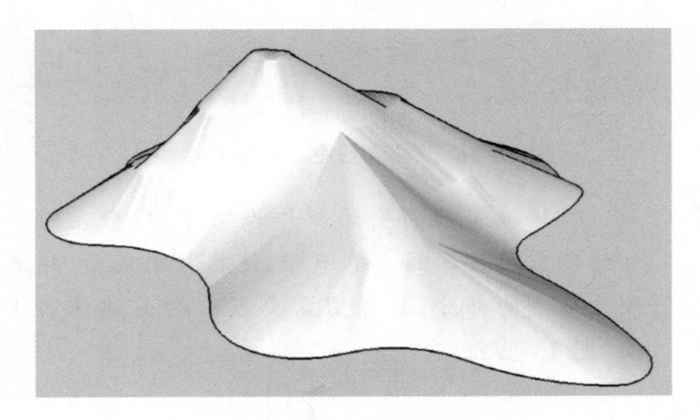

图 10-17　完成效果

10.2.2　根据网格创建概念地形

★实例 10-4 演示:根据网格创建概念地形

①打开链接网址中 SU 素材文件—第 10 章“实例 10-4 根据网格创建概念地形.skp”,单击“根据网格创建”工具按钮,数值控制框提示“栅格间距”数值,键盘输入相应的数值后,按“回车”键确认(图 10-18)。

栅格间距	3000mm

图 10-18　键入“栅格间距”

②在绘图区拖拽鼠标绘制网格平面,网格长度可在数值控制框内输入确定,网格地形自动封面且形成一个群组(图 10-19)。

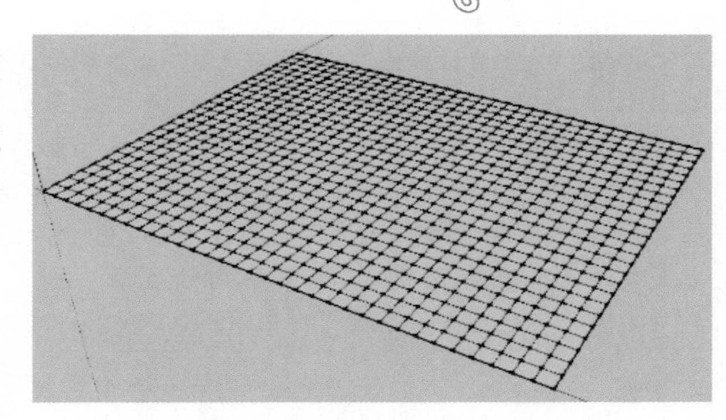

图 10-19　拖拽鼠标绘制网格平面

③双击网格群组进入编辑状态,单击“曲面起伏”工具按钮,依据数值控制框显示输入拉伸变形圆框的半径(图 10-20)。

半径	15000mm

图 10-20　输入半径

④在网格平面内拾取不同的点或线或面并上下拖动拉伸地形,每次拉伸的高度可以通过数值控制框指定(图 10-21)。

偏移	~ 2643mm

图 10-21　输入偏移值

⑤选择需要调整更细致的网格,单击“添加细节”工具按钮,即可将一个方格细分为 4 个方格、8 个三角面,继续上一步的“曲面拉伸”工具,多次调整拉伸的半径范围及拉伸高度,直到拉伸出理想的地形,单击右键菜单“柔化/平滑边线”,法线之间的角度设置为 60°左右、勾选“平滑边线”、“软化共面”,完成后的效果如图 10-22 所示。

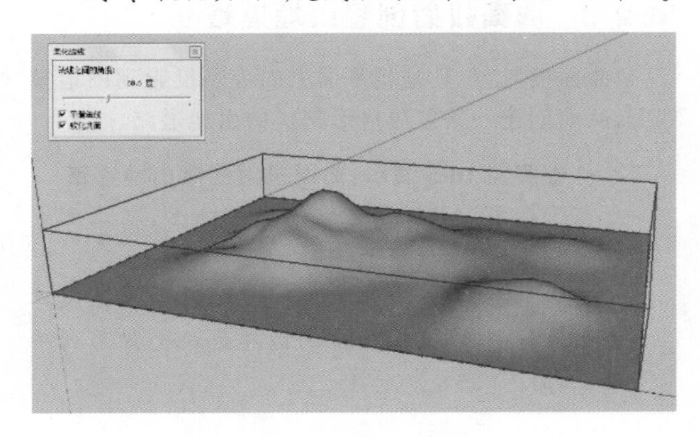

图 10-22　完成效果

提示：单击“曲面拉伸”工具按钮后，将鼠标移动到网格平面内，会出现一个圆形的变形框(图10-23)。可单击拾取一个点、一条线、一个面进行拉伸变形(也可以先选择线面对象，再单击“曲面拉伸”工具按钮，选择的面本身不变形)，拾取的点、线、面就是变形的参照点、参照线、参照面，包含在圆形框内的对象都将进行不同程度的变化(图10-24)。

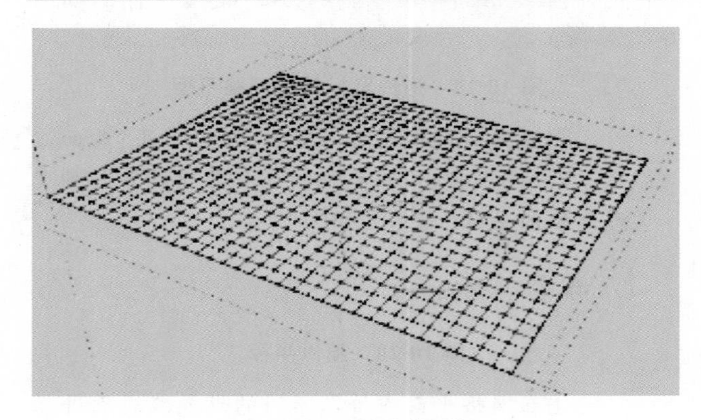

图10-23　圆形变形框

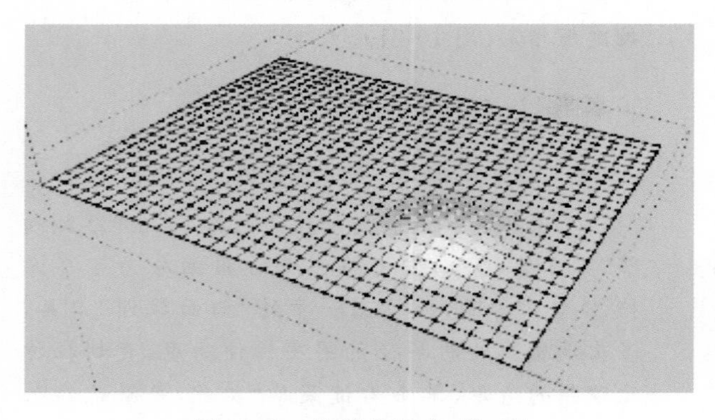

图10-24　拾取参照点、线、面

10.2.3　曲面投射创建山地道路

“曲面投射”工具是将平面上的道路投影到山地模型上，从而创建一条按照地形起伏的山地道路。

★实例10-5 演示：曲面投射创建山地道路

①在图10-22的地形模型基础上，在正上方绘制相应的平面(图10-25)。

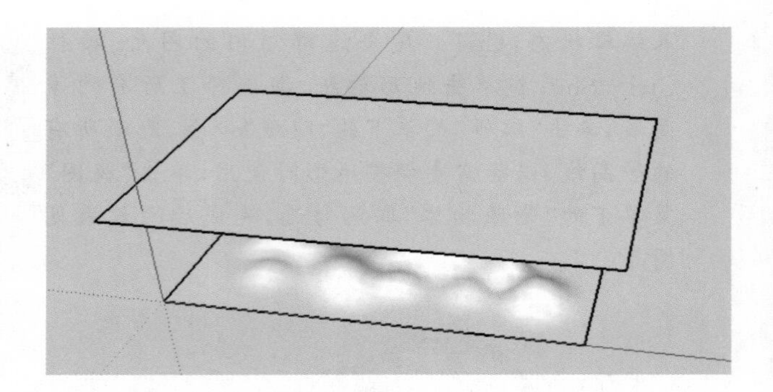

图10-25　地形正上方绘制平面

②单击“曲面投影”工具按钮，然后依次单击山地和平面，此时山地的边界线就会投影到平面上(图10-26)。

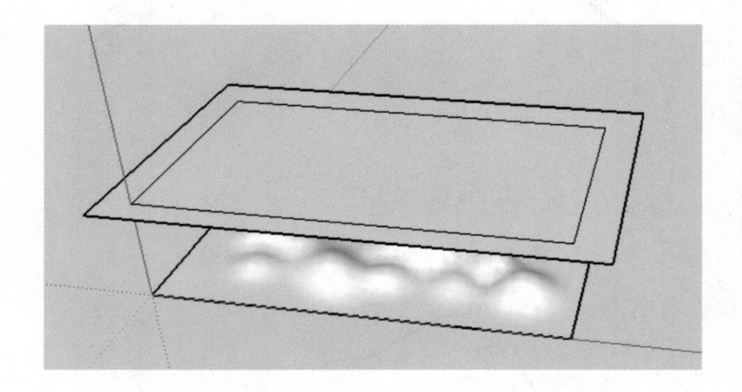

图10-26　“曲面投影”生成边界线

③将投影后的平面制作为组件，然后在组件外绘制需要投影的道路图形，使其封闭成面，接着删除多余的部分，只保留需要投影的道路辅助平面(图10-27)。

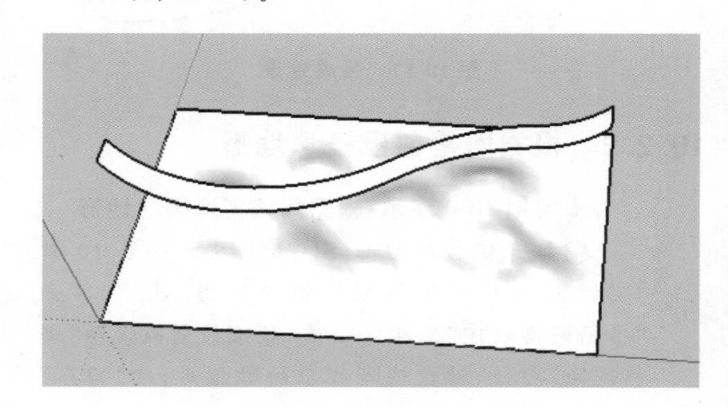

图10-27　绘制道路辅助平面

④单击“曲面投射”工具按钮，然后依次单击道路辅助平面和山地，此时投影道路会按照地形的起伏自动投影到山地上，形成一条依势起伏的山地道路(图10-28)。

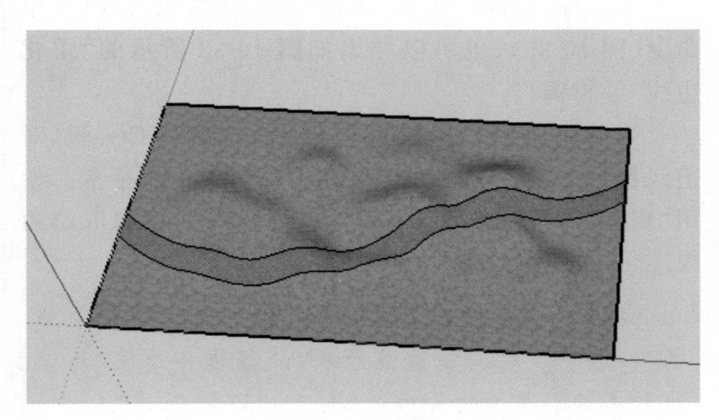

图 10-28　“曲面投影”生成山地道路

⑤删除道路辅助平面,并赋予模型相应的材质,完成后的效果如图 10-29 所示。

图 10-29　完成效果

10.2.4　曲面平整创建山地建筑平台

为了使建筑物安置在创建好的山地模型上,使用“曲面平整”工具,将建筑物的底面投影在山地之上,并进行一定距离的拉伸,从而创建出放置建筑物的山地建筑平台。

★实例 10-6 演示:曲面平整创建山地建筑平台

①打开链接网址中 SU 素材文件—第 10 章“实例 10-6 重檐亭. skp”,在如图 10-22 所示的地形模型中导入“重檐亭”模型,在重檐亭组件外创建重檐亭的地基平台(图 10-30)。

②将亭与亭基同时移动到自然地形的上方(在亭中心放置一条辅助线便于观察),单击“曲面平整”工具按钮,然后单击亭基,会在亭基四周出现一个红色的线框,在数值控制框内指定线框外延距离的数值以表示投影面的外延距离,再点击需要投射的地形,并上下移动鼠标进行一定距离的平台拉伸,即可生成景观亭的平台(图 10-31)。

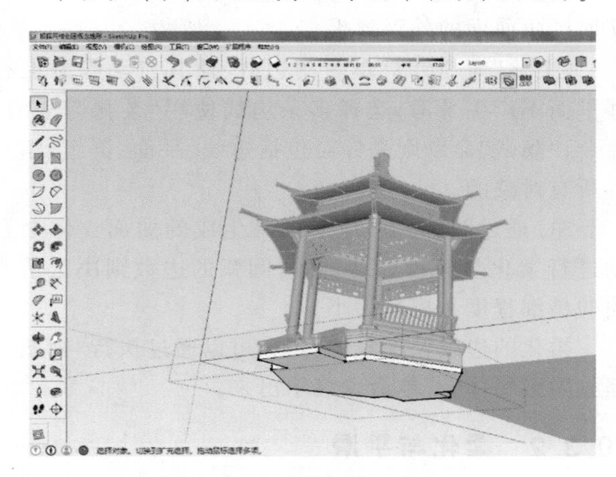

图 10-30　导入模型并创建地基平台

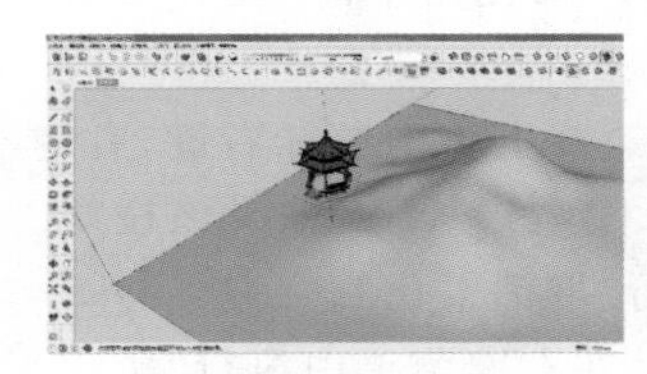

(a) 移动至自然地形上方

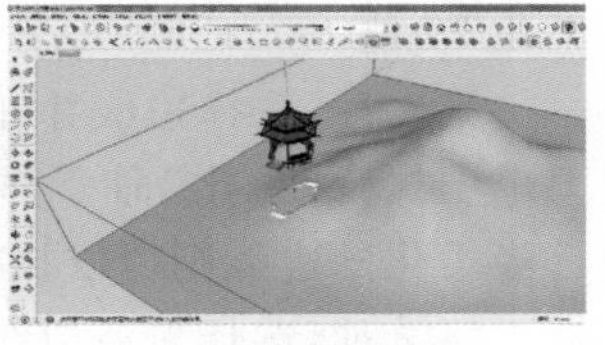

(b) 生成景观亭平台

图 10-31　移动景观亭并生成平台

③将景观亭向下移动到自然地形表面创建好的平台上,删除作为辅助物的亭基,完成后的效果如图 10-32 所示。

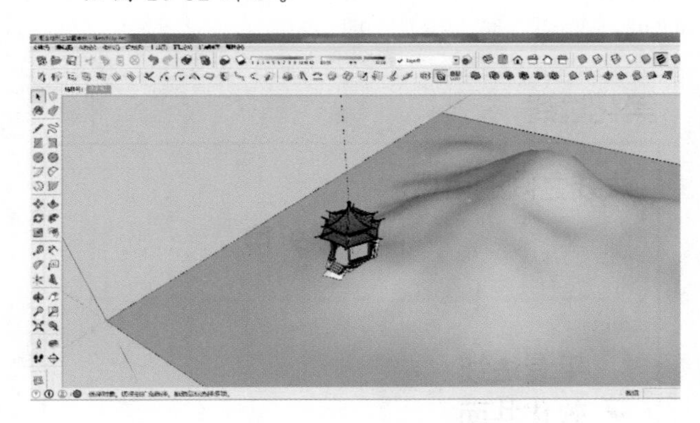

图 10-32　完成效果

10.3　柔化与平滑、隐藏

10.3.1　柔化与平滑、隐藏命令的作用

SU 采用的是由直线围合平面、平面拼接为曲面和

立体的模型构成思路。曲面内平面之间的边线通过柔化与平滑的功能，使边线隐藏、相邻平面的棱角平滑，从而产生曲面的外观效果。

“柔化”命令针对单一的边线、使其自动隐藏但相邻平面不产生平滑，选择多条边线使用“柔化与平滑”命令，“隐藏”命令则是针对包括边线、平面、群组、组件等所有对象的。

SU 通过圆、圆弧、地形工具生成的曲面立体会自动进行柔化与平滑处理，圆与圆弧的边数则决定了曲面的精细程度和模型大小。

柔化的边线及隐藏的对象，可以通过执行“视图→虚显隐藏物体”菜单命令显示出来。

10.3.2　柔化与平滑

可以通过 5 种方式执行“柔化与平滑”或者“取消柔化”功能。

第 1 种：选择边线并在边线上单击鼠标右键，右键菜单中执行“柔化”命令，只隐藏边线、不平滑该棱线。已经柔化的边线则可以执行“取消柔化”。

第 2 种：选择多条边线，在右键菜单中执行“柔化/平滑边线”命令，将弹出“柔化边线”编辑窗口，调整角度大于边线所在两平面夹角即可执行柔化命令，选择“软化共面”执行柔化隐藏、选择“平滑法线”执行柔化边线及平滑相邻两平面，如图 10-33 所示。需要取消柔化则选择边线后调整角度小于相邻两平面夹角即可。

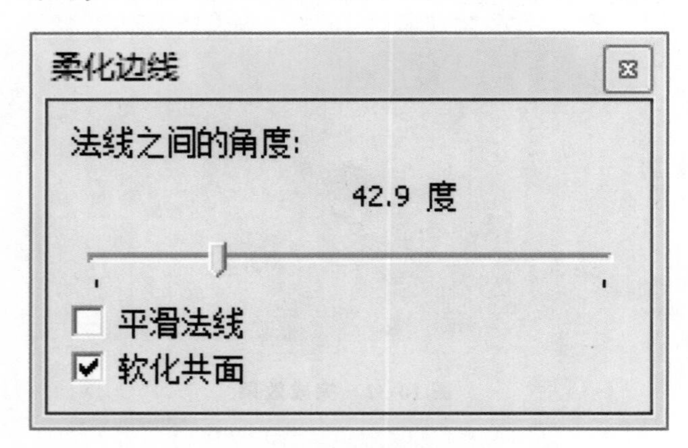

图 10-33　柔化边线窗口

第 3 种：选择边线后，在“图元信息”窗口中，勾选“软化”“平滑”选项执行相应的命令，取消勾选即可取消柔化功能如图 10-34 所示。

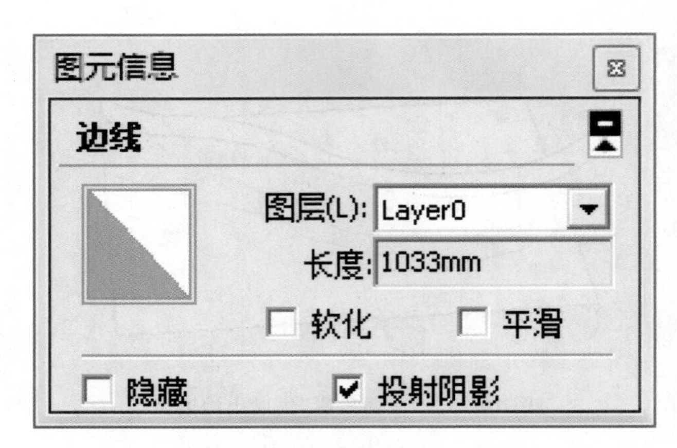

图 10-34　图元信息窗口

第 4 种：选择边线后，执行“窗口→柔化边线”菜单命令（图 10-35），也可以弹出如图 10-33 所示的“柔化边线”编辑窗口。

第 5 种：使用“删除”工具的同时按住 Ctrl 键，对边线执行“柔化/平滑”命令，边线自动柔化与平滑。使用“删除”工具时按住 Ctrl＋Shift 组合键，可以取消边线柔化。

> **提示**：遇到选择边线后不能顺利弹出右键菜单的情况，可以在选择边线后执行“编辑→边线”可以找到右键菜单的相关命令（图 10-36）。

视图(V)　相机(C)　绘图(R)　工具(T)　窗口(W)
模型信息
图元信息
材料　Shift+B
组件　Shift+C
样式
图层　Shift+T
大纲
场景
阴影
雾化
照片匹配
柔化边线
工具向导
系统设置
Extension Warehouse
隐藏对话框
Ruby 控制台
组件选项
组件属性
照片纹理

图 10-35　柔化边线右键菜单

图 10-36　柔化菜单

10.3.3　隐藏

“隐藏”命令可以隐藏选择的各种对象，同时还有“取消隐藏”命令与之对应。命令可以在“编辑”菜单、右键菜单、图元信息窗口找到，分别如图 10-36、图 10-34 所示。还可以使用“删除”工具的同时按住 Shift 键即可隐藏相应的对象。

> **提示**：“隐藏”与“取消隐藏”的功能，在群组和组件等各个编辑层级分别起作用。比如说，在某个群组内部隐藏一个对象，退出该群组的编辑状态后，使用“取消隐藏”命令是无法使这个对象显示出来的。这样有利于在各层级控制对象的显示，但同时也容易出现隐藏对象找不到或者无用的隐藏对象使模型变大的情况。一般情况下，此功能用于临时性使用，物体的显示常采用图层进行控制。

10.4　SU 常用插件

10.4.1　SU 插件概述

SU 插件是对 SU 软件自身缺陷的弥补、拓展或增强，在制作一些复杂的模型、进行各类命令时，使用插件有事半功倍的作用。

SketchUp 的插件也称为脚本(Script)，它是用 Ruby 语言编制的实用程序，通常程序文件的后缀名为 .rb 或 .rbs 或 .rbz。一个简单的 SU 插件可能只有一个 .rb 文件，复杂一点的可能会有多个 .rb 文件，并带有自己的子文件夹和工具图标。

10.4.2　SU 插件的获取与安装

SU 插件可以通过互联网来获取，比如紫天 SketchUp 中文网志(www.sublog.net)、SketchUp bbs 论坛、SketchUp bar 论坛等。

对于 SketchUp 2015 版本而言，安装插件有 4 种情况：

(1)rbz 格式插件　启动 SketchUp，点击菜单“窗口–系统设置–扩展–安扩展程序”，在“视图–工具栏–工具栏”勾选所安装的插件，也可以在“窗口”菜单找到所安装的插件。

> **提示**：把后缀名 .rbz 改成 .rar 或 .zip，打开后是 rb 格式，将压缩包里面的文件复制到 X:\Program Files\SketchUp 2015\ShippedExtensions，安装效果同上。不知道 SU 安装路径在哪里可以右键桌面或者开始菜单里 SketchUp 程序的快捷方式，点击“打开文件位置”即可。

(2)rbs 格式插件　将插件复制到安装盘 X:\Program Files\SketchUp 2015\ ShippedExtensions，启动 SketchUp，菜单“视图–工具栏–工具栏”，勾选所安装的插件。

> **提示**：复制到 ShippedExtensions 的插件，启动 SketchUp，会自动复制到 C:\Users\计算机名\AppData\Roaming\SketchUp\SketchUp 2015\SketchUp\Plugins，当你手动删除 ShippedExtensions 里面的插件时，Plugins 里面的插件不会自动删除。

(3)rb 格式插件　与 .rbs 格式插件安装方法相同，安装后会在 SketchUp 菜单栏生成"扩展程序"菜单，里面就是所安装的插件。

(4)exe 格式插件　个别插件有专门的安装文件，可以像 Windows 应用程序一样进行安装，直接点击文件依据步骤安装即可。

10.4.3　SUAPP 插件集

SUAPP 是由双鱼和麦兜于 2007 年 10 月免费发

布、更新已逾九年的、SU平台上应用最为广泛、兼容性优秀的功能扩展插件集，将之前不同作者、不同功能、分散的SU插件进行了分类整理。

SUAPP1.X系列作为免费推出的产品，包含100项以上功能，大大增强了SU的实用性，并且完全兼容包括最新的SketchUp 2016在内的所有版本，可供SketchUp新手用户永久免费使用。该程序可到www.sketchupbar.com网站免费下载，按照说明一步步操作即可安装。SUAPP1.X免费基础版本与3.X收费专业版本不同，功能较为固定不可定制，不包含高级插件功能，更新相对滞后于3.X系列。因此也可以付费升级到更加先进易用的SUAPP3.X系列云端插件库，获得海量插件、一键安装、个性定制、云端同步、快捷运行等高级功能和优秀服务。

SUAPP1.6插件库安装程序(永久免费基础版)的兼容性要求：Windows平台(WinXP、Win7、Win8)、SketchUp 2013—2016全系列。SUAPP插件集有增强菜单、基本工具栏、右键扩展菜单3种方式进行点击运行具体插件命令。其中“增强菜单”对所有插件进行了整理分类，SUAPP1.6共有10类130项左右的功能，如图10-37所示；为了方便操作，“右键扩展菜单”中提供了快捷菜单并扩展了多项功能，如图10-38、图10-39所示；“基本工具栏”如图10-40所示，是从“增强菜单”中提取出来的25个常用代表性插件。

图10-37 SUAPP菜单

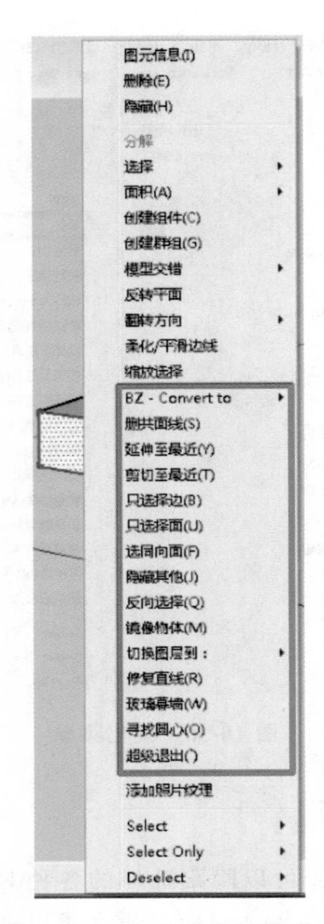

图10-38 SUAPP右键菜单一

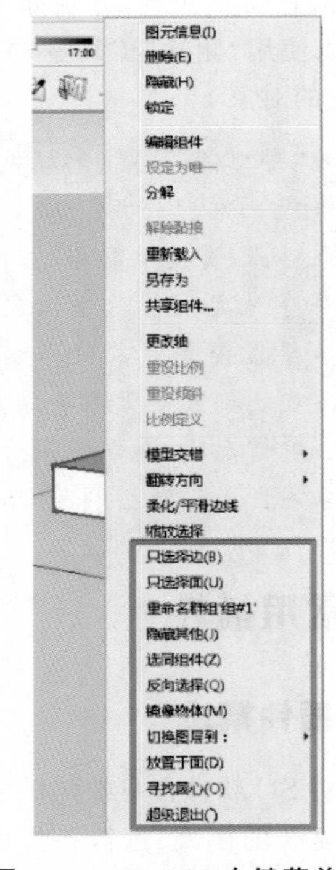

图10-39 SUAPP右键菜单二

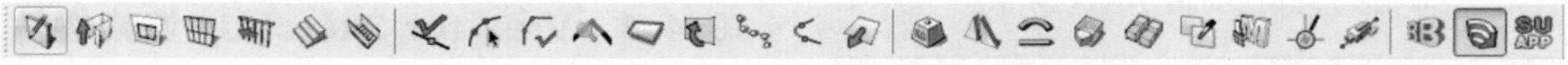

图 10-40　SUAPP 的基本工具栏

不同的选择对象有不同的右键快捷菜单,如图 10-38 所示是对象为线面时的快捷菜单,如图 10-39 所示是对象为组件时的快捷菜单,功能都比较实用,比如"删共面线""延伸至最近""只选择边""修复直线""寻找圆心""反向选择""超级退出""选同组件""镜像物体""放置于面"等。

基本工具栏(图 10-40)中的常用工具从左到右分为三组,风景园林相关专业人士都比较常用,第一组是 7 个立体建模命令,包括"绘制墙体""拉线成面""墙体开窗""玻璃幕墙""线转栏杆""梯步拉伸""参数楼梯";第二组是 8 个线面操作命令,包括"修复直线""选连续线""焊接线条""查找线头""生成面域""滑动翻面""路径阵列""线转圆角""自由矩形";第三组是 8 个综合操作工具,包括"Z 轴归零""镜像物体""形体弯曲""旋转缩放""选同组件""材质替换""清理场景""太阳北极""自带相机"。

★实例 10-7 演示:AutoCAD 图形导入后的修复

对于导入的 AutoCAD 平面图形,如果无法进行封面,第一个可能的原因是线段不在同一个高度从而导致不在同一个平面内,可以运行"Z 轴归零",自动让各线段的端点垂直移动到水平基准面上,从而在一个水平面上。

第二个可能的原因是线没有闭合,可以运行"查找线头"命令快速标注出未闭合线段之间的缺口位置,在一定范围内可以点击端点的圆圈根据提示进行修复,或者绘制封闭线条进行修复;也可以运行"标注线条"命令,快速生成文字标注出缺口,手动绘制线条封闭,但要注意标注的文字在使用完以后需要删除,故在运行该命令之前,设置编辑的图层到一个新建的图层,方便管理。

还有可能的原因是曲线围合的平面实质上是多个三角面组合而成的,封面时不容易形成一个复杂的平面,只需要分割为几块就容易封面了。具体步骤如下:

①导入链接网址中 SU 素材文件—第 10 章"实例 10-7　AutoCAD 图形导入后的修复. dwg"文件,环绕观测可以发现部分线条不在水平基准面上,如图 10-41 所示。

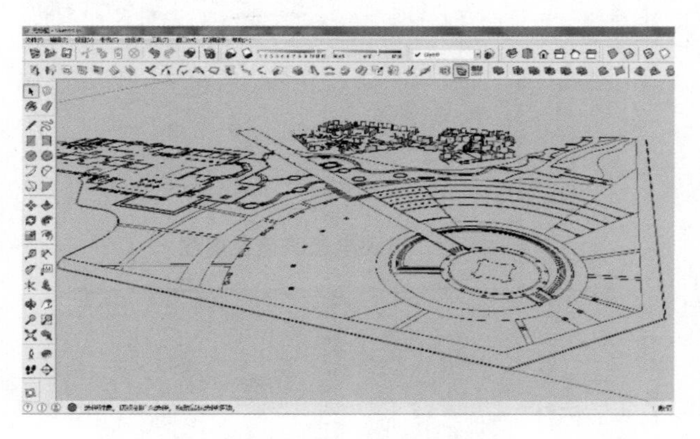

图 10-41　导入实例素材

②选择相应的线条或者 Ctrl＋A 全部选择,执行菜单"扩展程序→辅助工具→Z 轴归零"或者点击基本工具栏中的按钮,结果如图 10-42 所示。

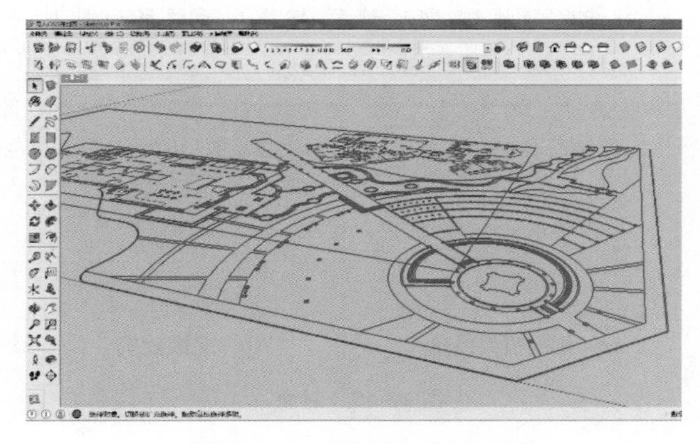

图 10-42　全选并 Z 轴归零

③执行菜单"扩展程序→线面工具→查找线头"或者点击基本工具栏中的按钮,图形中未与其他线段相连的线段端点都显示出一个半透明的蓝色圆圈,鼠标放置在一个圆圈上时,绘图窗口左侧提示未闭合线头数量、延长及闭合距离等信息,如图 10-43 所示;状态栏提示"点击一个线头以使其闭合",数值控制框提示"容差范围",输入大于绘图窗口提示的相关距离的数值并回车,然后点

击圆圈，缺口自动封闭，如图10-44所示。

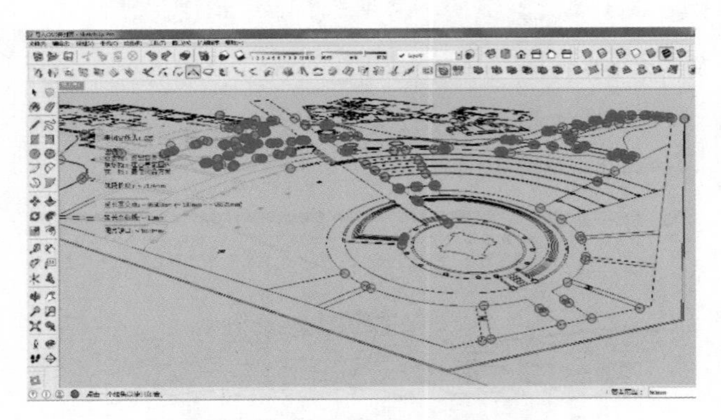

图 10-43 出现半透明蓝色圆圈

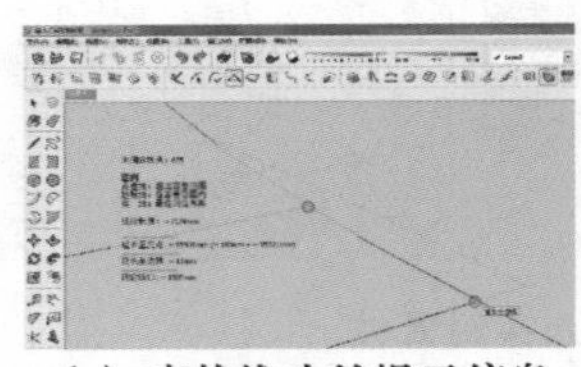

(a) 查找线头的提示信息

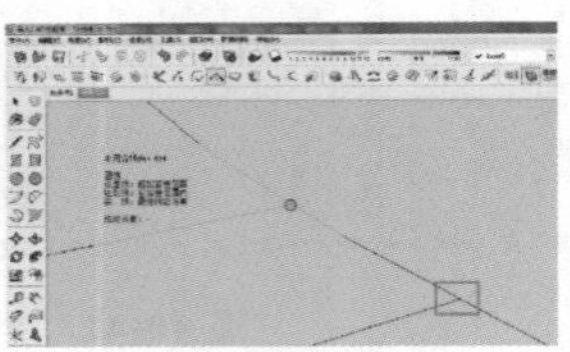

(b) 封闭缺口

图 10-44 查找线头并封闭缺口

④选择闭合区域的边界线条，执行菜单“扩展程序→线面工具→生成面域”或者点击基本工具栏中的按钮，即可封面，完成后的效果如图10-45所示。

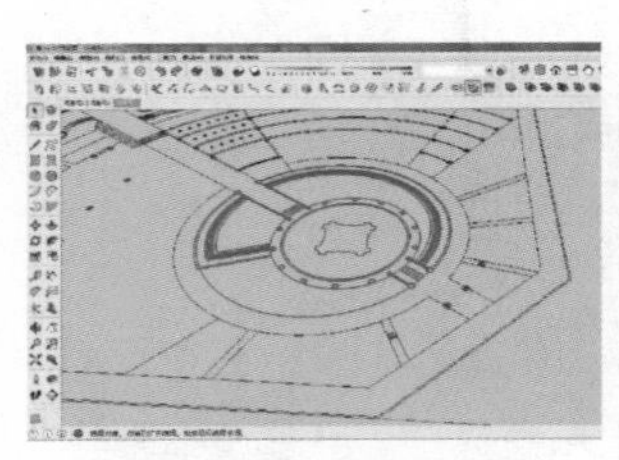

(a) 选择边界线条

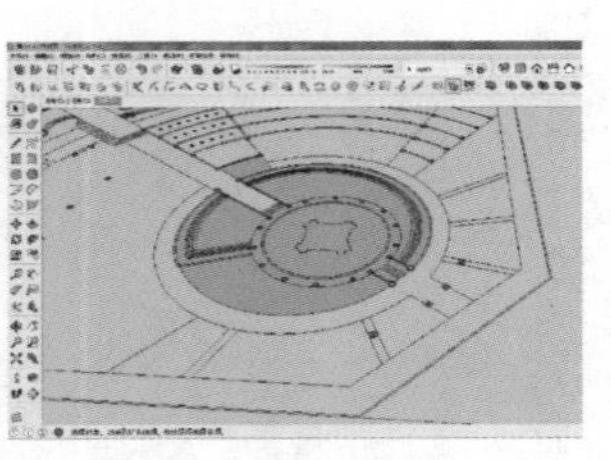

(b) 完成效果

图 10-45 封面

10.4.4 Vray for SketchUp 渲染插件

Vray渲染器由chaosgroup和asgvis公司开发，可运行于3dsmax、犀牛、Cinima4D等常见3D建模软件，因其逼真的效果、完整的性能而受到广泛应用。Vray for SketchUp可简称为VFS，是SU创建场景模型后、结合Photoshop后期处理、可制作出照片级效果图的必备插件。VFS的基本功能与用法与Vray在其他3D软件里相近，请详见VFS相关参考书籍。

10.4.5 其他插件及选用原则

SU因其自身功能的简易局限性及Ruby语言的开放性，产生了数量众多的插件，依据功能大体可分为曲面建模、地形建模、材质编辑、线面工具、专业要素建模、场景相机调整、要素选择及编辑等类型，有兴趣者可广泛了解，选择自己喜欢的插件。比如Soap Bubble(起泡泡)插件、Joint Push Pull Interactive(联合推拉)插件、instant sitgrader、road、roof(即时基地、道路与屋顶)插件、SkechyFFD(自由变形)插件、Selection Toys(增强选择工具)、SketchUpIvy(藤蔓植物)插件等，是风景园林相关专业人士较常用到的SU插件。

SU插件提供了很多快捷强大便利的功能，但同时也要注意到：SU软件又称“草图大师”，其最具特色的地方是设计过程与绘图的结合，学习该软件，首先是熟悉软件自身不太复杂的功能，并运用于设计中，特别是多多体会“画线成面、推拉成体、逐步完善、多样展示”的特点，善于用简单的工具熟练绘制构思中的内容。其次是插件的安装加载会拖慢SU软件的运行速度，如果加载过多或沉迷于过多的插件功能，对设计构思的关注和构思绘图的结合会产生不利的影响。

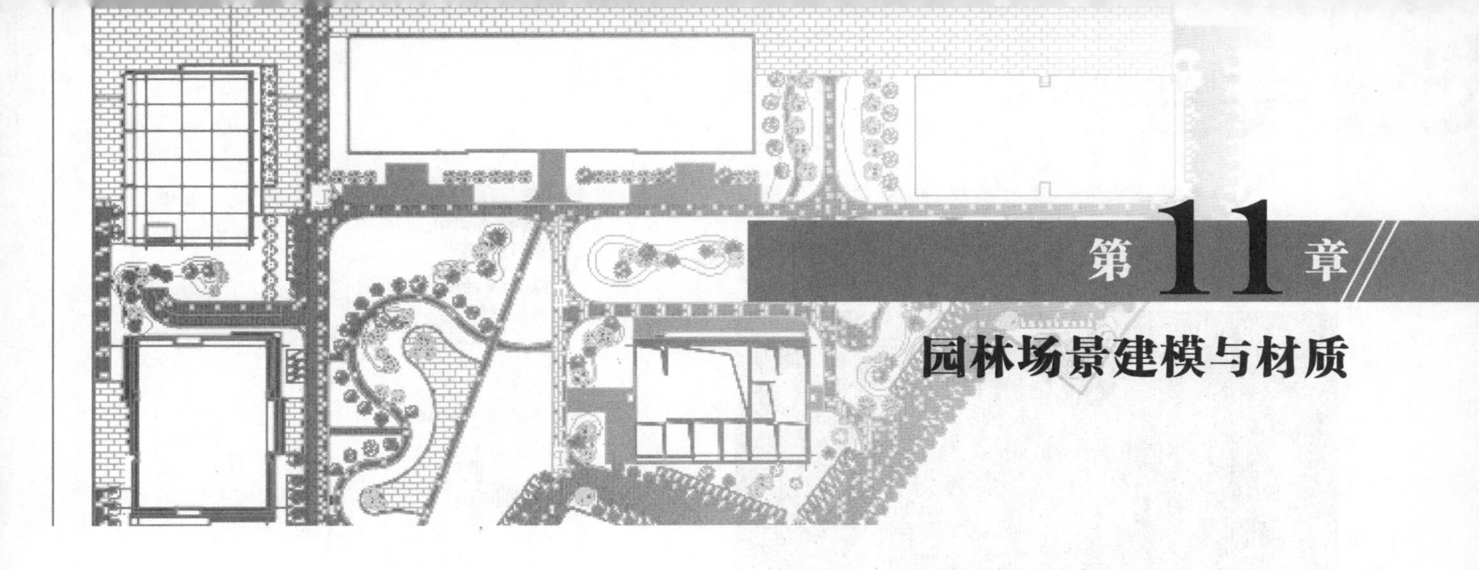

第11章 园林场景建模与材质

在掌握了单体建模的基础上，本章我们将学习如何用 SketchUp 进行园林场景建模。本章我们以某屋顶花园作为场景建模的案例，通过对屋顶花园的模型建立，熟悉和掌握建模的基本思路和技法。

通常常见建模的步骤流程分为：

- 整理 CAD 图纸。
- 在 SketchUp 中导入 CAD 图纸。
- 创建模型，由单体组成场景。
- 给模型填充材质。
- 导入组件。
- 添加场景。
- 输出二维图形，导出图像。

11.1 CAD 图纸整理

11.1.1 简化 CAD 图纸

CAD 中设计图纸中有大量的文字、图层、线和图块等信息，这些通常都是不需要拉出三维图形的，直接导入 SketchUp 中会导致图层混杂，增加建模的复杂性和难度。所以一般在将 CAD 导入到 SketchUp 之前会先在 CAD 中对图层进行整理，删除多余的线或面，使平面简化干净。

提示：对于多余的线、面或图块最好是进行删除简化，而不仅仅是关闭或冻结图层，尽量简化图层，以免 CAD 的图层混乱导致关闭了必要的线或面而无法封面。对于图层比较复杂的 CAD 图纸，可采用关闭或冻结图层减少整理图层的时间，但是需要逐步观察，确保少出现断点断面。

★实例 11-1 演示：简化 CAD 平面图

①启动 Auto CAD 软件，按【Ctrl＋O】快捷键，打开链接网址中 SU 素材文件—第 11 章"实例 11-1 屋顶花园案例. dwg"，如图 11-1 所示。

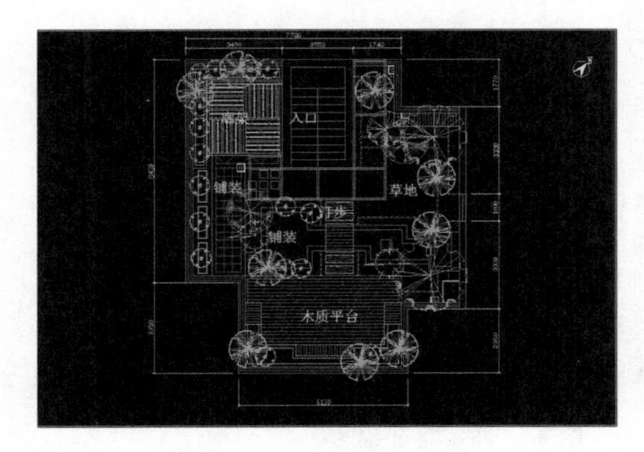

图 11-1　打开素材 CAD

②单击【图层】工具下拉按钮显示图层列表，单击💡，隐藏文字、标注、植物、铺装线等与建模无关的图层，如图 11-2 所示。

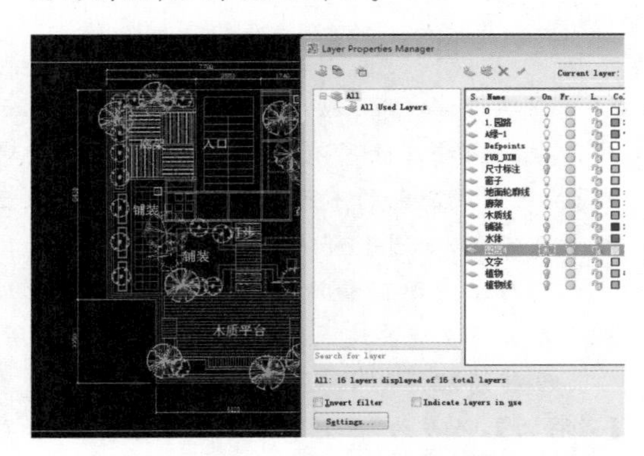

图 11-2　关闭与建模无关的图层

③对图层做进一步的整理，删除CAD中明显多余的线条，对于误关闭的图层要逐步补充线条，如图11-3所示。

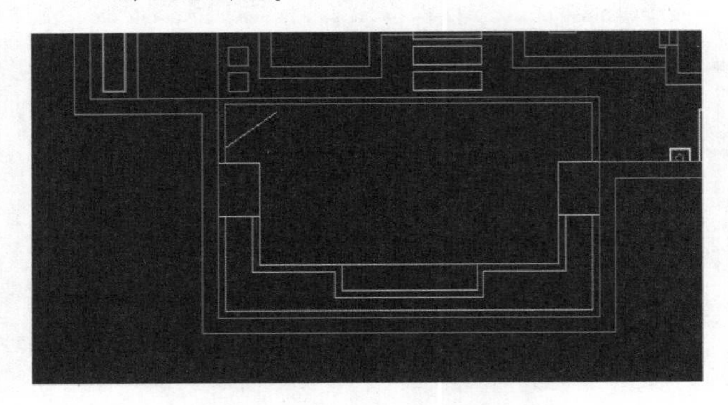

图11-3　删除明显多余的线条

④在CAD命令栏中输入【PU】，按空白键执行命令，对简化的图纸进行进一步清理，如图11-4所示。

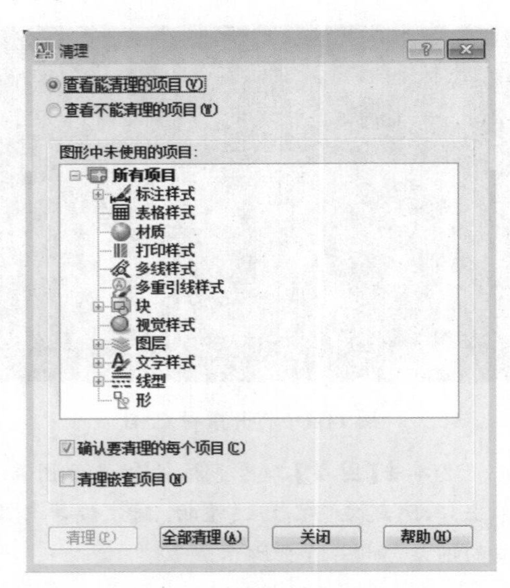

图11-4　单击全部清理

⑤单击 全部清理(A) 按钮，弹出如图11-5所示的对话框，选择【清除所有项目】选项，直到【全部清理】按钮变成灰色的不可选定状态为止，即表示图纸清理完成，如图11-5所示。

⑥对比清理前和清理后的平面，检查清理过程中是否存在重要遗漏，如图11-6和图11-7所示。

⑦将清理后的CAD平面图在【文件】中单击【另存为】，另存为“屋顶花园(清理完成)”，保存格式为DWG格式。

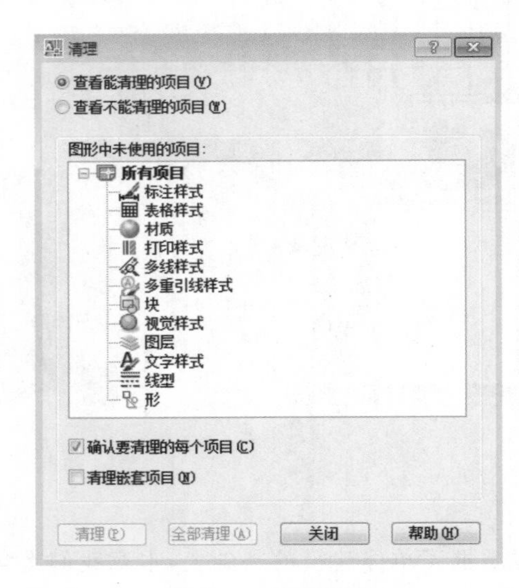

图11-5　清理完成

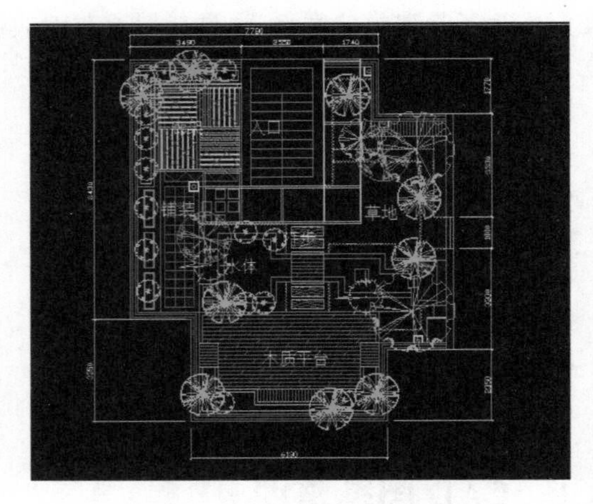

图11-6　清理前的平面图CAD

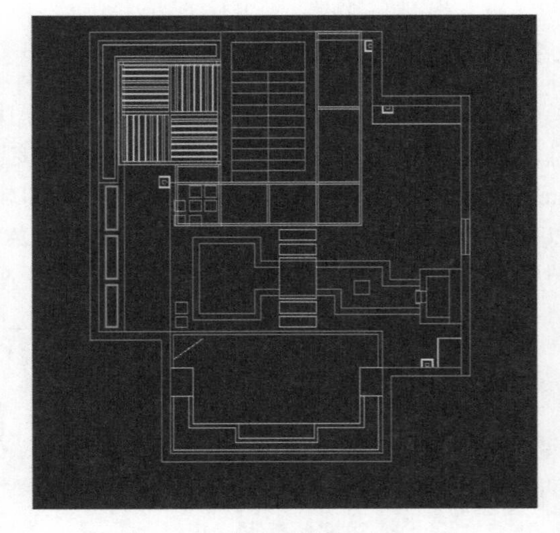

图11-7　清理后的平面图CAD

提示：在清理图层时，如果 CAD 图形中出现粗线条，需要使用 CAD 的【X】快捷键将其打散，让其成为单线条，这对于后期导入图纸封面非常有帮助。

11.1.2　分析建模思路

CAD 图层整理完毕之后，还需要对所要建模的场地仔细观察并进行分析，理清建模的顺序和主次。通过观察图纸，本屋顶花园以表现屋顶花园区域景观布局与设计，主要体现水体、廊架、植物等造景搭配，如图 11-8 和图 11-9 所示。因此建模的中心应以廊架和小品展开，先完成地面的铺装及水体，再完成建筑体的模型构造，最后加入植物，完成最终效果。如图 11-10 和图 11-11 所示。

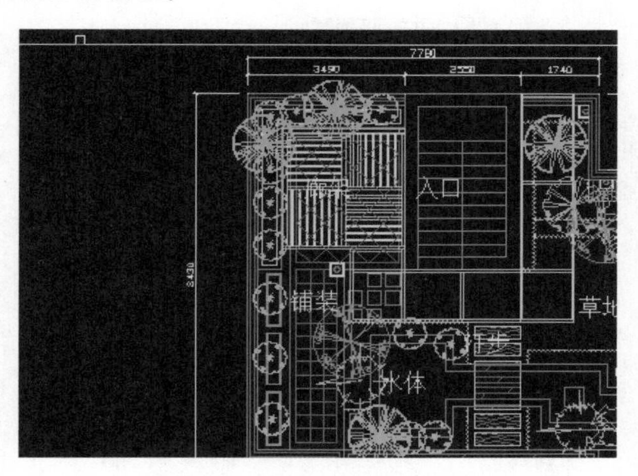

图 11-8　廊架及周边设施

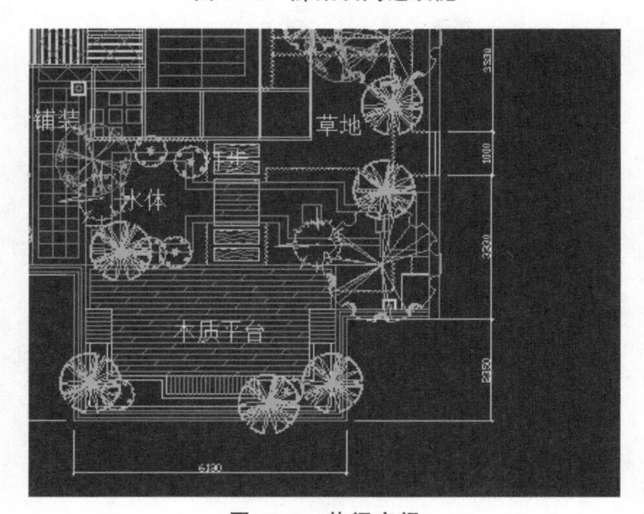

图 11-9　休闲空间

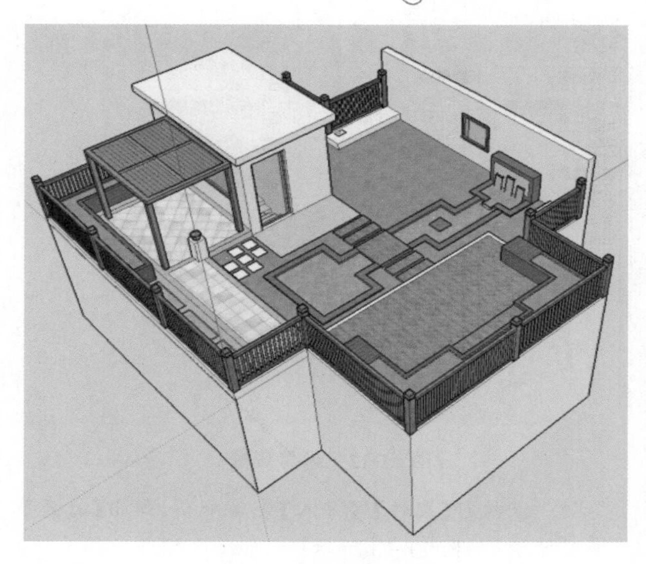

图 11-10　模型完成

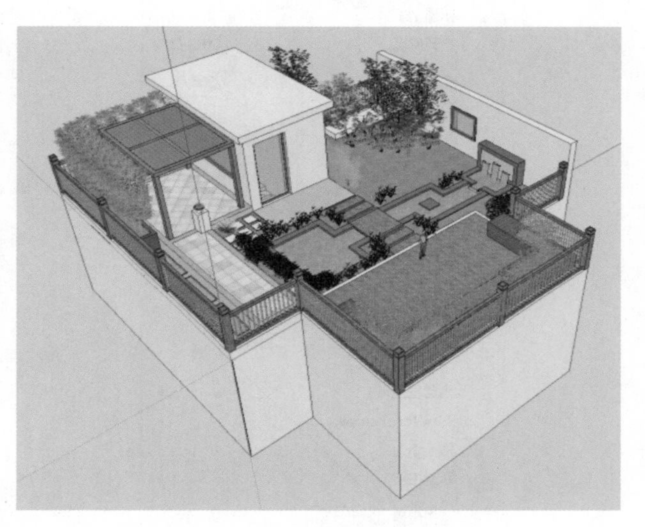

图 11-11　添加植物素材

11.2　图纸导入及封面

在将整理后的 CAD 导入 SketchUp 之前，需要先设置场景单位及精确度，然后执行【文件】|【导入】菜单命令，将图导入。

★实例 11-2 演示：CAD 图纸导入 SketchUp

①启动 SketchUp 软件，设置场景单位及精确度，单击【窗口】|【模型信息】命令，弹出【模型信息】对话框，由于场地较小，设置单位为“毫米”，如图 11-12 所示。

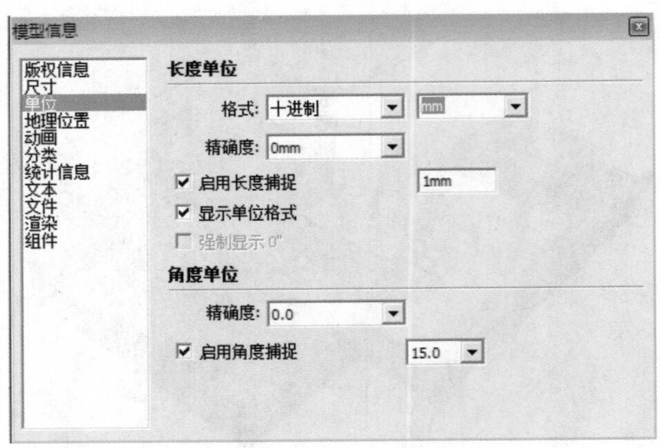

图 11-12　设置场景

②执行【文件】|【导入】菜单命令，弹出【打开】对话框，如图 11-13 所示。

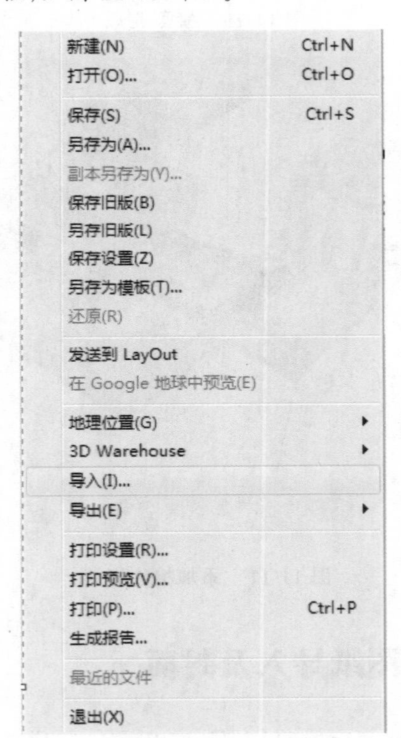

图 11-13　选择导入文件

③在弹出的【打开】面板中设置文件类型为 AutoCAD 文件，后缀为 DWG 格式，单击【选项】按钮设置导入选项，如图 11-14 所示。

④单击 选项(P)... 按钮，将单位改为【毫米】，单击 确定 按钮，最后单击 打开(O) 按钮，即可完成 CAD 导入，如图 11-15 和图 11-16 所示。

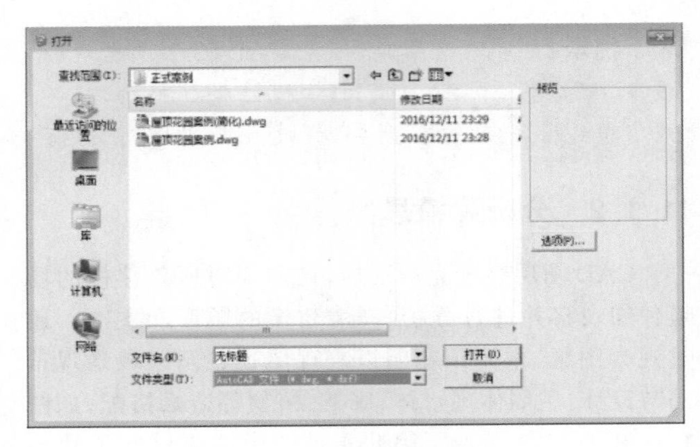

图 11-14　设置打开类型

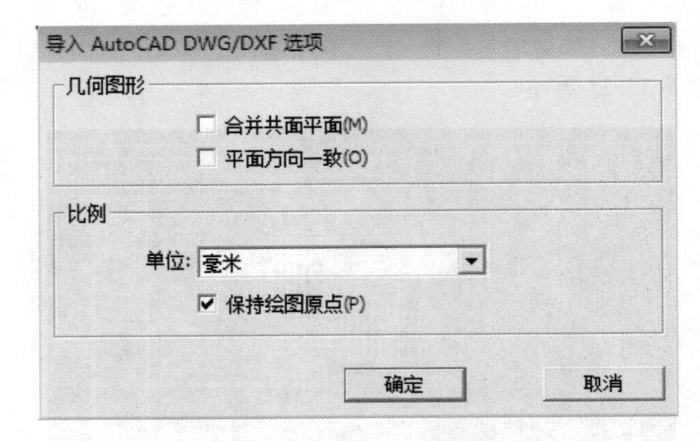

图 11-15　设置导入选项参数

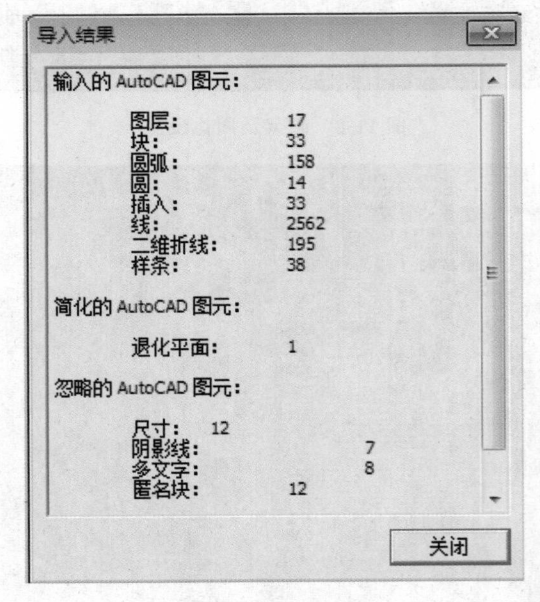

图 11-16　导入结果

⑤导入图纸：导入链接网址中 SU 素材文件—第

11 章“实例 11-2.skp”后，启用【移动】工具将场景左下角的点与坐标原点对齐，如图 11-17 和图 11-18 所示。

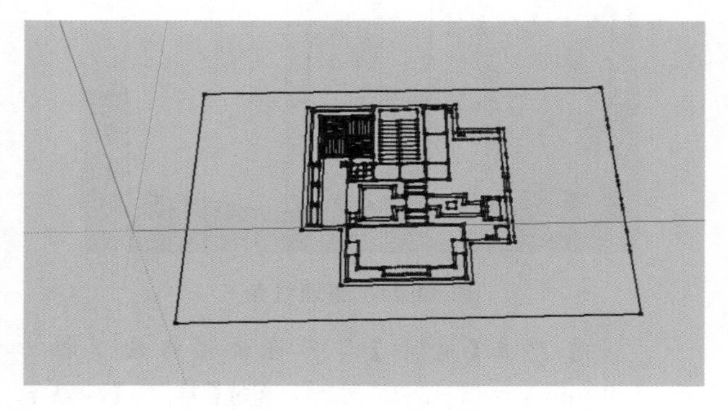

图 11-17　导入图纸

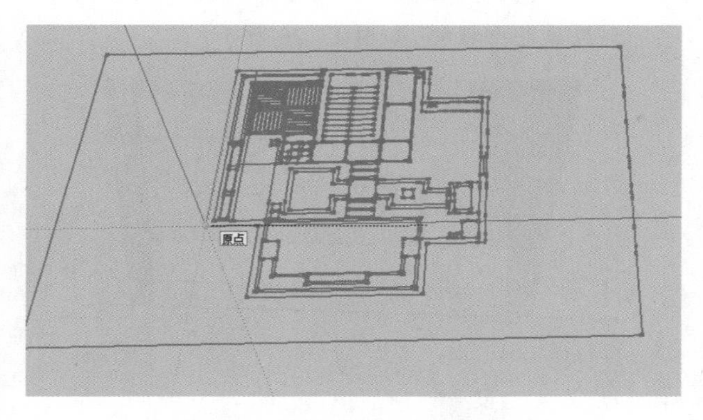

图 11-18　对齐至坐标原点

提示：如果出现无法导入 CAD 图形的情况，请另存一个较低版本 CAD 再重新导入。

在 SketchUp 中，导入的 CAD 图纸是以线条的形式显示的，因此为了能够顺利拉出形体，我们需要将其逐个封面。封面的主要方法是用【线条】工具配合【矩形】工具等，对图纸进行描边来绘制封闭面。

★实例 11-3 演示：SketchUp 的封面及整理

①将场景放大并进行再次清理，仔细检查场景，删除场景中多余的线条，并将断开的线进行连接。如图 11-19 和图 11-20 所示。

②单击【直线】工具按钮，对导入的图纸进行逐个的描边，直到形成封闭面，如图 11-21 所示。完成所有封面后，仔细检查是否有破面或者没有封闭的面，完善完毕后，即结束封面步骤，进入模型建立，如图 11-22 所示。

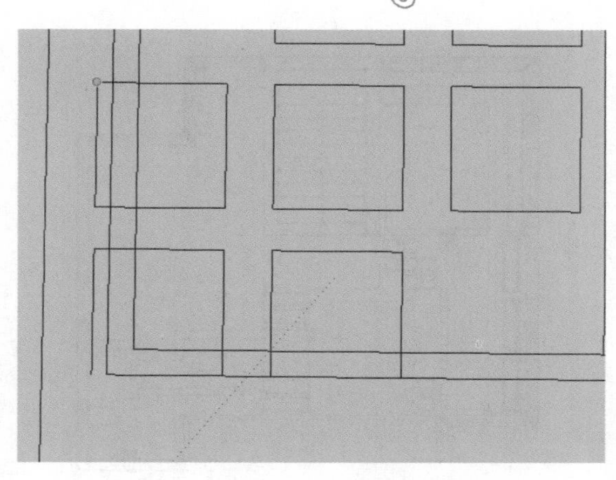

图 11-19　修改有误线条

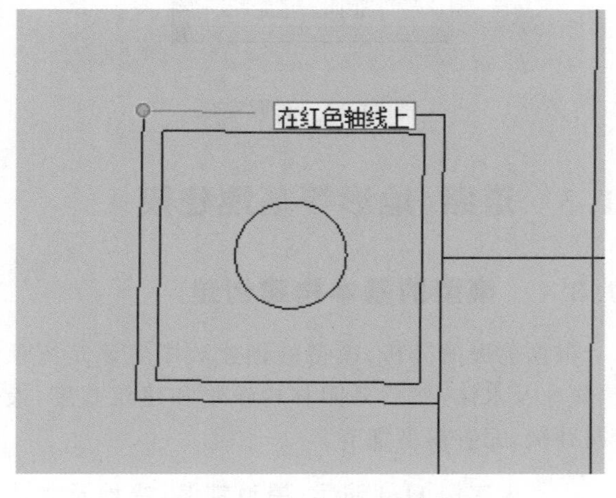

图 11-20　连接断开的线条

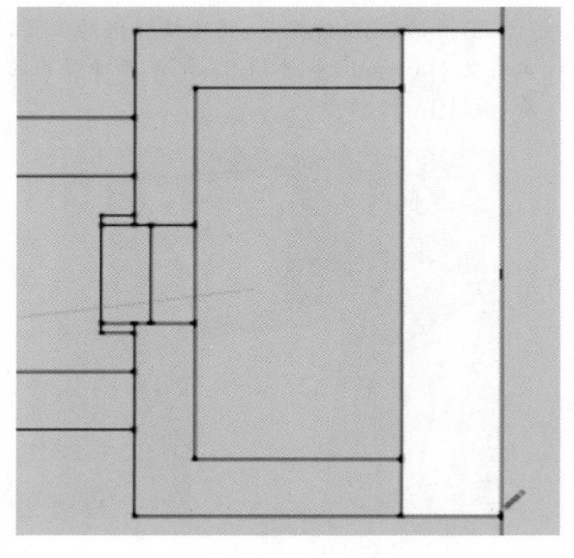

图 11-21　模型封面

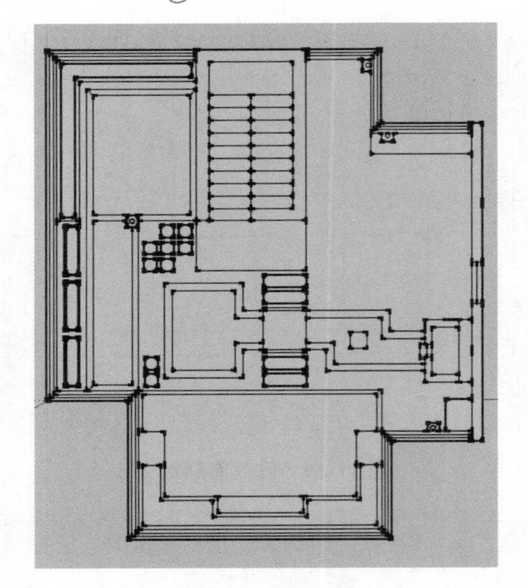

图 11-22　封面完成

11.3　道路、地形等基地建模

11.3.1　模型的基本构建创建

根据前面的分析，模型的创建顺序应该是屋顶铺装、绿地及水体，然后是园林构筑物和建筑高度，最后查漏补缺，完善模型细节。

★实例 11-4 演示：屋顶铺装、绿地及水体模型创建

①根据 CAD 的提示，明确楼梯间的位置，拉出高度 2 000 mm，如图 11-23 所示，删除多余的线条，如图 11-24 所示。

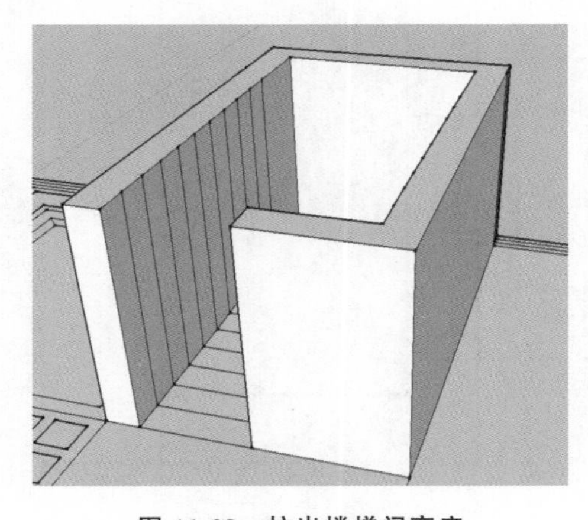

图 11-23　拉出楼梯间高度

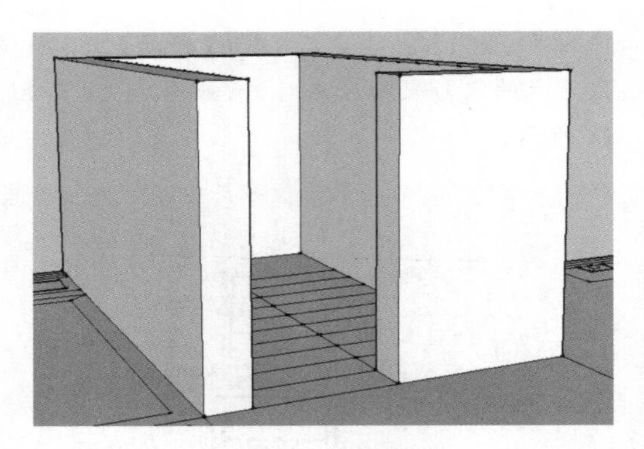

图 11-24　整理线条

②单击【推/拉】工具将楼梯格向下推出 150 mm，如图 11-25 所示，保持【推/拉】工具状态，双击鼠标，拉出第二级楼梯，依次叠加下去，直到做出整个楼梯，如图 11-26 所示。

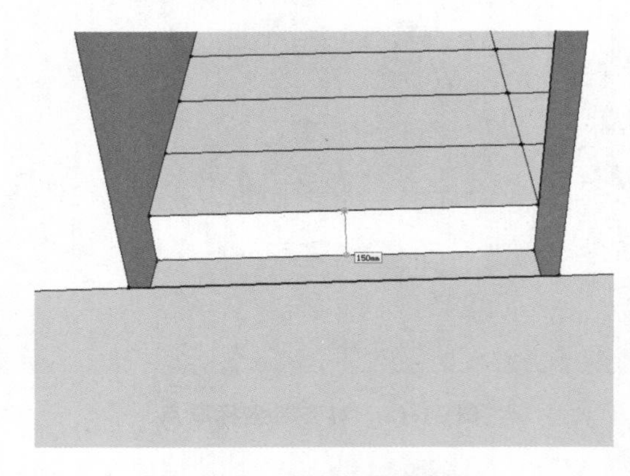

图 11-25　拉出楼梯高度

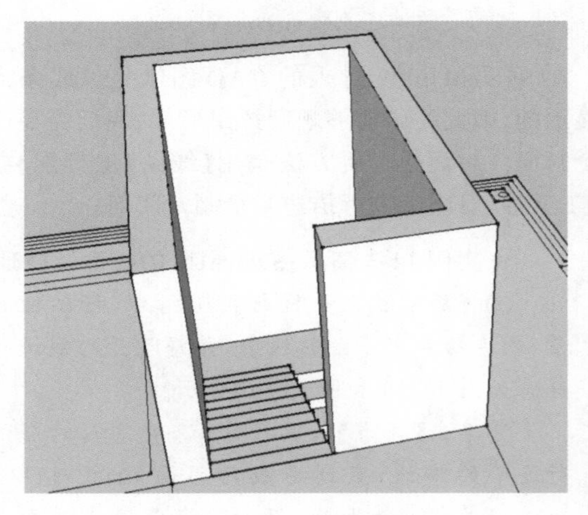

图 11-26　完成楼梯绘制

③根据 CAD 的提示，确定绿地的区域，单击【推/拉】工具将其拉出高度 20 mm，如图 11-27 所

示，为了区分材料，可先赋予一个简单的材质，单击【材质】工具，选择【人工草坪植被】材质，如图 11-28 所示。

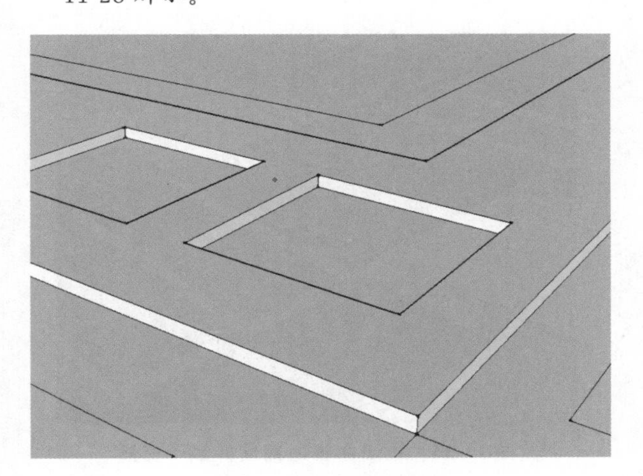

图 11-27　拉出草地高度

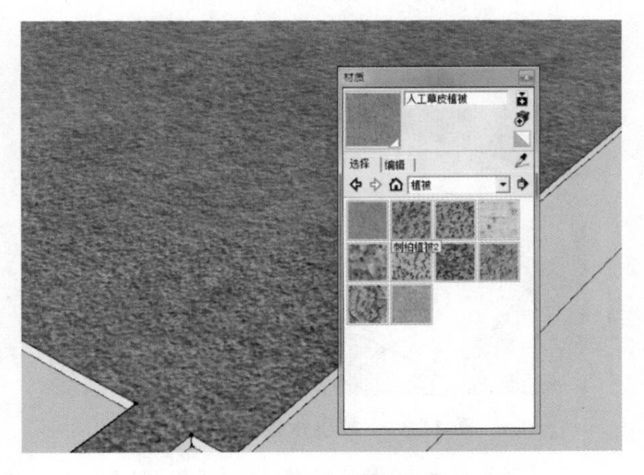

图 11-28　给草地赋予材质

④继续确定水池的区域，单击【推/拉】工具将其推进 400 mm，并进行标注，如图 11-29 所示。

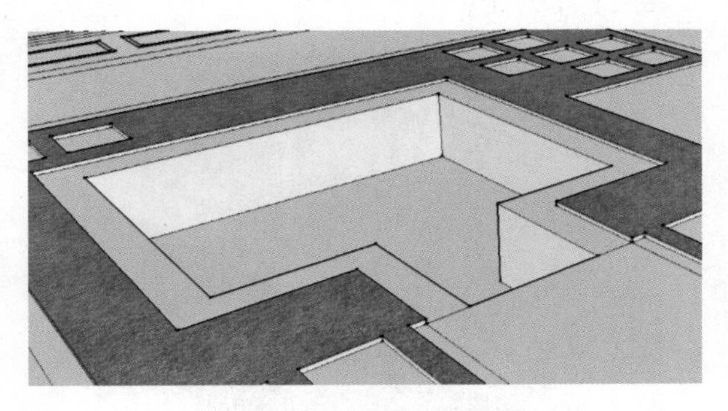

图 11-29　推出水池高度

⑤将跌水池的位置确定，单击【推/拉】工具将其推进 100mm，如图 11-30 所示。

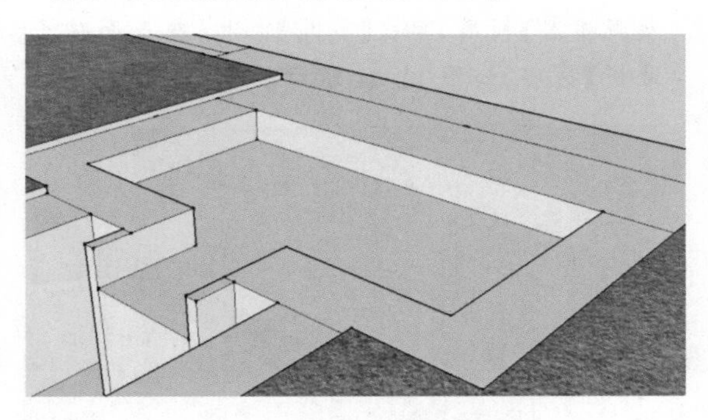

图 11-30　推出跌水池的高度

⑥确定混凝土铺装的区域，单击【推/拉】工具将其推出高度 40 mm，使其高于草地 20 mm，并初步赋予【白色灰泥覆层】材质，如图 11-31 所示。

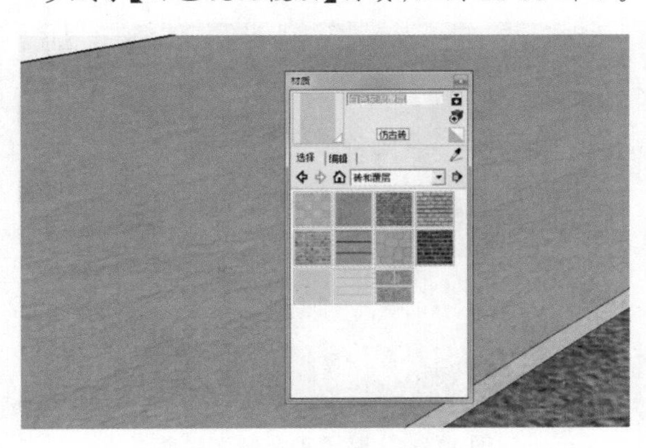

图 11-31　拉出铺装并赋予材质

⑦确定汀步的位置，单击【推/拉】工具，加上原来草坪的 20 mm，再将其推出高度 20 mm，如图 11-32 所示。

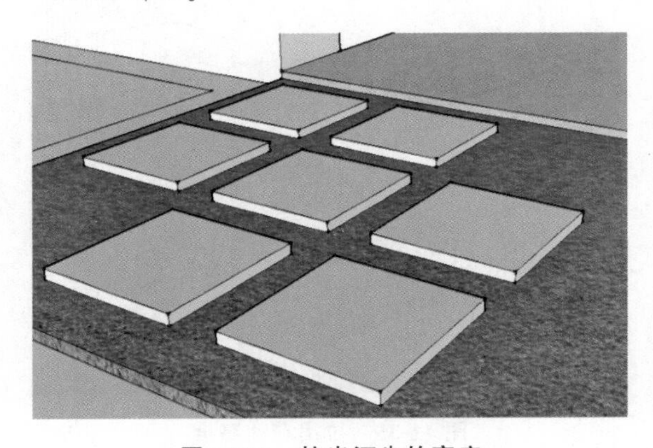

图 11-32　拉出汀步的高度

⑧单击【推/拉】工具，将休闲平台推出200 mm，如图11-33所示，在侧面暂且赋予【白色灰泥覆层】材质，单击【材质】工具，在表面赋予【木地板】材质，如图11-34所示。

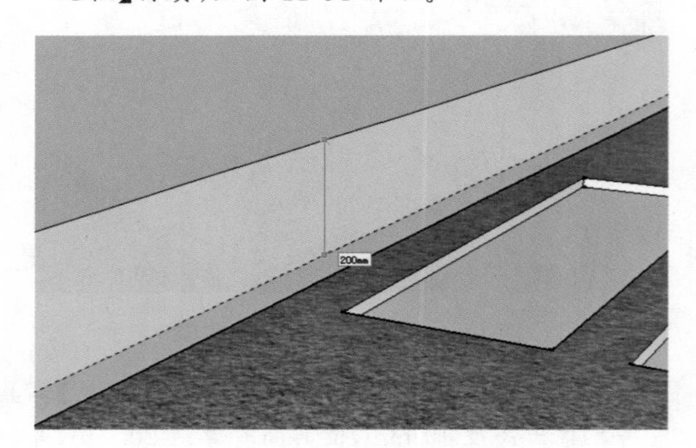

图11-33 拉出休闲平台并赋予材质

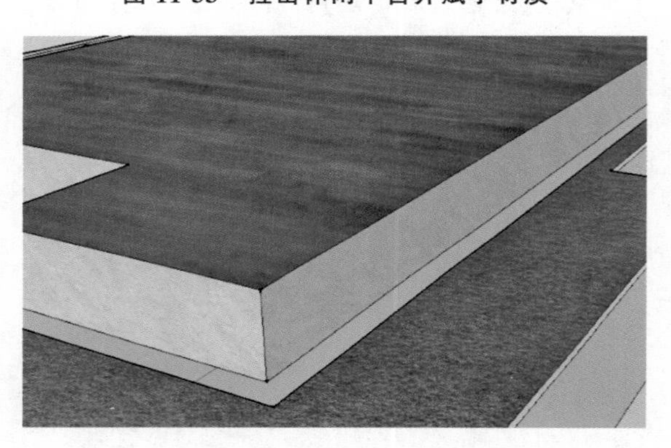

图11-34 赋予平台侧面材质

⑨确定并选择花池的范围，单击【推/拉】工具将其拉出650 mm高度，如图11-35所示。

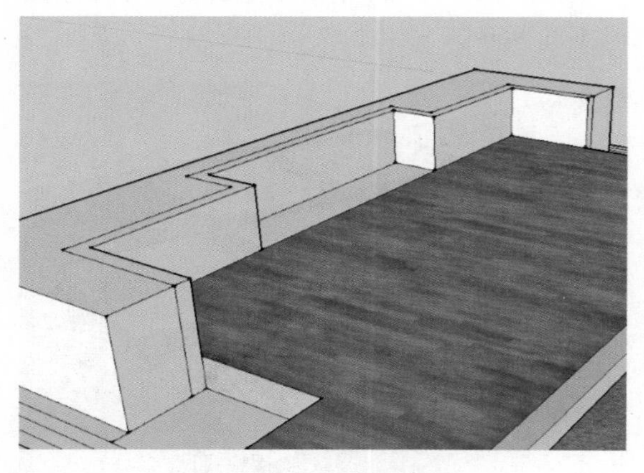

图11-35 拉出花池高度

⑩确定并选择木栈道的范围，单击【推/拉】工具将其拉出70 mm高度，并单击【材质】工具在表面赋予【木地板】材质，如图11-36所示。

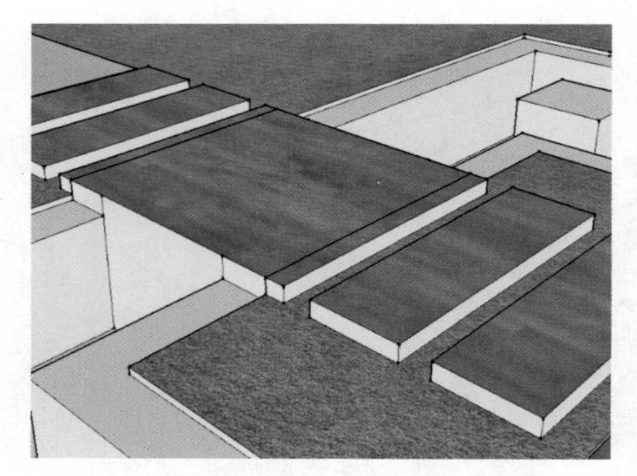

图11-36 拉出木栈道高度并赋予材质

⑪单击【推/拉】工具将混凝土水池边缘拉出40 mm高度，如图11-37所示。

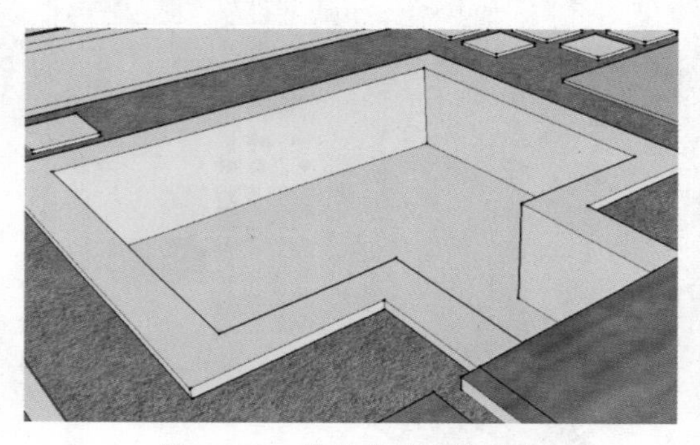

图11-37 拉出水池边缘高度

⑫选择另一侧的铺装，单击【推/拉】工具拉出200 mm高度，使其与木平台高度一致，并单击【材质】工具初步赋予【石头】|【黄褐色碎石】材质，如图11-38所示。

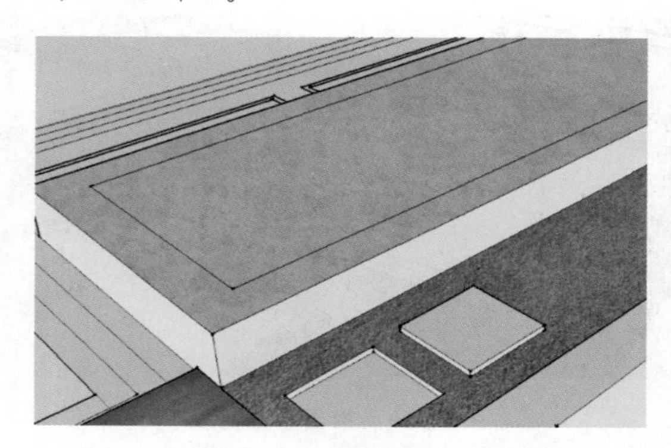

图11-38 拉出另一侧铺装高度并赋予材质

⑬继续完善与之相关的铺砖，单击【推/拉】工具拉出同样的高度，并单击【材质】工具赋予区别于当前材质的不同材质，如图 11-39 所示。

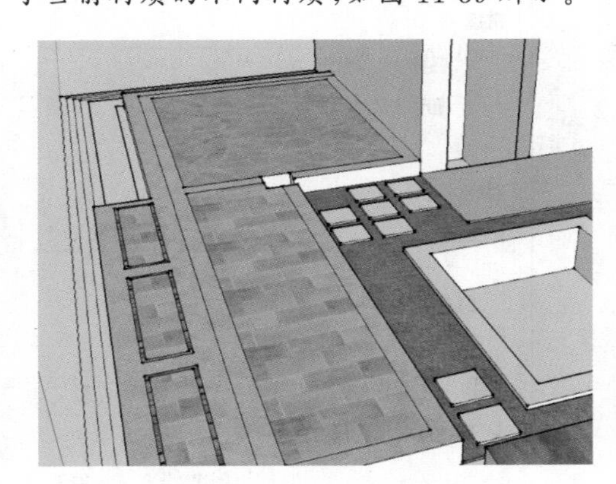

图 11-39　赋予不同材质的铺装

⑭将铺装图 11-39 中铺装左侧的花池用【推/拉】工具拉出高度 700 mm，内部土壤拉出高度 660 mm，并单击【材质】工具分别初步赋予不同材质，如图 11-40 所示。

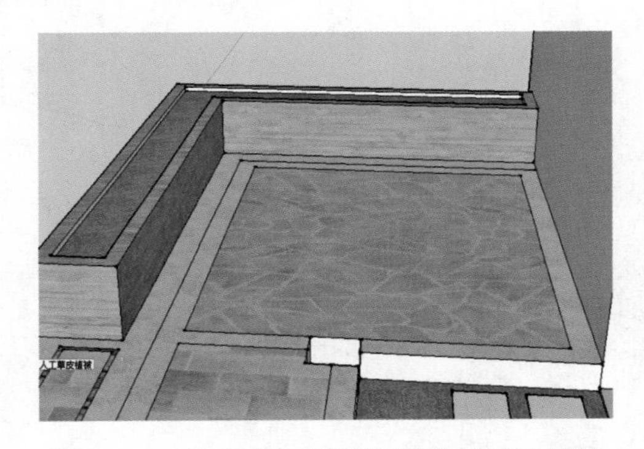

图 11-40　拉出另一侧花池高度并赋予材质

⑮单击【充满视窗】环视检查整体模型，寻找之前漏掉建模的区域，如图 11-41 所示。

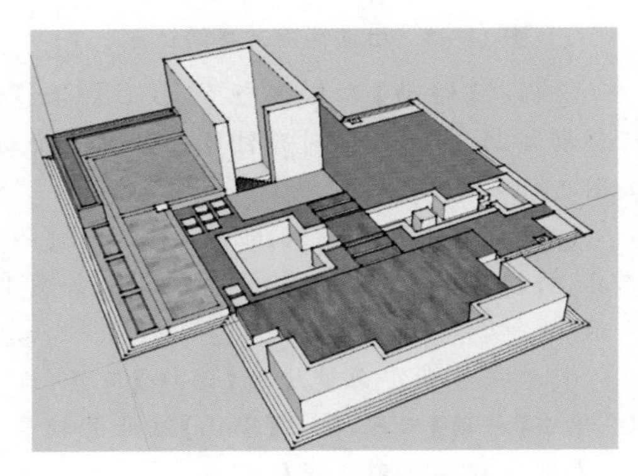

图 11-41　将场景充满视窗

⑯将之前漏掉的小品模型通过【推/拉】工具拉出高度 780 mm，如图 11-42 所示。

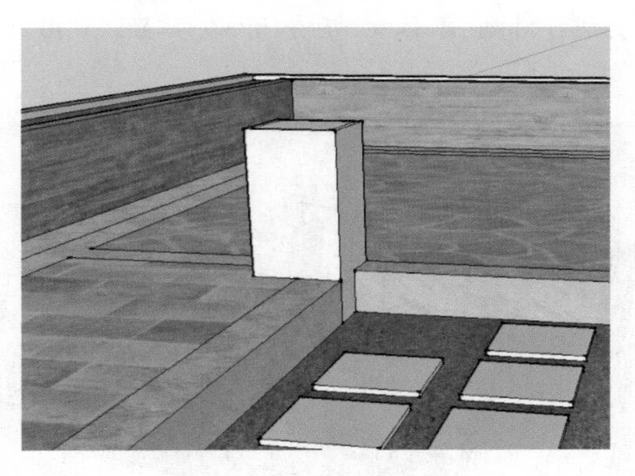

图 11-42　拉出小品高度

⑰将周围的墙体部分用【推/拉】工具拉出高度 2 200 mm，删除多余线条，如图 11-43 所示。

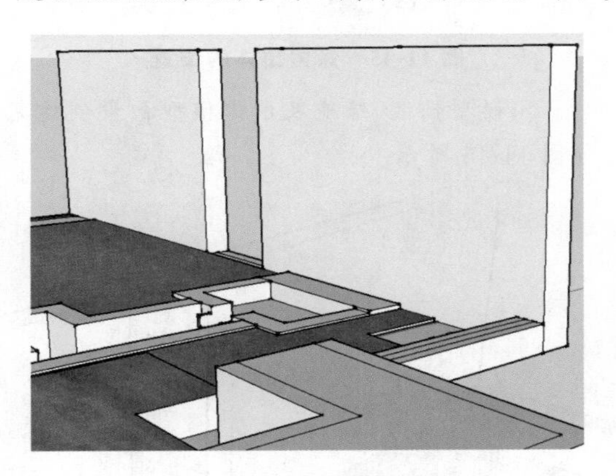

图 11-43　推出墙体高度

⑱在有留出护栏范围的区域通过【推/拉】工具拉出高度 220 mm，使其与地面周边铺装平齐并略高 20 mm，注意保留中间的线条，如图 11-44 所示。

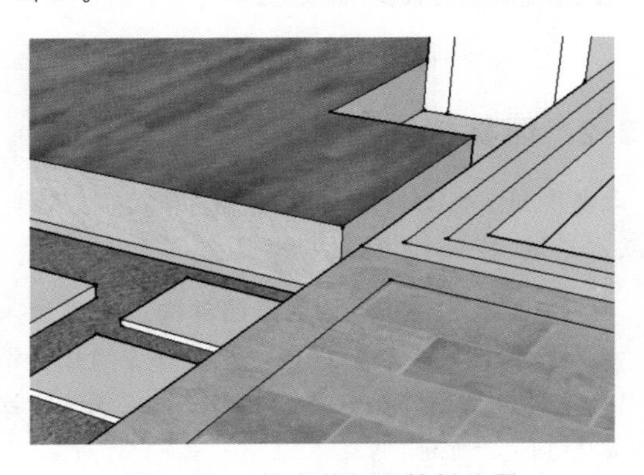

图 11-44　推出并保留护栏位置

⑲继续检查模型，将其他不确定的模型用【推/拉】工具拉伸为同周边同样的高度，为避免遗忘，对有窗体的部分予以保留，如图 11-45 所示。

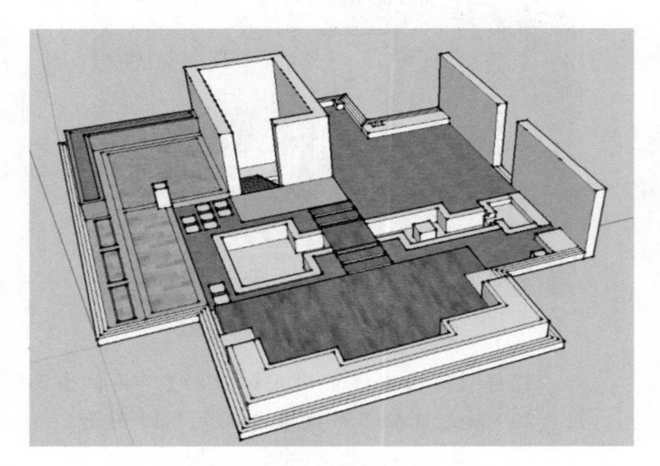

图 11-45　保留窗体的位置

⑳模型铺装、绿地及水体模型初步创建完成，如图 11-46 所示。

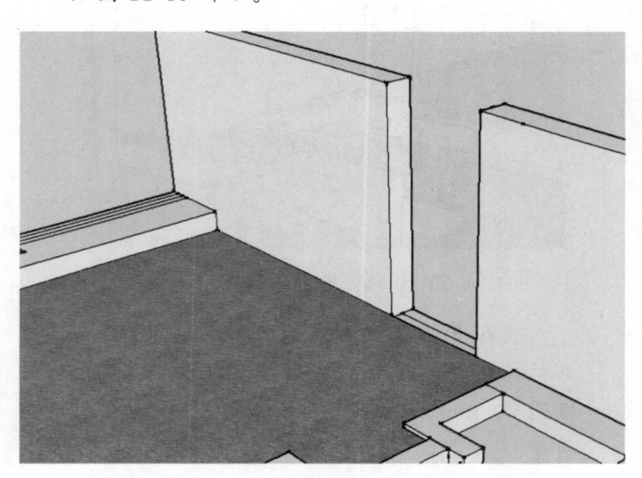

图 11-46　初步建立完毕

11.3.2　园林构筑物模型的构建

参考图纸，本场景园林构筑物主要包括花架、坐凳、跌水景墙、栏杆、园林景观小品。

★实例 11-5 演示：创建园林构筑物模型

①单击【矩形】工具，绘制一个 110 mm×110 mm 的矩形，并创建【组件】，命名为“廊柱 ”，如图 11-47 所示。

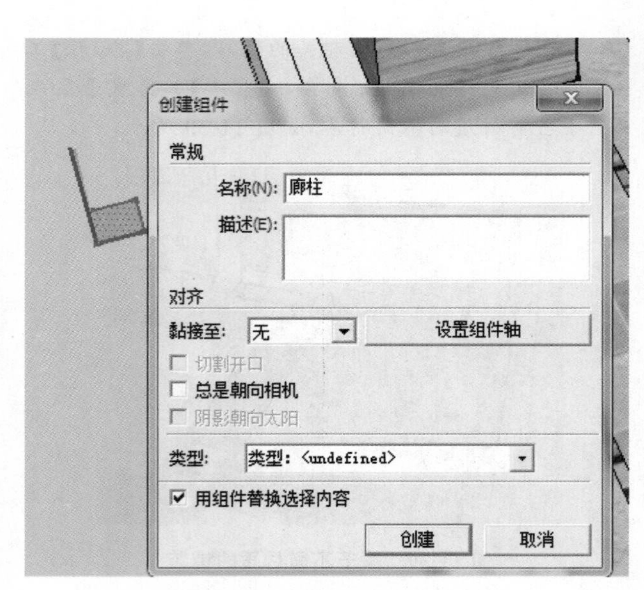

图 11-47　绘制矩形并建组件

②单击【移动】工具，将其移动到铺装面上，自动捕捉对齐铺装边线，如图 11-48 所示。

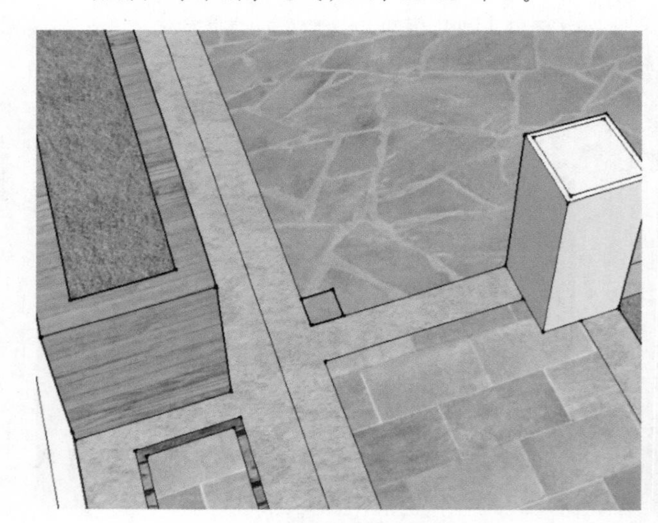

图 11-48　自动捕捉并移动矩形

③保持【移动】工具状态下，按住【Ctrl】键进行移动复制 3 个，分别对齐铺装的另外 3 个角点，如图 11-49 所示。

④鼠标双击矩形进入组件状态，单击【推/拉】工具，将组件向上拉出 2 000 mm 高度，如图 11-50 所示。

⑤单击键盘空白键进入【选择】工具，选择底面，单击【移动】工具，按住【Shift】键沿 Z 轴垂直移动，直到鼠标捕捉到柱子的角点。

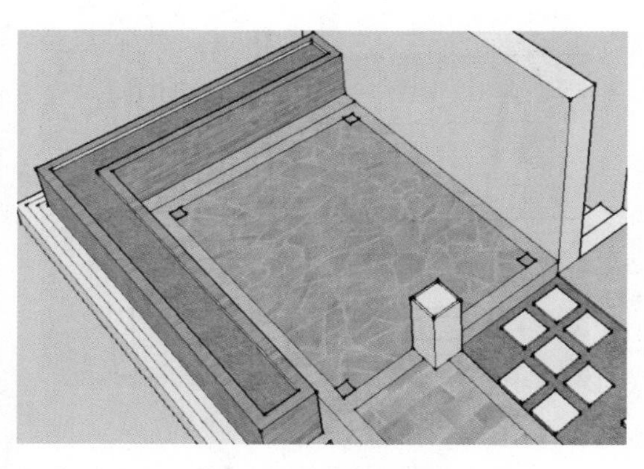

图 11-49　旋转复制

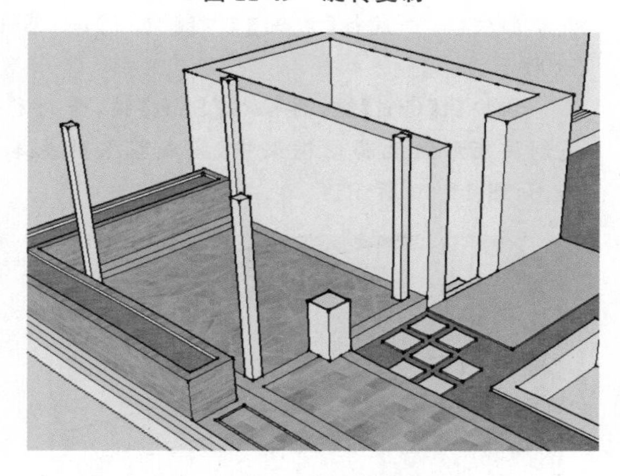

图 11-50　拉出廊柱高度

⑥单击【偏移】工具，将该面向内偏移复制 110 mm。

⑦单击【直线】工具，捕捉花架边框的任意两中点，作垂直平分的直线。

⑧单击【矩形】工具，分别绘制 100 mm×2 610 mm 和 2 010 mm×100 mm 的两个矩形，如图 11-51 所示，单击【推/拉】工具拉出高度 100 mm，并分别创建【群组】，如图 11-52 所示。

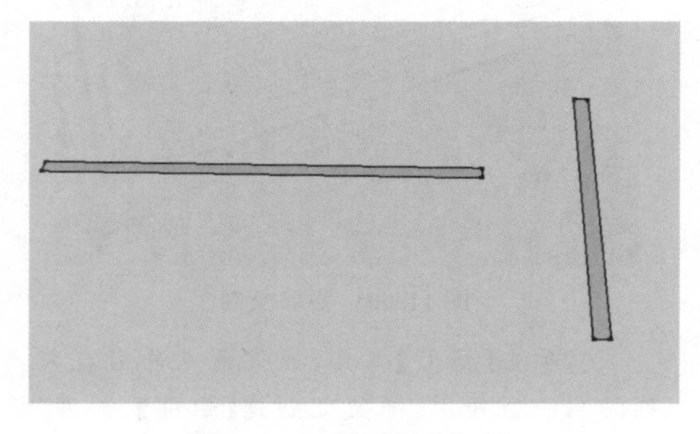

图 11-51　绘制两个矩形

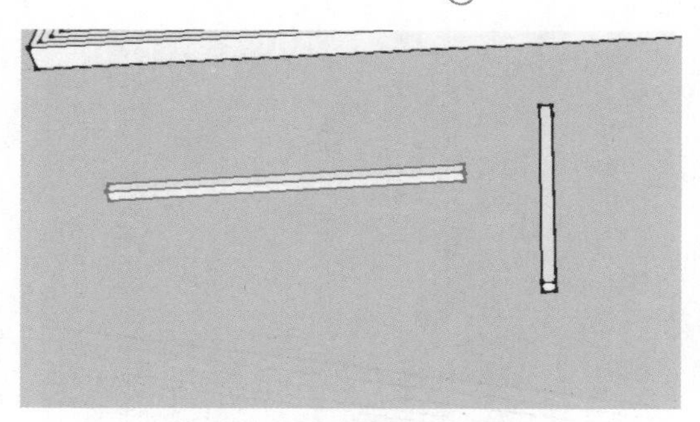

图 11-52　拉出高度并建组

⑨单击【移动】工具，分别选择两个矩形的任意一个的，捕捉其中点，对齐花架框架绘制的中心线，如图 11-53 所示。

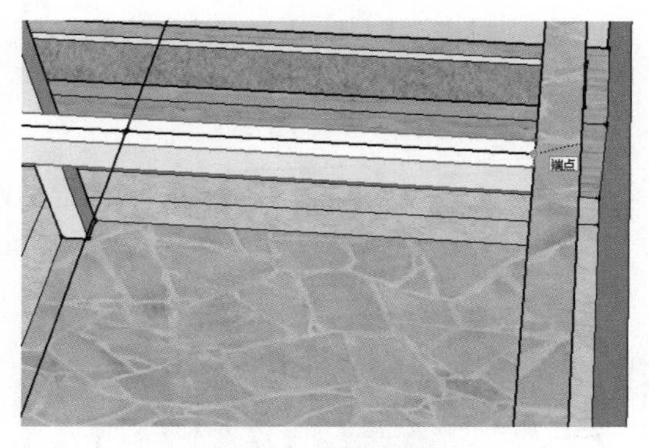

图 11-53　移动框架

⑩保持【移动】工具状态，对另一个矩形进行同样的操作，如图 11-54 所示。

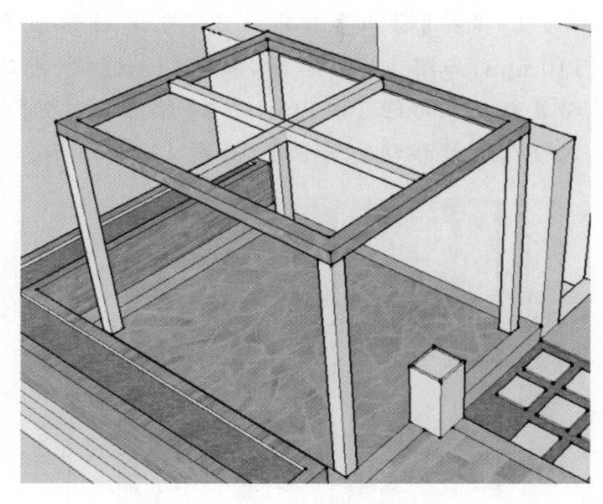

图 11-54　旋转复制

⑪单击【矩形】工具，绘制 40 mm×1 180 mm 的矩形，用【推/拉】工具向上拉出高度 80 mm，选中后并创建【群组】，如图 11-55 所示。

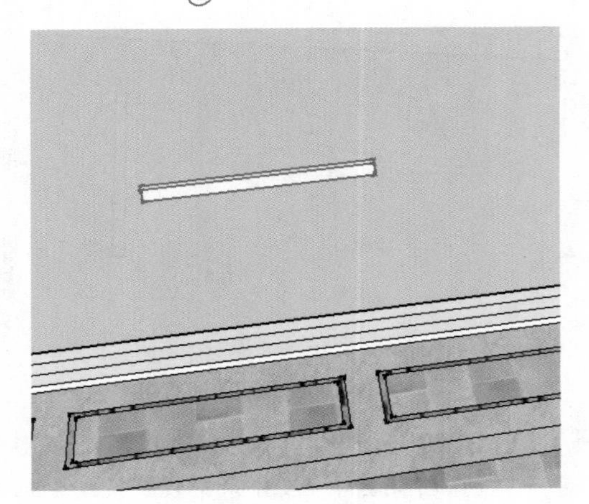

图 11-55　绘制矩形后建组

⑫单击【移动】工具，通过自动捕捉角点，将该矩形群组移动到对齐框架的下边线，如图 11-56 所示。

图 11-56　移动该矩形

⑬保持【移动】工具状态，将该矩形组平移 110 mm，如图 11-57 所示，按住【Ctrl】键，再次移动复制该矩形组 100 mm，并在【数值输入框】内输入“6”，连续移动复制 6 个，如图 11-58 所示。

图 11-57　继续对准移动矩形条

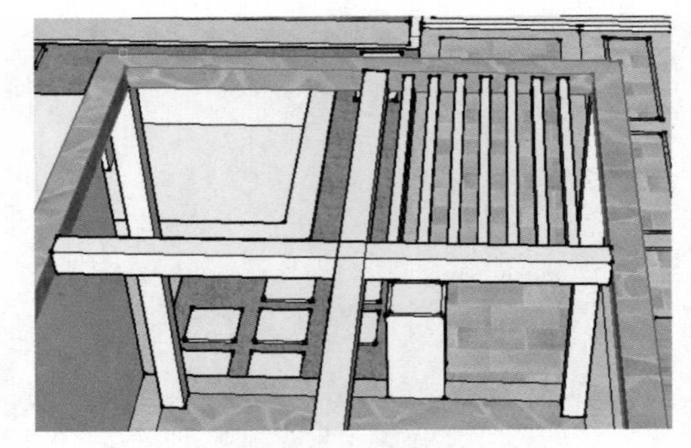

图 11-58　移动复制 6 个

⑭单击选择，按住【Shift】键，加选图面上的 7 个矩形块，点击鼠标【右键】创建【群组】，如图 11-59 所示。

⑮按住【Ctrl】键，再按住【Shift】键，平行移动复制该矩形组至其他框架中，完成花架的基本形态，如图 11-60 所示。

图 11-59　加选

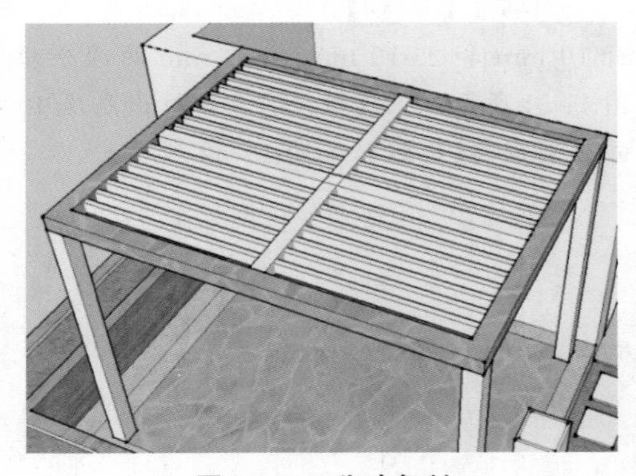

图 11-60　移动复制

⑯单击【矩形】工具，捕捉角点并沿花架内框线绘制一个矩形，并使之创建【组群】，如图 11-61 所示。

图 11-61　创建组群

⑰通过【材质】工具，给该矩形暂时赋予【半透明材质】/【蓝色半透明玻璃】材质，单击【推/拉】工具，拉出高度 5 mm，完成花架的模型，如图 11-62 所示。

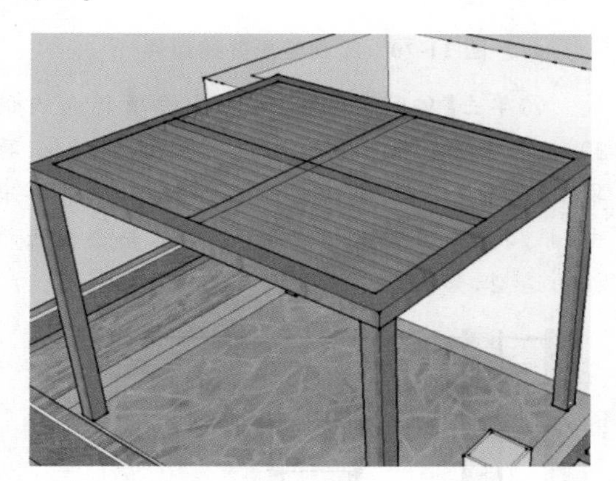

图 11-62　赋予半透明材质

⑱绘制跌水景墙，单击【推/拉】工具将景墙拉出 800 mm 高度，如图 11-63 所示。

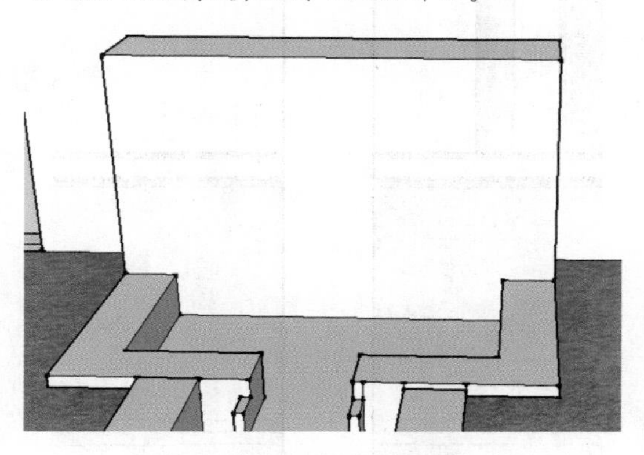

图 11-63　拉出景墙高度

⑲单击【偏移】进行向内 110 mm 的偏移复制，并单击【材质】工具赋予基本材质，如图 11-64 所示。

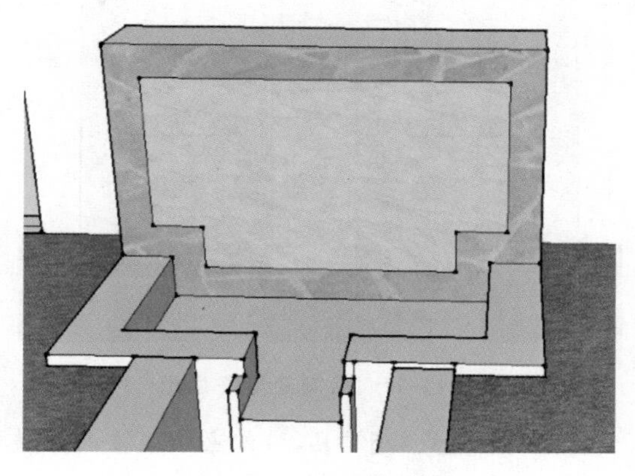

图 11-64　向内偏移复制

⑳单击【矩形】工具，绘制 45 mm×250 mm 的矩形，并通过【推/拉】做出出水口造型，如图 11-65 所示。

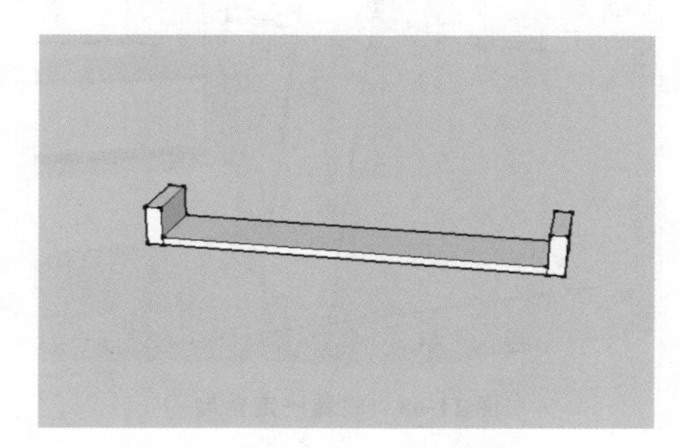

图 11-65　做出出水口造型

㉑单击【移动】工具，按住【Ctrl】键进行移动复制，复制 2 个出水口，如图 11-66 所示。

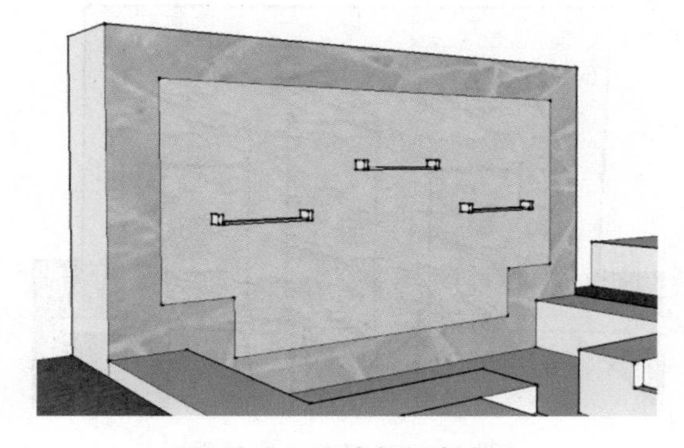

图 11-66　移动复制出水口

㉒单击【矩形】工具沿出水口绘制矩形，并创建【组群】，如图 11-67 所示。

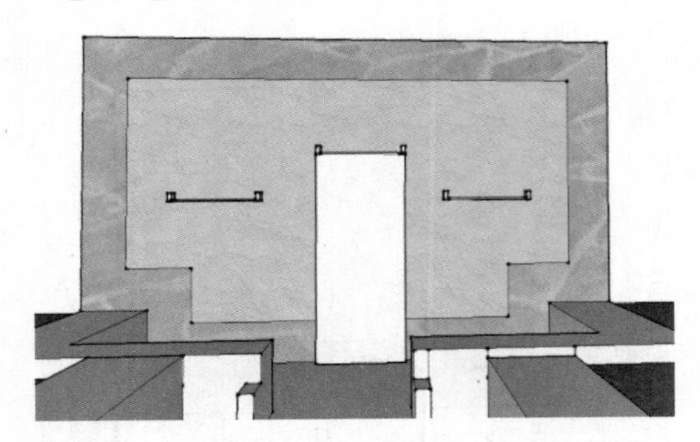

图 11-67　绘制矩形并建组

㉓单击【旋转】工具，沿红色轴线方向旋转 8°，如图 11-68 所示。

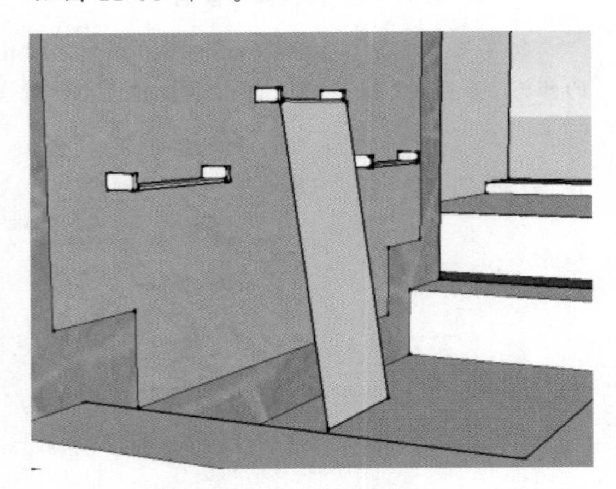

图 11-68　旋转一定角度

㉔单击【移动】工具，按住【Ctrl】键进行移动复制，复制另外 2 个矩形，并暂时赋予【水纹】/【闪光的水域】材质，如图 11-69 所示。

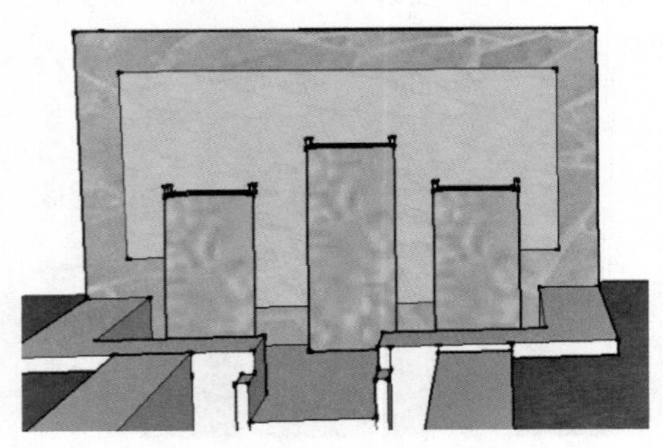

图 11-69　赋予水体材质

㉕单击【矩形】工具绘制一个 160 mm × 160 mm 的正方形，并创【组件】，命名为“栏杆柱”，拉出高度 1 080 mm，如图 11-70 所示。

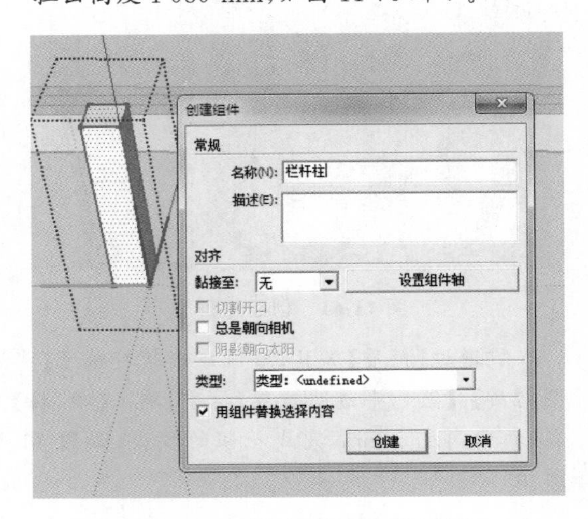

图 11-70　绘制矩形并建组件

㉖单击【偏移】工具，让柱子的顶端向内偏移 20 mm，单击【推/拉】工具向上拉出 30 mm，再次单击【偏移】工具，使其向外偏移 20 mm，并再次单击【推/拉】工具向上拉出 80 mm，从而绘制出栏杆柱的造型，如图 11-71 所示。

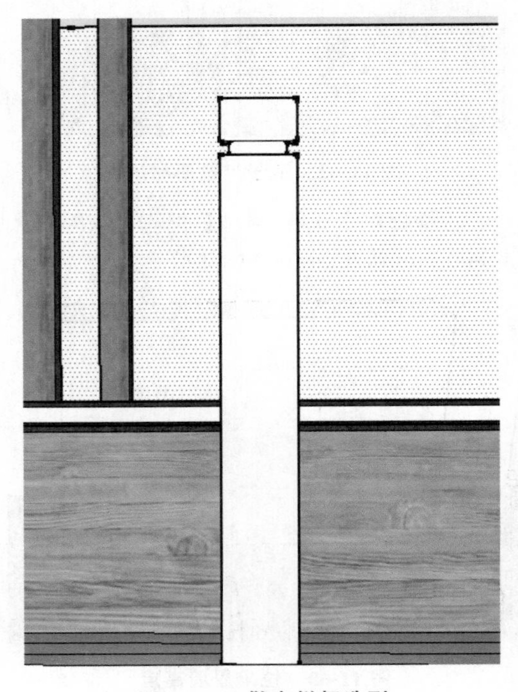

图 11-71　做出栏杆造型

㉗通过移动复制，将其复制并对齐场地的外轮廓角点，如图 11-72 所示。

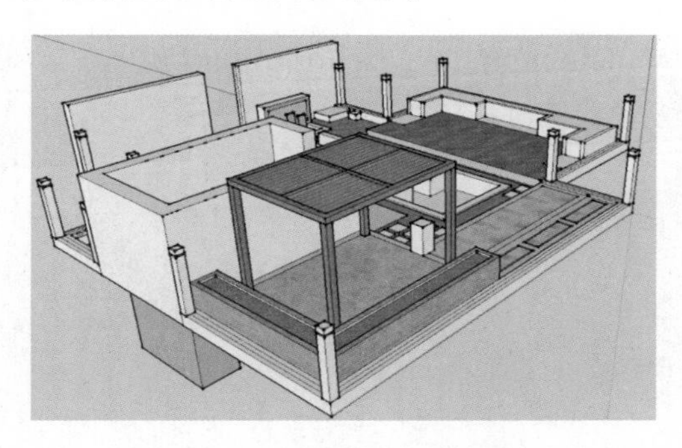

图 11-72　连续移动复制

㉘通过线段拆分，在较长的边上复制几个栏杆墩，如图 11-73 所示。

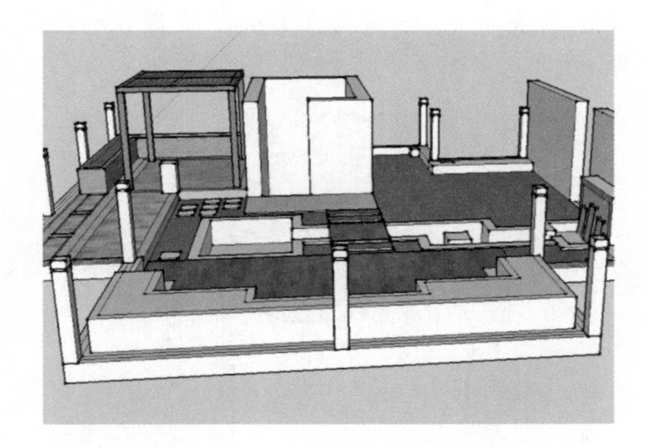

图 11-73　拆分线段

㉙沿栏杆的一侧，单击【矩形】工具绘制 80 mm×80 mm 的矩形，移动复制 2 个，分别距离地面高度为 30 mm 和 800 mm，如图 11-74 所示。

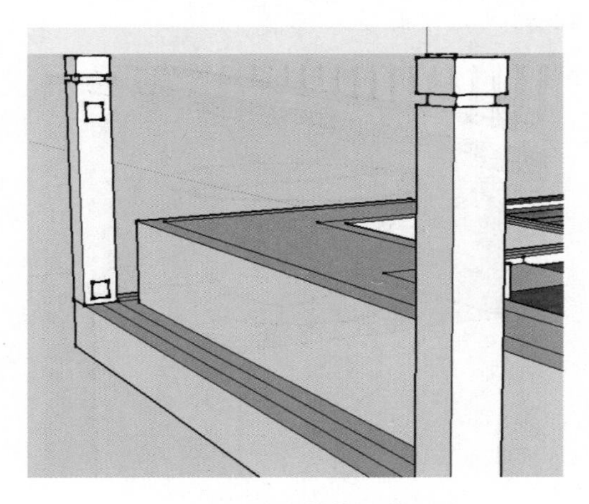

图 11-74　绘制柱体上的矩形

㉚单击【推/拉】工具，利用自动捕捉将矩形拉伸至与对焦点的栏杆平齐，如图 11-75 所示。

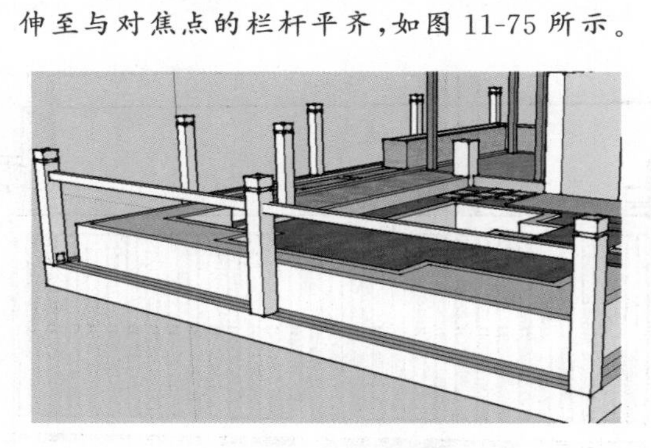

图 11-75　拉出长度

㉛重复以上步骤，绘制其他的栏杆扶手，如图 11-76 所示。

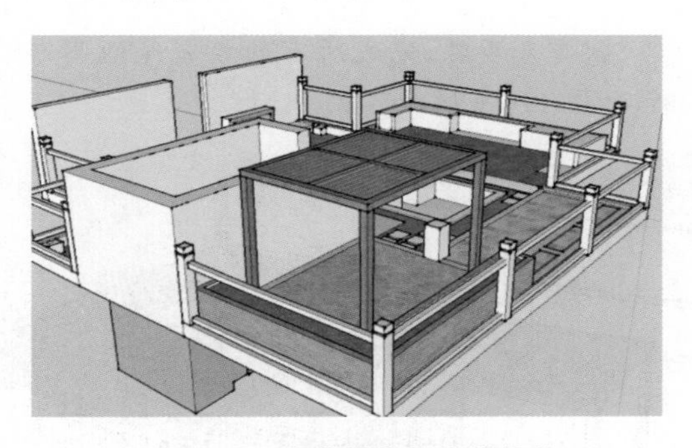

图 11-76　完成其他部分的拉伸

㉜单击【圆】工具，绘制一个半径为 20 mm 的圆，将其创建【组群】，用【推/拉】工具拉出高度 780 mm，如图 11-77 所示。

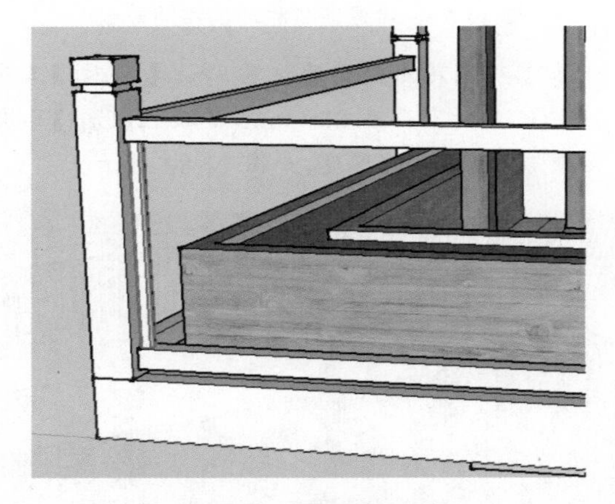

图 11-77　绘制圆形栏杆

㉝单击【移动】工具，将其移动复制到栏杆柱的两边，间距为 110 mm，在【数值输入框】输入如

"/30",即可完成等距离移动复制,如图 11-78 所示。

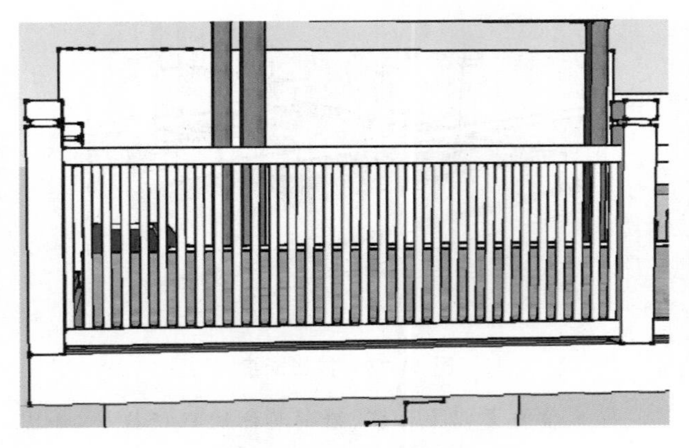

图 11-78 完成移动复制

㉞重复步骤,完成所有的栏杆等距离移动复制,如图 11-79 所示。

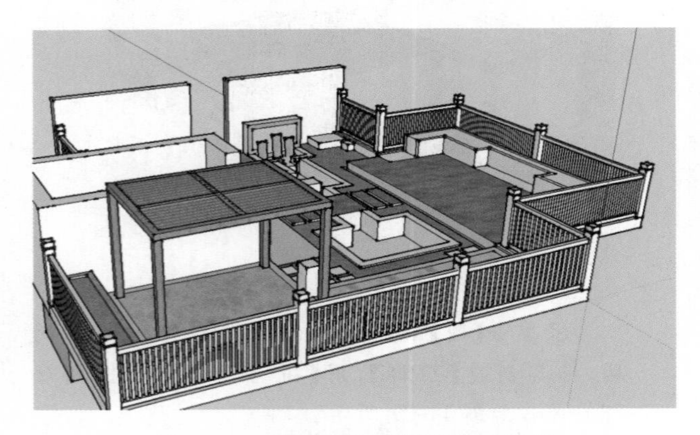

图 11-79 完成所有栏杆的移动复制

㉟确定花池坐凳的位置,单击【推/拉】工具将坐凳位置拉出高度 330 mm,并按住【Ctrl】再次推拉复制 20 mm 的厚度,如图 11-80 所示。

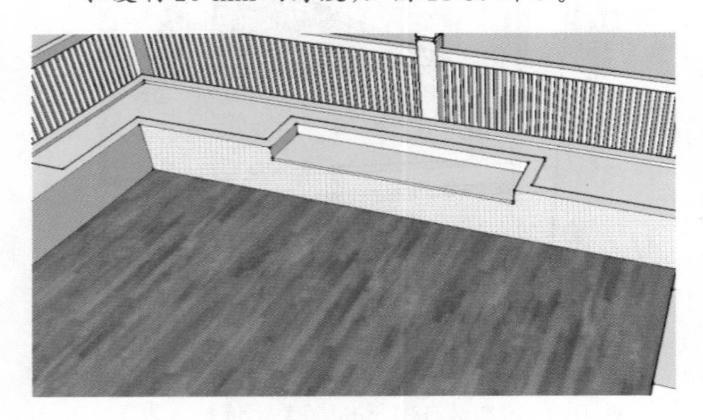

图 11-80 拉出坐凳高度

㊱单击【材质】工具,简单赋予材质,完善其他部分,删除多余线条。如图 11-81 所示。

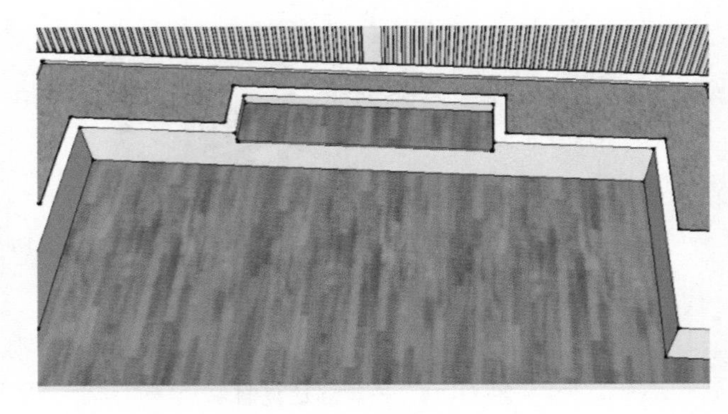

图 11-81 赋予材质

㊲确定园林小品的位置,单击【圆】工具,矩形体上绘制一个半径为 80 mm 的圆,如图 11-82 所示。

图 11-82 绘制小品底座

㊳通过【移动】工具和【旋转】工具,绘制如图 11-83 所示的图形。

图 11-83 绘制底面半圆

㊴单击【路径跟随】工具沿圆绘制半弧面花钵，如图 11-84 所示。

图 11-84　做出弧面花钵

㊵通过【偏移】工具和【推/拉】，完善花钵的造型，如图 11-85 和图 11-86 所示，并通过【材质】工具简单添加材质，并将花钵创建【组件】，命名“花钵”，如图 11-87 所示。

图 11-85　推出土壤层

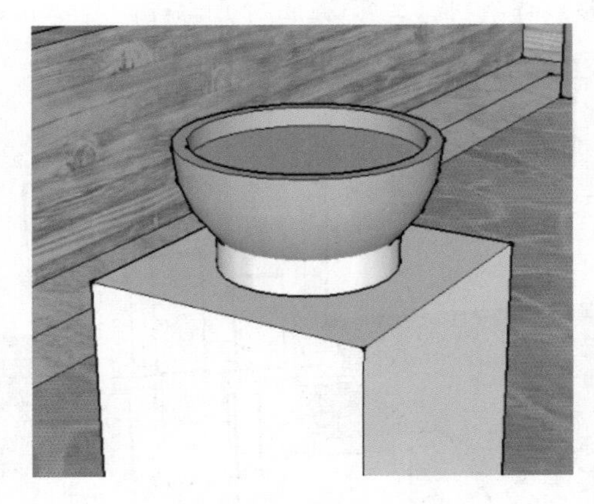

图 11-86　完善花钵底座

图 11-87　赋予材质

11.3.3　检查并完善细节

观察模型，检查前面模型的完善度，修改前期粗糙的模型，并对明显不合理或有错误的地方进行修正。

★实例 11-6 演示：完善模型细节

①【楼梯间细化】　选择楼梯间区域，单击【推/拉】工具将入口墙壁的高度拉高 300 mm，单击【矩形】工具，绘制一个 2 050 mm×4 010 mm 的矩形，并将其用【推/拉】工具拉出 200 mm 高度，绘制入口区的顶部，如图 11-88 所示。保持【推/拉】工具状态将屋顶的四个面分别向外拉出 200 mm 的距离，如图 11-89 所示。

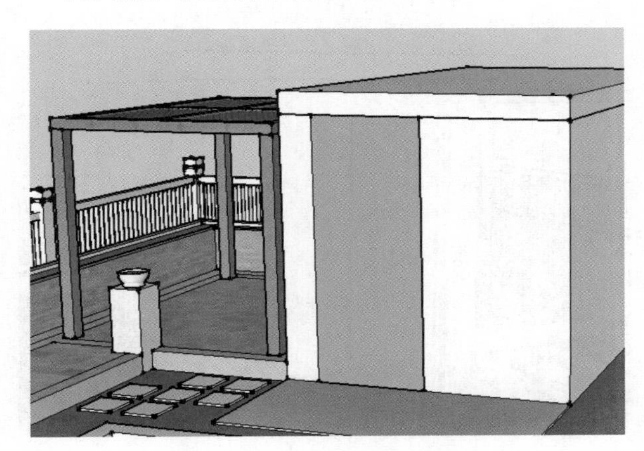

图 11-88　完善楼梯间

②【门和门框】　单击【矩形】工具给墙体进行封面，如图 11-90 所示，运用【偏移】向内偏移 60 mm，再运用【推/拉】工具推进 100 mm，做出门框，如图 11-91 所示。

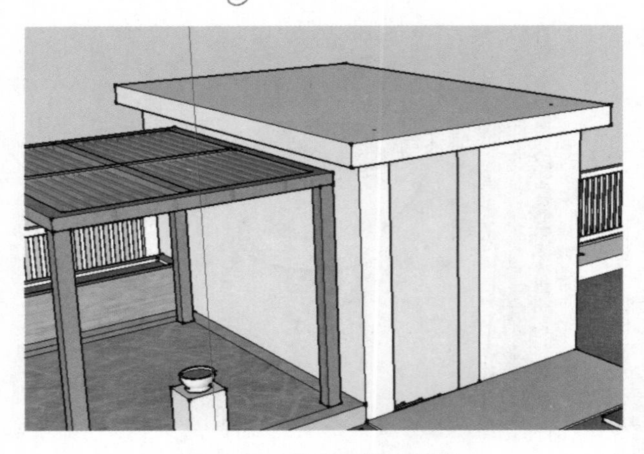

图 11-89　完善楼梯间细节

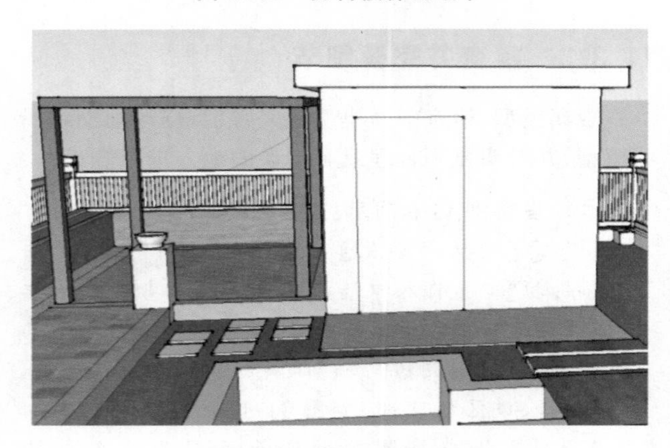

图 11-90　绘制楼梯间门

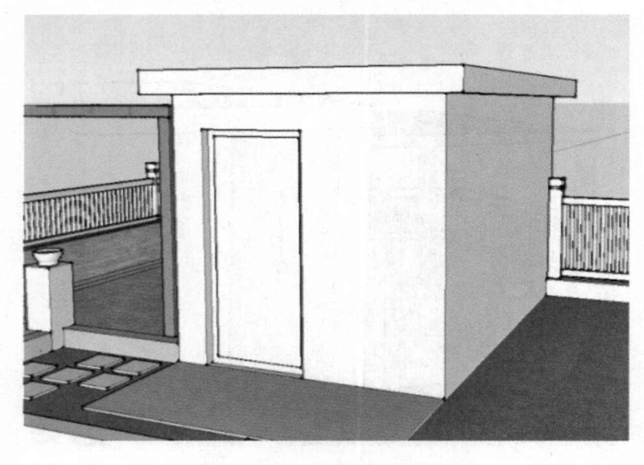

图 11-91　推出门的框架

单击【材质】工具给门赋予【半透明材质】/【蓝色半透明玻璃】材质，门框赋予【金属】材质，如图 11-92 所示，采用相同方法，根据不同尺寸做出窗户，如图 11-93 所示。

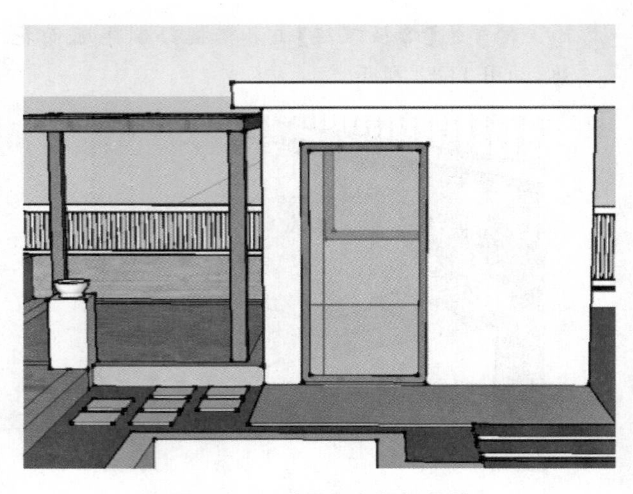

图 11-92　赋予门和门框材质

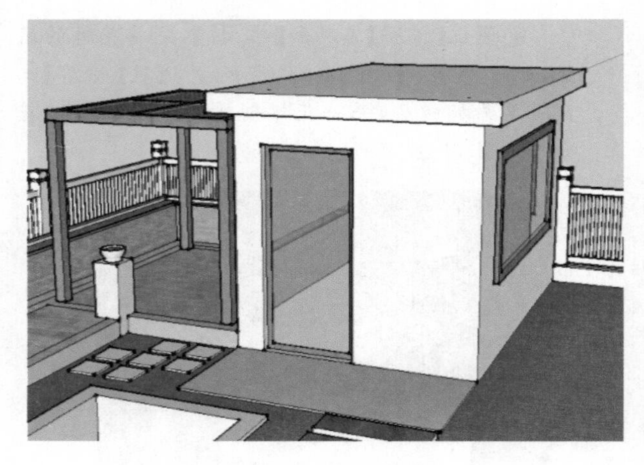

图 11-93　补充窗户

③【外墙窗户】　采用相同方法，在墙体部分做出一个 1 000 mm×800 mm 的矩形，通过【偏移】和【推/拉】工具，做出窗户，如图 11-94 所示。

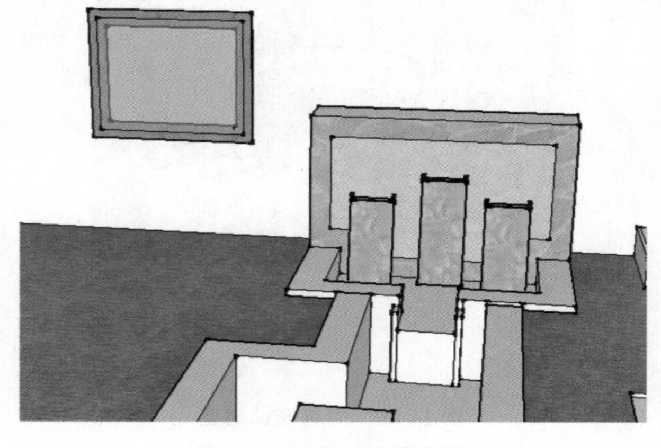

图 11-94　补充外墙窗户

④【水池部分】 将水体的高度通过【推/拉】工具拉高 400 mm，并用【材质】工具赋予【水纹】|【浅水池】材质，如图 11-95 所示。

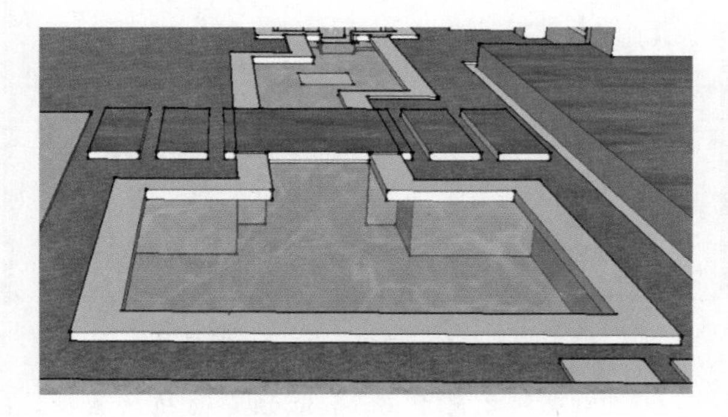

图 11-95 拉出水面高度

将跌水池的水体高度通过【推/拉】工具拉高 430 mm，并用【材质】工具赋予【水纹】|【浅水池】材质，如图 11-96 所示。按前述方法，做出跌水的形态，如图 11-97 所示。

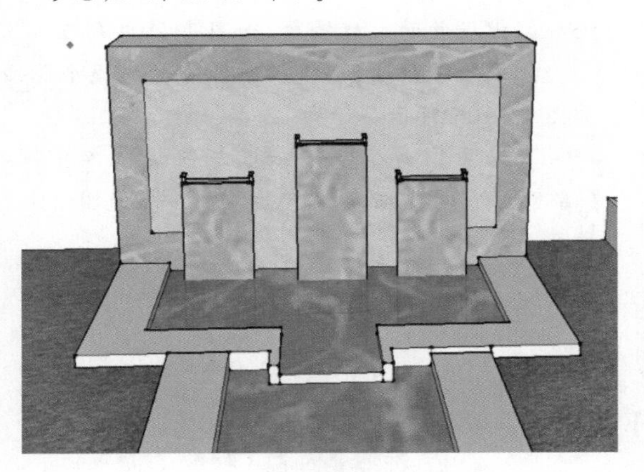

图 11-96 拉出跌水池水面高度

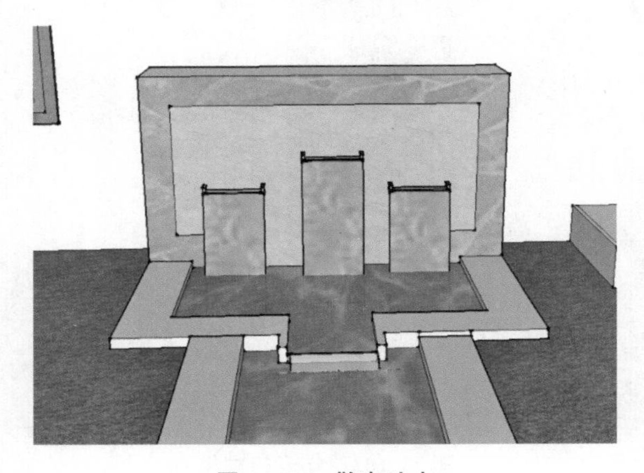

图 11-97 做出跌水

11.4 植物及其他要素的创建、导入与管理

SketchUp 拥有十分庞大的素材库，通过【文件】菜单栏里的【3D Warehouse】，可以获取别人建好并分享的模型，也可以将自己建的模型分享给其他用户。除此之外，从各大论坛和素材分享群中也可以获取大量 SketchUp 的模型。

通过前面几次步骤的进行和完善，屋顶花园的初步模型已经出来，现在还需要对场景进行进一步的丰富和改进，主要是通过添加植物、置石和园林小品，同时作为衡量场地基本尺度的依据，添加人物也是必不可少的一个环节。这节主要讲述的是如何绘制及导入植物以及如何在场景中添加素材，并对素材进行合理的管理。

11.4.1 绘制乔木

★实例 11-7 演示：绘制乔木

①打开 Photoshop 软件，打开素材植物图片，如图 11-98 所示。

图 11-98 打开植物素材

②双击图层解锁，选择【魔术棒工具】，并关闭勾选【连续】，删除白色背景，如图 11-99 所示。

图 11-99　删除背景

③在 Photoshop 的【文件】菜单选择【另存为】，在【格式】菜单选择【PNG】格式，如图 11-100 所示。

图 11-100　另存为 PNG 格式

④打开 SketchUp，执行【文件】|【导入】菜单命令，在【文件类型】中选择【PNG】格式，如图 11-101 所示。

图 11-101　在 SketchUp 中导入

⑤找到之前 Photoshop 预存的植物素材，在图片上单击鼠标右键，从弹出的菜单中选择【分解】命令如图 11-102 所示。选中线条，单击鼠标右键，从弹出的菜单中选择【隐藏】命令，将线条隐藏，如图 11-103 所示。

⑥选中图片，单击【直线】工具，沿着植物的外轮廓画出植物的大致轮廓，如图 11-104 所示。

⑦删除多余的面，将描的外轮廓线逐个隐藏，如图 11-105 所示。

⑧选中图片，单击右键，从快捷菜单中选择【创建组件】命令，命名为“乔木 1”，如图 11-106 所示。

图 11-102　炸开植物组

图 11-103　隐藏线边框

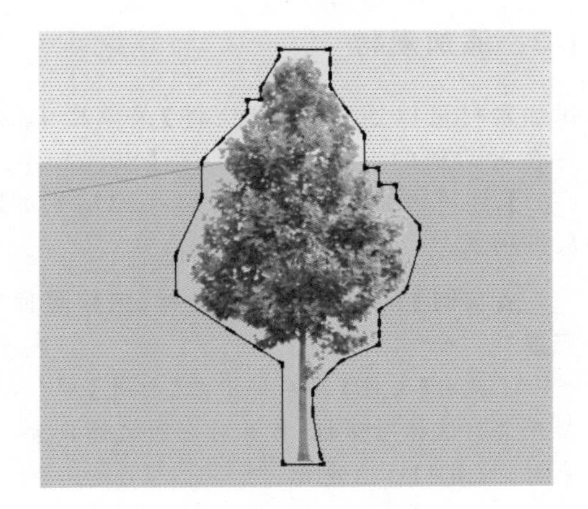

图 11-104　描边

图 11-105　隐藏轮廓线

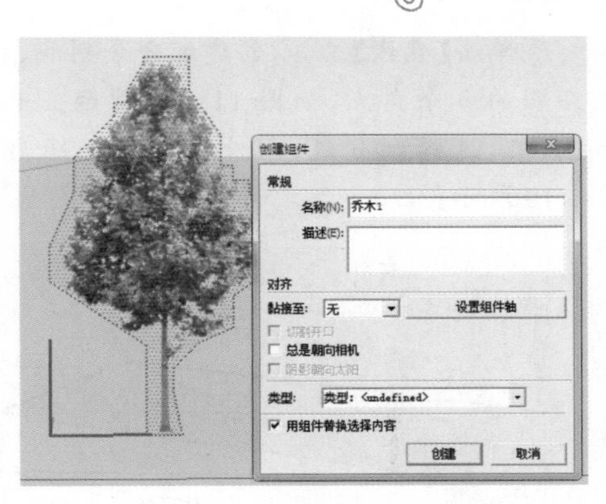

图 11-106　创建组件

11.4.2　绘制石头

石头的绘制主要通过【推拉】工具配合【移动】工具完成。

★实例 11-8 演示:绘制石头

①单击【矩形】工具,绘制任意形状的矩形,如图 11-107 所示。

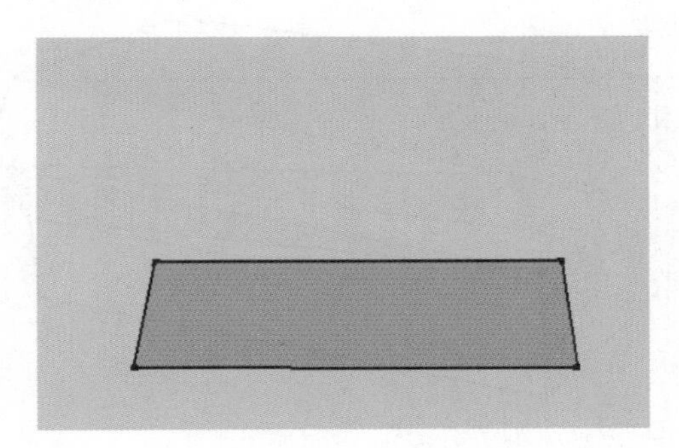

图 11-107　绘制矩形

②单击【推拉】工具,按住【Ctrl】键对该矩形进行向上的连续推拉操作,如图 11-108 所示。

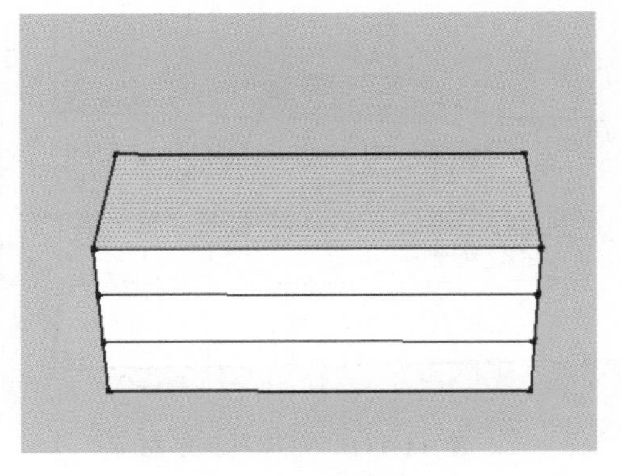

图 11-108　复制拉伸

③单击【直线】工具，创建细分分割线，任意连接石头的各个角点，如图 11-109 所示。单击【移动】工具，选择细分线，向外移动一定距离，如图 11-110 所示。

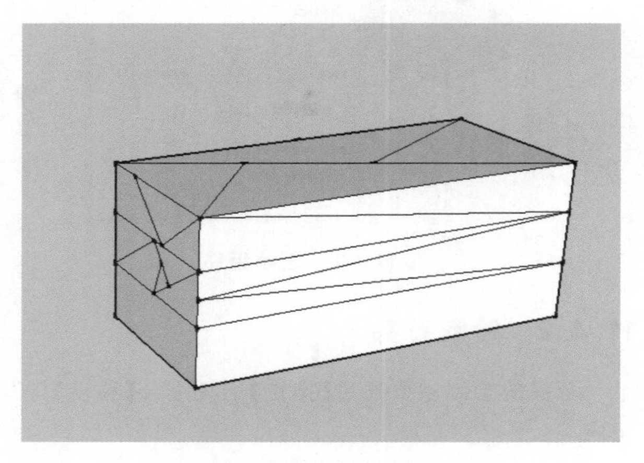

图 11-109　创建细分线

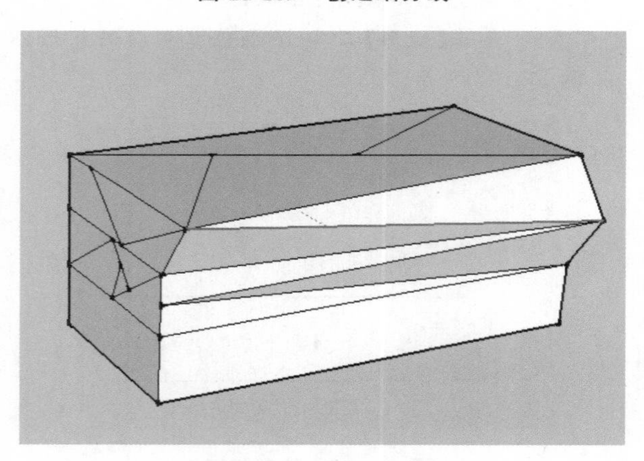

图 11-110　移动细分线

④继续拉动各细分线，直到拉出石块的形态，如图 11-111 所示。

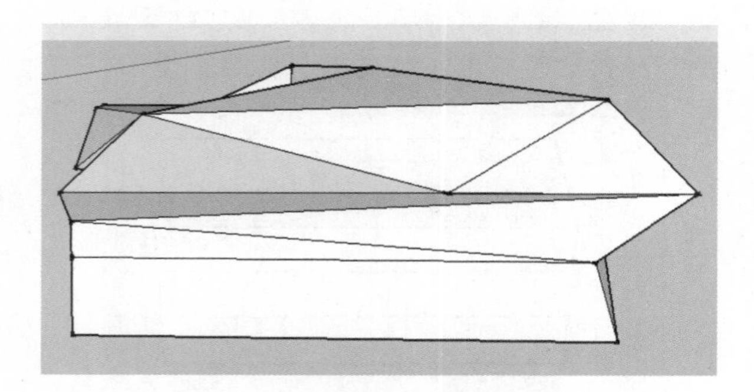

图 11-111　完善石头形态

⑤单击【材质】工具，给拉出来的各个面赋予石头材质，如图 11-112 所示。

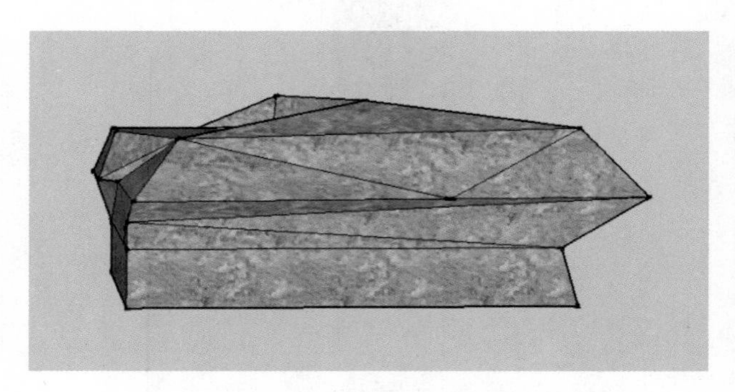

图 11-112　赋予石头材质

11.4.3　添加素材

添加素材可以通过执行【文件】菜单栏中的【导入】，并在对话框的下拉菜单中选择【SketchUp 文件(*.skp)】，还可以直接将素材从 SketchUp 别的窗口中拖放进场景。

★实例 11-9 演示：添加素材，完善屋顶花园场景

①执行【文件】菜单栏中的【打开】命令，即可打开素材选择对话框，打开对应的文件目录，找到素材，如图 11-113 所示。

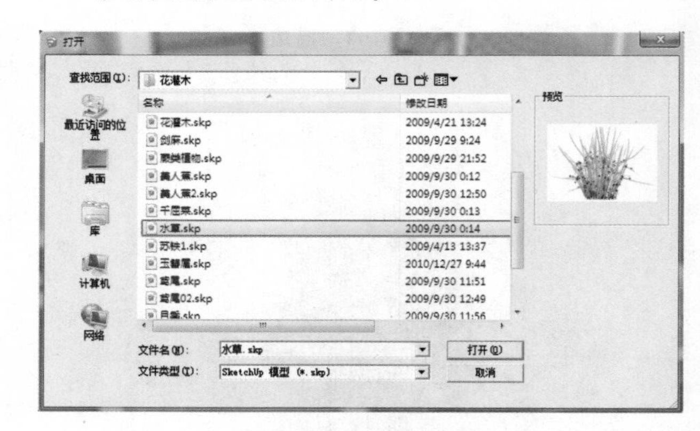

图 11-113　打开素材

②打开素材，单击【移动】工具将素材移动到合适的位置，按住【Ctrl】键进行移动复制，如图 11-114 所示。

③为场景选择乔木素材作为场景的基调树种，并添加至场景中，如图 11-115 所示。

图 11-114　移动复制素材

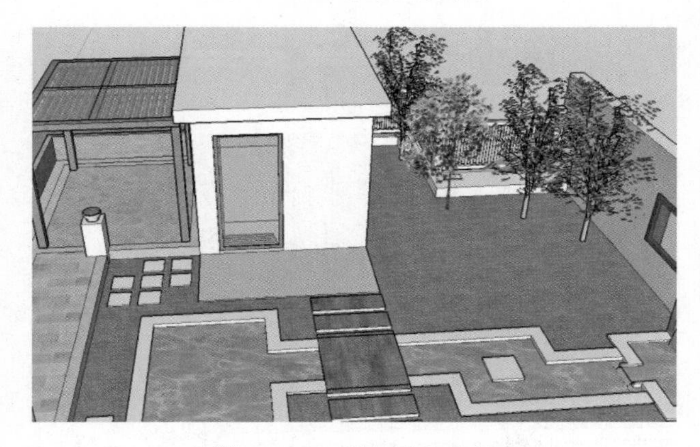

图 11-115　添加乔木素材

④给场景添加适当的灌木和色叶树作为点缀，并添加人物，如图 11-116 所示。

图 11-116　完善植物素材搭配

提示：SketchUp 中添加素材，慎用【缩放】工具，【缩放】工具的使用往往会使精确的模型失去尺度或改变尺寸。

11.5　模型材质与贴图

模型的材质与贴图在前面的章节有详细的介绍，本节主要是针对本次的屋顶花园案例进行案例实践。由于在之前已经对部分模型进行了初步的材质赋予，在此步骤中，主要是模型材质的调整与补充。主要是打开【材质编辑器】，通过调整纹理图像、尺寸大小、色彩、不透明度等来使模型的场景色彩搭配更为协调，表达更加逼真。

提示：材质的赋予最好是在模型使用【推/拉】工具以前就确定并添加，可以减少大量面的材质添加从而提高建模的效率。本节所讲的主要是材质的后期加工和完善。

★实例 11-10 演示：完善场景的模型材质与贴图

①通过对模型的整体观察，模型部分区域色调明显不统一，如图 11-117 所示，该区域的灌木颜色偏亮。单击键盘空白键，进入【选择】工具，选择任一目标灌木，如图 11-118 所示。

图 11-117　检查场景色彩

图 11-118　选择灌木组件

②单击【材质】按钮，选择【编辑】，按住【Alt】键盘，直到鼠标变成一个吸管状态，吸取目标灌木，如图 11-119 所示。

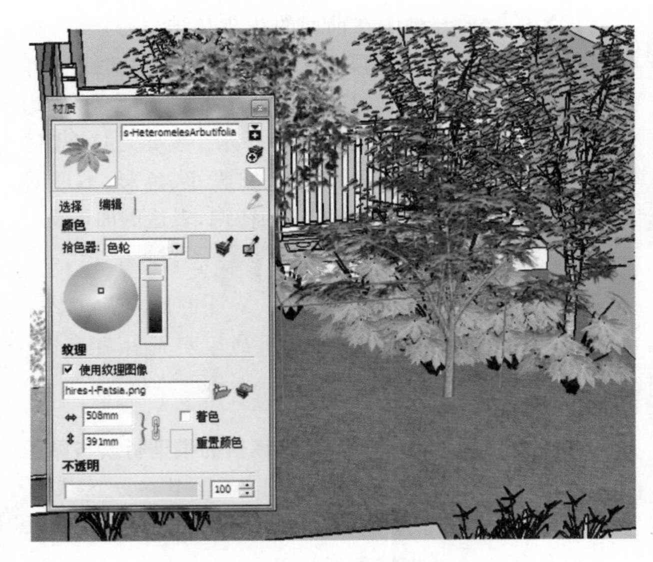

图 11-119　启动颜色吸管

③选择【调整颜色模式】，将滑动条向下缓慢滑动，目标灌木颜色渐渐变暗，如图 11-120 所示。

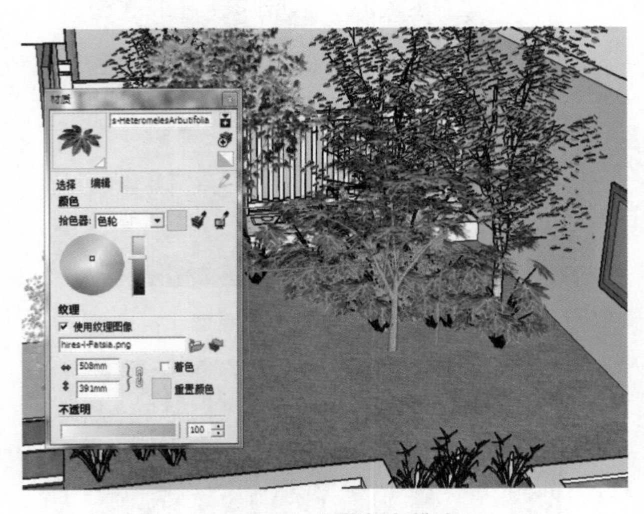

图 11-120　调节颜色模式

④通过进一步观察，发现场景部分材质纹理过大，显得失真，如图 11-121 和图 11-122 所示。

⑤单击【材质】按钮，选择【编辑】，按住【Alt】键盘，直到鼠标变成一个吸管状态，吸取目标水体，如图 11-123 所示。

图 11-121　观察水体纹理材质

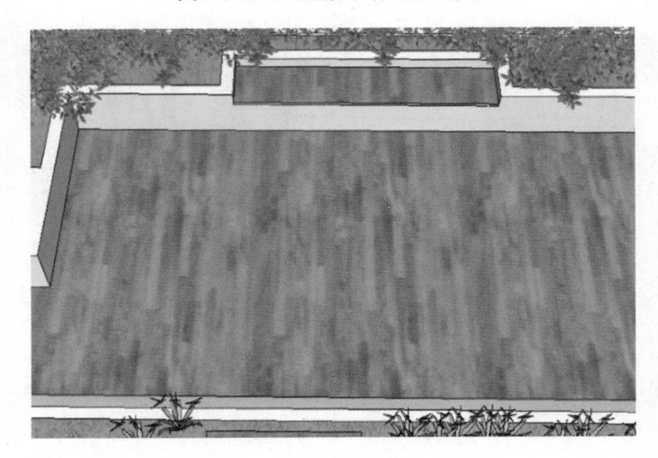

图 11-122　检查其他材质

图 11-123　吸取水体材质

⑥将【贴图坐标】数值调下，比如改为“500，500”，

水体的纹理变小，显得更为合理，如图 11-124 所示。

图 11-124　调节水纹材质大小

⑦同上步骤，修改场地铺装、木栈道纹理，如图 11-125 和图 11-126 所示。

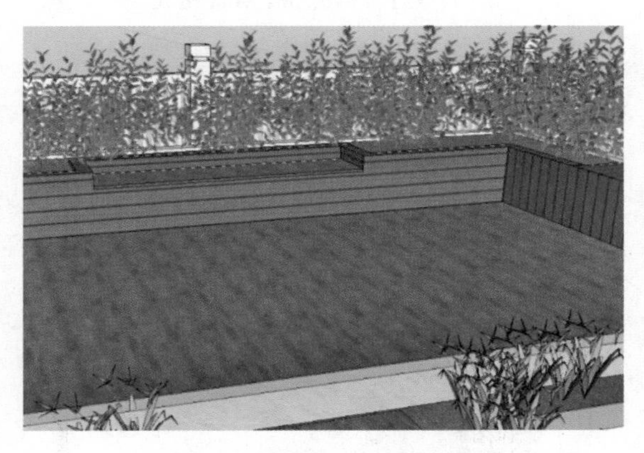

图 11-125　修改木质铺装纹理

图 11-126　修改其他部分的材质纹理

⑧充满视图检查，由于是屋顶花园，需要拉出建筑的地面高度，修改完成后，效果如图 11-127 所示。

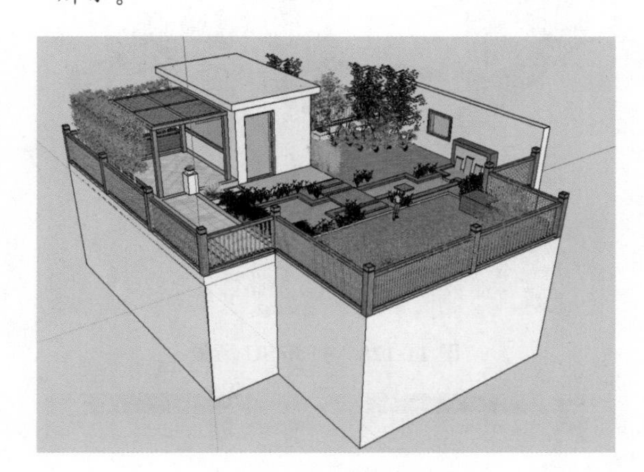

图 11-127　完善建模后效果

11.6　与相关软件的导入与导出

如前面提到的，SketchUp 能够与多种相关软件互相导入导出，并能充分利用和发挥各自软件的优势和特点，绘制出不同精度、不同风格的效果。这里主要讲将 SketchUp 模型场景导入 3ds Max、Piranesi 和 Lumion 的方法。

11.6.1　SketchUp 模型场景导入 3ds Max

SketchUp 能够通过模型建立导入 3ds Max 中，并在 3ds Max 进行进一步的赋予材质，调整镜头并渲染出图。其主要的步骤分为将 SketchUp 文件导出 3ds 文件后导入 3ds Max，确定摄影机角度后调整材质，最后进行灯光布置，渲染出图。这里将讨论如何将 SketchUp 导出 3ds 文件并导入 3ds Max。

★实例 11-11 演示：将 SketchUp 模型导入 3ds Max

①启动 SketchUp，打开屋顶花园场景，如图 11-128 所示。

②执行【文件】|【导出】|【三维模型】菜单命令，如图 11-129 所示，在【输出类型】下拉菜单中选择后缀名为【＊.3ds】，并设置导出文件路径及【选项】参数，如图 11-130 所示。

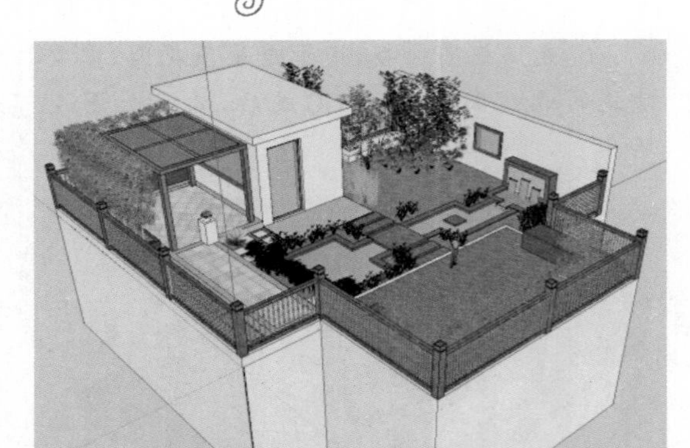

图 11-128　打开 SU 场景

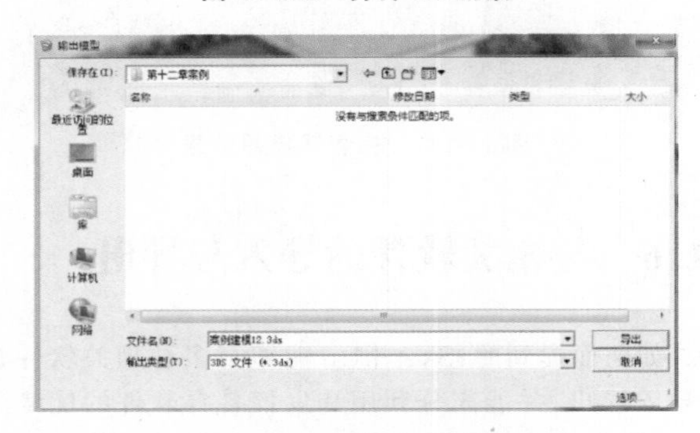

图 11-129　输出三维模型

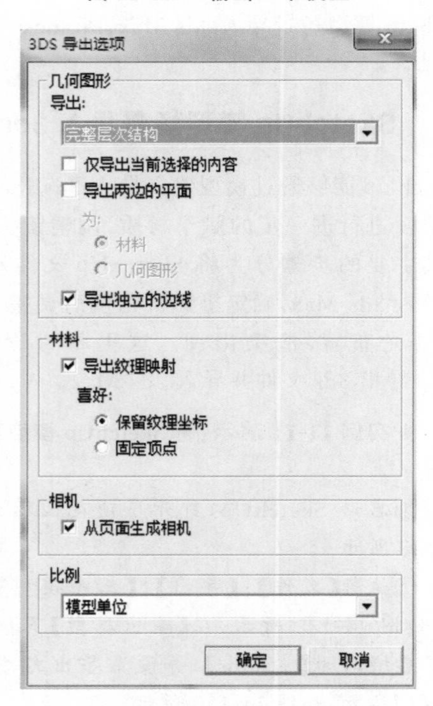

图 11-130　设置参数

③单击【导出】进行导出，如图 11-131 所示，系统会自动显示【3DS 导出结果】，如图 11-132 所示。

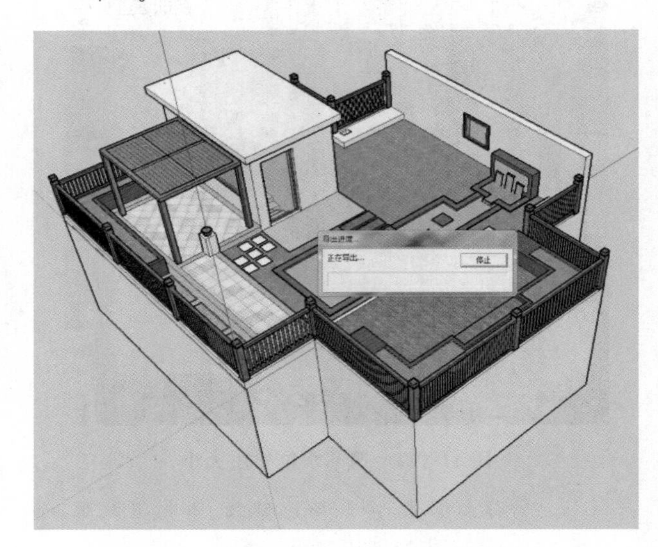

图 11-131　导出 3ds Max 格式

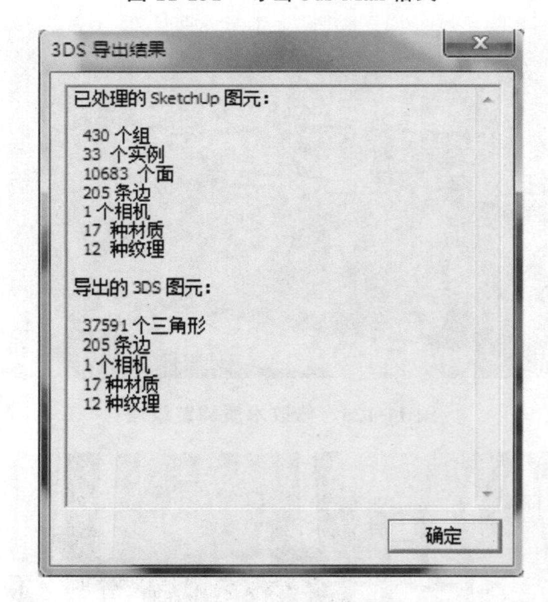

图 11-132　3ds 导出结果

④启动 3ds Max 软件，选择【自定义】|【单位设置】命令，设置系统与显示单位为毫米，如图 11-133 所示。

⑤执行【文件】|【导入】菜单命令，如图 11-134 所示，在弹出的面板中找到之前导出的 3ds 文件，单击【打开】按钮，即可将模型导入 3ds Max 中，如图 11-135 所示。

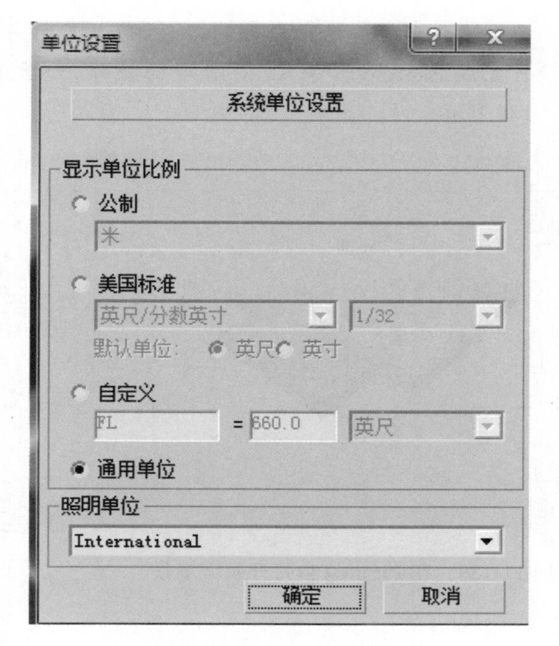

图 11-133　设置单位

图 11-134　打开保存的路径

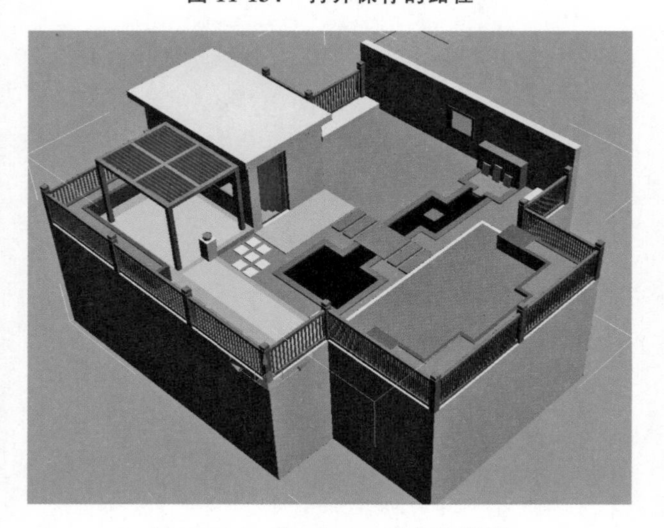

图 11-135　在 3ds Max 中打开模型

提示：从 SketchUp 导入 3ds Max 中，素材中所含的线和面非常多，会导致 3ds Max 导出的过程十分缓慢，为了减少导入 3ds Max 的时间，通常需要先将模型场景中的后期素材如树、人删除，只留下模型的主要构筑。导图成功后，会发现有些模型的材质在 3ds Max 中无法识别，这个时候通常会在 3ds Max 重新赋予材质。

11.6.2　SketchUp 模型场景导入 Piranesi

★实例 11-12 演示：将 SketchUp 模型导入 Piranesi

①启动 SketchUp，打开屋顶花园景，如图 11-136 所示。

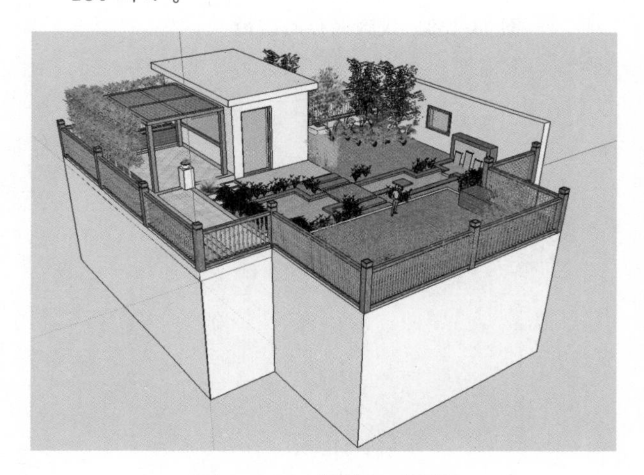

图 11-136　打开 SU 场景

②执行【文件】|【导出】|【二维模型】菜单命令，在【输出类型】下拉菜单中选择 Piranesi EPix (*.epx)，如图 11-137 所示。

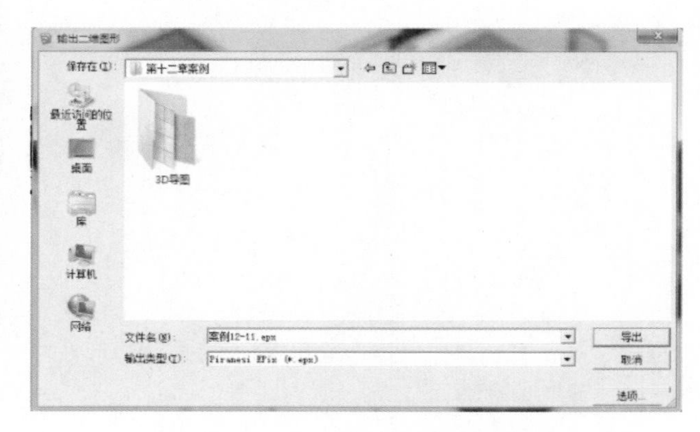

图 11-137　输出 Piranesi 格式

③单击【导出】进行导出，启动 Piranesi 软件，执行【文件】|【打开】，在【文件类型】中选择 Piranesi EPix File(* . epx)，如图 11-138 所示。

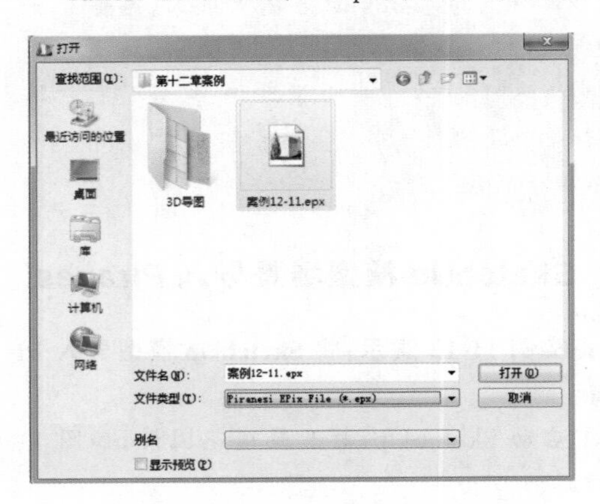

图 11-138　找到保存的路径

④找到之前导出文件的路径，选择后打开即可完成 SketchUp 导入 Piranesi 的操作，如图 11-139 所示。

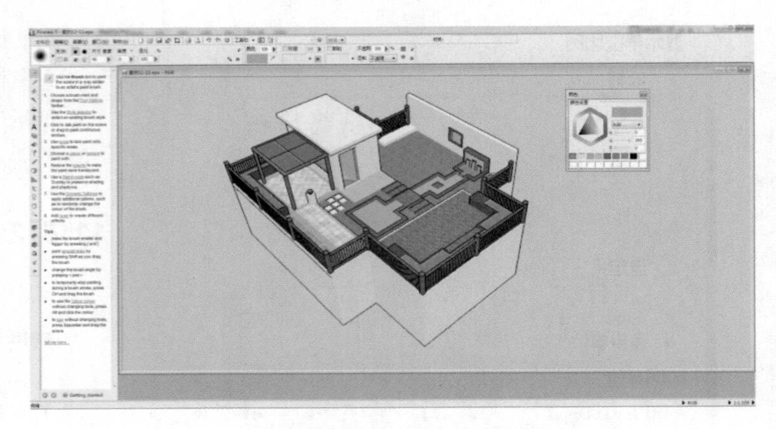

图 11-139　在 Piranesi 中打开模型场景

12.1 表现风格设置

12.1.1 画渲染风格

样式工具可以切换不同的显示模式，满足不同的观察需要和风格设定。可切换的样式分别为【X光透视】、【后边线】、【线框】、【消隐】、【阴影】、【材质贴图】和【单色显示】模式，如图12-1所示。

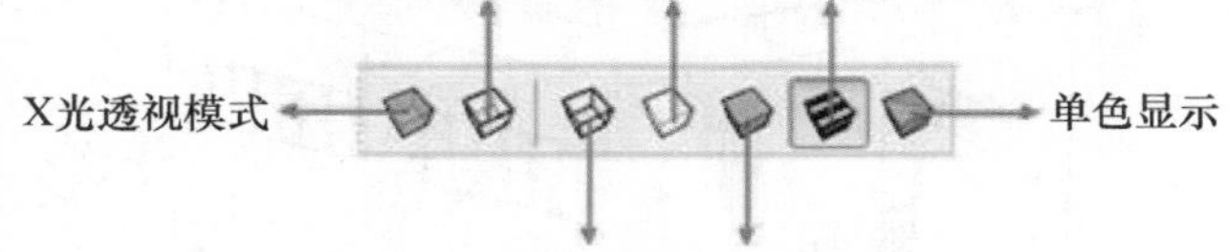

图12-1 样式工具栏介绍

★实例12-1 演示：切换模型的样式风格

①打开链接网址中SU素材文件—第12章"实例12-1.skp"建筑模型，如图12-2所示，打开【视图】|【工具栏】，勾选【样式】，如图12-3所示，即可出现样式工具栏，如图12-4所示。

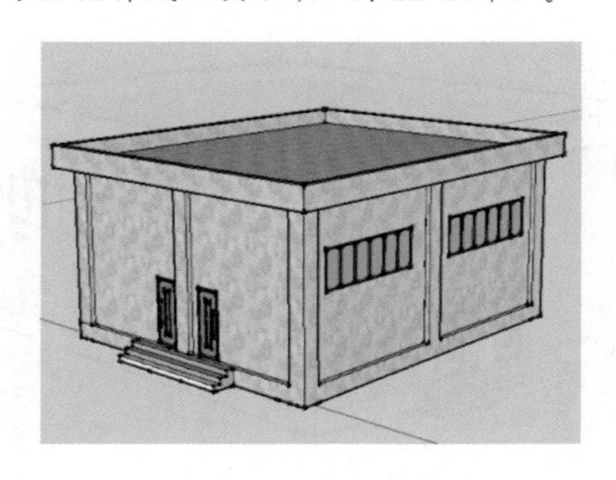

图12-2 打开素材

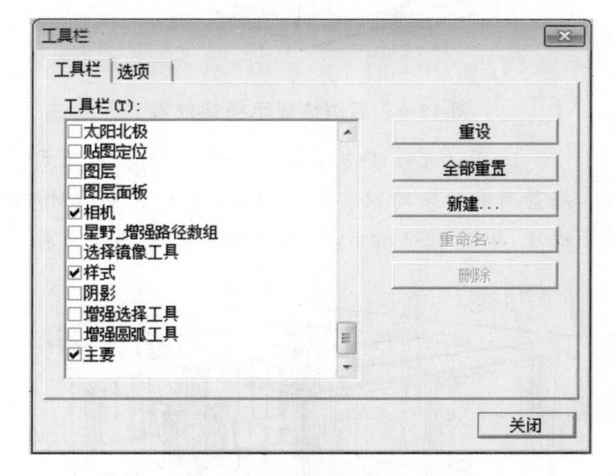

图12-3 勾选【样式】工具

图12-4 显示样式工具栏

②单击，即可使模型进入X光透视模式，在X光透视模式下可以清楚直接地观看建筑的内部构建及设施，如图12-5所示。

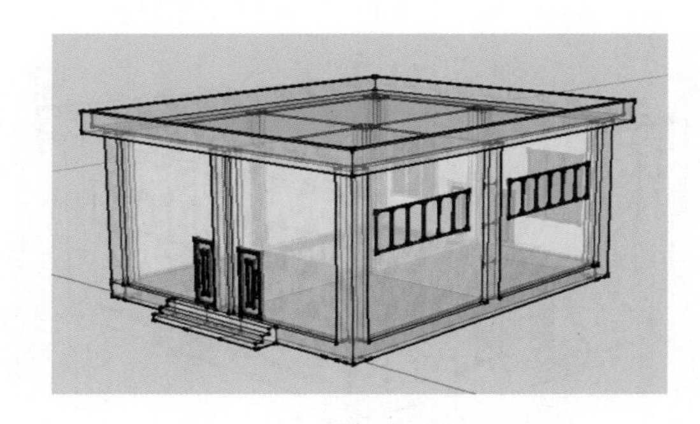

图12-5 X光透视模式效果

③单击▢,即可进入后边线显示模式,在该模式下,可以在当前显示效果的基础上以虚线的形式显示模型后面无法直接观察的线条,如图 12-6 所示。

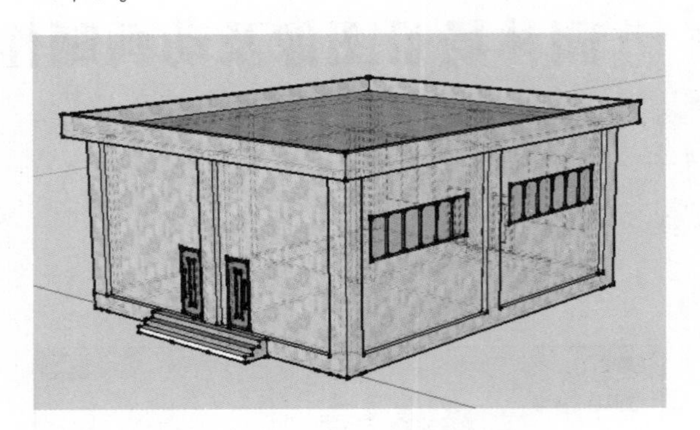

图 12-6　后边线显示模式效果

④单击▢,可进入线框显示模式,在该模式下,场景所有对象均以实直线显示,暂时不显示材质及纹理,如图 12-7 所示,能减少电脑能耗,避免卡屏。

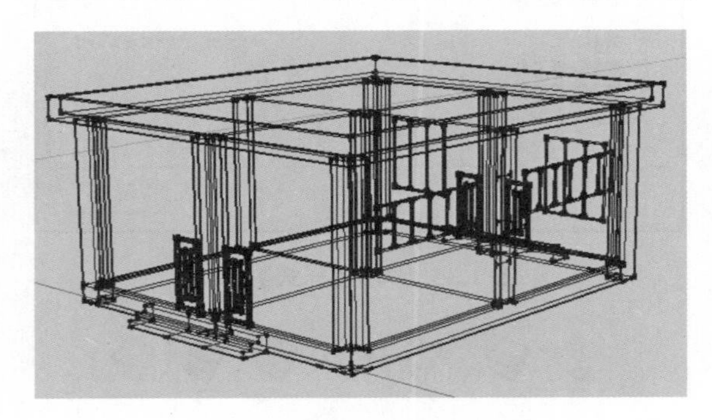

图 12-7　线框显示模式效果

⑤单击▢,可进入消隐显示模式,暂时不显示大部分材质及纹理,仅表现实体与透明材质的区别,如图 12-8 所示。

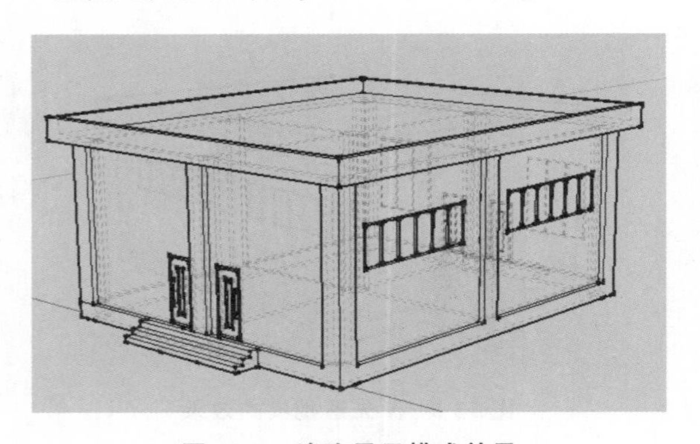

图 12-8　消隐显示模式效果

⑥单击▢,可进入阴影显示模式,该模式在模型面的基础上,根据场景已赋予的材质,自动在模型面上生成相近的色彩,有较强的空间感,如图 12-9 所示。

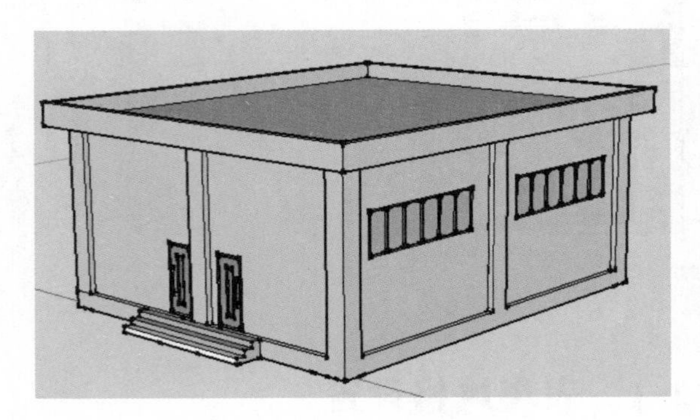

图 12-9　阴影显示模式

⑦单击▢,可进入材质贴图显示模式,在该模式下,所有材质的颜色、纹理及透明效果会都得到全面的体现,是表现力最好的模式,如图 12-10 所示。

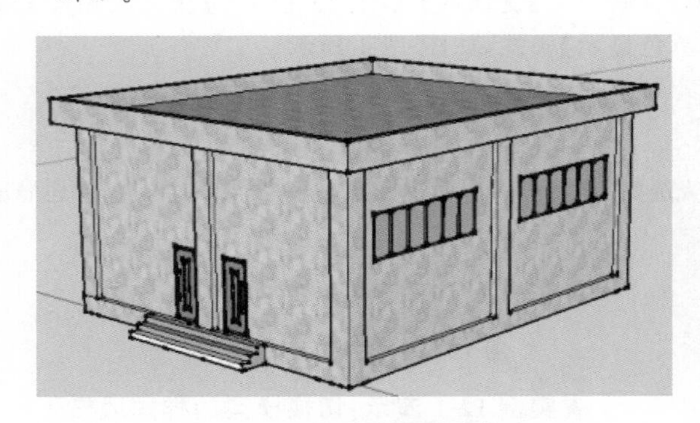

图 12-10　材质贴图显示模式

⑧单击▢,可进入单色显示模式,在该模式下,场景均是以一种单纯的颜色进行表示,占用系统内存较少,如图 12-11 所示。

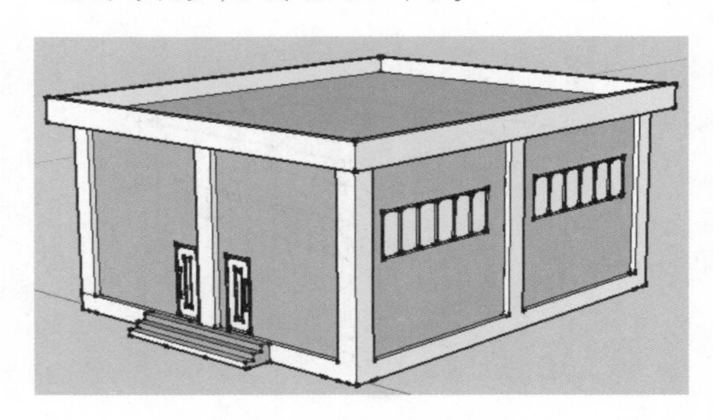

图 12-11　单色显示模式

12.1.2　线渲染风格

SketchUp 能够通过设置边线显示参数，来改变整体效果表现风格，比如能够设置类似手绘草图的风格效果。线条渲染风格主要可以通过【设置边线显示类型】和【设置边线显示颜色】两种方式来改变。

(1)【设置边线显示类型】　通过打开【视图】|【边线样式】子菜单，或单击【窗口】|【样式】，如图 12-12 所示，或选择【编辑】菜单中的【边线设置】，也可进入边线设置对话框，如图 12-13 所示。通过边线样式的选择可以快速设置【边线】、【后边线】、【轮廓线】、【深粗线】和【扩展】的效果。

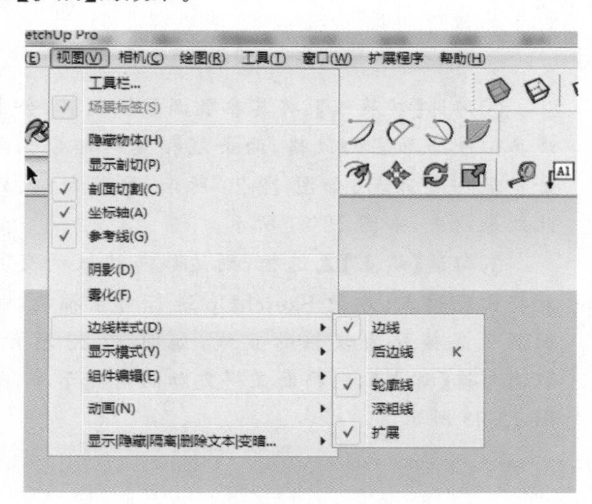

图 12-12　打开边线样式

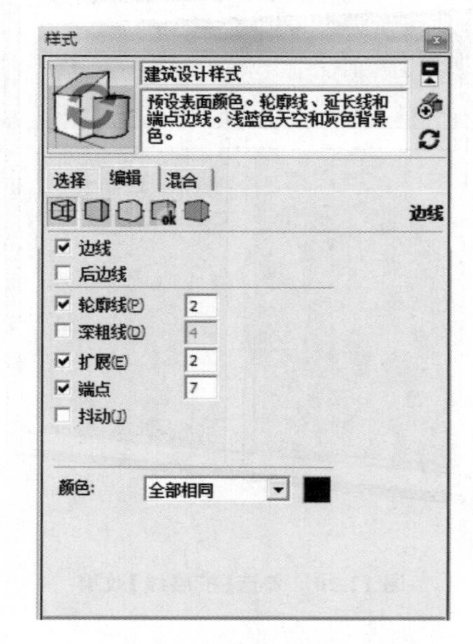

图 12-13　设置边线对话框

★实例 12-2 演示：切换模型的边线风格

①打开链接网址中 SU 素材文件—第 12 章"实例 12-2. skp"建筑模型，如图 12-14 所示。

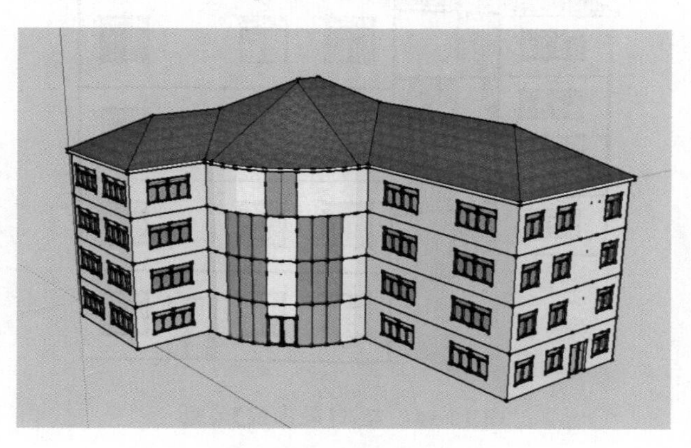

图 12-14　打开建筑模型

②单击【窗口】|【样式】，系统一般默认勾选了【边线】、【轮廓线】、【端点】和【扩展】，如图 12-15 所示。

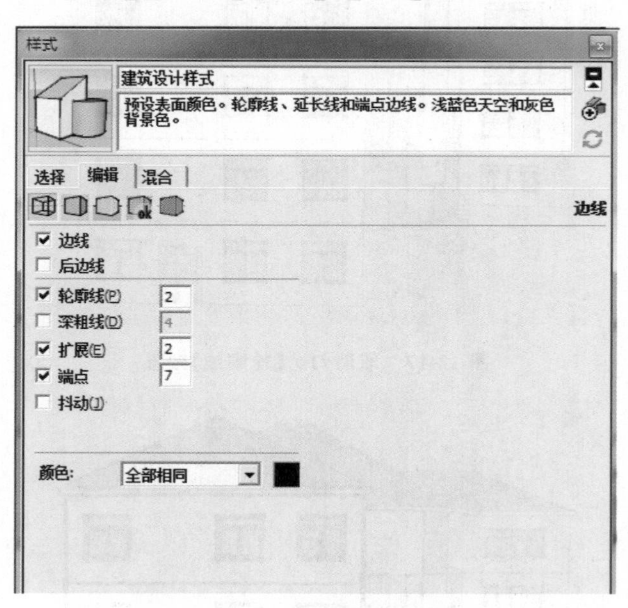

图 12-15　弹出边线对话框

③勾选【轮廓线】时，场景的轮廓分明，如图 12-16 所示，取消勾选【轮廓线】，场景中的模型边线淡化或消失，如图 12-17 所示。

④勾选【深粗线】时，场景的边线以较粗的深色直线进行显示，但是模型远看也会显得略微粗糙，如图 12-18 所示，而取消勾选【深粗线】，场景中的模型将变得更为细腻，如图 12-19 所示。

图 12-16　勾选【轮廓线】效果

图 12-17　取消勾选【轮廓线】效果

图 12-18　勾选【深粗线】效果

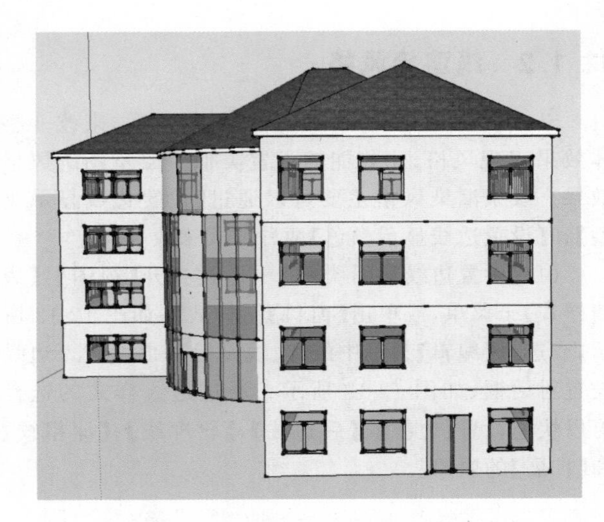

图 12-19　取消勾选【深粗线】效果

⑤勾选【扩展线】，将其参数调整至“15”，会出现类似手绘草图的风格，两条线相交的部分会向外扩展一些距离，如图 12-20 所示，取消勾选，则此效果消失，如图 12-21 所示。

⑥勾选【端点】复选框，则边线与边线的交界处将出现端点，方便 SketchUp 进行对象捕捉，画面显示交接处为较粗的直线，如图 12-22 所示。取消勾选【端点】，则画面显得更加的清爽干净，如图 12-23 所示。

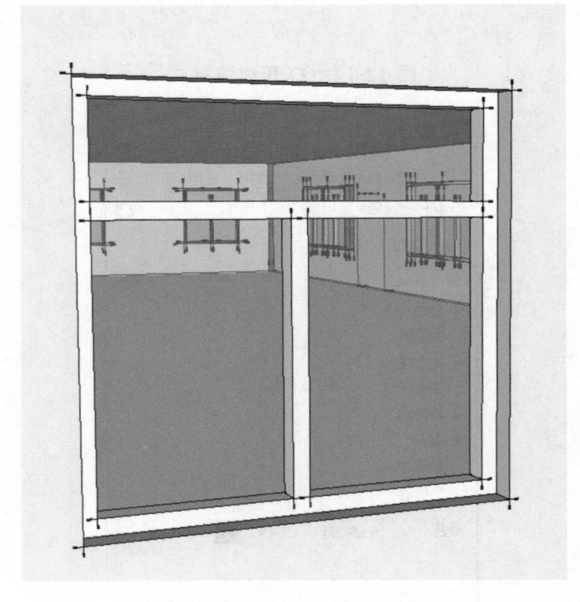

图 12-20　勾选【扩展线】效果

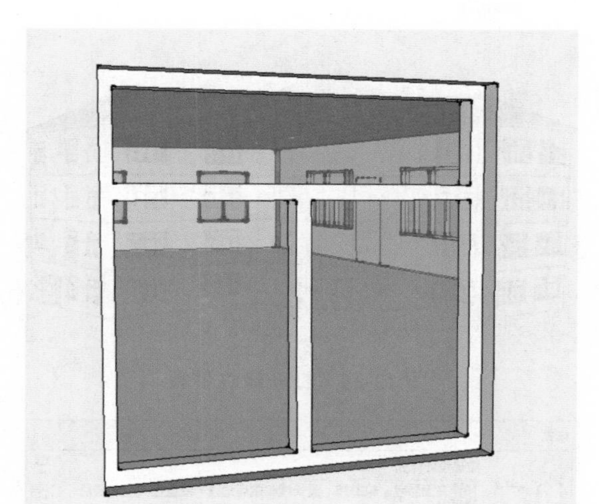

图 12-21　取消勾选【扩展线】效果

图 12-22　勾选【端点】效果

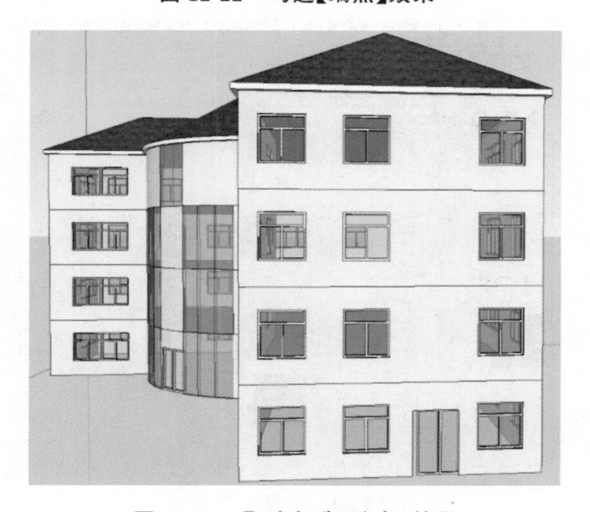

图 12-23　取消勾选【端点】效果

⑦勾选【抖动】复选框，则场景中的直线边界将会以稍微弯曲的线条表现，如图 12-24 所示，可用于模拟手绘场景。取消勾选则恢复正常，如图 12-25 所示。

图 12-24　勾选【抖动】效果

图 12-25　取消勾选【抖动】效果

⑧系统一般默认勾选【边线】，取消勾选【边线】，场景将不再有边框线显示，如图 12-26 所示。

⑨在勾选【边线】状态下，选择勾选【后边线】，则会显示建筑的内部结构线，如图 12-27 所示。

图 12-26　取消勾选【边线】效果

图 12-27　勾选【后边线】效果

除了设置【边线类型】外，SketchUp 还能通过改变线条的类型改变整体表现的风格。

提示：在【样式】对话框中，除了【抖动】以外，各种边线类型后面都有数值输入框，其中【扩展】参数常用于控制延伸长度，其他参数框均用于控制直线自身的宽度。

★实例 12-3 演示：切换手绘草图风格建筑表现

①打开链接网址中 SU 素材文件—第 12 章"实例 12-2. skp"建筑模型，如图 12-28 所示。

②单击【窗口】|【样式】，选择【选择】对话框，如图 12-29 所示。

③单击打开其下拉菜单，选择【手绘边线】，如图 12-30 所示。

图 12-28　打开建筑模型

图 12-29　打开样式对话框

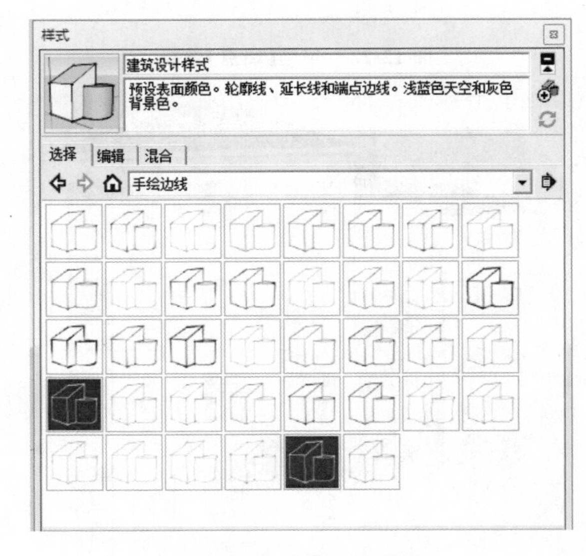

图 12-30　选择手绘边线

④在打开的【手绘边线】复选框中选择【棕褐色钢笔】，则可呈现钢笔画的手绘效果，如图 12-31 所示。

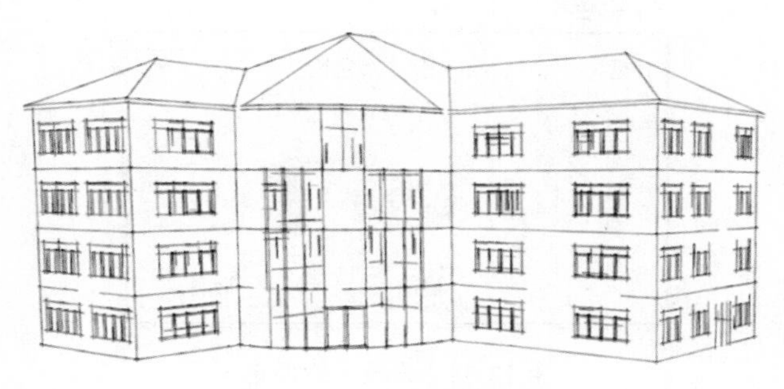

图 12-31　手绘边线效果

（2）【设置边线显示颜色】　边线颜色的显示可以通过单击【窗口】|【样式】，在【编辑】扩展栏处的下拉对话框选择【全部相同】、【按材质】和【按轴线】。选择【全部相同】，则默认边框所有边线的颜色相同；选择【按材质】选项，系统将自动调整模型边线与自身材质颜色一致的颜色，如图 12-32 所示；而选择【轴线】选项，系统将分别将 X、Y 和 Z 轴方向上的边线分别以红、绿和蓝三种颜色显示，如图 12-33 所示。

在之前提到的【样式】|【选择】对话框中，也可以通过下拉对话框，选择【颜色集】来改变模型的整体色调，如图 12-34 和图 12-35 所示。

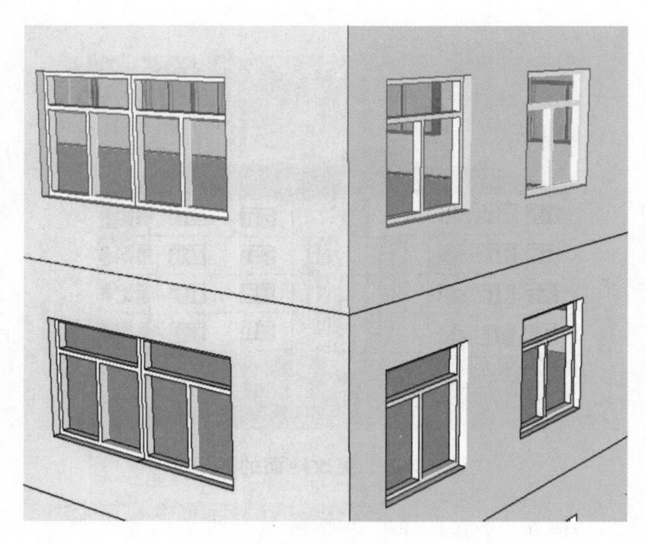

图 12-32　设置边线颜色

图 12-33　选择按轴线设置颜色

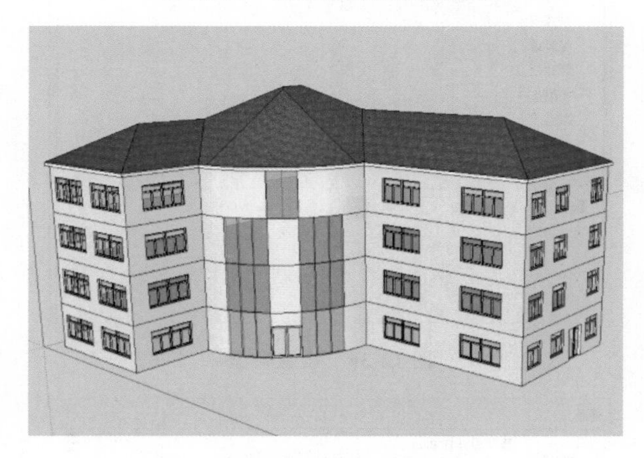

图 12-34　默认颜色

图 12-35　调整后的色调

12.1.3　天空与地面效果

SketchUp能够通过改变天空和地面的颜色来满足用户特殊场景氛围的制作，主要是通过在【窗口】|【样式】中提示的对话框中选择【背景设置】按钮来更改设置。

★实例12-4演示：更换场景背景和地面的颜色

①单击【窗口】|【样式】，如图12-36所示，在弹出的提示对话框中选择【背景设置】，如图12-37所示。

图12-36　设置背景

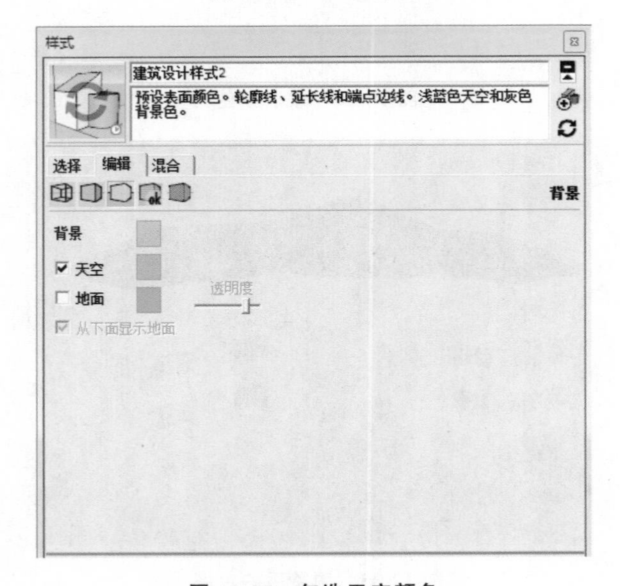

图12-37　勾选天空颜色

②在对应【天空】处单击勾选，选择颜色，如图12-38所示，图12-39为更改后的效果。

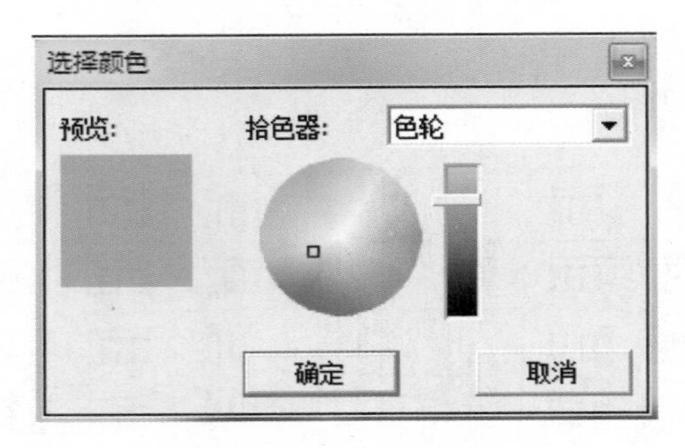

图12-38　设置天空颜色

图12-39　更改天空颜色效果

③在对应【地面】处单击勾选，选择颜色，如图12-40所示即为更改后的效果。地面的颜色更改还可以通过移动滑块来调节不透明度。

图12-40　更改地面的效果

提示：若想将修改的颜色样式恢复到系统默认的初始状态，选择【预设样式】，即可恢复，如图12-41所示。

图 12-41　恢复系统默认预设

12.1.4　阴影与雾效

SketchUp 自带的【阴影】工具，能够根据一天或全年时间内的变化，以模型所在的位置（经纬度、时区等）为依据进行，而为模型制造更为真实的阴影效果。【阴影】工具通过【视图】|【阴影】打开或关闭阴影效果显示，如图 12-42 和图 12-43 所示，可通过【窗口】|【阴影】打开阴影设置对话框，如图 12-44 所示。

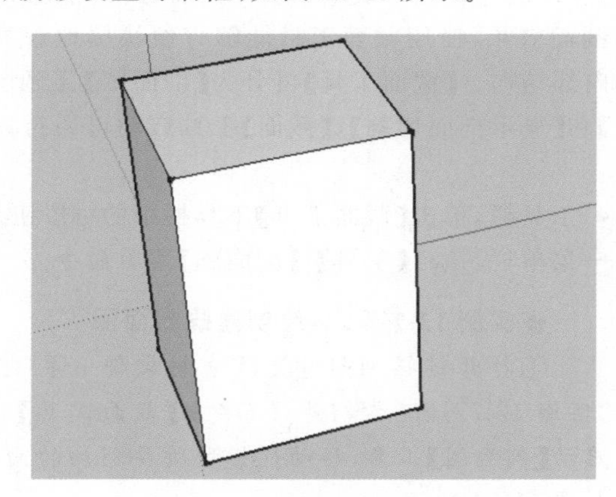

图 12-42　未开启阴影效果

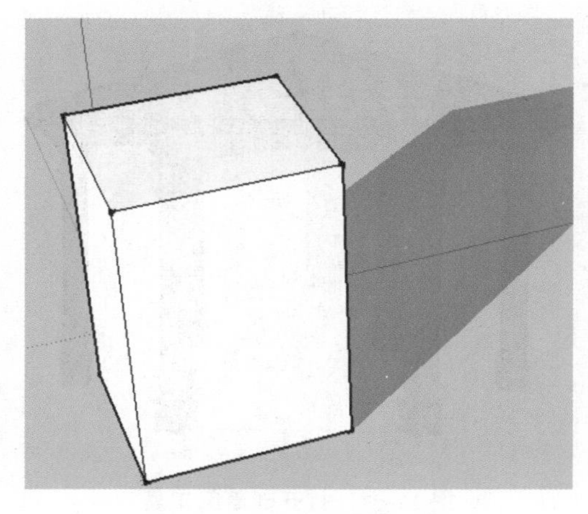

图 12-43　开启阴影效果

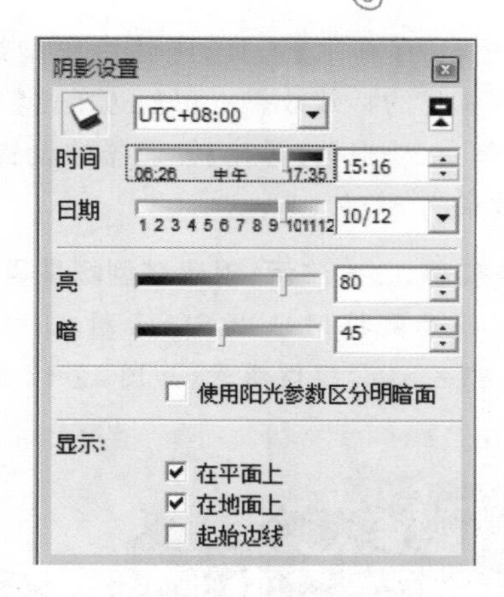

图 12-44　阴影设置

★实例 12-5 演示：设置不同时间段的阴影

①打开素材亭子，其默认 10 月下午时段的阴影，如图 12-45 所示。

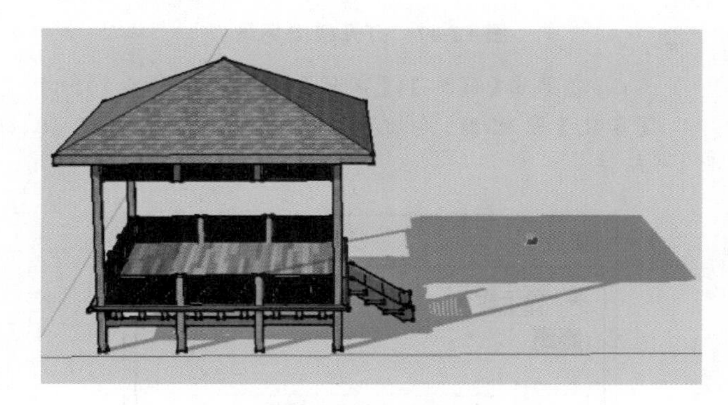

图 12-45　默认阴影

②通过【窗口】|【阴影】打开阴影设置对话框，调整日期为“5/20”，时间为“8：08”，阴影随着时间参数的修改发生了变化，由于早上阳光强烈度不高，因此将“亮”修改为“80”，完成阴影的修改如图 12-46 所示。

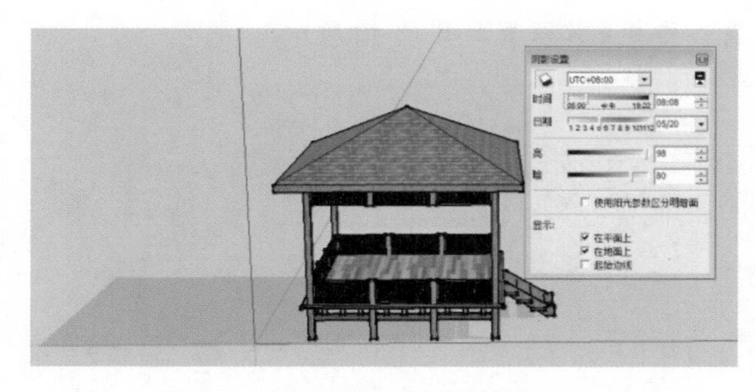

图 12-46　修改时间段后的阴影

SketchUp 的【雾化】工具，能够给模型添加雾化，让场景呈现朦胧的特殊效果。可通过单击【窗口】|【雾化】执行菜单命令，根据【雾化】管理器的设置来实现雾化添加的效果。

★实例 12-6 演示：创建模型场景雾化效果

①打开链接网址中 SU 素材文件—第 12 章"实例 12-6. skp"模型场景，如图 12-47 所示。

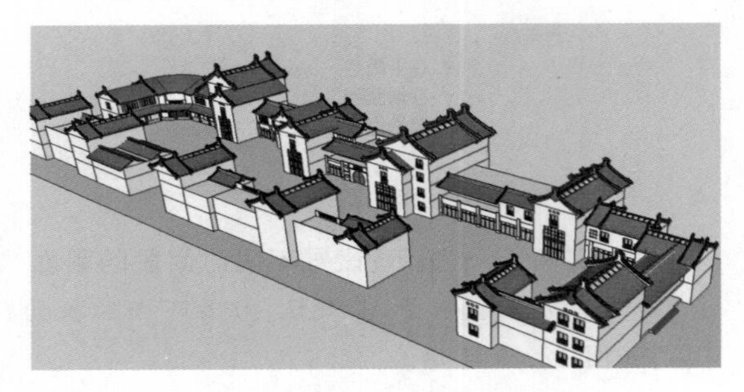

图 12-47　打开模型场景

②单击【窗口】|【雾化】执行菜单命令，弹出【雾化】管理器，勾选【显示雾化】，如图 12-48 所示。

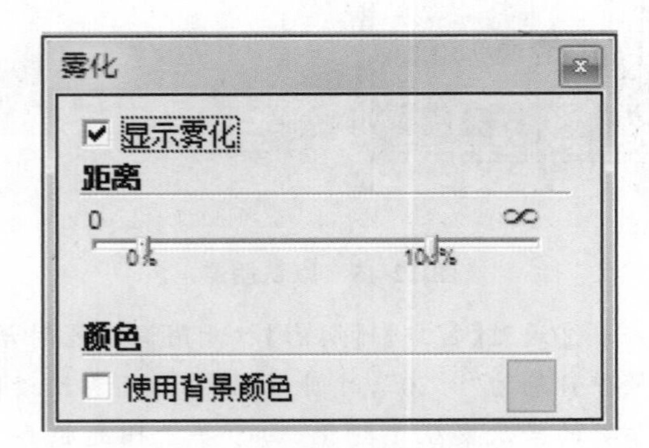

图 12-48　勾选雾化显示

③通过调节【距离】来控制雾化的疏密程度，添加雾化效果如图 12-49 所示。

图 12-49　调节雾化的疏密

④【雾化】管理对话框中取消勾选【使用背景颜色】，再点击右下角的图块可以更改雾化的颜色，如图 12-50 所示，即为设置不同颜色的雾化效果。

图 12-50　设置雾化颜色

12.1.5　剖面

SketchUp 的剖面图绘制是通过前面提到的【截面工具】实现的，【截面工具】又称为剖切工具，能够用于控制剖面效果，使用截面工具能够方便快捷地观察模型的内部结构。【截面工具】可分为【剖面图】、【显示剖切面】和【显示剖面切割】，【截面】工具启动可通过以下方式：

- 工具栏：单击【截面工具】工具栏中的⊕按钮。
- 菜单栏：执行【工具】|【剖面图】菜单命令。

★实例 12-7 演示：绘制建筑剖面图

①打开链接网址中 SU 素材文件—第 12 章"实例 12-7. skp"素材亭子，单击【截面工具】的⊕启动【剖面图】工具，移动鼠标到所要剖切的面上，如图 12-51 所示。

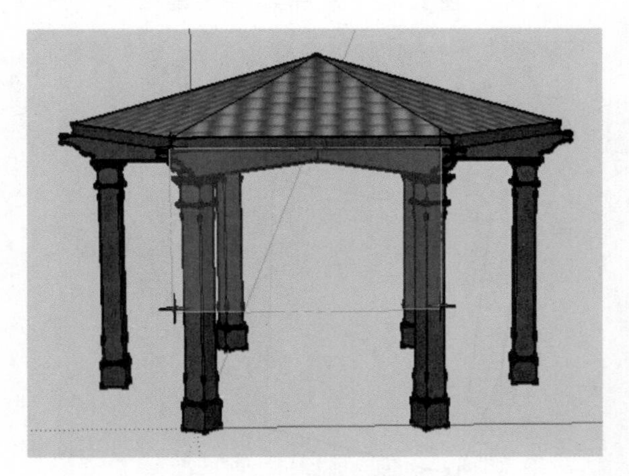

图 12-51　打开剖面图工具

②对着面单击鼠标，即可添加剖面效果，如图 12-52 所示。

图 12-52　添加剖面效果

③单击【选择】按钮，使剖面符号呈现选中的蓝色状态，如图 12-53 所示。

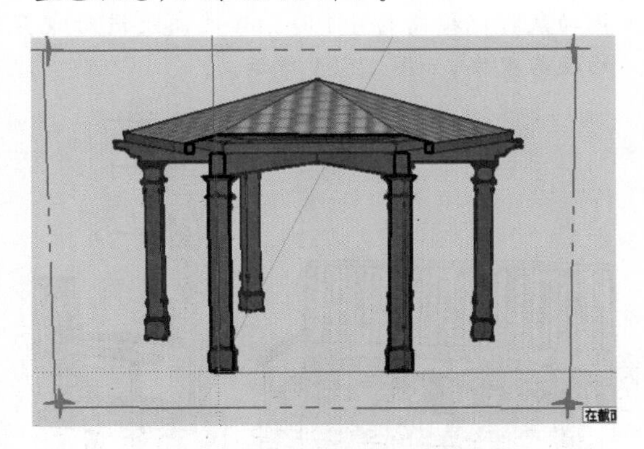

图 12-53　选中剖面线

④单击【移动】按钮，按住鼠标左键不放，沿剖切方向移动剖面，即可在移动过程观察剖面的变化，如图 12-54 所示。

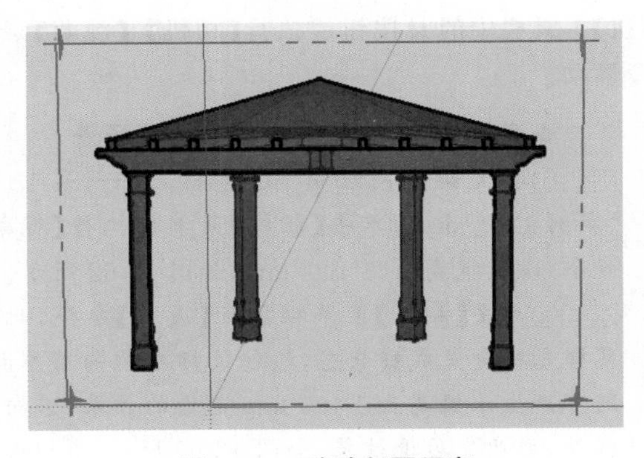

图 12-54　移动剖面距离

⑤单击【截面】工具里的【显示剖切面】，即会自动隐藏剖切线，显示剖面，如图 12-55 所示。

图 12-55　显示剖切面效果

⑥单击【截面】工具里的【显示剖面切割】，则会显示剖切线，同时显示模型被剖到的部分，如图 12-56 所示。

图 12-56　显示剖面切割效果

12.2　相机设置与场景页面创建

12.2.1　相机与漫游

SketchUp 的【相机】工具栏主要是由【定位相机】、【绕轴观察】和【漫游】工具组成，其中【定位相机】、【绕轴观察】工具用于设置相机和确定观察方向，而【漫游】工具则用于制作漫游动画。这三个工具都是通过单击【相机】菜单命令进行选择的。

★实例 12-8 演示：创建场景相机

①打开链接网址中 SU 素材文件—第 12 章“实例 12-8. skp”，如图 12-57 所示。

图 12-57　打开素材场景

②单击【相机】菜单，执行【定位相机】命令，此时鼠标的光标会变成，如图 12-58 所示。将鼠标移动至目标的放置点并单击确定相机位置，按住鼠标左键不放拖动以创建观察方向，如图 12-59 所示。

图 12-58　设置定位相机

图 12-59　改变观察方向

③当鼠标光标为状态时，可以直接在【数值输入框】输入视高，比如“1400”mm，如图 12-60 所示。

图 12-60　设定固定视高

④设置好视高后按【Enter】键，系统将自动开启【绕轴观察】工具，鼠标光标会变成，此时便拖动鼠标以视高为 1 400 mm 的高度进行视角的切换与观察，如图 12-61 所示。

图 12-61　开启环绕观察

【漫游】工具可以快速模拟出跟随者移动，在视图内同时产生连续变化的漫游动画效果。可通过单击【相机】工具栏中的按钮或执行【相机】/【漫游】菜单命令启动。

★实例 12-9 演示：漫游观察模型场景

①打开链接网址中 SU 素材文件—第 12 章“实例 12-9. skp”，单击【相机】菜单栏执行【观察】命令，设置视高为“1 400”mm，如图 12-62 所示。

②单击【相机】菜单栏执行【漫游】命令，此时鼠标光标会变成状态，按住鼠标左键向前推动，则可产生以视高为 1 400 mm 前进的效果，若向后推动，则产生后退效果，如图 12-63 所示。

图 12-62　设置视高

图 12-63　开启漫游

③按住【Shift】键并上下移动鼠标，则可产生视角升高或降低的效果，如图 12-64 所示。

图 12-64　升高视角

④按住鼠标左键左右移动鼠标，则可产生方向的转变效果，如图 12-65 所示。

图 12-65　转变视角方向

12.2.2　透视与轴测

SketchUp 能够对模型的投影方法进行改变，即可以进行【平行投影】、【透视图】和【轴测图】之间的转换。当模型建立的时候，系统通常默认的是【透视图】，但是用户可根据需要，在不同的图形中采用不同的投影图方式。

★实例 12-10 演示：设置模型的透视、立面和轴测效果

①打开链接网址中 SU 素材文件—第 12 章"实例 12-10. skp"，系统默认为透视效果，如图 12-66 所示。

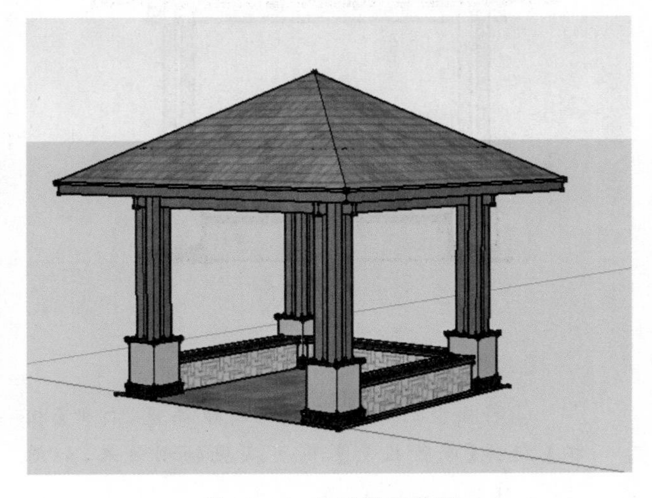

图 12-66　打开模型素材

②打开【相机】|【标准视图】菜单，选择【前视图】，如图 12-67 所示。

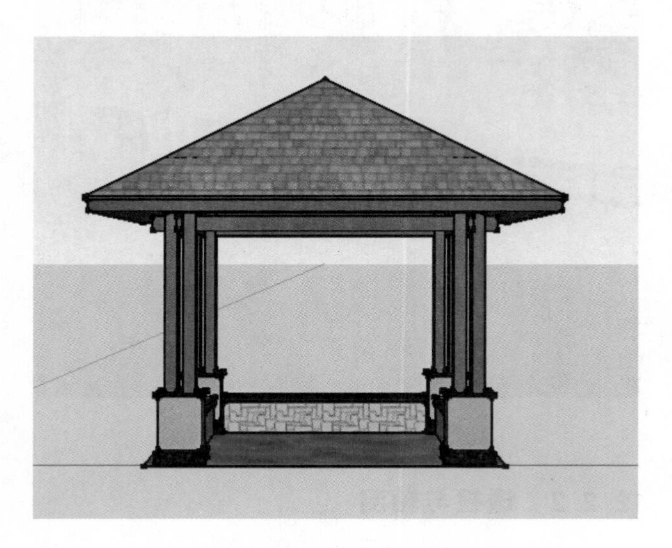

图 12-67　选择前视图

③打开【相机】，选择【平行投影】，则可完成模型的立面图设置，如图 12-68 所示。

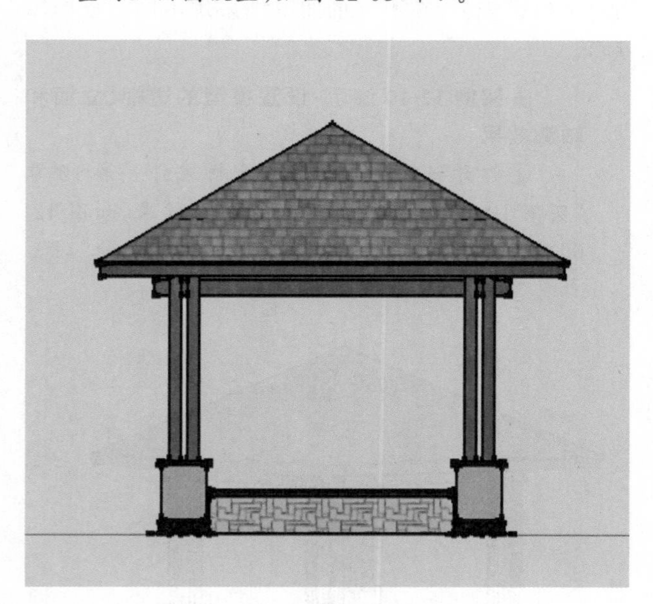

图 12-68　关闭透视

④将模型的视角调整到鸟瞰高度，打开【相机】，选择【平行投影】，则可实现轴测效果，如图 12-69 所示。

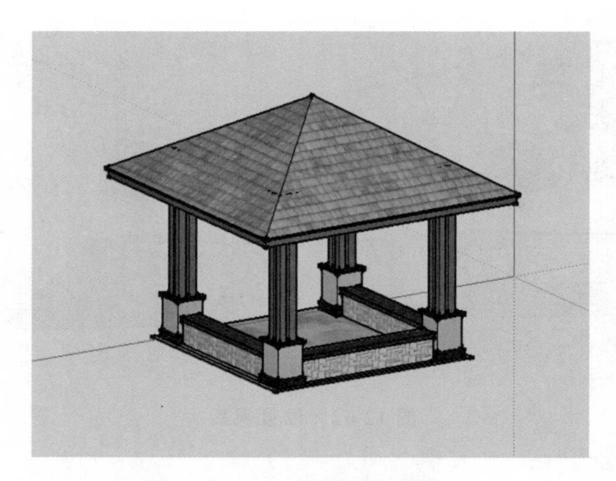

图 12-69　实现轴测效果

12.3　图像导出及后期处理

图像在导出之前，通常会通过渲染器进行渲染，提高图片质量。SketchUp 没有内置的渲染器，因此通常需要借助 V-Ray、Artlantis、lumion 等渲染软。V-Ray 是一款功能十分强大的全局光渲染软件，本节主要介绍如何通过 V-Ray 渲染 SketchUp，并将渲染后的模型导入 Photoshop 中进行后期处理。

12.3.1　V-Ray 渲染

V-Ray 渲染器先要通过安装，然后在 SketchUp 中打开，V-Ray 的打开方式通常有两种：

◆ 通过选择【视图】|【工具栏】菜单命令，勾选【V-Ray：主工具栏】和【V-Ray：光源工具栏】选项，如图 12-70 所示。

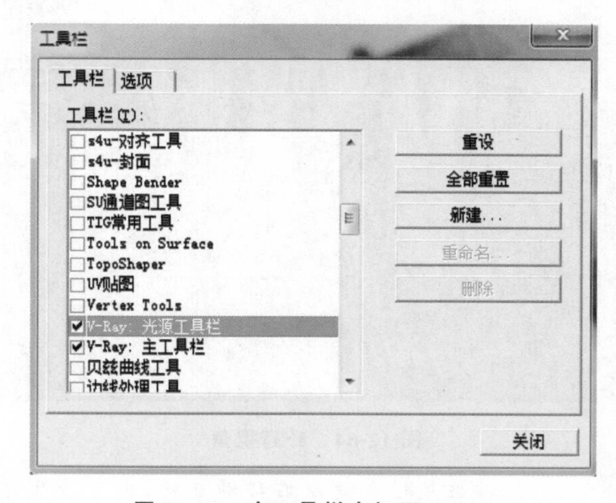

图 12-70　在工具栏中打开 V-Ray

◆ 单击菜单栏选项中选择【扩展程序】/【V-ray】菜单命令，如图 12-71 所示。

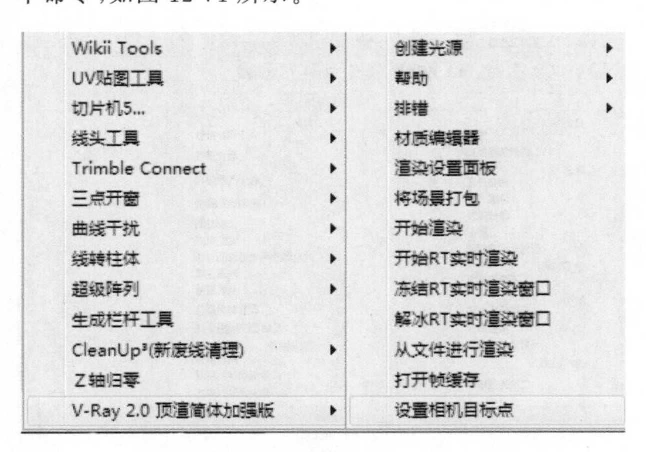

图 12-71　在扩展程序中打开 V-Ray

V-Ray 的主要工具包括：

◆ V-Ray 材质管理器：可单击 Ⓜ 按钮打开，主要由材质预览区、材质管理区和参数设置区组成，如图 12-72 所示。

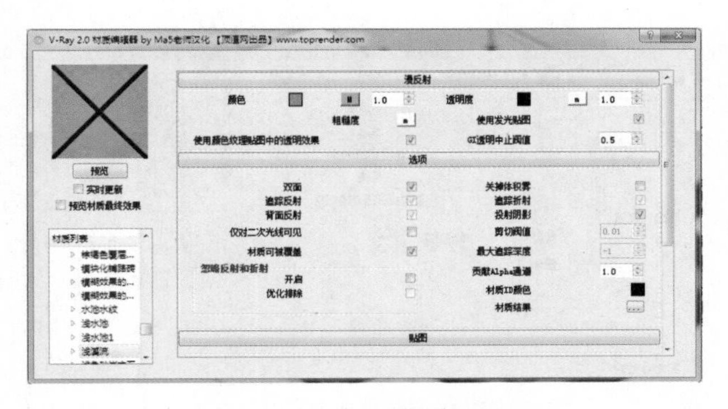

图 12-72　V-Ray 材质管理器

◆ V-Ray 渲染设置面板：可单击 按钮打开，是 V-Ray 的主要功能及参数设置区，如图 12-73 所示。

◆ V-Ray 开始渲染按钮：可单击 按钮打开，启动 V-Ray 对当前场景渲染，如图 12-74 所示。

◆ V-Ray 帧缓存窗口：帧缓存窗口是就我们在进行渲染时 V-Ray 所开启的用于显示渲染进度及最终渲染终果的窗口，由于此窗口仅能显示单幅的静止图像，而单幅图像在动画里又被称为一帧，并且此渲染结果是被保存在计算机内存的缓存区，所以把此窗口称为帧缓存窗口。可单击 按钮打开，如图 12-75 所示。

图 12-73　V-Ray 渲染设置面板

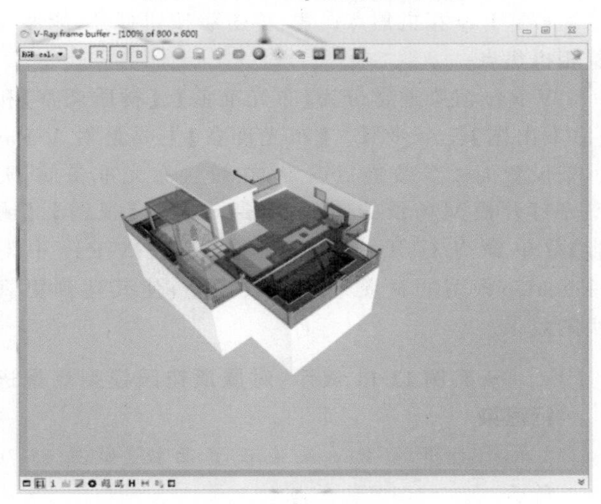

图 12-74　开始渲染窗口

图 12-75　帧缓存窗口

◆ V-Ray点光源设置：单击按钮打开，设置一个点光源。

◆ V-Ray面光源设置：单击按钮打开，设置一个面光源。

◆ V-Ray聚光源设置：单击按钮打开，设置一个聚光源。

◆ V-Ray穹顶光源设置：单击按钮打开，设置一个穹顶光源。

◆ V-Ray拖出球体：单击按钮打开，能够直接创建一个球体。

◆ V-Ray拖出平面：单击按钮打开，能够直接创建一个已建立【组群】的封闭平面。

◆ V-Ray相机焦点设置：单击按钮打开，能够设置相机焦点。

V-Ray渲染通常分为【布光准备】、【材质调整】和【渲染出图】三个步骤。【布光准备】主要是对V-Ray渲染设置面板参数进行设置，在设置布光准备前，需要先打开模型场景的阴影，可通过执行【视图】|【阴影】菜单命令打开；【材质调整】是在V-Ray中对SketchUp模型的材质进行修改调整，使其达到更真实的效果。

★实例12-11 演示：对屋顶花园模型场景进行渲染

①打开V-Ray渲染设置面板，如图12-76所示。

图12-76 打开渲染设置面板

②设置全局开关。暂时关闭【反射/折射】选项，激活【材质覆盖】选项，并单击颜色色块，设置灰度值为（R 170，G 170，B 170），如图12-77所示。

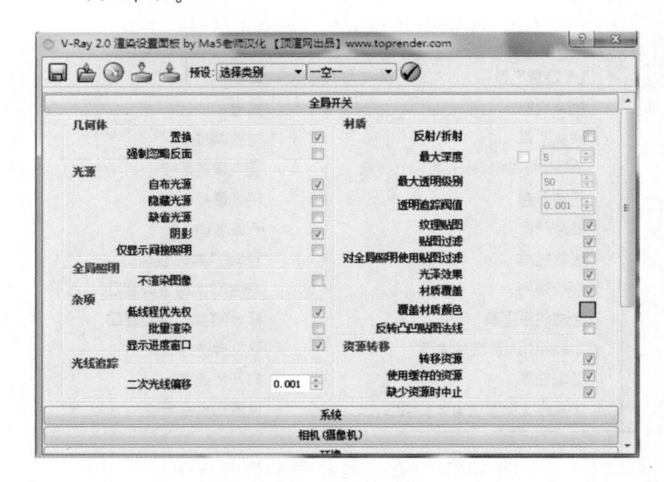

图12-77 激活材质覆盖

③设置图像采样器，为提高渲染速度，在【类型】中选择使用【固定比率】，同时取消勾选【抗锯齿过滤】复选框，如图12-78所示。

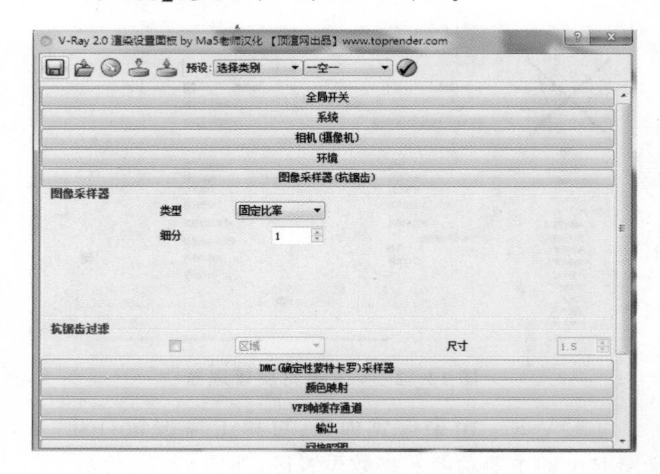

图12-78 设置图像采集器

④设置纯蒙特卡洛(DMC)采样器。为了不让测试效果产生太多的黑斑和噪点，将【最少采样】提高到“13”，其他参数全部保持默认值，如图12-79所示。

⑤设置颜色映射，即曝光方式。将【类型】选择“指数”，如图12-80所示。

⑥设置发光贴图和灯光缓存。将此处设定为较低的数值，如图12-81和图12-82所示。

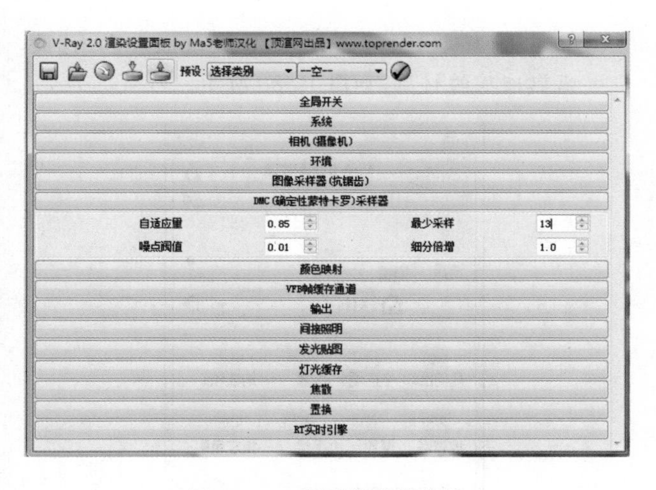

图 12-79　设置纯蒙特卡洛

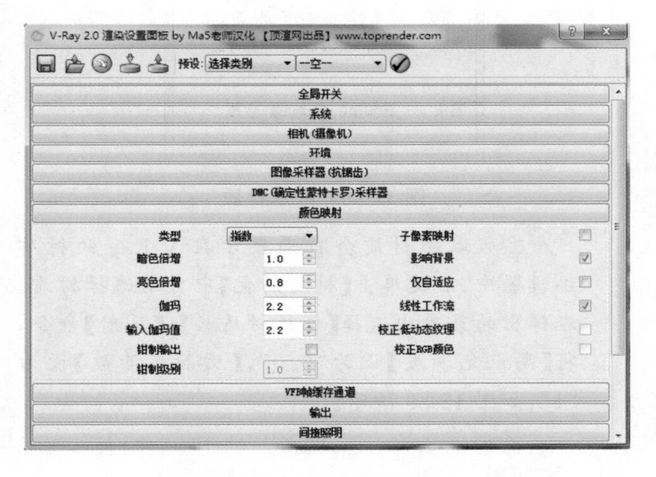

图 12-80　设置颜色映射

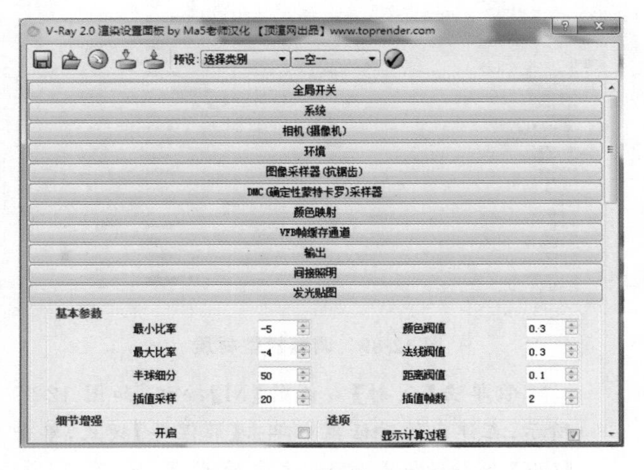

图 12-81　设置发光贴图

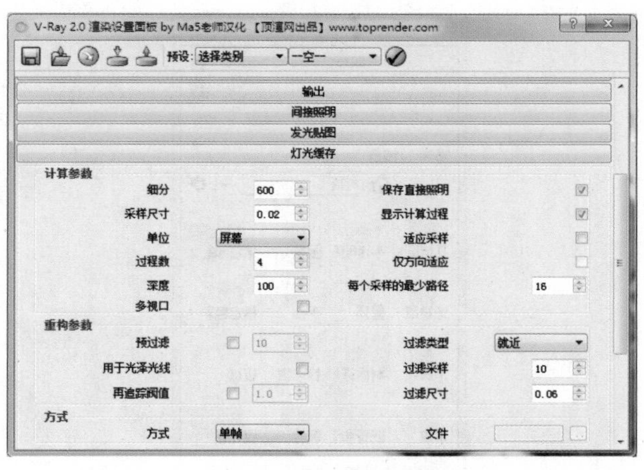

图 12-82　设置灯光缓存

⑦调整模型的材质，单击【窗口】|【材料】菜单命令，打开【材质管理器】，同时单击 按钮，打开 V-Ray 的材质编辑器，如图 12-83 所示。

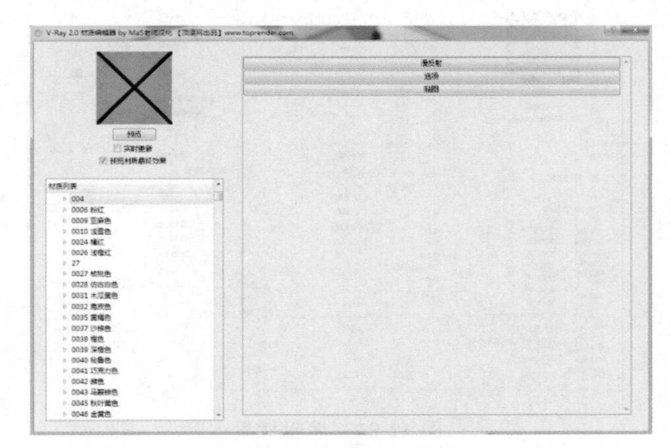

图 12-83　调整模型材质

⑧单击【样本颜料】 按钮，或通过按住【Alt】键，吸取地面的材质，如图 12-84 所示。

⑨吸取的材质会自动显示在 V-Ray 的材质编辑器中，右键单击【材质列表】中自动选择材质，在弹出的菜单中选择【创建材质层】|【反射】命令，如图 12-85 所示。

⑩单击【反射】右侧的【M】按钮，如图 12-86 所示，在弹出的对话框中单击【菲涅耳】模式，单击【OK】按钮，完成地面材质的设置，如图 12-87 所示。

⑪重复步骤⑩完成其他铺装及其墙面的设置。

图 12-84 吸取材质

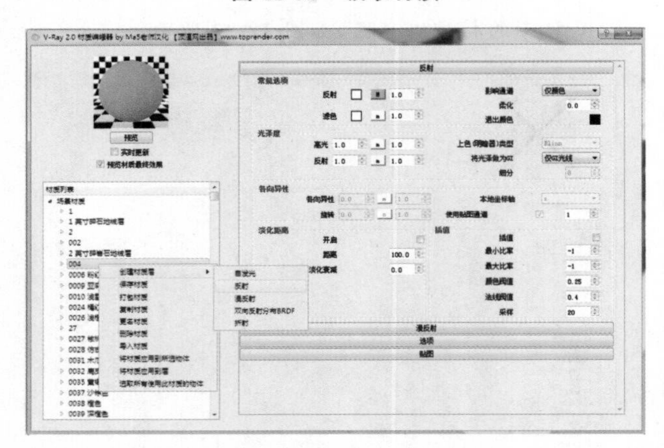

图 12-85 编辑材质

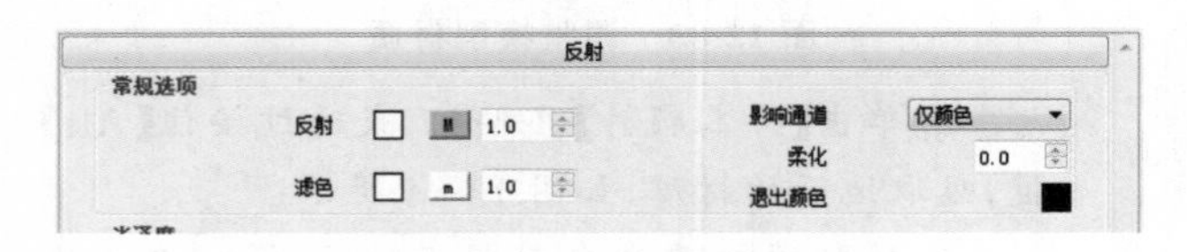

图 12-86 设置反射

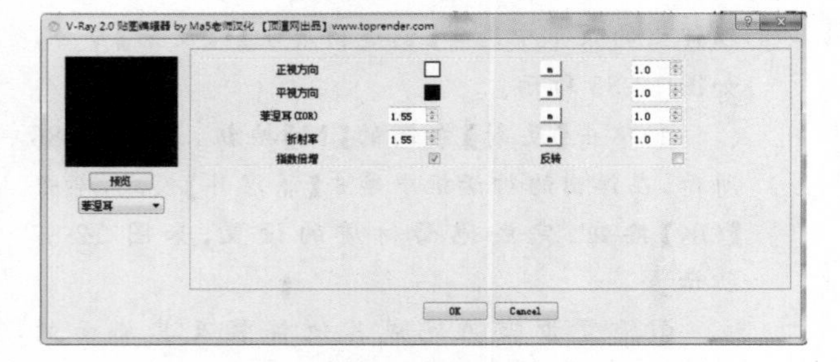

图 12-87 设置菲涅耳模式

⑫单击【样本颜料】按钮，或通过按住【Alt】键，吸取玻璃的材质，如图 12-88 所示。

图 12-88 吸取材质

⑬吸取的材质会自动显示在 V-Ray 的材质编辑器中，右键单击【材质列表】中自动选择材质，在弹出的菜单中选择【创建材质层】|【反射】命令，将【高光光泽度】设为“0.9”,【反射光泽度】设为“1”，如图 12-89 所示。

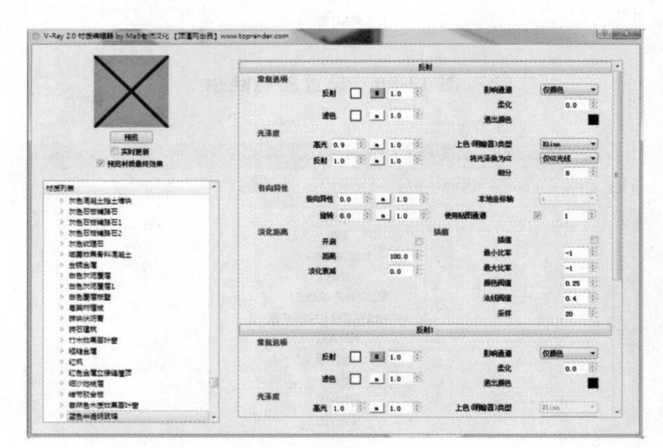

图 12-89 调整模型材质

⑭单击【反射】右侧的【M】按钮，如图 12-90 所示，在弹出的对话框中单击【菲涅耳】模式，单击【OK】按钮，完成玻璃材质的设置，如图 12-91 所示。

图 12-90　设置反射

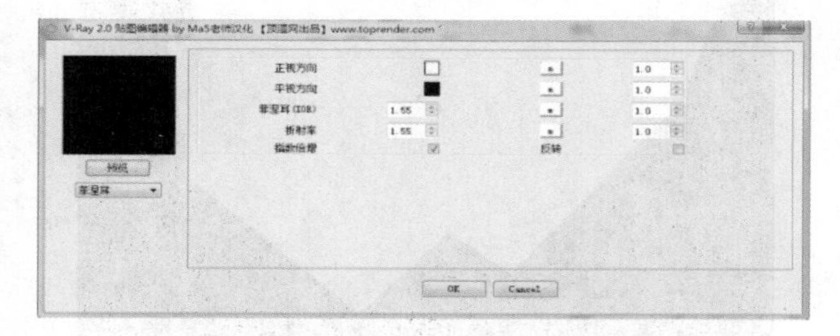

图 12-91　设置菲涅耳模式

⑮单击【样本颜料】按钮，或通过按住【Alt】键，吸取水的材质，如图 12-92 所示。

图 12-92　吸取材质

⑯单击【反射】右侧的【M】按钮，在弹出的对话框中单击【菲涅耳】模式，将【菲涅耳(IOR)】参数设置为“1.8”，【折射率】设置为“1.33”单击【OK】按钮，完成地面材质的设置，如图 12-93 所示。

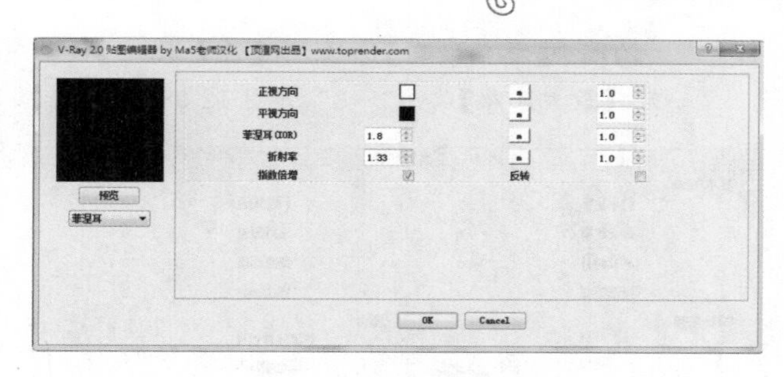

图 12-93　设置反射和折射

⑰单击，再单击【环境】选项，分别单击两个【M】按钮，将参数设置为一样，如图 12-94 和图 12-95 所示。

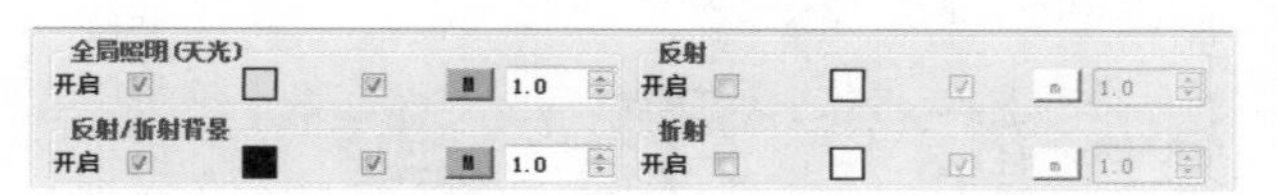

图 12-94　设置环境

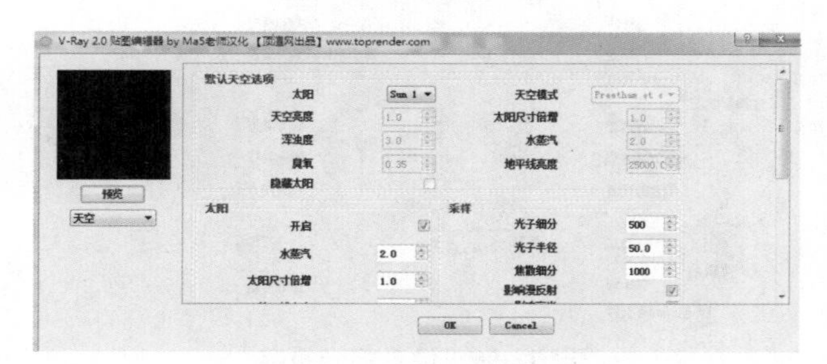

图 12-95　设置环境子项目

⑱单击【图像采集器】选项，将【类型】更改为“自适应纯蒙特卡罗”，将【最多细分】设为“17”，提高细节区域的采样。勾选【抗锯齿过滤】复选框，选择常用的“Catmull Rom”过滤器，如图 12-96 所示。

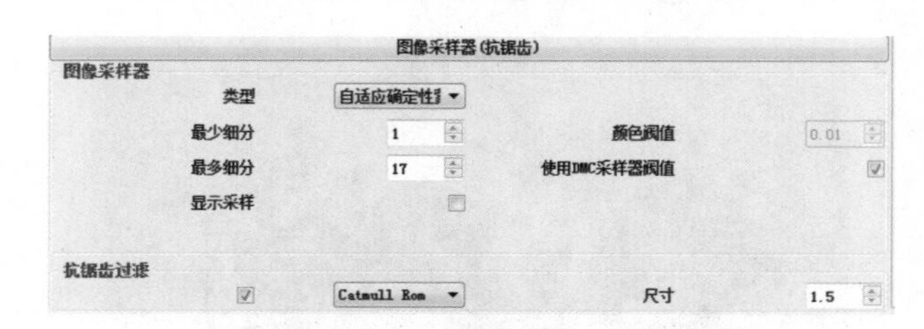

图 12-96　设置图像采集器

⑲单击【纯蒙特卡罗(DMC)采样器】选项，将【最少采样】设为“12”，如图 12-97 所示。

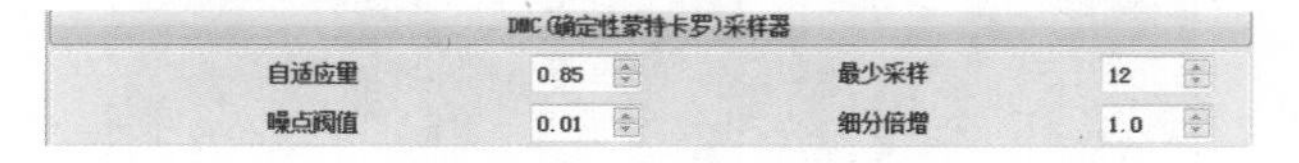

图 12-97　设置纯蒙特卡罗

⑳单击【发光贴图】选项，将【最小比率】设为“－5”，【最大比率】改为“－3”，如图 12-98 所示。

发光贴图

基本参数

参数	值	参数	值
最小比率	-5	颜色阈值	0.3
最大比率	-3	法线阈值	0.3
半球细分	50	距离阈值	0.1
插值采样	20	插值帧数	2

细节增强		选项	
开启	☐	显示计算过程	☑
单位	屏幕	显示直接照明	☑
范围半径	60.0	显示采样	☐
细分倍增	0.3	使用相机路径	☐

图 12-98　设置发光贴图

㉑单击【灯光缓存】选项，将【细分】设为“500”，如图 12-99 所示。

灯光缓存

计算参数

参数	值	参数	值
细分	500	保存直接照明	☑
采样尺寸	0.02	显示计算过程	☑
单位	屏幕	适应采样	☐
过程数	4	仅方向适应	☐
深度	100	每个采样的最少路径	16
多视口	☐		

重构参数

参数	值	参数	值
预过滤	☐ 10	过滤类型	就近
用于光泽光线	☐	过滤采样	10
再追踪阈值	☐ 1.0	过滤尺寸	0.06

方式

方式	单帧	文件	

渲染完成后

不删除	☑	自动存盘	☐
自动保存文件			

图 12-99　设置灯光缓存

㉒单击【输出】选项，将尺寸设为长“600”，宽“800”。

㉓设置完成后，单击Ⓡ按钮，依次对之前预存的场景页面进行渲染出图，另外可得到渲染通道图，如图 12-100 和图 12-101 所示。

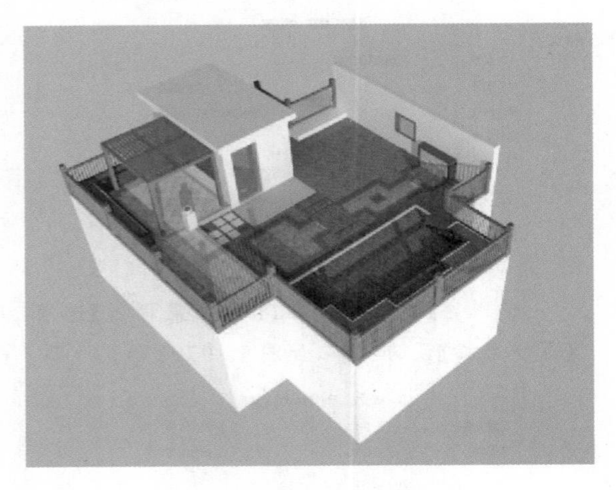

图 12-100　渲染出图

图 12-101　渲染通道图

12.3.2　导入 Photoshop 后期处理

将 SketchUp 导入 Photoshop 中可参考第九章的视图导出，只是通常在导出 JPEG 图像的时候，为了配合 Photoshop 的【选区】工具，通常还会以同样的视角导出相同大小的【线框图】。由于该处选择的场景比较小，且线条多而杂，故未导出线框图。

★实例 12-12 演示：将渲染后的 SketchUp 模型导入 Photoshop

①在 SketchUp 中打开模型，调整视图视角，单击【窗口】|【场景】命令创建场景，设置 V-Ray 参数完成后，单击Ⓡ按钮，渲染出图，如图 12-102 所示。

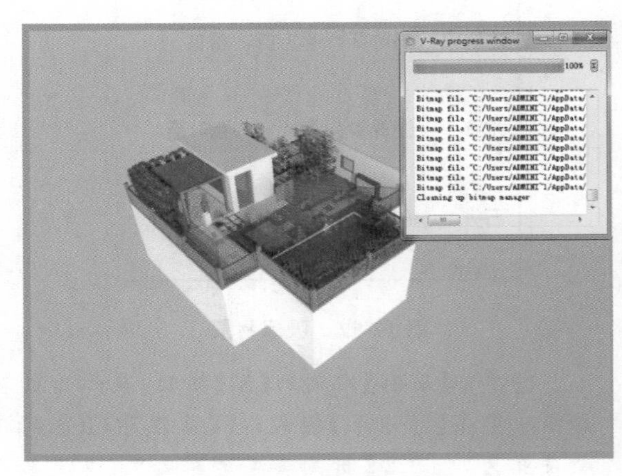

图 12-102　渲染出图

②点击保存按钮，设置保存路径，文件保存类型选择“JPEG”格式，保存后如图 12-103 所示。

另外还需要如上操作输出渲染通道图。

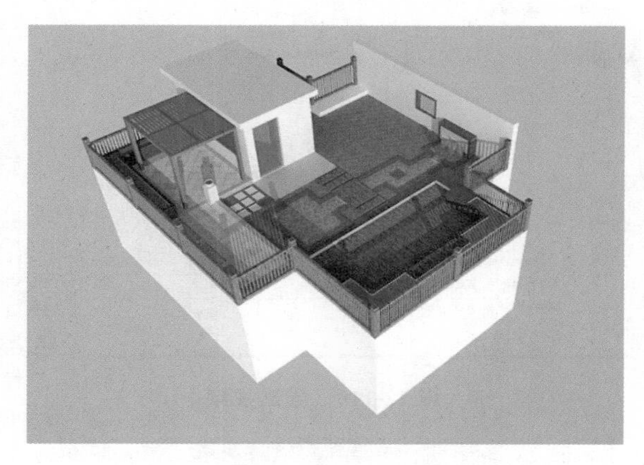

图 12-103 导出 JPEG 格式

③启动 Photoshop 软件，单击【文件】|【打开】菜单命令，选择导出图片的路径，即可打开，如图 12-104 所示。

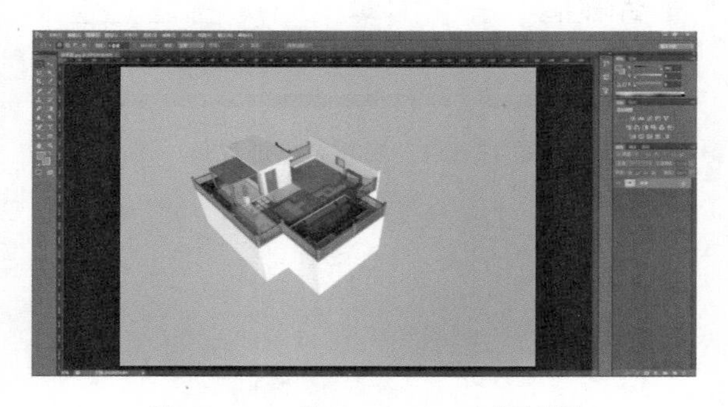

图 12-104 在 Photoshop 中打开图

12.4 动画制作与导出

动画的制作与导出需要先设置场景页面，场景页面的设置和保存在第九章已经阐述，故在此不再做详细说明。主要是通过在【窗口】栏选择【场景】，也可通过前面提到的【视图】|【动画】选择【添加场景】。动画的制作至少需要 2 个场景以上，通过对场景的切换而产生动画。场景设置完成后可以先播放动画，确认无误后再导出视频。动画的播放可通过【视图】|【动画】菜单栏执行【播放】命令完成。

★实例 12-13 演示：设置屋顶花园场景页面并导出动画视频

①打开第 10 章建立的屋顶花园模型场景，如图 12-105 所示。

图 12-105 打开模型场景

②【窗口】栏选择【场景】，选择一个理想的视角，创建场景 1，如图 12-106 所示。

图 12-106 设置场景 1

③按步骤②的程序依次完成场景 2、场景 3 的场景页面设置，如图 12-107 和图 12-108 所示。

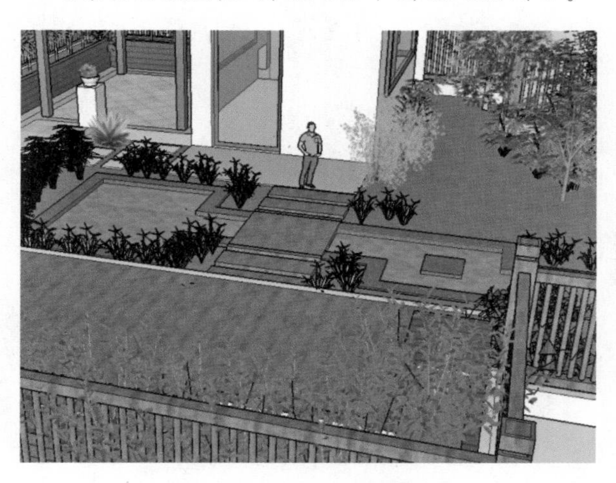

图 12-107 设置场景 2

图 12-108　设置场景 3

④单击【视图】|【动画】菜单栏执行【播放】命令，播放并查看视频，如图 12-109 所示。

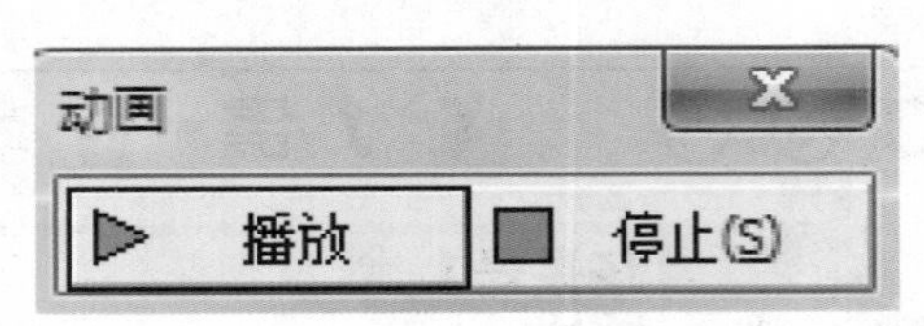

图 12-109　执行播放

⑤单击【文件】|【导出】菜单栏执行【动画】|【视频】，导出动画视频，如图 12-110 和图 12-111 所示。

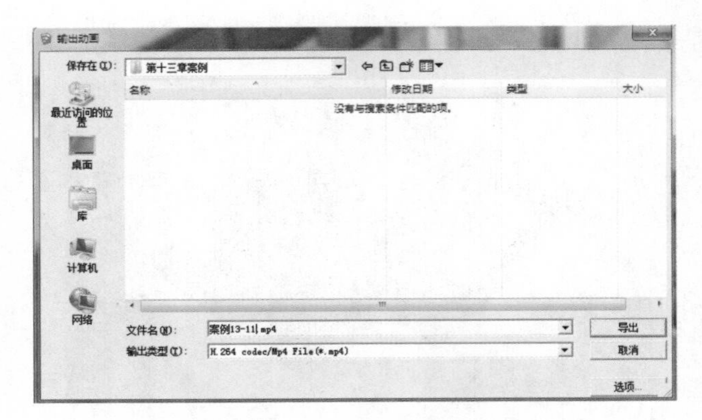

图 12-110　导出视频

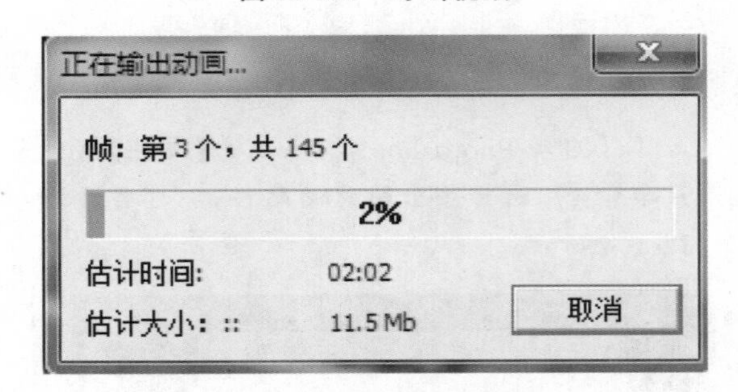

图 12-111　视频导出进度条

第 3 篇　Photoshop CC

第13章 Photoshop CC基本概念与操作

13.1 Photoshop CC软件简介

Photoshop CC是Adobe公司推出的一款专业图形图像处理软件，其功能强大，操作便捷，为设计工作提供了一个广阔的表现空间，使许多不可能实现的效果变成现实。目前Photoshop CC被广泛地应用于美术设计、园林设计、印刷出版、数码摄影等诸多领域，不仅受到专业人员的喜爱，也成为家庭用户的“宠儿”。

从功能上看，Photoshop CC提供了丰富的图形工具、强大的色彩调整命令以及各种特效滤镜和图片修饰功能，这些使得我们的设计和图片处理工作更轻松，并使其成为一个艺术品。

13.2 软件界面介绍

启动Photoshop CC中文版后，其软件界面与以前版本大同小异，如图13-1所示。

图13-1 Photoshop CC软件界面

13.2.1 标题栏

标题栏位于软件界面的最上方，分为3部分，其左侧显示了应用程序的图标、快速启动Bridge或Mini Bridge程序的按钮以及显示切换视图显示模式等选项；中间6个按钮，用于选择工作区；右侧3个按钮，分别为“最大化”“最小化”和“关闭”按钮。

13.2.2 属性栏

在属性栏中，用户可以根据需要设置工具箱中各种工具的属性，使其在使用中变得更加灵活，有助于提高工作效率。属性栏中的内容在选择不同工具或进行不同操作时会发生变化。

13.2.3　菜单栏

菜单栏位于属性栏下方的左侧，包含了 Photoshop CC 中的所有命令，用户通过使用工具箱中的命令几乎可以实现 Photoshop CC 中的全部功能，单击菜单栏中工具箱中的任意一项，都可以弹出下拉菜单，如果其中的命令显示为黑色，表示此命令可用，灰色则不可用。

13.2.4　图像编辑区

在 Photoshop 中图像编辑区也称为图像窗口，是打开图像文件的区域。如图 13-2 为图像窗口的标题栏。图像窗口是 Photoshop 的常规工作区，用于显示、浏览和编辑图像文件。它带有标题栏，分为两部分，左侧为文件名、缩放比例和色彩模式等信息。

图 13-2　图像窗口标题栏

13.2.5　工具箱

工具箱位于工作界面的最左侧，其中包含了 Photoshop CC 中使用的各种工具，要使用某种工具，只要单击该工具按钮即可。如果工具按钮右下方有黑色小三角，则表示该工具按钮中还有隐藏的工具，单击该工具并按住鼠标左键不放，或单击鼠标右键，就可以弹出工具组中的其他工具，将鼠标移至弹出的工具组中，单击所需工具按钮，该工具就会出现在工具箱中。

13.2.6　控制面板

控制面板是 Photoshop CC 中经常使用的工具，一般用于修改显示图像信息。Photoshop CC 包括图层、通道、路径、字符、段落、信息、导航器、颜色、色板、样式、历史记录、动作、画笔等多种面板。

在系统默认情况下，控制面板以图标形式显示在一起，如图 13-3(a)所示。单击相应的图标可打开对应的控制面板，如图 13-3(b)所示。

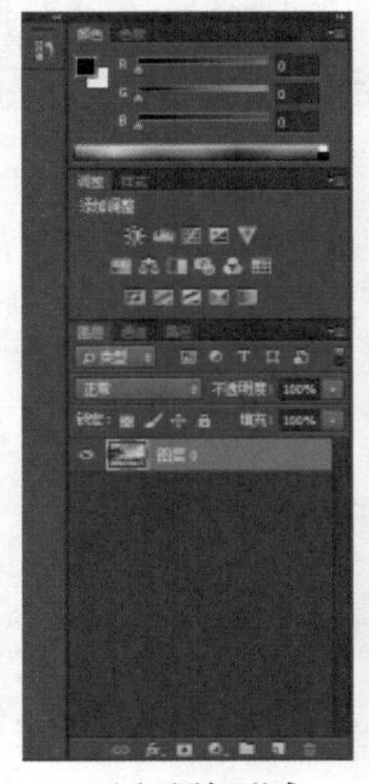

(a) 图标形式

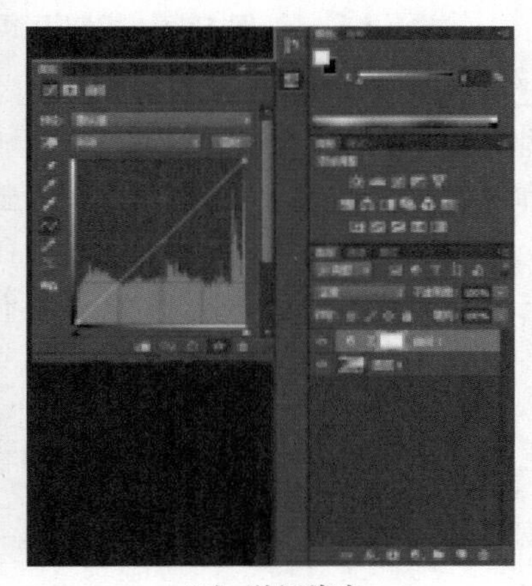

(b) 详细信息

图 13-3　控制面板

在 Photoshop CC 中也可将某个控制面板显示或隐藏，要显示某个控制面板，选择 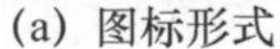 菜单中的控制面板名称，即可显示该控制面板；要隐藏某个控制面板窗口，单击控制面板窗口右上角的 按钮即可。

单击控制面板窗口右上角的“面板菜单”按钮可显示控制面板菜单，如图 13-4 所示，从中选择相应的命令可编辑图像。

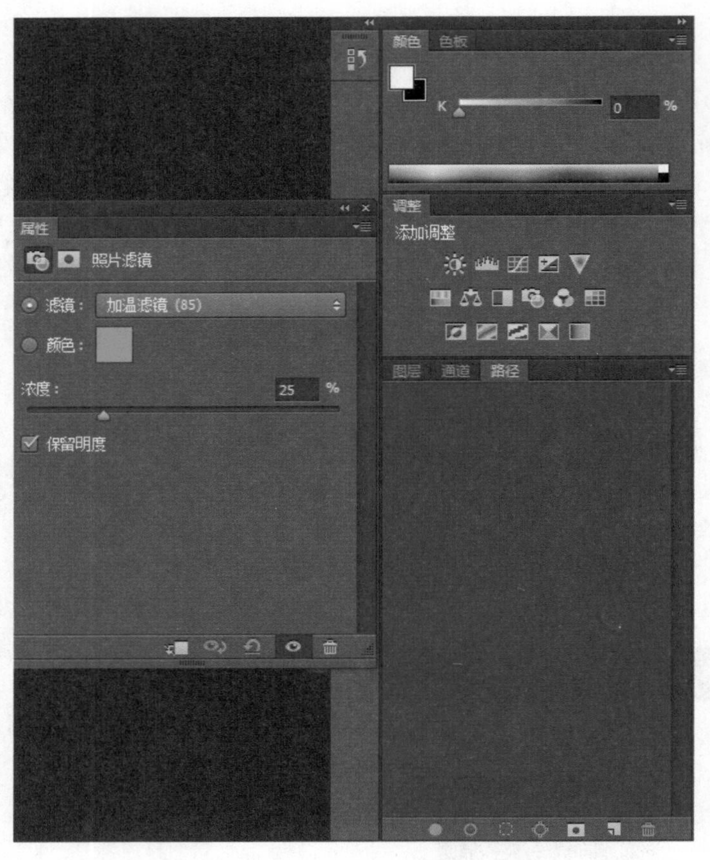

图 13-4 控制面板菜单

此外，按“Shift＋Tab”键可同时显示或隐藏所有打开的控制面板；按“Tab”键可以同时显示或隐藏所有打开的控制面板、工具箱和属性栏。

13.2.7 状态栏

Photoshop CC 中的状态栏位于打开图像文件窗口的最底部，由 3 部分组成，如图 13-5 所示。最左边显示当前打开图像的显示比例，它与图像窗口标题栏的显示比例一致；中间部分显示当前图像文件信息；最右边显示当前操作状态及操作工具的一些帮助信息。

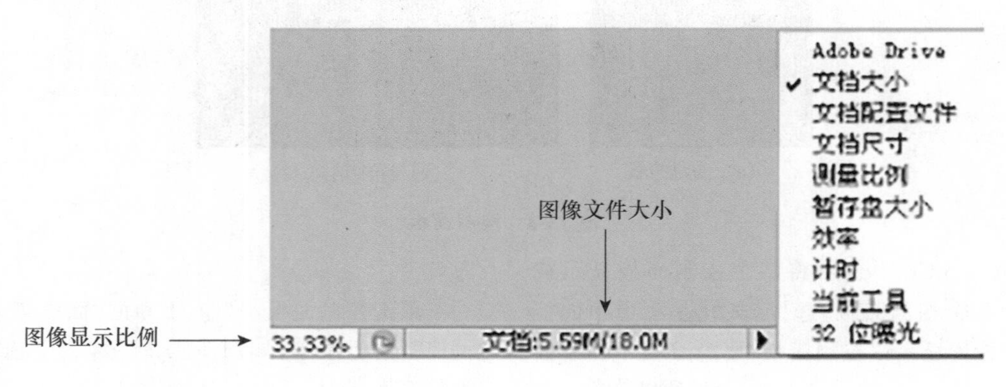

图 13-5 状态栏

13.3　文件基本操作

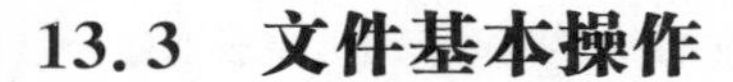

本章将介绍一些使用 Photoshop CC 进行图像处理时涉及的基本操作，例如，文件的创建、打开、关闭与保存，图像的复制，以及画布大小的调整等。通过这些文件基本操作来了解如何使用 Photoshop CC 进行图像编辑工作。

13.3.1　开始绘图工作

启动 Photoshop CC 后，必须打开或创建一个图像，才可开始绘图工作。这个图像窗口就是编辑处理图像的操作平台，如图 13-1 所示。

在 Photoshop CC 中，可以创建一个空白的图像文件，从零开始绘图工作；也可以打开一幅图像，对图像进行各种编辑处理，在此基础上进行再创作。下面将通过具体的操作步骤来学习如何创建或打开文件，并开始绘图工作。

(1) 新建、打开和关闭文件

①启动 Photoshop CC，执行“文件”→“新建”命令，打开“新建”对话框，如图 13-6 所示。

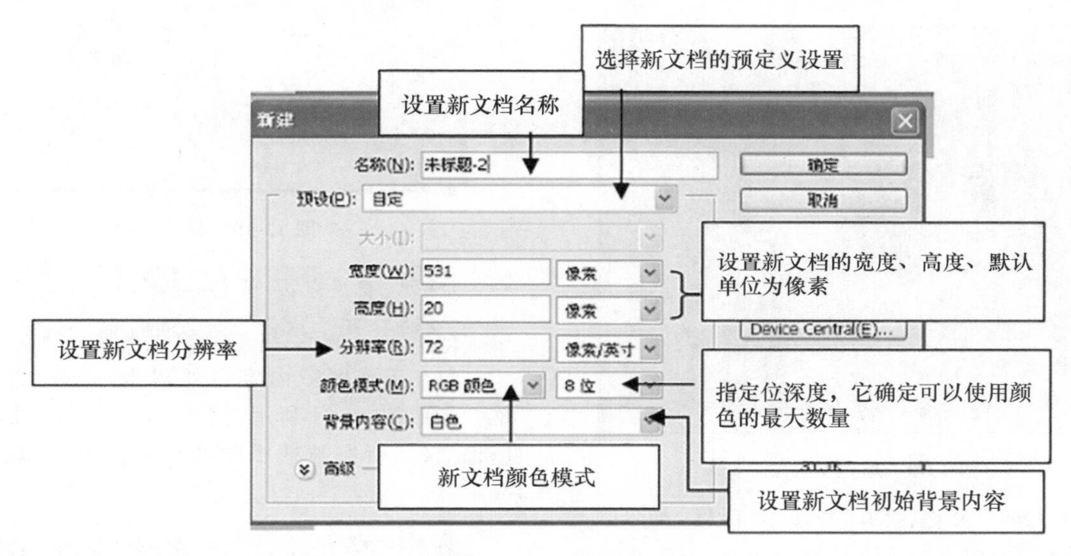

图 13-6　新建窗口

②设置完成后，单击“确定”按钮，即可关闭该对话框。此时，将得到一个图像文件。

提示：将鼠标指针移到新文件窗口的边角部位，当指针变为时↘，单击并向指定方向拖动鼠标，调整图像窗口大小。灰色部分对图像尺寸和区域没有影响。

③单击图像窗口标题栏左上角的图像控制图标，弹出控制窗口菜单。通过选择控制窗口菜单中的命令，可以对图像窗口进行移动、最小化、最大化等操作。

④选择控制窗口菜单中的“关闭”命令，或执行“文件”→“关闭”命令，或单击图像窗口右上角的“关闭”按钮，都可以将该文件关闭。

⑤单击工具箱下方的“背景色”图标，打开“拾色器”对话框，选择颜色后单击“确定”按钮，设置背景色，如图 13-7 所示。

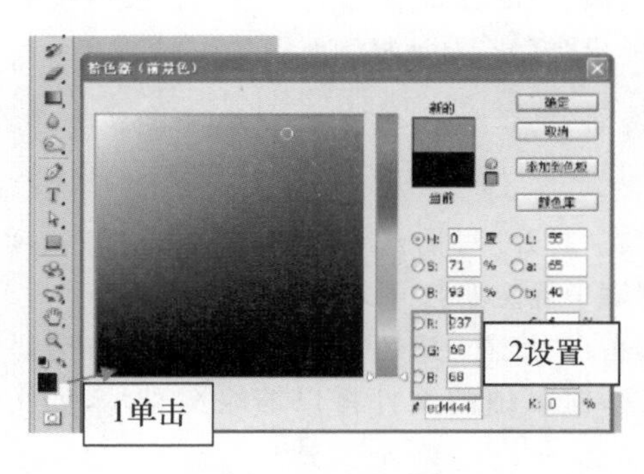

图 13-7　拾色器

⑥执行“文件”→“新建”命令，参照如图 13-8 所示设置对话框，完毕后单击“确定”按钮，即可创建一个以“背景色”为底色的新文件，效果如图 13-9 所示。

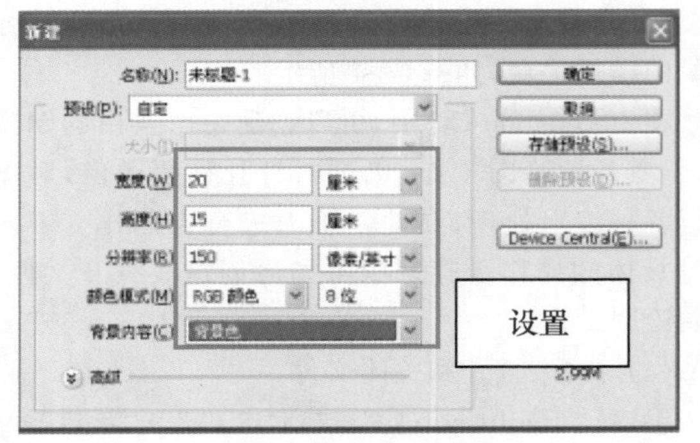

图 13-8　参数设置 1

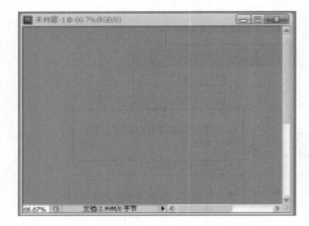

图 13-9　新建文件 2

⑦按下 Ctrl＋N 键，打开“新建”对话框，参照以上方法设置背景内容为透明，可创建出透明背景的新文件。

⑧将创建的图像全部关闭，执行“文件”→“打开”命令，弹出“打开”对话框。

提示：在工作区域内空白处双击鼠标，或按下 Ctrl＋O 键均可以打开“打开”对话框。

⑨在“打开”对话框中单击“查找范围”选项，在其下拉列表中确定要打开文件的位置。

⑩单击“查看”按钮，在弹出的菜单中选择“缩略图”命令，窗口中的文件将以缩略图显示，如图 13-10 所示。

⑪选择“查看”菜单中的“列表”命令，将窗口中的文件以列表形式显示。接着单击打开“文件类型”下拉列表，选择要打开文件的格式，则在窗口中将只显示该格式的文件。

⑫在窗口中选择需要打开的文件，则该文件的文件名就会自动显示在“文件名”文本框中，单击“打开”按钮，即可打开选中的图像文件。

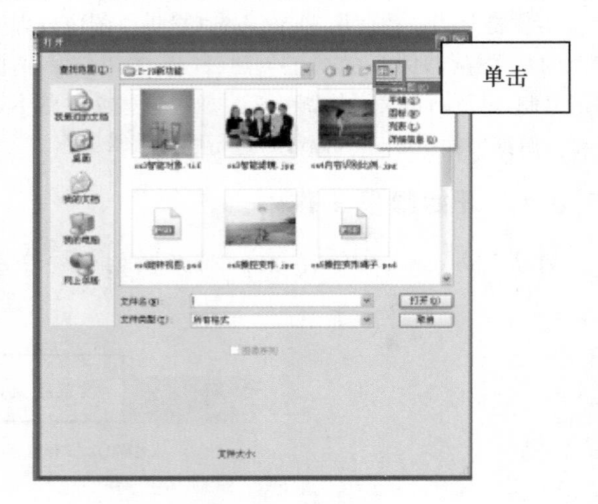

图 13-10　打开窗口 2

提示：直接在“打开”对话框中双击选中的文件，可直接将其打开。

⑬在工作区域内空白处双击，打开“打开”对话框。参照图 13-11 所示，按下 Ctrl 键的同时单击选取图像文件，所有被选中的图像文件名都以蓝底白字显示。

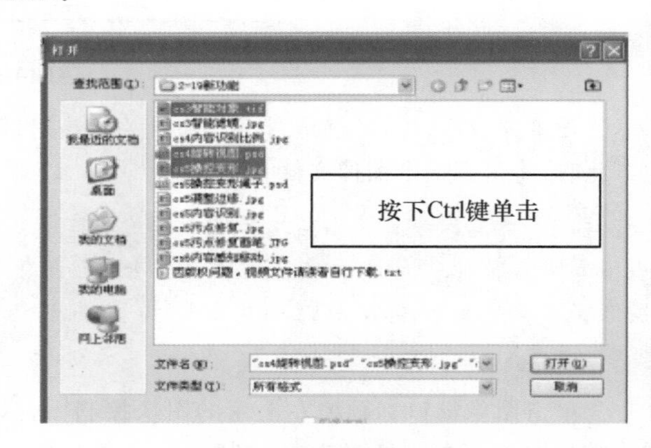

图 13-11　选取图像文件

提示：按下 Shift 键在窗口中单击文件，可以同时选择多个连续的图像文件。

⑭单击“打开”按钮，打开选项卡式图像编辑窗口，如图 13-12 所示。

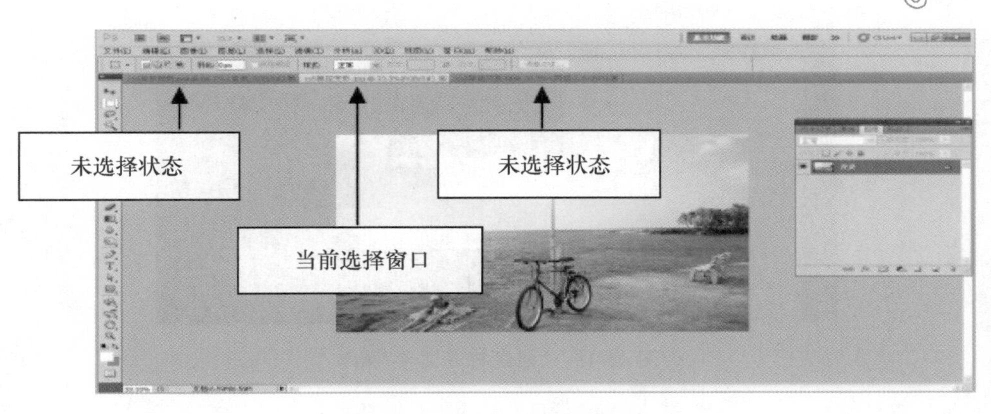

图 13-12　选项卡式图像编辑窗口

提示：在 Photoshop 中打开多个文件后，常常有一些较小的图像窗口被遮盖而导致无法通过单击选择该文件。这时可以按下 Ctrl＋Tab 键来依次切换工作界面中的文件。另外，也可以打开"窗口"菜单，在该菜单底部列有所有已打开的文件名称，选择相应文件名即可将该文件显示出来。

⑮若限制打开文件的格式，执行"文件"→"打开为"命令，弹出"打开为"对话框，可以在"打开为"下拉菜单中进行相应设置。

提示："打开为"对话框与"打开"对话框中的按钮功能基本相同，只是"文件类型"选项更改为"打开为"选项。

⑯选择要打开的文件，单击"打开"按钮，如果选取的文件格式与设置的"打开为"格式不匹配，将弹出提示对话框。

⑰如果需要对近期在 Photoshop CC 中打开的图像文件继续进行编辑，在"文件"→"最近打开文件"子菜单中，将列举出以前打开过的文件名称，单击文件命令即可重新打开该文件，如图 13-13 所示。

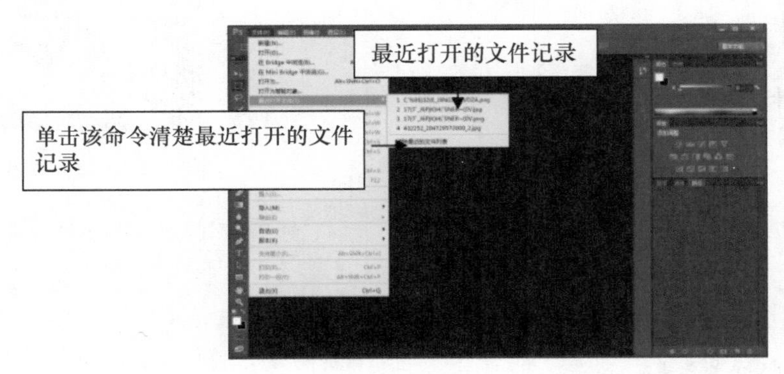

图 13-13　"最近打开文件"子菜单

⑱执行"编辑"→"首选项"→"文件处理"命令，打开"首选项"对话框，并参照如图 13-14 所示更改选项参数。

⑲单击"确定"按钮，关闭"首选项"对话框。再次执行"文件"→"最近打开文件"命令，该子菜单中显示出 4 个文件，如图 13-15 所示。

⑳执行"文件"→"关闭全部"命令，可以关闭 Photoshop 中所有打开的图像文件。

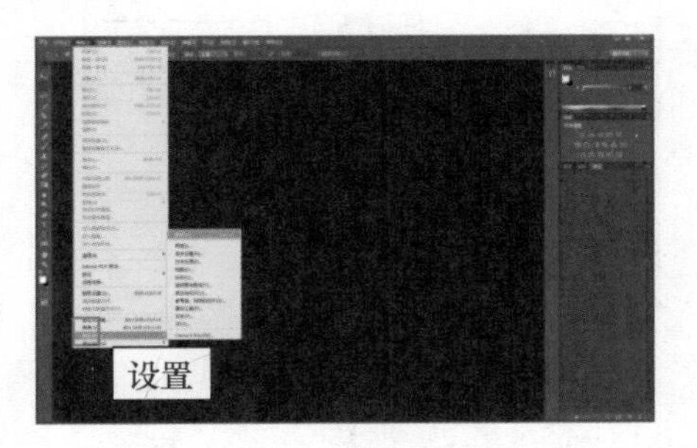

图 13-14　"首选项"对话框

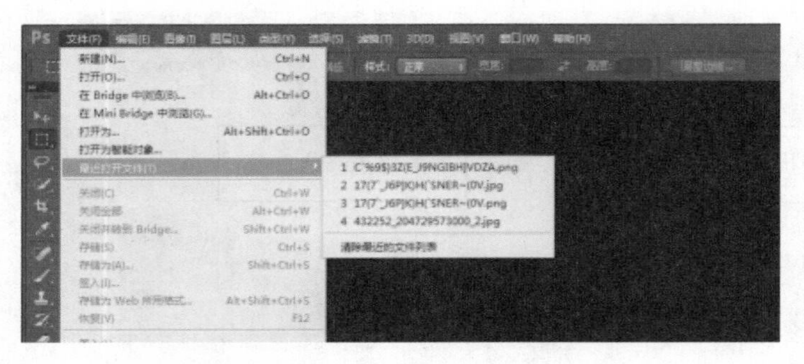

图 13-15 “最近打开文件”菜单

(2)置入文件 通过执行“文件”→“置入”命令,可以将图片放入图像中的一个新“图层”里,即可得到一个“智能对象”图层。使用智能对象,可以对单个对象进行多重复制,并且当复制的对象其中之一被编辑时,所有的复制对象都可以随之更新,但是仍然可以将“图层样式”和“调整图层”应用到单个智能对象,而不影响其他复制的对象,这为创作工作提供了极大的便利。

①执行“文件”→“打开”命令,打开链接网址中 PS 素材文件—第 13 章“素材 13-1 封面”文件,如图 13-16 所示。

图 13-16 “4-封面.jpg”文件

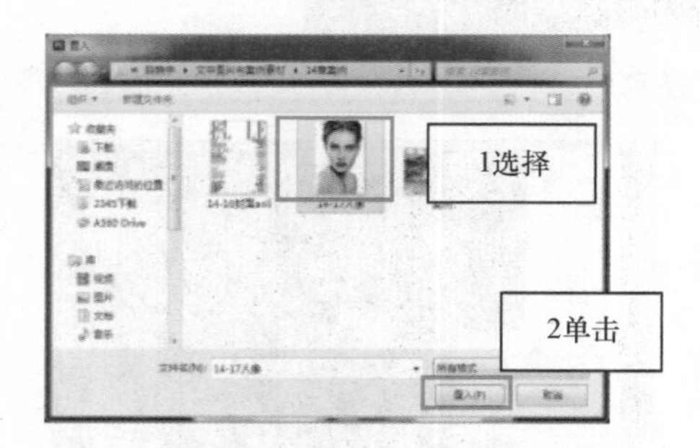

图 13-17 “置入”窗口

②执行“文件”→“置入”命令。找到链接网址中 PS 素材文件—第 13 章“素材 13-2 人像图.jpg”,参照如图 13-17 所示选择“素材 13-2 人像图.jpg”文件,单击“置入”按钮,将文件置入。

③置入的图片出现在图像中央的定界框中,如图 13-18 所示。

图 13-18 置入图片

提示:拖动定界框或设置选项栏中的参数,可调整置入图像的大小、旋转角度及位置。

④按下 Enter 键置入图像,置入后的图像转换为智能对象,如图 13-19 所示。

图 13-19 置入后的智能对象图层

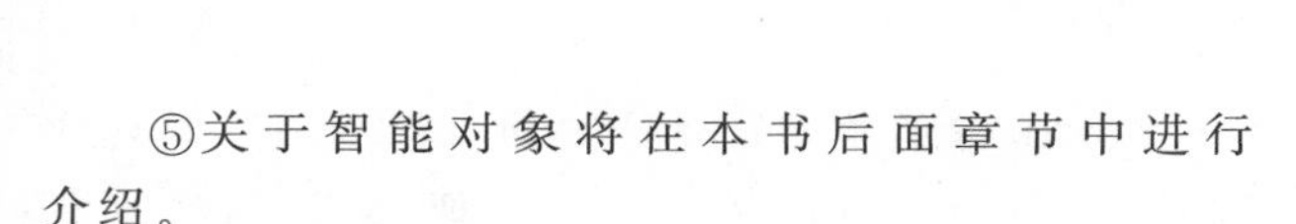

⑤关于智能对象将在本书后面章节中进行介绍。

(3)文件的导入、导出

①导入文件　在 Photoshop CC 中，通过执行“文件”→“导入”命令，可以使用数码相机和扫描仪，通过 WIA 支持来导入图像。如果使用 WIA 支持，Photoshop 将与 Windows 系统和数码相机或扫描仪软件配合工作，从而将图像直接导入 Photoshop 中。

②导入批注　执行“文件”→“导入”→“注释”命令，可以将 PDF 文件中的批注导入 Photoshop 文件中。

接着以上的操作。执行“文件”→“导入”→“注释”命令，打开“载入”对话框，选择包含批注的 PDF 文件，如图 13-20 所示。

单击“打开”按钮，即可将 PDF 导入到当前图像中，接着在图标上双击，可查看注释的详细内容。

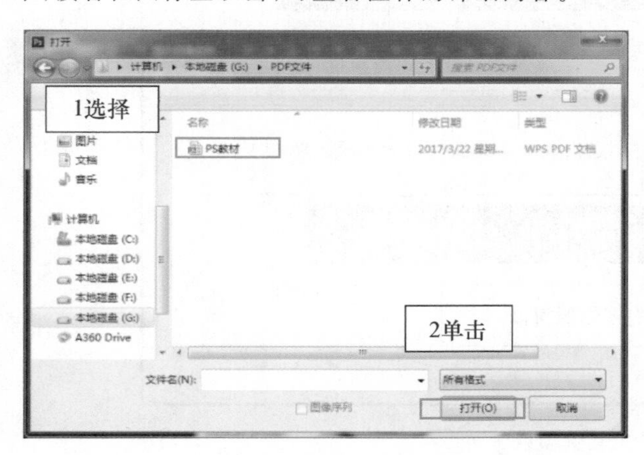

图 13-20　载入文件窗口

13.3.2　查看图像

在绘图工作中，为了观察图像的整体效果和局部细节，经常需要在图像的全屏和局部之间切换。下面学习如何调整视图大小，以方便对图像的查看。

(1)窗口屏幕模式　Photoshop CC 为用户提供了 3 种屏幕显示模式，分别为“标注屏幕模式”“带有菜单栏的全屏模式”以及“全屏模式”。通过单击应用程序栏中的“屏幕模式”按钮，即可在这 3 种屏幕显示模式之间切换。

①执行“文件”→“打开”命令，打开链接网址中 PS 素材文件—第 13 章“素材 13-3.jpg”文件。

②单击应用程序栏中的“屏幕模式”按钮，在弹出的菜单中显示当前状态为“标准屏幕”模式，当前工作界面为 Photoshop 默认视图，如图 13-21 所示。

图 13-21　“标准屏幕”模式

③单击应用程序栏“屏幕模式”按钮，在弹出的菜单中选择“带有菜单栏的全屏模式”，图像的视图增大。

提示：屏幕显示模式转为“带有菜单栏的全屏模式”时，允许使用“抓手”工具在屏幕范围内移动图像，以查看不同区域。

④再次单击“屏幕模式”按钮，在弹出的菜单中选择“全屏模式”，将以最大视图来显示图像，如图 13-22 所示。

提示：按下键盘上的 F 键可在这 3 种屏幕显示模式之间转换。

⑤在图像以外的区域右击，在弹出的菜单中可设置图像窗口以外的颜色，如图 13-23 所示。然后将屏幕模式返回到“标准屏幕”模式。

图 13-22　全屏模式图

图 13-23 调整全屏模式图片外颜色

(2) 图像的缩放　使用"缩放""抓手"工具或"导航器"面板,可以将图像缩小或放大,以便查看图像。

①使用"缩放"工具　选择工具箱中的"缩放"工具,其工具选项栏如图 13-24 所示。

使用"缩放"工具在图像上单击,则以单击的点为中心,将图像放大至下一个预设百分比。

使用"缩放"工具在图像上单击并拖移,将需要查看的图像框选,释放鼠标后,即可将所选区域的图像放大。

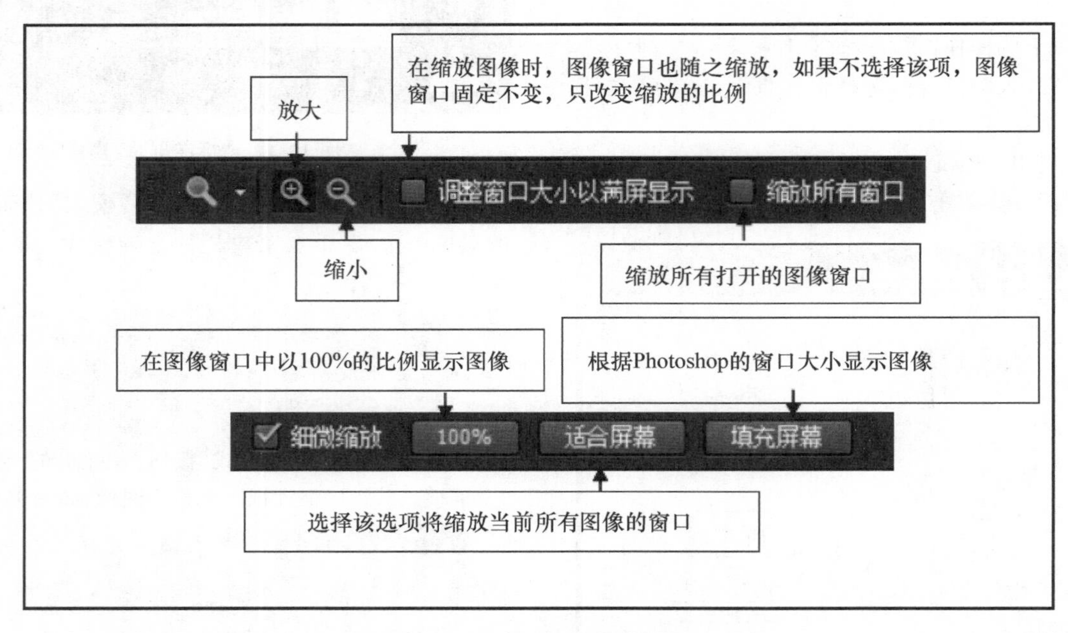

图 13-24 "缩放"工具选项栏

提示:当图像放大达到最大级别 3200% 时,放大镜中的"加号"将消失。

按下 Alt 键,"缩放"工具图标将变为 ,此时使用该工具在图像上单击,将缩小图像。

提示:通常还可以利用快捷键来缩放图像。按下 Ctrl＋＋键以画布为中心放大图像;按下 Ctrl＋－键以画布为中心缩小图像;按下 Ctrl＋0 键则在整个画布显示图像。

②使用"抓手"工具　选择 "抓手"工具,当图像窗口不能显示整幅图像时,可以使用"抓手"工具在图像窗口内单击并拖移,自由移动图像。

提示:选择"抓手"工具后,按下 Ctrl 键"抓手"图标变为 ,在图像中单击即可放大图像;按下 Alt 键"抓手"图标变为 ,在图像中单击即可缩小图像。

③使用"导航器"　使用"导航器"面板不仅可以缩小或放大图像,还可以显示整幅图像的效果,以及当前窗口显示的图像范围。

默认状态下,"导航器"面板位于工作界面的右上角,如图 13-25 所示。如果当前界面中没有"导航器"面板,可以通过执行"窗口"→"导航器"命令,将"导航器"面板打开。

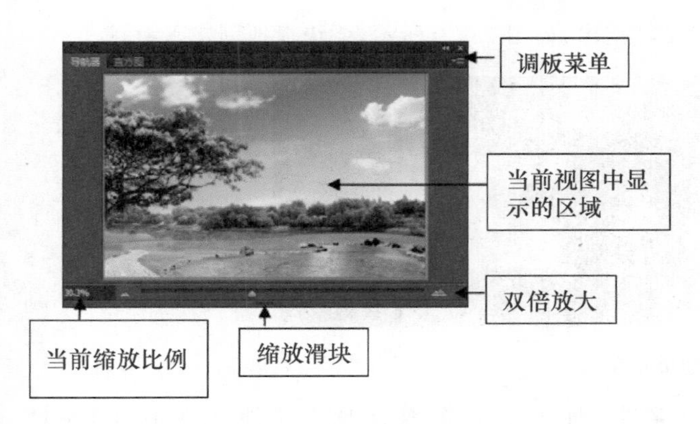

图 13-25　“导航器”面板

使用鼠标向右拖移“导航器”面板中的“缩放”滑块，红色边框缩小，视图中的图像被放大，如图 13-26 所示。

图 13-26　“缩放”滑块效果

将鼠标指针放置到“导航器”面板中的红色边框内，指针变为 形状，单击并拖移鼠标，即可调整红色边框的位置，快速查看图像内容。

(3)标尺、参考线和网络　如果想要精确把握图像尺寸，“标尺”“参考线”和“网络”可帮助用户沿图像的宽度或高度准确定位图像或像素。在 Photoshop CC 中，单击应用程序栏中的 “查看额外内容”按钮，在弹出的菜单中分别选择“显示参考线”“显示网络”和“显示标尺”选项，可相应的快速打开或关闭它们。

①标尺的设置　执行“视图”→“标尺”命令，打开“标尺”。默认情况下，“标尺”显示在当前窗口的顶部和左侧。

提示：单击应用程序栏中的 “查看额外内容”按钮，在弹出的菜单中选择“显示标尺”，或按下 Ctrl＋R 键，可快速显示或隐藏“标尺”。

在“标尺”上双击鼠标，或执行“编辑”→“首选项”→“单位与标尺”命令，即可打开“首选项”对话框。在该对话框中，可以设置“标尺”的单位、列尺寸、分辨率和点/派卡大小。

默认情况下，“标尺”原点位于图像左上角。使用鼠标在标尺栏左上角处单击并拖移，到达指定位置后释放鼠标，标尺原点被改变，如图 13-27 所示。

图 13-27　改变标尺原点

提示：如果要将标尺原点还原到默认值，双击“标尺”左上角的交叉点即可。

②使用参考线和网络　“参考线”是浮在整个图像窗口中但不能打印输出的直线。用户可以进行创建移动、删除或锁定操作。在 Photoshop 中，“网络”在默认情况下显示为非打印输出的直线，也可以显示为网点。

在“标尺”左上角处的交叉点上双击，将“标尺”原点还原到默认值。接着执行“视图”→“新建参考线”命令。设置对话框参数，完毕后单击“确定”按钮，即可创建一条“参考线”，如图 13-28 所示。

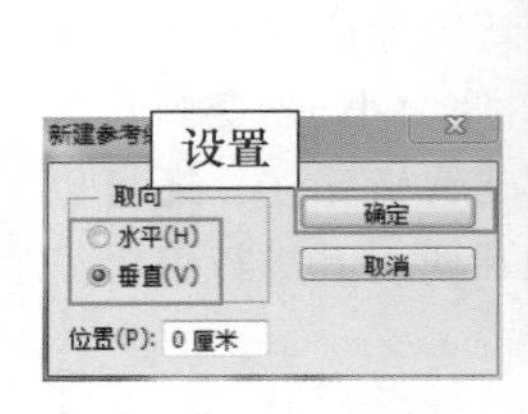

图 13-28　设置参考线

在“垂直标尺”上单击并向右拖动鼠标，将“参考线”拖出，如图 13-29 所示，更快捷地创建参考线。

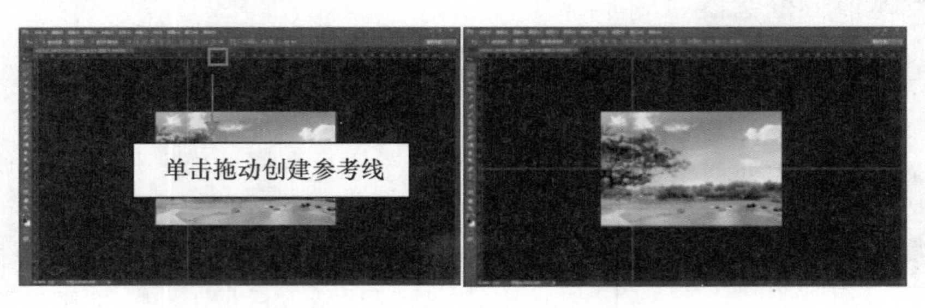

图 13-29　拖出参考线

选择“移动”工具，将光标放置在“参考线”上，单击并拖移，即可移动“参考线”的位置。

> **提示**：执行“视图”→“锁定参考线”命令后，“参考线”将无法移动。

执行“视图”→“显示”→“网格”命令，图像中将显示“网格”，如图 13-30 所示。

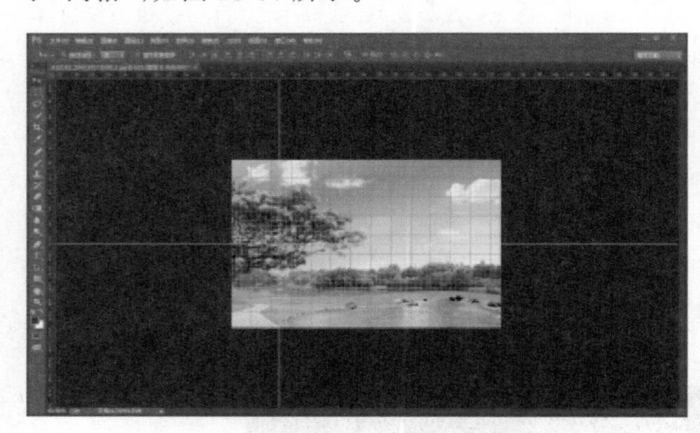

图 13-30　显示“网格”

使用“移动”工具在参考线上按住鼠标，向上或向下将参考线拖移出图像窗口外，即可将参考线删除。

> **提示**：执行“视图”→“清除参考线”命令，即可将图中所有参考线全部删除。

13.3.3　整体编辑图像

在 Photoshop CC 中创建一个新图像或打开一个现有的图像文件后，可以进行改变图像大小、改变画布大小、旋转画布方向、复制图像等基础编辑操作。还可以将编辑后的图像保存起来，方便以后再对其进行编辑。

(1)改变图像大小

①执行“文件”→“打开”命令，打开链接网址中 PS 素材文件—第 13 章“素材 13-4”文件，在当前图像编辑窗口底端，显示为当前图像的状态栏，单击“三角”按钮，可以弹出状态栏“显示”选项菜单。

②按住 Alt 键的同时单击状态栏，并按住鼠标，将显示当前图像的宽度、高度、分辨率及“通道”数量等信息。

③执行“图像”→“图像大小”命令，打开如图 13-31 所示对话框。

> **提示**：在图像编辑窗口上方的活动标题栏中，显示了该图像文件的名称、显示比例以及正在使用的图层信息和图像的色彩模式等信息。

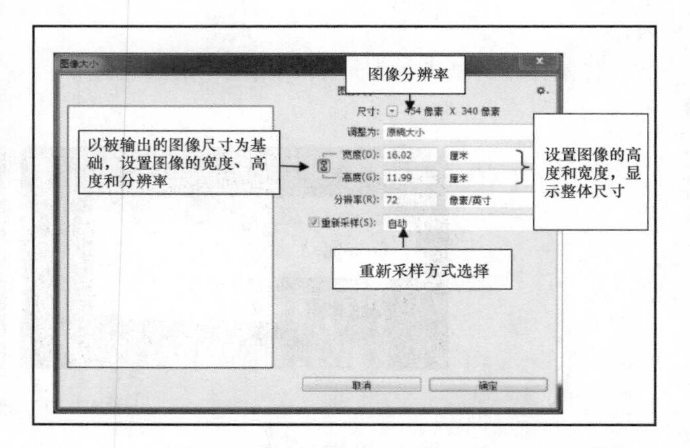

图 13-31　图像大小对话框 1

④取消勾选“约束比例”选项，并参照如图 13-32 所示设置图像大小，将图像不按比例进行调整。完毕后单击“确定”按钮。

⑤按下 Ctrl＋Z 键，将上步操作还原。再次打开“图像大小”对话框，选中“约束比例”复选框，调整图像宽度 15 cm，高度也会根据原图像的比例发生改变。

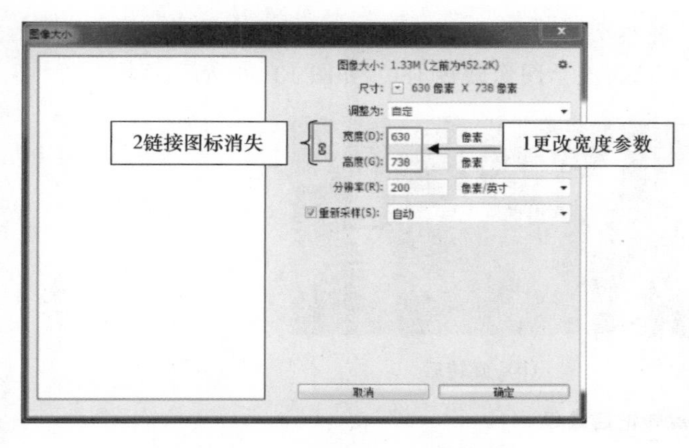

图 13-32　图像大小对话框 2

⑥执行"文件"→"恢复"命令，将该图像恢复为上次存储状态。

(2)改变画布大小　使用"画布大小"命令可以添加或移去当前图像周围的工作区(画布)。还可以通过减小"画布"区域来剪切图像。

①执行"图像"→"画布大小"命令，打开如图 13-33 所示对话框。

提示：在"画布大小"对话框中，可以将扩展的画布颜色设置为当前前景色或背景色，也可以将其设置为白色，或单击"颜色"图标，打开"拾色器"，自定义画布颜色。

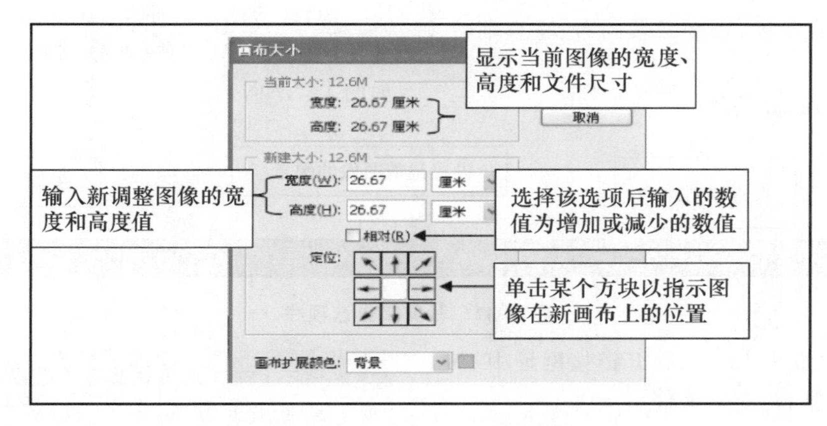

图 13-33　画布大小对话框 1

②确认前景色和背景色为默认颜色，设置宽度 30 cm，高度 25 cm，画布扩展颜色为默认前景色(黑色)，单击"确定"按钮，调整画布大小。

③再次打开"画布大小"对话框，设置画布的宽度和高度，参照如图 13-34 所示设置"定位"项的基准点，调整图像在新画布上的位置。单击"确定"按钮，关闭对话框，效果如图 13-35 所示。

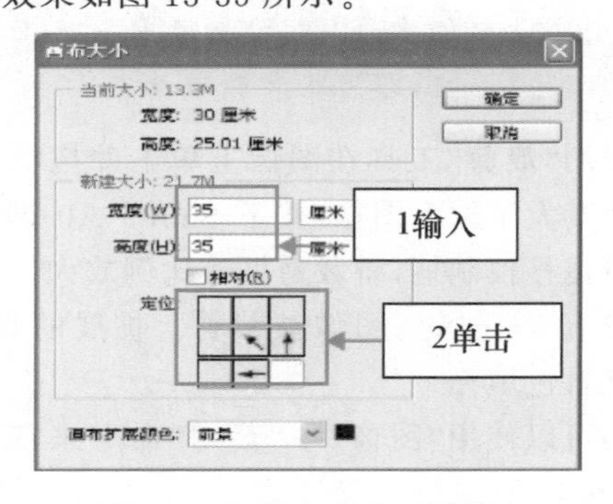

图 13-34　画布大小对话框 2

图 13-35　调整画布后的图像

提示：当设置的新画布比原来的画布小时，将弹出提示对话框，单击"继续"按钮，即可将画布裁剪。

④执行"文件"→"恢复"命令，将图像恢复到打开时的状态。

(3)旋转画布

①利用"旋转画布"菜单下的各命令可以旋转或翻转整个图像。执行"图像"→"图像旋转"→"180°"命令,将整个图像旋转180°,如图13-36所示。

(a) 旋转前

(b) 旋转后

图13-36 图像旋转前后效果

②按下Ctrl+Z键,还原上步操作。接下来分别执行"图像"→"图像旋转"子菜单中的命令[90°(顺时针)、90°(逆时针)、任意角度、水平翻转画布、垂直翻转画布]。

③不保存当前图像,并关闭。

提示:旋转后扩展的画布以当前背景色为底色。

(4)裁剪图像 使用"裁剪"工具能够整齐地裁切选择区域以外的图像,调整画布大小。其工具选项栏如图13-37所示。

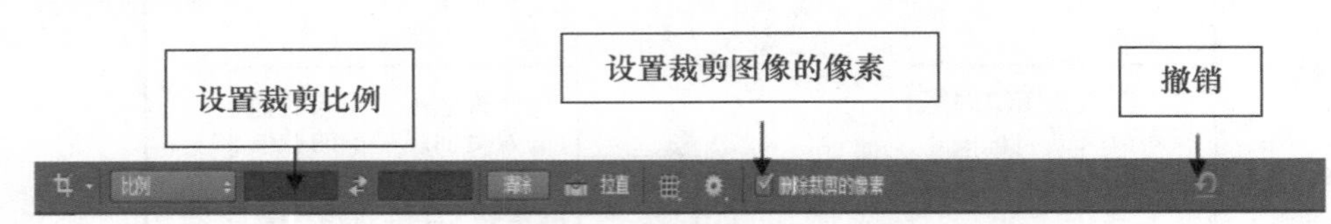

图13-37 裁剪工具选项栏

①执行"文件"→"打开"命令,打开链接网址中PS素材文件—第13章"素材13-5"文件。

②使用"裁剪"工具,在图像中要保留的部分单击并拖移,创建一个裁剪框,如图13-38所示。

图13-38 裁剪区域

③创建裁剪框后,工具选项栏转换为如图13-39所示状态,以方便对裁剪框设置。

提示:如果当前图像中的"背景"图层为普通层,或有两个以上图层,使用"裁剪"工具创建裁剪框后,该工具选项栏中的"裁剪区域"选项为可编辑状态。

④按下ESC键,取消裁切操作,设置裁切宽度7 cm,高度5 cm,在视图中单击并拖动鼠标,画面将以选项栏中的设置比例显示裁剪框。

⑤按下Enter键,图像依照选项栏中的宽度和高度设置进行裁剪。

提示:再次使用"裁剪"工具时发现,宽度和高度仍保持上次设置的数值不变,此时单击其工具选项栏上的"清除"按钮,即可将参数值清空。

⑥使用"裁剪"工具在图像上单击并拖移,创建裁剪框并使其大于原有图像,按下Shift+Alt键,单击并向右上角拖移控制柄,将裁剪框等比例放大。

⑦按下Enter键,图像被裁剪。扩展的画布颜色由当前背景色填充。

- 还可以使用"图像"→"裁切"命令来裁切图像,如图13-40所示。

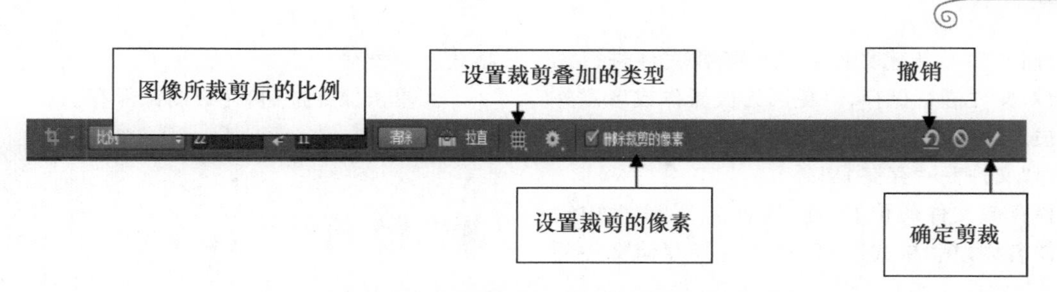

图 13-39　创建裁剪框后的工具选项栏

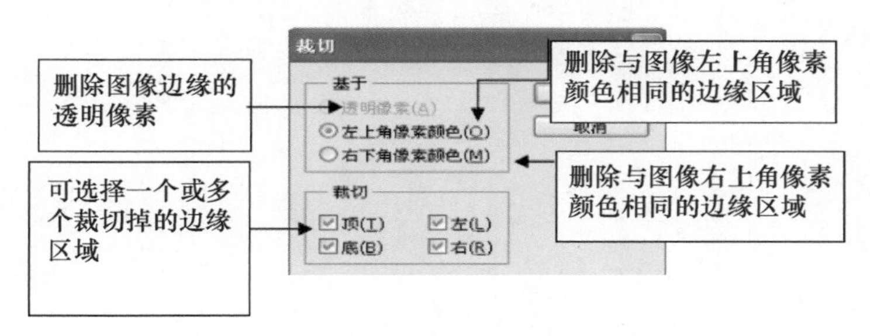

图 13-40　裁切对话框

- 可使用“矩形选框”工具在图像中定义矩形选区，接着执行“图像”→“裁剪”命令，删除图像中矩形选区外的内容，只保留选区内的图像，然后 Ctrl＋D 取消选区。

(5)文件格式

①PSD 格式　Photoshop 软件默认图像文件格式为 PSD 格式，它可以保存图像数据的每一个细小部分，如图层、蒙版、通道等。尽管 Photoshop 在计算过程中应用了压缩技术，但是使用 PSD 格式存储的图像文件仍然很大。不过，因为 PSD 格式不会造成任何的数据损失，所以在编辑过程中，最好还是选择将图像存储为该文件格式，以便于修改。

②BMP 格式　BMP 格式是 Windows 中的标准图像文件格式，此格式被大多数软件所支持，其优点是将图像进行压缩后不会丢失数据。但是，用此种压缩方式压缩文件，将需要很多的时间，而且一些兼容性不好的应用程序可能会打不开 BMP 格式的文件。此格式支持 RGB、索引颜色、灰度与位图颜色模式，而不支持 CMYK 模式图像。

③PDF 格式　PDF 格式允许在屏幕上查看电子文档。这种文件格式不管是在 Windows，Unix 还是在苹果公司的 Mac OS 操作系统中都是通用的。

④Photoshop EPS 格式　它是最广泛地被向量绘图软件和排版软件所接受的格式。可保存路径，并在各软件间进行相互转换。若用户要将图像置入 CorelDRAW，Illustrator，PageMaker 等软件中，可将图像存储成 Photoshop EPS 格式，但它不支持 Alpha 通道。

⑤JPEG 格式　JPEG 格式是我们平时最常用的图像格式，它是最有效、最基本的有损压缩格式，被大多数的图形处理软件所支持。如果对图像质量要求不高，但又要求存储大量图片，使用 JPEG 无疑是一个好办法。

⑥GIF 格式　GIF 格式是输出图像到网页最常采用的格式。GIF 限定在 256 色以内的色彩。GIF 格式以 87a 和 89a 两种代码表示。GIF87a 严格支持不透明像素，而 GIF89a 可以控制哪些区域透明，因此更大地缩小了 GIF 的尺寸。如果要使用 GIF 格式，就必须转换成索引色模式，使色彩数目转为 256 或更少。

⑦TGA 格式　TGA 格式已被国际上的图形、图像工业所接受。在工业设计领域，使用三维软件制作出来的图像可以利用 TGA 格式的优势，在图像内部生成一个 Alpha 通道，这个功能方便了在平面软件中的工作。

⑧TIFF 格式　TIFF 可使扫描图像标准化，它是跨越 Mac 与 PC 平台最广泛的图像打印格式。TIFF 大大减小了图像尺寸。另外，TIFF 格式最令人激动的功能是可以保存通道，这对于处理图像是非常有好处的。

(6)存储文件　新建文件后或对新建文件进行编辑后,必须对文件进行保存,以免因为误操作或者意外停电带来损失。保存文件的操作如下:

①选择"文件"→"存储为"命令。

②选择存储文件的位置,在"文件名"文本框中输入存储文件名称,在"格式"下拉框中选择存储文件的格式。

③单击保存按钮,完成图像保存。

提示:使用 Ctrl+S 组合键可以快速执行"存储"命令;使用 Shift+Ctrl+S 组合键可以快速执行"存储为"命令。

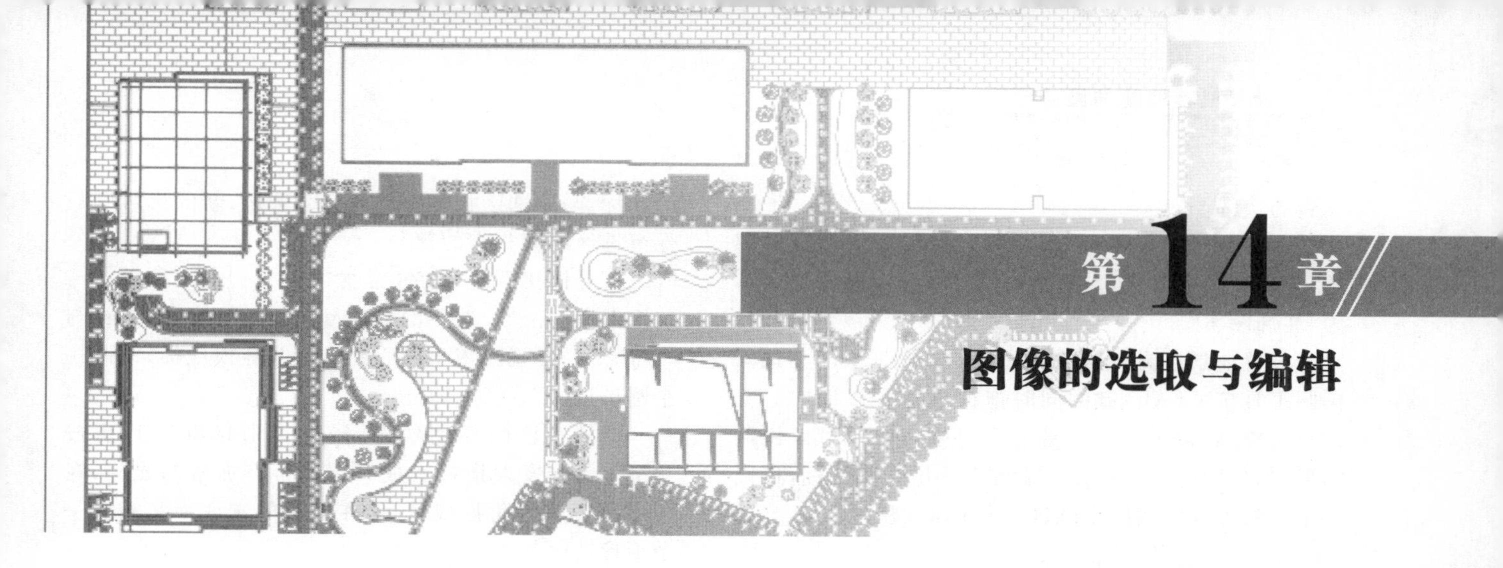

第14章 图像的选取与编辑

14.1 选区的基本概念

用 Photoshop 进行图像合成，离不开选区，选区出现目的是进行区域保护，选区工具是 Photoshop 中最基础、最重要的工具之一。使用编辑工具编辑图片时，如果有选区存在，只能对选区中的图像进行操作，而选区外的图像将不受任何影响。

建立选区后，往往还需要根据绘图要求对选区进行再次编辑修改，例如调整选区的形状或大小，使之更为精确。这些功能命令大都集中在"选择"菜单中，将其与选区工具结合运用，可以完成复杂的选区建立工作。

14.2 选择工具的使用

14.2.1 选框工具

选框工具组可以创建形状规则的选区，如矩形选区、椭圆选区等。在默认状态下，工具箱上显示的是"矩形选框工具"按钮，在该按钮上单击并保持鼠标按下，可以打开其他隐藏的选框工具，如图 14-1 所示。

该工具组包括 4 种选框工具，分别是"矩形选框工具""椭圆选框工具""单行选框工具"和"单列选框工具"。"矩形选框工具"与"椭圆选框工具"的操作方法基本一致，下面以书中素材图片为例进行演示操作。

(1)选区建立　执行"文件"→"打开"命令，打开链接网址中 PS 素材文件—第 14 章"素材 14-1　装饰图案.jpg"文件。选择矩形选框工具"，将鼠标指针移到图片编辑窗口，鼠标指针将变成十字光标。

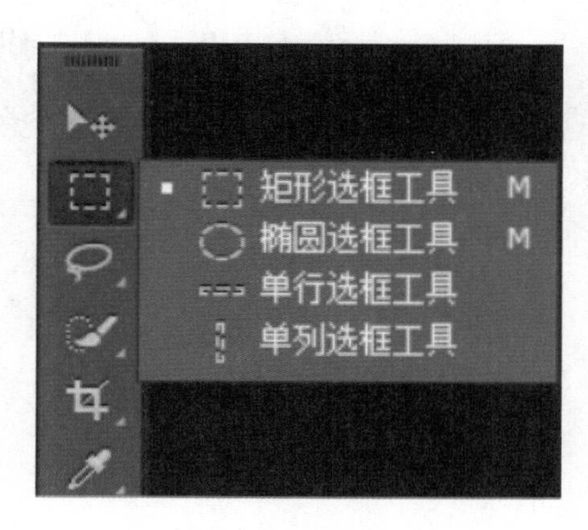

图 14-1　选择工具

单击并向右下方拖拽鼠标，创建一个矩形选框，在适合的位置松开鼠标，完成矩形选区的创建，如图 14-2 所示。

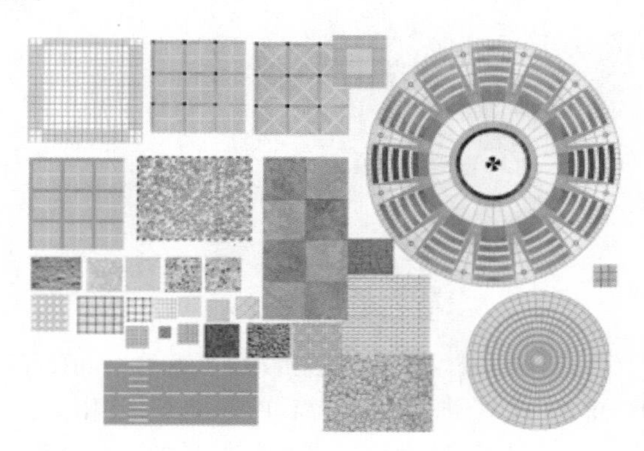

图 14-2　矩形选区

如果需要移动选区，将鼠标指针放在选区内部，待指针变成斜三角时，单击并拖拽鼠标即可移动选区。若在选区以外的位置单击鼠标，选区将消失，可重新建立新的选区。

在“图层”调板中选择“背景”图层，单击调板底部的“创建新图层”按钮，新建“图层 1”，并更改图层名称为“装饰图案”。

设置前景色为青蓝色(R 64、G 254、B 255)。选择椭圆工具按下〈Alt〉键的同时拖拽鼠标可以以中心方式绘制椭圆；按下〈Shift〉键的同时拖拽鼠标可以绘制圆形；如果同时按下〈Alt〉与〈Shift〉并拖拽鼠标，可以以中心的方式绘制圆形选区，如图 14-3 所示。

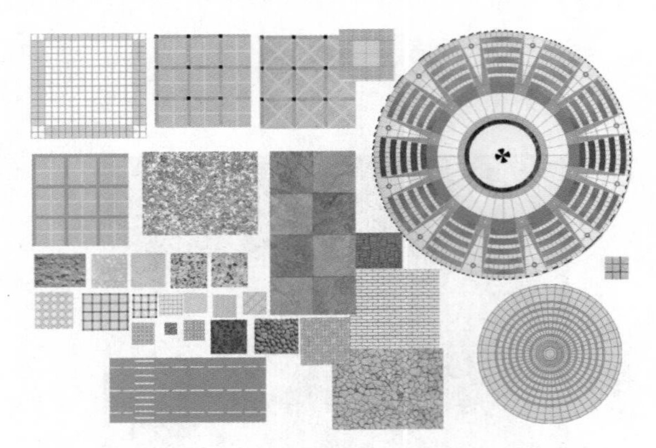

图 14-3　圆形选区

按下〈Alt＋D〉键为选区填充颜色，如图 14-4 所示。

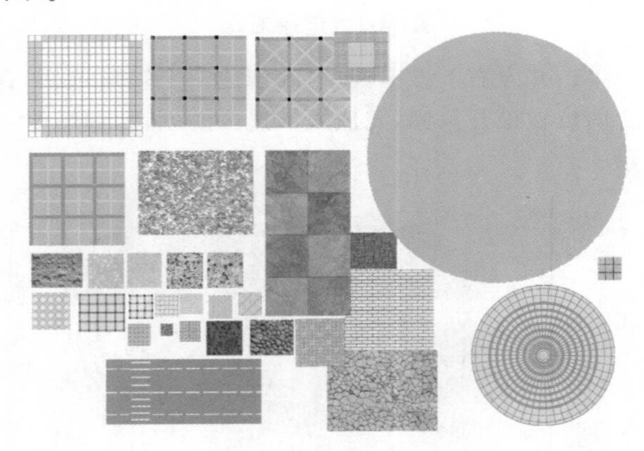

图 14-4　选区填色

(2)选区编辑　在建立选区时，可配合〈Shift〉键和〈Alt〉键对选区进行一些简单的编辑操作。按下〈Shift〉键，鼠标指针变成右下角带加号的光标，新绘制的选区将与原有选区合并在一起，扩展为一个新的选区。按下〈Alt〉键指针将变成带有减号的光标，新绘制的选区可以对原有选区进行修剪，按下〈Shift＋Alt〉键，鼠标指针在图像编辑窗口会变成右下角带有乘号的光标，与原选区相交再创建一个选区，新的选区则只保留选区之间相交的部分。

打开链接网址中 PS 素材文件—14 章“素材 14-2 装饰图案 .jpg”。选择“椭圆选框工具”，按下〈Alt〉与〈Shift〉键，在视图中小圆心处单击并拖拽鼠标，绘制一个圆形选区。

保持选区的浮动状态，按下矩形选框工具后按〈Shift〉键会发现指针变成右下角带有加号的光标，在矩形图案右上角拖拽鼠标，在原有的选区上又添加一个矩形选区如图 14-5 所示。

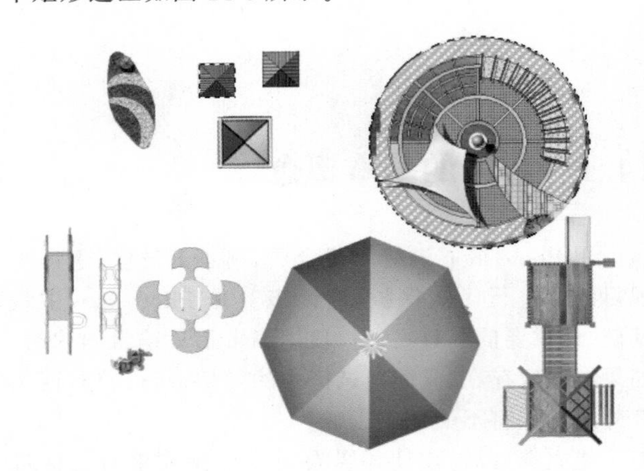

图 14-5　加选选区

(3)剪切与复制图像　双击背景图层，使之变为图层 0，选择移动工具之后拖拽鼠标到其他位置，这时选区内的图像将从原图像上剪切下来，如图 14-6 所示。

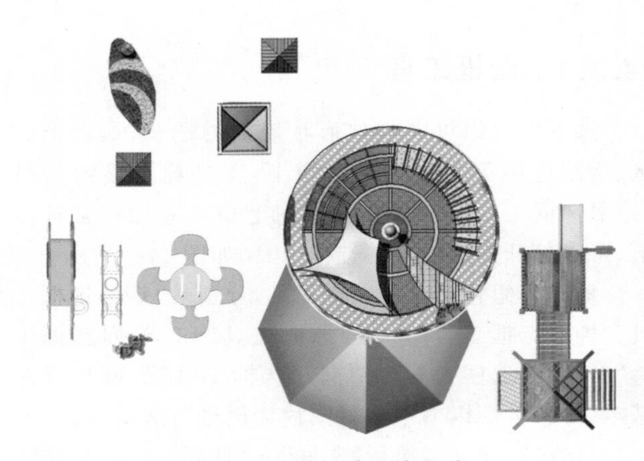

图 14-6　剪切选区内图像

按下〈Ctrl＋Z〉键撤销上一步操作。如果在创建的选区内，按下〈Alt〉键，鼠标指针会变成双三角形图标。这时拖住鼠标选区到图像的其他位置，可复制选区内的图像，如图 14-7 所示。

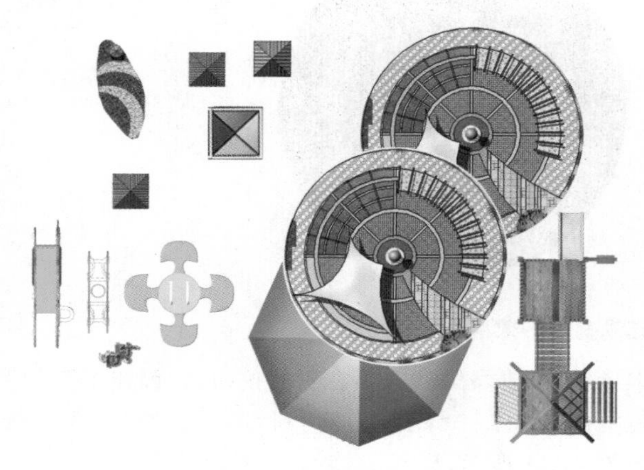

图 14-7　复制选区内图像

(4)结合选项栏使用选框工具　选择“椭圆选框工具”后，其工具选项栏如图 14-8 所示。下面继续以“椭圆选框工具”为例，对选项栏中的各个选项逐一进行介绍。

①相加、相减及相交功能按钮。选择“椭圆选框工具”，其工具选项栏左端的 4 个按钮可以对选区进行简单的选区相加、相减及相交操作。

单击“新选区”按钮，当文件中已有选区时，在画面中再次创建选区，新创建的选区将会代替原有的选区。

单击“添加到选区”按钮，然后在视图中拖拽鼠标，再建立一个与选区相交的椭圆选区，新的选区将与原有选区合并在一起，扩展为一个新的选区。

单击“从选区减去”按钮，在视图中拖拽鼠标，再建立一个与选区相交的椭圆选区，新的选区与原选区相交的部分将被减去。

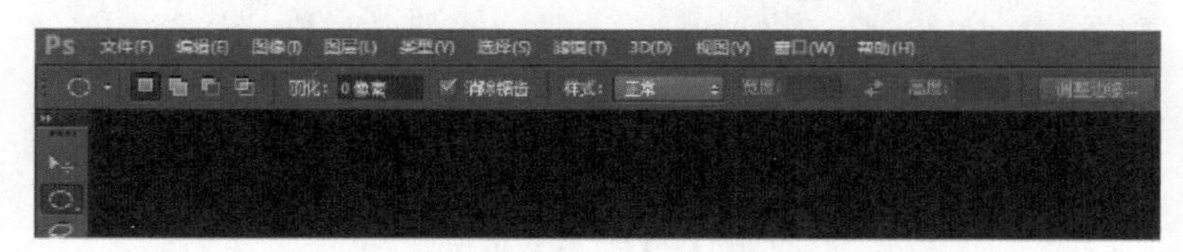

图 14-8　工具选项栏

单击“与选区交叉”按钮，在视图中拖住鼠标，再建立一个与选区相交的椭圆选区，新的选区将会是相交的部分。

注意：设置了“与选区交叉”按钮后，如果新选区没有相交的部分，将会出现警示框，警告用户未选择任何像素。

提示：在单击“新选区”按钮时，配合使用〈Shift〉键和〈Alt〉键可以得到与使用“添加到选区”按钮、“从选区减去”按钮和“与选区交叉”按钮同样的编辑效果。

②羽化选项。选项栏内的“羽化”选项用于指定选区边界的羽化效果，使选区边界产生模糊，打开链接网址中 PS 素材文件—14 章“素材 14-3　房屋 .jpg”，用椭圆选择工具作选区，设置羽化半径为 10 像素，羽化半径越大，模糊边缘的范围也越大，反选后删除选区内图像，效果如图 14-9 所示。

提示：在进行选区羽化设置时，所得到的羽化效果与画面的尺寸有很大关系。如果画面尺寸的分辨率很高，那么设置的羽化值相对也要大，反之亦然。

图 14-9　羽化选区

③消除锯齿选项。由于 Photoshop 软件处理的位图图像是由像素点组成的，而像素点都是方的，所以在编辑修改圆形边缘或弧形边缘时，将会产生锯齿现象。当在选项栏上选择“消除锯齿”选项后，可以通过柔化边缘来产生与背景颜色之间的过渡，从而得到边缘比较平滑的图像。图 14-10 所示为选择“消除锯齿”选项前后的效果。

图 14-10 “消除锯齿”选项前后的效果

“消除锯齿”选项必须在建立选区前进行设置，否则在建立了选区后，消除锯齿不起作用。消除锯齿选项只更改边缘像素，并不损失细节部分。

④样式选项。“样式”选项可以用来控制选区的基本形状，单击“样式”选项右侧的按钮，在弹出的下拉列表中包括“正常”“固定比例”和“固定大小”3 个选项，如图 14-11 所示。

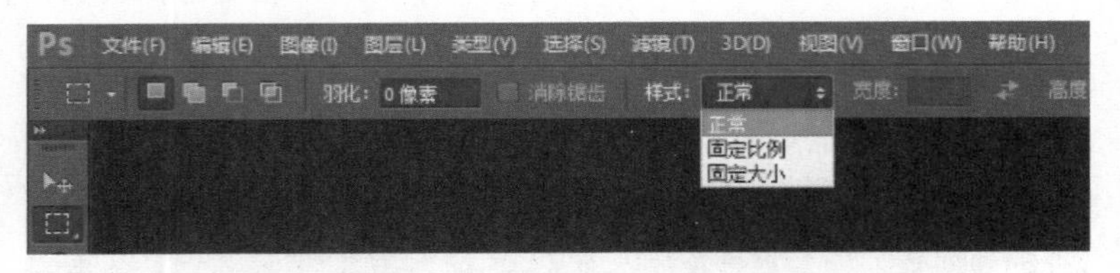

图 14-11 样式选项

打开链接网址中 PS 素材文件—14 章“素材 14-4 建筑 .jpg”，选择“正常”选项时，可以在视图中创建任意大小和比例的选区。在前边的操作中我们都是使用此样式来绘制椭圆选区的。

单击矩形工具，选择“固定比例”选项后，参照图 14-12 所示，在选项栏内的“宽度”和“高度”文本框中输入数值。然后在视图中拖拽鼠标绘制矩形选区，矩形的长和宽将被约束为 2：1。

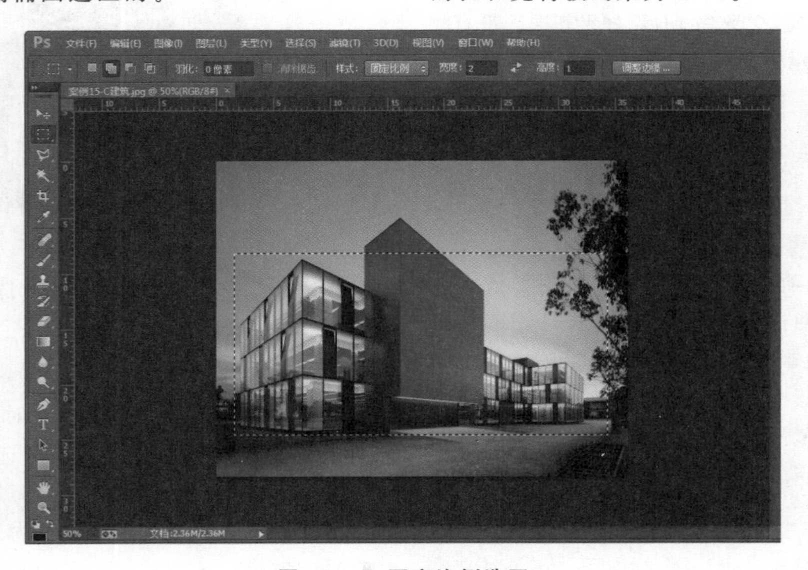

图 14-12 固定比例选区

单击椭圆工具，选择“固定大小”选项，然后参照图 14-13 所示，在“宽度”和“高度”文本框内输入要创建选区的宽度和高度值。在视图中单击鼠标，即可创建精确的椭圆选区。

图 14-13 固定大小选区

⑤调整边缘选项。“调整边缘”选项可以提高选区边缘的品质，并允许用户对照不同的背景查看选区的形态。

继续上一节的操作，保持选区的浮动状态，单击选项栏中的“调整边缘”按钮，打开“调整边缘”对话框，如图 14-14 所示。

图 14-14 调整边缘对话框

这时在闪烁虚线下预览选区，如图 14-14 所示。在“调整边缘”对话框上部有用于调整选区的各个选项设置，用户通过“说明”可查看与每个选项相关的信息。

在对话框底部提供了“闪烁虚线”“叠加”“黑底”“白底”“黑白”“背景图层”和“显示图层”7 种视图预览模式。单击“视图”右侧三角按钮图标可更改视图模式，通过“说明”可查看与每一种模式相关的信息。图 14-15 展示了应用不同视图模式后选区的状态。

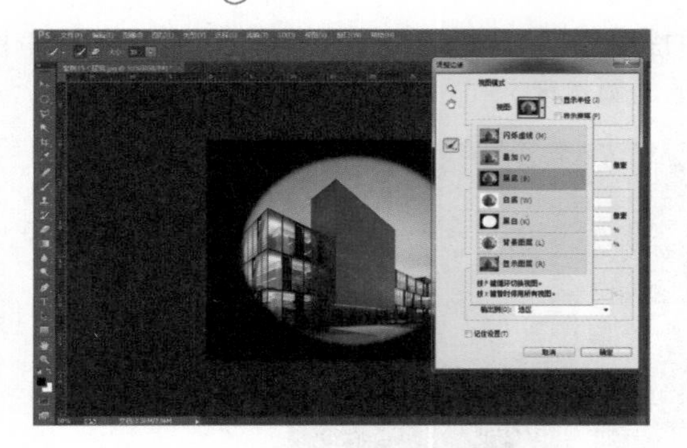

图 14-15　应用不同视图模式后选区的状态

利用选择工具与调整边缘工具配合，可以很好地去掉复杂边界的背景，案例如下。

打开链接网址中 PS 素材文件—第 14 章“素材 14-4 建筑.jpg”，利用快速选择工具大致选择天空边界，如图 14-16 所示。

图 14-16　选择天空

反选选区，单击调整边缘，在视图中选择“叠加”，使用“调整半径工具(E)扩展检测区域”在选区边缘涂抹。选择输出到“新建图层”，如图 14-17 所示，单击“确定”。

图 14-17　调整边缘设置

打开链接网址中 PS 素材文件—第 14 章“素材 14-4 天空.jpg，将天空用移动工具复制到“背景拷贝”图层下面，效果如图 14-18 所示。

图 14-18　最终效果

“单行选框工具”和“单列选框工具”主要用于绘制横向或纵向线段。这两个工具可以创建出 1 像素大小并且无限长的横向或纵向选区。

打开链接网址中 PS 素材文件—第 14 章“素材 14-6 人物.jpg”，在“人物”文档中新建图层。选择“单行与单列工具”与“矩形工具”创建如图 14-19(a)所示选区。

(a) 选区效果

(b) 填充效果

图 14-19　选区与填充效果

选区完成之后用前景色(R 64,G 255,B 255)填充,效果如图 4-19(b)所示。

14.2.2　套索工具

套索工具组也是一组选择工具,它对于创建不规则的选区非常有用。单击并按下“套索工具”按钮,弹出展开工具组,如图 14-20 所示。该工具组包括 3 个工具,分别是“套索工具”“多边形套索工具”和“磁性套索工具”,下面就对于这 3 个工具逐一展开介绍。

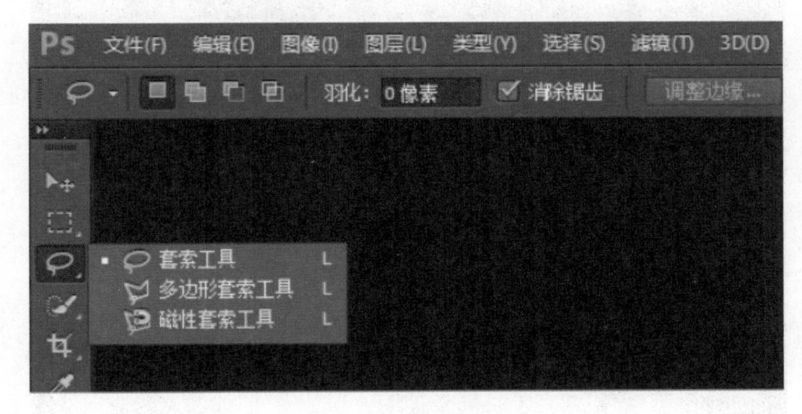

图 14-20　套索工具

使用“套索工具”可以根据手绘形状快速地创建不规则选区。下面介绍该工具的使用方法。

在工具箱内选择“套索工具”,其工具选项栏如图 14-20 所示。该选项栏可以设置创建选区、添加选区及从选区中减去,指定羽化值和消除锯齿等选项。

打开链接网址中 PS 素材文件—第 14 章“素材 14-7 树 . psd”在“树”中用“套索工具”创建如图 14-21(a)所示选区,羽化半径为 50 像素。

使用“图像”→“调整” →“亮度/对比度”,使选区内图像变亮,如图 14-21(b)所示。

(a) 选区　　(b) 图像变亮

图 14-21　选区与图像变亮

使用“多边形套索工具”可以创建直线形的多边形选区。下面具体介绍该工具的使用方法。

打开链接网址中 PS 素材文件—第 14 章“素材 14-8 卧室 .jpg”,在“卧室”文档中 使用“多边形套索工具”创建选区。在工具箱内选择“多边形套索工具”,以背景墙一个角点定义起始点,从该点移动鼠标会产生一条虚线,沿背景墙图像外侧拖拽鼠标,在合适的位置处继续单击,当光标带有圆形符号时,则可封闭选区,建立封闭的四边形选区,如图 14-22 所示。

图 14-22　多边形套索工具效果

打开链接网址中 PS 素材文件—第 14 章“素材 14-9 装饰画 .jpg”,按 Ctrl＋A 键将图片全部选择,按 Ctrl＋C 键进行复制。

将“卧室”图片变为当前文件,选择“编辑”→“选择性粘贴”→“贴入”,按 Ctrl＋T 键,对贴入图片进行调整。图层合成模式为“正片叠底”,最终效果如图 14-23 所示。

图 14-23　选区内粘贴

注意：使用多边形套索工具进行选择时，按下 Shift 键，则只能在水平、垂直与 45°方向画线。

如果需要选择的图像轮廓由直线和曲线组合而成，在选择的过程中，可以按下〈Alt〉键实现“套索工具”和“多边形套索工具”间的转换。

“磁性套索工具”可以根据画面的颜色自动指定选区，特别适用于快速选择与背景对比强烈而且边缘复杂的图像。下面就来学习“磁性套索工具”的使用方法。

打开链接网址中 PS 素材文件—第 14 章“素材 14-10　手机 .jpg”在“手机照片”文档中，选择“磁性套索工具”的工具选项栏。在选项栏内进行设置，然后单击要选择图像的边缘，设置第一个关键点。松开鼠标，沿图像边缘拖拽鼠标，可看到鼠标经过之处留下一个个关键点。在鼠标移动过程中，单击一次将会以手工方式添加一个关键点。多次单击鼠标可以创建多个关键点。如果需要删除刚绘制的线段或关键点，可以通过按下键盘上的〈Delete〉键删除即可。继续在选择图像边缘拖拽鼠标，一直到起始点处光标指针带有圆形符号时，即可闭合选区，效果如图 14-24 所示。

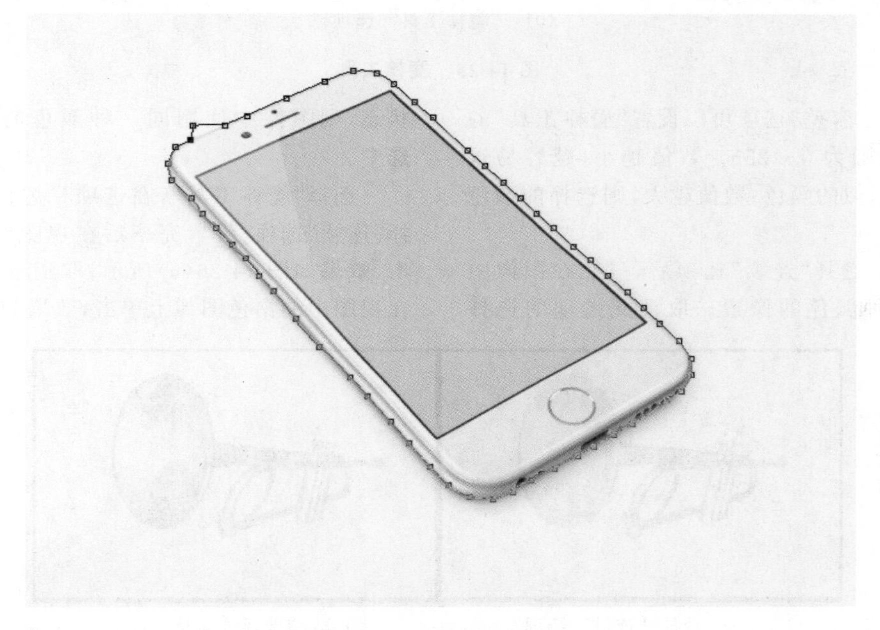

图 14-24　磁性套索工具

在“磁性套索工具”选项栏内对各选项设置不同的数值，会产生不同的效果。下面我们就来了解一下选栏中的各个选项。

①宽度选项。“宽度”选项决定了在使用磁性套索工具时的探测宽度。数值越大，探测宽度越大。

②对比度选项。“对比度”选项用来指定套索对图形边缘的灵敏度。较低的数值用于检测选择的图像与其周围颜色对比不鲜明的边缘，较高的数值用于检测选择的图像与其周围颜色对比鲜明的边缘。

③频率选项。“频率”选项用于设置生成关键点的密度。该值越大，生成的关键点越多，跟踪的边缘越精确。

④光笔压力选项。“光笔压力”选项用来设置绘图板的笔刷压力。只有安装了光笔绘图板才可用。

14.2.3　魔棒工具组

魔棒工具组包括“魔棒工具”与“快速选择”两个工具，如图 14-25(a)所示。

使用“魔棒工具”可以选择图像中颜色一致的区域，而不用跟踪其轮廓，适用于选取图像中大面积的单色区域。接下来就在具体的操作中来演示“魔棒工具”的使用方法。

执行“文件”–“打开”命令，打开链接网址中 PS 素材文件—第 14 章“素材 14-11　小号.jpg”，选择工具箱中的“魔棒工具”，其工具选项栏如图 14-25(b)所示。

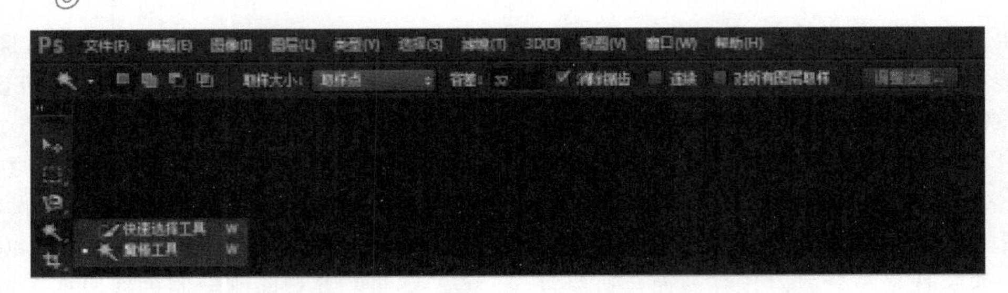

(a) 魔棒工具组

(b) “魔棒工具”选项栏

图 14-25　魔棒工具

①容差选项。“容差”选项可以设置“魔棒工具”的色彩范围，取值范围为 0～255。数值越小，越容易选择与所单击像素相似的颜色；数值越大，则选择的颜色范围越广。

②连续选项。选择“连续”选项后，只能在图像中选择相邻的同一种颜色的像素。取消此选项的选择状态，则图像中使用同一种颜色的所有像素都将被选中。

选择“魔棒工具”，在选项栏内设置“容差”值并选择“连续”选项，设置完毕后在视图中的白色图像上单击，效果如图 14-26(a)所示；取消选择“连续”选项后，在视图中的白色图像上单击，效果如图 14-26(b)所示。

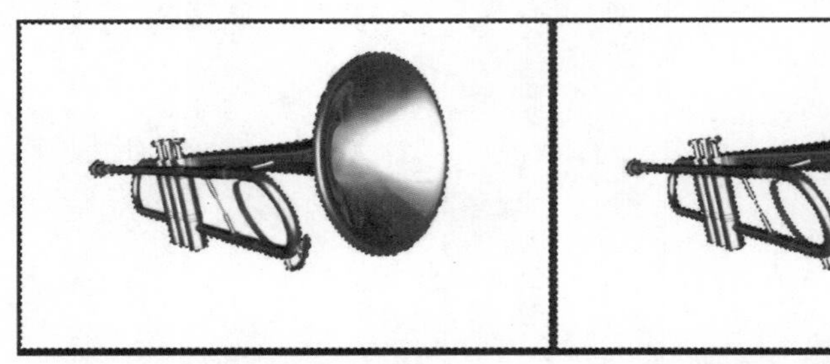

(a) 选择“连续”选项　　(b) 取消选择“连续”选项

图 14-26　“连续”选项

③对所有图层取样选项。在一个由若干个图层组成的图像上，如果选择“对所有图层取样”选项，则可以使用“魔棒”工具选择所有图层中颜色相似的像素，否则只选择当前图层中颜色相似的像素。

使用“快速选择工具”利用可调整的圆形画笔笔尖快速绘制选区。拖拽时，选区会向外扩展并自动查找和跟随图像中定义的边缘。

执行“文件”—“打开”命令，打开链接网址中 PS 素材文件—第 14 章“素材 14-12　故宫.jpg”文件。

选择工具箱中的“快速选择”工具，其工具选项栏如图 14-27 所示。

图 14-27　快速选择

在图像上背景处单击并拖拽鼠标进行绘制，选区将随着绘制而增大。如果在图像中所定义的形状边缘进行绘制时，选区将会自动扩展至形状的边缘，如图 14-27 所示。

14.3　选区的操作技巧

14.3.1　常用的选择命令

常用的选择命令在前面已讲述完毕，如何根据图片特点综合应用选择工具是每一个 PS 学习者应必备的技能之一。

14.3.2　移动和隐藏选区

如果要移动选区，不要选择工具面板上的移动工具，要选择选框工具，将鼠标移动到选区中间，这样就仅仅移动选区。

选区可以进行隐藏，隐藏的快捷键是 Ctrl＋H 键，隐藏的选区还是存在的，只是选区边缘闪烁的虚线不见了。

14.3.3　复制和粘贴选区

在用 Photoshop 做图像合成时，在选择图像窗口中需要的像素后，可以将选区内的图像复制到剪贴板中，然后进行粘贴，就可以复制选区内的图像。

例如，使用 Photoshop 创建一个选区后按 Ctrl＋C 复制，然后按 Ctrl＋V 粘贴 PS 选区。此时你会发现没有变化，选择移动工具拖动就会发现选区中的像素已经复制了，如图 14-28 所示。

图 14-28　选区复制

14.3.4　扩大选区和选取相似

使用“扩大选区”命令可以使选区在图像上延伸扩大。将与当前选区内像素相连且颜色相近的像素点一起扩充到选区内。

“选取相似”命令可以使选区在图像上延伸，将图像中所有与选区内像素颜色相近的像素都扩充到选区内。

14.3.5　创建特定颜色范围的选区

通过色彩范围命令可以创建特定颜色范围的选区，如图 14-29 所示。在图像中点击或拖动确定所选的颜色，可以增减色彩取样和颜色容差。可以在顶部的选择中选取固定的色彩，可以在底部的选区预览中改变图像的预览效果，这里的图像指的是在 Photoshop 中打开的图像。

除了直接针对全图进行色彩范围选择以外，也可以事先创建一个选区，然后再使用色彩范围选取命令，这样在色彩范围命令的预览图中只会出现所选中的范围，产生的选区也将只限于原先的选区之内。

打开链接网址中 PS 素材文件—第 14 章“素材 14-13　行道树.jpg”，利用套索工具先建立一选区，再利用色彩范围去除天空背景，命令设置如如图 14-29 所示。

图 14-29　色彩范围对话

14.3.6　修改选区

“修改”命令主要用于修改选区的外形。该命令的子菜单包含了“边界”“平滑”“扩展”和“收缩”等命令选项，在此就不一一举例说明了。

14.3.7　羽化选区边缘

“羽化”命令可以柔化或模糊选区的边缘。在为羽化后的选区填充颜色或删除选区内图像时，接近选区边缘的图像将丢失一些细节，产生模糊的效果，以使修改后的图像更自然地与周围的内容融合。

14.4　编辑选区

14.4.1　填充选区

已经建立选区后，点击“前景色（或背景色）”，拾色器出来后，选定颜色（或点一下图面上现有的你想要填充的颜色），“确定”退出，点“编辑”—“填充”即可。

14.4.2　描边选区

描边选区即沿着选区边缘进行修饰，为选区边缘添加不同的颜色，同时也可以对边缘颜色的宽度进行一定的调整。

14.4.3　自由变换选区

自由变换选区为“选择”→“变换选区”。这项功能本质上是自由变换工具，但这项操作只会变换你所建立的选区，而不会变换选中图层的内容。当你在使用选框工具建立选区后打算改变其透视，或是将其扭曲的时候，你会发现这个功能很实用。

14.4.4　存储与载入选区

使用“存储选区”命令可以将当前的选区存放到一个新的Alpha通道中。单击“选择”→“存储选区”，在弹出的“存储选区”对话框中选择保存通道的图像文档和通道名称，并键入存储选区的名称，单击“确定”按钮完成选区的存储，如果没有命名，则新建通道名字为“alpha1”，如图14-30所示。

图 14-30　存储选区

使用“载入选区”命令可以调出Alpha通道中存储过的选区，单击“选择”→“载入选区”，在弹出的“载入选区”对话框中选择想要载入的选区，单击“确定”按钮完成选区的载入，快捷键为按住Ctrl点击该选区通道。

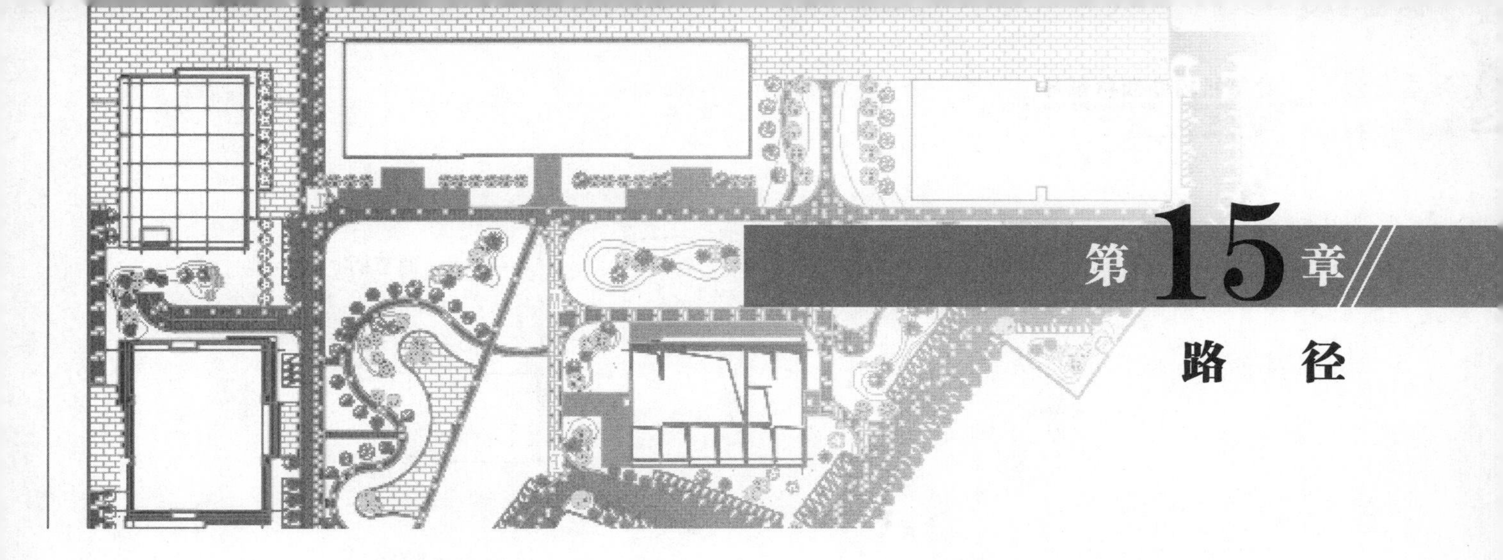

第15章 路径

15.1 认识路径

路径是可以转换为选区和使用颜色填充和描边的轮廓，它包括有起点和终点的开放式路径，以及没有起点和终点的闭合式路径两种，此外，路径也可以由多个相互独立的路径组件组成，这些路径组件称为子路径。

15.1.1 路径的特点

在 Photoshop 中，路径特点是其矢量设计功能的充分体现。"路径"是指用户勾绘出来的由一系列点连接起来的线段或曲线。可以沿着这些线段或曲线填充颜色，或者进行描边，从而绘制出图像。使用路径的功能，可以将一些不够精确的选取范围转换成路径后再进行编辑和微调，以完成一个精确的选取范围，此后再转换为选取范围使用。

使用路径中的 Clipping Path（剪贴路径）功能，能在将 Photoshop 的图像插入到其他图像软件或排版软件时，去除其路径之外的图像背景而成为透明，而路径之内的图像被贴入。

15.1.2 路径的结构

路径是由多个锚点组成的矢量线条，它并不是图像中真实的像素，而只是一种绘图的依据。利用 Photoshop 所提供的路径创建及编辑工具，可以编辑制作出各种形态的路径。

路径一般用于对图案的描边、填充及与选区的转换等，其精确度高，便于调整，常使用路径功能来创建一些特殊形状的图像效果。图 15-1 所示为路径构成说明图，其中平滑点和角点都属于路径的锚点。

（1）锚点　路径上有一些矩形的小点，称之为锚点。锚点标记路径上线段的端点，通过调整锚点的位置和形态可以对路径进行各种变形调整。

（2）平滑点和角点　路径中的锚点有两种，一种是平滑点，另一种是角点，如图 15-1 所示。平滑点两侧的调节柄在一条直线上，而角点两侧的调节柄不在一条直线上。直线组成的路径没有调节柄，但也属于角点。

（3）调节柄和控制点　当平滑点被选择时，其两侧各有一条调节柄，调节柄两边的端点为控制点，移动控制点的位置可以调整平滑点两侧曲线的形态。

（4）工作路径和子路径　路径的全称是工作路径，一个工作路径可以由一个或多个子路径构成。在图像中每一次使用【钢笔】工具或【自由钢笔】工具创建的路径都是一个子路径。在完成所有子路径的创建后，可以再利用选项栏中的选项将创建的子路径组成新的工作路径。图 15-2 所示的就是一个工作路径，其中四边形路径、三角形路径和曲线路径都是子路径，它们共同构成了一个工作路径。同一个工作路径的子路径间可以进行计算、对齐、分布等操作。

Photoshop 提供的创建及编辑路径的工具有两组。一组是钢笔工具，包括【钢笔】工具、【自由钢笔】工具、【添加锚点】工具、【删除锚点】工具和【转换点】工具，这组工具主要用于对路径进行创建和编辑修改。另一组是路径选择工具，包括【路径选择】工具和【直接选择】工具，这组工具主要用于对路径和路径上的控制点进行选择，并进行编辑。

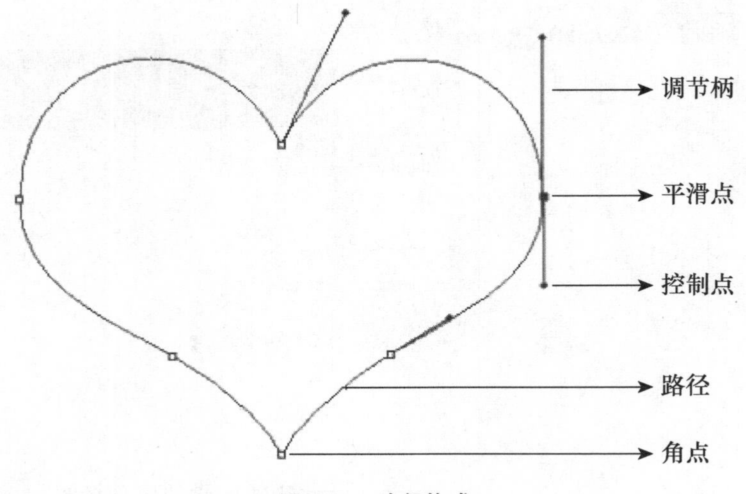

图 15-1　路径构成

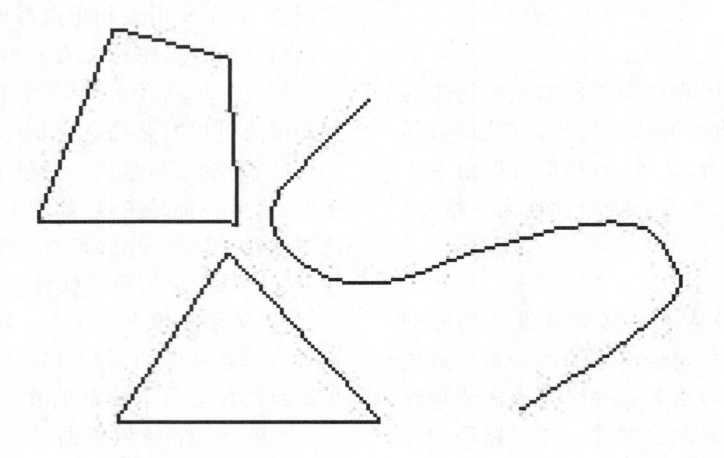

图 15-2　子路径

15.2　钢笔工具

在工具箱中选择【钢笔工具】后，在选项栏中将显示【钢笔工具】的相关属性，如图 15-3 所示。

【橡皮带】：勾选【橡皮带】复选框，在绘制路径时，则光标和刚绘制的锚点之间会有一条动态变化的直线或曲线，表示若在光标处设置锚点会绘制什么样的线条，可以对绘图起辅助作用。

【自动添加/删除】：勾选该复选框，在使用【钢笔工具】绘制路径时，【钢笔工具】不但具有绘制路径的功能，还可以添加或删除锚点。将光标移动到绘制的路径上，当光标变成形状时，单击可以在该处添加一个锚点；将光标移动到绘制路径的锚点上，当光标变成形状时，单击即可将该锚点删除。

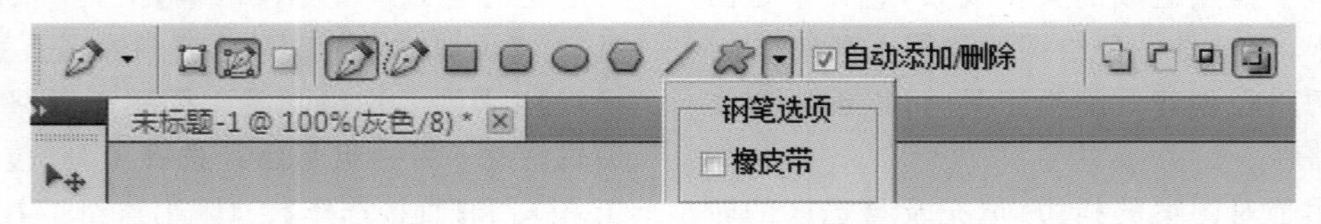

图 15-3　【钢笔工具】选项栏

路径操作：这些按钮主要用来指定新路径与原路径之间的关系，比如相加、相减、相交或排除运算，它与前面讲解过的选区的相加减应用相似。【创建新的形状图层】表示开始创建新路径区域；【添加到形状区域】表示将现有路径或形状添加到原路径或形状区域中；【从形状区域减去】表示从现有路径或形状区域中减去与新绘制重叠的区域；【交叉形状区域】表示将保留原区域与新绘制区域的交叉区域；【重叠形状区域除外】表示将原区域与新绘制的区域相交叉的部分排除，保留没有重叠的区域。

【样式】：该选项只有在选择【形状图层】按钮时才可以使用。在弹出的样式选项面板中可以选择样式，可以在绘制形状图层时将该样式直接应用到形状图层中。

【颜色】：该项也只有在选择【形状图层】按钮时才可以使用。单击右侧的色块可以打开【拾色器】对话框，从中可以设置形状图层的填充颜色。

提示：在英文输入法下按 P 键可以快速选择【钢笔工具】，按 Shift＋P 组合键可以在【钢笔工具】和【自由钢笔工具】之间进行切换。

15.2.1 钢笔工具绘制直线

使用【钢笔工具】可以绘制的最简单的路径是直线，通过两次不同位置的单击可以创建一条直线段，继续单击可创建由角点连接的直线段组成的路径。下面为创建路径的具体操作步骤。

(1)选择【钢笔工具】。

(2)移动光标到文档窗口中，在合适的位置单击确定路径的起点，可绘制第 1 个锚点。然后在其他要设置锚点的位置单击可以得到第 2 个锚点，在当前锚点和前一个锚点之间会以直线连接。如图 15-4 所示。

提示：在绘制直线段时，注意单击时不要拖动鼠标，否则将绘制出曲线。

(3)同样的方法，多次单击可以绘制更多的路径线段和锚点。如果要封闭路径，可将光标移动到起点附近，当光标变成形状时，单击就可以得到一个封闭的路径。

技巧：在绘制路径时，如果中途想中止绘制，可以按住 Ctrl 键在文档窗口中路径以外的任意位置单击，绘制出不封闭的路径；按住 Ctrl 键光标将变成【直接选择工具】形状，此时可以移动锚点或路径线段的位置；按住 Shift 键可以绘制成 45°角倍数的路径。

图 15-4 直线绘制

15.2.2 钢笔工具绘制曲线

绘制曲线相对来说稍微复杂一点，在改变曲线方向的位置添加一个锚点，然后拖动构成曲线形状的方向线。方向线的长度和斜度决定了曲线的形状。下面讲解具体的曲线绘制过程。

(1)选择【钢笔工具】。

(2)用【钢笔工具】定位曲线的起点并按住鼠标拖动，以设置要创建曲线段的斜度，放开鼠标后的操作效果如图 15-5 所示。

(3)创建 C 形曲线。将光标移动到合适的位置，按住鼠标向前一条方向线相反的方向移动鼠标，绘制效果如图 15-6 所示。

(4)绘制 S 形曲线。将光标移动到合适的位置，按住鼠标向前一条方向线相同的方向移动，效果如图 15-7 所示。

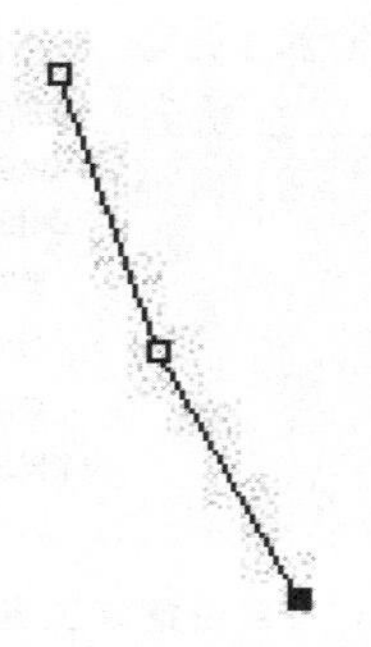

图 15-5 曲线段斜度

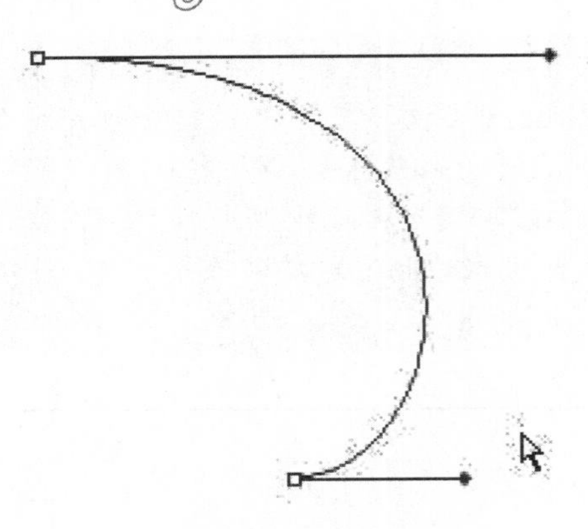

图 15-6　C 形曲线

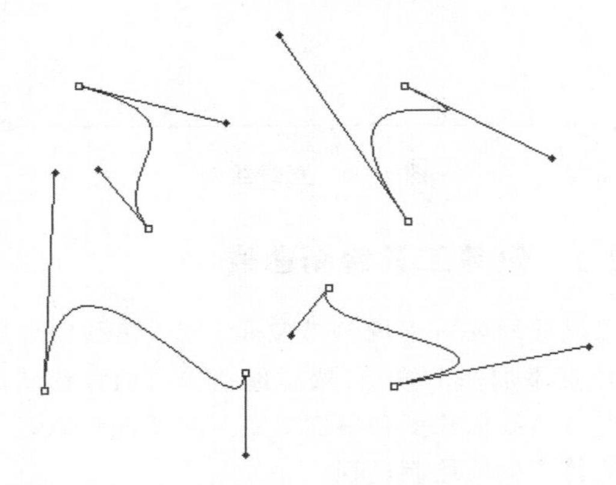

图 15-7　S 形曲线

技巧：在绘制曲线路径时，如果要创建尖锐的曲线，首先在某锚点处改变切线方向，然后释放鼠标，最后按住 Alt 键拖动控制点以改变曲线形状；也可以在按住 Alt 键的同时拖动该锚点的控制线来修改曲线形状。

15.3　自由钢笔工具

【自由钢笔工具】选项栏如图 15-8 所示。

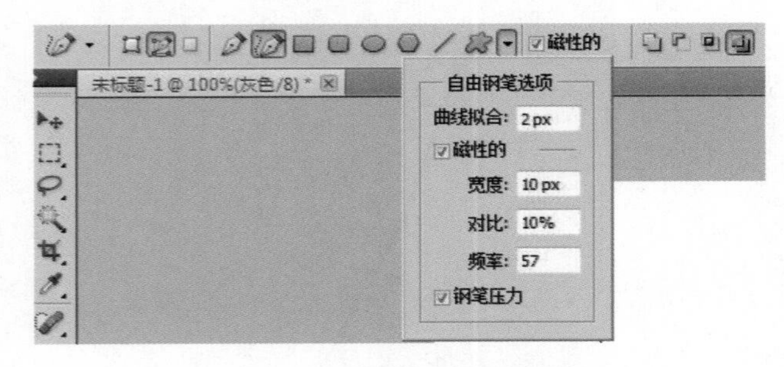

图 15-8　【自由钢笔工具】选项栏

【曲线拟合】：该参数控制绘制路径时鼠标移动的敏感性。输入的数值越高，所创建的路径的锚点越少，路径也就越光滑。

【磁性的】：该复选框等同于工具选项栏中的【磁性的】复选框，在弹出面板中可以设置【磁性的】选项中的各项参数。

【宽度】：确定磁性钢笔探测的距离，在该文本框中可输入 1～40 之间的像素值。该数值越大，磁性钢笔探测的距离就越大。

【对比】：确定边缘像素之间的对比度，在该文本框中可输入 0%～100%间的百分比值。值越大，对对比度的要求越高，此时只检测高对比度的边缘。

【频率】：确定绘制路径时设置锚点的密度，在该文本框中可输入 0～100 间的值。该数值越大，则路径上的锚点数就越多。

【钢笔压力】：只在使用光笔绘图板时才有用。勾选该复选框，会增加钢笔的压力，使【钢笔工具】绘制的路径宽度变小。

技巧：在使用【磁性钢笔工具】绘制路径时，按“[”键可将磁性钢笔的宽度值减小 1 像素；按“]”键可将磁性钢笔的宽度增加 1 像素。

【自由钢笔工具】在使用上分为两种情况，【自由钢笔工具】和【磁性钢笔工具】。【自由钢笔工具】有很大的随意性，可以像画笔一样进行随意的绘制。在使用上类似于【套索工具】。应用【自由钢笔工具】进行路径绘制的具体步骤如下。

(1)选择【自由钢笔工具】。

(2)在需要进行绘制的起始位置处按住鼠标左键确定起点，在不释放鼠标的情况下随意拖动鼠标。在拖动时可以看到一条尾随的路径，释放鼠标即可完成路径的绘制。

(3)如果要创建闭合路径，可以将光标拖动到路径的起点位置，当光标变成形状时释放鼠标得到一个封闭的路径。

技巧：要停止路径的绘制，只要释放鼠标即可使路径处于开放状态。如果要从停止的位置处继续创建路径，可以先使用【直接选择工具】单击开放路径，再切换到【自由钢笔工具】将光标置于开放路径一端的锚点处，按住鼠标左键继续拖动即可。如

果想在中途闭合路径，此时可以按住 Ctrl 键，当光标的右下角将出现一个小圆圈时释放鼠标，即可在当前位置和路径起点之间自动生成一个直线段，从而将路径闭合。

15.4　编辑路径

绘制好路径后，不但可以使用【路径选择工具】和【直接选择工具】选择和调整路径锚点，也可以利用【添加锚点工具】和【删除锚点工具】对路径添加或删除锚点，还可以使用【转换点工具】对路径的角点、拐角点和平滑点之间进行切换和修改。

15.4.1　添加或删除锚点

如果没有在工具的选项栏中勾选【自动添加/删除】复选项，则用户可以选择【添加锚点】工具，在路径上单击添加锚点。选择【删除锚点】工具，在锚点上单击可以将其删除。

15.4.2　转换点工具

路径上的锚点有两种类型，即角点和平滑点，二者可以相互转换。选择【转换点】工具，单击路径上的平滑点可将其转换为角点；拖拽路径上的角点，可将其转换为平滑点。

15.4.3　路径选择工具

利用【路径选择】工具，可以对路径和子路径进行选择、移动、对齐和复制等操作。当子路径上的锚点全部显示为黑色时，表示该子路径被选择。

选择工具后，其选项栏如图 15-9 所示，各项功能介绍如下。

显示定界框　组合

图 15-9　工具选项栏

提示：如果当前选择了某一路径或子路径，按 Ctrl+T 键可以对被选择的路径或子路径进行自由变形。

按钮：这个按钮下的 4 个选项可以设置子路径间的计算方式，即可以对路径进行添加、减去、相交和反交（保留不相交的路径）的计算。

按钮：这个按钮下的前 6 个按钮只有在同时选择两个以上的子路径时才可用，它们可以将被选择的子路径在水平方向上进行顶部对齐、垂直居中对齐和底对齐，在垂直方向上进行左对齐、水平居中对齐和右对齐。第 7、第 8 个按钮只有在同时选择了 3 个以上的子路径时才可用，它们可以将被选择的子路径在垂直方向上依路径的顶部、垂直居中、底部，以及在水平方向上依路径的左边、水平居中、右边进行等距离分布。

利用工具可以对路径和子路径进行选择、移动和复制等操作。

（1）选择工具，单击子路径可以将其选择。

（2）在图像窗口中拖拽鼠标光标，鼠标光标拖拽范围内的子路径可同时被选择。

（3）按住 Shift 键，依次单击子路径，可以选择多个子路径。

（4）在图像窗口中拖拽被选择的子路径，可以进行移动。

（5）按住 Alt 键拖拽被选择的子路径可以将被选择的子路径进行复制。

（6）拖拽被选择的子路径至另一个图像窗口中，可以将子路径复制到另一个图像文件中。

（7）按住 Ctrl 键，在图像窗口中选择路径，则工具将被切换为工具。

15.4.4　直接选择工具

【直接选择】工具没有选项栏，使用工具可以选择和移动路径、锚点以及平滑点两侧的控制点。使用工具可以对路径和锚点进行的操作有以下几种。

（1）单击子路径上的锚点可以将其选择，被选择的锚点将显示为黑色。

（2）在子路径上拖拽鼠标光标，鼠标光标拖拽范围内的锚点可以同时被选择。

（3）按住 Shift 键，可以选择多个锚点。

(4)按住 Alt 键单击子路径，可以选择整个子路径。

(5)在图像中拖拽两个锚点间的一段路径可以直接调整这一段路径的形态和位置。

(6)在图像窗口中拖拽被选择的锚点可以移动该锚点的位置。

(7)拖拽平滑点两侧的控制点，可以改变其两侧曲线的形态。

(8)按住 Ctrl 键，在图像窗口中选择路径，则工具将被切换为工具。

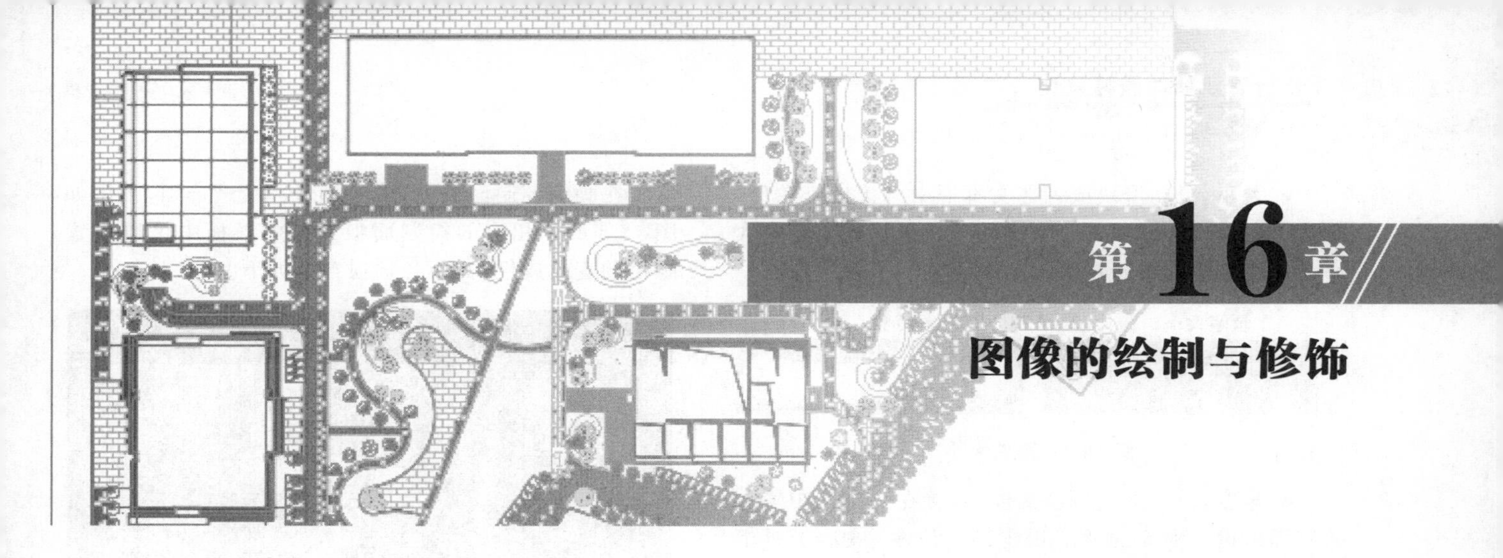

第16章 图像的绘制与修饰

16.1 绘图工具

Photoshop CC 软件提供了多种绘图工具，比如画笔工具、铅笔工具、橡皮擦工具、油漆桶工具和渐变工具，使用这些绘图工具不仅可以创建基本图形效果，还可以通过自定义画笔样式和铅笔样式创建特殊的图形效果，制作出丰富多样的图像效果。用户可以利用这些工具充分发挥自己的创造性，非常方便地对图像进行各种各样的编辑，从而制作出一些富有艺术性的作品。下面我们就对这些工具展开详细介绍。

16.1.1 画笔工具

在 Photoshop CC 中，画笔工具是最基本的绘图工具，可用于创建图像内柔和的色彩线条或者黑白线条。单击工具箱中的“画笔工具”按钮，此时属性栏中显示画笔工具的参数设置，如图 16-1 所示。

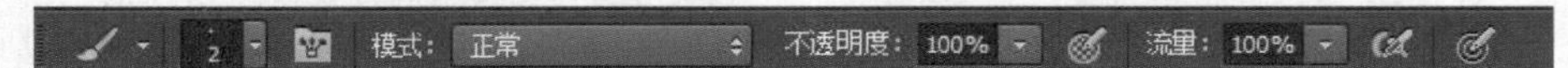

图 16-1 “画笔工具”属性栏

在 下拉列表中可以选择不同大小的画笔。

在 下拉列表中可以设置画笔的混合模式。

在 输入框中输入数值，可设置画笔绘制时的流量，数值越大画笔颜色越深。

在 输入框中输入数值，可设置画笔颜色对图像的掩盖程度。当不透明度值为 100%时，绘图颜色完全覆盖图像，当不透明度值为 1%时，绘图颜色基本上透明。

在属性栏中单击“切换画笔面板”按钮，或按 F5 键，可打开画笔面板，在此面板中也可以选择画笔，如图 16-2 所示。

在画笔面板中，单击“画笔笔尖形状”选项，在此面板中可以设定画笔的大小、柔和程度和间距等，其中各选项含义如下。

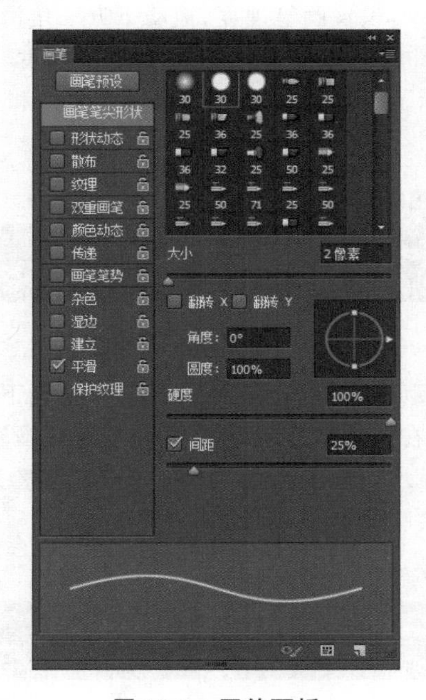

图 16-2 画笔面板

● 大小：拉动滑块或者在文本框中直接输入数值，可设置画笔大小。如图 16-3 所示，分别显示了画笔大小在 1 和 100 的绘制效果。

画笔大小：1　　画笔大小：100

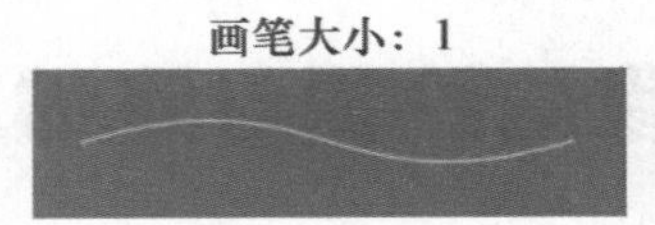

图 16-3　画笔大小

● 角度：设置画笔倾斜角度，直接在文本框中输入数值即可设置画笔角度，如图 16-4 所示，展示了画笔倾斜角度分别调整为 90℃和 50℃的绘制效果。

画笔角度：90°　　画笔角度：50°

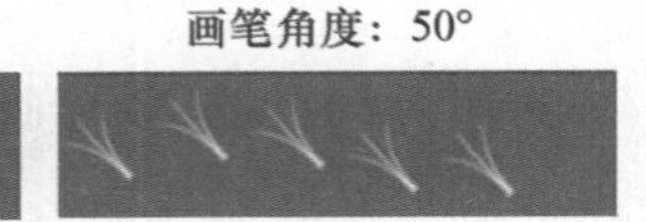

图 16-4　画笔角度

● 圆度：设置画笔圆润度，直接在文本框中输入数值即可设置画笔圆润度，如图 16-5 所示，展示了画笔倾斜角度分别调整为 100°和 35°的绘制效果。

画笔角度：100°　　画笔角度：35°

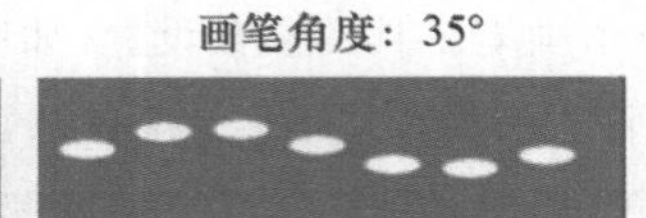

图 16-5　画笔圆度

● 硬度：设置画笔硬度，拖动下方三角滑块或直接在文本框中输入数值即可设置画笔圆润度，如图 16-6 所示，展示了画笔硬度分别调整为 100%和 35%的绘制效果。

画笔硬度：100%　　画笔硬度：35%

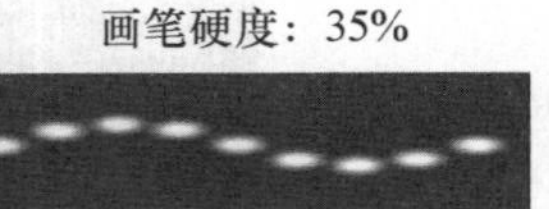

图 16-6　画笔硬度

● 间距：设置画笔图像的连续性，拖动下方三角滑块或直接在文本框中输入数值即可设置画笔间距，如图 16-7 所示，展示了画笔间距分别调整为 35%和 100%的绘制效果。

画笔硬度：100%　　画笔硬度：35%

图 16-7　画笔间距

在画笔控制面板中，单击“形状动态”选项，弹出如图 16-8 所示相应的控制面板。在此面板中可以设置随机的变化属性，其中各选项含义如下。

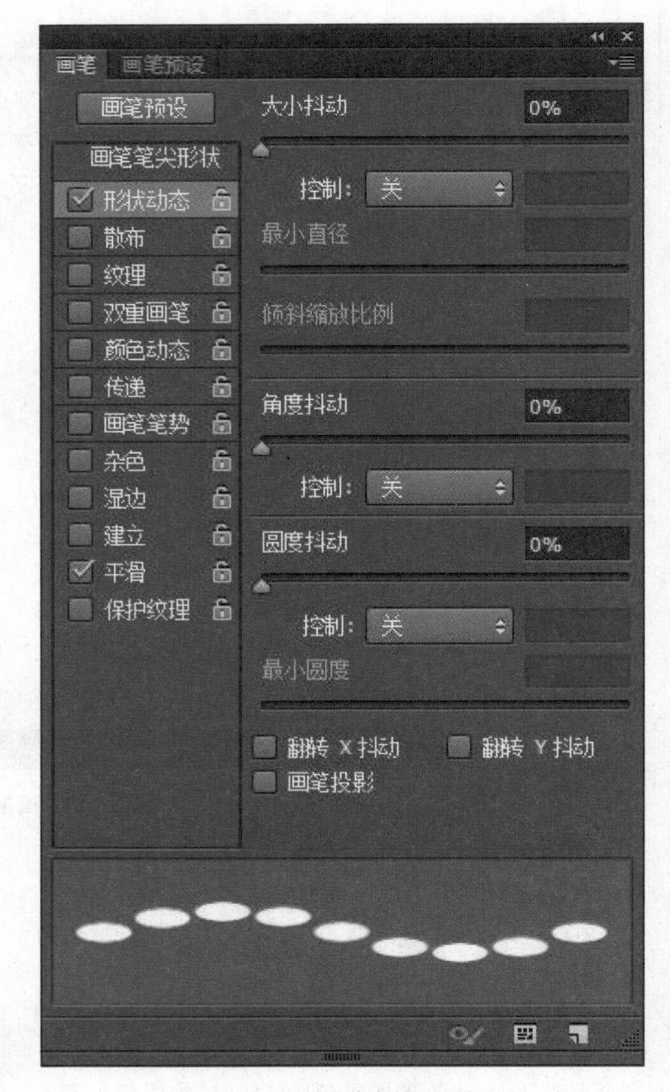

图 16-8　形状动态控制面板

● 大小抖动：设置尺寸的变化程度，向右拖动下方三角滑块，尺寸的变化程度将增大，如图 16-9 所示，展示了大小抖动距分别调整为 30%和 100%的绘制效果。

大小抖动：30%　　大小抖动：100%

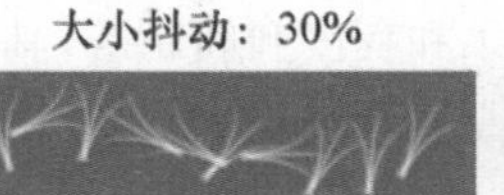
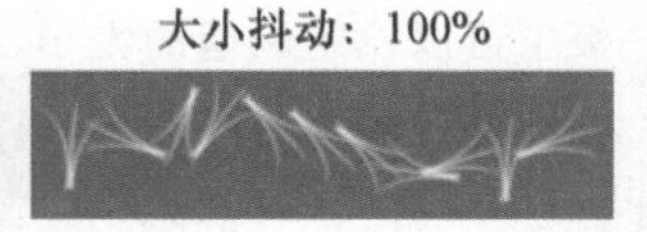

图 16-9　大小抖动效果

● 控制：用于控制大小抖动的变化，在“控制”选项的下拉菜单中有五个选项，包括：关、渐隐、钢笔压力、钢笔斜度和光笔轮。“控制”选项需要与“大小抖动”选项结合应用，如图 16-10 所示，分别展示了“大小抖动”和“控制”设置为不同参数的绘制效果。

控制：10

控制：100

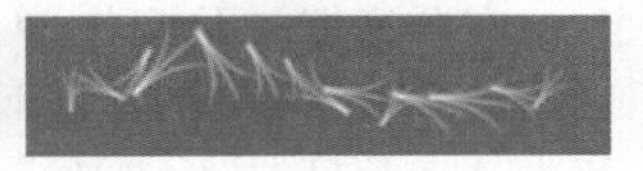

图 16-10　控制效果

● 最小直径：设置画笔标记点的最小尺寸。

● 倾斜缩放比例：选择“控制”选项中的“钢笔斜度”选项后，设置画笔的倾斜比例。

● 角度抖动：用于设置画笔的角度变化，如图 16-11 所示，展示了角度抖动分别为 0% 和 100% 的绘制效果。

角度抖动：0%

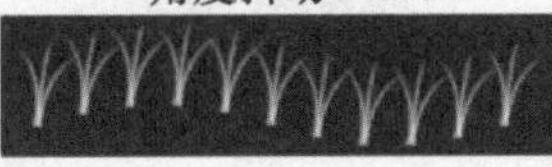

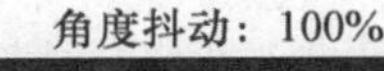

图 16-11　角度抖动效果

● 圆度抖动：用于设置画笔的圆度变化，如图 16-12 所示，展示了圆度抖动分别为 10% 和 100% 的绘制效果。

圆度抖动：10%

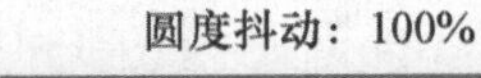

图 16-12　圆度抖动效果

● 最小圆度：用于设置画笔的最小圆度变化。

在画笔控制面板中，单击“散布”选项，弹出如图 16-13 所示相应的控制面板。在此面板中可以设置随机的散布变化，其中各选项具体含义如下。

● 散布：设置画笔的分布程度，如图 16-14 所示分别显示了设置散布为 100% 和 600% 的绘制效果。

● 数量：设置画笔分布的总量，如图 16-15 所示分别显示了设置数量为 3 和 16 的绘制效果。

● 数量抖动：增加画笔分布的随机性，如图 16-16 所示分别显示了设置数量抖动为 0% 和 100% 的绘制效果。

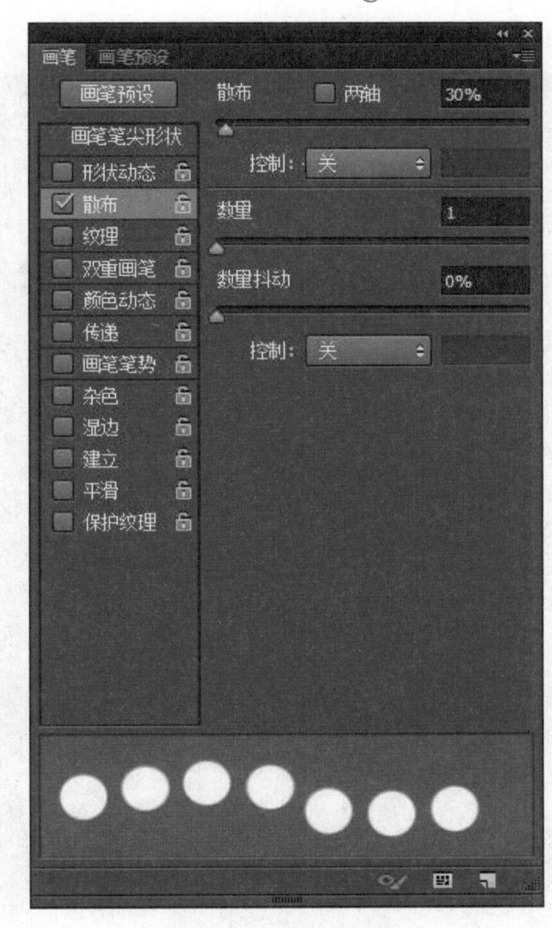

图 16-13　散布控制面板

散布：100%　　散布：600%

图 16-14　散布效果

数量：3　　数量：16

图 16-15　数量效果

数量抖动：0%　　数量抖动：100%

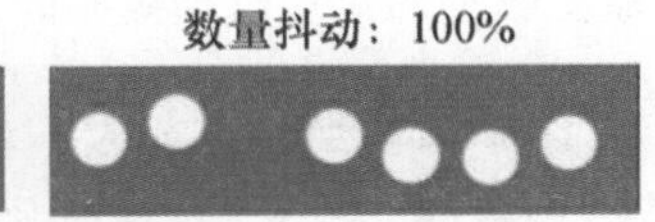

图 16-16　数量抖动效果

在画笔控制面板中，单击“纹理”选项，弹出如图 16-17 所示相应的控制面板。在此面板中可为画笔添

加纹理效果，其中各选项具体含义如下。

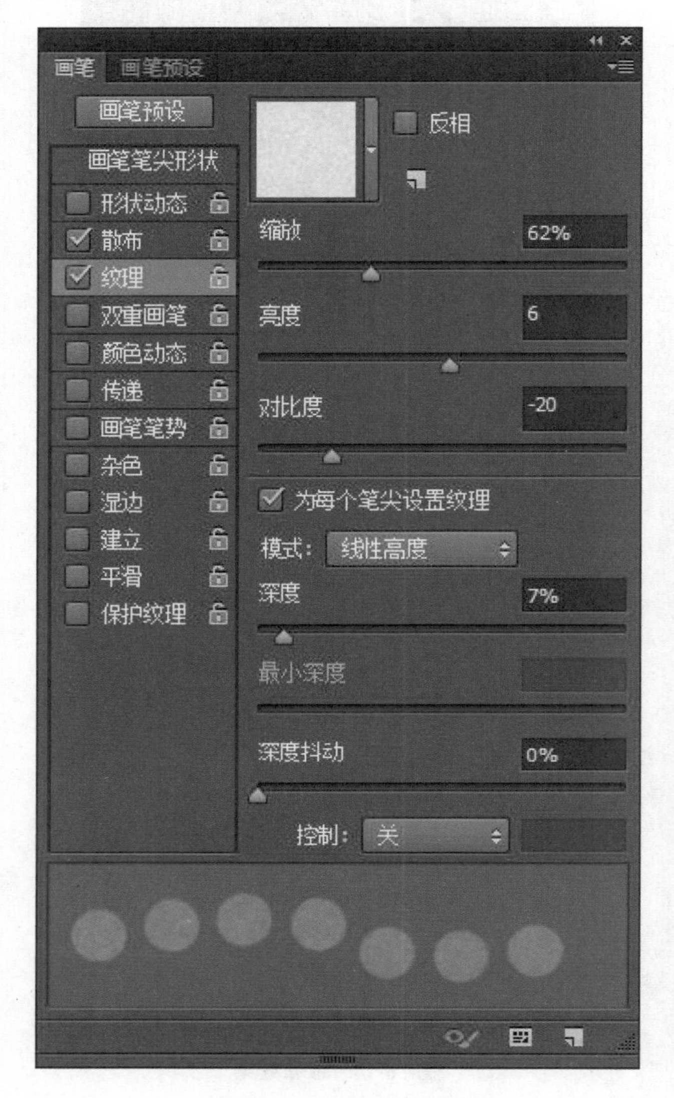

图 16-17　纹理控制面板

● ▇:选择纹理。单击右侧的三角按钮，在弹出的下拉列表中可以选择在画笔中使用的纹理。“反相”选项可以使纹理反相显示。如图 16-18 所示展示了未添加纹理和添加纹理效果的前后效果。

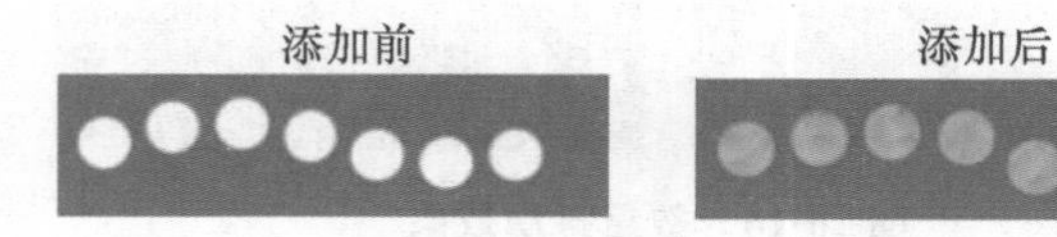

图 16-18　纹理效果

● 缩放:调整纹理尺寸。

● 为每个笔尖设置纹理:设置是否分别对每个标记点进行渲染。

● 模式:设置画笔混合图案的混合模式。

● 深度:设置画笔混合图案的深度。

● 最小深度:设置画笔混合图案的最小深度。

● 深度抖动:设置画笔混合图案的深度变化。

在画笔控制面板中，单击“双重画笔”选项，弹出如图 16-19 所示相应的控制面板。在此面板中可为画笔添加纹理效果，其中各选项具体含义如下。

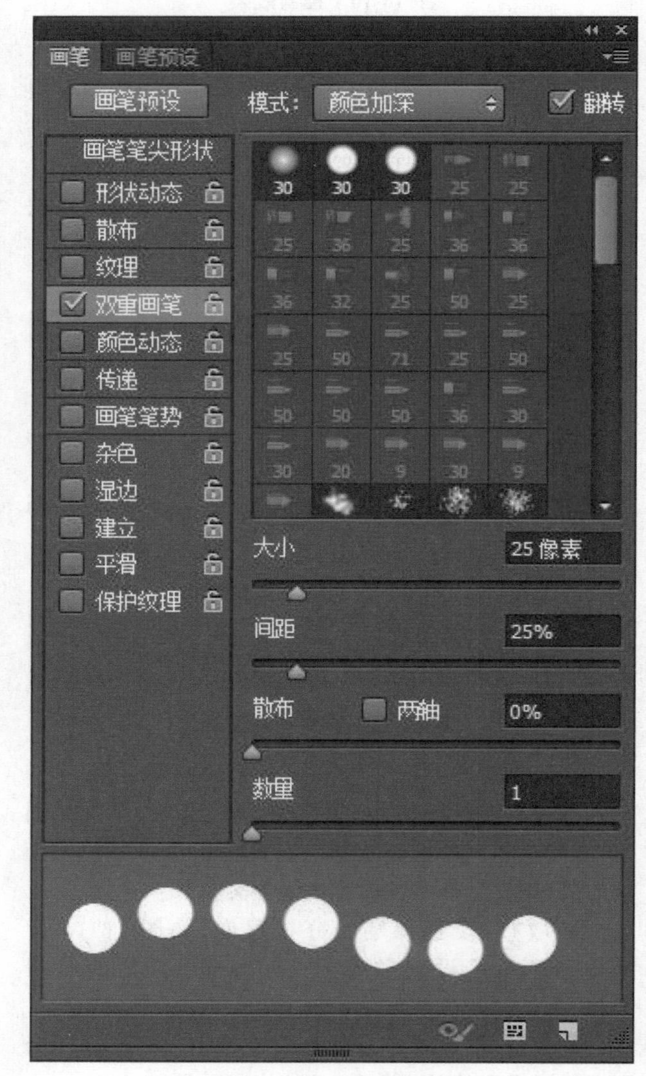

图 16-19　双重画笔控制面板

● 模式:设置两种画笔的混合模式。如图 16-20 所示，分别展示了设置双重画笔效果前后对比效果。

添加前

添加后

图 16-20　双重画笔效果

- 大小：设置两种画笔的大小。
- 间距：设置两种画笔的绘制连续性。
- 散布：设置两种画笔的分布程度。
- 数量：设置两种画笔的随机分布的总量。

在画笔控制面板中，单击“颜色动态”选项，弹出如图 16-21 所示相应的控制面板。在此面板中可设置随机的色彩变化属性，其中各选项具体含义如下。

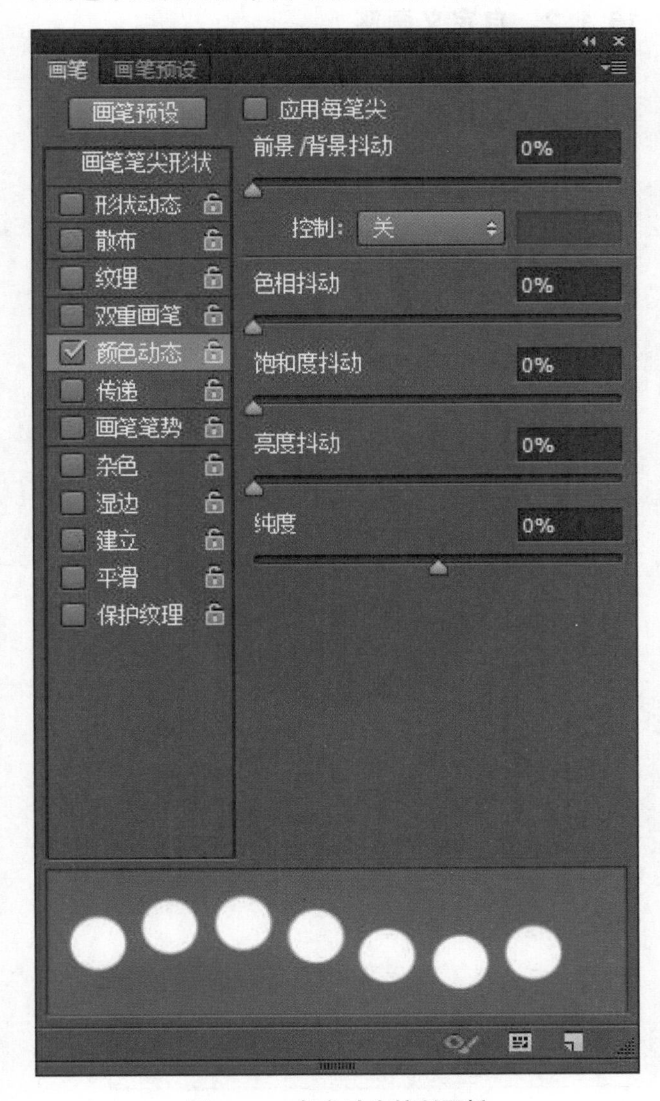

图 16-21　颜色动态控制面板

- 前景/背景抖动：设置画笔绘制的线条在前景色和背景色之间的动态变化。
- 色相抖动：设置画笔绘制线条的色相的动态变化范围。
- 饱和度抖动：设置画笔绘制线条的饱和度的动态变化范围。
- 亮度抖动：设置画笔绘制线条的亮度的动态变化范围。
- 纯度：设置颜色的纯度。

在画笔控制面板中，单击“传递”选项，弹出如图 16-22 所示相应的控制面板。在此面板中可用来添加自由随机的效果，对于软边的画笔效果尤其明显，其中各选项具体含义如下。

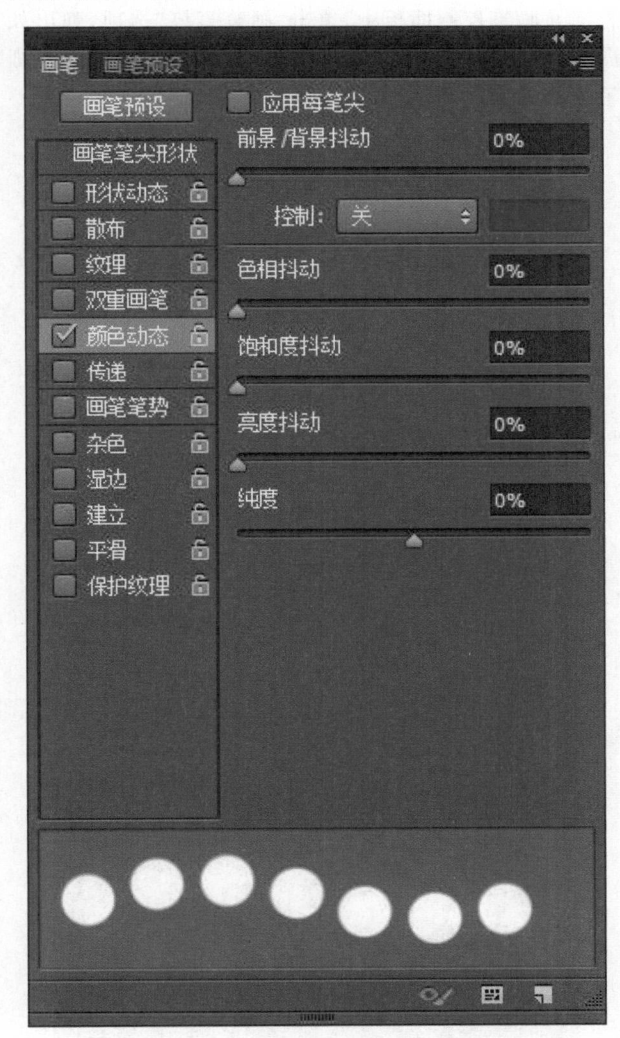

图 16-22　传递控制面板

● 不透明抖动：设置画笔绘制线条的不透明度的变化范围。如图16-23所示，展示了不透明抖动在0%和100%的绘制效果。

不透明抖动：0%

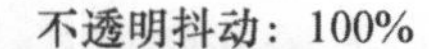

图 16-23　不透明抖动效果

● 流量抖动：设置画笔绘制线条的流量的变化范围。

● 饱和度抖动：设置画笔绘制线条的饱和度的变化范围。

● 亮度抖动：设置画笔绘制线条的亮度的变化范围。

● 纯度：设置画笔绘制线条的纯度的变化范围。

在画笔控制面板中，单击“画笔笔势”选项，弹出如图16-24所示相应的控制面板。在此面板中可设置画笔笔势的变化，其中各选项具体含义如下。

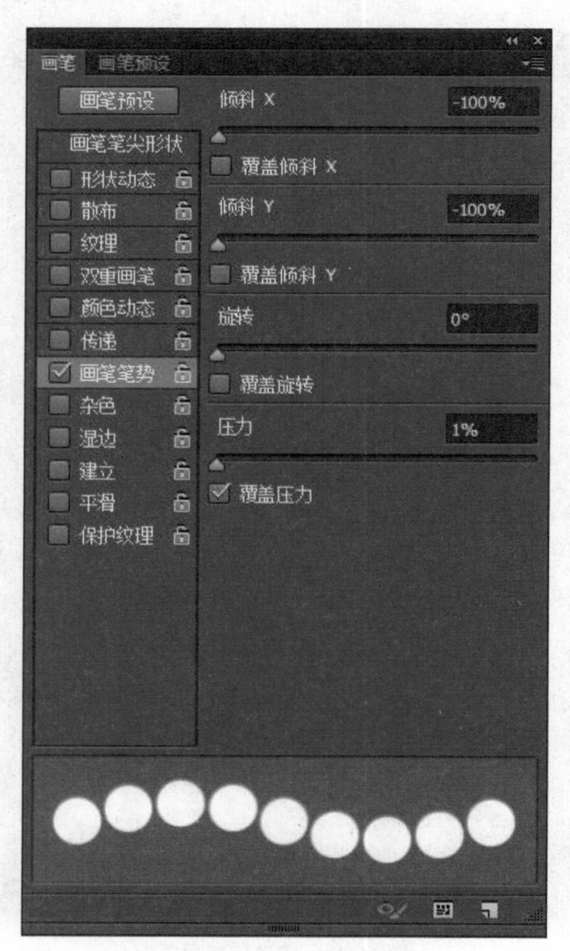

图 16-24　画笔笔势控制面板

● 倾斜 X：设置画笔在X轴方向的倾斜范围。

● 倾斜 Y：设置画笔在Y轴方向的倾斜范围。

● 旋转：设置画笔的旋转范围。

● 压力：设置画笔的压力变化范围。

在画笔控制面板中，还有其他选项，它们的具体含义如下：

● 杂色：为画笔增加杂色效果。

● 湿边：为画笔增加水笔效果。

● 建立：为画笔启用喷枪样式的建立效果。

● 平滑：使画笔绘制的线条变得更平滑。

● 保护纹理：对所有画笔应用相同纹理的图案。

16.1.2　自定义画笔

调整画笔的属性可以在绘制图像时达到希望的绘制效果。将某种常用的画笔形状保存到画笔列表中，其操作步骤如下：

①打开链接网址中PS素材文件—第16章“素材16-1”，用“快速选择工具”创建选区，如图16-25所示。

图 16-25　素材图片

②选择“编辑”—“定义画笔预设”命令，弹出如图16-26所示，在名称文本框里输入画笔名称，单击“确定”按钮，选取图像定义为画笔，并保存到当前画笔列表最下方。

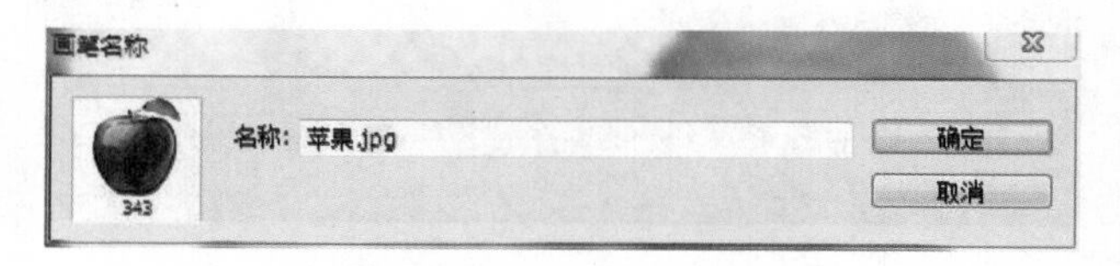

图 16-26　定义画笔

③打开链接网址中 PS 素材文件—第 16 章“素材 16-2”图片。

④在画笔选择窗口可以看到自己定义的画笔，设置合适的画笔绘制如图 16-27 所示图像效果。

图 16-27　自定义画笔效果

16.1.3　铅笔工具

铅笔工具属于实体画笔，主要用于绘制硬边画笔的笔触，类似于铅笔。使用铅笔工具绘制的图像好像钢笔画出的直线，线条比较尖锐。其使用方法与画笔工具类似，用鼠标单击或拖动即可绘制图像，如图 16-28 所示。

图 16-28　使用铅笔工具绘制图像

单击工具箱中的“铅笔工具”按钮，属性栏显示如图 16-29 所示。

图 16-29　“铅笔工具”属性栏

铅笔工具属性栏中的选项与画笔工具的选项基本相似。其中，自动抹除是铅笔工具的特殊功能，选中此复选框，所绘制效果与鼠标的单击起始点的像素有关，当鼠标起始点的像素颜色与前景色相同时，铅笔工具可表现出橡皮擦功能，并以背景色绘图；如果绘制时鼠标起始点的像素颜色不是前景色，则绘制的颜色也仍然是前景色。

使用铅笔工具也可以以直线的方式进行绘制，其操作方法很简单，只需要在按住“Shift”键的同时使用铅笔工具在图像中按住鼠标左键拖动即可。

16.1.4　橡皮擦工具

选择“橡皮擦工具”后，可以在图像中拖动鼠标，根据画笔形状对图像进行擦除。其属性栏如图 16-30 所示，通过属性栏可设置橡皮擦工具的各种属性参数，其中的选项具体含义如下。

模式：画笔　不透明度：100%　流量：100%　抹到历史记录

图 16-30　“橡皮擦工具”属性栏

- 模式：单击其右侧的三角按钮，在下拉列表中可以选择三种擦除模式：画笔、铅笔和块。
- 抹到历史记录：勾选此复选框，可以将图像擦除至历史记录面板中的恢复点外的图像效果。

使用橡皮擦工具操作步骤如下：

①打开链接网址中 PS 素材文件—第 16 章“素材 16-3”图片。如图 16-31 所示。

②选择“橡皮擦工具”，在图像中拖动鼠标，即可在图像中进行擦除，擦掉图像中一些不需要的像素，如图 16-32 所示。

图 16-31　“树叶”素材图片

图 16-32 擦除后效果

按住 Shift 键拖动鼠标，橡皮擦工具可以垂直和水平方向在图像中进行擦除；按住 Ctrl 键橡皮擦可以切换成移动工具；按住 Alt 键，系统将以与“抹到历史记录”相反的状态进行擦除。

16.1.5 油漆桶工具

油漆桶工具可使用当前前景色或图案填充图像，单击工具箱中的油漆桶工具，工具属性栏如图 16-33 所示，其中选项的含义如下。

图 16-33 “油漆桶工具”属性栏

● 填充：用于设置是前景色填充还是使用图案填充。若选择“前景”选项，则使用前景色填充；若选择“图案”选项，则使用定义的图案填充，并可在“图案”下拉列表框中选择要使用的填充图案。

● 模式：设置合成模式可以混合显示用油漆桶工具填充图案颜色和源图像的颜色。

● 不透明度：调整油漆桶工具填充图案颜色的不透明度。

● 容差：同于设置在图像中的填色范围，值越大，则填充颜色的范围越大。

● “清除锯齿”复选框：含有选区时，勾选该复选框可去除填充后的锯齿状边缘。

● “连续的”复选框：勾选时，油漆桶工具只填充与鼠标起点处颜色相同或相近的图像区域。

● “所有图层”复选框：对所有图层中的图像进行颜色填充。

用户可以自定义图案后进行填充，方法是用矩形选框工具选取需要定义为图案的图像，然后选择“编辑”—“定义图案”命令，再在打开的对话框中输入图案名称即可。

使用油漆桶工具填充图像的操作方法十分简单，下面介绍油漆桶工具的具体使用步骤。

①打开链接网址中 PS 素材文件—第 16 章“素材 16-4”文件，如图 16-34 所示的素材图片。

②在没有指定填充选区状态下，选择工具箱中的“油漆桶工具”，再单击图像，单击处颜色相近的整个区域将被当前前景色填充，如图 16-35 所示。

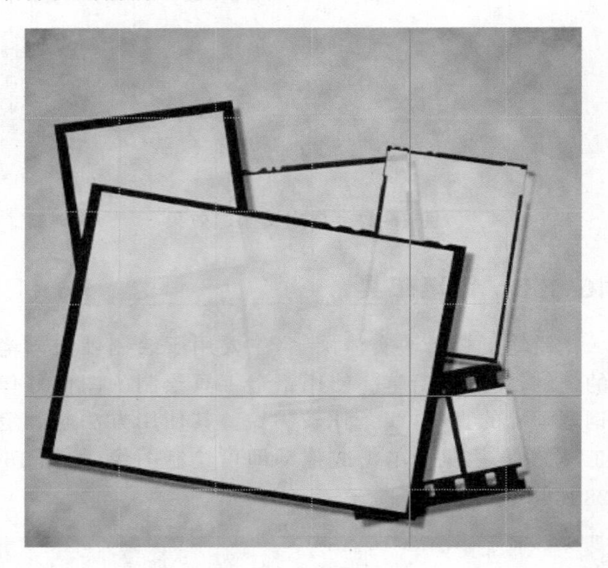

图 16-34 素材图片

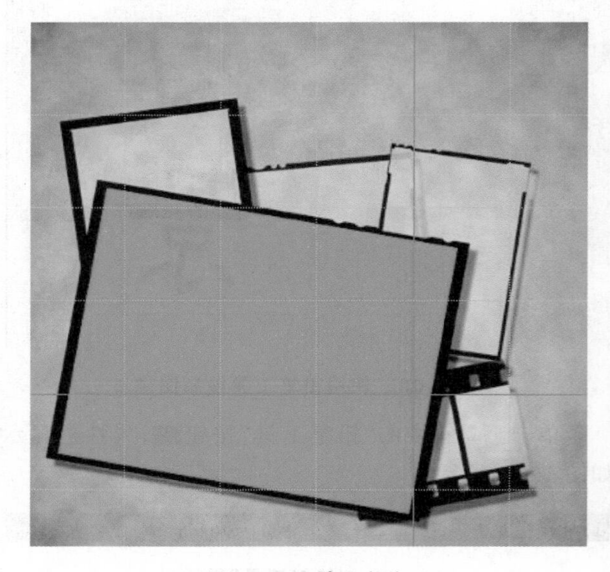

图 16-35 填充颜色

③想要用图案填充图像，单击工具属性栏中填充右边的小三角按钮，在打开的下拉列表中选择图案选项，单击旁边的图案缩略图按钮，选择一种需要填充的图案。其属性栏设置如图 16-36 所示。

图 16-36　"油漆桶"属性栏

④单击图像中需要填充的区域，用图案填充，效果如图 16-37 所示。

⑤同时也可以设置好填充区域，用"油漆桶工具"单击选定的区域，用颜色或图案填充被选区域，如图 16-38 所示。

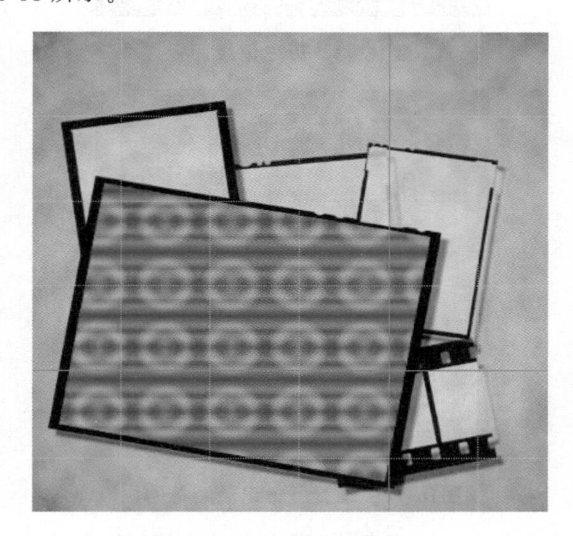

图 16-37　用图案填充图像

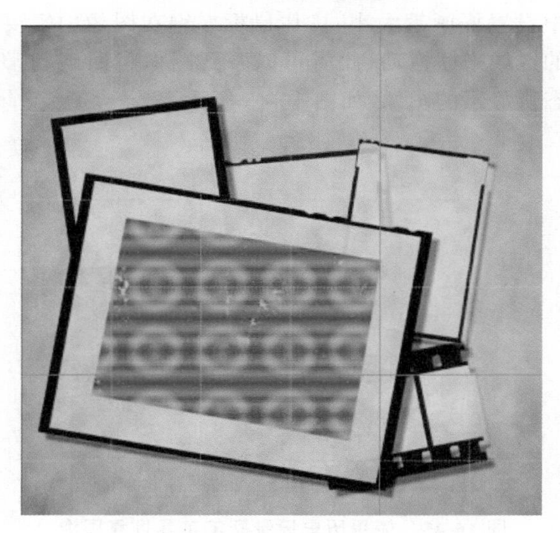

图 16-38　填充选定区域

16.1.6　渐变工具

使用渐变工具可以创建多种效果。选择工具箱中的"渐变工具"，其属性栏设置如图 16-39 所示，各选项含义如下。

图 16-39　"渐变工具"属性栏

- 渐变色按钮：此按钮可以显示当前设定的渐变色。单击该按钮，可以打开渐变编辑框，在此面板中可以设定或管理渐变颜色。单击右侧的按钮，打开渐变拾色器，可以选用已设定的渐变效果。
- ：这组按钮代表 5 种渐变模式，分别是线性渐变、径向渐变、角度渐变、对称渐变和菱形渐变。
- 模式：此选项用于混合渐变和源图像颜色的混合效果。
- 不透明度：用于设置渐变色的透明度。
- 反向：勾选此复选框，可以反向选择渐变颜色。
- 仿色：勾选此复选框，可以将急剧变化部分出现的颜色边界线柔和。
- 透明区域：使用与渐变色一同设定的透明度。

使用渐变工具中预先设定的渐变色可以快速创建多种渐变效果，单击右上方选项栏中的渐变颜色按钮旁的小三角按钮，打开渐变样式选择框，如图 16-40 所示。

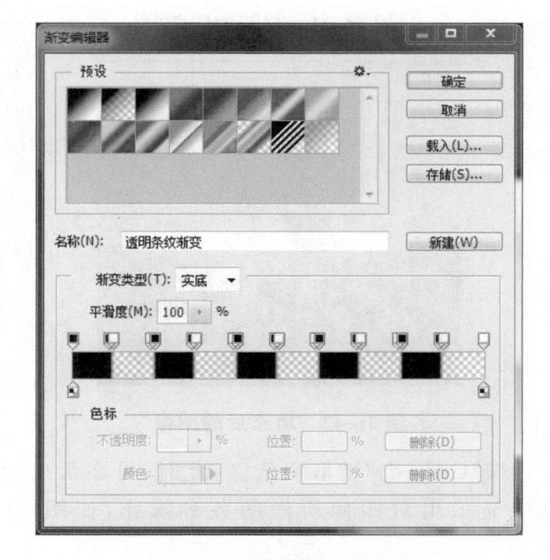

图 16-40　渐变样式选择框

16.1.7 历史记录画笔工具

历史记录画笔工具和画笔工具一样，都是绘图工具，但它们又有其独特的作用。使用历史记录画笔工具可以非常方便地回复图像至任一操作，而且还可以结合属性栏中的画笔形状、不透明度和混合模式等选项设置制作出特殊的效果。使用此工具必须配合历史记录面板使用。下面通过一个实例来讲述历史画笔工具的使用具体步骤。

①打开链接网址中 PS 素材文件—第 16 章"素材 16-5"文件，如图 16-41 所示。

②单击工具箱中的"矩形选框工具"按钮，在图像中绘制矩形选框，并按"Shift+F6"键，弹出"羽化选区"对话框，设置羽化半径为 50 像素，单击"确定"按钮。再设置前景色为蓝色，按"Alt+Delete"键填充羽化后的选区，如图 16-42 所示。

图 16-41 打开的图像

图 16-42 填充后的图像

③按"Ctrl+D"键取消选区，此时，可在历史记录面板中显示出对图像所做的各种操作，如图 16-43 所示。

④在历史记录面板左侧单击"打开"列表前的小方块，设置历史记录画笔的源，此时小方块内会出现一个历史画笔图标，如图 16-44 所示。

图 16-43 历史记录面板

图16-44 设置历史记录画笔的源

⑤单击工具箱中的"历史记录画笔"按钮，在属性栏中设置好画笔大小，按住鼠标左键在图像中需要回复的区域来回拖动，此时可以看到图像将回到"打开"状态所显示的图像，如图 16-45 所示。

图 16-45 使用历史记录画笔工具恢复图像

在历史记录画笔工具属性栏中也可以设置不透明度和流量，其用途与画笔工具相同。

16.2 修图工具

在绘图工作中，有时导入的素材图片可能不完全符合设计作品的要求，这就需要对图片进行修饰，Photoshop CC 提供了多种具有强大功能的修饰工具组，如：图章工具组、修复工具组、仿制源面板、颜色替换工具、混合器画笔工具等。这些工具是图像修饰过程中不可或缺的得力助手。下面我们就对这些工具展开详细介绍。

16.2.1 修复工具组

“修复”工具组可用于修复图像中的瑕疵，移去图像中的污点和错误色斑。该工具组包括 4 个工具，分别为“污点修复画笔”工具、“修复画笔”工具、“修补”工具、“内容感知移动”工具和“红眼”工具。

(1)污点修复画笔工具　“污点修复画笔”工具可以快速移去图像中的污点，它将取样图像中某一点的图像，修复到当前要修复的位置，并将取样像素的纹理、光照、透明度和阴影与所修复的像素相匹配，从而达到自然的修复效果。选择工具箱中的“污点修复画笔”，属性工具栏设置如图 16-46 所示，各选项含义如下。

图 16-46　“污点修复画笔”工具属性栏

- 模式：选择所需的修复模式。
- 类型：设置画笔修复图像区域后的类型。
- 对所有图层取样：设置画笔修复的取样范围。

“污点修复画笔”工具的具体操作方法如下：

①打开素材图片到 Photoshop CC 中，如图 16-47 所示。

②选择工具箱中的“污点修复画笔”工具，单击并拖动鼠标，该工具会自动在图像上进行取样，并将取样的像素与修复的像素相匹配，多次进行涂抹，对图像进行修复，产生效果如图 16-48 所示。

图 16-47　素材图片

图 16-48　污点修复画笔工具效果

(2)修复画笔工具　“修复画笔”工具的工作方式与“污点修复画笔”工具类似，但不同的是“修复画笔”工具必须从图像中取样，并在修复的同时将样本像素的纹理、光照、透明度和阴影与所修复的像素相匹配，从而使修复后的像素不留痕迹地融入图像的其余部分。选择工具箱中的“修复画笔”，工具属性栏设置如图 16-49 所示，各选项含义如下。

图 16-49　“修复画笔”工具属性栏

- 模式：选择所需的修复模式。
- 源：设置修复像素的源。
- 对齐：设置是否对齐样本像素。
- 样本：设置取样范围。

“修复画笔”工具的具体操作方法如下：

①打开素材图片到 Photoshop CC 中，如图 16-50 所示。

②选择工具箱中的“修复画笔”工具，单击并拖动鼠标，按住 Alt 键的同时单击，即可在图像上进行取样，并将取样的像素与修复的像素相匹配，多次进行涂抹，对图像进行修复，产生效果如图 16-51 所示。

图 16-50　素材图片

图 16-51　修复画笔工具效果

(3)修补工具　“修补画笔”工具可以用其他区域或图案中的像素来修复选中的区域,该工具同样将样本像素的纹理、光照和阴影与源像素进行匹配,从而使修复的效果更为自然。选择工具箱中的“修补画笔”,工具属性栏设置如图 16-52 所示,各选项含义如下。

图 16-52　“修补画笔”工具属性栏

- 源:可以将选中的区域拖动到用来修复的目的地。
- 目标:使用目标区域修补要修复的区域。
- 透明:可以使修复的区域应用透明度。
- 使用图案:将所选区域填充为所选图案。

具体操作步骤如下:

①打开链接网址中 PS 素材文件—第 16 章“素材 16-6”文件到 Photoshop CC,如图 16-53 所示。

②观察素材图片,可以看到右侧部分残缺不完整,下面对其进行修补。在工具箱中选择“修补”工具,在属性栏上确认“源”的选项为选中状态,使用“修补”工具在视图中单击并拖动鼠标,在素材图片中的残缺处绘制选区。

③将选区向上拖移至正确样本的图像区域,到合适位置后释放鼠标,可以发现选区内并没有修复图像,这是因为选区内没有图像,如图 16-54 所示。

图 16-53　素材图片

图 16-54　选区内没有修复图像

④将选区填充为黑色,并拖动选区到合适位置后释放鼠标,这时图像将被修补,取消选区,效果如图 16-55 所示。

图 16-55　修补画笔工具效果

(4)内容感知移动工具　“内容感知移动”工具可以用其他区域或图案中的像素来修复选中的区域，该工具同样将样本像素的纹理、光照和阴影与源像素进行匹配，从而使修复的效果更为自然。选择工具箱中的“内容感知移动”，工具属性栏设置如图 16-56 所示，各选项含义如下。

图 16-56　“内容感知移动”工具属性栏

- 模式：选择重新混合模式。
- 适应：选择区域保留的严格程度。
- 对所有图层取样：启用以重新混合所有图层。

(5)红眼工具　“红眼”工具可以移去用闪光灯拍摄的人物照片中的红眼，也可以移去用闪光灯拍摄的动物照片中的白色或绿色反光。选择工具箱中的“红眼”工具，属性工具栏设置如图 16-57 所示，各选项含义如下。

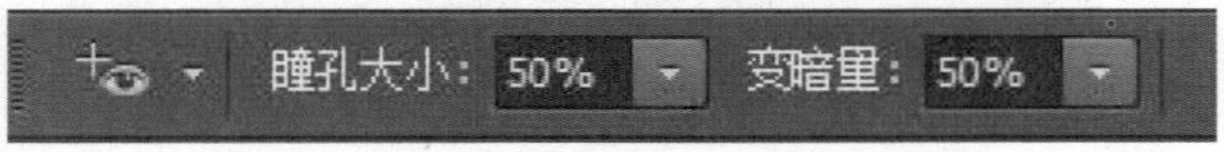

图 16-57　“红眼”工具属性栏

- 瞳孔大小：设置眼睛的瞳孔或中心的黑色部分的比例大小。
- 变暗量：设置瞳孔变暗量。

“红眼”工具具体操作步骤如下：

①打开链接网址中 PS 素材文件—第 16 章“素材 16-7”文件到 Photoshop CC，如图 16-58 所示。

②选择工具箱中的“红眼”工具，在红色眼球上单击鼠标，红眼立即就会消失，效果如图 16-59 所示。

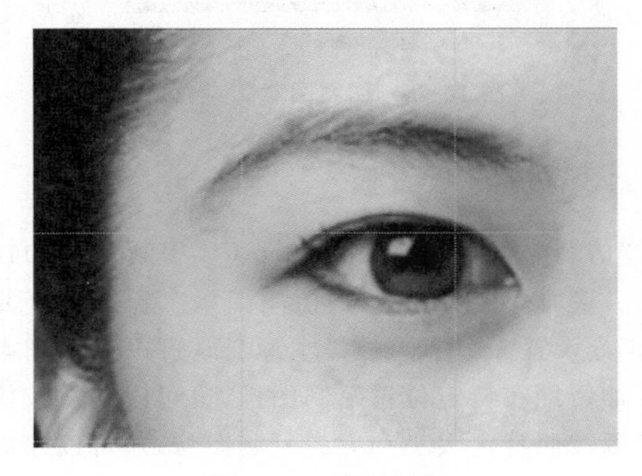

图 16-58　素材图片

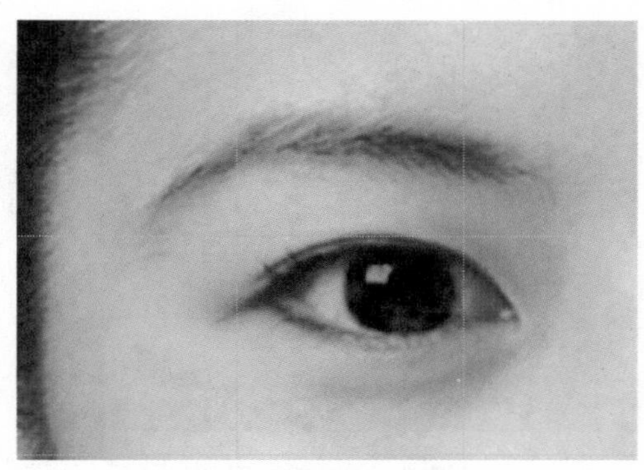

图 16-59　红眼工具效果

16.2.2　图章工具组

“图章”工具组包括两个工具，分别是“仿制图章”工具和“图案图章”工具，使用这两个工具可以在图像中复制图像，这两个工具的作用都是复制图像，但是复制的方式不同。“仿制图章”工具是对画面中的样本进行复制，而使用“图案图章”工具可以利用图案进行绘画，可以从图案库中选择图案或者自定义创建图案。

(1)仿制图章工具　“仿制图章”工具可以从图像中取样，并将样本应用到其他图像或同一图像的其他部分。选择工具箱中的“仿制图章”，工具属性栏设置如图 16-60 所示，各选项含义如下。

图 16-60　“仿制图章”工具属性栏

- 模式：选择仿制图章的效果模式。
- 不透明度：设置描边的不透明度。
- 流量：设置描边的流动速度。
- 对齐：对每个描边使用相同的位移。
- 样本：仿制的样本模式。

具体操作步骤如下：

①打开链接网址中 PS 素材文件—第 16 章“素材 16-8”文件到 Photoshop CC 中，如图 16-61 所示。

②下面我们将图像中的鸟去掉，选择“仿制图章”工具，保持其在属性栏中的默认设置，按住 Alt 键，光标将变成准星形状，在鸟的部位进行涂抹，可适当调整透明度或流量，直到达到满意的效果，如图 16-62 所示。

图 16-61　素材图片

图 16-62　仿制图章工具效果

(2)图案图章工具　“图案图章”工具可以利用图案绘画,也可以从预设的图案库中选择图案,或者创建自定义图案。选择工具箱中的“图案图章”,工具属性栏设置如图 16-63 所示,各选项含义如下。

图 16-63　“图案图章”工具属性栏

- 模式:选择图案图章的效果模式。
- 不透明度:设置描边的不透明度。
- 流量:设置描边的流动速度。
- 对齐:对每个描边使用相同的位移。
- 印象派效果:将图案渲染为绘画轻涂以获得印象派效果。

具体操作步骤如下:

①打开链接网址中 PS 素材文件—第 16 章“素材 16-9”文件到 Photoshop CC 中,如图 16-64 所示。

②选择“图案图章”工具,在选项栏中单击图案缩略图,找到需要的图案如图 16-65 所示,保持其他选项属性栏中的默认设置,在选项栏中单击图案缩略图,设置图案为如图 16-66 所示。

图 16-64　素材图片

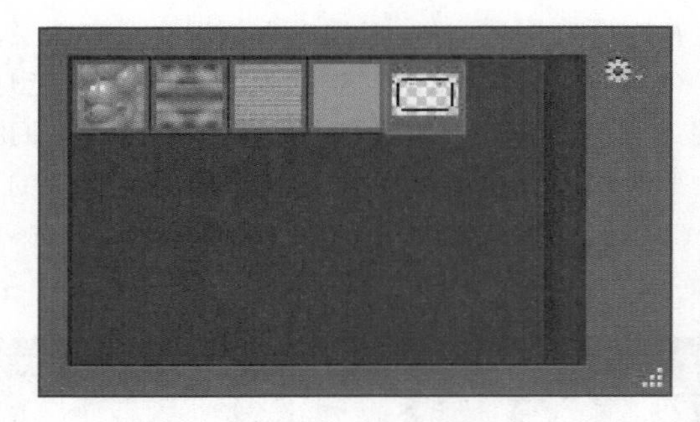

图 16-65　默认设置

图 16-66　图案图章工具效果

16.2.3　仿制源面板

“仿制源”面板是 Photoshop CC 中新增加的控制面板。该面板最多可以为“仿制图章”工具或“修复画笔”工具设置 5 个不同的样本源。既可以显示样本源的叠加帮助在特定位置复制图像,也可以缩放或旋转样本源按照特定大小和方向复制图像,还可以缩放或旋转样本源按照特定大小和方向复制图像。

①打开链接网址中 PS 素材文件—第 16 章“素材

16-10(a)”图片 1 与“素材 16-10(b)”图片 2 到 Photoshop CC 中，如图 16-67 所示。再执行“窗口”—“仿制源”命令，即可打开隐藏的“仿制源”面板，图 16-68 所示。

(a) 图片1

(b) 图片2

图 16-67　案例图片

图 16-68　仿制源面板

②选择“图片 1”图像，接着选择“仿制图章”工具。按下 Alt 键。在视图中相应位置单击，定义取样点。这时可以看见“仿制源”面板中出现了当前取样点所在文件夹的名字，如图 16-69 所示。

图 16-69　仿制源面板中的取样点

③接着再单击选择“仿制源”面板中空白的按钮，切换到“图片 2”图像，继续使用“仿制图章”工具在视图中定义取样点，这时“仿制源”面板中将出现当前取样的名称，如图 16-70 所示。

图 16-70　定义新取样点

④在“仿制源”面板中，确定“图片 2”图像的取样点的仿制源按钮为选中状态。激活“图片 1”图像，新建一个图层，使用“仿制图章”工具在图像中涂抹，效果如图 16-71 所示。

图 16-71　仿制效果

16.2.4　颜色替换工具

“颜色替换”工具使用前景色对图像中特定的颜色进行替换，该工具常用来校正图像中较小区域颜色的图像。选择工具箱中的“颜色替换”工具，其属性栏如图 16-72 所示。其中选项的具体含义如下。

图 16-72　“颜色替换”工具属性栏

- 模式：设置绘画模式。

- 取样：包含三个按钮“连续”、“一次”和“背景色板”。
- 限制：确定替换颜色的范围。
- 容差：选择相关颜色的容差。
- 消除锯齿：对画笔应用程序消除锯齿。

注意：“颜色替换”工具不适用于“位图”“索引”或“多通道”颜色模式的图像。

16.2.5 混合器画笔工具

借助混色器画笔和毛刷笔尖，可以创建逼真、带纹理的笔触，将轻松地将图像转变为绘图或创建独特的艺术效果。选择工具箱中的“混合器画笔”工具，其属性栏如图16-73所示。其中选项的具体含义如下。

图 16-73 “混合器画笔”工具属性栏

- 潮湿：设置从画布拾取的油彩量。
- 载入：设置画笔上的油彩量。
- 混合：设置描边的颜色混合比。
- 流量：设置描边的流动速率。
- 对所有图层取样：从所有图层拾取湿油彩。

具体操作如下：

①打开链接网址中PS素材文件—第16章“素材16-11”到Photoshop CC，如图16-74所示。

图 16-74 素材图片

②选择工具箱中的“混合器画笔”工具，并设置其属性栏各选项参数，如图16-75所示。

图 16-75 “混合器画笔”工具属性栏

③使用设置好的画笔在图像上涂抹，将绘制出具有混合图像效果笔触，效果如图16-76所示。

图 16-76 混合器画笔工具效果

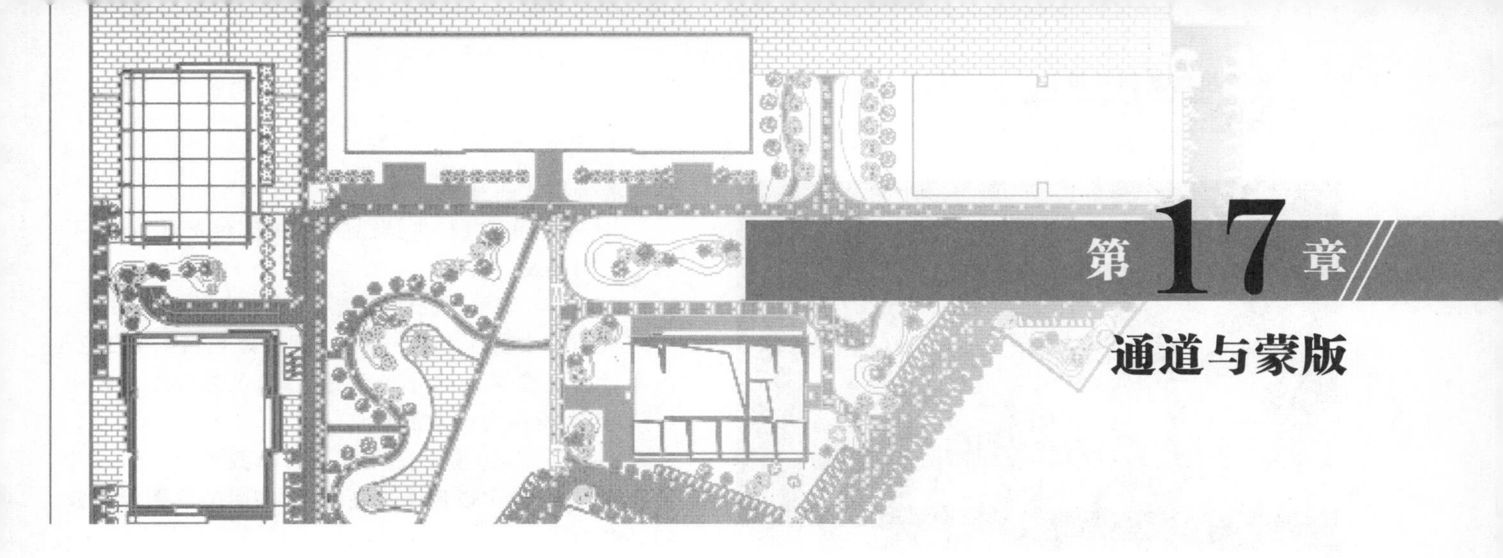

第17章 通道与蒙版

17.1 蒙版

17.1.1 蒙版概述

效果图上色时我们常用一张白纸遮住不需要上色的地方，以保护图面干净，蒙版在 Photoshop 中的作用就相当于那张挡色的白纸。选择某个图像的部分区域时，未选中区域将“被蒙版”，即受保护以免被编辑。因此，创建了蒙版后，当要改变图像某个区域的颜色，或者要对该区域应用滤镜或其他效果时，就可以隔离并保护图像的其余部分。

Photoshop 的蒙版存储在 Alpha 通道中。蒙版和通道是灰度图像，可以像编辑其他图像那样编辑它们。对于蒙版和通道，其中绘制为黑色的区域受到保护，绘制为白色的区域可进行编辑，如图 17-1 通道与蒙版编辑所示。

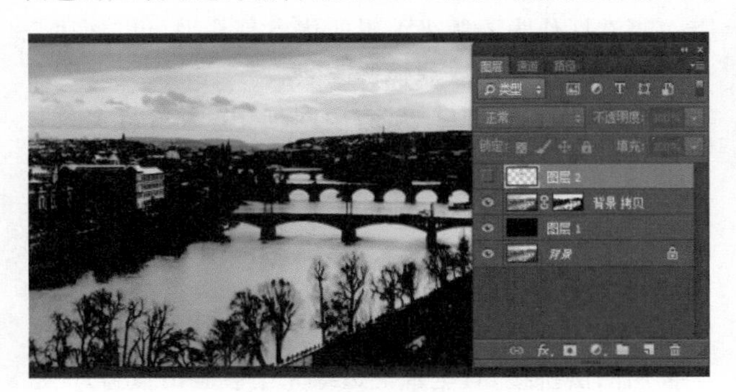

图 17-1　通道与蒙版编辑

17.1.2 图层蒙版

图层蒙版是通过 Alpha 通道中灰度图的灰阶来控制目标图层显隐的。图层蒙版不过是一个通道，而通道是以一幅灰度图来记录信息的。因此，可以应用任何编辑图像的手段来编辑图层蒙版。

从编辑手段来看，图层蒙版是各类蒙版中最为丰富的。同时图层蒙版编辑的优点是，不破坏图像，可以对图像进行反复的修改和调整。

通过一个案例来说明图层蒙版在园林设计图制作中的应用。在 Photoshop CC 中打开链接网址中 PS 素材文件—第 17 章“素材 17-1 夜景”，并复制一个【背景副本】图层。然后将链接网址中 PS 素材文件—第 17 章“素材 17-2 烟花”图片导入工作界面，作为【烟花】图层，并调整至合适尺寸与色调。如图 17-2 所示。

图 17-2　打开图像调整成如图效果

选中【烟花】图层，点击图层面板底部的【添加图层蒙版】按钮，给这个图层链接上一个完全显示图层蒙版。用渐变结合画笔工具在蒙版上用黑色涂抹，可以让【背景副本】图层和【烟花】图层自然的融合，如图 17-3 所示。

图 17-3　融合后的图层

最后将【烟花】图层混合模式设置为【变亮】(PS 变亮模式又称加色模式，过滤暗调图像，使图像变亮)，使烟花效果更真实地融入背景图层，如图 17-4 所示。

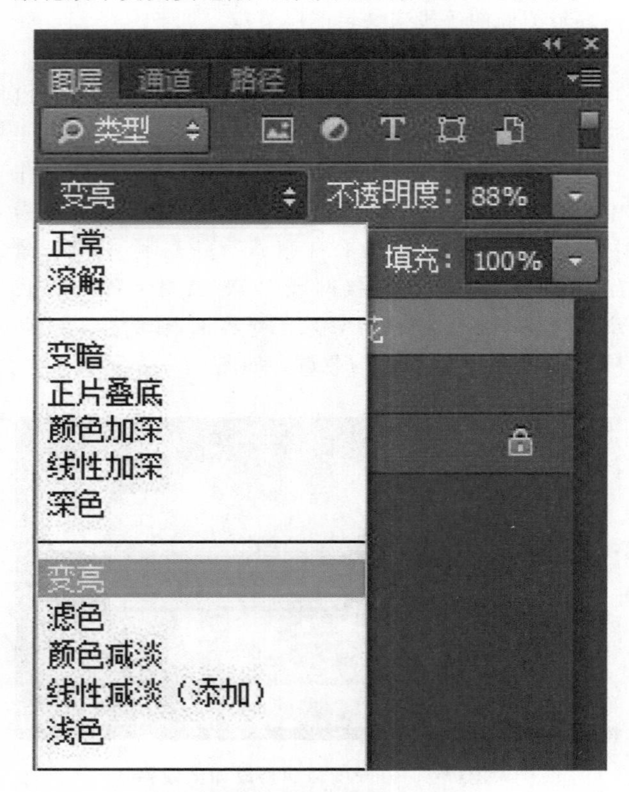

图 17-4　图层混合模式设置

提示：除了变亮模式，PS 的混合模式还内置了多种模式以供使用。选择不同的图层混合模式，就是改变当前图层中的像素与它下方图层中像素的混合方式，从而影响当前图层中颜色和亮度等信息。

混合模式的种类及特点：

Normal(正常)模式：当前图层的颜色正常显示，不与下方图层发生混合。

Dissolve(溶解)模式：不透明度越小，效果越明显。

Multiply(正片叠底)模式：保留黑色，隐藏白色。混合过后图像深色部分变得更深，浅色部分变化较小(可以用来给图像中增加阴暗区域)。

Screen(屏幕)模式：保留白色，隐藏黑色。与正片叠底刚好相反(可以用来加亮图像，在阴暗的图像中找到更多细节)。

Overlay(叠加)模式：综合正片叠底和屏幕的作用，让底色中亮部更亮，暗部更暗，从而产生强烈的明暗对比效果(在制作纹理和透明效果时比较常用)。

Soft Light(柔光)模式：类似叠加，但明暗对比没有那么强烈。

Color Dodge(颜色减淡)模式：和亮部重叠的地方变得耀眼，暗部不变。

Color(颜色)模式：将上层的色彩混合到下层图像中，明暗保持不变，可以用来给图像换色。

Difference(差值)模式：与白色混合使底色反相，与黑色混合则不变。

Exclusion(排除)模式：类似差值的效果，但对比度较低。

其他模式。

17.1.3　快速蒙版

使用快速蒙版模式可以将任何选区作为蒙版进行编辑，而无须使用“通道”调板，在查看图像时也可如此。将选区作为蒙版来编辑的优点是几乎可以使用任何 Photoshop 工具或滤镜修改蒙版。

在 Photoshop 中打开链接网址中 PS 素材文件—第 17 章“素材 17-3 水池”和链接网址中 PS 素材文件—第 17 章“素材 17-4 假山”。将文件“素材 17-3 水池复制出【背景副本】图层，使用 Photoshop 的图层拼合功能将【水池】的图像和【假山】的图像结合起来，如图 17-5 所示。

用图层拼接，直至水池边缘完全被假山覆盖，完成假山拼合步骤。然后将假山合并为一个图层，选择菜单栏中【色相/饱和度】的调整图层色调，使其与【背景副本】色调协调。效果如图 17-6 所示。

图 17-5　调整假山至如图效果

图 17-6　调整后效果

接下来处理水面的效果，选择【背景副本】图层键入【Q】或者单击工具箱中【快速蒙版编辑】按钮，进入快速蒙版模式。使用渐变结合画笔工具在【背景副本】图层上用黑色涂抹出非选区，如图 17-7 所示。

图 17-7　涂抹出非选区

再次键入【Q】或单击【快速蒙版编辑】按钮，退出快速蒙版模式，得到水面的选区。在选区上添加一个亮度的调整图层，调整后效果如图 17-8 所示。

图 17-8　亮度调整后

继续添加【水面倒影】图层以及【水面波纹】特效，以求最大限度接近真实效果。最后完成图片制作如图 17-9 所示。

图 17-9　完成效果

17.1.4　剪贴蒙版

剪贴蒙版，它是通过使用处于下方图层的形状来限制上方图层的显示状态，达到一种剪贴画的效果，即“下形状上颜色”。

在使用剪贴蒙版时需要两层图层，下面一层相当于底板，上面相当于彩纸，我们创建剪贴蒙版就是把上层的彩纸贴到下层的底板上，下层底板是什么形状的，剪贴出来的效果就是什么形状的。

园林设计图绘制过程中，常常应用剪贴蒙版的这一属性制作出具有较强风格化的剪影效果图。

首先在 Photoshop 中打开链接网址中 PS 素材文件—第 17 章“素材 17-5”，并将它的背景层复制两个

【背景副本】图层，如图 17-10 所示。

图 17-10　复制两个相同图层

将【背景拷贝 1】图层去色，同时将【不透明度】调低至 30%。然后在该图层下创建一个白色图层【图层 1】，作为背景。如图 17-11 所示。

图 17-11　创建一个白色图层

在【背景拷贝 2】图层下录入图 17-12 中的文字。

图 17-12　录入文字

如图 17-13 所示，将鼠标移动到【背景拷贝 2】图层和【文字】图层之间，按住 Alt 键，可以发现鼠标变形了（有一个向下的箭头），点击鼠标，创建剪贴蒙版。最终效果如图 17-14 所示。

图 17-13　创建剪贴蒙版

图 17-14　最终效果

17.1.5　矢量蒙版

矢量蒙版，也叫做路径蒙版，是可以任意放大或缩小而不影响清晰度的蒙版。在 Photoshop 使用过程中，矢量蒙版具有蒙版性质，可以保证原图不受损；同时其矢量性可以随时用钢笔工具修改蒙版形状，且形状无论拉大多少，都不会失真。

它的操作是选中需要添加矢量蒙版的图层，依次点击菜单栏中【图层—矢量蒙版—显示全部】，创建矢量蒙版。

在 Photoshop 中打开链接网址中 PS 素材文件—第 17 章“素材 17-6”，将背景图层复制一个【背景拷贝】，同时再创建一个黑色底面的【图层 1】。如图 17-15 所示。

图 17-15 创建一个黑色底面的【图层 1】

然后选中【背景拷贝】图层，使用上文的操作添加矢量蒙版的图层；也可以按住【Ctrl】点击图层面板底部的【】按钮进行添加。如图 17-16 所示。

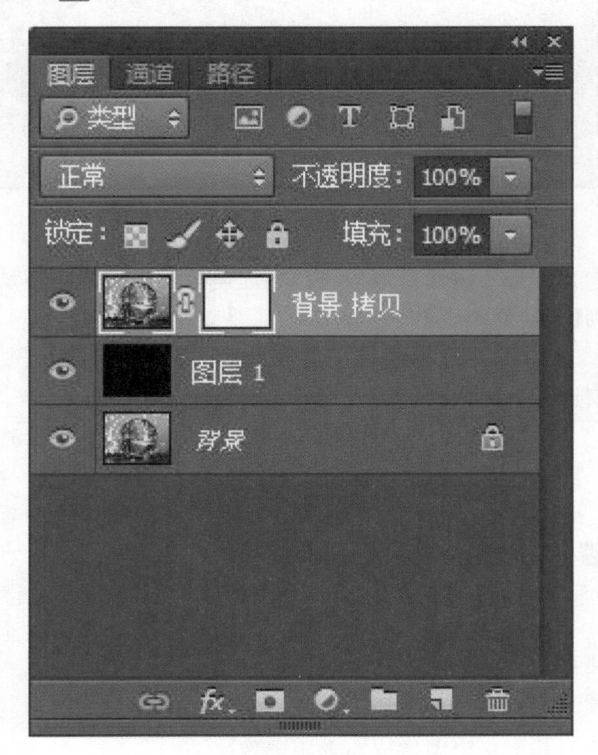

图 17-16 点击图层面板底部的按钮添加矢量蒙版

选择工具箱中的【自定义形状工具】，在其属性栏中的形状中选择一个合适的矢量形状。然后如图 17-17 所示在矢量蒙版绘制，并且调整蒙版图层属性的羽化程度。

图 17-17 以矢量蒙版绘制

最终效果如图 17-18 所示。

图 17-18 最终效果

17.2 通道

17.2.1 通道概念

通道是存储不同类型信息的灰度图像，主要有以下三类。

(1)颜色通道　该通道是在打开新图像时自动创建的，用以储存图片每种主色的信息。图像的颜色模式决定了所创建的颜色通道的数目。例如，RGB 图像的每种颜色(红色、绿色和蓝色)都有一个通道，并且还有一个用于编辑图像的复合通道。

(2)Alpha 通道　指的是特别的通道，意思是“非彩色”通道，主要用来保存选区和编辑选区的灰度图像。可以添加 Alpha 通道来创建和存储蒙版，这些蒙版用于处理或保护图像的某些部分。

(3)专色通道　这个通道指定用于专色油墨印刷的附加印版。

因为与传统绘图工作模式不同，通道是 Photoshop 中较难理解的概念。如果将图层概念理解为传统硫酸纸叠加模式的模仿，那通道则是根据一些数据信息对图片进行分层，比如 RGB 颜色信息通道即是将一张图片中的蓝色、红色和绿色完全分开成三层，依此类推，Alpha 通道即是将图片中的选区提出，分为一层。如图 17-19 所示。

图 17-19　将图片中的选区提出

17.2.2　通道基本操作

通道的优势在于可以将上述的数据信息表现成灰度图像，即可用 Photoshop 的图像编辑功能对数据信息进行处理，且方便进行选区的储存、编辑和转换。通道除用来存储图像信息外，它的实质还是灰度的图像，因此它的基本操作与普通图层的操作非常相似。

(1)通道面板　通道面板如图 17-20 所示，是用来创建和管理通道，并监视编辑效果的一个平台。

(2)新建通道　如果需要新建一个 Alpha 通道，只需要点击通道面板底部的【创建新通道】按钮。

(3)复制通道　如果要在图像之间复制 Alpha 通道，则通道必须具有相同的像素尺寸。

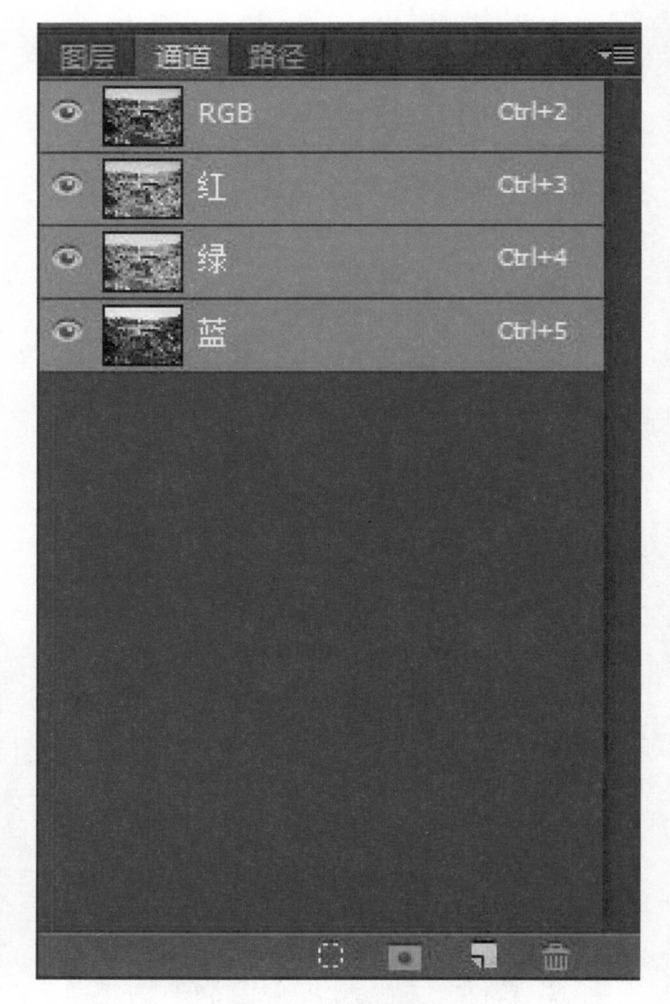

图 17-20　通道面板

方法一：在【通道】调板中，选择要复制的通道拖动到【创建新通道】图标上。

方法二：选择通道，从【通道】调板菜单中选取【复制通道】，键入复制的通道的名称。

(4)删除通道　在 Photoshop【通道】调板中选择该通道。

方法一：将调板中的通道名称拖动到【删除】图标上。

方法二：从【通道】调板菜单中选取【删除通道】。

(5)合并通道　可以将多个灰度图像合并为一个图像的通道。合并通道的方法是：

①打开包含要合并通道的灰度图像(多个图像)，并使其中一个图像成为现用图像。

②从【通道】面板菜单中选取【合并通道】。

③对于【模式】，选取要创建的颜色模式。适合模式的通道数量出现在【通道】文本框中。

④单击【确定】。

(6)分离通道　只能分离拼合图像的通道。当需要在不能保留通道的文件格式中保留单个通道信息时，分离通道非常有用。

17.2.3　通道抠图

使用 Photoshop 抠出边界复杂的图形时，可以运用 Photoshop 通道直接编辑图像灰度信息的原理快速实现。

下面通过对该图片中天空部分的抠去，来说明 Photoshop 通道抠图的具体操作。首先复制出【背景拷贝】图层，如图 17-21 所示。

图 17-21　复制出【背景拷贝】图层

进入通道模式，选择一个主体景观与天空颜色对比度最大的通道并复制它，得到【蓝副本】，如图 17-22 所示。

图 17-22　复制得到蓝副本通道

按住【Ctrl＋L】调出【蓝副本】图层的色阶，并且进一步增加主体景观与天空颜色对比度。如图 17-23、图 17-24 所示。

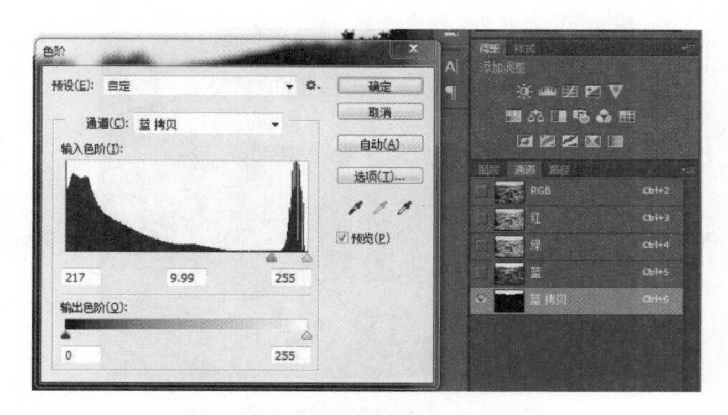

图 17-23　增加主体景观与天空颜色对比度

图 17-24　增加主体景观与天空颜色对比度后效果

用黑色画笔将【主体景观】中的高光部分抹掉，使整个图像仅剩下【天空】所占的高光部分。然后按住 Ctrl 键单击【蓝副本】图层，获得如图 17-25 所示选区。

图 17-25　天空选区

最后回到图层模式，点击【背景拷贝】图层，即得到天空部分的选区，如图 17-26 所示。

图 17-26　得到天空部分的选区

为了帮助我们更加深入地理解 Photoshop 中通道的实质，下面再通过一个具体的雪景特效制作案例来帮助说明。

在 Photoshop CC 中打开原图，在【背景】图层上单击右键选择【复制图层】，在弹出的窗口中点击【确定】即可将背景复制一个【背景副本】图层，如图 17-27 所示。

图 17-27　复制图层

因其拍照的光线及角度等不同，造成图片内容阴影和高光差别很大，而制作的雪景，一般只覆盖在层顶及树顶等向上方向的物体上，所以要对图像的高光进行处理，用【减淡】工具来完成是再合适不过的，如图 17-28 所示。

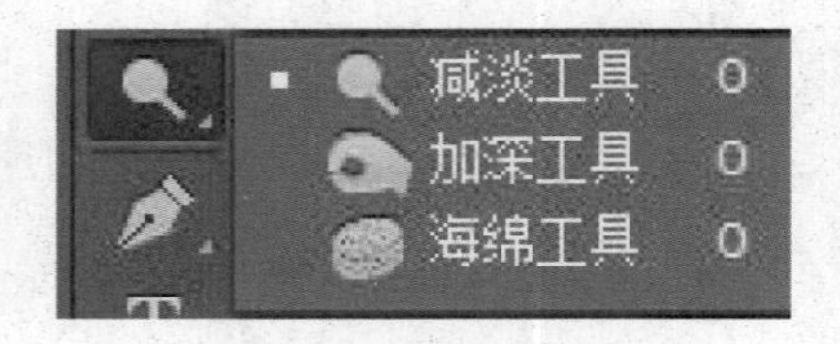

图 16-28　【减淡】工具

将需要做成有雪景覆盖的地方用【减淡】工具进行反复涂抹，以看得见白色反光为准，如图 17-29 所示。

图 16-29　雪景看得见白色反光

准备工作做好后，进入通道面板，点击创建新通道按钮，建立一个新的 Alpha 通道。然后将处理好的【背景副本】图像用 Ctrl＋V 粘贴到新的 Alpha 通道上，如图 17-30、图 17-31 所示。

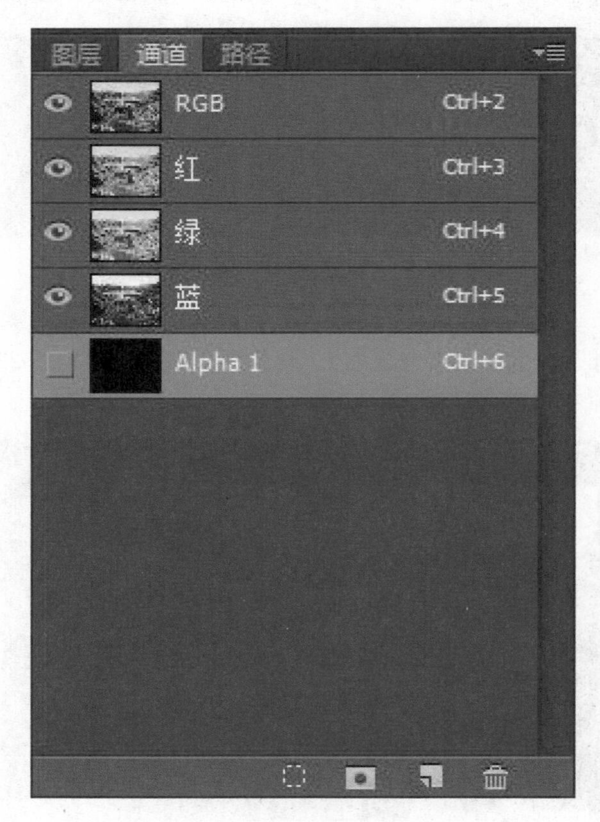

图 17-30　建立一个新的 Alpha 通道

图 17-31　将【背景副本】图像粘贴到新的 Alpha 通道上

点击 Alpha 1 通道的缩略图，选择菜单【滤镜—滤镜库—胶片颗粒】，在弹出的【胶片颗粒】窗口中，根据图像的效果来设置参数，一般将颗粒设置为 1，强度设置为 10，而【高光区域】则根据不同的图像进行不同的设置，本例子设置为 6，如图 17-32 所示。

确定
取消
胶片颗粒
颗粒 1
高光区域 6
强度 10
胶片颗粒

图 17-32　胶片颗粒设置参数

单击确认【胶片颗粒】设置后，我们就可以看见白色的部分被突出显示，按住 Ctrl 键，鼠标左键单击 Alpha1 通道的缩略图位置载入选区，如图 17-33 所示。

图 17-33　载入选区

这时载入的选区实际上是白色区域部分，这正是我们想要的雪景图层。然后单击返回图层面板，新建一个透明图层 1，选择菜单【编辑—粘贴】或按 Ctrl＋V 快捷键将内容粘贴在图层 1 上，这样就形成了在画面上覆盖雪景的大致效果，如图 17-34 所示。

图 17-34　覆盖雪景的大致效果

最后对雪景效果图进行修整完善，最终效果如图 17-35 所示。

图 17-35　最终效果图

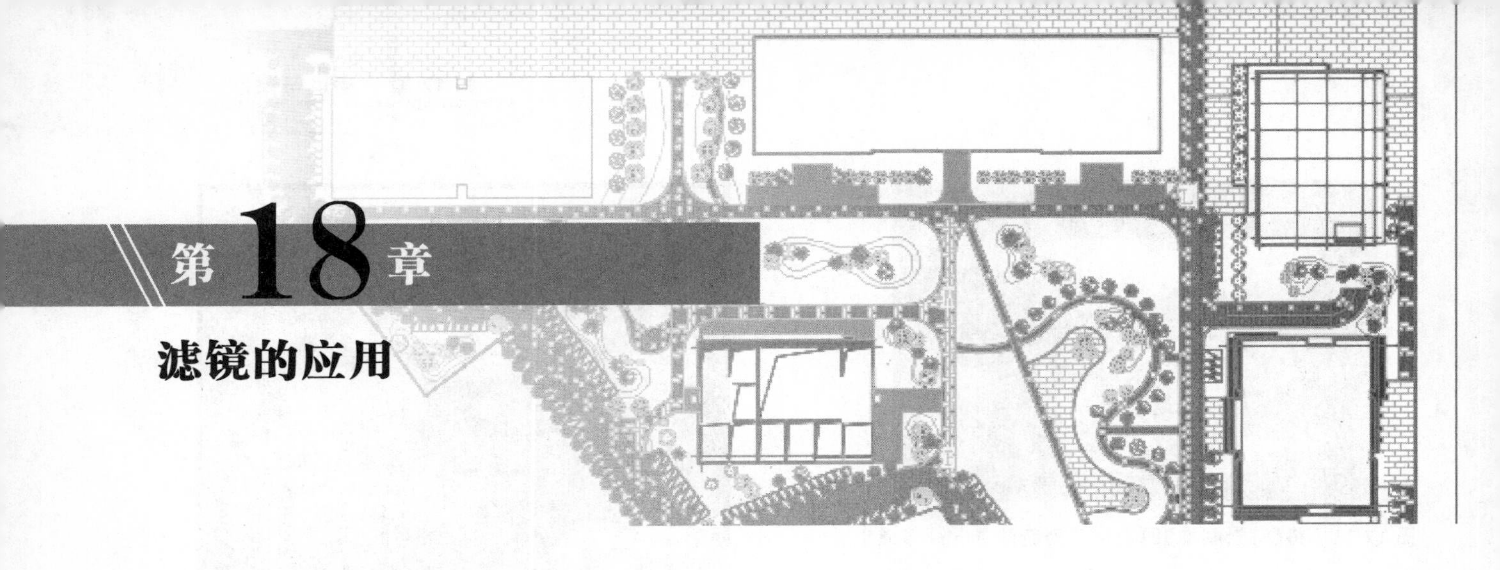

第18章 滤镜的应用

在 Photoshop CC 的应用中，滤镜是用于创建图像特殊效果的一个强大工具，使用滤镜不仅可以帮助用户对图像进行模糊、锐化和亮度处理，还可以使图像产生各种各样的艺术效果，如在园林设计中，用户常用的模糊、水彩画、杂色、波浪以及浮雕效果等。

18.1 滤镜简介

“滤镜”来源于摄影领域中的“滤光镜”，但又不同于滤光镜，滤镜改进图像和产生的特殊效果是滤光镜所不能及的。在 Photoshop CC 中，通过滤镜功能可以为图像添加各种各样的效果，包括滤镜库、风格化、扭曲、液化以及艺术效果滤镜等。使用这些滤镜可以创造出不同的图像效果，也可将不同的滤镜配合使用。

18.1.1 滤镜使用范围

在 Photoshop CC 中，滤镜 滤镜(T) 是该软件用处最多且效果最为奇妙的功能。Photoshop CC 中的滤镜可以应用于图像的选择区域，也可以应用于整个图层。Photoshop CC 中的滤镜从功能上基本分为矫正性滤镜与破坏性滤镜。矫正性滤镜包括模糊、锐化、视频、杂色以及其他滤镜，它们对图像处理的效果很微妙，可调整对比度、色彩等宏观效果。除这几种效果外，滤镜菜单中的其他滤镜效果均为破坏性滤镜，破坏性滤镜对图像的改变比较明显，主要用于构造特殊的艺术效果。

滤镜的处理以像素为单位，因此滤镜的处理与分辨率有关，同一幅图像如果分辨率不同，那么应用滤镜功能所产生的效果也不同

在为图像添加滤镜效果时，如果图像处于位图、索引图、16 位灰度图等色彩模式下，将不允许使用滤镜；在 CMYK、Lab 色彩模式下，将不允许使用艺术效果、画笔描边、素描、纹理以及视频等滤镜效果。

18.1.2 滤镜使用技巧

滤镜的使用方法与其他工具有一些差别，下面对滤镜工具的使用相关事宜进行介绍。

(1) 上一次选取的滤镜将出现在菜单顶部，按“Ctrl＋F”键，可以快速重复使用该滤镜，若要使用新的设置选项，需要在对话框中设置。

(2)按“Esc”键，可以放弃当前正在应用的滤镜。

(3)按“Ctrl＋Z”键，可以还原滤镜操作。

(4)按“Ctrl＋Alt＋F”键，可以显示出最近应用的滤镜对话框。

(5)滤镜可以应用于可视图层。

(6)不能将滤镜应用于位图模式或索引颜色的图像。

(7)有些滤镜只对 RGB 图像产生效果。

在为图像添加滤镜效果时，通常会占用计算机的大量内存，特别是在处理高分辨率的图像时。用户可用如下方法进行优化。

(1)在处理大图像时，先在局部添加滤镜效果。

(2)如果图像很大且出现内存不足的情况，可以将滤镜效果应用于图像的单个通道。

(3)关闭其他程序，为 Photoshop CC 提供更多的内存。

(4)如果要打印黑白图像，最好在应用滤镜前，先将图像的一个副本转换为灰度图像。

如果将滤镜应用于彩色图像后再转换为灰度，则所得到的效果可能与该滤镜直接应用于此图像的灰度图的效果不同。

18.1.3　滤镜菜单

在 Photoshop CC 中，“智能”滤镜放在了菜单的第二栏中；“消失点”“滤镜库”“液化”与“镜头矫正”放在了菜单的第三栏中，如图 18-1 所示。Photoshop CC 在“滤镜”菜单的下方提供了 13 组滤镜样式，每组滤镜的子菜单中又包含了几种不同的滤镜效果。

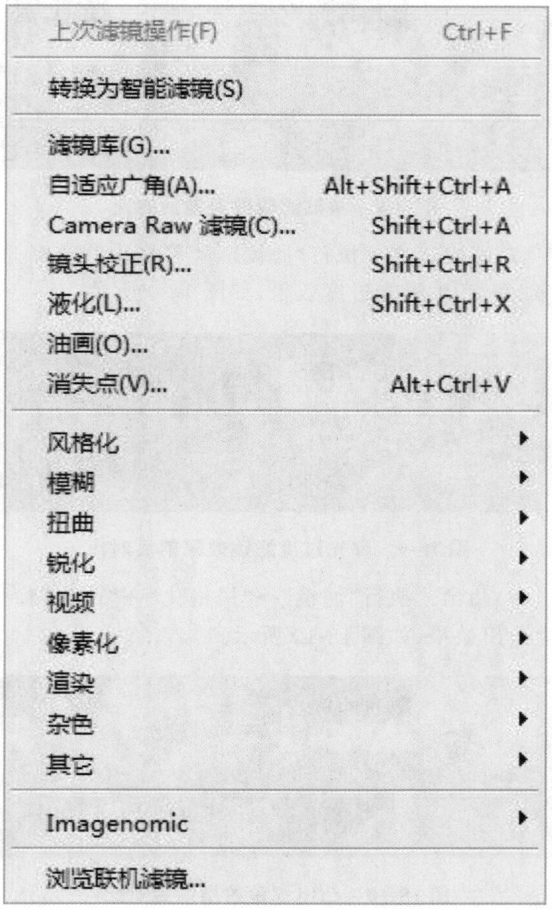

上次滤镜操作(F)　Ctrl+F
转换为智能滤镜(S)
滤镜库(G)...
自适应广角(A)...　Alt+Shift+Ctrl+A
Camera Raw 滤镜(C)...　Shift+Ctrl+A
镜头校正(R)...　Shift+Ctrl+R
液化(L)...　Shift+Ctrl+X
油画(O)...
消失点(V)...　Alt+Ctrl+V
风格化
模糊
扭曲
锐化
视频
像素化
渲染
杂色
其它
Imagenomic
浏览联机滤镜...

图 18-1　滤镜菜单

18.2　应用内置滤镜

在 Photoshop CC 中提供了多种内置滤镜，包括像素化、扭曲、杂点、模糊、艺术及效果、渲染以及纹理等滤镜，本节将结合实例介绍这些内置滤镜的功能及使用方法。

18.2.1　风格化滤镜

风格化滤镜组主要通过移动和置换图像的像素并增加图像像素的对比度，生成绘画或印象派的图像效果。该滤镜组包括查找边缘、等高线、风、浮雕效果、扩散、拼贴、曝光过度、凸出，如图 18-2 所示。

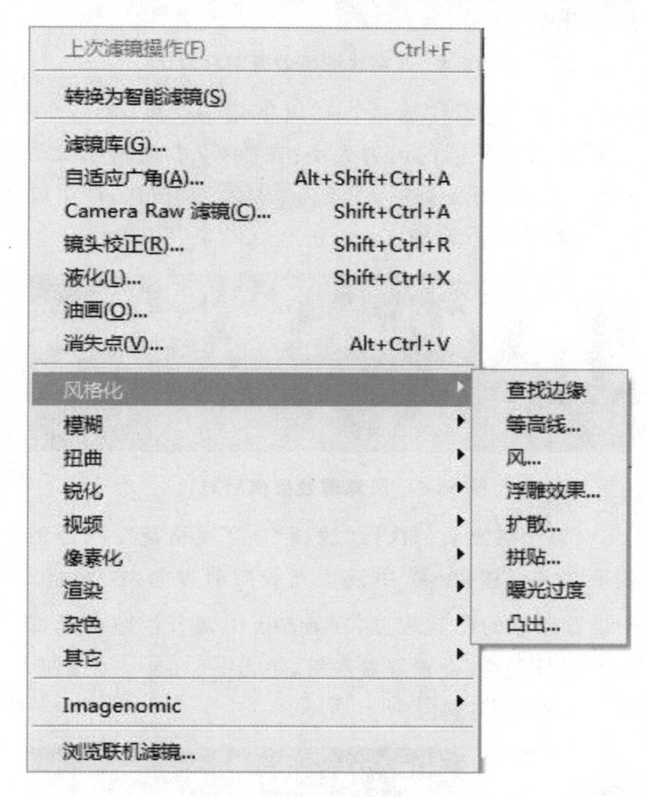

图 18-2　风格化滤镜组

(1)查找边缘　打开链接网址中 PS 素材文件—第 18 章“素材 18-1”，执行“滤镜”→“风格化”→“查找边缘”命令，产生查找边缘效果，如图 18-3 所示。

图 18-3　查找边缘滤镜效果前后对比

(2)等高线　执行“滤镜”→“风格化”→“等高线”

命令，在 色阶(E): 中设置边缘线对应的像素颜色；在 边缘 中设置边缘特性，设置好参数后，单击 确定 按钮，产生等高线效果，如图 18-4 所示。

图 18-4　等高线滤镜效果前后对比

(3)风　执行“滤镜”→“风格化”→“风”命令，在 方法 中选择不同的风力大小；在 方向 中控制风吹动的方向，设置好参数后，单击 确定 按钮，产生风效果，如图 18-5 所示。

图 18-5　风滤镜效果前后对比

(4)浮雕效果　执行“滤镜”→“风格化”→“浮雕效果”命令，在 角度(A): 中设置光线照射方向；在 高度(H): 中设置浮雕的凸起程度；在 数量(M): 中调节浮雕凸起部分的细节程度，设置好参数后，单击 确定 按钮，产生浮雕效果，如图 18-6 所示。

图 18-6　浮雕效果滤镜效果前后对比

(5)扩散　执行“滤镜”→“风格化”→“扩散”命令，在 模式 中选择扩散模式，设置好后，单击 确定 按钮，产生扩散效果，如图 18-7 所示。

(6)拼贴　执行“滤镜”→“风格化”→“拼贴”命令，在 拼贴数 中设置图像每行每列中要显示的最小贴块数；在 最大位移 中设置允许贴块偏移原始位置的最大距离；在 填充空白区域用 设置贴块间空白区域的填充方式，设置好后，单击 确定 按钮，产生拼贴效果，如图 18-8 所示。

图 18-7　扩散滤镜效果前后对比

图 18-8　拼贴滤镜效果前后对比

(7)曝光过度　执行“滤镜”→“风格化”→“曝光过度”命令，产生曝光过度效果，如图 18-9 所示。

图 18-9　曝光过度滤镜效果前后对比

(8)凸出　执行“滤镜”→“风格化”→“凸出”命令，产生凸出效果，如图 18-10 所示。

图 18-10　凸出滤镜效果前后对比

18.2.2　模糊滤镜

使用模糊滤镜可以柔化图像边缘，遮蔽清晰的边缘像素，产生模糊图像的效果。该滤镜组包括场景模糊、光圈模糊、移轴模糊、表面模糊、动感模糊、方框模糊、高斯模糊、进一步模糊、径向模糊、镜头模糊、模糊、平均、特殊模糊、形状模糊等，如图 18-11 所示。

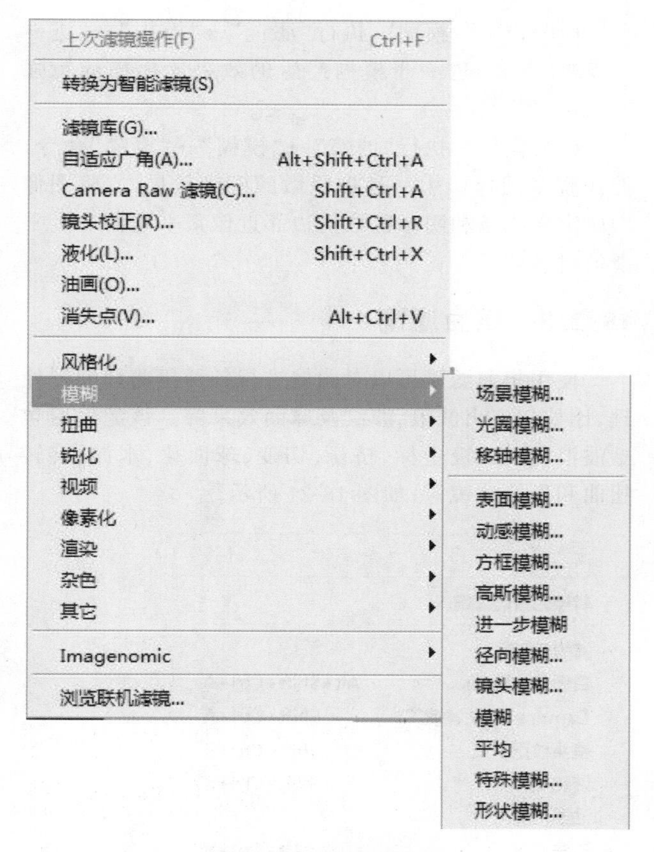

图 18-11　模糊滤镜组

(1)表面模糊　执行“滤镜”→“模糊”→“表面模糊”命令，在 半径(R): 中设置模糊效果强度；在 阈值(T): 中设置阈值，设置好参数后，单击 确定 按钮，产生表面模糊效果，如图 18-12 所示。

图 18-12　表面模糊滤镜效果前后对比

(2)动感模糊　执行“滤镜”→“模糊”→“动感模糊”命令，在 角度(A): 中设置角度，控制模糊方向；在 距离(D): 中设置图像中像素的移动距离，距离越大模糊强度越大，设置好参数后，点击 确定 按钮，产生动感模糊效果，如图 18-13 所示。

(3)方框模糊　执行“滤镜”→“模糊”→“方框模糊”命令，在 半径(R): 中设置模糊效果强度，设置好参数后，点击 确定 按钮，产生方框模糊效果，如图 18-14 所示。

图 18-13　动感模糊滤镜效果前后对比

图 18-14　方框模糊滤镜效果前后对比

(4)高斯模糊　执行“滤镜”→“模糊”→“高斯模糊”命令，在 半径(R): 中设置模糊效果强度，设置好参数后，点击 确定 按钮，产生高斯模糊效果，如图 18-15 所示。

图 18-15　高斯模糊滤镜效果前后对比

(5)径向模糊　执行“滤镜”→“模糊”→“径向模糊”命令，在 数量(A) 中设置模糊效果强度，在 模糊方法: 中选择模糊的方法，在 品质: 中选择模糊效果生成的品质，设置好参数后，点击 确定 按钮，产生径向模糊效果，如图 18-16 所示。

图 18-16　径向模糊滤镜效果前后对比

(6)镜头模糊　执行“滤镜”→“模糊”→“镜头模糊”命令，在 深度映射 中设置模糊焦距；在 光圈 中设置模糊半径及旋转角度；在 镜面高光 中设置模糊亮度；在 杂色 中设置数量和分布状况，设置好参数后，单击 确定 按钮，产生镜头模糊效果，如图 18-17 所示。

图 18-17　镜头模糊滤镜效果前后对比

(7)平均　执行“滤镜”→“模糊”→“平均”命令，该命令使图像中的颜色均匀混合产生模糊效果，如图 18-18 所示。

图 18-18　平均滤镜效果前后对比

(8)特殊模糊　执行“滤镜”→“模糊”→“特殊模糊”命令，产生特殊模糊效果，如图 18-19 所示。

图 18-19　特殊模糊滤镜效果前后对比

(9)形状模糊　执行“滤镜”→“模糊”→“形状模糊”命令，使用指定的形状来产生模糊效果，如图 18-20 所示。

图 18-20　形状模糊滤镜效果前后对比

(10)进一步模糊　执行“滤镜”→“模糊”→“进一步模糊”命令，进一步模糊产生的效果比模糊滤镜强 3～4倍。

(11)模糊　执行“滤镜”→“模糊”→“模糊”命令，能让整个图像产生一种极轻微的模糊效果，它将图像中所定义线条和阴影区域的边邻近像素平均而产生平滑的过渡效果。

18.2.3　扭曲滤镜

使用扭曲滤镜可以对图像进行各种扭曲和变形处理，比如创建出波浪、波纹及球面效果等。该滤镜组包括波浪、波纹、极坐标、挤压、切变、球面化、水波、旋转扭曲和置换滤镜等，如图 18-21 所示。

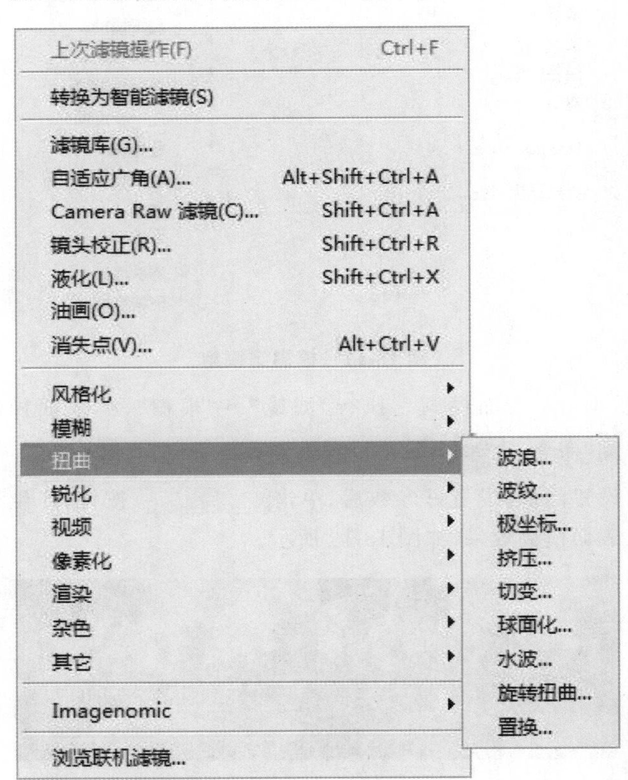

图 18-21　扭曲滤镜组

(1)波浪　执行“滤镜”→“扭曲”→“波浪”命令，弹出“波浪”对话框，在 生成器数(G): 输入框中调数值，在 波长(W): 选项中设置波长，在 波幅(A): 选项中设置波幅，在 比例(S): 选项中设置比例，设置参数后，单击 确定 按钮，产生波浪效果，如图 18-22 所示。

图 18-22　应用波浪滤镜效果前后对比

(2)波纹　执行“滤镜”→“扭曲”→“波纹”命令，在弹出的波纹对话框中，对 数量(A) 进行数值设置，输入数值范围为－999～999，在下拉列表中选择波纹大小，设置 大小(S) 相关参数后，单击 确定 按钮，产生波纹效果，如图 18-23 所示。

图 18-23　应用波纹滤镜效果前后对比

(3)玻璃　执行“滤镜”→“扭曲”→“玻璃”命令，在 扭曲度(D) 中输入数值设置玻璃的变形程度；在 平滑度(M) 中输入数值设置玻璃的平滑程度；在 缩放(S) 中输入数值设置玻璃的缩放比例；在 纹理(T): 的下拉列表中选择表面纹理的变形类型。选中 ☑反相(I) 复选框，可以使图像中的纹理图进行反转，设置好各项参数后，单击 确定 按钮，产生玻璃效果，如图 18-24 所示。

图 18-24　应用玻璃滤镜效果前后对比

(4)海洋波纹　执行“滤镜”→“扭曲”→“海洋波纹”命令，在 波纹大小(R) 中设置波纹大小；在 波纹幅度(M) 中设置波纹幅度，设置好参数后，单击 确定 按钮，产生海洋波纹效果，如图 18-25 所示。

图 18-25　应用海洋波纹滤镜效果前后对比

(5)极坐标　执行“滤镜”→“扭曲”→“极坐标”命令，产生极坐标效果，如图 18-26 所示。

图 18-26　应用极坐标滤镜效果前后对比

(6)挤压　执行“滤镜”→“扭曲”→“挤压”命令，产生挤压效果，如图 18-27 所示。

图 18-27　应用挤压滤镜效果前后对比

(7)扩散高光　执行“滤镜”→“扭曲”→“扩散高光”命令，在 粒度(G) 中设置产生杂点颗粒的数量，取值范围为 0～10；在 发光量(L) 中设置光线的照射强度，取值范围为 0～20；在 清除数量(C) 中设置图像效果的清晰度，取值范围为 0～20，设置好参数后，单击 确定 按钮，产生扩散高光效果，如图 18-28 所示。

图 18-28　应用扩散高光滤镜效果前后对比

(8)切变　执行“滤镜”→“扭曲”→“切变”命令，产生切变效果，如图 18-29 所示。

图 18-29　应用切变滤镜效果前后对比

(9)球面化　执行“滤镜”→“扭曲”→“球面化”命令,产生球面化效果,如图 18-30 所示。

图 18-30　应用球面化滤镜效果前后对比

(10)水波　执行“滤镜”→ “扭曲”→“水波”命令,产生水波效果,如图 18-31 所示。

图 18-31　应用水波滤镜效果前后对比

(11)旋转扭曲　执行“滤镜”→“扭曲”→“旋转扭曲”命令,产生旋转扭曲效果,如图 18-32 所示。

图 18-32　应用旋转扭曲滤镜效果前后对比

(12)置换滤镜　执行“滤镜”→“扭曲”→“置换滤镜”命令,产生置换滤镜效果。

18.2.4　锐化滤镜

锐化滤镜可以通过增加相邻像素的对比度来聚焦模糊的图像。该滤镜组包含 USM 锐化、防抖、进一步锐化、锐化、锐化边缘和智能锐化等 6 种滤镜效果,如图 18-33 所示。

上次滤镜操作(F)　Ctrl+F
转换为智能滤镜(S)
滤镜库(G)...
自适应广角(A)...　Alt+Shift+Ctrl+A
Camera Raw 滤镜(C)...　Shift+Ctrl+A
镜头校正(R)...　Shift+Ctrl+R
液化(L)...　Shift+Ctrl+X
油画(O)...
消失点(V)...　Alt+Ctrl+V
风格化
模糊
扭曲
锐化
视频
像素化
渲染
杂色
其它
Imagenomic
浏览联机滤镜...
USM 锐化...
防抖...
进一步锐化
锐化
锐化边缘
智能锐化...

图 18-33　锐化滤镜组

(1)USM 锐化　执行“滤镜”→“锐化”→“USM 锐化”命令,在 数量(A) 中设置增加像素对比度的数量;在 半径(R): 中设置边缘像素周围影响锐化的像素数目,在 阈值(T): 中设置锐化的相邻像素必须达到的最低差值,设置好后,单击 确定 按钮,产生 USM 锐化效果,如图 18-34 所示。

图 18-34　USM 锐化滤镜效果前后对比

(2)智能锐化　执行“滤镜”→“锐化”→“智能锐化”命令,在 数量(A) 中设置增加像素对比度的数量;在 半径(R): 中设置边缘像素周围影响锐化的像素数目,设置好后,单击 确定 按钮,产生智能锐化效果,如图 18-35 所示。

图 18-35　智能锐化滤镜效果前后对比

（3）进一步锐化　执行“滤镜”→“锐化”→“进一步锐化”命令，产生进一步锐化效果，进一步锐化滤镜要比锐化滤镜的锐化效果更为强烈。

（4）锐化　执行“滤镜”→“锐化”→“锐化”命令，可以增加图像中相邻像素点之间的对比度，从而可聚焦选区并提高其清晰度，从而产生锐化效果，

（5）锐化边缘　执行“滤镜”→“锐化”→“锐化边缘”命令，可以查找图像中颜色发生显著变化的区域，然后将其锐化，从而产生锐化边缘效果。

18.2.5　视频滤镜

视频滤镜组主要是通过将相似颜色值的像素转化成单元格而使图像分块或平面化。该滤镜组包括 NTSC 颜色和逐行 2 种滤镜，如图 18-36 所示。

上次滤镜操作(F)　Ctrl+F
转换为智能滤镜(S)
滤镜库(G)...
自适应广角(A)...　Alt+Shift+Ctrl+A
Camera Raw 滤镜(C)...　Shift+Ctrl+A
镜头校正(R)...　Shift+Ctrl+R
液化(L)...　Shift+Ctrl+X
油画(O)...
消失点(V)...　Alt+Ctrl+V
风格化
模糊
扭曲
锐化
视频　NTSC 颜色　逐行...
像素化
渲染
杂色
其它
Imagenomic
浏览联机滤镜...

图 18-36　视频滤镜组

（1）NTSC 颜色　执行“滤镜”→“视频”→“NTSC 颜色”命令，从而产生 NTSC 颜色效果，如图 18-37 所示。

图 18-37　应用 NTSC 颜色滤镜效果前后对比

（2）逐行　执行“滤镜”→“视频”→“逐行”命令，弹出逐行调整对话框，选择 消除: 方式，奇数行或偶数行，再选择 创建新场方式: 复制或插值，单击 确定 按钮，从而产生逐行效果，如图 18-38 所示。

图 18-38　应用逐行滤镜效果前后对比

18.2.6　像素化滤镜

像素化滤镜组主要是通过将相似颜色值的像素转化成单元格而使图像分块或平面化。该滤镜组包括彩块化、彩色半调、点状化、晶格化、马赛克、碎片和铜版雕刻等 7 种滤镜，如图 18-39 所示。

上次滤镜操作(F)　Ctrl+F
转换为智能滤镜(S)
滤镜库(G)...
自适应广角(A)...　Alt+Shift+Ctrl+A
Camera Raw 滤镜(C)...　Shift+Ctrl+A
镜头校正(R)...　Shift+Ctrl+R
液化(L)...　Shift+Ctrl+X
油画(O)...
消失点(V)...　Alt+Ctrl+V
风格化
模糊
扭曲
锐化
视频
像素化　彩块化　彩色半调...　点状化...　晶格化...　马赛克...　碎片　铜版雕刻...
渲染
杂色
其它
Imagenomic
浏览联机滤镜...

图 18-39　像素化滤镜组

(1)彩块化　执行“滤镜”→“像素化”→“彩块化”命令,产生彩块化效果,如图 18-40 所示。

图 18-40　应用彩块化滤镜效果前后对比

(2)彩色半调　执行“滤镜”→“像素化”→“彩色半调”命令,弹出“彩色半调”对话框,在 输入框中输入数值,设置网格大小;在 网角(度): 选项中设置屏蔽的度数,其中的 4 个通道分别代表填入的颜色之间的角度,每一个通道的取值范围均为－360～360,设置参数后,点击 确定 按钮,最终产生彩色半调的效果,如图 18-41 所示。

图 18-41　应用彩色半调滤镜效果前后对比

(3)点状化　执行“滤镜”→“像素化”→“点状化”命令,产生点状化效果,如图 18-42 所示。

图 18-42　应用点状化滤镜效果前后对比

(4)晶格化　执行“滤镜”→“像素化”→“晶格化”命令,产生晶格化效果,如图 18-43 所示。

图 18-43　应用晶格化滤镜效果前后对比

(5)马赛克　执行“滤镜”→“像素化”→“马赛克”命令,产生马赛克效果,如图 18-44 所示。

图 18-44　应用马赛克滤镜效果前后对比

(6)碎片　执行“滤镜”→“像素化”→“碎片”命令,产生碎片效果,如图 18-45 所示。

图 18-45　应用碎片滤镜效果前后对比

(7)铜版雕刻　执行“滤镜”→“像素化”→“铜版雕刻”命令,产生铜版雕刻效果,如图 18-46 所示。

图 18-46　应用铜版雕刻滤镜效果前后对比

18.2.7　渲染滤镜

渲染滤镜可以创建 3D 形状、云彩图案和不同的光源效果等。该滤镜组包含分层云彩、光照效果、镜头光晕、纤维和云彩等 5 种滤镜效果,如图 18-47 所示。

(1)分层云彩　执行“滤镜”→“渲染”→“分层云彩”命令,如图 18-48 所示。

(2)光照效果　执行“滤镜”→“渲染”→“光照效果”命令,在 样式: 中设置光照效果样式;在 光照类型: 中设置光照类型及其强度和聚焦范围;在 属性: 中设置光照属性,在 纹理通道: 中设置纹理通道,设置好后,单击 确定 按钮,产生光照效果滤镜效果,如图 18-49 所示。

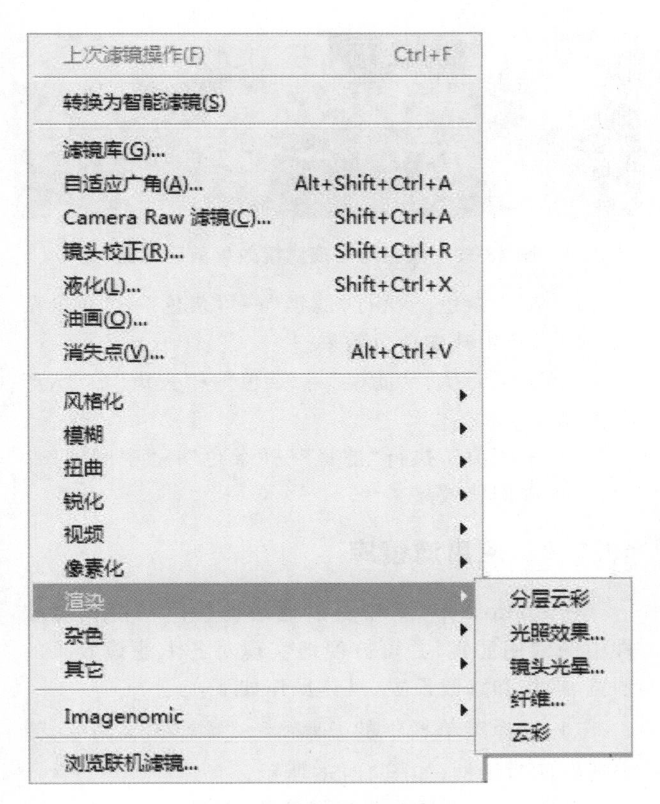

图 18-47　渲染滤镜组

图 18-48　分层云彩滤镜效果前后对比

图 18-49　光照效果滤镜效果前后对比

(3)镜头光晕　执行“滤镜”→“渲染”→“镜头光晕”命令,在 亮度(B): 中设置反光的强度;在 镜头类型 中选择镜头类型,设置好后,单击 确定 按钮,产生镜头光晕效果,如图 18-50 所示。

图 18-50　镜头光晕滤镜效果前后对比

(4)纤维　执行“滤镜”→“渲染”→“纤维”命令,在 差异 中控制颜色的变换方式;在 强度 中控制每根纤维的外观,设置好后,单击 确定 按钮,产生纤维效果,如图 18-51 所示。

图 18-51　纤维滤镜效果前后对比

(5)云彩　执行“滤镜”→“渲染”→“云彩”命令,产生云彩效果,如图 18-52 所示。

图 18-52　云彩滤镜效果前后对比

18.2.8　杂色滤镜

杂色滤镜可以向图像添加或移去杂点。该滤镜组包含减少杂色、蒙尘与划痕、去斑、添加杂色和中间值,如图 18-53 所示。

(1)添加杂色　执行“滤镜”→“杂色”→“添加杂色”命令,产生添加杂色效果。在 数量(A) 中设置添加杂色的数量;在 分布 中设置杂色的分布方式,设置好参数后,单击 确定 按钮,产生添加杂色效果,如图 18-54 所示。

(2)蒙尘与划痕　执行“滤镜”→“杂色”→“蒙尘与划痕”命令,产生蒙尘与划痕效果,如图 18-55 所示。

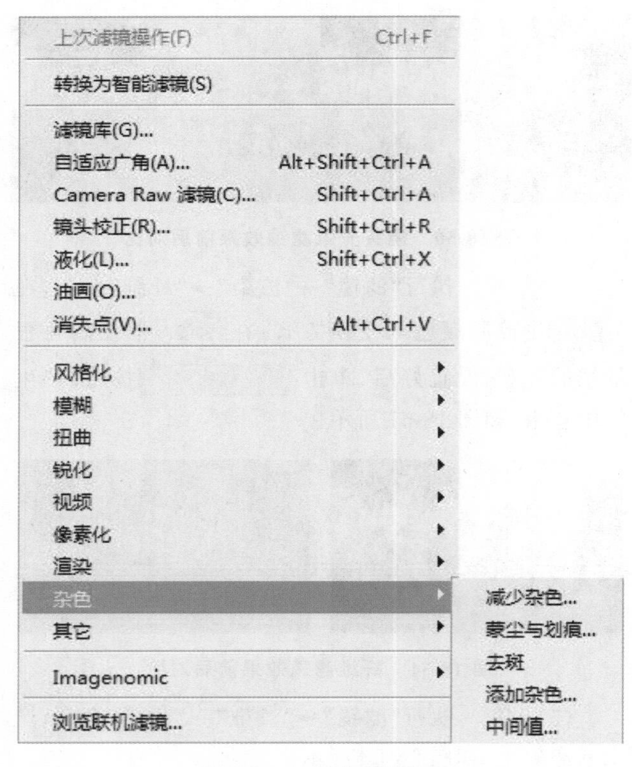

图 18-53 杂色滤镜组

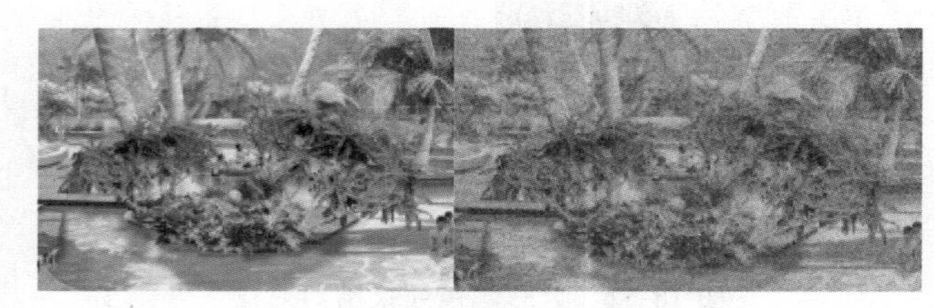

图 18-54 添加杂色滤镜效果前后对比

图 18-55 蒙尘与划痕滤镜效果前后对比

(3)减少杂色 执行“滤镜”→“杂色”→“减少杂色”命令，产生减少杂色效果。

(4)去斑 执行“滤镜”→“杂色”→“去斑”命令，产生去斑效果。

(5)中间值 执行“滤镜”→“杂色”→“中间值”命令，产生中间值效果。

18.2.9 应用滤镜库

在 Photoshop CC 中可以通过滤镜库功能浏览软件中的常用滤镜，并可方便地实现对各个滤镜效果的预览、操作和参数设置，具体操作如下：

(1)选择菜单栏中的 滤镜(T) → 滤镜库(G)... 命令，弹出滤镜库对话框，如图 18-56 所示。

(2)在该对话中提供了风格化、画笔描边、扭曲、素描、纹理、艺术效果等 6 组滤镜，单击每组滤镜左侧的按钮 ▷，即可展开该组滤镜。

(3)其中提供了常用的滤镜缩略图，单击需要浏览的滤镜缩略图，在对话框左侧的预览框中即可查看该滤镜的效果，在对话框的右侧显示出相应的参数设置选项。

(4)设置好相关参数后，单击 确定 按钮即可。

图 18-56 滤镜库对话框

18.2.10 应用消失点滤镜

消失点滤镜可以创建在透视角度下编辑图像,允许在包含透视平面的图像中进行透视校正编辑。在消失点滤镜选定的图像区域内进行克隆、喷绘、粘贴图像等操作时,会自动应用透视原理,按照透视的角度和比例来适应图像的修改,使修饰后的图像更加逼真。具体操作如下:

(1)选择菜单栏中的 滤镜(T) → 消失点(V)... 命令,弹出消失点对话框,如图18-57所示。

图18-57 消失点滤镜对话框

(2)"创建平面工具"按钮 :在图像中单击并创建平面的4个点,节点之间会自动连接成透视平面,在透视平面边缘上按住"Ctrl"键拖动时,就会产生另一个与之配套的透视平面。

(3)"编辑平面工具"按钮 :对创建的透视平面进行选择、编辑、移动和调整大小,存在两个平面时,按住"Alt"键拖动控制点可以改变两个平面的角度。

(4)"选框工具"按钮 :在平面内拖动即可在平面创建选区,按住"Alt"键拖动选区可以将选区内的图像复制到其他位置,复制的图像会自动生成透视效果;按住"Ctrl"键拖动选区可以将选区停留的图像复制到创建的选区内。

(5)"图章工具"按钮 :使用方法与软件工具箱中的"仿制图章工具"相同。

(6)"画笔工具"按钮 :使用该工具可以在图像内绘制选定颜色的画笔,在创建的平面内绘制的画笔会自动调整透视效果。

(7)"交换工具"按钮 :使用该工具可以对选区复制的图像进行调整变换。

(8)"吸管工具"按钮 :使用该工具可以在图像中采集颜色,选取颜色可作为画笔颜色。

(9)"测量工具"按钮 :使用该工具可以测量图像中的距离关系。

(10)"缩放工具"按钮 :使用该工具用来缩放预览区的视图,在预览区内单击会将图像放大,按住"Alt"键单击鼠标会将图像按比例缩小。

(11)"抓手工具"按钮 :单击并拖动可在预览窗口中查看局部图像。

(12)设置好相关参数后,单击 确定 按钮即可,产生消失点滤镜效果,如图18-58所示。

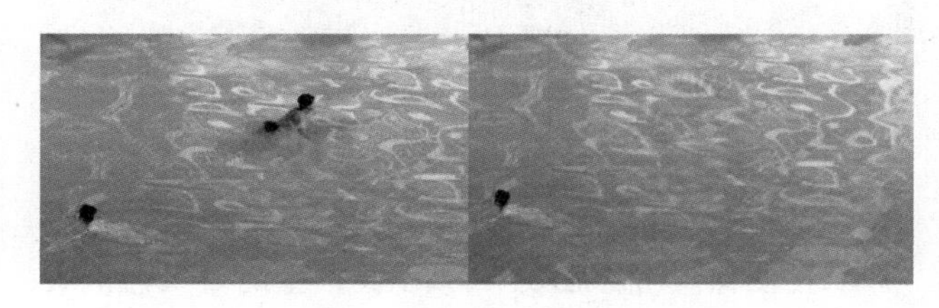

图18-58 消失点滤镜效果前后对比

18.2.11 应用液化滤镜

应用液化滤镜可以快速地将图像变形，如旋转、镜像、膨胀、放射等，从而产生特殊的溶解、扭曲效果。

(1)选择菜单栏中的 滤镜(T) → 液化(L) 命令，弹出应用液化对话框，如图 18-59 所示。

图 18-59 液化滤镜对话框

(2)“向前变形工具”按钮 ：在图像上拖动，会使图像向拖动方向产生弯曲变形效果。

(3)“重建工具”按钮 ：在已发生变形的区域单击或拖动，可以使已变形图像恢复为原始状态。

(4)“顺时针旋转工具”按钮 ：在图像上按住鼠标时，可以使图像中的像素顺时针旋转。按住“Alt”键单击鼠标，可以使图像中的像素逆时针旋转。

(5)“褶皱工具”按钮 ：在图像上单击或拖动时，会使图像中的像素向画笔区域的中心移动，使图像产生收缩效果，如图 18-60 所示。

图 18-60 褶皱工具效果前后对比

(6)“膨胀工具”按钮 ：在图像上单击或拖动时，会使图像中的像素从画笔区域的中心向画笔边缘移动，使图像产生膨胀效果，该工具产生的效果与褶皱工具刚好相反。

(7)“左推工具”按钮 ：在图像上单击或拖动时，图像中的像素会以相对于拖动方向左垂直的方向在画笔区域内移动，使其产生挤压效果；按住“Alt”键则向右垂直方向移动。

(8)“镜像工具”按钮 ：在图像上拖动时，图像中的像素会以相对于拖动方向右垂直的方向上产生镜像效果；按住“Alt”键则向左垂直方向产生镜像效果。

(9)“湍流工具”按钮 ：在图像上拖动时，图像中的像素会平滑地混合在一起，可以十分轻松地在图像上产生与火焰、波浪或烟雾相似的效果，如图 18-61 所示。

图 18-61 湍流工具效果前后对比

(10)“冻结蒙版工具”按钮 ：将图像中不需要变形的区域涂抹进行冻结，使涂抹区域不受其他区域变形的影响；使用“向前变形”在图像上拖动，经过冻结的区域图像不会变形。

(11)“解冻蒙版工具”按钮 ：在图像中冻结的区域涂抹，可以解除冻结。

(12)“抓手工具”按钮 ：当图像放大到超出预览框时，使用抓手工具可以移动图像进行查看。

(13)“缩放工具”按钮 ：使用该工具可将预览区的图像放大，按住“Alt”键单击鼠标会将图像按比例缩小。

(14)设置好相关参数后，单击 确定 按钮即可产生消失点滤镜效果。

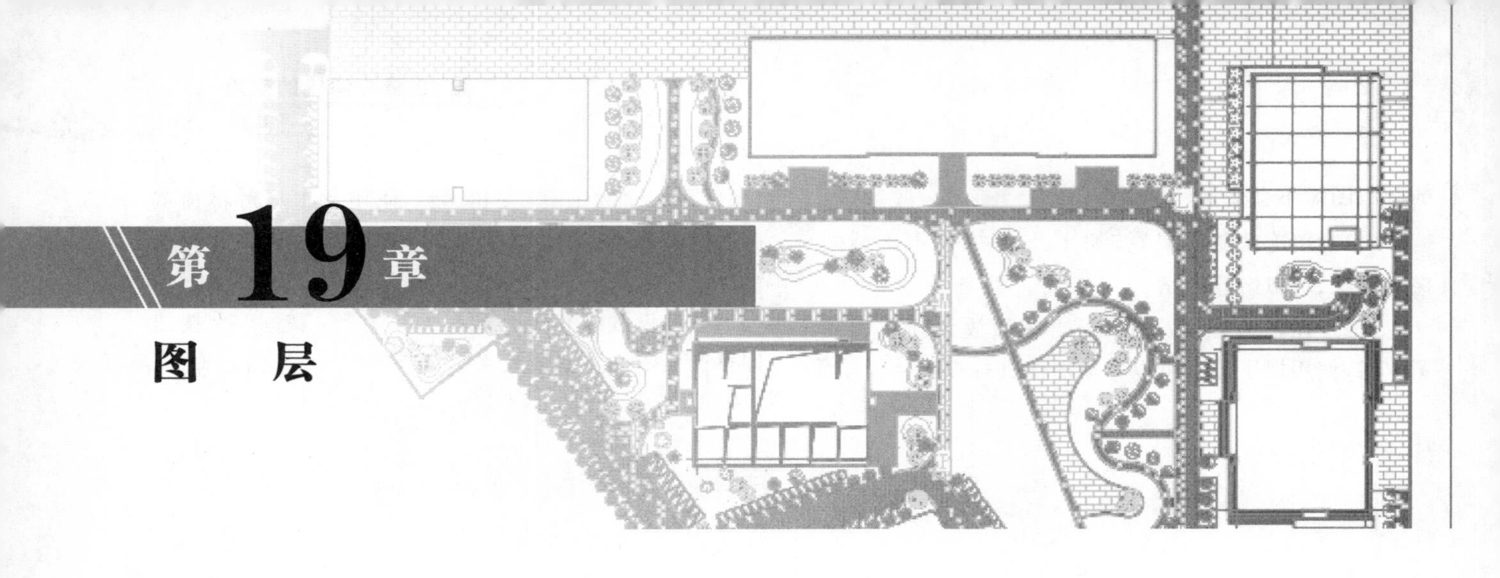

第19章 图 层

图层是 Photoshop CC 中非常重要的一部分，使用图层功能，可以将一个图像中的各个部分独立出来，然后方便对其中的任何一部分进行修改。不同的图层可以放置不同的图像，利用图层可以创造出许多特殊效果，结合图层样式、图层不透明度和图层混合模式，才能真正发挥 Photoshop CC 强大的图像处理功能。图19-1所示为图层面板。

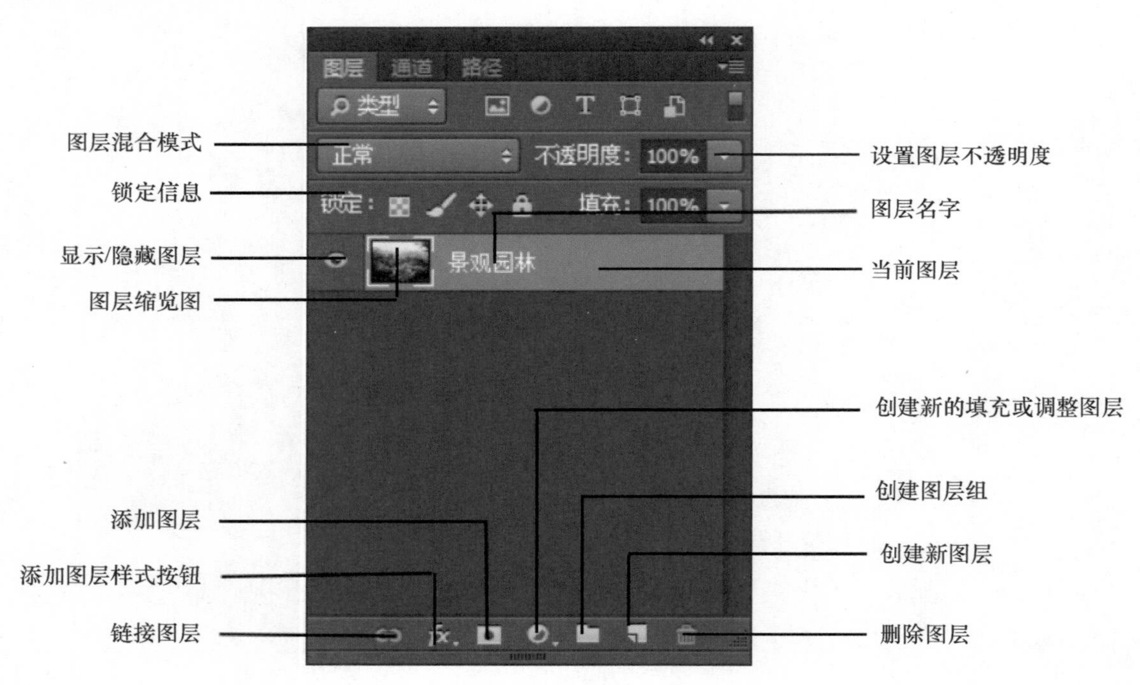

图 19-1　图层面板

本章将介绍 Photoshop CC 中多种特殊图层的创建与使用方法，其中包括：填充图层、调整图层、智能对象和图层复合面板。通过本章的学习可以帮助学习者大大提升对图层的使用与编辑的能力。

19.1　填充与调整图层

调整图层和填充图层是较为特殊的图层，在这些图层中可以包含一个图像调整命令或图像填充命令，进而可以使用该命令对图像进行调整或填充，在任何

状态下，都可对图层中包含了的填充或调整命令进行重新设置，获得全新的画面效果。

19.1.1 填充图层

填充图层可以用纯色、渐变或图案填充图层，填充内容只出现在该图层，对其他图层不会产生影响。在菜单栏中执行“图层”—“新建填充图层”命令弹出如图 19-2 所示子菜单，根据需要填充的内容选择相应的命令，具体操作如下：

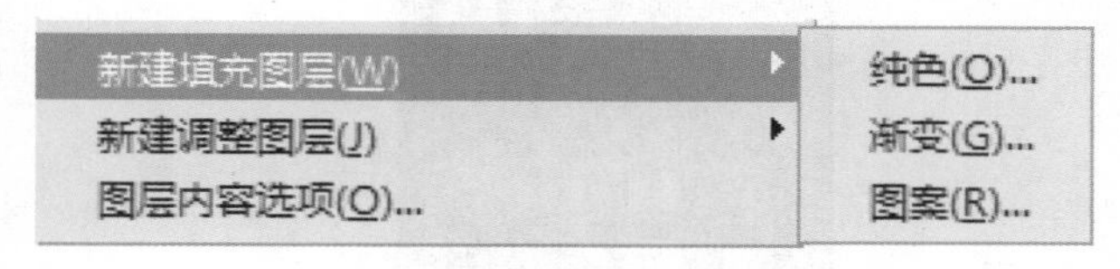

图 19-2 填充图层子菜单

（1）执行“文件”→“打开”命令，打开链接网址中PS素材文件—第19章“素材19-1背景”和“素材19-2景观园林”文件。

（2）选择花纹文件，执行“编辑”→“定义图案”命令，保持对话框默认设置，单击“确定”按钮将“背景”定义为图案。

（3）执行“图层”→“新建填充图层”→“图案”命令，设置打开的“新建图层”对话框，如图 19-3 所示。

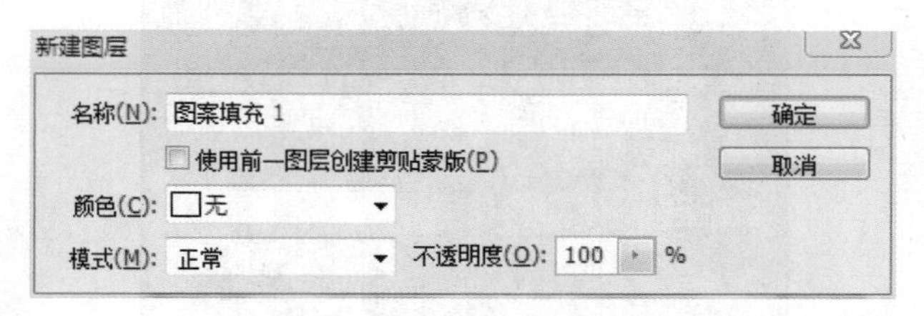

图 19-3 新建图层对话框

（4）完毕后单击“确定”按钮，弹出“图案填充”对话框，如图 19-4 所示。

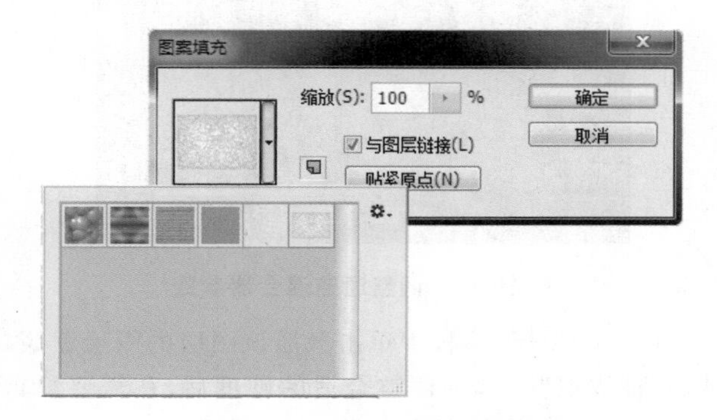

图 19-4 图案填充对话框

（5）完毕后单击“确定”按钮，为图像添加图案填充图层，效果如图 19-5 所示。

图 19-5 图案填充图层效果前后对比

19.1.2 调整图层

◆ 在“调整”面板中创建调整图层

“调整”面板可以将各种“调整”命令以图标和预设列表的方式集合在统一面板中，利用该面板可以快捷、有效地为当前图像添加“调整”图层。而不必通过执行繁琐的命令与设置对话框，全部操作都可以在“调整”面板中轻松完成。

（1）在默认状态下“调整”面板位于软件界面的右侧，单击 调整按钮，可打开相应的调整命令，如图 19-6 所示。

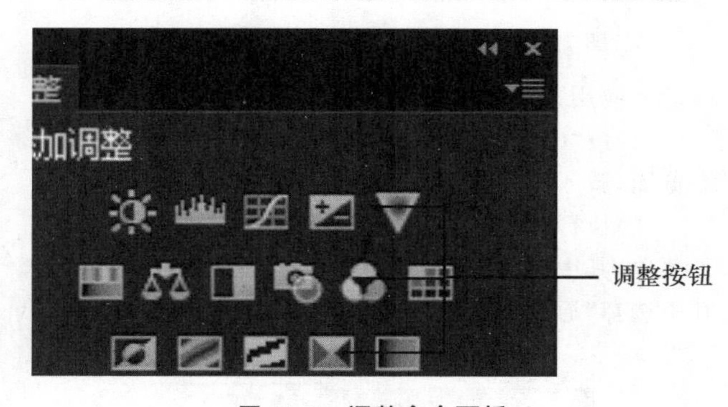

图 19-6 调整命令面板

（2）在“图层”面板中，选择“风景”图层，在按“Ctrl”键的同时，单击“风景”图层的缩略图，将图层中的图像载入选区。

（3）在“调整”面板中，单击“色相/饱和度”按钮，打开此选项。同时，在“图层”面板中创建“调整”图层，如图 19-7 所示。

（4）设置色相/饱和度各项参数，调整图像的颜色，效果如图 19-8 所示。

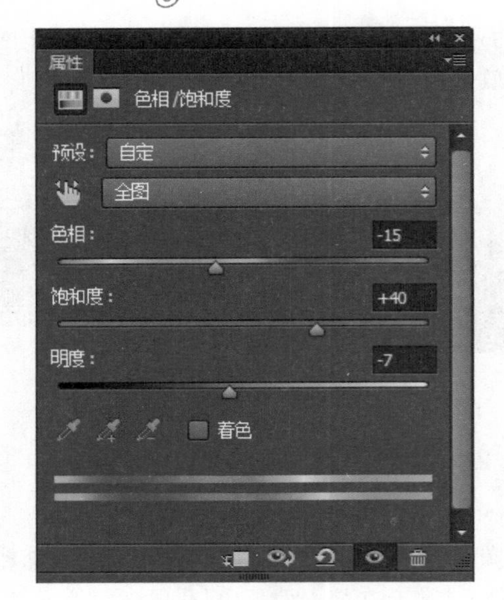

图 19-7　色相/饱和度

图 19-8　设置色相/饱和度效果前后对比

◆ 应用菜单命令创建调整图层

(1)按“Ctrl”键，同时单击“景观园林”图层的图层缩览图，载入图像选区。

(2)执行“图层”→“新建调整图层”命令，打开其子菜单，其中包含多种“调整”命令，如图 19-9 所示，在其中选择“通道混合器”命令。

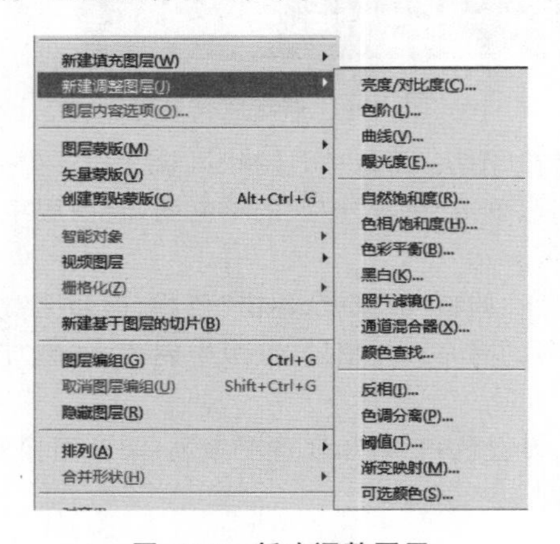

图 19-9　新建调整图层

(3)这时弹出“新建图层”对话框，单击“确定”按钮，在“图层”面板中创建“调整”图层，如图 19-10 所示。

图 19-10　通道混合器

(4)在调整面板中，设置“通道混合器”中的各项参数，如图 19-11 所示。

图 19-11　调整通道混合器参数

(5)在“图层”面板中单击激活该图层的图层蒙版，使用“橡皮擦”工具并调整合适的硬度后，在需要编辑的图像中进行涂抹，效果如图 19-12 所示。

图 19-12 通道混合器效果前后对比

◆ 在“图层”面板中创建调整图层

(1)载入“景观园林”图层中图像的选区,并单击面板底部的“创建新的填充或调整图层”按钮,弹出快捷菜单如图 19-13 所示。

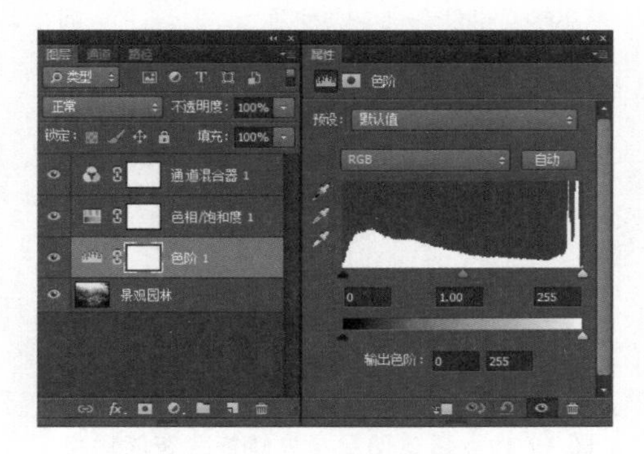

图 19-13 快捷菜单

(2)在菜单中选择“色阶”选项,在“图层”面板中创建“调整”图层,在“调整”面板中,设置 “色阶”选项中的参数,效果如图 19-14 所示。

图 19-14 色阶效果前后对比

(3)参照以上 3 种 “调整”图层方法创建新的“可选颜色”调整图层,并在“调整” 面板中设置“可选颜色”选项中的参数,效果如图 19-15 所示。

图 19-15 可选颜色效果前后对比

19. 2 智能对象

Photoshop 中的智能对象为我们的操作提供了很大的便利,智能对象在任何时候都可以进行编辑,且不会对原有操作产生损失。其具体操作如下:

19. 2. 1 创建智能对象

(1)新建一个图像文件。

(2)单击图层面板右上角 按钮,弹出如图 19-16 所示的快捷菜单,选择“转换为智能对象”命令,应用此命令后,图层面板上的形状图层转化为智能对象,如图 19-17 所示。

图 19-16 快捷菜单

图 19-17　转化到智能对象

(3)双击图层面板智能对象缩略图，弹出如图 19-18 所示的提示框。

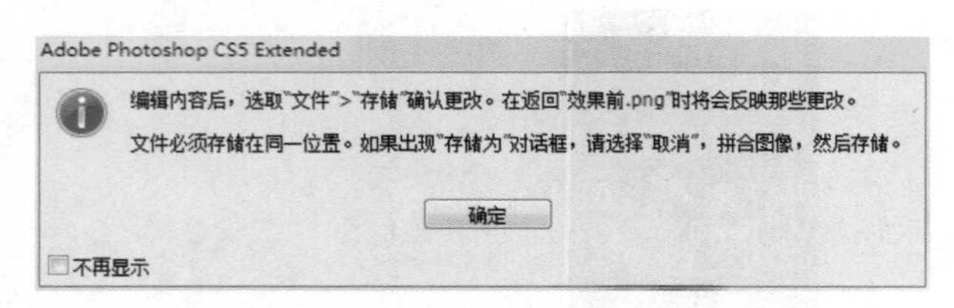

图 19-18　提示框

(4)单击"确定"按钮，产生新外部文件，新文件将保留转为智能对象之前的所有原始信息。

(5)除上述执行命令外，还可通过执行"图层"→"智能对象"→"转换为智能对象"命令，创建智能对象，如图 19-19 所示。

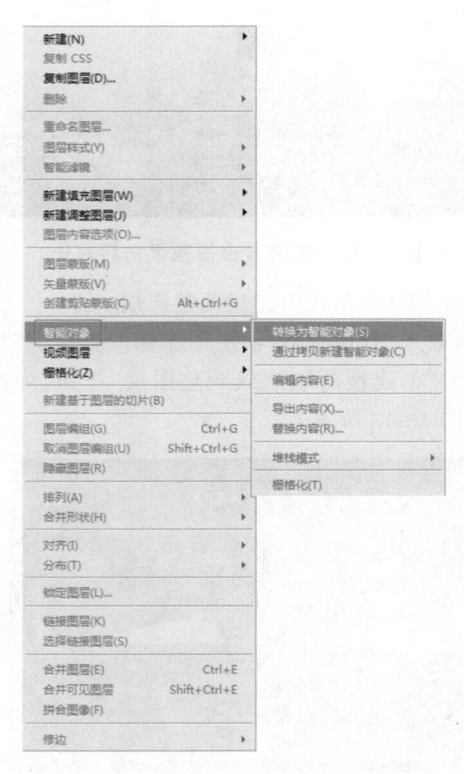

图 19-19　通过图层命令转换为智能对象

19.2.2　编辑智能对象

对智能对象图层中的内容可以随时进行编辑和调整，例如：对对象添加滤镜效果、将智能对象图层复制、添加图层样式效果等。

◆ 复制智能对象

(1)执行"图层"→ "智能对象"→"通过拷贝新建智能对象"命令，得到"景观园林 拷贝"图层，如图 19-20 和图 19-21 所示。

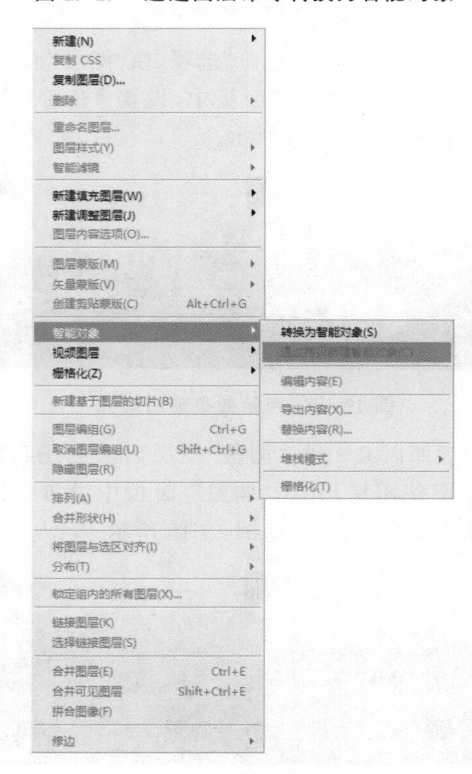

图 19-20　智能对象子菜单

图 19-21　图层面板显示

(2)除上述执行菜单命令外,还可通过在“图层”面板中复制智能对象。拖动“景观园林”图层到图层面板底部的“创建新图层”按钮上,同样可以复制智能对象,如图 19-22 所示。

图 19-22　通过图层面板复制图层

◆ 编辑智能对象的内容

智能对象图层在当前图像中不可以直接进行编辑,只有打开智能对象相应的图像,在图像中,才可以对智能对象进行编辑。

(1)在“图层”面板中,选择“景观园林”图层,执行“图层”→“智能对象”→“编辑内容”命令,打开提示对话框,如图 19-23 所示。双击智能对象的图层缩览图同样可以打开智能对象文件。

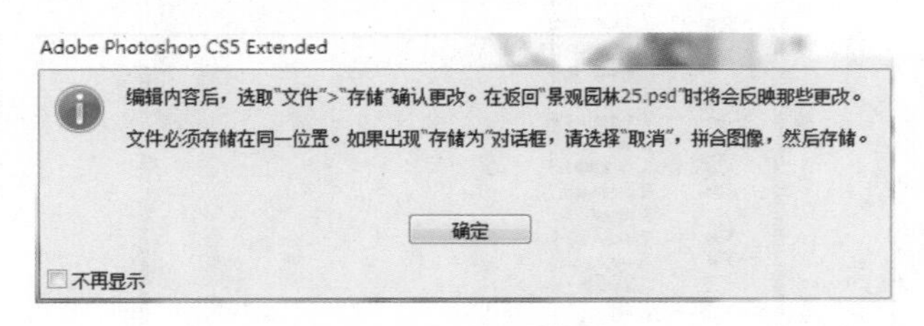

图 19-23　提示对话框

(2)单击“确定”按钮,打开“景观园林 . psd”文件。执行“图像”→“调整”→“色相/饱和度”命令,打开色相/饱和度对话框,设置各项参数,调整图像色调,设置好后,单击“确定”按钮,效果如图 19-24 所示。

图 19-24　调整色相/饱和度后的效果前后对比

(3)同样,在 Photoshop CC 中不需要打开智能对象相应的文件,就可以直接为智能对象添加滤镜效果。按下“Ctrl＋Z”键取消上一步操作,回到“景观园林”图层,执行“滤镜”→“素描”→“水彩画纸”命令,打开水彩画纸对话框,设置好各项参数后,单击“确定”按钮,效果如图 19-25 所示。

图 19-25　应用水彩画纸的效果前后对比

◆ 替换智能对象的内容

如果置入的图像不是画面所需要的，可以执行“替换内容”命令，将当前的智能对象图层内容更改。

(1)执行“图层”→“智能对象”→“替换内容”命令，打开“置入”对话框，如图 19-26 所示。

图 19-26　置入对话框

(2)选中“公园湖畔. psd”文件，单击“置入”按钮，即可将所选内容替换为原来的智能对象，如图 19-27 所示。

图 19-27　通过置入替换原有智能对象

19. 3　图层复合面板

“图层复合”面板是用于记录当前图层状态的一项功能，例如：显示与隐藏图层、图层样式等。利用该功能可以记录图像在不同的图层显示状态下的不同效果，这样可以在一个文件中设置多个设计方案，而不必将每个设计方案储存为一个单独的文件。

19. 3. 1　创建图层复合

(1)执行“窗口”→“图层复合”命令，打开“图层复合”面板，如图 19-28 所示。

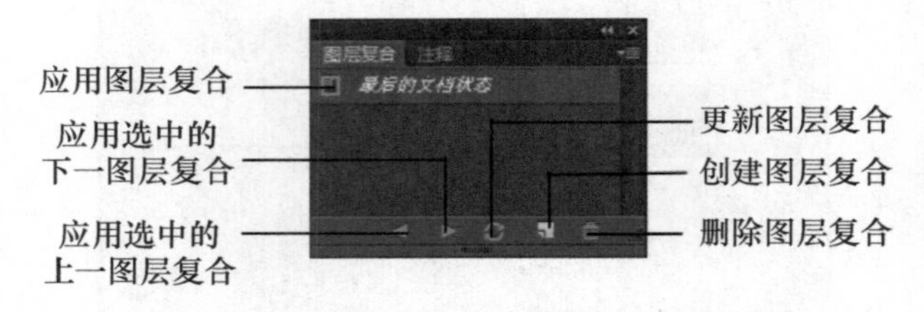

图 19-28　图层复合面板

(2)单击“图层复合”面板的 “创建图层复合”按钮，打开“新建图层复合”对话框，如图 19-29 所示。

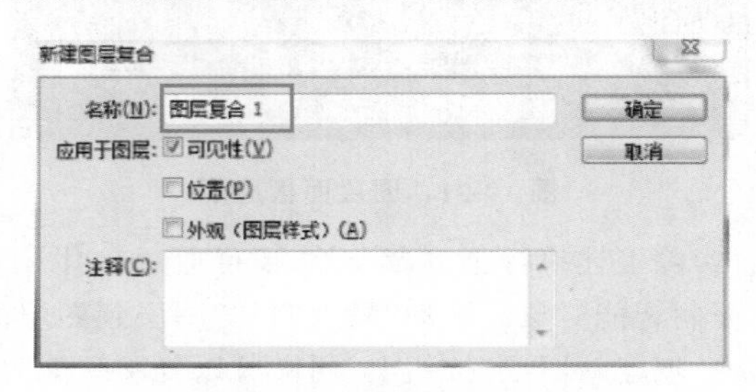

图 19-29　新建图层复合对话框

(3)在对话框中进行设置，单击“确定”按钮，创建“效果 1”图层复合，如图 19-30 所示。

图 19-30　创建图层复合 1

(4)在“图层”面板中确认顶部的图层为可编辑状态，单击“图层”面板底部的 “创建新的填充或调整”图层按钮，在弹出的菜单栏中选择“色相/饱和度”命令，如图 19-31 所示，设置好各项参数后，效果如图 19-32 所示。

图 19-31　色相/饱和度调整面板

图 19-32　效果 1

(5)观察“图层复合”面板，可以发现“应用图层复合”的图标转换到了“最后的文档状态”图层复合上，也就是当前的编辑并没有调整“图层复合 1”图层复合，而将当前的状态存储在了“最后的文档状态”图层复合上，如图 19-33 所示。

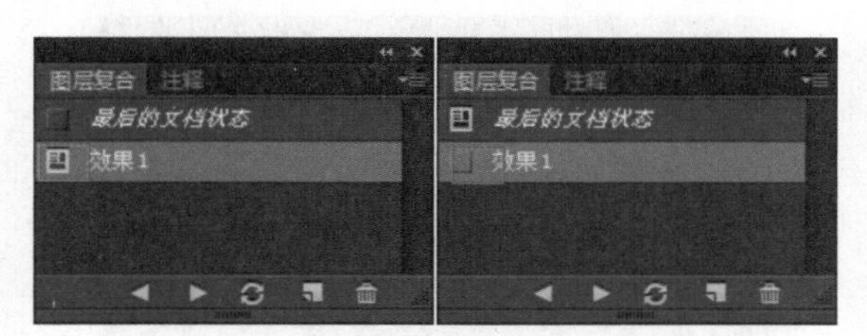

图 19-33　图层复合面板状态的改变

(6)单击“图层复合”面板底部 “创建新的图层复合”按钮，打开“新建图层复合”对话框设置对话框的参数，单击“确定”按钮，创建“效果 2”图层复合，如图 19-34 所示。此时将当前的效果记录到了“图层复合 2”层内。

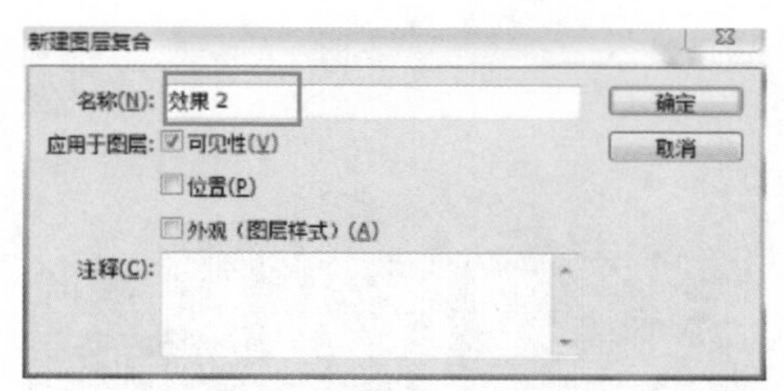

图 19-34　创建效果 2 的图层复合

19.3.2　编辑图层复合

(1)拖动“效果 2”到图层复合面板底部的“创建新的图层复合”按钮上，即可使其复制得到“效果 2 副本”的图层复合，如图 19-35 所示。

图 19-35　复制图层复合

(2)在“调整”面板中，单击“返回到调整列表”按钮，再次选择“色相/饱和度”，如图 19-36 所示，设置各项参数后，调整图像色调，效果如图 19-37 所示。

图 19-36　色相/饱和度调整面板

图 19-37 效果 2

(3)在“图层复合”面板中,确认“图层复合 2”为选中状态,单击面板底部 “更新图层复合”按钮,将该图层复合更新,如图 19-38 所示。

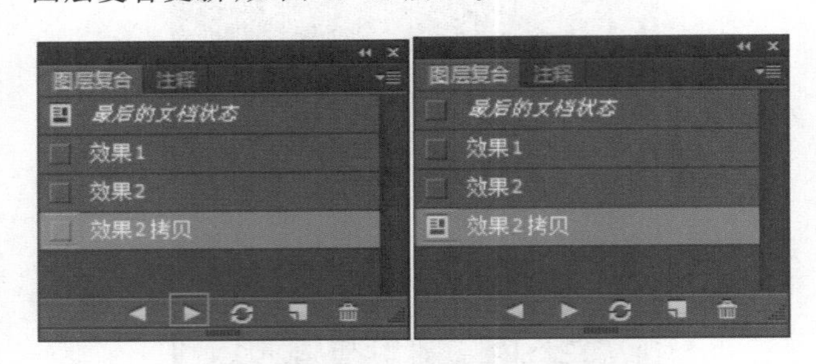

图 19-38 图层复合面板状态的改变

(4)在“效果 2 副本”的名称空白处双击,打开“图层复合选项”对话框,设置对话框的参数,单击“确定”按钮,调整该图层复合为“效果 3”,如图 19-39 所示。

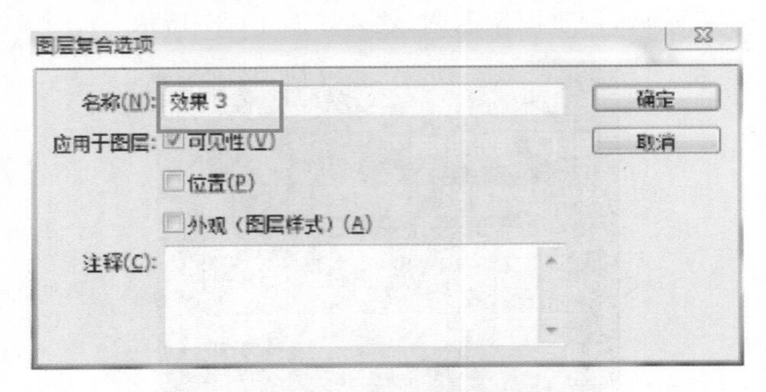

图 19-39 创建效果 3 的图层复合

19.3.3 应用图层复合

(1)切换到“图层复合”面板,在“效果 1”前单击,可以应用“效果 1”图层复合,如图 19-40 所示,这时可以看到图像呈现为“效果 1”时的状态,如图 19-41 所示。

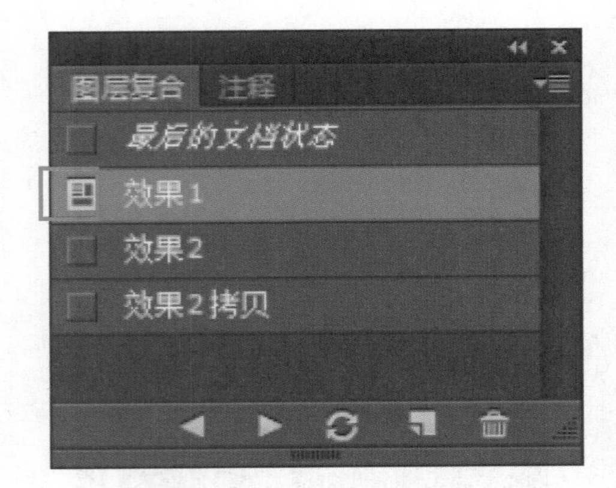

图 19-40 应用效果 1 图层复合

图 19-41 效果 1

(2)双击“图层复合”面板底部的 “应用选中的下一图层复合”按钮,将“效果 3”图层复合应用,如图 19-42 和图 19-43 所示。

(3)在“图层”面板中将“色相/饱和度 2”调整图层删除,这时在“图层复合”面板中“效果 3”图层复合的右侧有一个 标志,表示该图层复合将无法恢复,如图 19-44 所示。

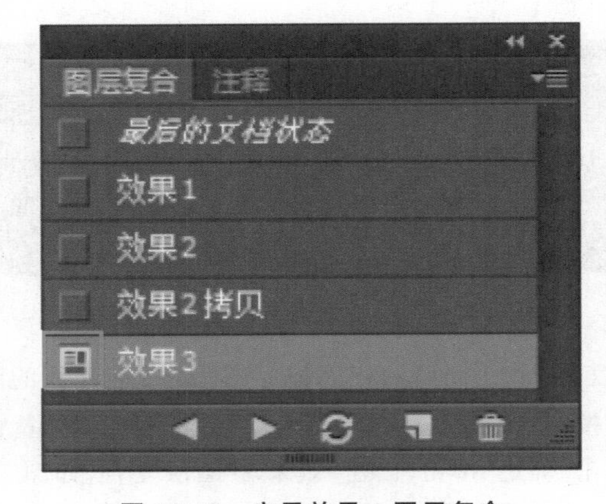

图 19-42 应用效果 3 图层复合

图 19-43 效果 3

图 19-44 图层复合无法恢复显示状态

(4)单击 标志,打开提示对话框,如图 19-45 所示,单击“清除”按钮,即可将该标志从图层复合上删除,但该图层复合会将当前视图的状态存储。

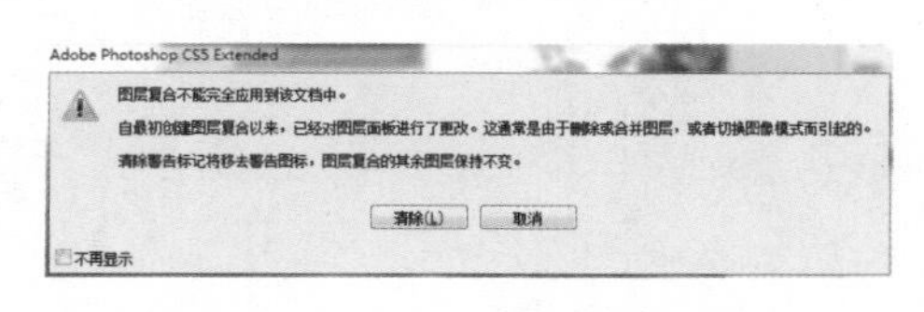

图 19-45 清除图层复合无法恢复标志

(5)拖动“效果 3”图层复合到图层复合面板底部的 “删除图层复合”按钮上,释放鼠标时可将图层复合删除,如图 19-46 所示。

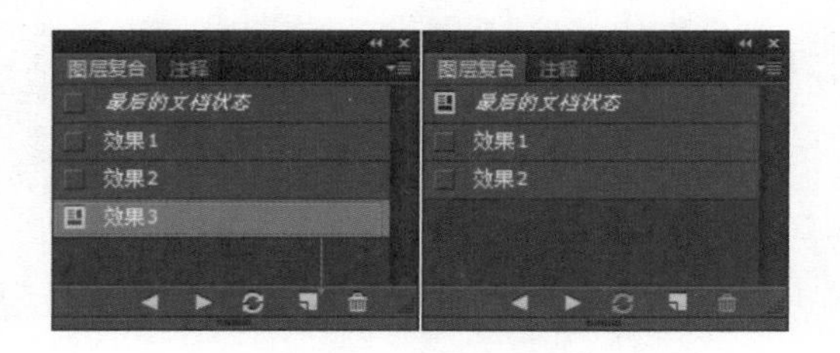

图 19-46 删除图层复合

19.3.4 导出图层复合

可以将图层复合导出到单独的文件、包含多个图层复合的 PDF 文件或图层复合的“Web 照片画廊”。下面将以图层复合导出到单独的文件为例,介绍图层复合导出的方法。

(1)执行“文件”→“脚本”→“图层复合导出到文件”命令,打开“图层复合导出到文件”对话框,并对其进行设置,如图 19-47 和图 19-48 所示。

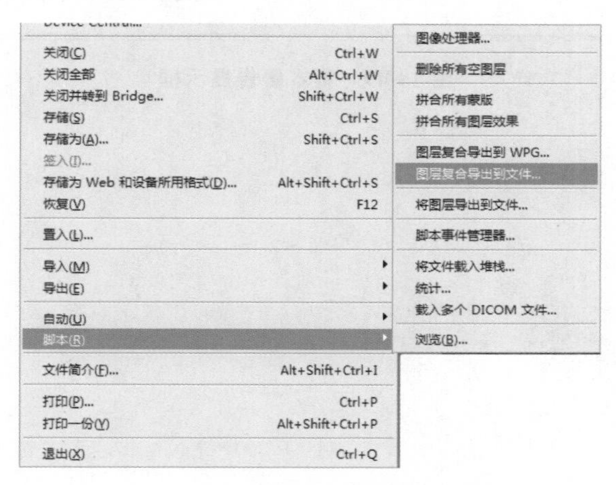

图 19-47 图层复合导出到文件

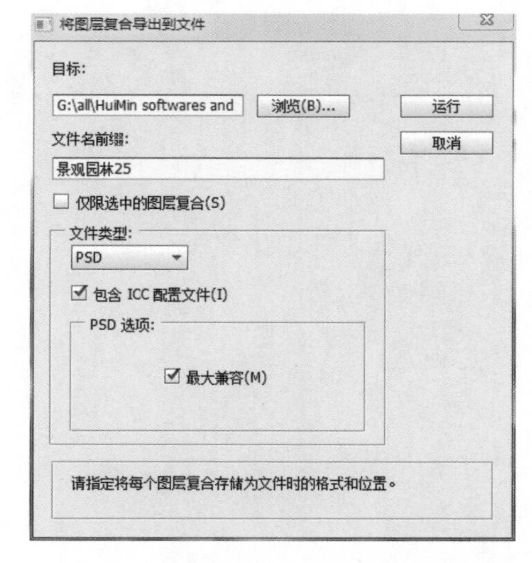

图 19-48 图层复合导出到文件对话框

(2)完毕后单击“运行”按钮,导出完成后弹出“脚本警告”对话框,如图 19-49 所示,单击“确定”按钮。这时根据“图层复合”面板的记录会将设计方案生成单独的文件。

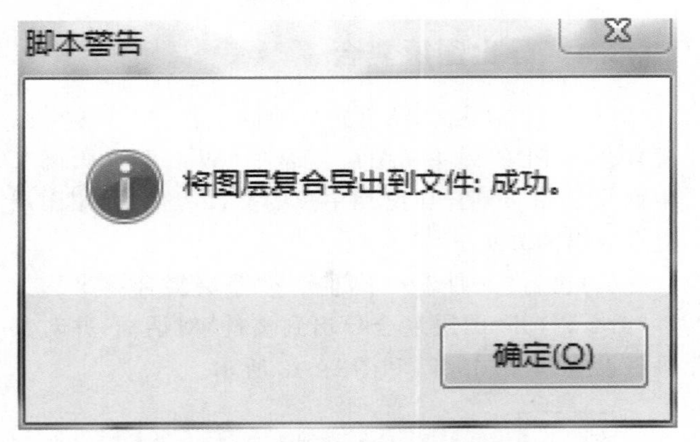

图 19-49　脚本警告提示框

(3)将保存的文件打开进行查看,如图 19-50 所示。

图 19-50　最终保存文件效果

第 4 篇 InDesign CS6

第20章 InDesign 简介及主要功能

20.1 InDesign 简介

InDesign 的推出是为了替代当时已经老化的传统排版软件 PageMaker，其成熟的功能与创新的技术，让其在诞生之日起就引起人们广泛的关注。随着软件的发展，InDesign 的定位已不仅仅局限在印刷排版上，而是成为涉及 Web 和无线通信领域的跨媒体桌面出版软件。它能为印刷和数字出版设计专业的版面，不仅广泛应用于报纸、杂志、图册等印刷品的编排，还可用于名片设计、海报设计等工作，甚至可以用来制作交互式文档与演示文稿。若干年前，在设计成果排版设计领域，几乎都是使用 CorelDraw，但近年来使用 InDesign 的人越来越多，因为该软件和 Photoshop 同属 Adobe 公司，在软件界面、操作方式等方面均有很高的一致性，而且文件之间的兼容性也更好。可以说，只要熟悉 Photoshop 的使用，学习使用 InDesign 是比较简单的。

因为 Photoshop 的普及面非常广，几乎所有的设计人员都会使用它，所以有很多人喜欢用 Photoshop 做设计成果的排版工作。虽然从最后结果看，似乎 Photoshop 也能把"排版"工作做好，但实际上用 Photoshop"排版"存在很多问题，例如效率低下、修改麻烦、容易出错、不利于素材的重复利用、风格难以有效统一等等，这都因为 Photoshop 本身并非针对排版的专业软件。在此对涉及排版用途的几类软件做一分析，方便读者在学习过程中选用合适的软件。

Adobe CS 为 Adobe 公司推出的设计系列软件，广泛适用于各种设计行业，如今已推出 CS6 系列，其中涉及打印和印刷的 Photoshop、Illustrator 和 InDesign 与园林设计相关应用息息相关。在实际应用中有设计师根据自己对软件的熟悉程度选择 Photoshop 和 Illustrator 进行图册编排工作，但由于软件特性的限制，往往事倍功半。因为 Photoshop 的主要功能定位为位图图像处理，Illustrator 的主要功能定位为矢量图绘制，而 InDesign 的主要功能定位是多页面图册书籍排版，其凭借内建创意工具和精确的排版控制来帮助排版人员发挥设计创意，提高工作效率。由于三个软件共享了核心处理技术，有很强的交互性和兼容性。建议还是在不同环节穿插使用专门软件，以发挥出相应软件的最强功效。还有一点需特别指出，InDesign 也具有一定的矢量图绘制功能，这部分功能足够园林相关专业的分析图制作等使用，无须再使用 Illustrator 制作，故本教材未选择 Illustrator 进行讲解。

Corel 公司推出的 CorelDraw 软件为基于矢量图绘制的核心功能，兼具多页面图册排版功能和简单图像处理功能的综合性软件，也可用于相关设计专业的成果编排。但由于与 Photoshop 缺乏较好的色彩兼容性，导致作品在打印时有一定的色彩损失，并且在操作习惯上也与 Photoshop 不同，在此还是选择了具有较好兼容性和交互性的 InDesign 作为推荐的图册排版软件。

20.1.1 工作界面

启动 InDesign CS6（图 20-1），软件会自动加载欢迎界面，如图 20-1，图 20-2 所示。在欢迎界面中可以

快捷地新建文件和打开最近使用过的文件，还可以直接打开帮助教程和 Adobe 的官方网站。

勾选欢迎屏幕左下方【不再显示】复选框，则下次启动 InDesign CS6 时不再打开欢迎界面。

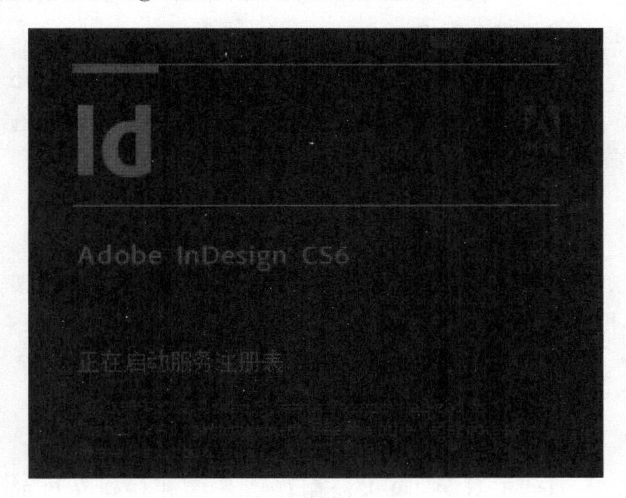

图 20-1　启动界面

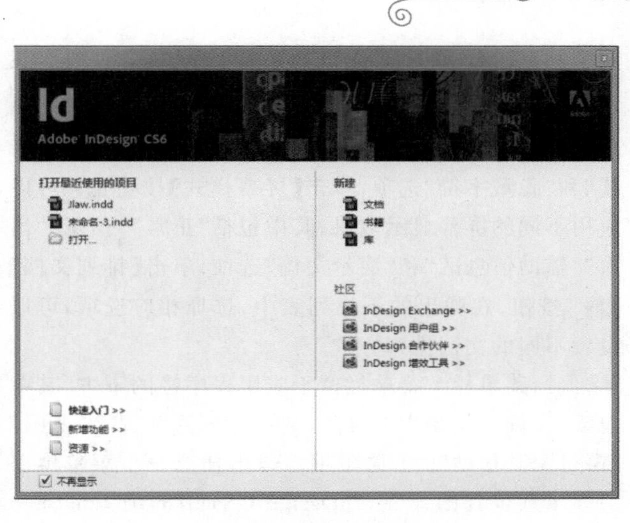

图 20-2　欢迎界面

下面认识 InDesign CS6 的操作界面，如图 20-3 所示。它可以分为：应用程序栏、菜单栏、工具箱、控制面板、选项卡式文件窗口、页面操作区、浮动面板等几部分。

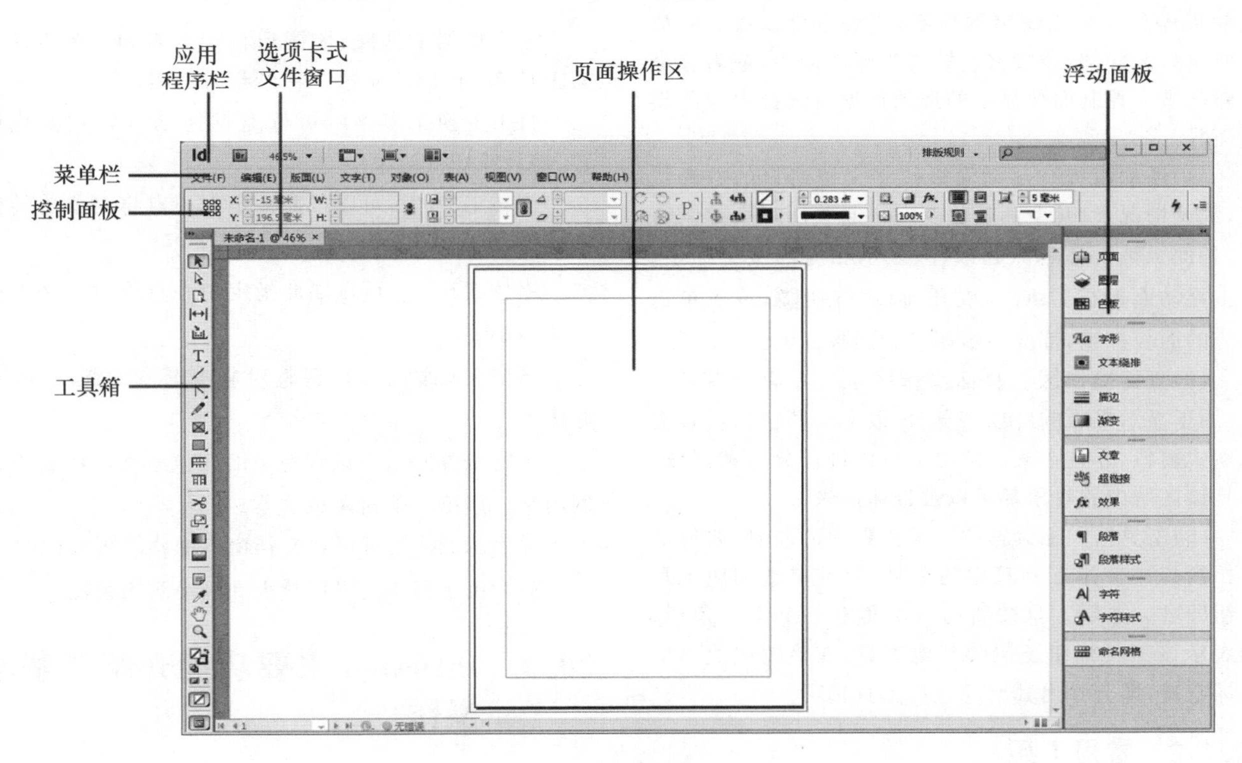

图 20-3　操作界面

(1)应用程序栏　应用程序栏位于 InDesign CS6 工作界面的最上方，主要用于视图显示，其中提供了多种信息来源，单击【转至 Bridge】按钮 Br，用于打开 Adobe Bridge 软件，以进行浏览图像等操作；单击【缩

放级别】按钮 可以进行不同比例的缩放图形显示；单击【视图选项】按钮，可以设置不同的视图显示，其中包括“框架边线”“标尺”“参考线”“智能参考线”和“隐藏字符”选项；单击【屏幕模式】按钮 可以应用不同的屏幕显示效果，其中包括“正常”“预览”“出血”“辅助信息区”和“演示文稿”选项；单击【排列文档】按钮，在弹出的下拉列表中，选择相应选项，可以设置不同的文档排列方式。

(2)菜单栏　菜单栏位于应用程序栏的下方，其中包含“文件”“编辑”“版面”“文字”“对象”“表”“视图”“窗口”和“帮助”9个菜单项。单击任意一个菜单项都会弹出其包含的命令，InDesign CS6 中的绝大部分功能都可以利用菜单栏中的命令来实现。

(3)控制面板　控制面板主要显示当前所选工具的选项，设置属性栏上的参数可以改变所选工具的状态。利用控制面板可以快速访问与选择当前页面项目或对象有关的选项、命令及其他面板。默认情况下，控制面板停放在文档窗口的顶部，但是也可以将它停放在此窗口的底部，或者将它转换为浮动面板，或者完全隐藏起来。控制面板显示的选项根据所选择对象的类型而异。

(4)浮动面板　浮动面板位于文档窗口的右侧位置，默认情况下，几个面板放置在一起共用一个控制窗口，各面板被折叠隐藏起来，只显示相应的文字标签。单击浮动面板右上角的“展开面板”按钮，或者单击相应的面板标签，都会显示相应的面板标签。

(5)页面操作区　页面操作区位于界面的中间位置，用于显示排版的对象信息，可以将文档窗口设置为选项式窗口，并且在某些情况下可以进行分组和停放，而且该区域内的对象都可以被打印出来。

(6)工具箱　工具箱位于工作界面的左侧，要想从文档窗口中使用工具箱中的工具，只要单击相应工具按钮即可。如果工具按钮的右下角有一个小三角形，则表示该工具按钮还包含其他工具，在该按钮上单击鼠标右键，即会弹出其所隐藏的工具选项。

20.1.2　常用工具

InDesign 作为一款由 Adobe 公司推出的出色排版软件，它基本继承了其公司旗下包括 Photoshop 在内的其他 CS 系列设计软件的操作方式。所以 InDesign CS6 工具箱中大多数工具也出现在 Photoshop 中，且使用方法相同。下面介绍 InDesign CS6 在使用中常用到的几种工具。

选择工具：可以选择、移动、缩放图形图像以及框架和成组的对象。

直接选择工具：可以选择、移动路径、锚点，还可以针对成组对象中的对象和框架内部的图像进行选择和移动。

间隙工具：可以调整对象间的间距。

钢笔工具：可以绘制锚点和路径。

文字工具、直排文字工具：可以创建文本框架和选择文本。

铅笔工具：可以绘制任意的路径形状。

平滑工具：可以使路径变得更平滑。

抹除工具：可以任意删除选中的路径。

直线工具：可以绘制任意长度和任意角度的线段。

矩形框架工具、椭圆形框架工具、多边形框架工具：可以绘制这三种形状的框架。

自由变换工具：可以通过拖动八轴点变化旋转、缩放或切变对象。

旋转工具：可以以此指定中心点将对象旋转任意角度。

缩放工具：可以以此指定中心点将对象任意放大和缩小。

渐变工具：可以调整对象中渐变的起点、终点和角度。

吸管工具：可以将对象的颜色或文本的属性复制出来应用给其他对象或文本。

抓手工具：可以在文档窗口中移动页面视图。

放大镜工具：可以放大和缩小页面视图。

20.2　InDesign 主要功能介绍及基本操作

20.2.1　主要功能介绍

InDesign 经过多年的发展，成为了跨媒体的桌面出版软件，其中的功能已是非常丰富，像插入 Flash 动画、MP3 音频、MP4 视频，导出交互式 PDF、多媒体电子书、网页，等等。但是有不少功能在园林设计中很少用到，这里只挑选出对园林设计方案编排有帮助的一些特色功能来进行介绍。

①多页面编辑：一套方案文本中的所有页面都可以在一个 InDesign 文件中制作，页面的显示非常直观，有助于设计师去把控整套文本的编排效果。

②矢量图绘制：InDesign 能读取并且编辑 Illustrator 格式的图像，且具有一定的矢量图绘制功能，可以满足园林方案分析图制作的需要。

③文件置入：与 CorelDraw 不同，InDesign 在排版时，版面内的素材图像元素都是采用链接方式引入排版文档内，这样的好处是一方面能有效减少 InDesign 文档的大小，另一方面一旦修改了原链接文件，图册内的相关内容也可以同步更新。

④网格置入：在置入多个文件时，通过鼠标拖动和方向键的组合就能快速更改置入图像的栏数和列数，并等分其间距。这对编排需要应用大量图片的页面很有帮助。

⑤主页功能：主页类似于模板，在一个 InDesign 文件中允许预先制定多个页面模板，让你在文本编排中能够快速插入不同模板的页面，并且更改主页能实现关联页面的同步修改。

⑥自动生成页码和目录：InDesign 能根据预先设定的条件为文本自动生成页码与目录，即使对文本页面进行了顺序调整，页码和目录也能自动适应。

⑦打包功能：InDesign 能把与文本制作中使用到的所有图片和字体的源文件整理到一个文件夹中，便于将相关文件整体转移到不同的计算机中编辑。

⑧自动备份功能：InDesign 会对编辑中的文件自动生成备份，即使遇到软件崩溃或者计算机断电等情况也能通过备份文件还原，避免出现前功尽弃的情况。

20.2.2　InDesign 基本操作

InDesign 基本操作包括新建、储存、缩放移动界面、置入、调整图片等。

(1)新建 InDesign 文件　选择【文件|新建|文档】命令即会弹出新建对话框，需设置以下参数来定位新文件，如图 20-4 所示。在预设对话框中提供了一系列默认常用规格文件的数据；同样这些参数可根据输出需要对文件的尺寸、样式、边界线宽度等数据进行设置。

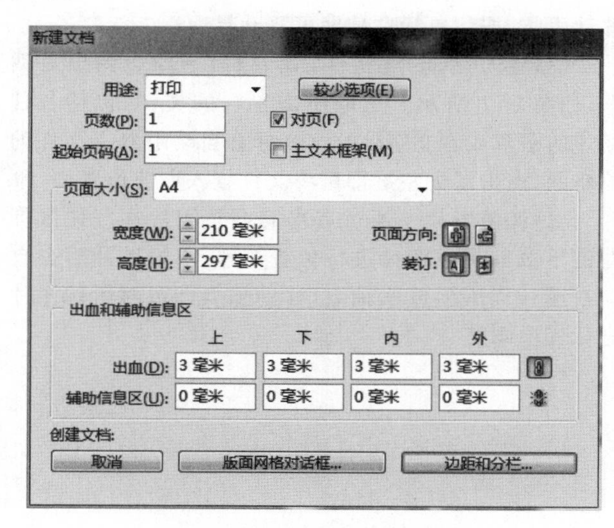

图 20-4　新建对话框

(2)存储文件　选择【文件|存储】命令可储存对当前文件所做的更改，文件格式不变；选择【文件|存储为】命令即会弹出【存储为】对话框，可将图像储存至其他位置，或以其他文件格式储存文件，如图 20-5 所示。

图 20-5　存储文件

(3)缩放移动界面　在【工具箱】中选择缩放命令，光标会自动更改为缩放放大镜工具，点击鼠标左键即可对界面进行缩放，Alt 键用于切换放大和缩小。

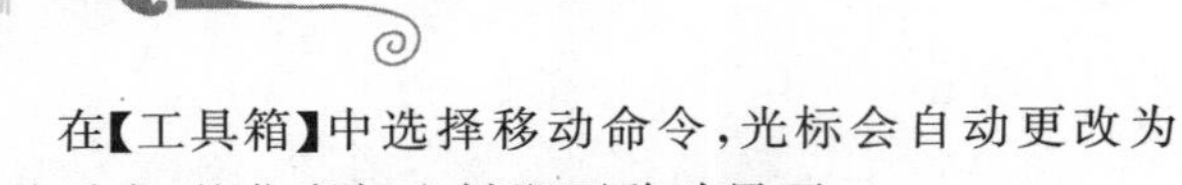

在【工具箱】中选择移动命令，光标会自动更改为移动手掌，按住鼠标左键即可移动界面。

(4)置入　选择【文件|置入】命令即会弹出对话框，如图 20-6 所示。选取所需置入的文件，包括各种格式的图片或者文字信息。光标会自动附着上文件的缩略图，点击鼠标左键即可将文件置入所选位置。

(5)调整图片　通过点击需调整图片并按住鼠标左键不放即可对图像进行位置调整；点选图片后会自动在图片周围生成八轴点，移动轴点即可对所选图片进行变形调整。

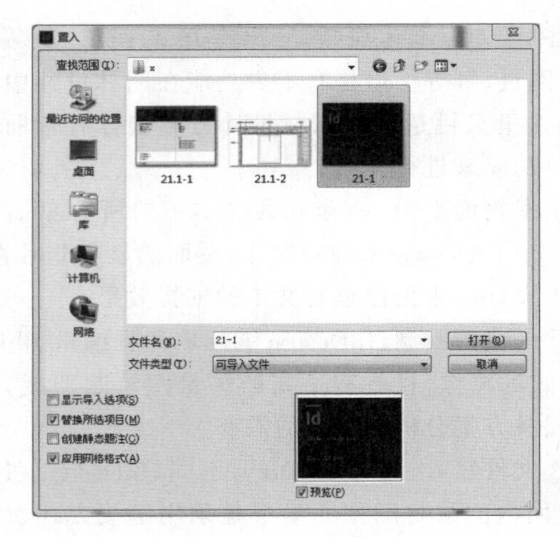

图 20-6　置入对话框

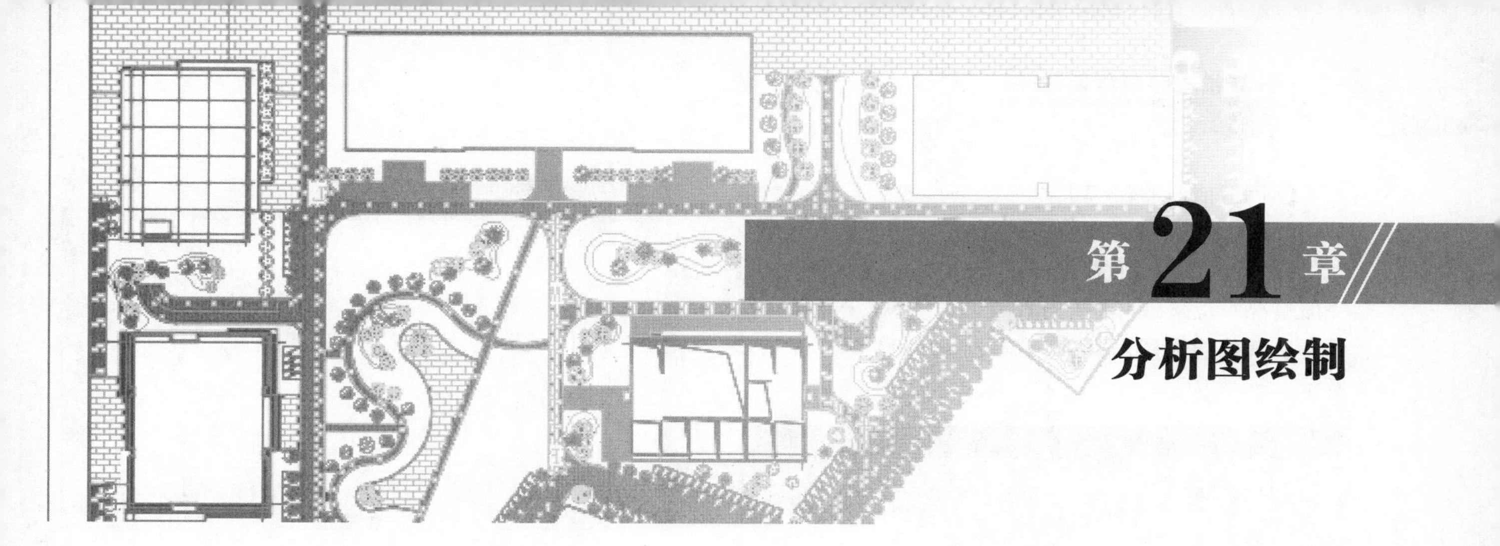

第21章 分析图绘制

21.1 分析图绘制基本方法

用 InDesign 制作分析图，其方法和 Photoshop 类似。分析图中的各种构成元素如原场地平面图，园林设计和效果图等都是“原材料”，它们通过整理以图片的形式存在。InDesign 负责将这些“原材料”有机组合起来，并利用自身所具有的图像绘制功能内容明确表达出各种元素所包含的相关内容。

InDesign 相较于 Photoshop 体现出更强的兼容性。它不仅能够导入并处理位图，同样也能够导入矢量图，这种结合双图像形式的特点大大延展了 InDesign 的应用范围。同时倚仗于便捷的文字排版能力，让使用者可以轻松地展示更多文字信息。

InDesign 分析图的制作通常可以与园林设计的后期排版结合起来完成。一个项目在实际的绘制过程中，往往会出现需要改善作品中原有不足的情况。而 InDesign 能够为整个作品建立起清晰简明的文档及素材目录，当使用者需要修改时可以直接在这个框架下进行，以提高作品整体性和效率。

21.2 各类分析图绘制要点

21.2.1 前期分析图

(1)启动 InDesign 并创建分析图文档　图 21-1 是 InDesign CS6 启动后的界面。在启动弹出的欢迎界面中，需要选择是打开已有的文档，或者是创建新的文档。点击右边的【文档】，进入如图 21-2 所示的窗口。

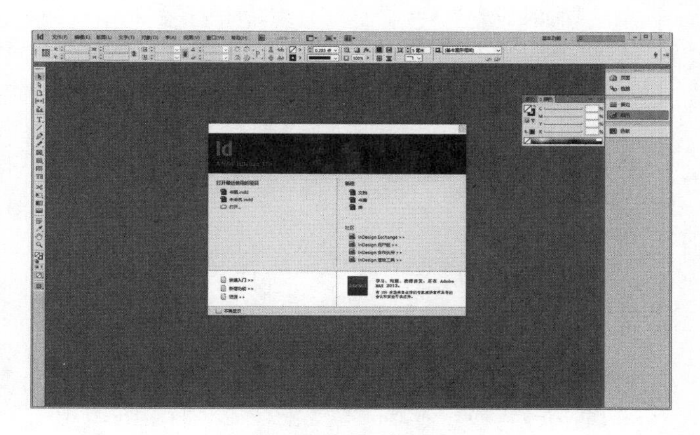

图 21-1　启动界面

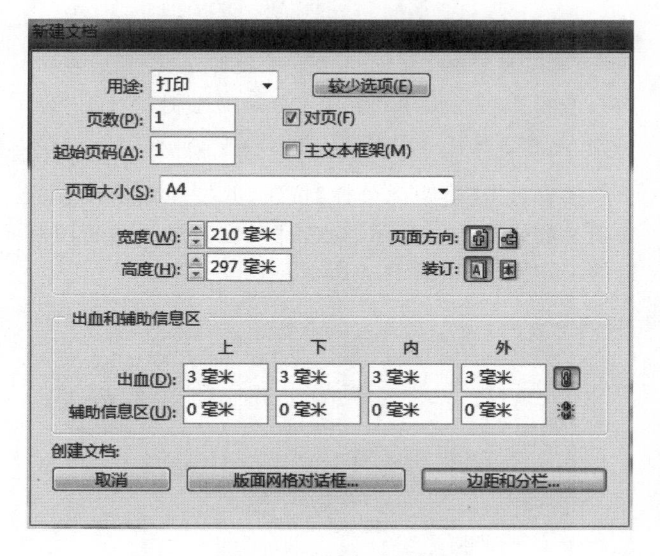

图 21-2　新建对话框

该窗口中，【页数】一项是用来预设文档页数，由于分析图是单独制造，暂以 1 页为例。

【对页】前面的【√】去掉。

【主文本框架】保持不选择状态。

【页面大小】按照需要，选择 A3 幅面，【页面方向】一般情况下应该选择【横向】。【装订】应该选择【从左到右】，其他均采用默认值，选择好后的界面如图 21-3 所示。

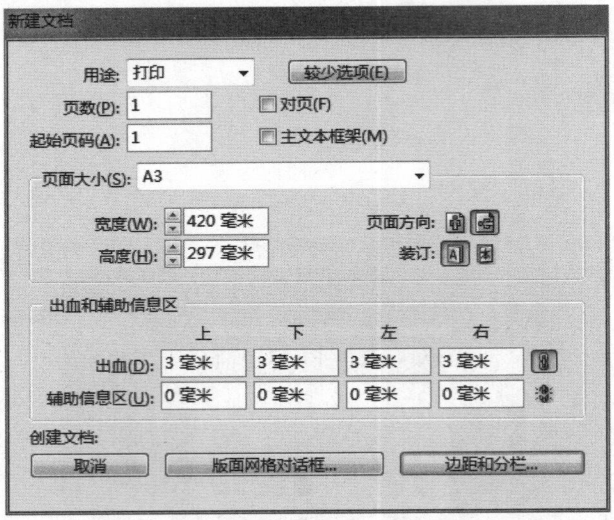

图 21-3 选择后界面

提示与技巧：“对页”选项适用于双面打印时可以同时看到左页（偶数页）和右页（奇数页）的情况，相当于翻开一本杂志，同时看到左右两页的情况。因为装订成册时，对于左页（偶数页），装订线在右侧，但右页（奇数页）的装订线却是在左侧，“对页”选项就是为了适应这种情况。

接着点击【边距和分栏】按钮，并按照默认设置的各项参数如图 21-4 所示。点击【确定】，进入分析图制造的工作界面，如图 21-5 所示。

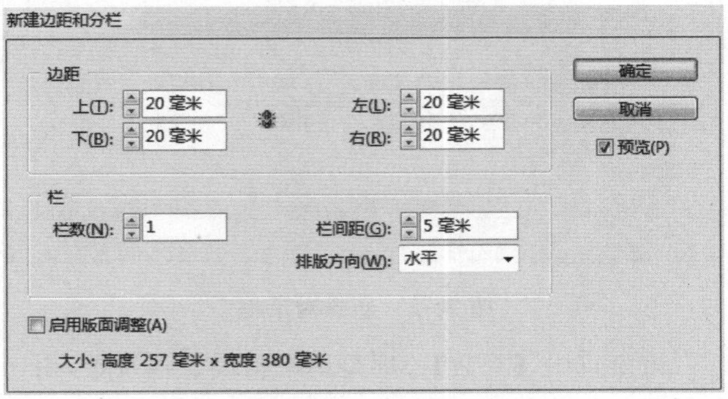

图 21-4 默认设置的各项参数

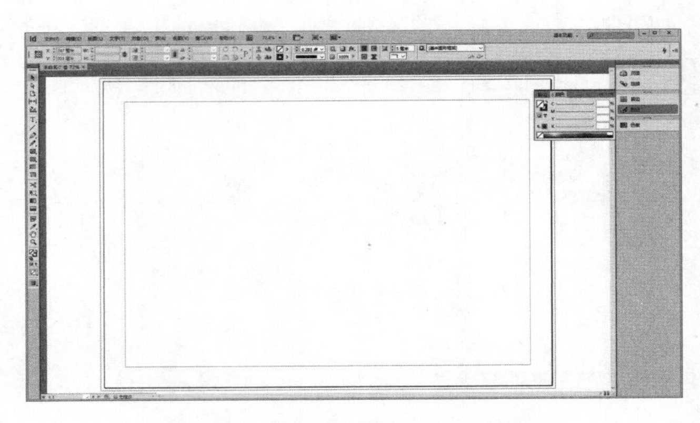

图 21-5 分析图制造的工作界面

页面从外向里有三条框线，第一条是红线，是出血位置线（用于标明装订时裁切掉的多余边部位置，以保证成品裁切时，有色彩的位置能做到色彩完全覆盖到要表达的位置边界）；第二条是黑线，这是 A3 纸面的真正边线；第三条是蓝线，这是版心的范围线。这三条线在打印或输出时不会被输出。可以看到版心离左边的边线比其他边远，这是为后面结合图册制造并装订提供空间。

先把文件保存好，再做其他的工作。文件名也应该容易识别，切忌使用一些他人难以理解的文件名，InDesign 文件的后缀是 . indd。

（2）设计前期分析图　输入快捷键 M 调出矩形工具，在页面操作区的文档中绘制如图 21-6 所示的矩形框架。具体绘制方式是在按住鼠标左键拉出第一个矩形的同时，键盘输入方向键【右键】可以在水平方向均分矩形框架，输入方向键【上键】可以在竖直方向上均分矩形框架。

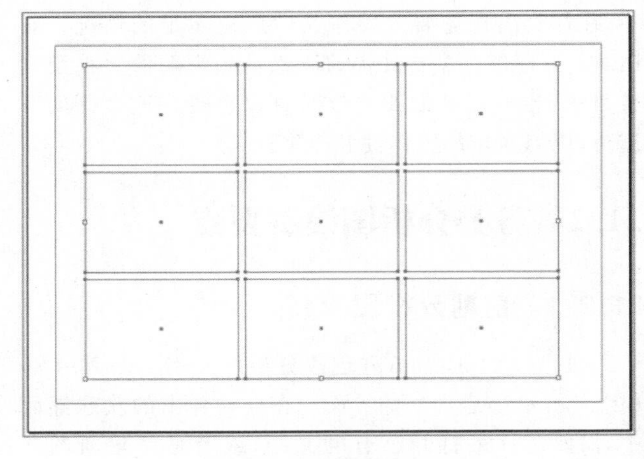

图 21-6 矩形框架

框选全部矩形框架，将鼠标移到菜单栏，点击【对象|角选项】，如图 21-7 所示。界面弹出【角选项】对话框，如图 21-8 所示设置参数，点击确定。

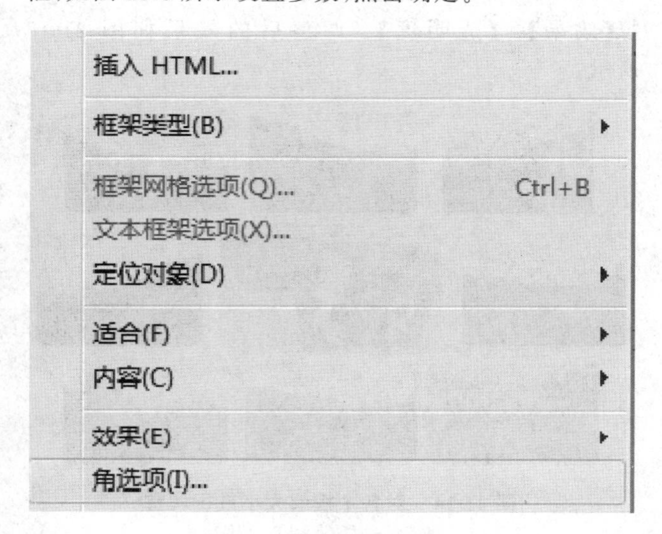

图 21-7　对象|角选项

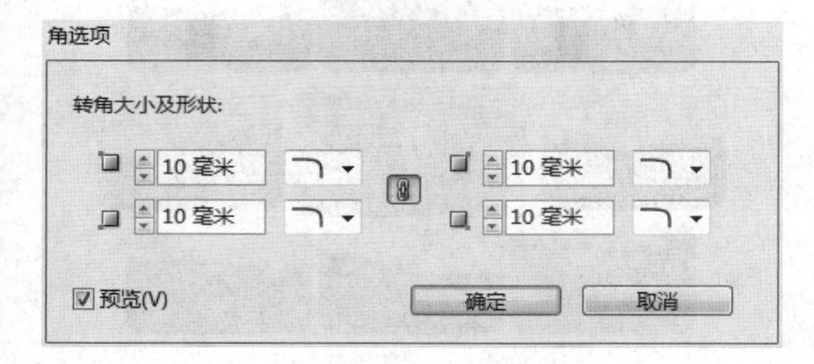

图 21-8　角选项设置参数

现在文档中绘制的 9 个矩形框架已变为如图 21-9 所示的圆角矩形框架结构。

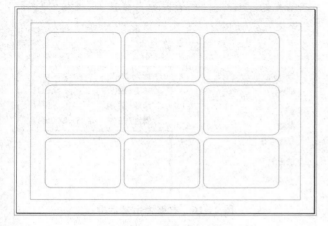

图 21-9　圆角矩形框架结构

保持 9 个圆角矩形框架的选中状态，将鼠标移到界面右边的浮动面板上。单击【描边】弹出如图 21-10 所示对话框，将描边粗细设置为【0 点】，其他参数保持不变。

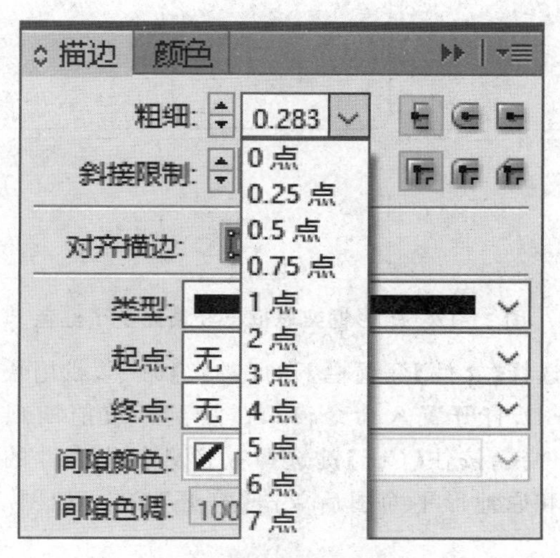

图 21-10　描边对话框

单独选择中间的圆角矩形框架，在描边对话框中将粗细设置为【2 点】。然后选择颜色面板，用【Shift＋X】键切换到填色与描边色板，将颜色设置为红色，如图 21-11 所示。

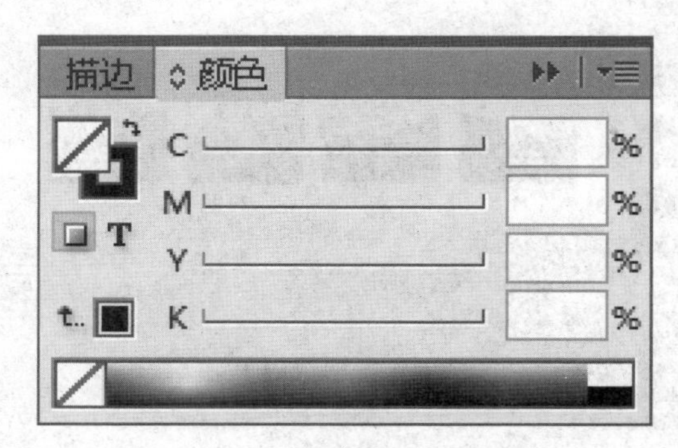

图 21-11　将颜色设置为红色

提示与技巧：这里需要说明一下，在 InDesign 中绘制的图形，默认有描边和填充区域，两个部分可以填充不同的颜色。描边作用于对象的边框（即框架），填色作用于对象的背景。描边可以设置不同的宽度和线型，当把宽度设为 0 时，效果与不设边框相同。

点击“确定”后返回，可以看到中间的圆角矩形框架表框已经填充上了红色，如图 21-12 所示。

图 21-12　矩形框架表框已经填充上了红色

选择【文件】标题栏下的【置入】命令，或用快捷键Ctrl＋D，打开置入命令窗口。找到存放前期现状图的文件夹，按住【Ctrl】键选择8张具备代表性的场地现状和原地形平面图后单击【打开】按钮，如图21-13所示。

图 21-13　置入图片

分别点击9个倒圆角矩形的中部，将刚才选择的图片分别置入矩形框架中，并根据实际效果对各个框架大小进行调整，如图21-14所示。

矩形框架中的效果图没有完整显示出来，用选择工具双击或用直接选择工具单击效果图，对置入的效果图进行拖动缩放或移动，也可在选择图像后使用快捷键【Ctrl＋Shift＋Alt＋C】来让图形快速适应框架。框架此时等于兼有蒙版的功能，使置入的图像只显示需要的部分，其他部分不显示，但原始图像并没有受影响。然后双击选中平面图，单击鼠标右键，选择【效果】—【透明度】。调整后的效果如图21-15所示。

图 21-14　对各个框架大小进行调整

图 21-15　调整后的效果

提示与技巧：为了使原地形平面图在排列层次上处于所有图片最下面，可单击选中该图片的圆角矩形框架，然后用鼠标右键弹出复选框，选择“排列|置为底层”，如图21-16所示。此外还可以对框架的形状、效果、锁定、隐藏等属性进行设置。

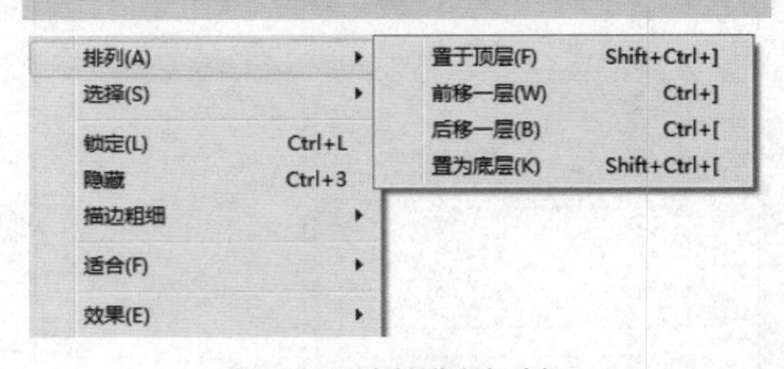

图 21-16　右键弹出复选框

点击钢笔工具，在浮动面板的描边和颜色选项中设置钢笔样式，如图 21-17、图 21-18 所示。

图 21-17　设置描边样式

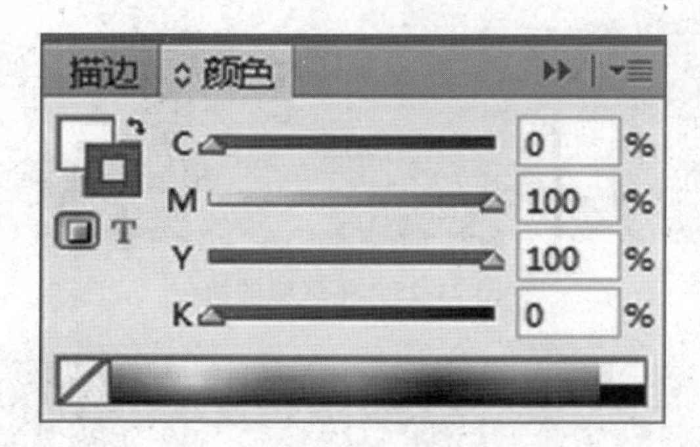

图 21-18　设置钢笔样式

然后用钢笔工具将每个场地现状图与所在原场地平面图的位置联系起来，绘制是按住【Shift】键保持直线的正交模式，如图 21-19 所示。到这里，一张简约风格的前期分析图就完成了。双击抓手工具显示整个页面，再按 W 键切换到预览模式，全页效果如图 21-20 所示。

图 21-19　正交模式

图 21-20　全页效果

21.2.2　景观分析图

下面通过对功能分区图的制作介绍景观分析图绘制过程中的要点。在页面操作区的文档中，按【Ctrl + D】置入总平面图。调整好图片位置后，再次用同样的方法置入一张已经通过 Photoshop 降低饱和度与提升了明度的总平面图，如图 21-21 所示。

图 21-21　总平面图

> **提示与技巧：**在 InDesign 中可以通过图片效果选项，对置入图片进行简单的属性编辑，如“透明度”“阴影”“发光”等。

因为该总平面图只是在 Photoshop 中调整颜色，位置与像素大小没有变化，所以置入时能保证图大小和位置与原图完全相同。在实际工作中，分析图常常是由不同的人制作的，只要事先约定好制图的规格，在后期置入 InDesign 排版时也能保证图纸位置是完全相同的，这样就能制作出整齐的版面。

使用钢笔工具，在图上画出一个闭合的曲线，如图 21-22 所示。将图形的填色和描边属性做如图 21-23 所示的设置。再选中图形，点击鼠标右键，在弹出菜单中选择【效果】—【透明度】命令，做如图 21-24 所示的设置。这就做出了一个半透明的块，如图 21-25 所示。使用相同的方法，再将其他分区制作出来，如图 21-26 所示。

图 21-22　画出一个闭合的曲线

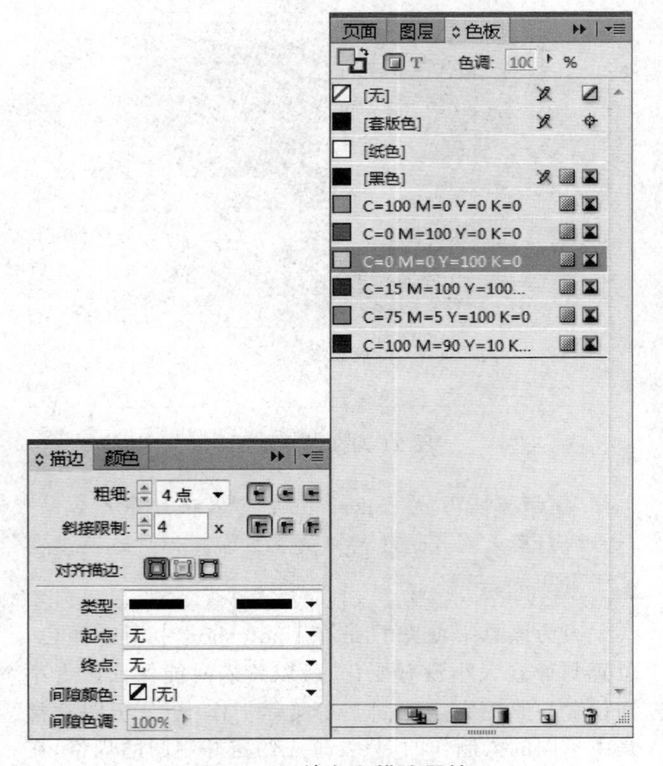

图 21-23　填色和描边属性

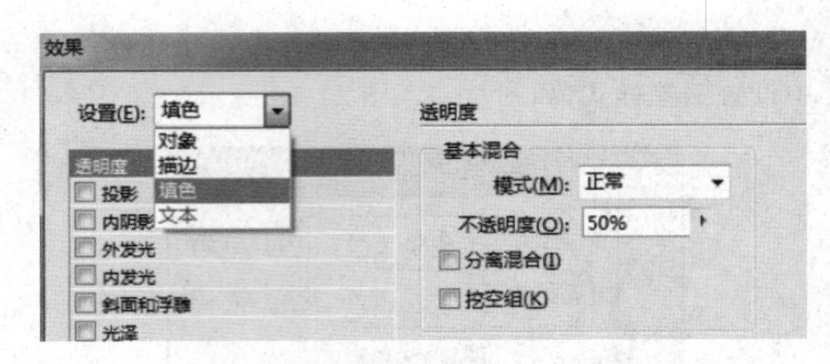

图 21-24　【效果—透明度】设置

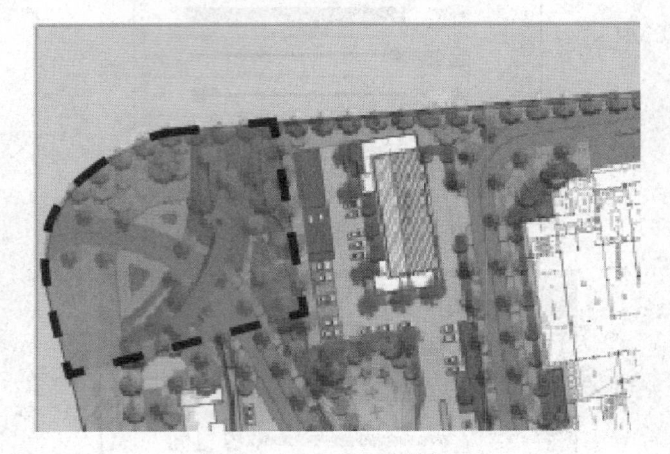

图 21-25　半透明的块

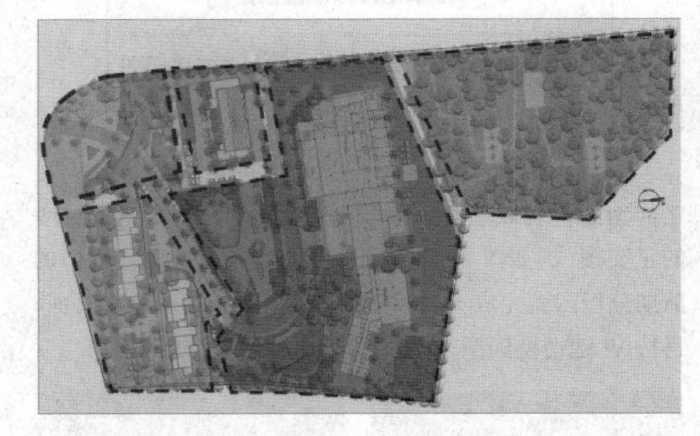

图 21-26　其他分区制作效果

使用矩形工具，在左上角制作出 5 个小矩形。分别选择一个矩形，使用吸管工具点击总图上的色块进行属性的复制。完成后键入各个色块对应的分区名称，键入分区设计说明，这样就完成了分区总平面的制作。成果如图 21-27 所示。

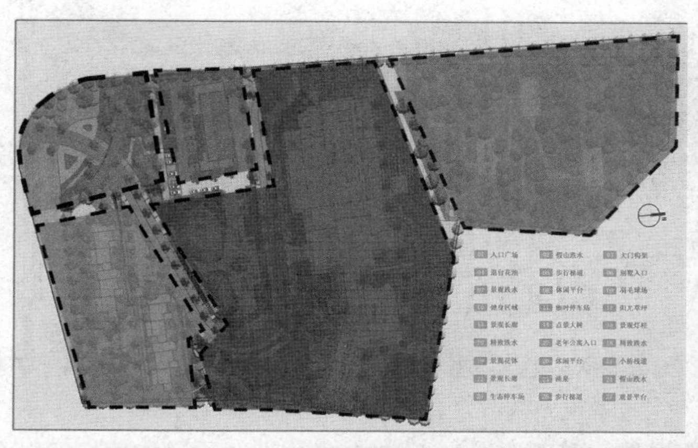

分区说明
该度假村景观方案设计：规划设计从整个县城城市环境要求出发，因地制宜充分利用现有自然条件，强调环境效益与社会效益，经济效益的协调统一。
设计要求景观优先，同时满足防洪与休闲绿地的建设要求，是滨河公园成为该县的主要城市绿地，体现县城城市风貌，使之成为该县的"历史文化长廊"，实现"城在园中、水在城中、楼在绿中、人在景中"的总体建设要求。
同时该度假村发展旅游产业，实现通过环境整治给人们提供环境优雅、舒适、安全、高效的购物游憩的商业空间。
别墅景观区
入口景观区
老年休息区
综合建筑区
山林游憩区
国　际　城　景　观　方　案　设　计
分区图　07

图 21-27　分区总平面

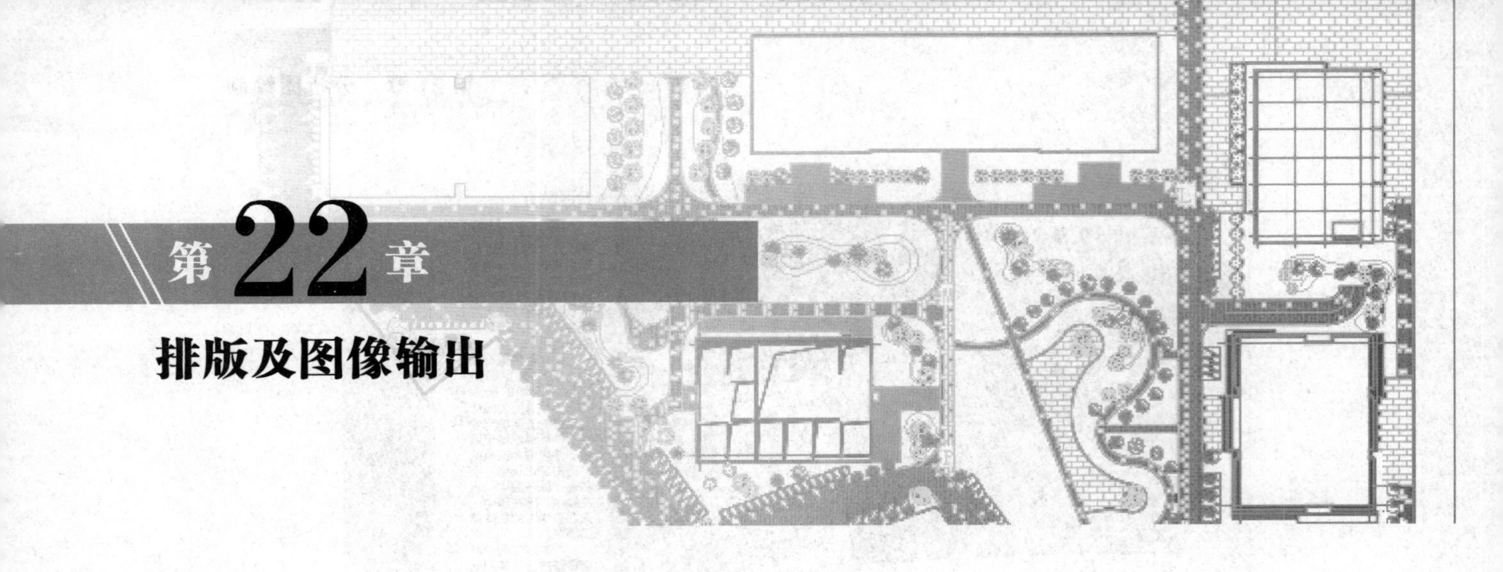

第22章 排版及图像输出

22.1 图册排版

22.1.1 排版准备

基于用 InDesign 制作分析图的操作，进一步深入理解 InDesign 的软件特性，使用其进行排版。因为 InDesign 采用链接的形式引用素材，在这种情况下排版文档和素材图像文件之间就必须有稳定的目录关系。否则一旦发生文件移动或改名，排版文档就会出现链接文件无法编辑的情况。所以在工作中要养成有序整理各种文件的良好习惯。在开始进入排版工作之前，应先做好下列准备工作：

(1)准备好所有的排版素材文件　例如已经制作好的各种总平面图、表现图、剖面图、立面图、设计意向参考图，以及各种文字文本材料、装饰版面的图形图像元素，等等。

(2)建立清晰明确的文档及素材目录　实际工作中，排版人应该养成在计算机上建立清晰的工作目录的良好习惯。一般情况下建议可建立如下工作目录：

①某某方案设计成果编排；

②总平面图；

③效果图；

④意向参考图；

⑤排版设计元素；

⑥文字和文本。

准备工作完成后，就可以进入实际排版的操作。

22.1.2 设计封面与封底

启动 InDesign，新建文档，以 10 页为例，设置各项参数如图 22-1 和图 22-2 所示。

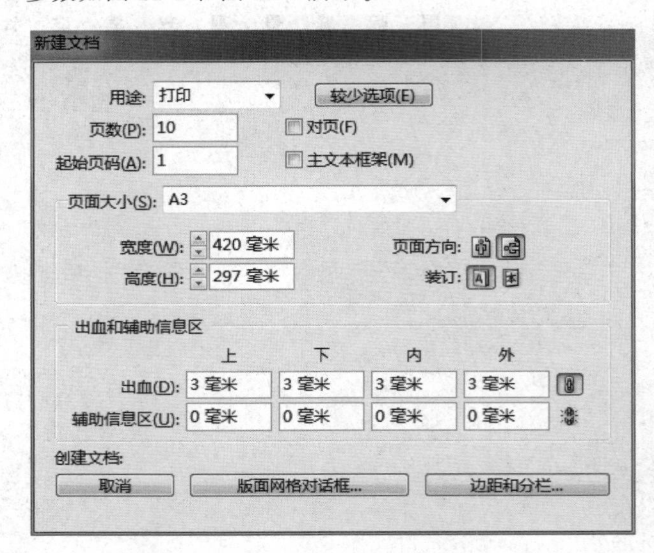

图 22-1　新建参数设置 1

图 22-2　新建参数设置 2

将光标置于【页面】面板的[无]上单击鼠标右键，在弹出的菜单中选择【新建主页】的选项，在弹出的【新建主页】窗口中输入主页的名称，如图 22-3 所示。

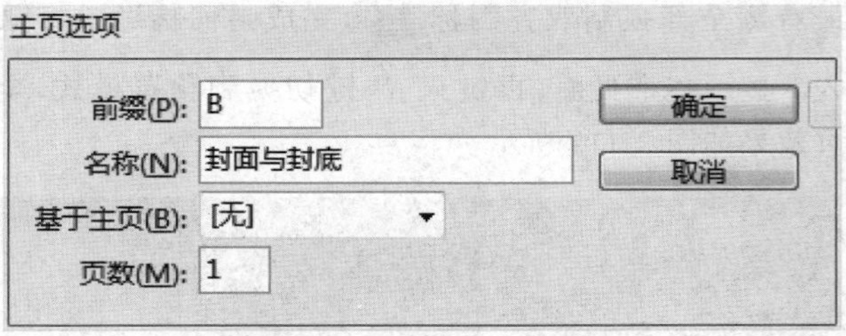

主页选项

前缀(P)：B

名称(N)：封面与封底

基于主页(B)：[无]

页数(M)：1

确定

取消

图 22-3　输入主页的名称

单击【确定】，添加新主页。以同样的方法添加【A-文本背景】和【C-扉页】的主页选项，确定后主页面板如图 22-4 所示。

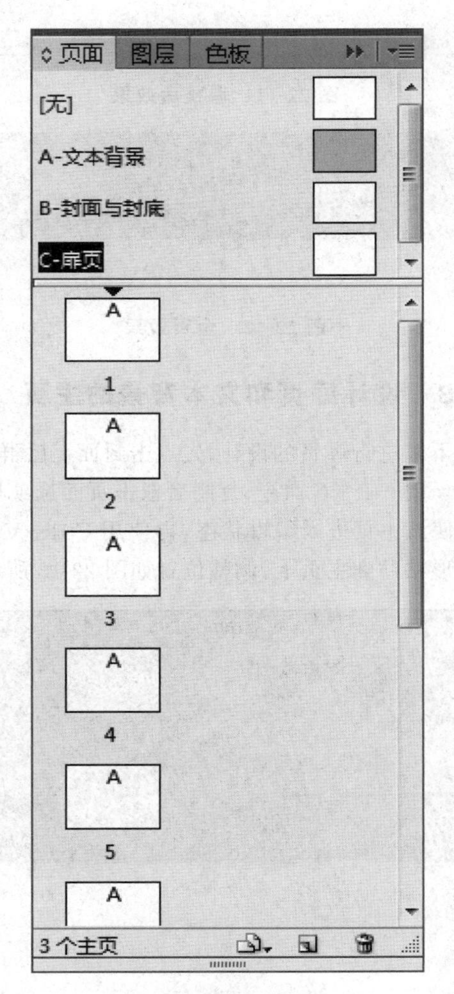

图 22-4　确定后主页面板

封面和封底一般会设计在一张长页上，以方便装订。以往 InDesign 版本制做长页需要另加文件，非常不便。InDesign CS5 后可以通过【页面工具】来解决这个问题。

双击【B-封面与封底】，这时工作界面中的页面变成了【B-封面与封底】。即在排版窗口中所做的一切工作都将影响【B-封面与封底】页面。单击工具面板的页面工具，快捷键(Shift＋P)，选择【B-封面与封底】页面，左上角的控制栏会变成页面工具的属性控制栏。

封面和封底需要书脊连接，预设其书脊宽度为 10 mm。这样该页宽度规格为两倍 A3 纸宽加上书脊宽，即 850 mm，调整控制栏如图 22-5 所示。

图 22-5　调整控制栏

双击【B-封面与封底】页面选项，让该页面图纸完整显示在工作区，如图 22-6 所示。

图 22-6　页面图纸完整显示在工作区

封面与封底的设计应该突出直观、明确、视觉冲击力强、易与读者产生共鸣的特点。

使用矩形工具画出封面的大致布局形式，然后选择颜色面板，用键入【Shift＋X】切换颜色与描边色板，并输入如图 22-7，图 22-8 所示参数。

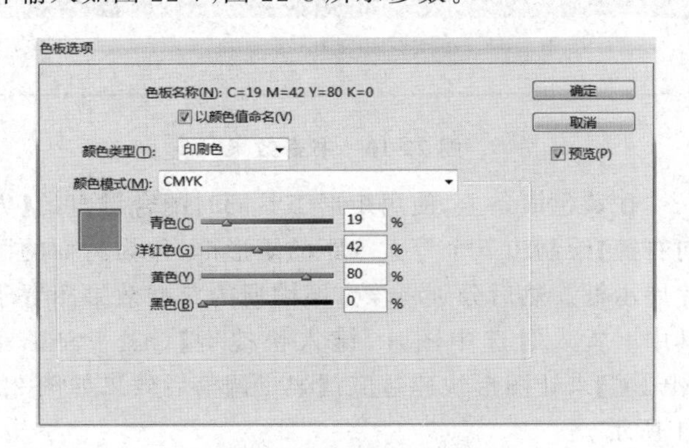

图 22-7　颜色面板参数 1

图 22-8　颜色面板参数 2

最后完成封面与封底的大致布局如图 22-9 所示。然后框选两个长条矩形单机鼠标右键，将其成组。以方便以后的操作。

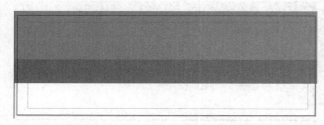

图 22-9　封面与封底的大致布局

制作一个宽 10 mm、高 300 mm 的黄色长条矩形，置于页面正中作为书脊。效果如图 22-10 所示。

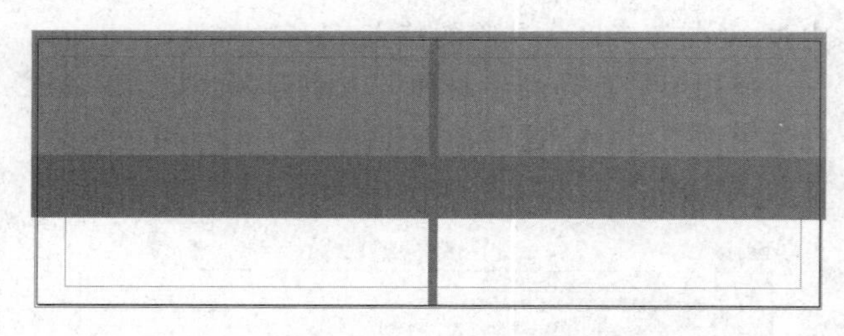

图 22-10　书脊效果

在黄色横条上，使用矩形工具同时配合键盘的【方向右键】绘制出五个等大等距的矩形框，作为封面的图片展示框。然后分别将该方案图册的典型效果图置于其中。置入时选中图片，键入快捷键【Ctrl＋Shift＋Alt＋C】来让图形快速适应框架。调整后效果如图 22-11 所示。

使用工具栏中的文字工具，在绿色矩形中拉出一个文字框，输入【国际城景观方案设计】，并在控制面板中将文字设置为微软雅黑，字体大小设为 48 点，点选最右侧全部强制双齐图标，完成封面标题文字录入。显示整个页面，再键入 W 键切换到预览模式，全页效果如图 22-12 所示。

图 22-11　调整后效果

图 22-12　全页效果

22.1.3　设计扉页和文本背景的主页

接下来进行扉页的设计，先点击封面上已群组的长条图形。用 Ctrl＋C 命令，复制后双击页面选项板的【C-扉页】，使该主页进入编辑状态，再使用 Ctrl＋V 粘贴命令将图形粘贴到主页上，调整位置如图 22-13 所示。

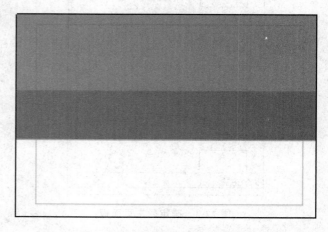

图 22-13　图形粘贴到主页后效果

这个图形将作为扉页的背景，因为每一张扉页的标题都不一样，所以标题不能在主页上制作。在进入正式排版过程后，对于不同扉页的制造可以基于【C-扉页】上做具体的完善。

双击【A-文本背景】，进行文本背景的编辑。使用同样的方法，将扉页的图形复制，贴入 A 主页内。对图形进行移动和缩放得到如图 22-14 所示效果。

图 22-14　图形进行移动和缩放后效果

使用文章工具在左下角键入【国际城景观方案设计】字样，将文字设置为微软雅黑，字体大小设为 24 点，全部强制双齐 ▤ 。效果如图 22-15 所示。

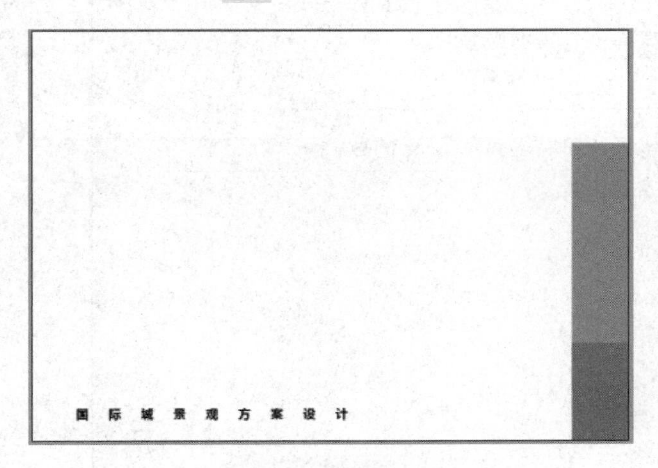

图 22-15　强制双齐效果

至此完成了用于排版的三份主页设计，页面面板如图 22-16 所示，保存文件。

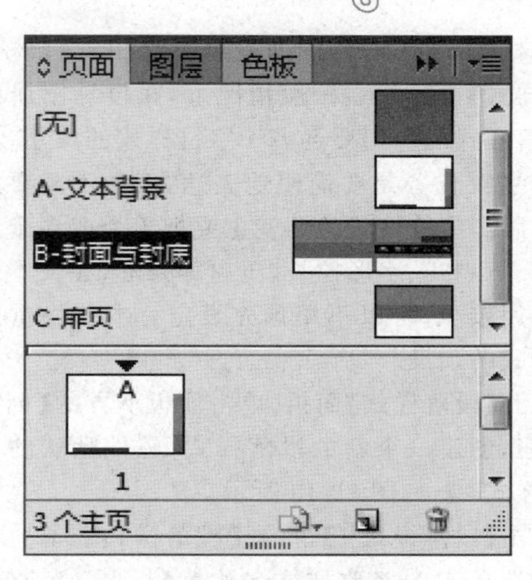

图 22-16　完成后的页面面板

22.1.4　设计文本与段落样式

Adobe InDesign 处理文本的能力很强，可以像在 Office Word 软件里处理文字一样预先设定好需要用的字符样式及段落样式，这样不仅会提高处理图册中文字的效率，而且将来可以顺利地自动生成目录。在 InDesign 中设置字符样式和段落样式的方法跟在 Word 中的方法很像，所以如果对 Office 软件比较熟练，这里也很容易掌握。使用右上角的工作区切换器，将工作区设为【排版规则】(默认是【基本功能】)，如图 22-17 所示。

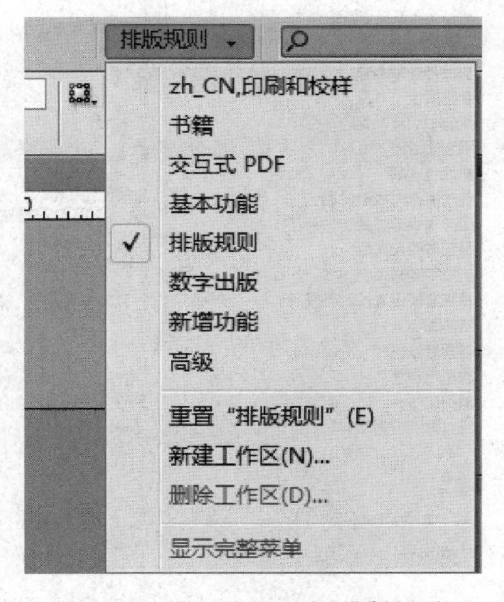

图 22-17　将工作区设为【排版规则】

这样，工作区右侧的面板组就会出现【段落样式】【字符样式】等面板。一般情况下，在设计图册的排版中，段落样式的应用要远多于字符样式的应用，因为设计图册主要任务是要简明地表达方案，不需要过于花哨的排版。字符格式的调整主要把单个或多个文字进行加粗、下划线、字形拉长、压扁等处理，在文本编排过程中使用较少，可以不用预先设定。本节将重点放在段落样式的预设。

展开【段落样式】面板，单击面板下方的【创建新样式】按钮，创建一个新的段落样式，软件默认的名称为【段落样式 1】，如图 22-18 所示。

双击【段落样式 1】，打开【段落样式选项】窗口，在【常规】选项卡中修改样式名称为【标题 1】其他不变。在左侧的列表中点选【基本字符格式】，将【字体系列】设为黑体，大小设为 48，其他选项采用默认值。【高级字符格式】采用默认值，【缩进和间距】设置为如图 22-19、图 22-20 所示。

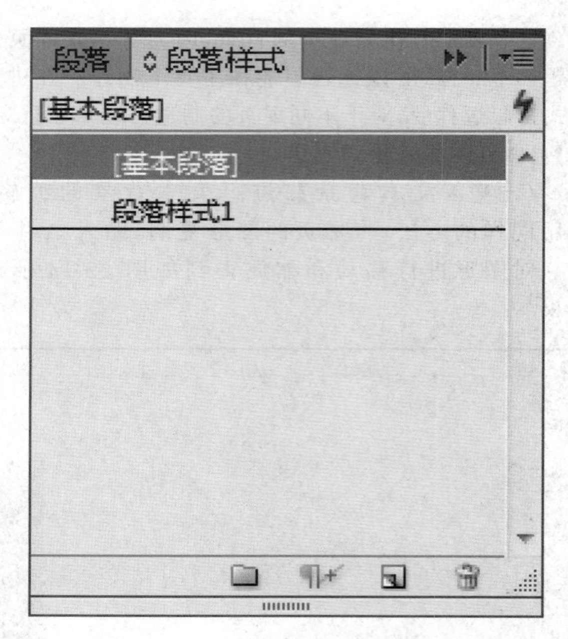

图 22-18　创建一个新的段落样式

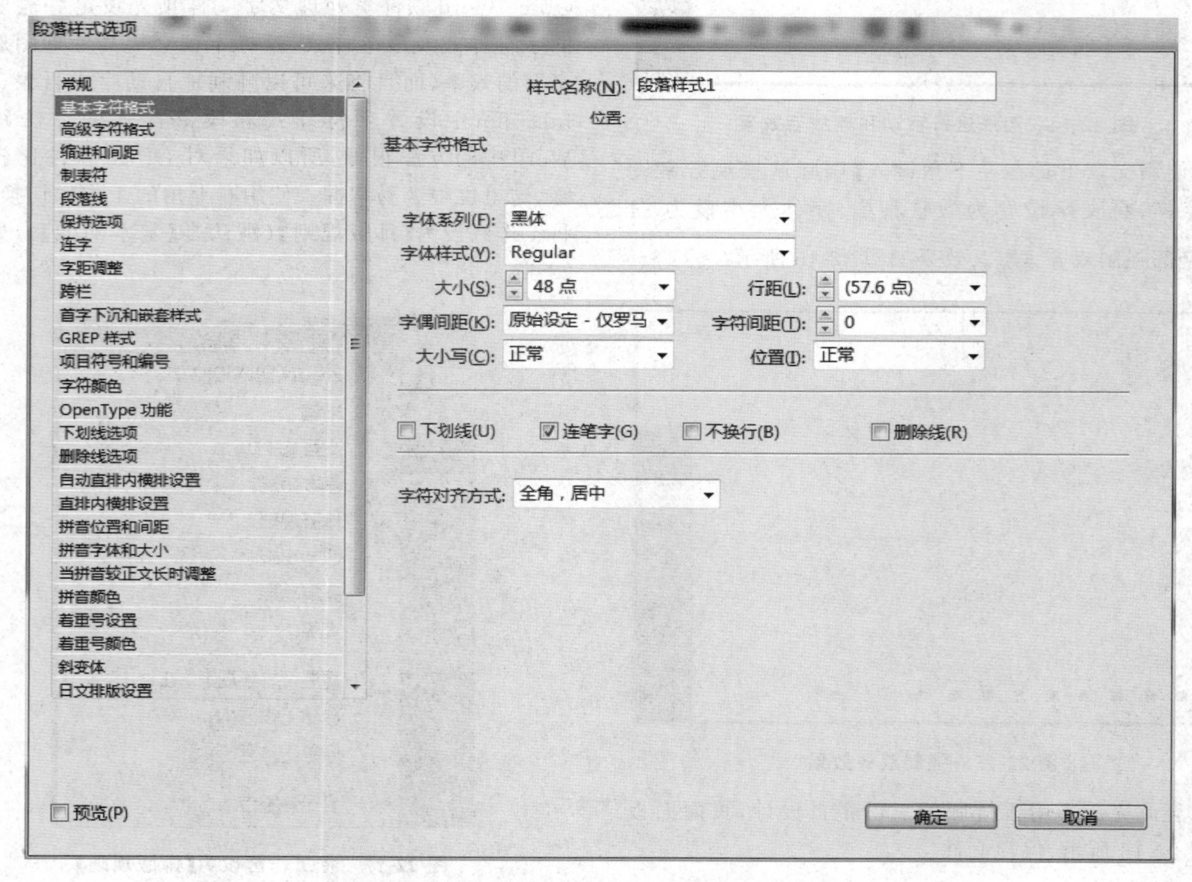

图 22-19　段落样式选项窗口基本字符格式参数设置

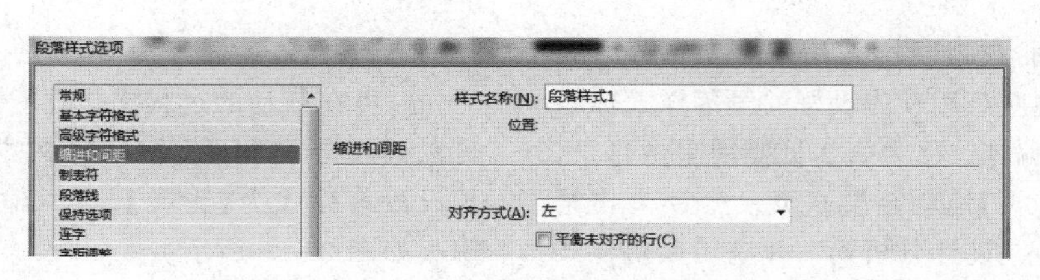

图 22-20 段落样式选项窗口缩进和间距参数设置

其他选项根据需要设定,这里不再说明。设置完成后单击确定,可以看到新样式【标题 1】,该样式将用于文本的一级标题,即扉页上的标题。

用相同的方法新建【标题 2】和【标题 3】两个样式,这两个段落样式可以基于【标题 1】设定,则只需修改字符的大小即可,本例中【标题 2】选择字符大小是【24】,行距是【20】。【标题 3】字符大小是【14】,行距仍是【20】。

然后新建【正文】段落样式,将字体设为黑体,大小设为【12】,行距设为【20】,对齐方式设为【双齐末行齐左】,首行缩进 10 mm。

再新建【标注文字】段落样式,将字体设为黑体,大小为【12】,行距【20】,对齐方式设为【双齐末行居中】,首行缩进为【0】。

请注意,如果觉得段落样式不太合适,可以随时双击样式名打开重新设定。完成了段落样式设置,如图 22-21 所示,其中【基本段落】为软件原先默认的样式。至此,版面的基本设计就完成了。

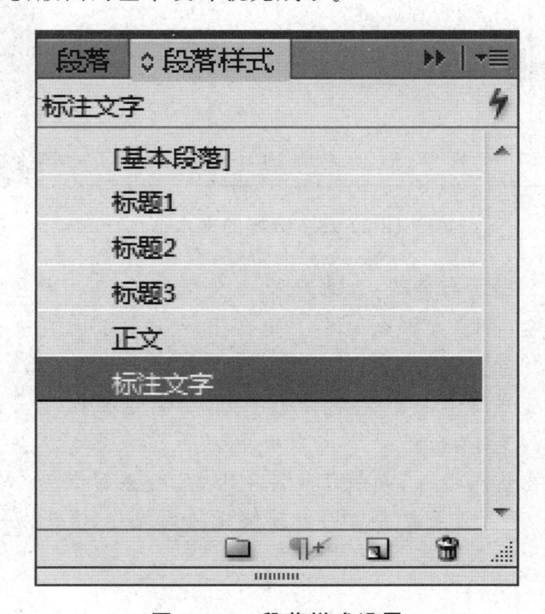

图 22-21 段落样式设置

22.1.5 图册编排

现在对设计图册每一个页面进行依次编排。

(1)完成封面与封底的应用 展开页面管理面板,可以看见在主页区域下方的页面区域内默认已经有 10 个页面,表示页面的缩略图上会显示应用的主页的代码(A、B、C),可以尝试按住任意主页的名称拖放到该页面上,就可以把该主页应用到这个页面。现在第 1 页应用的主页是 B,将 B 主页应用到第 1 页,如图 22-22 所示。

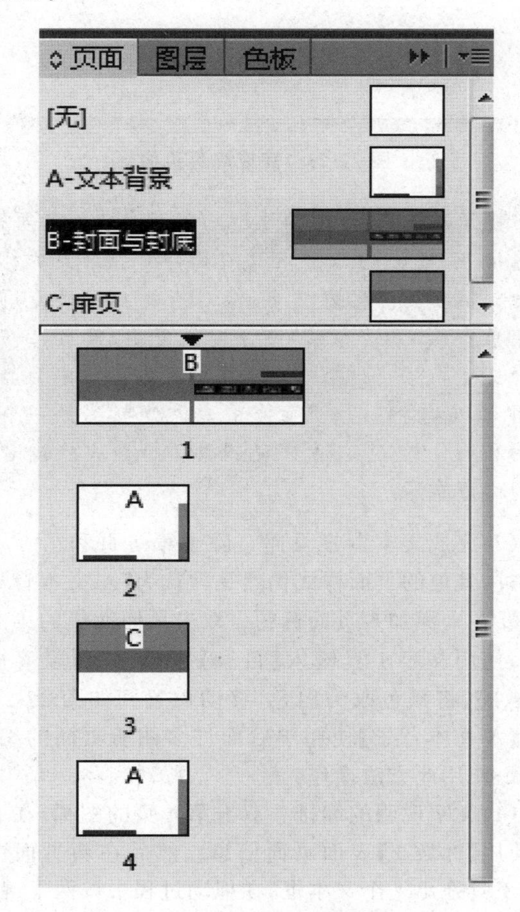

图 22-22 将 B 主页应用到第 1 页

(2)完成扉页页面　按照设想,用扉页来区分方案文本不同章节,其标题应该用预先设好的段落样式标题1,以方便之后的目录编排。因为第2页要用来做目录,所以页面面板的【C-扉页】拖动至第3页。然后 双击第3页,使用文字工具键入“设计分析篇”,并应用段落样式“标题1”。具体方法为,在段落样式面板中先把要使用的样式设置为当前样式,这时候用文字工具输入的文字就会默认使用这种段落样式。完成效果如图22-23所示。

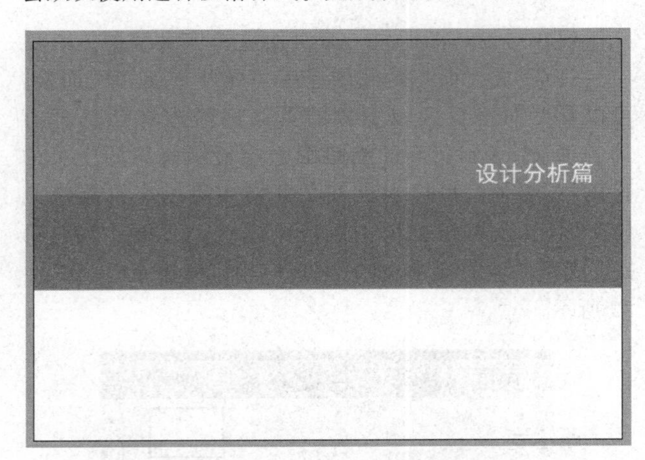

图22-23　完成扉页页面

提示与技巧:之后需要增加不同章节的扉页,只需拖动“C-扉页”主页至相关页面即可。扉页的标题可复制第3页的标题文字,在对应的新页面使用右键菜单中的“原位粘贴”命令完成复制,最后再修改标题文字。“原位粘贴”命令在排版的过程中会经常使用到,它能将一个页面上的对象复制到另一个页面的相同位置,可以用来复制页面标题文字或者相同的图形布局。

(3)完成文本背景页面　除了第1页和第3页有更改过,其他的页面样式仍然是默认为【A-文本背景】,只需要在上面加入页面标题。双击页面面板的第2页图标,使用文字工具键入【目录】字样,应用段落样式【标题2】,将颜色改为白色,移动位置到如图22-24所示。【A-文本背景】使用于后面许多图册页面的编排,都统一使用此方法操作。

(4)文字说明的编排　双击第4页的图标,在右下角,使用【标题2】表面页面信息。然后在新页面中用文字工具拖出一个文本框,在拖动过程中按两下键盘方向右键把文本框等分为三栏。默认的分类间距为5 mm,可在拖动的过程中按住Ctrl键再按左右方向键可以调整分类间距,分好的文本框如图22-25所示。预设段落样式为【正文】,然后输入文字,完成设计说明。如图22-26所示。

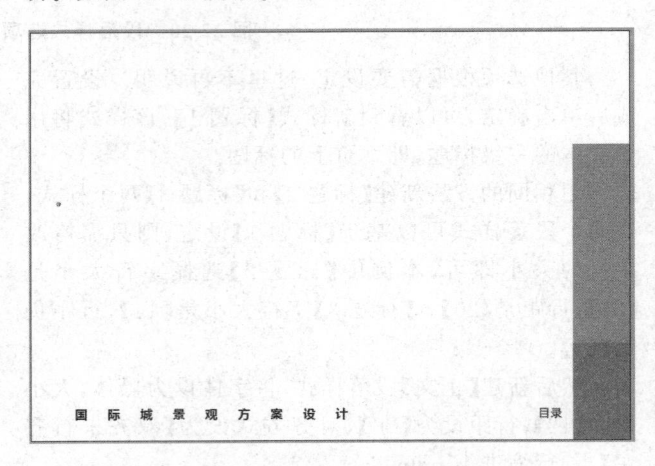

图22-24　移动文字位置

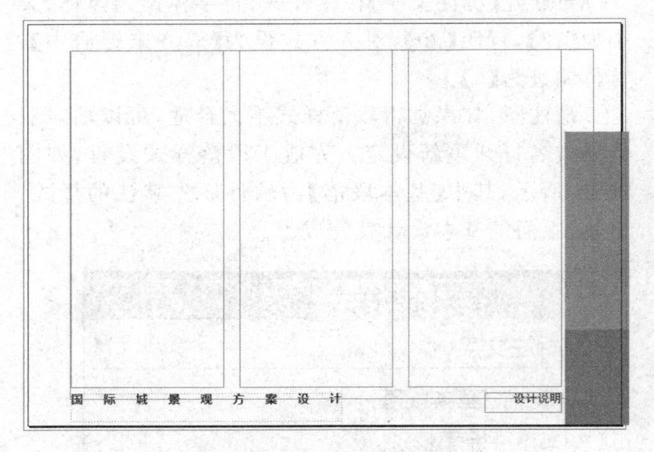

图22-25　分好的文本框

提示与技巧:如果现有的文本框输满后仍有文字装不下,文本框的右下角会出现一个中间有十号的红色方框。切换到选择工具,单击红色小方框,光标变成带有一个文字块的样子,在右边栏内拖出合适的文本框,上一个文本框中装不下的文本就会继续在这里填入,如果还是装不下,又会显示红色小方框,可以在新建的页面内继续相同的操作,直到完成文本输入。

一、项目名称：某国际城景观方案设计

二、设计依据：

1. 小区绿化景观设计相关规范

2. 该市城乡规划处规划设计要点审批表及附表、附图

3. 《中华人民共和国城市规划法》

4. 《城市规划编制办法实施细则》

三、区位分析：

项目位于重庆市沙坪坝大学城，地势较为平缓，周边为当地的主要交通干线。 本小区总占地面积 102970 亩，建筑面积共 87442. 72 亩，可容纳 992 户。小区主要以高层住宅为主，绿色植物打造田园牧歌的风格，让业主最大限度享受自然风。

四、设计主导思想：创造自然，享受自然

该小区设计主导思想以简洁、大方、便民、美化环境；体现建筑设计风格为原则，使绿化和建筑相互融合，相辅相成，让环境成为当地文化的延续。

1. 充分发挥绿地效益，满足居民的不同要求创造一个幽雅的环境，美化环境、陶冶情操，坚持“以人为本”，充分体现现代的生态环保型的设计思想。

2. 植物配置以乡土树种为主，疏密适当，高低错落，形成一定的层次感；色彩丰富，主要以常绿树种作为“背景”，四季不同花色的花灌木进行搭配。尽量避免裸露地面，广泛进行垂直绿化以及各种灌木和草本类花卉加以点缀，使小区内的植物达到四季常绿，三季有花。

3. 小区之中道路力求通顺、流畅、方便、实用。并适当安置园林小品，小品设计力求在造型、颜色、做法上有新意。使之与建筑相适应。周围的绿地不仅可以对小品起到延伸和衬托，又独立成景，使全区的绿地形成以集中绿地为中心的绿地体系。

五、设计原则：

1. “以人为本”，创造舒适宜人的可人环境，体现人为生态。 “人”是景观的使用者。因此首先考虑使用者的的要求、做好总体布局，使居民有一个舒适，安全，阳光的生活环境。

2. “以绿为主”，最大限度提高绿视率，体现自然生态。打造特色的植物景观带。设计中主要采用以植物造景和环境设施小品为主，绿地中配置高大乔木，茂密的灌木，营造出令人心旷神怡的环境。

3. “因地制宜”是植物造景的根本。小区景观设计中，“因地制宜”应是“适地适树”、“适景适树”最重要的立地条件。选择适生树种和乡土树种，要做到宜树则树，宜花则花，宜草则草，充分反映出地方特色，只有这样才能做到最经济、最节约，也能使植物发挥出最大的生态效益，起到事半功倍的效果。

4. “崇尚自然”寻求人与自然的和谐。以“创造自然，享受自然”作为设计法则，贯穿于整个设计与建造中。只有在有限的生活空间利用自然、师法自然，寻求人与建筑小品、水体、植物之间的和谐共处，才能使环境有融于自然。

六、景观分析：

（一）、关于植物配置植物配置

遵循适地适树的原则，并充分考虑与建筑风格的吻合，兼顾多样性和季节性，进行多层次、多品种搭配，分别组合成特色各异的群落。整体上有疏有密，有高有低，力求在色彩变化和空间组织上都取得良好的效果。植物搭配错落有致，灌乔木相互搭配，种植具有观赏性的各类乔木和绚丽夺目的花灌木配植一些红枫、棕榈、小叶女贞，以增加植物层次上的变化，为小区增色不少。

（二）、关于道路系统

在充分研究了小区现有建筑规划和平面分布后，贯彻人性化的设计思想，从交通、消防等多个方面精心考虑，主要道路系统与建筑密切配合，明晰了然，将各大分区通达顺畅地紧密联系在一起，在人流主要交汇处均设有较大面积的活动空间，体现了良好的疏通性和引导性。次要道路系统不拘一格，形式多样化，并沿其设置别有情趣的坐凳、雕塑和小品，营造一个舒适，和谐的环境。

（三）、特色景观节点分析

不同的景点用不同点方式，利用植物围合而成。设计中具体利用植物造景和不同材质及颜色的铺装来划分空间，以此形成多样化的活动场地，特色的喷泉广场水的循环使用与大自然的规律相互照应，既是举行一些户外公众聚会活动的最佳场地，也是专门为业主们沟通交流搭建的平台。每一个位置，每一个角度，所见均不相同，绝对没有千面如一的平淡，人造的景观与上帝的景观在此合二为一，成为崭新意义上的自然，而生活，与此同时也被赋予了新的内涵。特色植物长廊的建造更是体现这一设计理念，丰富合理的植物配置，美化了整个住宅小区的绿化特色。

（四）、水景分析

本设计注重的是绿色概念的体现，所以整个小区的绿化面积在不影响其交通视线和认得视觉美观的前提下比标准绿化面积要稍微大一些。所以在没在水景方面下多大的功夫，主要考虑到都市休闲的概念，配合其特色植物带，修建了一个游泳池，考虑到使用者的范围，特别将游泳池分为承认和儿童两个区域的使用，更能体现以人为本的设计理念。

国　际　城　景　观　方　案　设　计　　　　设计说明　02

图 22-26　输入文字，完成设计说明

(5)给页面添加自动页码　有了几个页面后，回到主页 A 给它添加自动页码，这样图册的每一页都会自动显示页码(封面封底和扉页除外)，而且即使在中间增加了页面，页码也会自动修正。在【页面】面板中双击【A-文本背景】，使之成为当前编辑页。在段落样式面板中把【标题 2】设为当前样式。选择文字工具，在页面右下角的蓝色图形中拖出一个文本框，不要在其中输入文字，而是执行菜单项【文字—插入特殊字符—标志符—当前页码】，这时文本框中会显示一个【A】。转到图册设计说明页，可见页面右下角已经显示了页码，但是显示的数字却是【4】，因为若从封面算起，这是第 4 个页面。所以要改动页码的显示方式，让它等于扉页之后的第 2 页，显示为 02。具体做法：在【页面】面板中扉页上单击鼠标右键，选择【页码和章节选项】，选择【起始页码】为 1，样式为 01，02，03，…，如图 22-27 所示。

新建章节

☑ 开始新章节(S)　　确定　取消

◉ 自动编排页码(A)

○ 起始页码(T): 1

编排页码

章节前缀(P):

样式(Y): 01,02,03...

章节标志符(M):

☐ 编排页码时包含前缀(I)

文档章节编号

样式(L): 1, 2, 3, 4...

◉ 自动为章节编号(C)

○ 起始章节编号(R): 1

○ 与书籍中的上一文档相同(B)

书籍名: 不可用

图 22-27　新建章节参数设置

确定后再检查，可以看到页码显示正确了。再在【A-文本背景】中微调页码的位置，完成页码设置如图22-28所示。

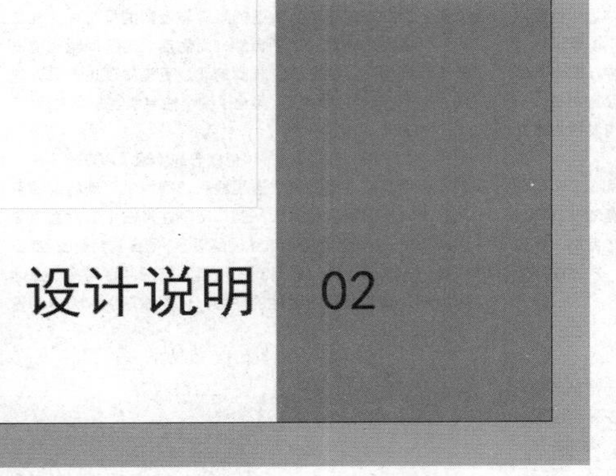

图 22-28　页码设置

(6)总图类编排　总图类页面主要是设计图册的前期分析图、总平图、效果图和意向图等以图片占主体的页面。此类图在InDesign中具体的操作方法在上一章已经用前期分析图和分区图为例，说明了其绘制时的要点。

用同样方法制作好其他图片页面，作为编排的原材料。然后将原材料分别置入图册编排的各个【文本背景】页面，进行调整后，得到如图22-29至图22-32所示。

(7)生成目录　至此，完成了常用页面的编排演示，下面对目录进行生成。展开【页面】面板，双击要生成目录的页面，使其成为当前页。选择菜单项【版面—目录样式】，打开目录样式窗口，如图22-33所示。

图 22-29　前期分析图

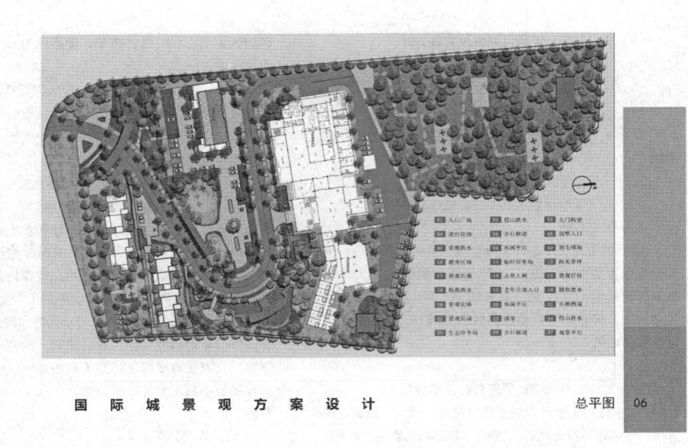

图 22-30　总平面图

图 22-31　效果图

图 22-32　小品意向图

单击【新建】按钮，打开新建目录样式窗口，标题采用【目录】两字，中间键入四个空格，样式选择【标题2】;【目录中的样式】添加【标题2】，选择【标题2】，然后在条目样式中选择【标题2】，【页码】选择【条目前】，

【条目与页码间】选择 3 次【全角空格】，如图 22-34 所示。

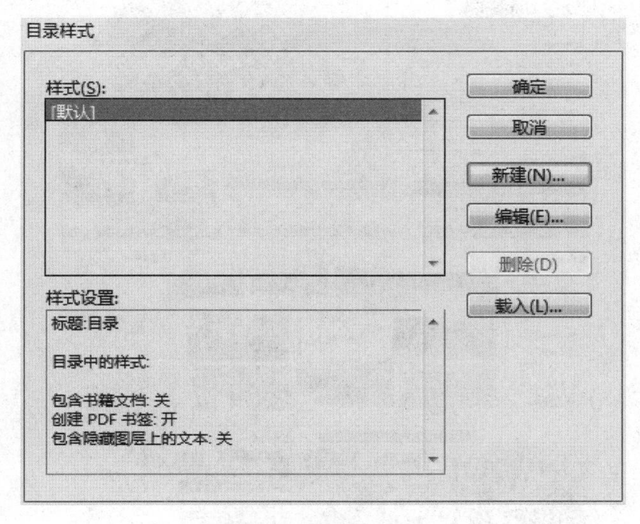

图 22-33　目录样式窗口

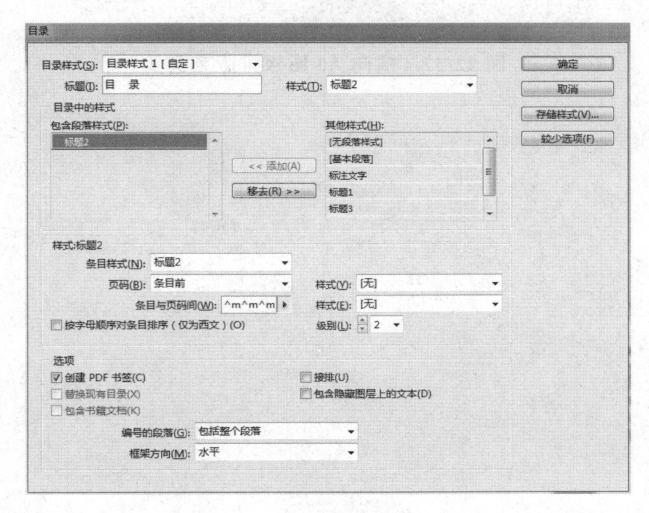

图 22-34　目录参数设置

设置完成后选择确定，再确定。至此完成对于目录样式的设置。接下来应用样式生成目录。选择菜单项【版面—目录】，打开目录窗口，检查没有错误后，点击【确定】，在当前页面空白处拖出适当区域，就可以看到生成的目录了。调整目录的位置，完成目录的生成，如图 22-35 所示。

如果在已经生成目录之后，图册的页面又重新编辑过，例如增加、减少了页面或设计说明文本长度有变化导致标题所在页面发生变化，或者是调整了目录样式，等等，只需选择菜单项【版面—更新目录】即可自动修正目录的内容，非常方便。

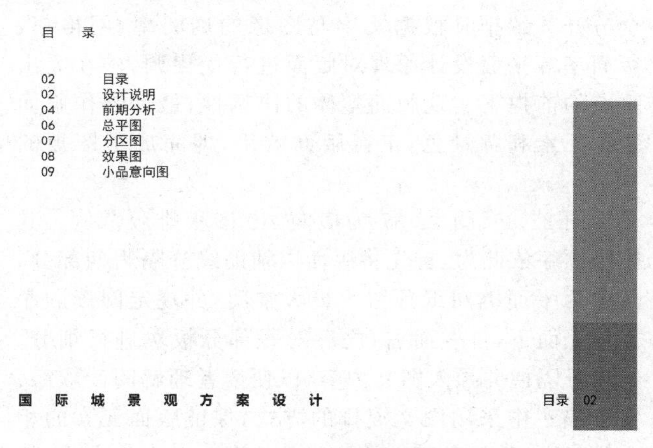

图 22-35　生成后的目录

22.2　图板排版思路及范例

版面表达除图册之外还有图板形式，例如设计竞赛和设计展览往往要求成果为图板形式，方便评委对设计内容一目了然，不用逐本翻页阅读。图板有 A0、A1、A2、或 A0 加长几种常用图幅，其中以 A0 与 A1 图幅最为常用。图板在实际应用中有辅助表现类和主要表现类两种用途，辅助表现类指在图板中单纯将总平面和表现图等重要技术图纸放大，起辅助图册表现设计内容、方便集体讨论的作用，由于较为简单，在此不扩展论述。主要表现类指在图板中以图文混排的方式传递全部设计信息，无须再借助图册表达设计内容的图板形式，本文主要讲解该类型的排版思路。

在图板排版中对软件的技术要求与图册排版完全相同，在此不探讨软件技术，仅就排版思路进行讨论。图板排版与图册排版最大差异性在于版面空间与容量的不同，图板往往需要在一到两页图板之内表现所有的设计内容，单页信息量会非常大。要让读者能轻松获取设计信息，要求对版面进行合理的空间分隔和阅读顺序规划。版面空间和阅读顺序规划的最佳帮手就是辅助线，所以进行图板排版的第一步工作就是利用辅助线进行版面空间划分。现代阅读顺序一般为自上而下，自左而右，根据该顺序将版面划分成两到三块，再进行每块板块的内部细分。在确定版面空间划分，建立了版面秩序之后开始将设计内容按阅读顺序导

入版面中，同时注意图文混排的比例，避免将图文完全分开。编排时根据文字与图像的调阅率、网格率、版面率等平面设计原理对版面进行优化调整，在突出重点的前提下实现版面整体的协调性，最后制作版面装饰元素和背景色，丰富版面效果，即完成了图板的排版。

图 22-36、图 22-37 为横向 A0 图板排版范例。其排版顺序依此为：首先将版面以辅助线分隔为四部分，其中为平面类图纸预留了最大空间，并规定阅读顺序为自上而下，自左而右；之后对每部分板块进行细分，绘制分隔栏并导入图文内容，以便读者理解阅读顺序；在分隔栏中采用图文混排的方式，保证版面元素的相应跳跃率，除总平面之外控制其他图文元素的大小，保证全版面能传递尽量多的信息量；之后为设计主要技术图纸部分添加背景色，增加图文对比效果，再制作版头及其他版面装饰元素即完成排版。版面装饰元素应尽量简洁，以适合专业风格。

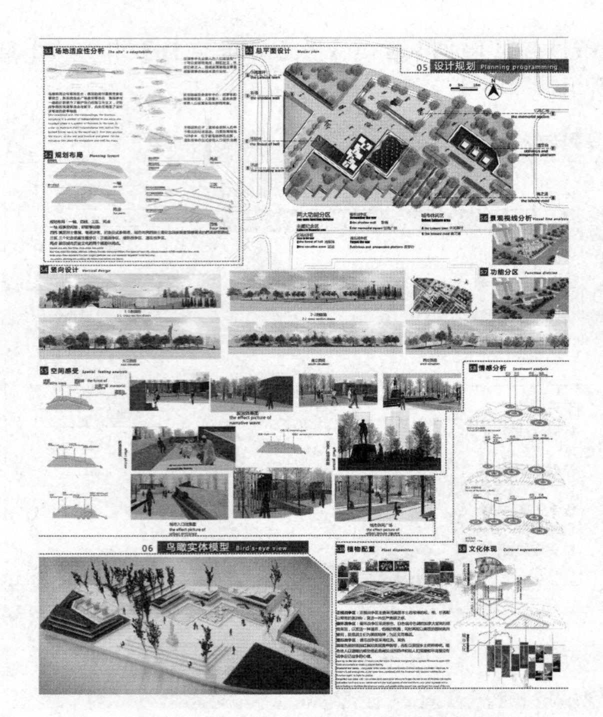

图 22-37　横向 A0 图板排版范例 2

图 22-36　横向 A0 图板排版范例 1

参考文献

[1]麓山文化. AutoCAD 2016 园林设计实例与施工图绘制教程. 北京:机械工业出版社,2016.
[2]孟培,杨雪静. AutoCAD 2014 园林设计. 北京:电子工业出版社,2014.
[3]田婧,黄晓瑜. 品悟——SketchUp 8 建筑与园林景观设计. 北京:人民邮电出版社,2014.
[4]麓山文化. 园林景观设计 SketchUp 2015 从入门到精通. 北京:机械工业出版社,2015.
[5]聂康才,周学红. 城市规划计算机辅助设计综合实践. 北京:清华大学出版社,2015.
[6]李波. SketchUp Pro 2015 草图大师从入门到精通. 北京:机械工业出版社, 2015.
[7]灰晕. SketchUp 景观设计实战. 北京:中国水利水电出版社,2015.
[8]李波. SketchUp 8.0 草图大师从入门到精通. 北京:机械工业出版社,2014.
[9]张瑞娟. 中文版 Photoshop CS5 高手成长之路. 北京:清华大学出版社,2011.
[10]于萍. Photoshop CS5 中文版实例教程. 上海:上海科学普及出版社,2013.
[11]范瑜,宋宇翔. Photoshop 平面图像处理教程,北京:清华大学出版社,2013.
[12]李百平,余圆圆. InDesign 设计与排版实例大全. 重庆:西南师范大学出版社,2016.
[13]张炎. InDesign 平面设计实用教程——从设计到印刷. 北京:人民邮电出版社,2016.
[14]杨艳玲. 新手速成:Indesign 版面设计从入门到精通. 北京:清华大学出版社,2012.

综合设计案例与素材文件的链接网址：

http://press.cau.edu.cn/ziyuankutushu/1867.jhtml

建议使用IE浏览器打开以上网址，下载相关文件。

下载步骤：

1.注册账户，并登录。

2.点击【配套资源下载】，下载文件。

文件目录：

- 综合设计案例
  - ▽ 案例1 办公区环境景观设计实例
  - ▽ 案例2 居住区环境设计实例
- 素材文件
  - ▽ CAD素材文件
  - ▽ SU素材文件
  - ▽ PS素材文件
  - ▽ ID素材文件
  - ▽ 案例1 素材文件
  - ▽ 案例2 素材文件